Jahrbuch der Akademie der Wissenschaften zu Göttingen

Der Kupferstich von Giovanni Volpato (1735–1803) gibt das Fresko von Raffael „Die Schule von Athen" wieder, das sich in der Stanza della Segnatura im Vatikan befindet. Auf die Schule von Athen, die Platonische Akademie, spielt der Präsident in seiner Begrüßungsansprache auf der Jahresfeier an (Seite 67).

Der Kupferstich, der im Empfangsraum der Akademie hängt, ist ein Geschenk von Rudolf Smend, das aus dessen Familienerbe stammt. Rudolf Smend war von 1994 bis 2002 Präsident bzw. Vizepräsident der Akademie.

JAHRBUCH DER AKADEMIE DER WISSENSCHAFTEN ZU GÖTTINGEN

2010

De Gruyter

Akademie der Wissenschaften zu Göttingen
Theaterstraße 7
37073 Göttingen
Telefon: 0551-39-5424
Fax: 0551-39-5365
E-Mail: snoebel1@gwdg.de
http://www.adw-goe.de

Verantwortlich: Der Präsident der Akademie der Wissenschaften
Redaktion: Werner Lehfeldt
Susanne Nöbel

ISBN 978-3-11-023676-7
ISSN 0373-9767

Bibliografische Information der Deutschen Nationalbibliothek

Die Deutsche Nationalbibliothek verzeichnet diese Publikation in der Deutschen Nationalbibliografie; detaillierte bibliografische Daten sind im Internet über http://dnb.d-nb.de abrufbar.

© 2011 Walter de Gruyter GmbH & Co. KG, Berlin/Boston

Satz: PTP-Berlin Protago TEX-Production, Berlin (www.ptp-berlin.eu)
Druck: Druckhaus „Thomas Müntzer" GmbH, Bad Langensalza
∞ Gedruckt auf säurefreiem Papier

Printed in Germany

www.degruyter.com

INHALT

Die Akademie

Über die Akademie	13
Vorstand und Verwaltung	15
Die Mitglieder	19
Ordentliche Mitglieder der Philologisch-Historischen Klasse	19
Ordentliche Mitglieder der Mathematisch-Physikalischen Klasse	29
Korrespondierende Mitglieder der Philologisch-Historischen Klasse	38
Korrespondierende Mitglieder der Mathematisch-Physikalischen Klasse	53
Jahresfeier der Akademie	65
CHRISTIAN STARCK, HERMANN DINKLA Begrüßungsansprache und Tätigkeitsbericht des Präsidenten sowie Ansprache des Präsidenten des Niedersächsischen Landtags	67

Die Arbeit der Akademie

Akademievorträge	89
GERD HASENFUSS: Stammzellforschung – eine wissenschaftliche und politische Gratwanderung	89
BERT HÖLLDOBLER: Der Superorganismus der Blattschneiderameisen: Zivilisation durch Instinkt	99
CHRISTIAN STARCK: Manfred Robert Schroeder in der Akademie: Begrüßungsansprache	113

HANS CHRISTIAN HOFSÄSS:
Manfred Robert Schroeders Wirken am Dritten Physikalischen
Institut 115

MANFRED EIGEN:
Nachruf auf Manfred Robert Schroeder 122

HELWIG SCHMIDT-GLINTZER:
Körpertopographie und Gottesferne: Vesalius in China 125

REINHARD ZIMMERMANN:
Europäisches Privatrecht: Woher? Wohin? Wozu? 148

Preisträger des Berichtsjahres 2009 169

MAREK KOWALSKI:
Suche nach astrophysikalischen Neutrinos am Südpol 169

PHILIP TINNEFELD:
Fluoreszenzmikroskopie „bottom-up": Von Einzelmolekülen
zur Superauflösung 177

SUSANNE KRONES:
„Akzente" im Carl Hanser Verlag. Geschichte, Programm und
Funktionswandel einer literarischen Zeitschrift 183

HORST WALTER BLANKE:
Die Historik J. G. Droysens. Ein Editionsprojekt 192

Preisträger des Berichtsjahres 2010 201

BENJAMIN DAHLKE:
Karl Barth und die Erneuerung der katholischen Theologie . . 201

GREGOR EMMENEGGER:
Der Text des koptischen Psalters aus al-Mudil 207

CHRISTOPHER SPEHR:
Das Konzil als Reformationsort? Martin Luthers Position zur
Institution der allgemeinen Kirchenversammlung 212

CORINNA KOLLATH:
Dynamik in ultrakalten Atomgasen 218

Plenarsitzungen des Berichtsjahres 2010 224

I. Übersicht 224
II. Vorlagen 230

RUDOLF SCHIEFFER:
Konzeptionsprobleme einer europäischen Geschichte des
Mittelalters 230

GERD LÜER:
Die Gründung einer wissenschaftlichen Gesellschaft in der
DDR und die von der Politik auferlegten Restriktionen . . 238

WOLFGANG SCHÖNPFLUG:
Ideologie und Pragmatik in der Wissenschaftsorganisation.
Der 22. Internationale Kongress für Psychologie 1980 in
der DDR 250

ARBOGAST SCHMITT:
Aristoteles und Horaz und ihre Bedeutung für das
Literaturverständnis der Neuzeit 261

JENS FRAHM, MARTIN UECKER:
Echtzeit-MRT: die Zweite 263

HEINZ-GÜNTHER NESSELRATH:
Wenn Mythologie politisch wird:
War Aeneas der Stammvater Roms oder nicht? 271

WILFRIED BARNER:
Den nicht erzählbaren Anfang der Welt erzählen.
Über „Chaos" und Genesis in Hesiods Theogonie 277

III. Vorstellungsberichte der neuen Mitglieder 301

ANNETTE ZGOLL:
Herausforderung für die Forschung: Altorientalische Mythen 301

HOLMER STEINFATH:
Die praktische Grundfrage als Leitfaden 309

KLAUS NIEHR:
Dokument und Imagination: Das Bild vom Kunstwerk . . 319

IV. Nachruf
Nachruf auf Manfred Robert Schroeder, Seite 113–124

Forschungsvorhaben der Akademie 335
I. Akademievorhaben 335
- Carmina medii aevi posterioris Latina
- Die Funktion des Gesetzes in Geschichte und Gegenwart
- Die Natur der Information

- Erforschung der Kultur des Spätmittelalters
- Imperium und Barbaricum: Römische Expansion und Präsenz im rechtsrheinischen Germanien und die Ausgrabungen von Kalkriese
- Interdisziplinäre Südosteuropa-Forschung
- Kommission Manichäische Studien
- Kommission für Mathematiker-Nachlässe
- Synthese, Eigenschaften und Struktur neuer Materialien und Katalysatoren
- Technikwissenschaftliche Kommission

II. Vorhaben aus dem Akademienprogramm 347
- Byzantinische Rechtsquellen
- Deutsche Inschriften des Mittelalters und der frühen Neuzeit
- Deutsches Wörterbuch von Jacob Grimm und Wilhelm Grimm
- Die Inschriften des ptolemäerzeitlichen Tempels von Edfu
- Edition der naturwissenschaftlichen Schriften Lichtenbergs
- Enzyklopädie des Märchens
- Erschließung der Akten des kaiserlichen Reichshofrats
- Germania Sacra
- Goethe-Wörterbuch (Arbeitsstelle Hamburg)
- Hof und Residenz im spätmittelalterlichen Deutschen Reich (1200-1600)
- Johann Friedrich Blumenbach-Online
- Katalogisierung der orientalischen Handschriften in Deutschland
- Leibniz-Edition (Leibniz-Archiv Hannover und Leibniz-Forschungsstelle Münster)
- Lexikon des frühgriechischen Epos (Thesaurus Linguae Graecae)
- Mittelhochdeutsches Wörterbuch (Arbeitsstelle Göttingen)
- Ortsnamen zwischen Rhein und Elbe – Onomastik im europäischen Raum
- Papsturkunden des frühen und hohen Mittelalters
- Patristische Kommission (Arbeitsstelle Göttingen)
- Qumran-Wörterbuch
- Runische Schriftlichkeit in den germanischen Sprachen
- Sanskrit-Wörterbuch der buddhistischen Texte aus den Turfan-Funden und der kanonischen Literatur der Sarvāstivāda-Schule
- SAPERE
- Schleiermacher-Edition, Kritische Gesamtausgabe (Arbeitsstelle Kiel)
- Septuaginta

III. Arbeitsvorhaben und Delegationen der Akademie 433
- Papsturkunden- und mittelalterliche Geschichtsforschung (Pius-Stiftung)
- Wörterbuch der Klassischen Arabischen Sprache
- Ausschuß für musikwissenschaftliche Editionen
- Deutsche Inschriften des Mittelalters und der frühen Neuzeit
- Deutsche Reichstagsakten, Ältere Reihe
- Deutsches Museum München
- Göttingische Gelehrte Anzeigen
- Herausgabe des Thesaurus Linguae Latinae
- Mittellateinisches Wörterbuch
- Patristik
- Zentraldirektion der Monumenta Germaniae Historica

Übersicht über die sonstigen Veranstaltungen 2010 442

Veröffentlichungen der Akademie 2010 470
 Abhandlungen, Neue Folge
 Göttingische Gelehrte Anzeigen
 Sonderveröffentlichungen
 Schriftentauschverzeichnis siehe Jahrbuch 2006

Stiftungen, Preise und Förderer

Stiftungen und Fonds 475

Preise der Akademie 476

Förderer der Akademie 477

Gauß-Professuren 478

Die Rechtsgrundlagen

Satzungen der Akademie 479

Die Akademie

Über die Akademie

Die Akademie der Wissenschaften zu Göttingen wurde 1751 als „Königliche Societät der Wissenschaften" gegründet. Sie sollte neben der seit 1737 bestehenden Universität, deren Hauptaufgabe die Lehre war, ein besonderer Ort der Forschung sein. In ihr sollten, wie ihr erster Präsident, der berühmte Schweizer Universalgelehrte Albrecht von Haller, es ausdrückte, „Decouverten", also Entdeckungen, gemacht werden. So ist es geblieben, wenngleich seither die Forschung in größerem Umfang von den Universitäten und von außeruniversitären Einrichtungen betrieben wird. Die Akademie betreibt zahlreiche Forschungsvorhaben auf vielen verschiedenen Gebieten. Die Publikationen der Akademie (Abhandlungen, Jahrbuch, Göttingische Gelehrte Anzeigen) sind weltweit verbreitet, besonders durch den Schriftentausch, der die Akademie mit mehr als 800 in- und ausländischen Partnern verbindet.

Die Akademie gliedert sich in zwei Klassen, die Philologisch-Historische und die Mathematisch-Physikalische Klasse, jede mit bis zu 40 Ordentlichen und 100 Korrespondierenden Mitgliedern. Während des Semesters versammeln sich beide Klassen alle zwei Wochen zu gemeinsamen Sitzungen, in denen wissenschaftliche „Decouverten" vorgetragen und diskutiert werden. Dazu kommen öffentliche Vorträge und Symposien. Die Klassen ergänzen ihren Mitgliederbestand durch Zuwahlen. Als Mitglieder werden Gelehrte gewählt, die anerkanntermaßen den Stand ihres Faches wesentlich erweitert haben. Es gibt Ordentliche, Korrespondierende und Ehrenmitglieder. Die Ordentlichen Mitglieder müssen ihren Wohnsitz in Norddeutschland haben, während die anderen Mitglieder aus allen Teilen Deutschlands und aus Ländern der ganzen Welt kommen können. Viele berühmte Gelehrte waren Mitglieder der Göttinger Akademie, darunter Christian Gottlob Heyne, Jacob und Wilhelm Grimm, Georg Christoph Lichtenberg, Friedrich Wöhler, Carl Friedrich Gauß, Wilhelm Eduard Weber, Friedrich Christoph Dahlmann, Julius Wellhausen, David Hilbert, Adolf Windaus, Max Born, Otto Hahn, James Franck, Werner Heisenberg, Alfred Heuß und Franz Wieacker.

Die Mitglieder der Philologisch-Historischen Klasse vertreten alle Richtungen der Geistes- und der Sozialwissenschaften. In der Mathematisch-Physikalischen Klasse sind vertreten: Mathematik, Physik, Medizin, Chemie sowie die Geo- und die Biowissenschaften. Da die Sitzungen in der

Regel von beiden Klassen gemeinsam abgehalten werden, ermöglicht dies der Akademie wie nur wenigen anderen Institutionen Kontakte und Zusammenarbeit von Vertretern ganz verschiedener Forschungsgebiete.

Die Akademie verleiht regelmäßig verschiedene Preise, die der Förderung des wissenschaftlichen Nachwuchses oder der Auszeichnung bedeutender Gelehrter dienen. Mit ihrer Gauß-Professur gibt sie herausragenden Forscherinnen und Forschern die Gelegenheit zu einem Arbeitsaufenthalt in Göttingen und zur Teilnahme am Leben der Akademie.

Neben den Forschungsarbeiten der beiden Klassen gehört zu den Aufgaben der Akademie die Betreuung wissenschaftlicher Langfristunternehmungen, die die Arbeitskraft und oft auch die Lebenszeit eines einzelnen Forschers übersteigen. Meist sind sie Bestandteil des so genannten Akademienprogramms, das, finanziert von Bund und Ländern, durch die Union der deutschen Akademien der Wissenschaften koordiniert wird. Mit den anderen Mitgliedern dieser Union, den Akademien in München, Leipzig, Heidelberg, Mainz, Berlin, Düsseldorf und Hamburg, besteht auch sonst eine enge Zusammenarbeit. Zur Durchführung ihrer Forschungsvorhaben bildet die Akademie Kommissionen. Diesen gehören auch Gelehrte an, die nicht Mitglieder der Akademie sind.

Seit ihrer Gründung vor 259 Jahren hat sich die Akademie in mancher Hinsicht gewandelt und weiterentwickelt, sie ist aber ihrer Aufgabe, die Wissenschaft zu fördern, immer treu geblieben.

Vorstand und Verwaltung

Präsident: CHRISTIAN STARCK
1. Vizepräsident und Vorsitzender der Mathematisch-Physikalischen
Klasse: NORBERT ELSNER
2. Vizepräsident und Vorsitzender der Philologisch-Historischen
Klasse: WERNER LEHFELDT
Geschäftsausschuss: DER PRÄSIDENT, DIE VIZEPRÄSIDENTEN,
DIE GENERALSEKRETÄRIN, JOACHIM RINGLEBEN,
KURT SCHÖNHAMMER
Geschäftsstelle: 37073 Göttingen, Theaterstraße 7
Fax: 0551/39 5365
E-Mail: adw@gwdg.de
Homepage: www.adw-goe.de

Leitung der Geschäftsstelle / Generalsekretärin
DR. ANGELIKA SCHADE, Tel.: 0551/39-9883
E-Mail: aschade@gwdg.de

I. Bereich Sekretariat / Sitzungs- und Veranstaltungsorganisation / Jahrbuch
ULLA DEPPE, Tel.: 0551/39-5362
E-Mail: udeppe@gwdg.de
SUSANNE NÖBEL, Tel.: 0551/39-5424
E-Mail: snoebel1@gwdg.de

II. Bereich Rechtsangelegenheiten / Akademienprogramm
DR. SABINE RICKMANN, Tel.: 0551/39-5363
E-Mail: srickma@gwdg.de
DOMINIK WOLL, Tel.: 0551/39-14669
E-Mail: dominik.woll@goettingerakademie.de

IIII. Bereich Haushalt / Personal
BRIGITTE MATTES, Tel.: 0551/39-5382
E-Mail: bmattes@gwdg.de
BIRGIT JAHNEL, Tel.: 0551/39-5339
E-Mail: birgit.jahnel@zvw.uni-goettingen.de
ULLA DEPPE, Tel.: 0551/39-12465
E-Mail: ulla.deppe@zvw.uni-goettingen.de

IV. Bereich Schriftentausch / Archiv / Technischer Mitarbeiter
  Christiane Wegener, Tel.: 0551/39-5360
  E-Mail: cwegene@gwdg.de
  Werner Jahnel, Tel.: 0551/39-5330
  E-Mail: wjahnel1@gwdg.de

V. Bereich Presse- und Öffentlichkeitsarbeit / EDV
  Adrienne Lochte, Tel.: 0551/39-5338
  E-Mail: alochte1@gwdg.de
  Dr. Thomas Bode, Tel.: 0551/39-5331
  E-Mail: tbode1@gwdg.de

Verantwortlich für Abhandlungen:
  Die beiden Klassenvorsitzenden

Redakteure der Göttingische Gelehrten Anzeigen:
  Gustav Adolf Lehmann, Joachim Ringleben

Publikationsausschuss:
  Vorsitz: Gerald Spindler
  Reinhard G. Kratz, Joachim Reitner,
  Angelika Schade, Christian Starck

Die Mitglieder

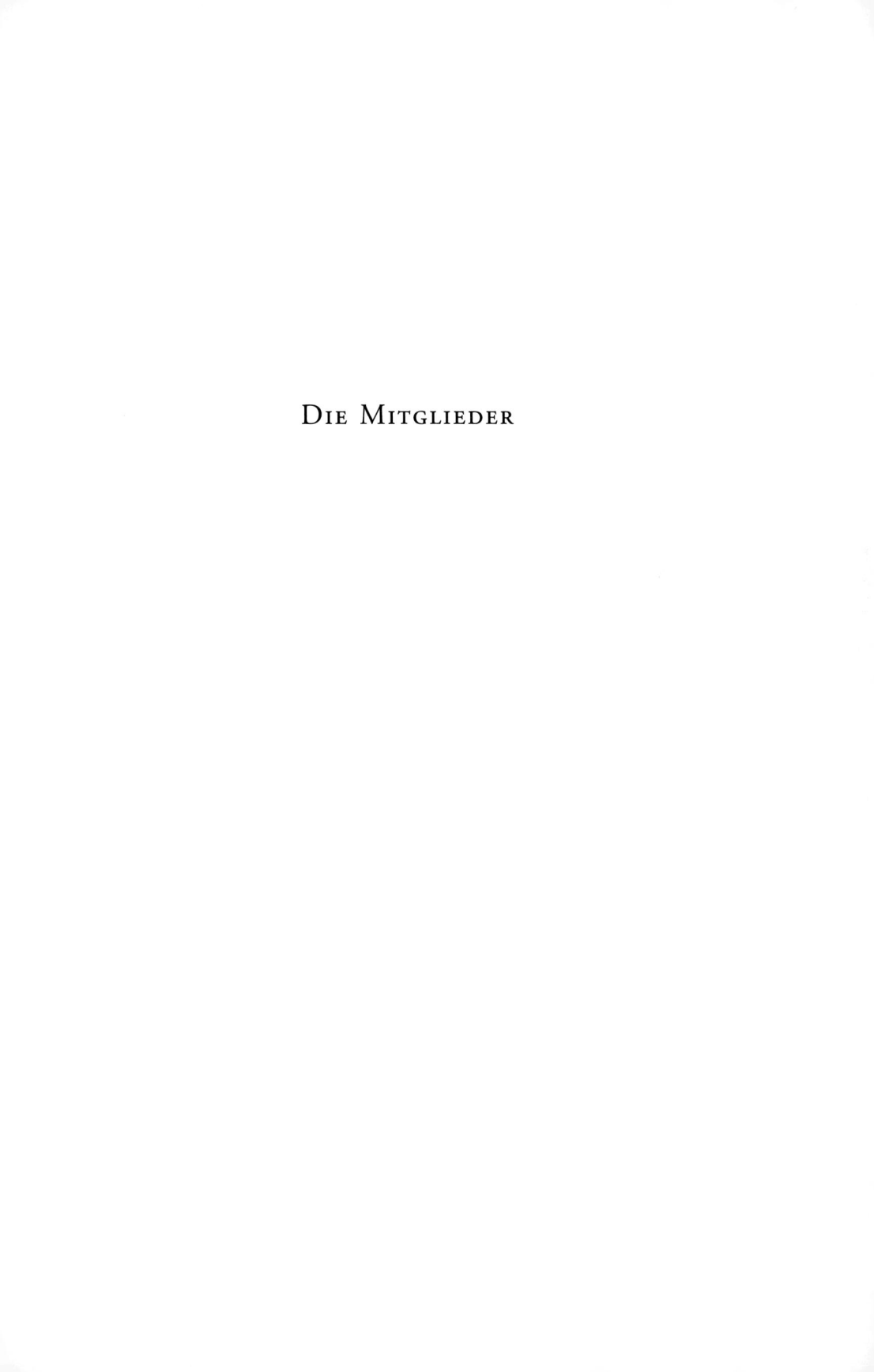

Verzeichnis der Mitglieder

nach dem Stand vom Dezember 2010

Die mit * gekennzeichneten Mitglieder sind auswärtige Ordentliche Mitglieder.

Ordentliche Mitglieder

Philologisch-Historische Klasse

ROBERT ALEXY, in Kiel, seit 2002
    Professor für Öffentliches Recht und Rechtsphilosophie,
    geb. 9.9.1945
    24118 Kiel, Olshausenstraße 40
    E-Mail: alexy@law.uni-kiel.de

KARL ARNDT, seit 1978
    Professor der Kunstgeschichte, geb. 22.8.1929
    37085 Göttingen, Merkelstraße 7

WILFRIED BARNER, seit 1993
    Professor der Deutschen Philologie (Neuere Deutsche Literatur),
    geb. 3.6.1937
    37075 Göttingen, Walter-Nernst-Weg 10
    E-Mail: wbarner@gwdg.de

OKKO BEHRENDS, seit 1982
    Professor des Römischen Rechts, Bürgerlichen Rechts und der
    Neueren Privatrechtsgeschichte, geb. 27.2.1939
    37075 Göttingen, Thomas-Dehler-Weg 3
    E-Mail: obehren@gwdg.de

MARIANNE BERGMANN, seit 1996
    Professorin der Klassischen Archäologie, geb. 29.6.1943
    Archäologisches Institut
    37073 Göttingen, Nikolausberger Weg 15
    E-Mail: sekretariat.archinst@phil.uni-goettingen.de

RIEKELE (RYKLE) BORGER, seit 1978
    Professor der Assyriologie, geb. 24.5.1929, gest. 27.12.2010

Winfried Bühler*, in München, seit 1980 (in Hamburg 1980–1991)
  zuvor Korrespondierendes Mitglied 1974–1980
  Professor der Klassischen Philologie, geb. 11.6.1929, gest. 14.2.2010

Carl Joachim Classen*, in Kronberg, seit 1987
  Professor der Klassischen Philologie, geb. 15.8.1928
  61476 Kronberg/Taunus, Feldbergstraße 13–15,
  A 021, Altkönig-Stift
  E-Mail: cclasse@gwdg.de

Konrad Cramer, seit 1997
  Professor der Philosophie, geb. 6.12.1933
  37085 Göttingen, Keplerstraße 10
  E-Mail: sunnacramer@gmx.de

Ute Daniel, in Braunschweig, seit 2007
  Professorin für Neuere Geschichte, geb. 3.5.1953
  38114 Braunschweig, Am Gaussberg 6
  E-Mail: u.daniel@tu-bs.de

Heinrich Detering, seit 2003
  Professor für Neuere Deutsche Literatur
  und Neuere Nordische Literaturen, geb. 1.11.1959
  37075 Göttingen, Plesseweg 6
  E-Mail: detering@phil.uni-goettingen.de

Uwe Diederichsen, seit 1988
  Professor des Bürgerlichen Rechts, Zivilprozeßrechts,
  Handelsrechts und der Juristischen Methodenlehre, geb. 18.7.1933
  37085 Göttingen, Hainholzweg 66
  E-Mail: udieder1@gwdg.de

Albert Dietrich, seit 1961
  Professor der Orientalistik (Arabistik), geb. 2.11.1912
  37075 Göttingen, Habichtsweg 55

Siegmar Döpp, in Berlin, seit 1997
  Professor der Klassischen Philologie, geb. 10.12.1941
  10557 Berlin, Calvinstraße 23, Gartenhaus
  E-Mail: sdoepp@gwdg.de

Ralf Dreier, seit 1980
  Professor für Allgemeine Rechtstheorie, geb. 10.10.1931
  37073 Göttingen, Wilhelm-Weber-Straße 4

ALFRED DÜRR, seit 1976
  Dr. phil., Musikwissenschaft, geb. 3.3.1918, gest. 7.4.2011

REINHARD FELDMEIER, in Göttingen, seit 2006
  Professor für Neues Testament, geb. 10.4.1952
  95444 Bayreuth, Meistersingerstraße 18
  E-Mail: Reinhard.Feldmeier@theologie.uni-goettingen.de

KLAUS FITTSCHEN, in Wolfenbüttel, seit 1988 (in Göttingen 1988–1989)
  Professor der Klassischen Archäologie, geb. 31.5.1936
  38302 Wolfenbüttel, Alter Weg 19

DOROTHEA FREDE, in Hamburg, seit 2001
  Professorin der Philosophie, geb. 5.7.1941
  Universität Hamburg, Philosophisches Seminar
  20146 Hamburg, Von-Melle-Park 6
  E-Mail: dorothea.frede@uni-hamburg.de

WERNER FRICK*, in Freiburg, seit 2002
  Professor der Deutschen Philologie, geb. 5.12.1953
  39104 Freiburg i.Br., Burgunder Straße 30
  E-Mail: werner.frick@germanistik.uni-freiburg.de

THOMAS W. GAEHTGENS*, in Berlin, seit 1983
  Professor der Kunstgeschichte, geb. 24.6.1940
  Getty Research Center, 1200 Getty Center Drive, Suite 1100
  Los Angeles, CA 90049-1688 (USA)
  E-Mail: tgaehtgens@getty.edu

ANDREAS GARDT, in Kassel, seit 2009
  Professor für Sprachwissenschaften, geb. 26.12.1954
  Universität Kassel, Institut für Germanistik, FB 02,
  34127 Kassel, Georg-Forster-Straße 3
  E-Mail: gardt@uni-kassel.de

KLAUS GRUBMÜLLER, seit 1992
  Professor der Deutschen Philologie, geb. 18.8.1938
  37136 Seeburg, Am Steinberg 13
  E-Mail: kgrubmu@gwdg.de

CLAUS HAEBLER, in Münster, seit 1971
  Professor der Indogermanischen Sprachwissenschaft, geb. 2.8.1931
  48159 Münster, Althausweg 29

Jürgen Heidrich, in Münster, seit 2008
    Professor der Musikwissenschaft, geb. 6.3.1959
    Westfälische Wilhelms-Universität
    Institut für Musikwissenschaft und Musikpädagogik
    48149 Münster, Schlossplatz 6
    E-Mail: juergen.heidrich@uni-muenster.de

Wolfram Henckel, seit 1983
    Professor des Zivilrechts, Handels- und Prozeßrechts, geb. 21.4.1925
    37120 Bovenden, Liegnitzer Straße 20

Klaus-Dirk Henke, in Berlin, seit 1993 (in Hannover 1993–1996)
    Professor der Volkswirtschaftslehre, geb. 17.9.1942
    14169 Berlin, Schweitzerstraße 26
    E-Mail: klaus-dirk.henke@tu-berlin.de

Nikolaus Henkel*, in Freiburg, seit 2006
    Professor der Deutschen Philologie, geb. 28.4.1945
    79117 Freiburg/Br., Eichrodtstraße 8
    E-Mail: nhenkel@uni-hamburg.de

Helmut Henne, in Braunschweig, seit 1999
    Professor der Germanistischen Linguistik, geb. 5.4.1936
    38302 Wolfenbüttel, Platanenstraße 27
    E-Mail: h.henne@tu-bs.de

Friedrich Junge, seit 2000
    Professor der Ägyptologie, geb. 18.4.1941
    37085 Göttingen, Am Kalten Born 37
    E-Mail: friedrich.junge@zvw.uni-goettingen.de

Thomas Kaufmann, seit 2002
    Professor der Kirchengeschichte, geb. 29.3.1962
    37085 Göttingen, Rohnsweg 13
    E-Mail: thomas.kaufmann@theologie.uni-goettingen.de

Horst Kern*, in München, seit 1998
    Professor der Sozialwissenschaften, geb. 29.9.1940
    80539 München, Königinstraße 45
    E-Mail: hkern@gwdg.de

STEPHAN KLASEN, seit 2007
    Professor für Volkswirtschaftstheorie und Entwicklungsökonomik,
    geb. 18.6.1966
    Georg-August-Universität Göttingen,
    Volkswirtschaftliches Seminar
    37073 Göttingen, Platz der Göttinger Sieben 3
    E-Mail: sklasen@uni-goettingen.de

REINHARD GREGOR KRATZ, seit 1999
    Professor des Alten Testaments, geb. 25.7.1957
    37085 Göttingen, Julius-Leber-Weg 13
    E-Mail: reinhard.kratz@theologie.uni-goettingen.de

KARL KROESCHELL*, in Freiburg, seit 1972 (in Göttingen 1972–1975)
    Professor der Deutschen Rechtsgeschichte, des Bürgerlichen
    Rechts, Handels- und Landwirtschaftsrechts, geb. 14.11.1927
    79102 Freiburg, Fürstenbergstraße 24

MARGOT KRUSE, in Hamburg, seit 1995
    Professorin der Romanischen Philologie, geb. 2.3.1928
    21465 Reinbek, Waldstraße 12

WOLFGANG KÜNNE, in Hamburg, seit 2006
    Professor der Philosophie, geb. 14.7.1944
    22589 Hamburg, Eichengrund 30
    E-Mail: wolfgang.kuenne@uni-hamburg.de

GERHARD LAUER, seit 2008
    Professor für Neuere Deutsche Literaturwissenschaften,
    geb. 14.11.1962
    Georg-August-Universität Göttingen
    Seminar für Deutsche Philologie
    37073 Göttingen, Käte-Hamburger-Weg 3
    E-Mail: gerhard.lauer@phil.uni-goettingen.de

REINHARD LAUER, seit 1980
    Professor der Slavischen Philologie, geb. 15.3.1935
    37120 Bovenden bei Göttingen, Allensteiner Weg 32
    E-Mail: rlauer@gwdg.de

JENS PETER LAUT, seit 2010
    Professor für Turkologie und Zentralasienkunde, geb. 6.1.1954
    37073 Göttingen, Planckstraße 9
    E-Mail: jlaut@gwdg.de

WERNER LEHFELDT, seit 1996 (Vizepräsident seit 2006)
Professor der Slavischen Philologie, geb. 22.5.1943
37085 Göttingen, Steinbreite 9 c
E-Mail: wlehfel@gwdg.de

GUSTAV ADOLF LEHMANN, seit 1995 (Vizepräsident von 2002–2006)
Professor der Alten Geschichte, geb. 28.8.1942
37075 Göttingen, In der Roten Erde 7
E-Mail: glehman1@gwdg.de

HARTMUT LEHMANN, in Kiel, seit 1995
Professor der Mittleren und Neueren Geschichte, geb. 29.4.1936
24105 Kiel, Caprivistraße 6
E-Mail: hrw.lehmann@t-online.de

CHRISTOPH LINK*, in Erlangen, seit 1983 (in Göttingen 1983–1986)
Professor der Politischen Wissenschaften und der Allgemeinen Staatslehre, geb. 13.6.1933
91054 Erlangen, Rühlstraße 35

EDUARD LOHSE, seit 1969
Professor des Neuen Testaments, geb. 19.2.1924
37075 Göttingen, Ernst-Curtius-Weg 7

BERND MOELLER, seit 1976
Professor der Kirchengeschichte, geb. 19.5.1931
37073 Göttingen, Gosslerstraße 6 A

ULRICH MÖLK, seit 1979 (Präsident und Vizepräsident von 1990–1994)
Professor der Romanischen Philologie, geb. 29.3.1937
37085 Göttingen, Höltystraße 7
E-Mail: umoelk@gwdg.de

EKKEHARD MÜHLENBERG, seit 1984
Professor der Kirchengeschichte, geb. 29.7.1938
37073 Göttingen, Am Goldgraben 6
E-Mail: emuehle@gwdg.de

TILMAN NAGEL, seit 1989
Professor der Arabistik und der Islamwissenschaft, geb. 19.4.1942
37127 Dransfeld, Tannenhof 3
E-Mail: arabsem@gwdg.de

HEINZ-GÜNTHER NESSELRATH, seit 2002
    Professor der Klassischen Philologie, geb. 9.11.1957
    37073 Göttingen, Hermann-Föge-Weg 17
    E-Mail: HeinzGuenther.Nesselrath@phil.uni-goettingen.de

KLAUS NIEHR, in Osnabrück, seit 2010
    Professor für Kunstgeschichte, geb. 13.8.1955
    Universität Osnabrück, Kunsthistorisches Institut
    49069 Osnabrück, Katharinenstraße 7
    E-Mail: klaus.niehr@uni-osnabrueck.de

THOMAS OBERLIES, seit 2009
    Professor für Indologie und Tibetologie, geb. 24.3.1958
    Seminar für Indologie und Tibetologie
    37073 Göttingen, Waldweg 26
    E-Mail: thomasoberlies@t-online.de

OTTO GERHARD OEXLE, in Berlin, seit 1990
    Professor der Mittleren und Neueren Geschichte, geb. 28.8.1939
    10707 Berlin, Duisburger Straße 12

GÜNTHER PATZIG, seit 1971 (Präsident und Vizepräsident von 1986–1990)
    Professor der Philosophie, geb. 28.9.1926
    37075 Göttingen, Otfried-Müller-Weg 6

FRITZ PAUL, seit 1995
    Professor der Germanischen, insbesondere der Nordischen
    Philologie, geb. 4.4.1942
    37077 Göttingen, Klosterweg 6 a
    E-Mail: fpaul@gwdg.de

LOTHAR PERLITT, seit 1982
    Professor des Alten Testaments, geb. 2.5.1930
    37073 Göttingen, Wilhelm-Weber-Straße 40

FIDEL RÄDLE, seit 1993
    Professor der Lateinischen Philologie des Mittelalters und der
    Neuzeit, geb. 4.9.1935
    37085 Göttingen, Tuckermannweg 15
    E-Mail: fraedle@gwdg.de

Brigitte Reinwald, in Hannover, seit 2009
    Professorin für Afrikanische Geschichte, geb. 13.1.1958
    Leibniz Universität Hannover, Historisches Seminar
    30167 Hannover, Im Moore 21
    E-Mail: brigitte.reinwald@hist.uni-hannover.de

Frank Rexroth, seit 2004
    Professor für Mittlere und Neuere Geschichte, geb. 4.10.1960
    37073 Göttingen, Nikolausberger Weg 54
    E-Mail: frexrot@gwdg.de

Joachim Ringleben, seit 1997
    Professor für Systematische Theologie, geb. 24.7.1945
    37085 Göttingen, Dahlmannstraße 24
    E-Mail: jringle@gwdg.de

Hedwig Röckelein, seit 2008
    Professorin für Mittlere und Neuere Geschichte, geb. 13.7.1956
    Georg-August-Universität Göttingen
    Seminar für Mittlere und Neuere Geschichte
    37073 Göttingen, Platz der Göttinger Sieben 5
    E-Mail: hroecke@gwdg.de

Klaus Röhrborn, seit 1996
    Professor der Turkologie und Zentralasienkunde, geb. 10.1.1938
    37120 Bovenden, Gartenweg 1
    E-Mail: klaus.roehrborn@phil.uni-goettingen.de

Hans Schabram, seit 1971
    Professor der Englischen Sprache und Literatur des Mittelalters,
    geb. 27.9.1928
    37085 Göttingen, Wohnstift Göttingen, Charlottenburger Straße 19

Erhard Scheibe, in Hamburg, seit 1977
    (in Göttingen 1977–1983, ausw. Ordentliches Mitglied 1984–1991)
    Professor der Philosophie, geb. 24.9.1927, gest. 7.1.2010

Ulrich Schindel, seit 1986
    Professor der Klassischen Philologie, geb. 10.9.1935
    37075 Göttingen, Albert-Schweitzer-Straße 3
    E-Mail: uschind@gwdg.de

Albrecht Schöne, seit 1966
    Professor der Deutschen Philologie, geb. 17.7.1925
    37075 Göttingen, Grotefendstraße 26

BETTINA SCHÖNE-SEIFERT, in Osnabrück, seit 2008
   Professorin für Medizinethik, geb. 5.9.1956
   Klinikum der Universität Münster, Institut für Ethik,
   Geschichte und Theorie der Medizin
   48149 Münster, Von-Esmarsch-Straße 62
   E-Mail: bseifert@uni-muenster.de

HANS-LUDWIG SCHREIBER, seit 1997
   Professor des Strafrechts, Strafprozeßrechts und der
   Rechtsphilosophie, geb. 10.5.1933
   30519 Hannover, Grazer Straße 14

EVA SCHUMANN, seit 2007
   Professorin für Deutsche Rechtsgeschichte und Bürgerliches Recht,
   geb. 19.7.1967
   37075 Göttingen, Grotefendstraße 17
   E-Mail: e.schumann@jura.uni-goettingen.de

RUDOLF SCHÜTZEICHEL, in Münster i.W., seit 1973
   Professor der Germanischen Philologie, geb. 20.5.1927
   48161 Münster, Potstiege 16

WOLFGANG SELLERT, seit 1984
   Professor der Deutschen Rechtsgeschichte und des Bürgerlichen
   Rechts, geb. 3.11.1935
   37075 Göttingen, Konrad-Adenauer-Straße 25
   E-Mail: wseller@gwdg.de

RUDOLF SMEND, seit 1974 (Präsident und Vizepräsident von 1994–2002)
   Professor des Alten Testaments, geb. 17.10.1932
   37075 Göttingen, Thomas-Dehler-Weg 6

HERMANN SPIECKERMANN, seit 2002
   Professor für Altes Testament, geb. 28.10.1950
   30419 Hannover, Astrid-Lindgren-Straße 4
   E-Mail: hermann.spieckermann@theologie.uni-goettingen.de

GERALD SPINDLER, seit 2005
   Professor für Bürgerliches Recht, Handels- und
   Wirtschaftsrecht, Multimedia- und Telekommunikationsrecht
   und Rechtsvergleichung, geb. 18.12.1960
   37085 Göttingen, Schildweg 28 H
   E-Mail: Lehrstuhl.spindler@jura.uni-goettingen.de

Karl Stackmann, seit 1969
    Professor der Germanistik, geb. 21.3.1922
    37075 Göttingen, Nonnenstieg 12
    E-Mail: kstackm@gwdg.de

Martin Staehelin, seit 1987
    Professor der Musikwissenschaft, geb. 25.9.1937
    37085 Göttingen, Schlözerweg 4
    E-Mail: musik@gwdg.de

Christian Starck, seit 1982 (Präsident seit 2008)
    Professor des Öffentlichen Rechts, geb. 9.1.1937
    37075 Göttingen, Schlegelweg 10
    E-Mail: c.starck@jura.uni-goettingen.de

Holmer Steinfath, seit 2010
    Professor der Philosophie, geb. 13.3.1961
    37073 Göttingen, Am Goldgraben 24
    E-Mail: Holmer.Steinfath@phil.uni-goettingen.de

Rudolf Vierhaus, in Berlin, seit 1985
    Professor der Mittleren und Neueren Geschichte, geb. 29.10.1922
    14129 Berlin, Breisgauer Straße 22

Gert Webelhuth*, in Frankfurt am Main, seit 2005
    Professor für Englische Philologie, geb. 28.9.1961
    60322 Frankfurt am Main, Finkenhofstraße 32
    E-Mail: webelhuth@em.uni-frankfurt.de

Wolfhart Westendorf, seit 1976
    Professor der Ägyptologie, geb. 18.9.1924
    37077 Göttingen, Über den Höfen 15

Simone Winko, seit 2009
    Professorin für Neuere Deutsche Literatur, geb. 30.5.1958
    Seminar für Deutsche Philologie
    37073 Göttingen, Käte-Hamburger-Weg 3
    E-Mail: simone.winko@phil.uni-goettingen.de

Theodor Wolpers, seit 1971
    Professor der Englischen Philologie, geb. 9.3.1925
    37085 Göttingen, Guldenhagen 11
    E-Mail: twolper@gwdg.de

ANNETTE ZGOLL, seit 2010
    Professorin für Altorientalistik, geb. 12.2.1970
    Seminar für Altorientalistik (Assyriologie)
    37073 Göttingen, Weender Landstraße 2
    E-Mail: altorien@gwdg.de

REINHARD ZIMMERMANN, in Hamburg, seit 2003
    Professor für Bürgerliches Recht, Römisches Recht und Historische
    Rechtsvergleichung, geb. 10.10.1952
    20354 Hamburg, Fontenay-Allee 6

Mathematisch-Physikalische Klasse

ECKART ALTENMÜLLER, in Hannover, seit 2005
    Professor für Musikphysiologie, geb. 19.12.1955
    31303 Burgdorf/Ehlershausen, Rosengasse 9
    E-Mail: altenmueller@hmt.hannover.de

MATHIAS BÄHR, seit 2008
    Professor für Neurologie, geb. 24.1.1960
    Universitätsklinikum Göttingen, Abteilung Neurologie
    37075 Göttingen, Robert-Koch-Straße 40
    E-Mail: mbaehr@gwdg.de

HANS-JÜRGEN BORCHERS, seit 1970
    Professor der Theoretischen Physik, geb. 24.1.1926
    37079 Göttingen, Hasenwinkel 41
    E-Mail: borchers@theorie.physik.uni-goettingen.de

PETER BOTSCHWINA, seit 2001
    Professor der Theoretischen Chemie, geb. 4.5.1948
    Institut für Physikalische Chemie
    37077 Göttingen, Tammannstraße 6
    E-Mail: pbotsch@gwdg.de

GERHARD BRAUS, seit 2009
    Professor für Mikrobiologie und Genetik, geb. 24.9.1957
    Institut für Mikrobiologie und Genetik
    37077 Göttingen, Grisebachstraße 8
    E-Mail: gbraus@gwdg.de

BERTRAM BRENIG, seit 2002
    Professor für Veterinärmedizin, geb. 18.12.1959
    37079 Göttingen, Hahneborn 5
    E-Mail: bbrenig@gwdg.de

MICHAEL BUBACK, seit 2000
 Professor der Technischen und Makromolekularen Chemie,
 geb. 16.2.1945
 Institut für Physikalische Chemie
 37077 Göttingen, Tammannstraße 6
 E-Mail: mbuback@gwdg.de

FABRIZIO CATANESE*, in Bayreuth, seit 2000 (in Göttingen 2000–2001)
 Professor der Mathematik, geb. 16.3.1950
 Mathematisches Institut, Lehrstuhl Mathematik VIII
 95447 Bayreuth, Universitätsstraße 30
 E-Mail: fabrizio.catanese@uni-bayreuth.de

ULRICH CHRISTENSEN, seit 1995
 Professor der Geophysik, geb. 6.5.1954
 37120 Bovenden, Elsbeerring 18 a
 E-Mail: christensen@mps.mpg.de

MANFRED EIGEN, seit 1965
 Professor der Physikalischen Chemie, geb. 9.5.1927
 Max-Planck-Institut für Biophysikalische Chemie
 37077 Göttingen, Am Fassberg 11

NORBERT ELSNER, seit 1997 (Vizepräsident seit 2004)
 Professor der Zoologie, geb. 11.10.1940
 37120 Bovenden, Dresdener Straße 9
 E-Mail: nelsner@gwdg.de

THOMAS ESCHENHAGEN, in Hamburg, seit 2004
 Professor für Experimentelle und Klinische Pharmakologie,
 geb. 19.9.1960
 20257 Hamburg, Müggenkampstraße 31
 E-Mail: t.eschenhagen@uke.uni-hamburg.de

KURT VON FIGURA, seit 1998
 Professor der Biochemie, geb. 16.5.1944
 37085 Göttingen, Hainholzweg 30
 E-Mail: vonfigura@googlemail.com

JENS FRAHM, seit 2005
 Professor für Physikalische Chemie, geb. 29.3.1951
 37085 Göttingen, Fridtjof-Nansen-Weg 5
 E-Mai: jfrahm@gwdg.de

Hans-Joachim Fritz, seit 1999
    Professor der Molekularen Genetik, geb. 21.2.1945
    37120 Bovenden, Plesseweg 16
    E-Mail: hansj.fritz@gmail.com

Gerhard Gottschalk, seit 1976
    (Präsident und Vizepräsident von 1996–2002)
    Professor der Mikrobiologie, geb. 27.3.1935
    37176 Nörten-Hardenberg, Johann-Wolf-Straße 35 a
    E-Mail: ggottsc@gwdg.de

Stephan Robbert Gradstein*, in Paris, seit 1999
    Professor der Botanik (Pflanzensystematik), geb. 31.10.1943
    Muséum National d'Histoire Naturelle
    Département Systématique et Evolution
    UMR 7205, Case Postale 39, 57 rue Cuvier
    75231 Paris (Frankreich) Cedex 05
    E-Mail: sgradst@uni-goettingen.de

Hans Grauert, seit 1963 (Präsident und Vizepräsident von 1992–1996)
    Professor der Mathematik, geb. 8.2.1930
    37075 Göttingen, Ewaldstraße 67

Christian Griesinger, seit 2007
    Professor für Physikalische Chemie, geb. 5.4.1960
    Max-Planck-Institut für Biophysikalische Chemie
    37077 Göttingen, Am Fassberg 11
    E-Mail: cigr@nmr.mpibpc.mpg.de

Peter Gruss*, in München, seit 1996
    Professor der Molekularen Zellbiologie, geb. 28.6.1949
    37077 Göttingen, Stiegbreite 9
    E-Mail: peter.gruss@mpg-gv.mpg.de

Rudolf Haag*, in Schliersee-Neuhaus, seit 1981
    (in Hamburg 1981–1994)
    Professor der Physik, geb. 17.8.1922
    83727 Schliersee, Waldschmidtstraße 4b

Jürgen Hagedorn, seit 1983
    Professor der Geographie, geb. 10.3.1933
    37077 Göttingen, Jupiterweg 1
    E-Mail: jhagedo@gwdg.de

GERD P. HASENFUSS, seit 2002
    Professor für Innere Medizin, geb. 27.6.1955
    37077 Göttingen, Am Seidelbast 6
    E-Mail: hasenfus@med.uni-goettingen.de

MARCUS HASSELHORN, in Frankfurt, seit 2005
    Professor für Psychologie, geb. 25.10.1957
    37181 Hardegsen, Am Herrenberg 11
    E-Mail: hasselhorn@dipf.de

ERHARD HEINZ, seit 1970
    Professor der Mathematik, geb. 30.4.1924
    37085 Göttingen, GDA-Wohnstift, Charlottenburgerstraße 19

HANS WALTER HELDT, seit 1990
    Professor für Biochemie der Pflanzen, geb. 3.1.1934
    37075 Göttingen, Ludwig-Beck-Straße 5
    E-Mail: HansWalterHeldt@aol.com

STEFAN W. HELL, seit 2007
    Professor für Physik, geb. 23.12.1962
    Max-Planck-Institut für Biophysikalische Chemie,
    Abt. NanoBiophotonik
    37077 Göttingen, Am Fassberg 11
    E-Mail: shell@gwdg.de

NORBERT HILSCHMANN, seit 1984
    Professor der Physiologischen Chemie, geb. 8.2.1931
    37077 Göttingen, Zur Akelei 17 a

HENNING HOPF, in Braunschweig, seit 1997
    Professor der Organischen Chemie, geb. 13.12.1940
    Institut für Organische Chemie
    38106 Braunschweig, Hagenring 30
    E-Mail: h.hopf@tu-bs.de

HERBERT JÄCKLE, seit 2000
    Professor der Chemie und Biologie, geb. 6.7.1949
    Max-Planck-Institut für Biophysikalische Chemie
    37077 Göttingen, Am Fassberg 11
    E-Mail: hjaeckl@gwdg.de

Wilhelm Johannes, in Hannover, seit 1996
   Professor der Mineralogie, geb. 26.3.1936
   30938 Burgwedel, Veilchenweg 4
   E-Mail: ejohannes@t-online.de

Rudolf Kippenhahn, seit 1970
   Professor der Theoretischen Astrophysik, geb. 24.5.1926
   37077 Göttingen, Rautenbreite 2

Reiner Kirchheim, seit 2001
   Professor der Metallphysik, geb. 24.5.1943
   Institut für Materialphysik
   37077 Göttingen, Friedrich-Hund-Platz 1
   E-Mail: rkirch@ump.gwdg.de

Ulrich Krengel, seit 1993
   Professor der Mathematischen Stochastik, geb. 9.3.1937
   37075 Göttingen, Von-Bar-Straße 26
   E-Mail: krengel@math.uni-goettingen.de

Rainer Kress, seit 1996
   Professor der Numerischen und Angewandten Mathematik,
   geb. 23.12.1941
   37077 Göttingen, Hainbuchenring 1
   E-Mail: kress@math.uni-goettingen.de

Hans-Jürg Kuhn, seit 1981
   Professor der Anatomie, geb. 7.5.1934
   37075 Göttingen, Friedrich-von-Bodelschwingh-Straße 28
   E-Mail: hkuhn2@gwdg.de

Christoph Leuschner, seit 2008
   Professor für Pflanzenökologie, geb. 21.12.1956
   Albrecht-von-Haller-Institut für Pflanzenwissenschaften,
   Abteilung Ökologie und Ökosystemforschung
   37073 Göttingen, Untere Karspüle 2
   E-Mail: cleusch@uni-goettingen.de

Klaus Peter Lieb, seit 1991
   Professor der Experimentalphysik, geb. 26.6.1939
   37075 Göttingen, Am Kreuze 34
   E-Mail: lieb@physik2.uni-goettingen.de

GERD LÜER, seit 1993
    Professor der Psychologie, geb. 4.4.1938
    37075 Göttingen, Friedrich-von Bodelschwingh-Straße 13
    E-Mail: gluer@gwdg.de

WOLFGANG LÜTTKE, seit 1973
    Professor der Organischen Chemie, geb. 20.11.1919
    37077 Göttingen, Senderstraße 49

MICHAEL PETER MANNS, in Hannover, seit 2003
    Professor für Innere Medizin, geb. 16.11.1951
    (Gastroenterrologie, Hepatologie und Endokrinologie)
    30916 Isernhagen, Sonnenallee 23
    E-Mail: manns.michael@mh-hannover.de

ANTON MELLER, seit 1995
    (zuvor Korrespondierendes Mitglied 1990–1994)
    Professor der Anorganischen Chemie, geb. 5.5.1932
    37085 Göttingen, Calsowstraße 62

HANS GEORG MUSMANN in Hannover, seit 1981
    Professor der Theoretischen Nachrichtentechnik, geb. 14.8.1935
    38259 Salzgitter-Bad, Heckenrosenweg 24
    E-Mail: musec@tnt.uni-hannover.de

ERWIN NEHER, seit 1992
    Professor der Physik, geb. 20.3.1944
    37120 Bovenden-Eddigehausen, Domäne 11
    E-Mail: eneher@gwdg.de

SAMUEL JAMES PATTERSON, seit 1998
    Professor der Reinen Mathematik, geb. 7.9.1948
    37136 Seeburg, Seestieg 13
    E-Mail: sjp@uni-math.gwdg.de

HEINZ-OTTO PEITGEN, in Bremen, seit 2008
    Professor für Mathematik, geb. 30.4.1945
    28355 Bremen, Am Jürgens Holz 5
    E-Mail: peitgen@mevis.de

ANDREA POLLE, seit 2006
    Professorin für Forstbotanik und Baumphysiologie, geb. 18.9.1956
    37115 Duderstadt, Rispenweg 8
    E-Mail: apolle@gwdg.de

Joachim Reitner, seit 1998
   Professor der Paläontologie, geb. 6.5.1952
   37077 Göttingen, Hölleweg 8 a
   E-Mail: jreitne@gwdg.de

Gerhard P. K. Röbbelen, seit 1981
   Professor der Pflanzenzüchtung, geb. 10.5.1929
   c/o Stift am Klausberg, App. 534
   37075 Göttingen, Habichtsweg 55
   E-Mail: gc.roebbelen@t-online.de

Herbert W. Roesky, seit 1983 (Präsident von 2002–2008)
   Professor der Anorganischen Chemie, geb. 6.11.1935
   37085 Göttingen, Emil-Nolde-Weg 23
   E-Mail: hroesky@gwdg.de

Nicolaas Rupke, seit 2005
   Professor für Wissenschaftsgeschichte, geb. 22.1.1944
   37073 Göttingen, Leonard-Nelson-Straße 28
   E-Mail: nrupke@gwdg.de

Konrad Samwer, seit 2004
   Professor für Physik, geb. 26.1.1952
   37085 Göttingen, Leipziger Straße 12
   E-Mail: konrad.samwer@physik.uni-goettingen.de

Robert Schaback, seit 2001
   Professor der Numerischen und Angewandten Mathematik,
   geb. 25.11.1945
   Institut für Numerische und Angewandte Mathematik
   37083 Göttingen, Lotzestraße 16–18
   E-Mail: schaback@math.uni-goettingen.de

Hans Günter Schlegel, seit 1965 (Präsident und Vizepräsident
   von 1984–1988)
   Professor der Mikrobiologie, geb. 24.10.1924
   37120 Bovenden, Görlitzer Straße 35
   E-Mail: hschleg1@gwdg.de

Günter Schmahl, seit 1996
   Professor der Röntgenphysik, geb. 26.3.1936
   37075 Göttingen, Ernst-Curtius-Weg 8
   E-Mail: gschmah@gwdg.de

Hermann Schmalzried, in Hannover, seit 1976
    Professor der Physikalischen Chemie, geb. 21.1.1932
    37075 Göttingen, In der Roten Erde 18

Kurt Schönhammer, seit 1995
    Professor der Theoretischen Physik, geb. 29.5.1946
    37085 Göttingen, Sertuernerstraße 14
    E-Mail: schoenh@theorie.physik.uni-goettingen.de

Christoph J. Scriba, seit 1995
    Professor für Geschichte der Naturwissenschaften, geb. 6.10.1929
    20525 Hamburg, Langenfelder Damm 61, Whg. 64
    E-Mail: scriba@math.uni-hamburg.de

George Michael Sheldrick, seit 1989
    Professor der Strukturforschung, geb. 17.11.1942
    37120 Bovenden-Eddigehausen, Heinrich-Deppe-Ring 51
    E-Mail: gsheldr@shelx.uni-ac.gwdg.de

Manfred Siebert, seit 1984
    Professor der Geophysik, geb. 2.6.1925
    37077 Göttingen, Hohler Graben 4
    E-Mail: manfred.siebert@phys.uni-goettingen.de

Stefan Tangermann, seit 1994
    Professor der Agrarökonomie, geb. 24.12.1943
    37218 Witzenhausen, Am Steimel 18
    E-Mail: stefan.t@ngermann.net

Reiner Thomssen, seit 1981
    Professor der Medizinischen Mikrobiologie, geb. 24.4.1930
    37073 Göttingen, Wilhelm-Weber-Straße 29
    E-Mail: rthomss@gwdg.de

Lutz F. Tietze, seit 1990
    Professor der Organischen Chemie, geb. 14.3.1942
    37077 Göttingen, Stumpfe Eiche 23
    E-Mail: ltietze@gwdg.de

Tammo tom Dieck, seit 1984
    Professor der Mathematik, geb. 29.5.1938
    37079 Göttingen, Am Winterberg 48
    E-Mail: tammo@uni-math.gwdg.de

STEFAN TREUE, seit 2010
    Professor für Kognitive Neurowissenschaften und Biopsychologie,
    geb. 31.8.1964
    Deutsches Primatenzentrum GmbH
    37077 Göttingen, Kellnerweg 4
    E-Mail: treue@gwdg.de

JÜRGEN TROE, seit 1982
    Professor der Physikalischen Chemie, geb. 4.8.1940
    37085 Göttingen, Rohnsweg 22
    E-Mail: shoff@gwdg.de

RAINER G. ULBRICH, seit 1996
    Professor der Physik, geb. 11.11.1944
    37077 Göttingen, Mühlspielweg 25
    E-Mail: ulbrich@ph4.physik.uni-goettingen.de

HANS-HEINRICH VOIGT, seit 1967 (Präsident und Vizepräsident
    von 1976–1981)
    Professor der Astronomie und Astrophysik, geb. 18.4.1921
    37085 Göttingen, Charlottenburger Straße 19, App. A/627
    E-Mail: hhvgoe@nexgo.de

GERHARD WAGENITZ, seit 1982
    Professor der Botanik (Pflanzensystematik), geb. 31.5.1927
    37075 Göttingen, Ewaldstraße 73
    E-Mail: gwageni@gwdg.de

HEINZ GEORG WAGNER, seit 1971
    Professor der Physikalischen Chemie, geb. 20.9.1928
    37077 Göttingen-Nikolausberg, Senderstraße 51

OTTO H. WALLISER, seit 1981
    Professor der Paläontologie, geb. 3.3.1928, gest. 30.12.2010

KARL HANS WEDEPOHL, seit 1970
    Professor der Geochemie, geb. 6.1.1925
    37079 Göttingen, Hasenwinkel 36

GEROLD WEFER, in Bremen, seit 2008
    Professor für Allgemeine Geologie, geb. 22.2.1944
    Universität Bremen, Marum-Zentrum für Marine
    Umweltwissenschaften
    28334 Bremen, Postfach 33 04 40
    E-Mail: gwefer@marum.de

EKKEHARD WINTERFELDT, in Hannover, seit 1984
 Professor der Organischen Chemie, geb. 13.5.1932
 30916 Isernhagen, Sieversdamm 34
 E-Mail: E.Winterfeldt@web.de

GERHARD WÖRNER, seit 2003
 Professor für Geochemie, geb. 21.9.1952
 37073 Göttingen, Düstere Eichenweg 12 a
 E-Mail: gwoerne@gwdg.de

ANNETTE ZIPPELIUS, seit 1993
 Professorin der Theoretischen Physik, geb. 25.6.1949
 37075 Göttingen, Am Klausberge 23
 E-Mail: annette@theorie.physik.uni-goettingen.de

Korrespondierende Mitglieder

Philologisch-Historische Klasse

WOLFGANG ADAM, in Osnabrück, seit 2009
 Professor für Neuere Deutsche Literatur, geb. 16.3.1949
 49134 Wallenhorst-Rulle, Falkenring 6
 E-Mail: wolfgang.adam@uni-osnabrueck.de

GÜNTER ARNOLD, in Weimar, seit 2002
 Dr. philos., Editionsphilologe im Goethe- und Schiller-Archiv Weimar, geb. 22.9.1943
 99427 Weimar, Moskauer Straße 34
 E-mail: guenter.arnold@klassik-stiftung.de

GRAZIANO ARRIGHETTI, in Pisa, seit 1998
 Professor der Griechischen Philologie, geb. 14.5.1928
 56126 Pisa (Italien), Dipartimento di Filologia Classica,
 Via Galvani 1
 E-mail: arrighetti@flcl.unipi.it

ALEIDA ASSMANN, in Konstanz, seit 1999
 Professorin der Anglistik und der Allgemeinen Literaturwissenschaft,
 geb. 22.3.1947
 Philosophische Fakultät, FB Literaturwissenschaft
 78457 Konstanz, Universität Konstanz
 E-mail: Aleida.Assmann@uni-konstanz.de

James Barr, in Claremont, seit 1976
  Professor der Semitischen Sprachen und Literaturen, geb. 20.3.1924
  Claremont, Ca. 91711-2734 (USA), 1432 Sitka Court
  E-Mail: Jmsbarr@aol.com

Heinrich Beck, in Bonn, seit 1982
  Professor der Germanischen und Nordischen Philologie,
  geb. 2.4.1929
  81925 München, Franz-Wolter-Straße 54
  E-Mail: Dr.Heinrich.Beck@t-online.de

Rolf Bergmann, in Mannheim, seit 1990
  Professor der Deutschen Sprachwissenschaft und der Älteren
  Deutschen Literatur, geb. 2.8.1937
  68259 Mannheim, Schulzenstraße 25
  E-Mail: bergmann-bur@t-online.de

France Bernik, in Ljubljana, seit 2003
  Professor für Slowenische Literaturgeschichte, geb. 13.5.1927
  SLO – 1000 Ljubljana (Slowenien), Slovenska Akademija
  Znanosti in Umetnosti, Novi trg 3 (p. p. 323)
  E-Mail: sazu@sazu.si

Luigi Beschi, in Rom, seit 2004
  Professor für Klassische Archäologie, geb. 27.12.1930
  00197 Rom (Italien), Via Tommaso Salvini, 2/A

Peter Bieri, in Berlin, seit 2008
  Professor für Philosophie, geb. 23.6.1944
  14129 Berlin, Dubrowstraße 44

Anne Bohnenkamp-Renken, in Frankfurt am Main, seit 2004
  Professorin für Neuere Deutsche Literaturwissenschaft
  und Allgemeine und Vergleichende Literaturwissenschaft,
  geb. 17.11.1960
  61118 Bad Vilbel, Schulstraße 13
  E-Mail: abohnenkamp@goethhaus-frankfurt.de

Nicholas Boyle, in Cambridge, seit 2010
  Schröder Professor of German, geb. 18.6.1946
  University of Cambridge, Department of German and Dutch
  Cambridge CB3 OAG (England), Magdalene College,
  Magdalene Street
  E-Mail: nb215@cam.ac.uk

REINHARD BRANDT, in Marburg, seit 2004
    Professor der Philosophie, geb. 10.4.1937
    35037 Marburg, Augustinergasse 2

URSULA BRUMM, in Berlin, seit 1996
    Professorin der Amerikanistik, geb. 24.10.1919
    14165 Berlin-Zehlendorf, Bismarckstraße 1

FRANZ BYDLINSKI, in Wien, seit 1989
    Professor des Zivilrechts, geb. 20.11.1931
    Institut für Zivilrecht,
    1010 Wien (Österreich), Schottenbastei 10–16

AVERIL CAMERON, in Oxford, seit 2006
    Professorin für Spätantike und byzantinische Geschichte,
    geb. 8.2.1940
    Keble College, Parks Road,
    Oxford OXI 3PG (England)
    E-Mail: averil.cameron@keb.ox.ac.uk

LUIGI CAPOGROSSI COLOGNESI, in Rom, seit 1999
    Professor des Römischen Rechts, geb. 25.2.1935
    Istituto di Diritto Romano e dei Diritti dell'Oriente Mediteraneo,
    00185 – Roma (Italien), Universita di Roma „La Sapienza"
    E-Mail: luigi.capogrossicolognesi@uniroma1.it

SIGRID DEGER-JALKOTZY, in Salzburg, seit 2005
    Professorin für Alte Geschichte mit besonderer Berücksichtigung
    der Vor- und Frühgeschichte des Mittelmeer- und des Donauraumes,
    geb. 3.2.1940
    5020 Salzburg (Österreich), General Keyes-Straße 17/7
    E-Mail: sigrid.deger-jalkotzy@sbg.ac.at

GEORGIES DESPINIS, in Athen, seit 2002
    Professor für Klassische Archäologie, geb. 16.4.1936
    11257 Athen (Griechenland), I. Drosopoulou 3

ALBRECHT DIHLE, in Heidelberg, seit 1996
    Professor der Klassischen Philologie, geb. 28.3.1923
    50968 Köln, Schillingsrotter Platz 7

GERHARD DILCHER, in Frankfurt am Main, seit 2007
    Professor für Deutsche Rechtsgeschichte, Bürgerliches Recht
    und Kirchenrecht, geb. 14.2.1932
    61462 Königstein, Kuckucksweg 18
    E-Mail: dilcher@jur.uni-frankfurt.de

Pietro U. Dini, in Pisa, seit 2010
    Professor für Baltische Philologie und für Allgemeine
    Sprachwissenschaft, geb. 5.10.1960
    University of Pisa, Department of Linguistics, Baltic Philology
    56126 Pisa (Italien), Via S. Maria 36
    E-Mail: pud@ling.unipi.it

Aleksandr Dmitrievič Duličenko, in Dorpat, seit 2004
    Professor der Slavischen Philologie, geb. 30.10.1941
    50002 Tartu, Box 31 (Estland)

Kaspar Elm, in Berlin, seit 1982
    Professor der Geschichte des Mittelalters, geb. 23.9.1929
    14195 Berlin, Hittorfstraße 10

John A. Emerton, in Cambridge, seit 1990
    Professor der Theologie und der Semitischen Philologie,
    geb. 5.6.1928
    Cambridge CB3 9LN (England), 34 Gough Way

Johannes Erben, in Bonn, seit 1992
    Professor der Deutschen Philologie, geb. 12.1.1925
    53343 Wachtberg, Pfarrer Weuster-Weg 8

Arnold Esch, in Rom, seit 1993
    Professor der Mittleren und Neueren Geschichte, geb. 28.4.1936
    00165 Roma (Italien), Via della Lungara 18
    E-Mail: desch@email.it

Robert Feenstra, in Leiden, seit 1972
    Professor des Römischen Rechts, geb. 5.10.1920
    2343 GN Oegstgeest (Niederlande/Pays-Bas),
    Pres. Kennedylaan 703

Erika Fischer-Lichte, in Berlin, seit 1998
    Professorin der Theaterwissenschaft, geb. 25.6.1943
    Freie Universität Berlin, Institut für Theaterwissenschaft
    12165 Berlin, Grunewaldstraße 35
    E-Mail: theater@zedat.fu-berlin.de

Kurt Flasch, in Mainz, seit 2010
    Professor für Philosophie, geb. 12.3.1930
    55118 Mainz, Hindenburgstraße 25

Dagfinn Føllesdal, in Slependen, seit 2003
    Professor der Philosophie, geb. 22.6.1932
    1341 Slependen (Norwegen), Staverhagen 7
    E-Mail: dagfinn@csli.stanford.edu

Harald Fricke, in Freiburg, seit 2005
    Professor für Deutsche Literatur und Allgemeine
    Literaturwissenschaft, geb. 28.3.1949
    Universität, Miséricorde, Departement für Germanistik
    1700 Freiburg (Schweiz)
    E-Mail: harald.fricke@unifr.ch

Johannes Fried, in Frankfurt am Main, seit 1997
    Professor der Mittleren und Neueren Geschichte, geb. 23.5.1942
    FB III Geschichtswissenschaften
    60054 Frankfurt am Main, Postfach 111932
    E-Mail: fried@em.uni-frankfurt.de

Christoph Luitpold Frommel, in Rom, seit 1999
    Professor der Kunstgeschichte, geb. 25.9.1933
    00187 Rom (Italien), Bibliotheca Hertziana, Via Gregoriana 28
    E-Mail: cfrommel@libero.it

Wolfgang Frühwald, in Augsburg, seit 1991
    Professor für Neuere Deutsche Literaturgeschichte, geb. 2.8.1935
    86199 Augsburg, Römerstätterstraße 4 K

Lothar Gall, in Frankfurt am Main, seit 2004
    Professor für Mittlere und Neuere Geschichte, geb. 3.12.1936
    65193 Wiesbaden, Rosselstraße 7

Horst-Jürgen Gerigk, in Heidelberg, seit 2008
    Professor für Russische Literatur und
    Allgemeine Literaturwissenschaft, geb. 10.11.1937
    69120 Heidelberg, Moltkestraße 1
    E-Mail: horst-juergen.gerigk@slav.uni-heidelberg.de

Dieter Geuenich, in Denzlingen, seit 2000
    Professor der Mittelalterlichen Geschichte, geb. 17.2.1943
    79211 Denzlingen, Schwarzwaldstraße 56

Eva Hættner Aurelius, in Skara, seit 2005
    Professorin für Literaturwissenschaft, geb. 5.9.1948
    53232 Skara (Schweden), Biskopsgarden Malmgatan 14
    E-Mail: Eva.Haettner-Aurelius@litt.lu.se

HEINZ HEINEN, in Trier, seit 2009
  Professor der Alten Geschichte, geb. 14.9.1941
  54296 Trier, In der Pforte 11
  E-Mail: heinen@uni-trier.de

ERNST HEITSCH, in Regensburg, seit 2000
  Professor der Klassischen Philologie, geb. 17.6.1928
  93049 Regensburg, Mattinger Straße 1

WILHELM HEIZMANN, in München, seit 2009
  Professor für Nordische Philologie, geb. 5.9.1953
  37075 Göttingen, Am Kreuze 30
  E-Mail: wheizma@lrz.uni-muenchen.de

WILHELM HENNIS, in Freiburg i. Br., seit 1988
  Professor der Politischen Wissenschaft, geb. 18.2.1923
  79104 Freiburg i. Br., Wölflinstraße 5A

RUDOLF HIESTAND, in Düsseldorf, seit 1986
  Professor der Geschichte des Mittelalters und
  der Historischen Hilfswissenschaften, geb. 30.8.1933
  40239 Düsseldorf, Brehmstraße 76

MANFRED HILDERMEIER, in Göttingen, seit 2003
  Professor der Osteuropäischen Geschichte, geb. 4.4.1948
  37075 Göttingen, Thomas-Dehler-Weg 12
  E-Mail: M.Hildermeier@phil.uni-goettingen.de

RUEDI IMBACH, in Paris, seit 2010
  Professor für Mittelalterliche Philosophie, geb. 10.5.1946
  Université Paris Sorbonne, Paris IV
  75005 Paris (Frankreich), 1, rue Victor Cousin
  E-Mail: ruedi.imbach@wanadoo.fr

HERMANN JAKOBS, in Köln, seit 1979
  Professor der Mittleren und Neueren Geschichte, geb. 2.3.1930
  50668 Köln, Residenz am Dom, An den Dominikanern 6–8

ULRICH JOOST, in Darmstadt, seit 2007
  Professor für Neuere Deutsche Literaturgeschichte und
  Allgemeine Literaturwissenschaft, geb. 12.9.1951
  64372 Rohrbach, Flurstraße 17
  E-Mail: joost@linglit.tu-darmstadt.de

SVEN-AAGE JØRGENSEN, in Helsinge, seit 1998
   Professor der Deutschen Philologie, geb. 22.7.1929
   3200 Helsinge (Dänemark), Valby Gade 16

EBERHARD JÜNGEL, in Tübingen, seit 2001
   Professor der Systematischen Theologie und Religionsphilosophie,
   geb. 5.12.1934
   72076 Tübingen, Ev. Stift Tübingen, Klosterberg 2

OTTO KAISER, in Marburg, seit 1991
   Professor des Alten Testaments, geb. 30.11.1924
   35037 Marburg, Am Krappen 29

WERNER KAISER, in Berlin, seit 1991
   Professor der Ägyptologie, geb 7.5.1926
   14129 Berlin, Palmzeile 16

HELMUT KEIPERT, in Bonn, seit 1997
   Professor der Slavistik, geb. 19.11.1941
   Universität Bonn, Slavistisches Seminar
   53113 Bonn, Lennéstraße 1

WILHELM KOHL, in Münster, seit 1989
   Professor der Mittleren und Neueren Geschichte, geb. 9.12.1913
   48167 Münster, Uferstraße 12

JORMA KOIVULEHTO, in Helsinki, seit 1988
   Professor der Germanischen Philologie, geb. 12.10.1934
   00970 Helsinki (Finnland), Sallatunturintie 1 D 24

ULRICH KONRAD, in Würzburg, seit 2001
   Professor der Musikwissenschaft, geb. 14.8.1957
   Bayerische Julius-Maximilians-Universität Würzburg
   Institut für Musikforschung
   97070 Würzburg, Domerschulstraße 13
   E-Mail: ulrich.konrad@mail.uni-wuerzburg.de

KATHARINA KRAUSE, in Marburg, seit 2010
   Professorin für Kunstgeschichte, geb. 30.3.1960
   Philipps-Universität Marburg, Kunstgeschichtliches Institut
   35037 Marburg, Biegenstraße 11
   E-Mail: krause@fotomarburg.de

JOACHIM KÜPPER, in Berlin, seit 2008
 Professor für Romanische Philologie sowie für
 Allgemeine und Vergleichende Literaturwissenschaft, geb. 22.1.1952
 Freie Universität Berlin, Institut für Romanische Philologie,
 Peter Szondi-Institut für AVL
 14195 Berlin, Habelschwerdter Allee 45
 E-Mail: jokup@zedat.fu-berlin.de

ANTON DANIEL LEEMAN, in Amsterdam, seit 1993 Professor der
 Lateinischen Literatur und Sprache, geb. 9.4.1921, gest. 5.8.2010

CHRISTOPH LEVIN, in München, seit 2002
 Professor für Altes Testament, geb. 8.7.1950
 80538 München, Himmelreichstraße 4

SIEGFRIED LIENHARD, in Stockholm, seit 1988
 Professor der Indologie, geb. 29.8.1924
 18231 Danderyd (Schweden), August Wahlströms väg 1,8 tr

ANDREAS LINDEMANN, in Bielefeld, seit 2008
 Professor für Neues Testament, geb. 18.10.1943
 33617 Bielefeld, An der Rehwiese 38
 E-Mail: Lindemann.Bethel@t-online.de

ANTONIO LOPRIENO, in Basel, seit 2003
 Professor für Ägyptologie, geb. 20.7.1955
 4051 Basel (Schweiz), Byfangweg 12
 E-Mail: a.loprieno@unibas.ch

WALTHER LUDWIG, in Hamburg, seit 1995
 Professor der Klassischen Philologie, geb. 9.2.1929
 22605 Hamburg, Reventlowstraße 19
 E-Mail: Walther.Ludwig@uni-hamburg.de

DIETER LÜHRMANN, in Marburg, seit 1995
 Professor des Neuen Testaments, geb. 13.3.1939
 35043 Marburg, Im Hainbach 9
 E-Mail: drs.luehrmann@t-online.de

ECKART CONRAD LUTZ, in Freiburg i. Br., seit 2010
 Professor für Germanistische Mediävistik, geb. 1.12.1951
 Universität Freiburg, Germanistische Mediävistik
 1700 Freiburg (Schweiz), Avenue de l'Europe 20
 E-Mail: EckartConrad.Lutz@unifr.ch

CLAUDIO MAGRIS, in Triest, seit 1988
    Professor für Deutsche Literaturgeschichte, geb. 10.4.1939
    34143 Trieste (Italien), Via Carpaccio 2

HANS JOACHIM MARX, in Hamburg, seit 2000
    Professor der Musikwissenschaft, geb. 16.12.1935
    20149 Hamburg, Alsterchaussee 3
    E-Mail: hansjoachimmarx@gmx.de

ACHIM MASSER, in Innsbruck, seit 1997
    Professor für Ältere Germanistik, geb 12.5.1933
    6020 Innsbruck (Österreich), Karl-Innerebner-Straße 86
    E-Mail: achim.masser@uibk.ac.at

PETER VON MATT, in Zürich, seit 1996
    Professor der Neueren Deutschen Literatur, geb. 20.5.1937
    8600 Dübendorf (Schweiz), Hermikonstraße 50
    E-Mail: von.matt.peter@swissonline.ch

STEFAN MARIO MAUL, in Heidelberg, seit 2003
    Professor für Assyriologie, geb. 24.12.1958
    69118 Heidelberg, Am Rain 6
    E-Mail: stefan.maul@ori.uni-heidelberg.de

MANFRED MAYRHOFER, in Wien, seit 1982
    Professor der Indogermanistik, geb. 26.9.1926
    1190 Wien (Österreich), Bauernfeldgasse 9/2/6
    E-Mail: m.i.mayrhofer@gmx.at

GÜNTHER MECKENSTOCK, in Kiel, seit 2004
    Professor für Systematische Theologie, geb. 22.1.1948
    24105 Kiel, Esmarchstraße 16
    E-Mail: meckenstock@email.uni-kiel.de

OTTO MERK, in Erlangen, seit 2006
    Professor für Neues Testament, geb. 10.10.1933
    91054 Erlangen, Rühlstraße 3 a

VOLKER MERTENS, in Berlin, seit 2009
    Professor für Ältere Deutsche Literatur und Sprache, geb. 14.9.1937
    10825 Berlin, Meraner Straße 7
    E-Mail: mertens@germanistik.fu-berlin.de

WALTER METTMANN, in Köln, seit 1974
    Professor der Romanischen, insbesondere der Spanischen und
    Portugiesischen Philologie, geb. 25.9.1926
    50668 Köln, Mevissenstraße 16 (141)
    E-Mail: waltermettmann@t-online.de

SERGIUSZ MICHALSKI, in Tübingen, seit 2009
    Professor der Kunstgeschichte, geb. 7.4.1951
    72072 Tübingen, Hechinger Straße 21
    E-Mail: sergiusz.michalski@uni-tuebingen.de

KJELLÅ MODÉER, in Lund, seit 1999
    Professor der Rechtsgeschichte, geb. 12.11.1939
    22240 Lund (Schweden), Karlavägen 4

KATHARINA MOMMSEN, in Palo Alto, seit 2006
    Professorin für Literatur und Deutsche Philologie, geb. 18.9.1925
    Palo Alto, CA 94301-2223 (USA), 980 Palo Alto Avenue
    E-Mail: K.Mommsen@comcast.net

OLAV MOORMAN VAN KAPPEN, in Nijmegen, seit 1996
    Professor der Niederländischen Rechtsgeschichte, geb. 11.3.1937
    5131 AA Alphen (NBr.) (Niederlande), Zandzate, Zandheining 5
    E-Mail: moormanvk@kpnplnanet.nl

PETER MORAW, in Gießen, seit 1997
    Professor der Mittleren und Neueren Geschichte, geb. 31.8.1935
    Historisches Institut der Justus-Liebig-Universität Gießen
    35394 Gießen, Otto-Behaghel-Straße 10 c

JAN-DIRK MÜLLER, in München, seit 2001
    Professor für Deutsche Sprache und Literatur des Mittelalters,
    geb. 4.7.1941
    81667 München, Pariser Straße 19
    E-Mail: Jan-dirk.mueller@lrz.uni-muenchen.de

WALTER MÜLLER-SEIDEL, in München, seit 1996
    Professor der Neueren Deutschen Literaturgeschichte, geb. 1.7.1918
    81925 München, Pienzenauerstraße 164

TATIANA MICHAJLOVNA NIKOLAEVA, in Moskau, seit 2009
    Professorin für Slavistik, geb. 19.9.1933
    121069 Moskau (Rußland), M. Nikitskaja 16–74
    E-Mail: tnikol33@mail.ru

PER ØHRGAARD, in Frederiksberg, seit 2005
    Professor für Neuere Deutsche Literatur, geb. 6.2.1944
    2000 Frederiksberg (Dänemark), Kongensvej 23
    E-Mail: per@hum.ku.dk

NIGEL F. PALMER, in Oxford, seit 2010
    Professor of German Medieval and Linguistic Studies,
    geb. 18.10.1946
    Faculty of Medieval & Modern Languages
    University of Oxford
    St Edmund Hall, Queen's Lane
    Oxford OX1 4AR (England)
    E-Mail: nigel.palmer@seh.ox.ac.uk

WERNER PARAVICINI, in Kiel, seit 1993
    Professor der Mittleren und Neueren Geschichte, geb. 25.10.1942
    24119 Kronshagen, Kronskamp 6
    E-Mail : paravicini@email.uni-kiel.de

MICHEL PARISSE, in Paris, seit 2005
    Professor für Geschichte des Mittelalters, geb. 1.5.1936
    75011 Paris (Frankreich), 63, Rue du chemin vert

HARALD VON PETRIKOVITS, in Bonn, seit 1974
    Direktor des Rheinischen Landesmuseums Bonn i.R.,
    Professor der Provinzialarchäologie und Geschichte
    der Rheinlande in römischer Zeit, geb. 8.8.1911, gest. 29.10.2010

JOACHIM POESCHKE, in Münster, seit 2001
    Professor der Kunstgeschichte, geb. 8.4.1945
    48149 Münster, Nordplatz 1
    E-Mail: poeschk@uni-muenster.de

PETR POKORNÝ, in Prag, seit 1995
    Professor des Neuen Testaments, geb. 21.4.1933
    19800 Praha 9 (Tschechische Republik), Horoušanská 7
    E-Mail: pokorny@etf.cuni.cz

ÉMILE PUECH, in Jerusalem, seit 2008
    Professor für Semitische Philologie und Epigraphie, geb. 9.5.1941
    École Biblique et Archéologique française
    91190 Jerusalem (Israel), P. O. B. 19053, 6 Nablus Road
    E-Mail: puech@ebaf.edu

Paul Raabe, in Wolfenbüttel, seit 1975
　Professor der Bücher- und Quellenkunde zur Neueren
　Deutschen Literaturgeschichte, ehem. Leiter der Herzog
　August-Bibliothek in Wolfenbüttel,
　geb. 21.2.1927
　38304 Wolfenbüttel, Roseggerweg 45

Ezio Raimondi, in Bologna, seit 1979
　Professor der Italienischen Literatur, geb. 22.3.1924
　40137 Bologna (Italien), Via Santa Barbara 12

Terence James Reed, in Oxford, seit 1997
　Professor der Deutschen Sprache und Literatur, geb. 16.4.1937
　University of Oxford
　Oxford OX1 4AW (England), The Queen's College

Michael Reeve, in Cambridge, seit 1990
　Professor der Lateinischen Philologie, geb. 11.1.1943
　Cambridge CB2 1RF (England), Pembroke College

Peter Hanns Reill, in Los Angeles, seit 2009
　Professor für Geschichte, geb. 11.12.1938
　UCLA Departement of History, 6265 Bunche Hall
　Los Angeles, CA 90095-1473 (USA), Box 951473
　E-Mail: reill@humnet.ucla.edu

Heimo Reinitzer, in Hamburg, seit 2005
　Professor für Deutsche Philologie, geb. 24.9.1943
　20144 Hamburg, Brahmsallee 113
　E-Mail: heimo.reinitzer@t-online.de

Hans Rothe, in Bonn, seit 1998
　Professor der Slavischen Philologie, geb. 5.5.1928
　53229 Bonn, Giersbergstraße 29
　E-Mail: rothe@uni-bonn.de

Rudolf Schieffer, in München, seit 2003
　Professor der Geschichte des Mittelalters, geb. 31.1.1947
　81541 München, St. Martin-Straße 20
　E-Mail: Rudolf.Schieffer@mgh.de

Wolfgang P. Schmid, in Göttingen, seit 1983
    Professor der Indogermanischen Sprachwissenschaft,
    geb. 25.10.1929, gest. 22.10.2010

Paul Gerhard Schmidt, in Freiburg i. Br., seit 1994
    Professor der Lateinischen Philologie des Mittelalters und der
    Neuzeit, geb. 25.3.1937, gest. 25.9.2010

Helwig Schmidt-Glintzer, in Wolfenbüttel, seit 2004
    Professor für Sinologie, geb. 24.06.1948
    38300 Wolfenbüttel, Lessingstraße 1
    E-Mail: schmidt-gl@hab.de

Arbogast Schmitt, in Marburg, seit 2008
    Professor für Klassische Philologie, geb. 24.4.1943
    Philipps-Universität Marburg, Seminar für Klassische Philologie
    35032 Marburg, Wilhelm-Röpke-Straße 6
    E-Mail: schmitta@staff.uni-marburg.de

Claus Schönig, in Berlin, seit 2009
    Professor für Turkologie, geb. 23.10.1955
    12165 Berlin, Wulffstraße 11
    E-Mail: clcs@gmx.de

Hans-Jürgen Schrader, in Aïre/Genève, seit 2005
    Professor für Neuere Deutsche Literatur, geb. 7.3.1943
    1219 Aïre/Genève, (Schweiz) 173, route d'Aïre
    E-Mail: Hans-Jurgen.Schrader@lettres.unige.ch

Peter Schreiner, in München, seit 1993
    Professor der Byzantinistik, geb. 4.5.1940
    82008 Unterhaching, Mozartstraße 9
    E-Mail: Peter.Schreiner@uni-koeln.de

Dieter Simon, in Frankfurt am Main, seit 1994
    Professor der Antiken Rechtsgeschichte und des Bürgerlichen Rechts,
    geb. 7.6.1935
    60323 Frankfurt am Main, Altkönigstraße 10
    E-Mail: dieter.simon@rewi.hu-berlin.de

Georg von Simson, seit 1985
    Professor der Indologie, geb. 24.5.1933
    37073 Göttingen, Düstere-Eichen-Weg 56
    E-Mail: g.v.simson@east.uio.no

KARL-HEINZ SPIESS, in Greifswald, seit 2008
   Professor für Mittlere und Neuere Geschichte, geb. 4.12.1948
   Universität Greifswald, Lehrstuhl für Allgemeine Geschichte des Mittelalters
   17487 Greifswald, Domstraße 9a
   E-Mail: spiess@uni-greifswald.de

HEINRICH VON STADEN, in Princeton, seit 2003
   Professor für Altertumswissenschaft und Wissenschaftsgeschichte, geb. 2.3.1939
   Institute for Advanced Studies, Einstein Drive,
   New Jersey 08540-4933 (USA), 9 Veblen Circle, Princeton
   E-Mail: hvs@ias.edu

HEIKO STEUER, in Freiburg, seit 1999
   Professor der Ur- und Frühgeschichte, geb. 30.10.1939
   79249 Merzhausen, Bächelhurst 5
   E-Mail: heiko.steuer@ufg.uni-freiburg.de

BARBARA STOLLBERG-RILINGER, in Münster, seit 2009
   Professorin für Geschichte der Frühen Neuzeit, geb. 17.7.1955
   48149 Münster, Hüfferstraße 59
   E-Mail: stollb@uni-muenster.de

MICHAEL STOLLEIS, in Frankfurt am Main, seit 1994
   Professor des Öffentlichen Rechts und der Neueren Rechtsgeschichte, geb. 20.7.1941
   61476 Kronberg, Waldstraße 15

JÜRGEN STOLZENBERG, in Halle, seit 2009
   Professor für Geschichte der Philosophie, geb. 24.6.1948
   06114 Halle, Händelstraße 7
   E-Mail: juergenstolzenberg@phil.uni-halle.de

REINHARD STROHM, in Oxford, seit 1999
   Professor der Musikwissenschaft, geb. 4.8.1942
   University of Oxford, Faculty of Modern Languages
   Oxford OX1 2 JF (England), 41 Wellington Square
   E-Mail: reinhard.strohm@music.ox.ac.uk

BAREND JAN TERWIEL, in Hamburg, seit 2004
   Professor für Sprachen und Kulturen Thailands und Laos', geb. 24.11.1941
   10965 Berlin, Möckernstraße 70
   E-Mail: Baasterwiel@hotmail.com

Dieter Timpe, in Würzburg, seit 1990
    Professor der Alten Geschichte, geb. 3.11.1931
    97074 Würzburg, Keesburgstraße 28

Jürgen Udolph, in Leipzig, seit 2006
    Professor für Onomastik, geb. 6.2.1943
    37124 Sieboldshausen, Steinbreite 9
    E-Mail: juergen.udolph@ortsnamen.net

Manfred Ullmann, in Tübingen, seit 1984
    Professor der Arabistik, geb. 2.11.1931
    72076 Tübingen, Vöchtingstraße 35

Pedro Cruz Villalón, in Madrid, seit 2010
    Professor für Verfassungsrecht, geb. 25.5.1946
    Facultad de Derecho, Universidad Autónoma de Madrid
    Carretera de Colmenar, Km. 15
    28049 Madrid (Spanien)
    E-Mail: p.cruz@uam.es

Burghart Wachinger, in Tübingen, seit 1998
    Professor der Deutschen Philologie, geb. 10.6.1932
    Universität Tübingen, Deutsches Seminar
    72074 Tübingen, Wilhelmstraße 50
    E-Mail: burghart.wachinger@uni-tuebingen.de

Harald Weinrich, in München, seit 1991
    Professor der Romanischen Philologie, geb. 24.9.1927
    48149 Münster, Raesfeldstraße 18

Martin Litchfield West, in Oxford, seit 1991
    Professor der Griechischen Philologie, geb. 23.9.1937
    Oxford OX2 7EY (England), 42 Portland Road
    E-Mail: martin.west@all-souls.ox.ac.uk

John William Wevers, in Toronto, seit 1972
    Professor of Near Eastern Studies, geb. 4.6.1919, gest. 23.7.2010

Josef Wiesehöfer, in Kiel, seit 2004
    Professor für Alte Geschichte, geb. 5.4.1951
    24306 Plön, Krusekoppel 1
    E-Mail: jwiesehoefer@email.uni-kiel.de

Hugh G. M. Williamson, in Oxford, seit 2008
    Professor für Hebräische Sprache, geb. 15.7.1947
    Oxford OX 1 1DP (England), Christ Church

MATTHIAS WINNER, in Rom, seit 1993
 Professor der Kunstgeschichte, geb. 11.3.1931
 Bibliotheca Hertziana
 00187 Roma (Italien), 28 Via Gregoriana

JOSEPH GEORG WOLF, in Freiburg i.Br., seit 1981
 Professor des Römischen und Bürgerlichen Rechts, geb. 6.7.1930
 79100 Freiburg i.Br., Goethestraße 6

FRANZ JOSEF WORSTBROCK, in München, seit 2001
 Professor der Deutschen Philologie, geb. 20.1.1935
 81735 München, Goldschaggbogen 16

ANDREJ ANATOL'EVIČ ZALIZNJAK, in Moskau, seit 1998
 Professor der Sprachwissenschaft, geb. 29.4.1935
 125080 Moskau (Rußland), ul. Alabjana d. 10, p. 7, kv. 168

CLEMENS ZINTZEN, in Köln, seit 1999
 Professor der Klassischen Philologie, geb. 24.6.1930
 50354 Hürth-Hermülheim, Am Alten Bahnhof 24
 E-Mail: Clemens.Zintzen@t-online.de

THEODORE J. ZIOLKOWSKI, in Princeton, seit 1986
 Professor der Neueren Deutschen und Vergleichenden
 Literaturwissenschaften, geb. 30.9.1932
 Princeton, N. J. 08540 (USA), 36 Bainbridge Street
 E-Mail: tjzio@aol.com

Mathematisch-Physikalische Klasse

REINHART AHLRICHS, in Karlsruhe, seit 2008
 Professor für Theoretische Chemie, geb. 16.1.1940
 Universität Karlsruhe (TH), Lehrstuhl für Theoretische Chemie
 76128 Karlsruhe, Kaiserstraße 12
 E-Mail: reinhart.ahlrichs@chemie.uni-karlsruhe.de

MICHAEL FARRIES ASHBY, in Cambridge, seit 1980
 Professor der Metallphysik, geb. 20.11.1935
 Cambridge CB5 8DE (England), 51, Maids Cause Way

PETER AX, in Göttingen, seit 1971
 Professor der Zoologie, geb. 29.3.1927
 37085 Göttingen, Gervinusstraße 3 a

Konrad Bachmann, in Gatersleben, seit 1995
    Professor der Evolutionären Botanik, geb. 8.3.1939
    37154 Northeim, Hermann-Friesen-Straße 11
    E-Mail: bachmann@ipk-gatersleben.de

Jack Edward Baldwin, in Oxford, seit 1988
    Professor der Chemie und Head of the Department of Organic
    Chemistry der Universität Oxford, geb. 8.8.1938
    Oxford, OX1 5BH (England), Hinksey Hill, "Broom"

Ernst Bauer, in Tempe, seit 1989
    Professor der Experimentalphysik, geb. 27.2.1928
    Arizona State University, Department of Physics and Astronomy
    Tempe, AZ 85287-1504 (USA), PO Box 871504
    E-Mail: ernst.bauer@asu.edu

Konrad Traugott Beyreuther, in Heidelberg, seit 1996
    Professor der Molekularbiologie, geb. 14.5.1941
    Netzwerk AlternsfoRschung (NAR)
    69115 Heidelberg, Bergheimer Straße 20
    E-Mail: beyreuther@nar.uni-hd.de

August Böck, in München, seit 1991
    Professor der Mikrobiologie, geb. 23.4.1937
    82269 Geltendorf, Lindenstraße 10
    E-Mail: august.boeck@t-online.de

Arthur J. Boucot, in Corvallis, seit 1989
    Professor der Zoologie und Geologie, geb. 26.5.1924
    Oregon State University, Department of Zoology
    Corvallis, Or. 97331-2914 (USA), Cordley Hall 3029
    E-Mail: boucota@science.oregonstate.edu

Olaf Breidbach, in Jena, seit 2005
    Professor für Geschichte der Naturwissenschaften, geb. 8.2.1957
    07743 Jena, Sonnenbergstraße 1
    E-Mail: Olaf.Breidbach@uni-jena.de

Stephen A. Cook, in Toronto, seit 1995
    Professor der Informatik und Algorithmischen Mathematik,
    geb. 14.12.1939
    University of Toronto, Department of Computer Science
    Toronto M5S 3G4 (Kanada)

Alan Herbert Cowley, in Austin, seit 2007
  Professor der Chemie und Biochemie, geb. 29.1.1934
  Department of Chemistry and Biochemistry, The University of
  Texas at Austin,
  Austin, Texas 78712 (USA)
  E-Mail: cowley@mail.utexas.edu

Christopher Cummins, in Cambridge, seit 2005
  Professor der Chemie, geb. 28.2.1966
  Massachusetts Institute of Technology, Deparment of Chemistry
  Cambridge (USA) MA 02139-43077, 77 Massachusetts Avenue,
  18-390
  E-Mail: ccummins@mit.edu

Jean Pierre Demailly, in Grenoble, seit 2001
  Professor der Mathematik, geb. 25.9.1957
  Université de Grenoble 1, Institut Fourier, Laboratoire de
  Mathématique
  38402 St. Martin d'Heres (Frankreich), Associé au CNRS –
  URA 188, BP 74

Gunter Dueck, in Mannheim, seit 2008
  Professor für Mathematik, geb. 9.12.1951
  IBM Deutschland GmbH
  68165 Mannheim, Gottlieb-Daimler-Straße 12
  E-Mail: dueck@de.ibm.com

Evelyn A. V. Ebsworth, in Durham, seit 1983
  Professor der Chemie, geb. 14.2.1933
  Cambridge CB3 O EY (England), 16 Conduit Head Road
  E-Mail: eav.ebsworth@virgin.net

Jean-Pierre Eckmann, in Genf, seit 1995
  Professor der Theoretischen Physik, geb. 27.1.1944
  Université de Genève, Département de Physique Théorique
  1211 Genève 4 (Schweiz), 24, quai Ernest-Ansermet

Hans Joachim Eggers, in Köln, seit 1991
  Professor der Virologie, geb. 26.7.1927
  50933 Köln, Kornelimünsterstraße 12
  E-Mail: hans.eggers@medizin.uni-koeln.de

WOLFGANG EISENMENGER, in Stuttgart, seit 1988
   Professor der Experimentalphysik, geb. 11.2.1930
   71634 Ludwigsburg, Landhausstraße 7
   E-Mail: w.eisenmenger@physik.uni-stuttgart.de

ALBERT ESCHENMOSER, in Zürich, seit 1986
   Professor der Organischen Chemie, geb. 5.8.1925
   8700 Küsnacht (Schweiz), Bergstraße 9
   E-Mail: eschenmoser@org.chem.ethz.ch

GERD FALTINGS, in Bonn, seit 1991
   Professor der Mathematik, geb. 28.7.1954
   Max-Planck-Institut für Mathematik
   53111 Bonn, Vivatsgasse 7
   E-Mail: gerd@mpim-bonn.mpg.de

JULIA FISCHER, in Göttingen, seit 2009
   Professorin für Kognitive Ethologie, geb. 22.6.1966
   Deutsches Primatenzentrum, AG Kognitive Ethologie
   37077 Göttingen, Kellnerweg 4
   E-Mail: jfischer@dpz.gwdg.de

ULF-INGO FLÜGGE, in Köln, seit 2002
   Professor der Biochemie, geb. 1.4.1948
   50997 Köln, Pastoratsstraße 1
   E-Mail: ui.fluegge@uni-koeln.de

HEINZ FORTAK, in Berlin, seit 1991
   Professor der Theoretischen Meteorologie, geb. 11.8.1926
   14169 Berlin, Edithstraße 14

GERHARD FREY, in Essen, seit 1998
   Professor der Zahlentheorie, geb. 1.6.1944
   Institut für Experimentelle Mathematik
   45326 Essen, Ellernstraße 29
   E-Mail: frey@exp-math.uni-essen.de

BÄRBEL FRIEDRICH, in Berlin, seit 2001
   Professorin der Mikrobiologie, geb. 29.7.1945
   Humboldt-Universität zu Berlin, Institut für Biologie /
   Mikrobiologie
   10115 Berlin, Chausseestraße 117

Hiroya Fujisaki, in Tokio, seit 2004
    Professor für Elektronik, geb. 18.10.1930
    150-0013 Tokio (Japan), 3-31-12 Ebisu, shibuya-ku
    E-Mail: fujisaki@alum.mit.edu

Jörg Hacker, in Halle (Saale), seit 2003
    Professor für Molekulare Infektionsbiologie, geb. 13.2.1952
    97218 Gerbrunn, Edith-Stein-Straße 6
    E-Mail: HackerJ@rki.de

Paul Hagenmuller, in Bordeaux, seit 1970
    Professor der Feststoff- und Anorganischen Chemie, geb. 3.8.1921
    33608 Pessac cedex (Frankreich), 87, Avenue du Docteur Schweitzer

Michael Hagner, in Zürich, seit 2008
    Professor für Wissenschaftsforschung, geb. 29.1.1960
    Eidgenössische Technische Hochschule (ETH) Zürich, RAC F14
    8092 Zürich (Schweiz), Rämistraße 36
    E-Mail: hagner@wiss.gess.ethz.ch

Ionel Haiduc, in Cluj-Napoca, seit 2009
    Professor für Chemie, geb. 9.5.1937
    Cluj-Napoca (Rumänien), Str. Predeal Nr. 6
    E-Mail: jhaidic@acad.ro

Heinz Harnisch, in Kall, seit 1990
    Professor der Angewandten Chemie, geb. 24.4.1927
    53925 Kall, Narzissenweg 8
    E-Mail: eifelheinz@T-online.de

M. Frederick Hawthorne, in Los Angeles, seit 1995
    Professor der Chemie, geb. 24.8.1928
    University of California, Department of Chemistry
    Los Angeles, Ca. 90024-1569 (USA), 405 Hilgard Avenue LA

David Rodney Heath-Brown, in Oxford, seit 1999
    Professor der Mathematik (Zahlentheorie), geb. 12.10.1952
    Mathematical Institute
    Oxford OX1 3LB (England), 24–29 St. Giles'

Michael Hecker, in Greifswald, seit 2009
    Professor für Mikrobiologie und Molekularbiologie, geb. 9.7.1946
    17489 Greifswald, Arndtstraße 4
    E-Mail: hecker@uni-greifswald.de

MARTIN HEISENBERG, in Würzburg, seit 1999
    Professor der Biowissenschaften, geb. 7.8.1940
    Biozentrum der Universität Würzburg
    97074 Würzburg, Am Hubland
    E-Mail: heisenberg@biozentrum.uni-wuerzburg.de

FRIEDRICH HIRZEBRUCH, in Bonn, seit 1991
    Professor der Mathematik, geb. 17.10.1927
    53757 St. Augustin, Thüringer Allee 127
    E-Mail: hirzebruch@mpim-bonn.mpg.de

PETER WILHELM HÖLLERMANN, in Bonn, seit 1977
    Professor der Geographie, geb. 22.3.1931
    53121 Bonn, Dohmstraße 2

MARC JULIA, in Paris, seit 1986
    Professor der Organischen Chemie, geb. 23.10.1922, gest. 26.6.2010

DANIEL KASTLER, in Marseille-Luminy, seit 1977
    Professor der Theoretischen Physik, geb. 4.3.1926
    83150 Bandol (Frankreich), 42, rue Chaptal
    E-Mail: Kastler.Daniel@wanadoo.fr

HEINRICH KUTTRUFF, in Aachen, seit 1989
    Professor der Technischen Akustik, geb. 17.8.1930
    52074 Aachen, Nordhoffstraße 7
    E-Mail: kuttruff@akustik.rwth-aachen.de

OTTO LUDWIG LANGE, in Würzburg, seit 1976
    Professor der Botanik, geb. 21.8.1927
    97084 Würzburg, Leitengraben 37
    E-Mail: ollange@botanik.uni-wuerzburg.de

YUAN T. LEE, in Nankang, seit 1988
    Professor der Chemie, geb. 29.11.1936
    Office of the President, Academia Sinica Nankang,
    Taipei 11529 (Taiwan), ROC

JEAN-MARIE PIERRE LEHN, in Straßburg, seit 1990
    Professor der Chemie, geb. 30.9.1939
    Université Louis Pasteur
    67000 Strasbourg (Frankreich), ISIS, 4, rue Blaise Pascal
    E-Mail: lehn@chimie.u-strasbg.fr

Alan Bernard Lidiard, in Woodcote, seit 1987
 Professor der Physik, geb. 9.5.1928
 Faringdon SN7 8RN (England), The Apple Trees, High Street,
 Hinton Waldrist

Jean-Pierre Majoral, in Toulouse, seit 2005
 Professor der Chemie, geb. 17.7.1941
 31077 Toulouse Cedex 04 (Frankreich), 205, route de Narbonne
 E-Mail: majoral@lcc-toulouse.fr

Yuri Manin, in Bonn, seit 1996
 Professor der Mathematik, geb. 16.2.1937
 Max-Planck-Institut für Mathematik
 53111 Bonn, Vivatsgasse 7
 E-Mail: manin@mpim-bonn.mpg.de

Hubert Markl, in Konstanz, seit 1996
 Professor der Biologie, geb. 17.8.1938
 Universität Konstanz, FB Biologie
 78457 Konstanz, Postfach M 612

Werner Martienssen, in Frankfurt am Main, seit 1989
 Professor der Experimentalphysik, geb. 23.1.1926, gest. 29.1.2010

Thaddeus B. Massalski, in Pittsburgh, seit 1989
 Professor der Werkstoffwissenschaften und der Physik,
 geb. 29.6.1926
 Pittsburgh, PA 15238-2127 (USA), 900 Field Club Road

François Mathey, in Palaiseau, seit 2002
 Professor der Phosphorchemie, geb. 4.11.1941
 91128 Palaiseau (Frankreich), DCPH, École Polytechnique
 E-Mail: francois.mathey@polytechnique.fr

Renato G. Mazzolini, in Trient, seit 2007
 Professor für Wissenschaftsgeschichte, geb. 6.6.1945
 38050 Madrano (Italien), Via dei Cuori 1
 E-Mail: renato.mazzolini@soc.unitn.it

Hartmut Michel, in Frankfurt am Main, seit 1996
 Professor der Biochemie, geb. 18.7.1948
 Max-Planck-Institut für Biophysik, Abt. Molekulare
 Membranbiologie
 60438 Frankfurt am Main, Max-von-Laue-Straße 3
 E-Mail: Hartmut.Michel@biophys.mpg.de

AXEL MICHELSEN, in Odense, seit 2006
   Professor für Biologie, geb. 1.3.1940
   5250 Odense SV (Dänemark), Rosenvænget 74
   E-Mail: a.michelsen@biology.sdu.dk

HEINRICH NÖTH, in München, seit 1980
   Professor der Anorganischen Chemie, geb. 20.6.1928
   82031 Grünwald, Eichleite 25 A
   E-Mail: H.Noeth@lrz.uni-muenchen.de

CHRISTIANE NÜSSLEIN-VOLHARD, in Tübingen, seit 1999
   Professorin der Entwicklungsbiologie, geb. 20.10.1942
   Max-Planck-Institut für Entwicklungsbiologie
   72076 Tübingen, Spemannstraße 35/III

DIETER OESTERHELT, in Martinsried, seit 1991
   Professor der Chemie, geb. 10.11.1940
   81377 München, Werdenfelsstraße 17

SIGRID D. PEYERIMHOFF, in Bonn, seit 1996
   Professorin der Theoretischen Chemie, geb. 12.1.1937
   Institut für Theoretische und Physikalische Chemie
   53115 Bonn, Wegelerstraße 12
   E-Mail: unt000@uni-bonn.de

JOHN RODNEY QUAYLE, in Sheffield, seit 1976
   Professor der Mikrobiologie, geb. 18.11.1926
   Bristol BS39 4LA (England), The Coach House,
   Vicarage Lane, Compton Dando

KLAUS RASCHKE, in Göttingen, seit 1996
   Professor der Botanik, geb. 29.1.1928
   37176 Nörten-Hardenberg (Parensen), Hauptstraße. 44
   E-Mail: RaschkeKG@t-online.de

ROBERT J. RICHARDS, in Chicago, seit 2010
   Professor für Geschichte der Wissenschaften, geb. 14.11.1947
   Conceptual and Historical Studies of Science
   1126 E. 59th St.
   Chicago (USA), Illinois 60637
   E-Mail: r-richards@uchicago.edu

BERNHARD RONACHER, in Berlin, seit 2007
　Professor für Zoologie, geb. 9.4.1949
　12307 Berlin, Horstwalder Straße 29 A
　E-Mail: Bernhard.Ronacher@rz.hu-berlin.de

BERT SAKMANN, in Martinsried, seit 1992
　Professor der Neurobiologie und Neurophysiologie, geb. 12.6.1942
　82152 Martinsried, Am Klopferspitz 18

MATTHIAS SCHAEFER, in Göttingen, seit 1994
　Professor der Ökologie, geb. 23.4.1942
　37075 Göttingen, Konrad-Adenauer-Straße 15
　E-Mail: mschaef@gwdg.de

FRITZ PETER SCHÄFER, in Hannover, seit 1990
　Professor der Physikalischen Chemie, geb. 15.1.1931, gest. 25.4.2011

WINFRIED SCHARLAU, in Münster, seit 1997
　Professor der Mathematik, geb. 12.8.1940
　Mathematisches Institut
　48149 Münster, Einsteinstraße 62

WERNER SCHILLING, in Jülich, seit 1983
　Professor der Experimentalphysik, geb. 16.6.1931
　52428 Jülich, Haubourdinstraße 12
　E-Mail: Prof.W.Schilling@t-online.de

KARL-HEINZ SCHLEIFER, in München, seit 1987
　Professor der Mikrobiologie, geb. 10.2.1939
　85716 Unterschleißheim, Schwalbenstraße 3 a
　E-Mail: schleife@mikro.biologie.tu-muenchen.de

HUBERT SCHMIDBAUR, in Garching, seit 1988
　Professor der Anorganischen und Analytischen Chemie,
　geb. 31.12.1934
　85748 Garching, Königsberger Straße 36
　E-Mail: H.Schmidbaur@lrz.tum.de

EBERHARD SCHNEPF, in Heidelberg, seit 1982
　Professor der Zellenlehre, geb. 4.4.1931
　69126 Heidelberg, Jaspersstraße 2, Augustinum, App. 0 418
　E-Mail: eberhardschnepf@web.de

GISELA ANITA SCHÜTZ-GMEINEDER, in Würzburg, seit 1997
　Professorin der Physik, geb. 8.3.1955
　75449 Wurmberg, Fichtenweg 4

HELMUT SCHWARZ, in Berlin, seit 1997
   Professor der Organischen Chemie, geb. 6.8.1943
   Technische Universität Berlin
   10623 Berlin, Straße des 17. Juni 115
   E-Mail: Helmut.Schwarz@www.chem.tu-berlin.de

FRIEDRICH CHRISTOPH SCHWINK, in Braunschweig, seit 1990
   Professor der Physik, geb. 20.3.1928
   38106 Braunschweig, Spitzwegstraße 21

EUGEN SEIBOLD, in Freiburg, seit 1989
   Professor der Geologie und Paläontologie, geb. 11.5.1918
   79104 Freiburg, Richard-Wagner-Straße 56

FRIEDRICH A. SEIFERT, in Berlin, seit 1997
   Professor der Experimentellen Geowissenschaften, geb. 8.5.1941
   10115 Berlin-Mitte, Strelitzer Straße 63
   E-Mail: Fritze.Seifert@web.de

ADOLF SEILACHER, in Tübingen, seit 1989
   Professor der Paläontologie, geb. 24.2.1925
   72076 Tübingen, Engelfriedshalde 25
   E-Mail: geodolf@tuebingen.netsurf.de

JEAN'NE SHREEVE, in Moscow, seit 1996
   Professorin der Chemie, geb. 2.7.1933
   University of Idaho, Department of Chemistry
   Moscow, ID 83844-2343 (USA)

PETER SITTE, in Freiburg, seit 1984
   Professor der Zellbiologie und Elektronenmikroskopie,
   geb. 8.12.1929
   79249 Merzhausen, Lerchengarten 1

YUM TONG SIU, in Cambridge, seit 1993
   Professor der Reinen Mathematik, geb. 6.5.1943
   Harvard University, Department of Mathematics
   Cambridge, Ma. 02138 (USA), 1 Oxford Street

ERKO STACKEBRANDT, in Braunschweig, seit 1988
   Professor der Mikrobiologie, geb. 9.6.1944
   DSMZ – Deutsche Sammlung von Mikroorganismen
   und Zellkulturen GmbH
   38124 Braunschweig, Inhoffenstraße 7 B
   E-Mail: erko@dsmz.de

Frank Steglich, in Dresden, seit 1999
    Professor der Physik (Festkörper), geb. 14.3.1941
    Max-Planck-Institut für Chemische Physik fester Stoffe
    01187 Dresden, Nöthnitzer Straße 40
    E-Mail: steglich@cpfs.mpg.de

Volker Strassen, in Konstanz, seit 1994
    Professor der Mathematik, geb. 29.4.1936
    (Arbeitsgebiet Mathematik und theoretische Informatik)
    01324 Dresden, Oskar-Pletsch-Straße 12
    E-Mail: volker.strassen@t-online.de

Nicholas James Strausfeld, in Tucson, seit 2008
    Professor für Biologie, geb. 1942
    Life Sciences South Building, Room 225
    The University of Arizona, P. O. Box 210106
    Tucson, Arizona 85721-0106 (USA)
    E-Mail: insects@ccit.arizona.edu

Rudolf Kurt Thauer, in Marburg, seit 1987
    Professor der Biochemie und Mikrobiologie, geb. 5.10.1939
    35043 Marburg, Vogelsbergstraße 47
    E-Mail: thauer@mailer.uni-marburg.de

Sir John Meurig Thomas, in London, seit 2003
    Professor der Chemie, geb. 15.12.1932
    Department of Materials Science, University of Cambridge
    Cambridge (England), CB 23 QZ, Pembroke ST.
    E-Mail: jmt@ri.ac.uk

Jan Peter Toennies, in Göttingen, seit 1990
    Professor der Physik, geb. 3.5.1930
    37085 Göttingen, Ewaldstraße 7
    E-Mail: jtoenni@gwdg.de

Hans Georg Trüper, in Bonn, seit 1987
    Professor der Mikrobiologie, geb. 16.3.1936
    53177 Bonn, Am Draitschbusch 19

Klaus Weber, in Göttingen, seit 1999
    Professor der Geowissenschaften, geb. 4.12.1936, gest. 18.10.2010

Rüdiger Wehner, in Zürich, seit 1996
Professor der Zoologie, geb. 6.2.1940
Universität Zürich, Institut für Zoologie, Abt. Neurobiologie
8057 Zürich (Schweiz), Winterthurerstraße 190
E-Mail: rwehner@zool.unizh.ch

Hans-Joachim Werner, in Stuttgart, seit 2002
Professor für Theoretische Chemie, geb. 16.4.1950
Universität Stuttgart, Institut für Theoretische Chemie
70569 Stuttgart, Pfaffenwaldring 55
E-Mail: werner@theochem.uni-stuttgart.de

Günther Wilke, in Mühlheim/Ruhr, seit 1980
Professor der Organischen Chemie, geb. 23.2.1925
45470 Mühlheim/Ruhr, Leonhard-Stinnes-Straße 44
E-Mail: guenther.wilke@t-online.de

Lothar Willmitzer, in Golm, seit 1993
Professor der Molekularbiologie, geb. 27.3.1952
Max-Planck-Institut für Molekulare Pflanzenphysiologie
14424 Potsdam

Ernst-Ludwig Winnacker, in München, seit 1997
Professor der Biochemie, geb. 26.7.1941
80638 München, Dall'Armistraße 41a
E-Mail: elwinnacker@gmail.com

Jakob Yngvason, in Wien, seit 2003
Professor für Theoretische Physik, geb. 23.11.1945
1090 Wien (Österreich), Bindergasse 6/12
E-Mail: jakob.yngvason@univie.ac.at

Josef Zemann, in Wien, seit 1967
Professor der Mineralogie, geb. 25.5.1923
1190 Wien (Österreich), Weinberggasse 67/4/46
E-Mail: josef.zemann@univie.ac.at

Helmut Zimmermann, in Jena, seit 1991
Professor der Astronomie und der Physik, geb. 21.1.1926
07743 Jena, Naumburger Straße 31 a

Jahresfeier der Akademie

Begrüssungsansprache und Tätigkeitsbericht des Präsidenten

Begrüßungsansprache und Tätigkeitsbericht des Präsidenten
sowie
Ansprache des Präsidenten des Niedersächsischen Landtages

(vorgetragen in der öffentlichen Jahresfeier am 20. November 2010)

CHRISTIAN STARCK
HERMANN DINKLA

Meine sehr verehrten Damen und Herren! Die Akademie der Wissenschaften zu Göttingen hält heute satzungsgemäß ihre „feierliche öffentliche Sitzung" ab, in der über ihre Arbeit und besondere Begebenheiten zu berichten ist (§ 19 Abs. 3). In der Satzung ist der Monat November für die Jahresfeier festgelegt, der Monat, in dem unser Stifter Georg II. August geboren ist. Dieses Jahr denken wir an den 250. Todestag (25. Oktober 1760) unseres Stifters.

Die von der Akademie gemeinsam mit dem Lichtenbergkolleg und der Staats- und Universitätsbibliothek organisierte Ausstellung in der Paulinerkirche über die Entwicklung des Akademiegedankens vor genau einem Jahr hat noch einmal deutlich gemacht, woher die Akademieidee stammt. Die platonische Akademie in Athen hat über 900 Jahre bestanden (385 v. Chr. bis 529 n. Chr.). Nach ihrer Auflösung durch Justinian war die Idee zunächst als heidnisch verpönt, hat aber durch lebendige Fortsetzung der griechischen Philosophie im byzantinischen Mittelalter unterschwellig weitergelebt[1]. Von Byzanz kamen im

Christian Starck, Professor des Öffentlichen Rechts an der Georg-August-Universität Göttingen, O. Mitglied der Göttinger Akademie seit 1982, seit 2008 deren Präsident

---

[1] Vgl. *Klaus Oehler*, Antike Philosophie und byzantinisches Mittelalter, 1969, S. 15 ff., 328 ff. *Georgi Kapriev*, Philosophie in Byzanz, 2005, S. 16 ff., 337 ff.

15. Jahrhundert Gelehrte in den Westen und regten in Florenz die Gründung einer platonischen Akademie an. Diese hat zwar nicht lange existiert, es wurden aber in Italien weitere gelehrte Gesellschaften gegründet, einige davon existieren noch heute, in Deutschland ist es die Akademie der Naturforscher und Ärzte, die Leopoldina. Die Akademieidee ist im 17. Jahrhundert in Frankreich und in England vom Staat aufgenommen worden, weil der erstarkende Staat durch Wissenschaft zusätzliche Macht gewinnen wollte. So entstanden die Académie Française (1635) und weitere Akademien, 1666 die Académie des Sciences und die Royal Society in London (1662). Andere Länder folgten.

In Deutschland waren es drei Kurfürsten, die Akademien gründeten, der brandenburgische 1700 in Berlin, der schon erwähnte hannoversche 1751 in Göttingen und der bayerische 1759 in München. Die Göttinger Gründung galt als besonders glücklich, weil sie neben die junge Landesuniversität gesetzt wurde, aus der sie ihre Mitglieder gewinnen konnte. Weder in Berlin noch in München gab es damals eine Universität.

Unsere Gründung vor fast 260 Jahren hat also eine lange Vorgeschichte. Wir ziehen daraus Kraft und sehen uns in der Breite der bei uns vertretenen Fächer in der Verantwortung, den heute in der Welt der Spezialisierungen besonders wichtigen Akademiegedanken nach Kräften durch Gespräch und Veröffentlichungen in die Tat umzusetzen.

Zu unserer Feier begrüße ich Sie alle im Namen der Akademiemitglieder. Besonders begrüße ich Sie, Herr Landtagspräsident Dinkla, der Sie uns die Ehre Ihrer Anwesenheit geben. Ich begrüße Herrn Professor Ipsen, den Präsidenten des Niedersächsischen Staatsgerichtshofs, der eines der drei obersten Verfassungsorgane unseres Landes ist. Die Justiz wird vertreten durch Herrn Dr. Götz von Olenhusen, den Präsidenten des Oberlandesgerichts Celle, und Herrn Apel, den Leitenden Oberstaatsanwalt am Landgericht Göttingen.

Ich begrüße Herrn Meyer, den Oberbürgermeister der Stadt Göttingen, und Herrn Professor Ströhlein, den stellvertretenden Landrat des Landkreises Göttingen.

Unsere Schwesterakademien sind hier vertreten. Ich begrüße den Präsidenten der Leopoldina, Herrn Hacker, den Präsidenten der Bayerischen Akademie der Wissenschaften, Herrn Willoweit, der zugleich in Vertretung für den Unionspräsidenten gekommen ist, den Präsidenten der Nordrhein-Westfälischen Akademie, Herrn Hatt, und den Präsidenten der Akademie der Wissenschaften in Hamburg, Herrn Reinitzer. Die Berlin-Brandenburgische Akademie der Wissenschaften wird vertreten durch ihren Vizepräsidenten, Herrn Kocka. Die Heidelberger Akademie wird durch ihren

Altpräsidenten Herrn Dihle, die Mainzer Akademie durch Herrn Schaefer vertreten.

Ich begrüße unser Mitglied, Herrn Winterfeldt, der die Braunschweigische Wissenschaftliche Gesellschaft vertritt, und Herrn Professor Manger, den Präsidenten der Akademie gemeinnütziger Wissenschaften zu Erfurt, sowie Frau Assenmacher, die Präsidentin der Universität Vechta, ferner Herrn Dr. Lossau, den Direktor der Staats- und Universitätsbibliothek Göttingen.

Ein besonderer Gruß gilt Herrn Altlandesbischof Dr. Hirschler, dem Präsidenten der Calenberg-Grubenhagenschen Landschaft, die den Hanns-Lilje-Preis stiftet, sowie Herrn Dr. Jürgens von der Firma Dyneon, der Stifterin des Chemie-Preises.

Mein Gruß gilt unserem Mitglied Herrn Altenmüller, der, zusammen mit Herrn Peschel das Duo Tityr bildend, die musikalische Umrahmung, eine erfreuliche Verschönerung unserer Jahresfeier, übernommen hat.

Soweit ich zurückblicken kann, ist es das erste Mal, dass ein Landtagspräsident an unserer feierlichen öffentlichen Sitzung teilnimmt. Herr Landtagspräsident, Sie stehen der Akademie aus zwei Gründen besonders nahe: Seit langem veranstaltet der jeweilige Landtagspräsident im Landtag jährlich einen Vortragsabend der Akademie. Zu Beginn Ihrer Amtszeit haben Sie diese Tradition fortgesetzt und den Vortrag in den Plenarsaal des Landtages verlegt und damit einem größeren Publikum geöffnet. Das ist das eine, das andere ist, dass Sie den Landtag repräsentieren, der jährlich über den Haushalt der Akademie beschließt. Herr Präsident, ich darf Sie bitten, jetzt zu uns zu sprechen.

*

Sehr geehrter Herr Akademiepräsident Starck,
sehr geehrte Akademiemitglieder,
sehr geehrte Damen und Herren!

Sehr gern bin ich der Einladung der Akademie der Wissenschaften zu Göttingen zu ihrer öffentlichen Jahresfeier gefolgt. Es ist mir Freude und Ehre zugleich, in der schönen Aula der Georg-August-Universität Göttingen aus diesem feierlichen Anlass zu Ihnen sprechen zu dürfen.

Die öffentliche Jahresfeier ist sicher der jährliche Höhepunkt der umfangreichen Veranstaltungsaktivitäten der Akademie, mit der sie ihrer Satzung folgt, durch diesen Festakt an den Geburtstag ihres Stifters, König Georgs II., im November zu erinnern. Dieser hat die Akademie 1751 als „Königliche Societät der Wissenschaften" ins Leben gerufen – einen Ort, an dem auf höchstem wissenschaftlichen Niveau Interdisziplinarität bis heute praktiziert wird.

Unter den acht Akademien in Deutschland ist die Göttinger die älteste, und sie kann auf eine lange, bewegte Geschichte zurückblicken. Bemerkenswert ist, dass sie die erste Akademie war, die in enger Anlehnung an eine Universität – die Georg-August-Universität wurde 1737 gegründet – entstand und es so den Professoren ermöglichte, zugleich lehrend und forschend tätig zu sein. Ihrem ersten Präsidenten, dem berühmten Albrecht von Haller, gelang es mit Unterstützung Georgs II. und dessen Ministers, des Geheimen Rates Gerlach Adolph von Münchhausen, die junge Akademie zu internationalem Ansehen zu führen.

Die Liste ihrer Mitglieder ist in Anbetracht vieler berühmter Namen beeindruckend: Goethe, Christian Gottlob Heyne, Gauß, die Brüder Grimm, Einstein, Wellhausen, Hilbert oder Heisenberg, um nur einige zu nennen. In der Weimarer Republik galt die Akademie gar als „Göttinger Nobelpreiswunder" und kann sich auch gegenwärtig rühmen, mehrere Träger dieser hohen Auszeichnung in ihren Reihen zu wissen. Insgesamt darf sie, wenn ich richtig recherchiert habe, auf 13 Nobelpreisträger zu Recht stolz sein!

Bis heute ist die Göttinger Akademie in höchstem Maße anerkannt und für unser Land einzigartig. Ich bin nicht der erste, der darauf hinweist, dass unser Land zwar viele Universitäten, aber nur eine Akademie hat.

Ich kann Ihnen versichern, dass der Niedersächsische Landtag, welcher der Akademie als Körperschaft des öffentlichen Rechts ja das Geld bewilligt, das verdienstvolle Wirken Ihrer Institution außerordentlich schätzt.

Ich erinnere mich in diesem Zusammenhang an einen Vortrag des verehrten Akademiemitgliedes Professor Wolfgang Sellert, den dieser vor einigen Jahren im Landtag gehalten und darin die Frage aufgeworfen hat, ob Wissenschaft, Forschung und Lehre überhaupt der Politik bedürften. Er kommt zu dem Schluss, dass Universität und Akademie den Schutz des Staates benötigen, da nur er die notwendigen Rahmenbedingungen für wissenschaftliche Kreativität und Eigeninitiative herzustellen vermag. Herr Professor Sellert machte aber gleichzeitig deutlich, dass vor dem Hintergrund unserer Geschichte die Politik den von ihr selbst geschaffenen Freiraum respektieren muss.

Wir Politiker haben uns diese Kernaussage also immer wieder vor Augen zu führen, um die Freiheit von Universität und Akademie nicht durch zu starke bürokratische Reglementierungen zu beschränken. Förderlich ist dabei, dass wir miteinander im Gespräch sind und bleiben. Daher war es für mich mit meinem Amtsantritt 2008 selbstverständlich, die gute Tradition des „Jour fixe" mit der Akademie der Wissenschaften zu Göttingen fortzusetzen: Seit den frühen 70er Jahren und dann kontinuierlich seit den 90er Jahren des 20. Jahrhunderts findet einmal im Jahr – in der Regel im November – ein gemeinsamer Abend der Akademie und des Landtages im niedersächsischen Landesparlament statt, an dem ein Akademiemitglied referiert und wir dann in eine Aussprache eintreten. Seit etwa 20 Jahren haben wir also eine erfreuliche Beständigkeit des Austauschs gefunden, die sicher als Zeichen des beiderseitigen Interesses verstanden werden darf.

Besonders dankbar bin ich der Akademie, dass sie sich bei unseren alljährlichen Begegnungen, die nun seit einigen Jahren auch der Öffentlichkeit zugänglich sind, bereiterklärt hat, sich thematisch in die von mir ins Leben gerufene Veranstaltungsreihe „Niedersachsen in Europa" einzubringen. Gerade jetzt am letzten Dienstag hat uns Herr Professor Zimmermann mit seiner ausgewiesenen Fachkompetenz mit dem Europäischen Privatrecht vertraut gemacht.

Meine sehr geehrten Damen und Herren!
Die rund 400 Akademiemitglieder sind nicht nur in der Region, sondern weltweit vernetzt. Bund, Land und Europäische Union können diese Spitzenwissenschaftler in allen brennenden Fragen zu Rate ziehen – eine großartige Chance zu beiderseitigem Nutzen! Aber auch die Öffentlichkeit, die Studentinnen und Studenten, die Bürgerinnen und Bürger, können von der „geballten" Kompetenz der Akademie profitieren: Zunehmend hat sich die Akademie geöffnet und bietet Publikationen, Ringvorlesungen und Vorträge – so auch seit einigen Jahren in der Vertretung des Landes Niedersachsen beim Bund in Berlin – sowie jährlich eine Akademiewoche an. Selbst die heutige Festveranstaltung ist öffentlich.

Zudem – wem sage ich das an dieser Stelle? – betreut die Akademie 24 Forschungsvorhaben, betreibt elf Forschungskommissionen und fördert exzellente Wissenschaftlerinnen und Wissenschaftler durch acht Preise und die Verleihung der Gauß-Professur. Sie, sehr verehrter Herr Präsident Starck, werden gleich in Ihrem Jahresbericht meine Aufzählung mit Leben füllen und uns die Ergebnisse aus diesen Bereichen vorstellen. Wir freuen uns auch auf die Preisverleihungen des Jahres 2010, und mein Glückwusch gilt schon jetzt den Preisträgerinnen und Preisträgern.

Mit großer Spannung erwarte ich den Festvortrag von Herrn Professor Hasenfuß. Sein Thema ist die Stammzellenforschung, und er spricht über dieses Thema unter der Ankündigung – ich zitiere – „Eine wissenschaftliche und politische Gratwanderung". Da damit die Politik ausdrücklich angesprochen ist, gestatten Sie mir hierzu einige Ausführungen – und zwar nicht als Politiker einer Partei, sondern als Präsident eines Parlaments, der in dieser Funktion unparteiisch den politischen Diskurs verfolgt.

Wir alle erinnern uns an die weltweite Begeisterung, als der Biologe Craig Venter im Jahre 2000 die Entschlüsselung des menschlichen Erbgutes verkündete. Es war eine Sternstunde der Wissenschaft, an die sich unendlich viele Erwartungen und Hoffnungen knüpften – Wissenschaft und Forschung habe dem Menschen damit die Türen zu fast allen Möglichkeiten geöffnet.

Die wissenschaftliche Forschung schien zu verheißen, dass es – natürlich bei ausreichender Förderung mit Geldern der öffentlichen Hand – gelingen könne, den Menschen gewissermaßen ein neues Paradies zu eröffnen, in dem der Mensch befreit von den Schrecken schwerster Erkrankungen leben könne.

Das sehen wir heute alles etwas nüchterner und, wie ich hoffe, auch realistischer. Aber die Politik hat in diesen zehn Jahren der Diskussion über grundlegende ethische Fragen der Forschung etwa am Beispiel der Stammzellen oder in diesen Tagen am Beispiel der Präimplantationsdiagnostik eine Erfahrung machen müssen, die den politischen Diskurs völlig verändern könnte. Ebenso hat die Wissenschaft lernen müssen, an Grenzen des politisch Machbaren zu stoßen. Und der Hinweis auf Artikel 5 unseres Grundgesetz, der ausdrücklich festschreibt, dass Kunst und Wissenschaft, Forschung und Lehre frei sind, aber auch auf die Pflichten hinweist, die sich aus dieser Freiheit ergeben, darf sicher auch nicht unerwähnt bleiben.

Grenzen für Wissenschaft und Forschung zu definieren stellen zweifellos immer und auch zunehmend eine ethische und politische Herausforderung dar. Auf der einen Seite muss die Politik Rahmenbedingungen setzen, müssen Grenzen abgesteckt und kommuniziert werden, auf der anderen Seite müssen die Grundsätze mit Hilfe unserer ethischen Maßstäbe formuliert werden. Und Fragen der Ethik kann man nur begrenzt in Koalitionsverträgen oder per Akklamation in Kabinettsrunden regeln.

Die Grundsätze sollen dem Wissen und Können der Naturwissenschaft entsprechen, sie müssen aber auch gesellschaftlich kommunizierbar und durchhaltbar sein. Die Komplexität fortschreitender naturwissenschaftlicher Erkenntnis erschwert dies manchmal erheblich. Die Diskussion über Fortschritte, Chancen und Risiken neuer Forschungsergebnisse berührt in vielen Punkten Grundfesten unseres Welt- und Menschenbildes. Nach meiner Überzeugung bedeutet jeder wissenschaftliche Fortschritt, jede vielleicht bahnbrechende neue Erkenntnis in erster Linie auch ein Mehr an Verantwortung. Die Politik hat sich dabei der unendlich schwierigen Diskussion nicht entzogen – sie hat sich den aufgeworfenen Fragen sehr offensiv gestellt, sie hat alle Möglichkeiten genutzt, sich zu informieren, und sie hat aktiv eine breite Diskussion in der Gesellschaft mitgestaltet, in der alle Gesichtspunkte zur Sprache gekommen und gewürdigt worden sind. Ob der Zeitpunkt immer richtig war, ist eine andere Frage. Das sehe ich als eine sehr positive Entwicklung an.

Auch der Niedersächsische Landtag hat sich, wohlgemerkt jenseits seiner legislativen Kompetenzen, mehrfach diesen schwierigen Themen gestellt. Dazu hat die Akademie der Wissenschaften im Rahmen ihrer jährlichen Landtagsbesuche ihren Beitrag mit zwei herausragenden Vorträgen geleistet, nämlich schon 1998 mit Professor Gruss und seinem Vortrag „Wunder nach Plan: Das Konzert der Gene bei der Entwicklung" sowie 2000 mit Professor Gottschalk und seinem Vortrag „Über den Zauber der Genomentschlüsselung". Ich erinnere aber vor allem an die Debatte im Niedersächsischen Landtag am 14. Juni 2001 zu dem Thema „Gentechnik und Menschenwürde".

Die Ergebnisse der politischen Diskussion werden jedoch nicht alle zufriedenstellen, in Anbetracht der Vielfalt der Überzeugungen, Meinungen und Interessen auch gar nicht zufrieden stellen können. Herr Professor Hasenfuß wird sicher einige Anmerkungen aus der Sicht der Wissenschaft beisteuern.

Mich bewegt aber die Erkenntnis, dass die politische Diskussion im Ergebnis nicht solche grundsätzlichen Fragen der Ethik entscheiden kann. Vielleicht hat die Politik gehofft, aus den Bereichen der Wissenschaften, der Kirchen, der vielfältigen Gremien, die auch aus dem politischen Raum heraus eingerichtet worden sind, eine schlüssige Antwort und damit eine Entscheidungshilfe auf die drängenden Fragen zu bekommen. Wenn es diese Erwartung gab, so hat sie sich jedenfalls nur begrenzt erfüllt. Über Fragen der Ethik lässt sich auch nicht mit politischen Mehrheiten entscheiden. Dennoch muss Politik ganz konkrete Entscheidungen etwa in der Frage der Verwendung von Stammzellen in der Forschung oder des Einsatzes der Präimplantationsdiagnostik treffen, ohne aber – und das ist meine Erkenntnis – auf einen in der Gesellschaft verfestigten ethischen Grundkonsens zurückgreifen zu können. Das ist in dieser Grundsätzlichkeit, so glaube ich, neu in der Politik und neu im Umgang zwischen Politik und Wissenschaft.

Diese Erkenntnis bedeutet aber nicht, und das will ich deutlich betonen, dass Politik in dieser Situation ohne eine Bindung an Werte entscheiden würde. Jeder Politiker bringt seine Orientierung an Werten in die Diskussion mit ein. Über allem steht aber ein Gebot, das als vorgegebener und unverrückbarer Wert jede Diskussion in Politik und Wissenschaft leitet und leiten muss. Das ist das unentziehbare und unantastbare Grundrecht des Artikel 1 unseres Grundgesetzes: „Die Würde des Menschen ist unantastbar".

Meine sehr geehrten Damen und Herren!
„Fecundat et ornat" – „Sie befruchtet und ziert", so steht es auf dem Siegel der Akademie. Ich wünsche der Akademie der Wissenschaften zu Göttingen, dass ihr in diesem Sinne ihre Strahlkraft auch zukünftig erhalten bleibt. Daran zweifle ich nicht!

Ihnen, sehr verehrter Herr Präsident Starck, den geschätzten Mitgliedern der Akademie sowie ihren Mitarbeiterinnen und Mitarbeitern gilt mein herzlicher Dank. Mögen Sie weiterhin in Ihrem Wirken von dem gebührenden Erfolg begleitet sein und eine glückliche Hand haben. Der Tagung wünsche ich weiter einen guten – vor allem auch einen fachlich interessanten – Verlauf. Vielen Dank für ihre geschätzte Aufmerksamkeit.

*

Herr Präsident, ich danke Ihnen für die freundliche Würdigung der Akademie, vor allem für den Ausspruch, dass es in Niedersachsen viele Universitäten, aber nur eine Akademie gebe. Wir sehen uns in der Tat unter dem Schutz des Staates stehend, was vor allem durch den jährlichen Haushalt zum Ausdruck kommt, über den auf Vorschlag der Regierung der Landtag beschließt. Ihre Bemerkungen zum Thema des Festvortrages könnten den Wunsch aufkommen lassen, diesen sogleich zu hören. Sie müssen nun aber erst meinen Bericht über die Tätigkeit der Akademie im ablaufenden Jahr anhören.

Tätigkeitsbericht des Präsidenten
I.

Ich möchte Sie bitte, sich zu erheben, um der seit der letzten Jahresfeier verstorbenen Mitglieder unserer Akademie zu gedenken.

Am 28. Dezember 2009 verstarb MANFRED ROBERT SCHROEDER, Professor für Physik, Ordentliches Mitglied der Mathematisch-Physikalischen Klasse seit 1973.

Am 7. Januar 2010 ist ERHARD SCHEIBE, Professor der Philosophie, Ordentliches Mitglied der Philologisch-Historischen Klasse seit 1977, verstorben.

Werner Martienssen verstarb am 29. Januar 2010. Er war Professor für Experimentalphysik, Korrespondierendes Mitglied der Mathematisch-Physikalischen Klasse seit 1989.

Am 14. Februar 2010 ist Winfried Bühler, Professor der Klassischen Philologie, Korrespondierendes Mitglied der Philologisch-Historischen Klasse seit 1974, Ordentliches Mitglied seit 1980, verstorben.

Am 23. Juli 2010 verstarb John William Wevers, Professor of Near Eastern Studies in Toronto, Korrespondierendes Mitglied der Philologisch-Historischen Klasse seit 1972.

Anton Daniel Leeman ist am 5. August 2010 verstorben. Er war Professor der Lateinischen Literatur und Sprache in Amsterdam, Korrespondierendes Mitglied der Philologisch-Historischen Klasse seit 1993.

Am 25. September 2010 verstarb Paul Gerhard Schmidt, Professor der Lateinischen Philologie des Mittelalters und der Neuzeit, Korrespondierendes Mitglied der Philologisch-Historischen Klasse seit 1994.

Klaus Weber, Professor der Geowissenschaften und Korrespondierendes Mitglied der Mathematisch-Physikalischen Klasse seit 1999, ist am 18. Oktober 2010 verstorben.

Am 22. Oktober 2010 verstarb Wolfgang P. Schmid, Professor für Indogermanische Sprachwissenschaft, Korrespondierendes Mitglied der Philologisch-Historischen Klasse seit 1983.

Harald von Petrikovits, Professor der Provinzialarchäologie und Geschichte, Korrespondierendes Mitglied der Philologisch-Historischen Klasse seit 1974, ist am 29. Oktober 2010 verstorben.

Die Nachrufe auf die Ordentlichen Mitglieder werden im Jahrbuch veröffentlicht. Wir werden den Verstorbenen ein ehrendes Andenken bewahren. – Ich danke Ihnen, dass Sie sich zu Ehren der Verstorbenen erhoben haben.

Die Arbeit der Akademie geht weiter, was in den Zuwahlen zum Ausdruck kommt. Immer wenn ein Ordentliches Mitglied sein 70. Lebensjahr vollendet hat, wird sein Platz für eine Neuwahl frei.

Zu Ordentlichen Mitgliedern der Philologisch-Historische Klasse wurden gewählt:

JENS PETER LAUT	Professor für Turkologie und Zentralasienkunde an der Universität Göttingen
KLAUS NIEHR	Professor für Kunstgeschichte an der Universität Osnabrück
HOLMER STEINFATH	Professor der Philosophie an der Universität Göttingen
ANNETTE ZGOLL	Professorin für Altorientalistik an der Universität Göttingen

Zum Ordentlichen Mitglied der Mathematisch-Physikalische Klasse wurde gewählt:

STEFAN TREUE	Professor für Kognitive Neurowissenschaften und Biopsychologie an der Universität Göttingen, zugleich Direktor des Deutschen Primatenzentrums in Göttingen

Zu Korrespondierenden Mitgliedern der Philologisch-Historischen Klasse wurden gewählt:

NICHOLAS BOYLE	Schröder Professor of German an der Universität Cambridge (Großbritannien)
PEDRO CRUZ VILLALÓN	Professor für Verfassungsrecht an der Autonomen Universität in Madrid und Generalanwalt am Europäischen Gerichtshof (Spanien)
PIETRO DINI	Professor für Baltische Philologie und für Allgemeine Sprachwissenschaft an der Universität Pisa (Italien)
KURT FLASCH	emeritierter Professor für Philosophie des Mittelalters an der Universität Bochum
RUEDI IMBACH	Professor für Mittelalterliche Philosophie an der Universität Paris Sorbonne (Frankreich)
KATHARINA KRAUSE	Professorin für Kunstgeschichte an der Universität Marburg
ECKART CONRAD LUTZ	Professor für Germanistische Mediävistik an der Universität Freiburg (Schweiz)

NIGEL PALMER   Professor für Deutsche Philologie (Germanistische Mediävistik)
                      an der Universität Oxford (Großbritannien)

Zum Korrespondierenden Mitglied der Mathematisch-Physikalischen Klasse wurde gewählt:

ROBERT RICHARDS   Professor für Geschichte der Wissenschaften
                      an der Universität Chicago (USA)

II.

Die Arbeit der Akademie lebt vom wissenschaftlichen Ansehen und von dem persönlichen Einsatz ihrer Mitglieder, habe ich vor einem Jahr in der Jahresfeier gesagt und wiederhole den Satz heute. Wir sind alle Spezialisten in unserem jeweiligen Fach, auch wenn es weit zugeschnitten ist. Unsere Aufgabe besteht, zumindest in den Plenarsitzungen und bei öffentlichen Vorträgen, darin, unsere Forschungsergebnisse oder Überblicke über unsere Fächer in akademiegerechter Sprache darzulegen, d. h. in einer Sprache verständlich für Gelehrte, die sich mit anderen Disziplinen beschäftigen. Nur so können Funken überspringen. An dieser Stelle erinnere ich an Manfred Robert Schroeder, der Ende 2009 von uns gegangen ist. Seine Vorlagen waren für Fachleute und für Nichtfachleute konzipiert. Das war für ihn keine Last, sondern bereitete ihm Vergnügen, wie er mir einmal sagte.

Mein jetzt folgender Tätigkeitsbericht kann nur Ausschnitte davon bringen, was im abgelaufenen Jahr in der Akademie geschehen ist. Ich teile den Bericht in vier Abschnitte ein: Öffentliche Veranstaltungen (1), Vorhaben aus dem Akademienprogramm (2), Arbeit von Forschungskommissionen (3) und Außenbeziehungen der Akademie (4).

1. Die öffentlichen Veranstaltungen

In der öffentlichen Sommersitzung im Mai wurden die neugewählten Akademiemitglieder, die ich soeben benannt habe, kurz vorgestellt und bekamen die Urkunden überreicht. Danach wurde die Lichtenberg-Medaille, unsere höchste Auszeichnung, an Bert Hölldobler für seine herausragenden und in ihrer Bedeutung weit über das engere Fachgebiet hinausreichenden Forschungsarbeiten zur Sozio- und Evolutionsbiologie von Ameisenstaaten, verliehen. Er bedankte sich mit seinem Vortrag über den „Superorganismus der Ameisen – Zivilisation durch Instinkt".

Das „Element Wasser" war Gegenstand der Vortragsreihe im Phæno-Wissenschaftstheater Wolfsburg, einer gemeinsamen Veranstaltung unserer Akademie und der Braunschweigischen Wissenschaftlichen Gesellschaft. Im Dezember dieses Jahres wird diese Zusammenarbeit am selben Ort fortgesetzt mit dem Thema „Spiegel": der Spiegel in der Kunst, der Literatur, der Geschichte und der Naturwissenschaft. Im Lichtenberg-Hörsaal in der Physik fanden eine Veranstaltung über Lichtenbergs Naturlehre und im Sommer die Gedächtnisfeier für unser verstorbenes Mitglied Manfred Robert Schroeder statt.

Im Juni wurde in Berlin der Akademientag der Union der Akademien abgehalten zum Thema „Suche nach Sinn – über die Religionen in der Welt". Unser Mitglied Herr Ringleben hielt in der gut besuchten Veranstaltung den Eröffnungsvortrag über den gekreuzigten Gott.

Die auswärtige Sitzung fand dieses Jahr in Wolfenbüttel in der Herzog-August-Bibliothek statt und war verbunden mit dem Besuch der Ausstellung „Das Athen der Welfen, die Reformuniversität Helmstedt 1576–1819". Unser Mitglied Herr Schmidt-Glintzer, der Direktor der Bibliothek, gab uns einen Einblick in sein Forschungsgebiet mit dem Vortrag über „Körpertopographie und Gottesferne – Vesalius in China".

Gegenstand der 6. Akademiewoche im September – eines Geschenks der Akademie an die Stadt – war das Thema „Religion" in Fortsetzung der Berliner Tagung, von Herrn Elsner organisiert. „Die Rückkehr der Religion – wohin?" mit gut besuchten Vorträgen von Altbischof Wolfgang Huber, Joachim Ringleben und Kardinal Karl Lehmann. Wie schon im vergangenen Jahr hat die Akademie – diesmal mit vier Lesungen – am Göttinger Literaturherbst teilgenommen. Die gut besuchten Lesungen von Heinrich August Winkler, John Darwin, beide im Alten Rathaus, Peter Sloterdijk in der Aula und Monika Maron im Deutschen Theater wurden von Mitgliedern der Akademie moderiert.

Im Oktober hat Herr Klasen in Berlin in der Vertretung des Landes beim Bund über Auswirkungen der Finanzkrise gesprochen: Große Resonanz in der Diskussion und beim anschließenden Empfang. Die neue Leiterin der Vertretung, Frau Staatssekretärin Dr. Krogmann, will die jährlichen Einladungen der Akademie zu Vorträgen fortsetzen. In der vergangenen Woche haben auf einer gemeinsamen Veranstaltung der Akademie und der Staats- und Universitätsbibliothek der Verleger Klaus G. Saur und der Musikwissenschaftler Andreas Waczkat über die Zukunft des Buches und die Zukunft der Note gesprochen: Die Zukunft sei offen, werde aber weiter durch Bücher bestimmt, schlechter seien die Aussichten für die gedruckte Note.

Vor wenigen Tagen hat unser Mitglied Herr Zimmermann im Plenarsaal des Landtages das Thema „Europäisches Privatrecht. Woher? Wohin? Wozu?" behandelt. Der Blick in die Geschichte zeigte die gemeinsame Grundlage im römischen und im gemeinen Recht bis zu den nationalen Privatrechtskodifikationen, die Zimmermann, etwas ungewohnt, aber zutreffend, als einen Punkt in der Entwicklung bezeichnete. Derzeit gehe es um punktuelle Rechtsvereinheitlichung im Rahmen der Kompetenzen der Europäischen Union, aber auch um gemeinsames Vertrags- und Handelsrecht, das ein Angebot zur freien Rechtswahl werden soll.

2. Vorhaben aus dem Akademienprogramm

Unsere 24 Vorhaben im Akademienprogramm sind schon im letzten Jahr in der Broschüre „Kulturelles Erbe mit Zukunft" vorgestellt worden, so dass alle Mitglieder der Akademie und die an ihrer Arbeit Interessierten einen anschaulichen Überblick über diese Arbeiten haben. Da die Broschüre inzwischen vergriffen ist, Vorhaben abgeschlossen werden konnten und neue hinzugekommen sind, ist eine 2. Auflage in Vorbereitung, die noch in diesem Jahr erscheinen wird.

Abgeschlossen worden ist die Arbeit am „Lexikon des frühgriechischen Epos", dem sog. Homerlexikon. Der letzte Band ist 2010 erschienen. Auf dem Abschlusskolloquium in Hamburg habe ich in einem Grußwort den Abschluss gewürdigt. Das Vorhaben wurde 1944 auf Anregung von Bruno Snell begonnen. Als 1980 der erste Band erschien, war das Vorhaben gerade ins Akademienprogramm übernommen worden. Dafür musste es gestrafft werden, wofür die damalige Leiterin im Zusammenwirken mit Herrn Patzig, der von 1980 bis 1996 Vorsitzender der Leitungskommission war, einen Plan entwickelte, der sich als realistisch erwies. Das Ergebnis der 65-jährigen Arbeit ist das vierbändige Lexikon, das in der Frankfurter Allgemeinen Zeitung, der Neuen Zürcher Zeitung und der Süddeutschen Zeitung sehr positiv gewürdigt worden ist.

Die beiden letzten Kolloquien des 2009 beendeten Vorhabens „Europäische Jahrhundertwende: Literatur, Künste, Wissenschaften um 1900 in grenzüberschreitender Wahrnehmung"[2] sind in dem 2010 erschienenen Band „Perspektiven der Modernisierung. Die Pariser Weltausstellung, die Arbeiterbewegung, das koloniale China in europäischen und amerikanischen Kulturzeitschriften um 1900" veröffentlicht worden. Die Vorhaben „Edition und Bearbeitung byzantinischer Rechtsquellen", „Germania

---

[2] Vgl. dazu meinen Tätigkeitsbericht des vorangegangenen Jahres, Jahrbuch 2009, Seite 78.

Sacra" und „Patristik" sind positiv evaluiert worden, womit deren weitere Finanzierung sichergestellt ist.

Das ganz Deutschland umspannende Unternehmen „Deutsche Inschriften des Mittelalters und der frühen Neuzeit" trägt, auf Norddeutschland bezogen, unsere Akademie seit 1970; 1980 ist es ins Akademienprogramm aufgenommen worden. Im Oktober wurde das Jubiläumskolloquium „40 Jahre Deutsche Inschriften" in Göttingen veranstaltet.

Die neuen Unternehmen „Johann Friedrich Blumenbach-Online" und „Runische Schriftlichkeit in germanischen Sprachen" wurden 2010 begonnen. Im nächsten Jahr wird das Göttinger Vorhaben „Gelehrte Journale und Zeitungen als Netzwerke des Wissens im Zeitalter der Aufklärung" beginnen, das ins Akademienprogramm aufgenommen worden ist.

Für das kommende Jahr ist der Etat des Akademienprogramms um 5% erhöht worden und beträgt insgesamt 51,8 Mio Euro. Ich sehe in der Erhöhung nicht nur den willkommenen Zuwachs der Finanzen, die wir für Neuvorhaben und zusätzliche Aufgaben wie z. B. die Digitalisierung von Forschungsergebnissen benötigen, sondern ein deutliches Bekenntnis des Bundes und der Länder zur Dauerhaftigkeit des Programms.

In den Vorhaben des Akademienprogramms sind zahlreiche junge Mitarbeiter tätig, die nur befristete Stellen innehaben. Hieraus entsteht die missliche Situation, dass manche Mitarbeiter, auf der berechtigten Suche nach einer dauerhaften Beschäftigung, kurz vor Abschluss eines Vorhabens dieses verlassen, das dann ins Stocken gerät und neue Kräfte anlernen muss. Dieses Problem ist von der Wissenschaftlichen Kommission der Union der Akademien Anfang November auf ihrer Tagung in Göttingen diskutiert worden. Wir erwarten dazu eine Empfehlung.

In diesem Jahr hat die Akademie die Kolloquien für junge Mitarbeiter in ihren Semesterprogrammen besonders ausgewiesen. Es sind insgesamt sieben: je zwei der Vorhaben Germania Sacra, des Qumran-Lexikons und des Vorhabens SAPERE [Scripta Antiquitatis Posterioris ad Ethicam Religionemque pertinentia] und ein Kolloquium des Deutschen Wörterbuchs. Die Kolloquien dienen dem Gedanken- und Erfahrungsaustausch der Mitarbeiter verschiedener Arbeitsstellen, dem Kontakt mit außenstehenden Wissenschaftlern und dem Austausch zwischen verschiedenen Vorhaben. Dabei denke ich an sachliche Verbindungen, etwa Lexikographie, oder an historischen Verbindungen derjenigen Vorhaben, die sich unter verschiedenen Gesichtspunkten mit derselben Epoche beschäftigen. Austausch unter wissenschaftlichen Spezialisten wirkt horizonterweiternd.

3. Die Forschungskommissionen der Akademie

Die Akademie hat z. Zt. 10 Forschungskommissionen: drei behandeln übergreifende Fragestellungen, vier historische Themen und drei mathematische sowie natur- und technikwissenschaftliche Probleme. Diese 10 Forschungskommissionen sind in einer soeben erschienenen Broschüre mit dem Titel „Wissen, Wachsen, Wirken" vorgestellt worden. Für deren Erarbeitung danke ich Frau Lochte, die für Presse- und Öffentlichkeitsarbeit zuständig ist.

Die von Herrn Lauer geleitete Kommission für Interdisziplinäre Südosteuropa-Forschung hat in diesem Jahr ihr früher abgehaltenes Kolloquium „Die Grundlagen der Slowenischen Kultur" in den Abhandlungen der Akademie veröffentlicht. Die Kommission „Die Funktion des Gesetzes in Geschichte und Gegenwart" hat das im letzten Jahr abgehaltene 15. Symposion „Das strafende Gesetz im sozialen Rechtsstaat" in den Abhandlungen publiziert und das 16. Symposion über das erziehende Gesetz vorbereitet, das im Januar 2011 stattfinden wird. Darüber und über die demnächst stattfindenden Kolloquien anderer Forschungskommissionen wird im nächsten Jahr zu berichten sein.

Immer wenn ein Kolloquium stattgefunden hat und dieses zur Veröffentlichung ansteht, wird über die Arbeit der Forschungskommission im Plenum berichtet und darüber diskutiert. Themen für Forschungskommissionen können sich aus Plenarvorträgen und aus anschließenden Diskussionen ergeben. Die Gründung neuer Kommissionen ist erwünscht. Als Mitglied einer Forschungskommission und deren früherer Vorsitzender möchte ich sagen, die persönliche Zufriedenheit mit der Akademie wächst in dem Maße, in dem man sich mit eigener Arbeit in die Akademie „einbringt".

Zu den Forschungskommissionen und den Leitungskommissionen für die Vorhaben im Akademienprogramm wird die Akademie in Ausführung des § 20 Abs. 2 unserer Satzung eine Ordnung erlassen, die die Arbeit der Kommissionen erleichtern soll.

4. Außenbeziehungen der Akademie

Die wichtigste Außenbeziehung unserer Akademie ist die zum Land Niedersachsen, zu dem wir als Körperschaft des öffentlichen Rechts gehören. Erfreulicherweise sind unsere Haushaltmittel so erhöht worden, dass wir im Jahre 2010 eine volle Stelle für Presse- und Öffentlichkeitsarbeit besetzen und damit die freie Mitarbeit von Frau Adrienne Lochte verstetigen konnten. Mit Rücksicht auf die für die Forschungsvorhaben und deren

Veröffentlichung immer wichtiger gewordene elektronische Datenverarbeitung (EDV) haben wir außerdem eine halbe Stelle dafür besetzen können, die Herr Dr. Thomas Bode innehat.

Im Februar dieses Jahres hat Herr Staatssekretär Dr. Lange die Akademie besucht. Ich habe mit ihm die Stellung der Akademie im Lande und vergleichend die Situation der anderen sieben Landesakademien besprochen und die angestrebte Entwicklung der finanziellen und räumlichen Situation unserer Akademie dargelegt und viel Verständnis gefunden. Ende Oktober hat der neue Ministerpräsident, Herr McAllister, die Akademie besucht. In einem kleinen Kreis von Mitgliedern und der Generalsekretärin haben wir die Akademie vorgestellt, vor allem die Vorhaben im Akademienprogramm, die Fragen der Einbindung junger Wissenschaftler und das Problem unserer Beteiligung an der Nationalakademie und der Politikberatung erörtert.

Die Politikberatung wird durch ein Neunergremium der Nationalakademie der Wissenschaften, der Leopoldina, organisiert, in dem die acht Akademien der Union nur drei von neun Stimmen haben, wobei eine Stimme fest der Berlin-Brandenburgischen Akademie zusteht. Zumeist findet Politikberatung in den Bereichen Natur-, Lebens- und Technikwissenschaft statt. Diese Bereiche werden in dem erwähnten Gremium mit mindestens sechs – derzeit mit sieben – Stimmen repräsentiert. Wir waren von Anfang an darum bemüht, auch Themen zu generieren, für die die Geistes- und die Gesellschaftswissenschaften relevant sind. Zur Zeit wird Beratung zum Thema „Integration" vorbereitet. Der neue Präsident der Leopoldina, Herr Hacker, hat bei seinem Besuch in Göttingen zum Ausdruck gebracht, wie sehr er sich unsere Mitarbeit im Rahmen der Nationalakademie wünscht, und hat darüber hinaus die Zusammenarbeit von Forschergruppen, wie sie bei uns die Forschungskommissionen darstellen, mit der Leopoldina angeregt.

Die Akademie strebt in Kooperation mit der Staats- und Universitätsbibliothek (SUB) an, eine digitale Plattform zu errichten, über die die Forschungsergebnisse, insbesondere die aus den Vorhaben des Akademienprogramms, der wissenschaftlichen Öffentlichkeit zur Verfügung gestellt werden können.

Mit der Universität betreiben wir das Zentrum Orbis Orientalis (CORO), in dem das Septuaginta-Unternehmen, das Qumran-Wörterbuch, die Patristik und das Editionsvorhaben SAPERE zusammengefasst sind. Weitere Zusammenarbeit mit der Universität erfolgt neuerdings in dem Göttingen Center for Digital Humanities.

III.

Mein institutionell aber auch ganz persönlich ausgesprochener Dank gilt den Mitarbeitern der Geschäftsstelle unter Leitung der Generalsekretärin, Frau Dr. Schade. Große Sachkunde, ein Gedächtnis für frühere Vorgänge in der Akademie, frischer Zugang auf die zu bearbeitenden Aufgaben bei durchweg zu beobachtender Arbeitsfreude zeichnen die Mitarbeiter aus. Ohne diese Stütze, die ich durch die Verwaltung erfahre, könnte ich mein Amt ehrenamtlich nicht wahrnehmen.

Ich danke beiden Vizepräsidenten, Herrn Elsner, der leider schwer erkrankt ist und dem unsere guten Wünsche gelten, und Herrn Lehfeldt, für die Leitung der Klassen und die darüber hinaus wahrgenommenen Aufgaben für die Akademie als ganze, insbesondere für die wertvolle Beratung in den Sitzungen des Präsidiums.

IV.

Ich komme zur Verleihung der Preise, zum schönsten Geschäft an diesem Tag, weil wissenschaftliche Tüchtigkeit belohnt wird, die gestern bei der Vorstellung von vier Preisträgern deutlich wurde. Die Preise werden nicht aus dem ordentlichen Haushalt der Akademie bedient, sondern sind alle gestiftet. Die Aufgabe der Akademie im Sinne der Stifter ist es, die zu preisenden Kandidaten auszusuchen. Den Stiftern, die ich schon besonders begrüßt habe, gilt unser besonderer Dank.

Die Gauß-Professuren – gestiftet vom Land Niedersachsen – sind gegangen an

Herrn ALEXANDER SOBOLEV, Russländische Akademie der Wissenschaften, Institut für Geochemie und Analytische Chemie, Moskau, für 7 Monate, sowie an

Herrn DAVID MORSE, Abteilung für Chemische Technologie und Materialwissenschaften, Universität Minnesota, Washington, für 3 Monate.

Jetzt komme ich zu den sieben Preisen und den zehn Preisträgern, da zwei Preise auf mehrere Preisträger aufgeteilt worden sind.

Der **Hanns-Lilje-Preis**, finanziert aus Mitteln der Calenberg-Grubenhagenschen Landschaft, ist in diesem Jahr wegen der vielen überzeugenden Arbeiten, die zur Debatte standen, in drei Teile geteilt worden.

Dr. Benjamin Dahlke erhält den Hanns-Lilje-Preis für seine Dissertation „Die katholische Rezeption Karl Barths. Theologische Erneuerung im Vorfeld des zweiten Vatikanischen Konzils". Es handelt sich um einen innovativen Forschungsbeitrag zur neueren Theologiegeschichte und zur Theologie Karl Barths.

Dr. Gregor Emmenegger erhält den Hanns-Lilje-Preis für seine Dissertation „Der Text des koptischen Psalters aus Al-Mudil: Ein Beitrag zur Textgeschichte der Septuaginta und zur Textkritik koptischer Bibelhandschriften". Emmenegger zeigt auf Grund ausgezeichneter Beherrschung des philologischen, editorischen und textkritischen Instrumentarismus, methodisch überzeugend, wie aus der Textform des Mudil-Kodex frühere Textvarianten herausisoliert werden können.

Dr. Christopher Spehr erhält den Hanns-Lilje-Preis für seine Habilitationsschrift „Luther und das Konzil", mit der er eine eklatante Lücke in der Lutherforschung schließt. Spehr untersucht das Thema biographisch und bietet eine Lebensgeschichte Luthers an Hand der Konzilsfrage.

Der **Hans-Janssen-Preis** wird finanziert aus der Stiftung, die die Akademie dem 1989 verstorbenen Kunsthistoriker Hans Janssen verdankt. Diesen Preis haben wir auf zwei Preisträgerinnen aufgeteilt.

Dr. Kristin Böse* erhält den Hans-Janssen-Preis für ihr Buch „Gemalte Heiligkeit, Bilderzählungen neuer Heiliger in der italienischen Kunst des 14. und 15. Jahrhunderts". Frau Böse analysiert in großer wissenschaftlicher Reife die kunsthistorische, theologische und soziologische Bedeutung der Bilder.

Den Hans-Janssen-Preis wird auch Frau Dr. Marieke von Bernstorff* erhalten. Da sie soeben ein Kind geboren hat, wird ihr der Preis in der Sommersitzung überreicht werden.

Den **Preis für Geisteswissenschaften**, gestiftet von den Mitgliedern der Akademie, bekommt Herr Dr. Alexander Ziem* verliehen für seine Habilitationsschrift „Frames (d. h. dt: Wissensrahmen) und sprachliches Wissen. Kognitive Aspekte der semantischen Kompetenz". Die sprachwissenschaftliche Arbeit bietet eine außerordentlich kundige Präsentation eines aktuellen Forschungsthemas, die überzeugende Entwicklung einer eigenständigen Theorie und die Formulierung konkreter Vorschläge für die Praxis der Textanalyse.

Der **Wedekind-Preis für deutsche Geschichte**, finanziert aus Mitteln der Wedekindschen Preisstiftung, geht dieses Jahr an Professor Dr. FOLKER REICHERT* für seine Arbeit „Gelehrtes Leben. Karl Hampe, das Mittelalter und die Geschichte der Deutschen". Dieses Buch ist ein besonders gelungener, bewundernswerter Beitrag auf biographischer Grundlage, weitgehend aus dem unveröffentlichtem Nachlass Karl Hampes erarbeitet.

Den **Chemie-Preis**, gestiftet von der Dyneon GmbH, Burgkirchen, und dem Fonds der Chemischen Industrie, Frankfurt, erhält Dr. SVEN SCHNEIDER. Er hat neue, stark basische Chelatliganden entwickelt, die als Pinzettenliganden die Basizität am Metallzentrum erhöhen. Ihm gelang die Hydrierung von Carbonylgruppen mit bifunktionellen Rutheniumkomplexen, die katalytische Dehydrierung von anorganischen und organischen Molekülen und die C-H-Aktivierung von Olefinen und Ethern.

Der **Preis für Physik**, wurde in diesem Jahr finanziert durch eine Spende von Herrn Eigen und von Mitgliedern der Mathematisch-Physikalischen Klasse. Der Preis geht an Frau Dr. CORINNA KOLLATH, Paris, für ihre erfolgreichen theoretischen Ansätze auf dem Gebiet ultrakalter Gase.

Der **Biologie-Preis**, ermöglicht durch Mittel von der Sartorius Corporate Administration, Göttingen, und von Mitgliedern der Mathematisch-Physikalischen Klasse, wird verliehen an Frau Dr. BIRTE HÖCKER*. Sie erhält den Preis für ihre bisherigen Arbeiten, in denen ihr durch molekulargenetische Konstruktionen, enzymologische Produktcharakterisierung und Röntgenkristallographie der Nachweis einer modularen Organisation dieser Enzyme gelungen ist. Ihre weiteren Arbeiten haben zu einer international aufmerksam verfolgten Kontroverse geführt, die Frau Höcker für sich entschieden hat.

Vier Preisträger haben gestern in einer Plenarsitzung ihre Arbeiten vorgestellt, die diskutiert wurden. Die anderen sechs Preisträger werden dazu im Laufe des Sommersemesters Gelegenheit haben.

Preisverleihungen

Nach der Musik, die wir jetzt hören werden, bitte ich Herrn Hasenfuß, den Leiter des neu errichteten Deutschen Zentrums für Herzkreislaufforschung, Standort Göttingen – eines von 7 Standorten in Deutschland – seinen Vortrag über „Stammzellforschung" zu halten.

---

* Die Vorlage erscheint im Jahrbuch 2011

Die Arbeit der Akademie

Akademievorträge

Stammzellforschung – eine wissenschaftliche und politische Gratwanderung

(Festvortrag in der öffentlichen Jahresfeier am 20. November 2010)

GERD HASENFUSS

Gesetzliche Rahmenbedingungen der Forschung

Wohl kaum ein Forschungsgebiet wird von der Öffentlichkeit so intensiv wahrgenommen wie die Stammzellforschung. Für die einen stellt sie die Möglichkeit dar, grundlegend neue Behandlungsverfahren in der Medizin zu entwickeln, von anderen wird sie verteufelt und mit der Abtötung menschlichen Lebens assoziiert. Wohl kaum ein Forschungsgebiet wurde im Gesetzgebungsverfahren eingehender analysiert als die Stammzellforschung, und kein Forschungsgebiet wurde in Deutschland vom Gesetzgeber so einschneidend reglementiert. Nie – vermutlich – wurde ein Gesetzgebungsverfahren eingehender von wissenschaftlichen Interessen beeinflusst, und nie zuvor hat die Interaktion zwischen Wissenschaft, öffentlicher Debatte und gesetzlicher Regelung die Entwicklung der Forschung stärker beeinflusst als in der Stammzellforschung. Im folgenden soll daher die Wechselwirkung zwischen den gesetzlichen Rahmenbedingungen und der Forschungsentwicklung aufgearbeitet und soll verdeutlicht werden, wie entscheidend die gesellschaftliche Debatte, die Konsensfindung und schließlich die Gesetzgebung für die Forschung und den medizinischen Fortschritt sein können.

Gerd Hasenfuss, Professor für Innere Medizin an der Georg-August-Universität Göttingen, O. Mitglied der Göttinger Akademie seit 2002

Das Embryonenschutzgesetz

Das Embryonenschutzgesetz wurde im Dezember 1990 verabschiedet (1)[1]. Es ist mit dem Ziel entwickelt worden, die in-vitro-Fertilisation zu regeln. Es definiert den Beginn menschlichen Lebens unter der Bezeichnung „Embryo" mit der Befruchtung einer Eizelle. Auf nicht-natürlichem Wege – in vitro – dürfen danach Embryonen nur zum Zwecke der Fortpflanzung erzeugt werden. Eine Befruchtung zu einem anderen Zwecke als zum Erreichen einer Schwangerschaft ist strafbar. Überzählige Embryonen sollen im Rahmen der extrakorporalen Befruchtung nicht entstehen und dürfen nicht verwendet werden.

Das Embryonenschutzgesetz in Deutschland und seine Analoga in anderen Ländern bedeuteten weltweit ein wesentliche Limitierung für die Stammzellforschung, eine Wissenschaftsrichtung in der Biologie und Medizin, von der viele glauben, dass sie die zweite lebensverlängernde Revolution in der Medizin nach der Einführung von Antibiotika im vergangenen Jahrhundert bringen werde.

Welche Beziehung besteht zwischen einem Embryo und einer Stammzelle? Die embryonale Stammzelle entstammt einem Embryo, genau genommen, dessen innerer Zellmasse, der so genannten Blastozyste im 32-Zellen-Stadium. Dieser Reifezustand ist vier bis fünf Tage nach der Befruchtung erreicht. Es handelt sich also um ein frühes Embryonalstadium. Die Gewinnung von embryonalen Stammzellen führt zur Zerstörung des Embryos.

Definition der Stammzelle und der Pluripotenz

Unter einer Stammzelle versteht man jede unspezialisierte Zelle eines Organismus, die sich teilen und vermehren und dann reife Organzellen bilden kann. Die organspezifische Spezialisierung der aus einer Stammzelle entstandenen Tochterzelle wird als Differenzierung bezeichnet. Wird also eine unspezialisierte Stammzelle zu einer Herzzelle oder einer Nervenzelle, so wird dies als Differenzierung bezeichnet. Pluripotenz bedeutet, dass eine Stammzelle in alle spezifischen Organzellen des Körpers – das sind mehr als 200 verschiedene Zelltypen – differenzieren kann. Multipotent bedeutet dementsprechend, dass die Stammzelle in viele, aber nicht alle Gewebetypen differenzieren kann. Die Pluripotenzeigenschaften hat man zunächst nur embryonalen Stammzellen zugeschrieben. Im Gegensatz zur embryonalen

---

[1] Siehe auch http://www.ethikrat.org/dateien/pdf/stellungnahme_stammzellimport.pdf.

Stammzelle entstammt eine adulte Stammzelle dem Erwachsenenorganismus. Adulte Stammzellen sind in ihrem Differenzierungspotential häufig eingeschränkt. Embryonale Stammzellen sind also „Alleskönner", adulte Stammzellen aus dem Erwachsenenorgan häufig nur „Vielkönner".

Die Bedeutung von Stammzellen für die Medizin

Stammzellen wird im Rahmen der regenerativen Medizin eine erhebliche Bedeutung für die Therapie von Organerkrankungen beigemessen. Darüber hinaus können Stammzellen in erheblichem Umfang dazu beitragen, dass Organerkrankungen verstanden und stammzellenunabhängige Behandlungsformen entwickelt werden. Hierfür ein Beispiel: Nach einem Herzinfarkt entsteht eine Narbe, und fast 30% aller Patienten mit Herzinfarkt entwickeln eine Herzmuskelschwäche, die so genannte Herzinsuffizienz. Dies ist darauf zurückzuführen, dass das hochspezialisierte Herzmuskelgewebe die Fähigkeit verloren hat, in adäquatem Umfang neue Herzmuskelzellen nachzubilden. Daher kann abgestorbenes Herzgewebe nach einem Herzinfarkt nur durch Narbengewebe, aber nicht durch neues Herzmuskelgewebe ersetzt werden. Anders verhält es sich beim Blut. Hier befinden sich im Knochenmark blutbildende Stammzellen, die sich nach Blutverlust teilen und eine folgenlose Heilung gewährleisten. Auch andere Organe wie die Haut, die Leber und die Skelettmuskulatur besitzen ein gewisses Regenerationspotential. Demgegenüber können Untergänge von Nervenzellen bei Schlaganfall oder bei der Querschnittslähmung – vergleichbar dem Herzmuskelzelluntergang – nicht adäquat regeneriert werden. Ähnliches gilt für die insulinproduzierenden Bauchspeicheldrüsenzellen, nach deren Untergang ein Diabetes mellitus entsteht. Pluripotente Stammzellen könnten also in Herz-, in Nerven- oder in Bauchspeicheldrüsenzellen ausdifferenzieren und dann zur Regeneration nach Herzinfarkt, Schlaganfall oder bei Diabetes eingesetzt werden. Kritisch anzumerken bleibt, dass vielfach postuliert wurde, man werde unter Verwendung von Stammzellen innerhalb von wenigen Jahren risikoarme Therapieverfahren entwickeln können. Dabei nahm man an, dass man die Stammzellen in das erkrankte Organ injizieren, also transplantieren könne und dass diese dann in spezialisierte Organzellen ausdifferenzieren würden (2). Diese Hoffnung der ersten Stunden der Stammzellforschung ist nicht in Erfüllung gegangen (3). Bei der Transplantation von Stammzellen kann es im Organ zu Abstoßungsreaktionen kommen, auch dann, wenn die Stammzellen aus dem eigenen Organismus kommen, und erst recht, wenn immunologisch fremde embryonale Stammzellen verwendet werden. Hier müssen also Techniken zur Überwindung der Körperabwehr entwickelt werden. Ferner können Stammzellen nach Transplantation Tumore ausbilden (4). Die Verwendung von pluripotenten Stammzellen in der Organregeneration wird also nur dann möglich sein, wenn Abstoßungs- und Tumormechanismen verstanden und die Tumorbildung mit einem hohen Maß an Sicherheit ausgeschlossen werden können. Vor kurzem ist in den USA bei einem Patienten mit akuter Querschnittslähmung die erste Therapie mit Zellen durchgeführt worden, die aus embryonalen Stammzellen gewonnen worden waren. Die Zellen wurden am Ort der Schädigung ins Rückenmark injiziert, und man hofft, dass sie dafür sorgen werden, dass sich die durchtrennten Nervenfasern wieder verbinden. Die amerikanische Zulassungsbehörde FDA hatte diesen Heilversuch genehmigt, nachdem in vorangehenden Affenexperimenten keine Komplikationen aufgetreten waren (5).

Ein zweites potentielles Einsatzgebiet der pluripotenten Stammzellen ist die Verwendung der Zellen zur Erforschung von Organerkrankungen und zur Entwicklung neuer Behandlungsverfahren (s. u.).

Embryonenschutzgesetz, Stammzellgesetz und Stichtagsregelung

Warum hat das Embryonenschutzgesetz von 1990 die medizinische Bedeutung der Stammzellen nicht berücksichtigt? Weil menschliche embryonale Stammzellen erst 1998 isoliert wurden. 1981 wurden embryonale Stammzellen erstmals erfolgreich aus Mäuseembryonen kultiviert. Es dauerte dann 17 Jahre, bis 1998 die Amerikaner Thomsen und Mitarbeiter erfolgreich menschliche embryonale Stammzellen kultivieren konnten (6). Sie isolierten diese Zellen aus einer menschlichen Blastozyste, die aus der extrakorporalen Befruchtung übriggeblieben und gespendet worden war. Unter dem Embryonenschutzgesetz von 1990 war also die Forschung an menschlichen embryonalen Stammzellen in Deutschland gesetzeswidrig. Hieraus entwickelte sich in Deutschland eine sehr intensive und emotional geführte Debatte pro versus contra embryonale Stammzellforschung. Unter dem Druck der Wissenschaftler, aber wohl auch unter der Vorstellung, in anderen Ländern könnten mit solchen Zellen neue Behandlungsverfahren entwickelt werden, die dann deutschen Patienten nicht würden vorenthalten werden können, stellte der Deutsche Bundestag am 29.01.2002 fest:[2] „Menschliche embryonale Stammzellen sind jedoch keine Embryonen, weil sie sich nicht zu einem vollständigen menschlichen Organismus entwickeln können. Ein unmittelbarer Grundrechtschutz kann für sie nicht in Anspruch genom-

---

[2] Deutscher Bundestag, Drucksache 14/8102

men werden. Deshalb stehen dem Grundrecht der Freiheit der Wissenschaft und Forschung, dessen Schranken sich nur aus der Verfassung selbst ergeben können, bei der Forschung an humanen embryonalen Stammzellen keine unmittelbar kollidierenden Grundrechte eines Embryos entgegen". Man hat daher darüber debattiert, ob der Import von embryonalen Stammzellen aus dem Ausland für die Forschung gestattet werden könne, allerdings nur, wenn solche Zellen schon als Einzelzellen in Kultur vorliegen und nicht mehr erst aus einem Embryo gewonnen werden müssen mit der Folge, dass dieser abstirbt. Es heißt dann weiter: „Gleichwohl ist der Import von humanen embryonalen Stammzellen rechtlich und ethisch problematisch, da ihre Gewinnung nach derzeitigem Stand von Wissenschaft und Technik die Tötung von Embryonen voraussetzt. Deshalb muss sichergestellt werden, dass der Import von humanen embryonalen Stammzellen nach Deutschland keine Tötung weiterer Embryonen zur Stammzellgewinnung veranlasst."

Diese Überlegungen bildeten die Grundlage für das Stammzellgesetz vom 28. Juni 2002 (7). Danach dürfen zu Forschungszwecken menschliche embryonale Stammzellen verwendet werden, aber nur solche, die im Ausland erzeugt worden sind. Zugleich mussten diese Stammzellen vor dem 1. Januar 2002 entstanden sein und seither in Kultur gehalten werden. Die embryonalen Stammzellen müssen aus Embryonen stammen, die aus der extrakorporalen Befruchtung zum Zwecke der Herbeiführung einer Schwangerschaft erzeugt worden sind und nicht mehr benötigt werden. Es darf kein Entgelt oder sonstiger geldwerter Vorteil gewährt worden sein. Forschungsvorhaben müssen eingehend begründet und einem intensiven Prüfungsverfahren unterzogen werden. Herr des Verfahrens ist das Robert-Koch-Institut. Das Forschungsprojekt muss wissenschaftlich hochwertig und auf die Verwendung menschlicher embryonaler Stammzellen angewiesen sein.

Die gesetzliche Situation war von Land zu Land verschieden. Die embryonale Stammzellforschung war in England oder in Israel deutlich weniger oder gar nicht reglementiert. In USA gab es unter der Bush-Regierung zwar kein Verbot der Forschung mit menschlichen embryonalen Stammzellen aus überflüssigen Embryonen, aber öffentliche Gelder wurden für diese Art von Forschung nicht zur Verfügung gestellt. Unter Obama wird auch die Forschung an embryonalen Stammzellen wieder finanziell gefördert.

Im Jahre 2007 begannen die Embryonenschutzdebatte und die Debatte um die Stichtagregelung erneut. Grund hierfür war, dass nunmehr die Stammzellen, die aus dem Ausland für die Forschung in Deutschland importiert werden durften, mindestens fünf Jahre alt waren – die Stichtagsregelung besagte ja, dass die Zellen vor dem 1. Januar 2002 entstanden sein und in Kultur gehalten werden mussten. Mit derartigen Zellen waren keine vernünftigen wissenschaftlichen Ergebnisse mehr zu erzielen, geschweige denn Behandlungsverfahren zu entwickeln und durchzuführen. Die Stichtagsregelung wurde daher abgeändert.

Am 11.4.2008 stimmt der Bundestag für eine Stichtagsänderung im Stammzellgesetz. „In namentlicher Abstimmung votierten 346 Abgeordnete für eine einmalige Verschiebung des Stichtags für zur Forschung freigegebene Stammzellen auf den 1. Mai 2007. Dagegen stimmten 228 Parlamentarier, 6 enthielten sich. Zuvor waren im Parlament sowohl ein Vorstoß zur völligen Abschaffung der Stichtagsregelung als auch ein Gesetzentwurf zum Verbot der Forschung mit menschlichen embryonalen Stammzellen gescheitert. Vorausgegangen war eine emotionale Debatte, in der die unterschiedlichen Meinungen aufeinander prallten. Die Fronten reichten quer durch die Parteien. Es wurde daher ohne den sonst üblichen Fraktionszwang abgestimmt".[3]

Definition des Lebensbeginns

Warum wird diese Debatte in ihrer Neuauflage erneut so kontrovers über die gesamte Breite der gesetzlichen Möglichkeiten hoch emotional geführt? Ein Grund hierfür liegt in der Definition des Lebensbeginns. Menschliches Leben beginnt nach deutschem Gesetz bereits mit der befruchteten entwicklungsfähigen Eizelle. Die Eizelle entwickelt sich innerhalb der ersten fünf Tage nach der Befruchtung zur Blastozyste, die die embryonalen Stammzellen enthält. Zu diesem Zeitpunkt befindet sich die Blastozyste noch nicht in der Gebärmutter, die Implantation erfolgt am sechsten Tage. Vor der Implantation ist der Embryo allein nicht lebensfähig. Für die weitere Entwicklung ist die Umgebung der Gebärmutter mit den dort freigesetzten Wachstumssubstanzen conditio sine qua non. Man hätte sich also durchaus auch für den Zeitpunkt der Implantation oder Nidation des Embryos in der Gebärmutter als Lebensbeginn entscheiden können. Entsprechend gibt es in anderen Kulturen und Religionen abweichende Definitionen des Lebensbeginns. So liegt nach jüdischem Glauben der Lebensbeginn am 40. Tage nach der Befruchtung. Daher ist in Israel die Forschung mit embryonalen Stammzellen erlaubt, die fünf Tage nach der Verschmelzung gewonnen werden.

---

[3] http://www.stammzellen-debatte.de/stammzellen_news_11-04-08-pressespiegel-3.html.

Die Entwicklung der Stammzellforschung

Wie konnte sich nun die Stammzellforschung unter den gesetzlichen Rahmenbedingungen entwickeln? Unter dem Druck der Forschungsrestriktionen und unter der Erkenntnis, dass selbst bei einer erfolgreichen Entwicklung von therapeutischen Verfahren der Einsatz von embryonalen Stammzellen zur Behandlung von Erkrankungen womöglich wissenschaftlich und politisch nicht akzeptiert werden würde, haben sich viele Wissenschaftler mit der Erforschung von nichtembryonalen Stammzellen auseinandergesetzt. Dies wurde in Deutschland unterstützt durch Fördermittel des Bundes. Hierbei geht es um die Suche nach – pluripotenten – Stammzellen aus dem Erwachsenenorganismus, mit dem Ziel, auf menschliche embryonale Stammzellen langfristig verzichten zu können.

Um dieses Ziel erreichen zu können, muss man aber die Eigenschaften der embryonalen Stammzellen kennen. Ein zukünftiger Verzicht auf embryonale Stammzellen war also nur aussichtsreich, wenn Forschung an menschlichen embryonalen Stammzellen durchgeführt werden konnte. Ein Verbot der Forschung mit embryonalen menschlichen Stammzellen hätte die Entwicklung von pluripotenten adulten Stammzellen verhindert.

Die spermatogoniale Stammzelle

Im Jahr 2006 ist es gelungen, mit der spermatogonialen Stammzelle der Maus eine adulte pluripotente Stammzelle des Erwachsenenorganismus zu identifizieren (8, 9). Dabei war bekannt, das Keimbahnzellen im embryonalen Stadium oder unmittelbar nach der Geburt pluripotent sein können. Es war bisher allerdings postuliert worden, dass dies im Erwachsenenzustand nicht mehr zutreffe. Eine dieser Keimbahnzellen ist die spermatogoniale Stammzelle. Sie ist im Hoden für die lebenslang dauernde Spermienproduktion verantwortlich. Sie teilt sich, und während eine Tochterzelle Stammzelleigenschaften behält, differenziert die andere unter Halbierung des Chromosomensatzes zu einem Spermium. Gegenwärtig wird an der Etablierung der Technik für menschliches Gewebe gearbeitet. Auch hier gilt, dass auf die Forschung an menschlichen embryonalen Stammzellen bisher nicht verzichtet werden kann.

Die embryonalen Zellen zeigen, welche molekularen und chemischen Abläufe für die Pluripotenz einer Zelle entscheidend sind und welche Gene für die Pluripotenzeigenschaft aktiviert sein müssen.

Induzierte pluripotente Stammzellen (iPS Zellen)

Parallel zur Kultivierung von spermatogonialen Stammzellen ist die Technik zur Erzeugung von induzierten pluripotenten Stammzellen entwickelt worden, wieder zunächst bei der Maus, dann auch am menschlichen Gewebe. Die Grundlage für diese Entwicklung besteht darin, dass jede Körperzelle die gesamte genetische Information des Organismus enthält. Theoretisch kann also jede Körperzelle in eine andere Körperzelle überführt werden und die Funktion einer anderen Körperzelle übernehmen. Wiederum basierend auf den Erkenntnissen an embryonalen Stammzellen, wurde 2007 erstmals die Erzeugung von pluripotenten Zellen aus menschlichen Hautzellen publiziert (10). Hierzu wurden vier verschiedene Gene in die Hautzellen eingeschleust. Im Laufe der vergangenen vier Jahre wurde diese Technik mit geradezu dramatischem Tempo weiterentwickelt. Bevor die induzierten pluripotenten Zellen für regenerative Maßnahmen eingesetzt werden können, sind allerdings weitere Modifikationen der Kultivierungstechnik erforderlich. Für die effiziente Einschleusung der Gene werden nämlich Viren als Transportvehikel benötigt. Mit Viren behandelte Zellen sind aber für den Einsatz am Menschen zu therapeutischen Zwecken nicht geeignet. Es ist aber absehbar, dass eine effiziente und stabile Überführung einer Hautzelle oder einer anderen Körperzelle in eine pluripotente Zelle virusfrei gelingen wird. Auch hier spielen die Erkenntnisse aus der Forschung mit menschlichen embryonalen Stammzellen eine wesentliche Rolle.

iPS Zellen für die Erforschung von Krankheiten

Auch wenn die induzierten pluripotenten Zellen noch nicht für die regenerative Medizin zur Verfügung stehen, so bieten sie doch bereits jetzt ein immenses Potential für die Erforschung von Krankheiten. Unmittelbare Bedeutung könnten die induzierten pluripotenten Zellen für das Verständnis von angeborenen Erkrankungen und für die Entwicklung neuer Medikamente haben. Werden solche Zellen aus Haut- oder aus Blutzellen von Patienten mit angeborenen genetischen Erkrankungen gewonnen, so kann die Auswirkung der Gendefekte an der ausdifferenzierten Organzelle im Detail im Reagenzglas untersucht werden. Da die Zellen beliebig vermehrbar sind, können an ihnen auch Screeninguntersuchungen von neuen potentiellen Pharmaka eingesetzt werden, mit dem Ziel, eine Beeinflussung der Folgen des Gendefektes zu erreichen. Hierzu ein Beispiel: Es gibt angeborene, lebensbedrohliche Herzrhythmusstörungen durch Mutationen in Genen, die für die elektrische Erregungsbildung und Ausbreitung bedeutungsvoll sind. Einige Patienten leiden sowohl an Herzrhythmusstörungen als auch an epileptischen Krampfanfällen, da diese Gene auch die Erregungsabläufe im Gehirn beeinflussen (11). Aus einer Hautzelle eines betroffenen Patienten können sowohl Herz- als auch Nervenzellen hergestellt werden, die dann ebenfalls die Genmutationen enthalten. Solche Zellen können dann elektrophysiologisch untersucht und die Mechanismen der Erkrankung im Herzen und im Gehirn aufgedeckt werden. An ihnen können dann auch ohne Risiken neue Therapieverfahren entwickelt werden.

Zusammenfassung

Kaum eine Forschungsrichtung unterliegt der Aufmerksamkeit der Öffentlichkeit mehr als die Stammzellforschung. Sie hat das Potential, neue Wege in der Erkenntnis und der Behandlung von Erkrankungen entwickeln zu helfen. Kulturelle, religiöse und gesellschaftliche Normen und die aus ihnen entstehenden gesetzgeberischen Einschränkungen im Umgang mit embryonalen Stammzellen können solche Forschung verhindern. In einer sorgfältigen und ehrlichen Debatte, mit kritischer Abwägung der verschiedenen Standpunkte, muss ein gesellschaftlicher und politischer Konsens gefunden werden. Ein Verbot der Forschung mit embryonalen Stammzellen in der Vergangenheit hätte die Entdeckung von alternativen adulten pluripotenten Zellen verhindert. Bei einer völligen Freigabe hätte sich die Forschung möglicherweise auf die embryonalen Stammzellen fokussiert, und die Alternativen wären nie oder erst viel später entwickelt worden. Im Falle der Stammzellforschnung haben die Reglementierung im Umgang mit embryonalen Stammzellen und die gleichzeitige Förderung der Entwicklung von alternativen Zellen dazu geführt, dass die spermatogoniale Stammzelle und die induzierte pluripotente Zelle entwickelt wurden.

Allgemein gesagt, kann die Gesetzgebung das Grundrecht der Freiheit der Wissenschaft und der Forschung erheblich einschränken. Beispiele sind neben dem Stammzellgesetz das Arzneimittelgesetz, das Medizinproduktegesetz und das Gewebegesetz. Die potentiellen Folgen der Einschränkung der Forschungsfreiheit können für den medizinischen Fortschritt erheblich sein. Gesetzliche Rahmenbedingungen können zusammen mit Fördermaßnahmen aber auch im positiven Sinne die Richtung vorgeben. Hier ist die richtige Entscheidungsfindung im gesellschaftlichen und im politischen Diskurs elementar. Dieser bedarf andererseits einer umfassenden Information der Öffentlichkeit durch die Wissenschaft.

Literatur

1. Gesetz zum Schutz von Embryonen (Embryonenschutzgesetz – ESchG) vom 13. Dezember 1990 – Bundesgesetzblatt I S. 2746–2748, 1990.
2. Orlic D, Kajstura J, Chimenti S, Jakoniuk I, Anderson SM, Li B, Pickel J, McKay R, Nadal-Ginard B, Bodine DM, Leri A, Anversa P. Bone marrow cells regenerate infarcted myocardium. Nature 410:701–705, 2001.
3. Murry CE, Soonpaa MH, Reinecke H, Hakajima H, Nakajima HO, Rubart M, Pasumarthi KB, Virag JI, Bartelemez SH, Poppa V, Bradford G, Dowell JD, Williams DA, Field LJ. Haematopoietic stem cells do not transdifferentiate into cardiac myocytes in myocardial infarcts. Nature 428:664–668, 2004.
4. Dressel R, Schindehütte J, Kuhlmann T, Elsner L, Novota P, Baier PC, Schillert A, Bickeböller H, Herrmann T, Trenkwalder C, Paulus W, Mansouri A. The Tumorigenicity of Mouse Embryonic Stem Cells and *In Vitro* Differentiated Neuronal Cells Is Controlled by the Recipients' Immune Response. PLoS One 3:e2622, 2008.
5. Gottschling C, Albers R, Thielicke R, Sanides S. Reparatur-Set aus dem Embryo. Focus 43:110–117, 2010
6. Thomson JA, Itskovitz-Eldor J, Shapiro SS, Waknitz MA, Swiergiel JJ, Marshall VS, Jones JM. Embryonic stem cell lines derived from human blastocysts. Science 282:1145–1147, 1998.
7. Gesetz zur Sicherstellung des Embryonenschutzes im Zusammenhang mit Einfuhr und Verwendung menschlicher embryonaler Stammzellen – StZG (Stammzellgesetz) vom 28. Juni 2002 – Bundesgesetzblatt I S. 2277 2279, 2002.
8. Guan K, Nayernia K, Maier LS, Wagner S, Dressel R, Lee JH, Nolte J, Wolf F, Li M, Engel W, Hasenfuss G. Pluripotency of spermatogonial stem cells from adult mouse testis. Nature 440:1199–1203, 2006.
9. Guan K, Wagner S, Unsöld B, Maier LS, Kaiser D, Hemmerlein B, Nayernia K, Engel W, Hasenfuss G. Generation of Functional Cardiomyocytes From Adult Mouse Spermatogonial Stem Cells. Circ Res 100:1615–1625, 2007.
10. Takahashi K, Tanabe KI, Ohnuki M, Narita M, Ichisaka T, Tomoda K, Yamanaka S. Induction of Pluripotent Stem Cells from Adult Human Fibroblasts by Defined Factors. Cell 131:1–12, 2007.
11. Lehnart SE, Mongillo M, Bellinger A, Lindegger N, Chen BX, Hsueh W, Reiken S, Wronska A, Drew LJ, Ward CW, Lederer WJ, Kass RS, Morley G, Marks AR. Leaky Ca2+ release channel/ryanodine receptor 2 causes seizures and sudden cardiac death in mice. J Clin Invest 118:2230–2245, 2008.

Der Superorganismus der Blattschneiderameisen: Zivilisation durch Instinkt

(Festvortrag in der öffentlichen Sommersitzung am 28. Mai 2010)

Bert Hölldobler

Der Superorganismus

John Maynard Smith und Eörs Szathmáry (1996) haben in ihrem vielbeachteten Buch „The Major Transitions in Evolution" die aus ihrer Sicht wichtigsten evolutionären Übergänge aufgelistet. Dazu gehören unter anderem die Übergänge von sich replizierenden Molekülen zu Molekülpopulationen in Kompartimenten, von Prokaryoten zu Eukaryoten, von Einzellern zu Mehrzellern, von asexuellen Klonen zu sexuellen Populationen, von solitären Individuen zu Kolonien und schließlich von Primatengesellschaften zu menschlichen Gesellschaften.

Bert Hölldobler, Emeritus Professor am Biozentrum der Universität Würzburg und Forschungsprofessor der Arizona State University, USA, Träger der Lichtenberg-Medaille 2010

Einer der erstaunlichsten evolutionären Übergänge ist die Entstehung von eusozialen Gruppen, welche die komplexesten Tiergesellschaften darstellen, in denen sich nur wenige Individuen fortpflanzen, während die überwiegende Mehrheit der Gruppenmitglieder dauerhaft steril bleibt, um als Arbeiter für die Nahrungsbeschaffung, Verteidigung und Aufzucht der Brut zu sorgen. Vorstufen zur Eusozialität gibt es bei vielen Tierarten, doch nur bei einem vergleichsweise geringen Anteil aller Arten hat der evolutionäre Übergang zur vollentwickelten Eusozialität stattgefunden. Man findet sie insbesondere bei den Insekten. Vor allem eine Reihe von Hautflüglern (z. B. alle Ameisenarten, einige Bienen- und Wespenarten) und Termiten leben in eusozialen Organisationen. Bei Säugetieren gibt es Eusozialität beim Nacktmull und bei der Zwergmanguste. Obgleich also die eusozialen Arten nur einige Prozent aller Tierarten ausmachen, so haben sie doch eine sehr große ökologische Bedeutung. Ameisen, Termiten und eusoziale Bienen und Wespen stellen z. B. nur etwa 2–3% aller bisher bekannten Insektenarten, aber in vielen Landökosystemen macht ihre Biomasse ungefähr 70–80% der gesamten Insektenbiomasse und 25–30% der gesamten tierischen Biomasse aus. Diese große ökologische Bedeutung basiert mit Sicherheit auf der eusozialen Organisation, die auf einem erstaunlichen Arbeitsteilungssystem beruht, das nicht nur die schon erwähnte reproduktive Arbeitsteilung, sondern auch eine komplexe Arbeitsteilung unter den sterilen Arbeiterkasten umfasst. Während ein solitärer Organismus meist nur wenige Aufgaben gleichzeitig verrichten und zur gegebenen Zeit nur an einem Ort sein kann, ist eine Ameisenkolonie aufgrund des Arbeitsteilungssystems befähigt, viele Aufgaben gleichzeitig zu bewerkstelligen und an mehreren Orten aktiv zu sein. In der Tat, eine evolutionär hoch entwickelte Ameisenkolonie funktioniert wie ein großer Organismus, der durch vielfältige Interaktionen von Hunderten, Hunderttausenden oder gar Millionen kleiner Organismen zu einem Superorganismus wird. Wie normale Organismen sind Superorganismen hochkomplexe Systeme, zusammengesetzt aus Teilen, die so funktionieren, dass das Überleben und die Fortpflanzung des Ganzen sichergestellt sind. Die reproduktiven Individuen, die Königinnen, stellen gleichsam die Fortpflanzungsorgane dar, die sterilen Arbeiterinnen die somatischen Teile, die wiederum in verschiedene Funktionsbereiche aufgeteilt sind und im Kollektiv für die optimale Fortpflanzung der Geschlechtstiere sorgen.

Kann man aber alle Insektenstaaten als vollentwickelte Superorganismen ansehen? Bei einigen primitiv eusozialen Ameisenarten kann sich jedes Individuum in der Sozietät voll reproduzieren, das heißt, auch Arbeiterinnen haben noch gut entwickelte Ovarien und eine funktionierende Samentasche. Zu unserer großen Überraschung zeigte sich, dass bei einigen Arten manchmal 80% der Individuen einer Kolonie begattet waren. Nachdem also nahezu jedes Individuum das Potential hat, sich zu reproduzieren, sollten in den Individuen von der Selektion Verhaltensprogramme gefördert werden, die einer Spezialisierung zur Arbeiterin entgegenwirken. Genau dies stellt man bei diesen Ameisenarten fest. Die Arbeitsteilung ist nicht sehr gut ausgeprägt, das Kommunikationssystem vergleichsweise primitiv, und die Kolonien sind relativ klein und hierarchisch organisiert, mit häufig auftretenden Konkurrenz- und Dominanzkonflikten. Kann man also in diesen Fällen von Superorganismen sprechen? Wenn man den Beginn der Eusozialität als wesentliches Definitionskriterium für den Superorganismus ansieht, muss man die rhetorische Frage bejahen. Ohne Zweifel haben diese ursprünglichen eusozialen Systeme superorganismische Merkmale, doch reibungslos funktionierende Superorganismen sind sie nicht.

Es war ein wichtiger Schritt für die Weiterentwicklung hin zum wahren Superorganismus, als die hierarchische Struktur, die sicher ursprünglicher Natur ist, von einigen Ameisenarten im Laufe der Evolution überwunden wurde und die Sozietäten sich zunehmend zu „egalitären", netzartigen Organisationen entwickelten. Diese Kolonien konnten nun erstaunliche Größen erreichen und viele ökologische Nischen neu erschließen. Sie zeichnen sich durch hervorragende Arbeitsteilungs- und Kommunikationssysteme aus. Die Arbeiterinnen sind hochspezialisiert, sie haben nahezu kein Reproduktionspotential. Diese oft riesigen Kolonien kann man zu Recht als hochentwickelte Superorganismen bezeichnen. Innerhalb einer Kolonie gibt es nahezu keine Konflikte, dagegen sind territoriale Konflikte zwischen Nachbarkolonien sehr ausgeprägt. Man kann allgemein feststellen: Je größer die Kolonien, desto stärker der Konkurrenzkampf mit Nachbarkolonien, desto besser funktionieren die Kooperation und die Arbeitsteilung innerhalb der Kolonie, und desto weniger bedeutsam sind kolonieinterne Konflikte. Daraus kann man schließen: Konflikte zwischen verschiedenen Gruppen fördern die Evolution von Kooperation und Altruismus innerhalb der Gruppe.

Da die Selektion an mehreren Phänotypebenen angreift („Multi-Level-Selection"), ist offensichtlich nicht nur das Individuum, sondern zunehmend die Kolonie oder die Sozietät der Hauptangriffspunkt der Selektion. Die Kolonie (der Superorganismus) ist sozusagen der erweiterte Phänotyp, wie das Richard Dawkins treffend ausgedrückt hat. Natürlich werden am Ende nur die phänotypischen Merkmale verändert, die auf genetischen Programmen beruhen, die den Arbeiterinnen von der Königin und ihren Paarungspartnern vererbt wurden und die im Phänotyp der Arbeiterinnen in Erscheinung treten. Letztlich bewertet aber die Selektion die emergenten Merkmale des Superorganismus (etwa die angepasste Verteilung der Arbeiterinnensubkasten, die Arbeitsteilungs- und der Kommunikationssysteme), die durch das Zusammenwirken dieser genetisch kodierten Verhaltensweisen der Arbeiterinnen zustande kommen.

Der perfekte Superorganismus der Blattschneiderameisen

Nahezu hundert Jahre nach der Veröffentlichung von William Morton Wheelers berühmtem Aufsatz „The Ant Colony as an Organism" (1911), in dem das Konzept der Insektenkolonie als Superorganismus erstmals zur

Diskussion gestellt wurde, haben nun Wissenschaftler dieses Konzept neu belebt. Sie erkennen die Kolonie als selbstorganisierte Entität und als Angriffsziel sozialer Selektionsprozesse. Dennoch zeigen Tausende von sozialen Insektenarten untereinander fast jeden erdenklichen Grad von Arbeitsteilung, von hierarchisch organisierten Dominanzstrukturen bis hin zu hochkomplexen, egalitären Arbeitsteilungsnetzwerken mit spezialisierten Arbeiterinnensubkasten. Ab wann man entlang diesem Gradienten eine Kolonie als Superorganismus bezeichnen kann, ist nicht genau festgelegt. Aber welche Kriterien auch immer herangezogen werden, es kann keine Zweifel daran geben, dass die gigantischen Kolonien der Blattschneiderameisen, mit ihren ineinander verzahnten symbiotischen Gemeinschaften und ihren vielfältigen Mechanismen des Zusammenhalts, die besondere Aufmerksamkeit als perfekte Superorganismen verdienen.

Die Blattschneiderameisen der Gattungen *Atta* und *Acromyrmex* sind nahezu überall auf dem Festland von Mittel- und von Südamerika und in einigen südlichen Regionen der USA zu finden. Sie leben in den Wäldern und Savannen der Subtropen und der Tropen und breiten sich in verwilderten Grundstücken von Stadtruinen oder in Parkanlagen aus. Überall im tropischen und im subtropischen Amerika, wo Blattschneiderameisen in Gärten und landwirtschaftlich genutzte Flächen eindringen, richten sie erheblichen Schaden an. Zurecht werden sie dort als die wichtigsten landwirtschaftlichen Schädlinge angesehen. Es ist deshalb nicht überraschend, dass sie überall bekannt sind. In Brasilien heißen sie *sauva*, in Paraguay *isau*, in Guyana *cushi*, in Costa Rica *zampopo*, in Nicaragua und Belize *wee-wee*, in Mexiko *cuatalata*, in Cuba *bibijagua*, und in Texas und in Louisiana *parasol ant* oder *town ant*. In ihren natürlichen Ökosystemen spielen die Blattschneiderameisen eine ganz wichtige ökologische Rolle, vor allem bei der Umwälzung, Erneuerung und Nährstoffanreicherung von Böden, und ihre Interaktionen mit Pflanzen, Pilzen und Mikroorganismen sind vielfältig und komplex. Was uns Biologen aber besonders fasziniert, sind ihre hochentwickelte soziale Organisation, ihr erstaunliches Kommunikationssystem, ihre Arbeitsteilungs- und Kastensysteme, ihre gigantischen, klimatisierten Nestbauten, ihre Pilzzucht, die mit einer hoch entwickelten Agrikultur zu vergleichen ist, und die beindruckenden Populationsgrößen der ausgewachsenen Kolonien, die in die Millionen reichen.

Zivilisation durch Instinkt

Sowohl die menschliche Zivilisation als auch die Entwicklung der extremen Superorganismen der Blattschneiderameisen wurden durch die Errungenschaft der Landwirtschaft erzielt, eine Art mutualistischer Symbiose zwischen Tieren und Pflanzen oder Pilzen. Die menschliche Landwirtschaft, die vor etwa 10.000 Jahren ihren Ursprung hatte, stellt den kulturellen Wechsel dar, der unsere Spezies vom Jäger-Sammlerdasein in ein technologisches und zunehmend städtisches Leben katapultiert hat, das von einer enormen Bevölkerungszunahme begleitet ist. Die Menschheit hat sich dadurch in eine geophysikalische Kraft verwandelt und damit begonnen, die Umwelt der gesamten Erdoberfläche zu verändern.

Ungefähr 40 bis 60 Millionen Jahre vor dieser bedeutsamen Veränderung hatten bereits einige soziale Insekten diesen evolutionären Übergang vom Jäger-Sammlerdasein hin zur Landwirtschaft vollzogen. Insbesondere einige Termitenarten in der Alten Welt sowie Ameisenarten des Tribus Attini der Neuen Welt haben die Pilzzucht erfunden, die schließlich zum wichtigsten Bestandteil ihrer Ernährung werden sollte. Die „fortschrittlichsten" landwirtschaftlich lebenden Insektensozietäten erreichen, ebenso wie ihre menschlichen Pendants, ökologische Dominanz. Dieser Trend ist besonders offensichtlich bei den Blattschneiderameisen, die vor etwa 12 Millionen Jahren aus primitiven Pilzzüchterameisen evolvierten. In einer Langzeitstudie im panamaischen Regenwald haben Rainer Wirth und seine Kollegen herausgefunden, dass ausgewachsene Blattschneiderameisenkolonien der Art *Atta colombica* pro Kolonie und Jahr zwischen 85 und 470 kg (Trockengewicht) Gesamtpflanzenbiomasse ernten. Dies entspricht einer geernteten Blattfläche von 835 bis 4550 qm pro Jahr. Dieses Ernten und Bearbeiten enormer Mengen von Pflanzenmaterial, das für den Anbau der symbiotischen Pilze benötigt wird, ist nur aufgrund von Kooperation und Arbeitsteilung unter Tausenden von Individuen möglich. Die Arbeiterinnen der Blattschneiderameisen organisieren die Pilzzucht nach Art einer Fließbandkolonne. Die Blattschneider- und die Transportameisen, am Anfang der Reihe, gehören zu den deutlich größeren Arbeiterinnen. Am Ende der Reihe erfordert die Pflege der empfindlichen Pilzhyphen sehr kleine Arbeiterinnen. Die zwischengeschalteten Schritte im Bereich des Gartenbaus erfolgen durch Arbeiterinnen abgestufter mittlerer Größen, (Abbildung 1).

Zur Ernte laufen die Blattschneider auf langen Ernttransportstraßen zu den Bäumen, wo sie in den Baumkronen die Stücke aus den Blättern schneiden, die dann entlang den Transportstraßen in das Nest getragen werden (Abbildung 2).

Abbildung 1: Zwei Größenklassen der Arbeiterinnen von Blattschneiderameisen (*Atta cephalotes*). Foto Alex Wild.

Abbildung 2: Pflanzenstücke, die von Blattschneiderameisen geerntet wurden, werden über mit Signalstoffen markierte Straßen zum Nest getragen. Foto von Bert Hölldobler.

Sogar wenn sie nicht in Gebrauch sind, sind diese Straßen deutlich sichtbar, da sie von „Straßenarbeiterinnen" ständig vegetationsfrei gehalten werden, (Abbildung 3). Auch der Schneidevorgang bei der Ernte ist erstaunlich. Wie schaffen es die Ameisen, mit ihren Kiefern aus dem dünnen Blatt viele

Abbildung 3: Sogar wenn sie nicht in Gebrauch sind, sind die langen Transportstraßen deutlich sichtbar, da sie von Straßenarbeiterinnen ständig vegetationsfrei gehalten werden. Foto von Hubert Herz.

Stückchen erstaunlich glatt herauszuschneiden, die in Größe und Gewicht eine optimale Transportgeschwindigkeit ermöglichen? Beim Schneiden haben die zwei Mandibeln (Kiefer) unterschiedliche Funktionen. Während der eine Kiefer aktiv bewegt wird, bleibt der andere fast unbeweglich und dient als Schneidewerkzeug. Die Schritte einer vollen Schneidebewegung laufen wie folgt ab: Der freibewegliche Kiefer wird geöffnet und wird mit der Spitze im Blattgewebe verankert. Der schneidende Kiefer wird nicht geöffnet, aber fest in einer Position gehalten. Wenn der bewegliche Kiefer geschlossen wird, wird gleichzeitig der schneidende Kiefer in die Blattkante gedrückt und der Schnitt im Blatt verlängert, (Abbildung 4). Sobald sich beide Kiefer berühren, beginnt der Ablauf von vorne. Demzufolge fungiert ein Kiefer als „Schneidemesser" und der andere als „Schrittmacher". Dazu kommt, dass Blattschneiderameisen oft stridulieren, während sie schneiden. Die Analyse der zeitlichen Beziehung von Mandibelbewegung und Stridulation hat gezeigt, dass die Stridulation meist dann auftritt, wenn die schneidende Mandibel durch das Pflanzengewebe bewegt wird.

Abbildung 4: Blattschneidende Arbeiterin von *Atta sexdens*. Nur eine Mandibel dient als Schneidemesser, während die andere als Schrittmacher fungiert. Foto von Bert Hölldobler.

Es konnte auch gezeigt werden, dass die Stridulation komplexe Vibrationen der Mandibeln verursacht, wodurch diese Eigenschaften eines Vibratoms (das vibrierende Messer eines Mikrotoms) erhalten. Bei der experimentellen Simulation des Schneideprozesses zeigte sich in der Tat, dass ein vibrierender Kiefer beim Schneiden die Kraftschwankungen reduziert, die sonst beim Schneiden zwangsläufig entstehen.

So faszinierend diese „technische Errungenschaft" der Blattschneiderameisen erscheint, sie ist jedoch wahrscheinlich nicht die Hauptfunktion der Stridulation. Flavio Roces und seine Kollegen haben nämlich entdeckt, dass Stridulation beim kollektiven Ernteverhalten vor allem als Nahrungsrekrutierungssignal eingesetzt wird. Arbeiterinnen, die qualitativ höherwertige Blätter schneiden, zeigen häufig Stridulationsverhalten. Mit Hilfe von Laser-Doppler-Vibrometrie war es möglich, die von den Ameisen auf die Blattoberfläche übertragenen Vibrationen aufzuzeichnen. Bot man Ameisen Blätter unterschiedlicher Qualität an, so unterschied sich die Anzahl der beim Blattschneiden stridulierenden Ameisen merklich. Weitere Versuche belegten schließlich, dass die Ameisen Blätter hoher Qualität durch Stridulation anzeigen und dass Nestgenossinnen in der näheren Umgebung durch die von der stridulierenden Ameise auf das Substrat übertragenen Vibrationen „herbeigerufen" werden. Diese Vibrationen dienen der Nahbereichsrekrutierung. Zur Rekrutierung über größere Distanzen werden chemische Signale eingesetzt. So sind die Wege zu Ernteplätzen mit Spurpheromonen markiert, die die Ameisen aus der Giftdrüse abgeben. Eine wichtige Komponente dieses Spurpheromons ist Methyl-4-methylpyrol-2-carboxylat (MMPC), auf das die Ameisen selbst in geringsten Konzentra-

Abbildung 5: Erntekolonnen von Blattschneiderameisen transportieren das geerntete Planzenmaterial in dichten Reihen entlang den Transportstraßen. Foto von Hubert Herz

tionen mit präzisen Spurfolgeverhalten reagieren. So ist theoretisch 1 mg dieser Substanz ausreichend, um eine Spur zu ziehen, dem Sammlerinnen von *Atta texana* und *Atta cephalotes* dreimal um die Erde folgen würden. Diese Pheromonmarkierungen der weitläufigen Sammelrouten werden kontinuierlich von den Sammlerinnen verstärkt. Jedoch hängen die Feinabstimmung ihrer Pheromonabgabe und die dadurch resultierende Rekrutierung von einer Anzahl von Parametern ab, so z. B. von der Nahrungsqualität und dem Futterbedarf des in der Kolonie gezüchteten Pilzes.

Die Erntearbeiterinnen der Blattschneiderameisen tragen die geschnittenen Blattstücke in langen Kolonnen entlang den Transportstraßen in ihre riesigen Nester (Abbildung 5). Dort wird das eingebrachte Pflanzenmaterial von Gärtnerinnen weiter zerkleinert, mit Antibiotika behandelt, die die Ameisen in speziellen Drüsen, den Metapleuraldrüsen, produzieren, und schließlich wird Pilzmyzel des symbiontischen Pilzes in den neu bereiteten „Blattnährboden" verpflanzt und mit Flüssigkeit aus dem Enddarm der Ameisen gedüngt. Die Pilze, die in speziellen Pilzkammern oder Pilzgärten

Abbildung 6: Ein Pilzgarten der Blattschneiderameise *Atta sexdens*. Die Pilzhyphen wachsen auf den zerkleinerten Blattstückchen, die von Ernteameisen in das Nest gebracht worden sind. Foto von Bert Hölldobler.

gezüchtet werden, stellen für die Ameisen die wesentliche Nahrungsquelle dar (Abbildung 6).

Reproduktion

Während die vielen Millionen Arbeiterinnen einer Blattschneiderameisenkolonie sich ausschließlich um die Pilzzucht, den Nestbau, die Brutaufzucht, die Verteidigung des Territoriums sowie um den Schutz und die Pflege der Königin kümmern, ist die einzige Funktion der vergleichsweise gigantischen Königin die Reproduktion. Eine Königin der Blattschneiderameisen kann während ihrer langen Lebenszeit (etwa 10 bis 15 Jahre) bis zu 150 Millionen Töchter produzieren, von denen die überwiegende Mehrheit aus Arbeiterinnen besteht. Erst wenn sich ihre Kolonie dem ausgewachsenen Zustand nähert, wachsen einige dieser Weibchenlarven nicht zu Arbeiterinnen, sondern zu Königinnen heran. Jede von ihnen ist nach der Begattung selbst in der Lage, eine neue Kolonie zu gründen, aber nur etwa 0,1% in der Population sind damit erfolgreich. Andere Nachkommen der Königin entwickeln sich aus unbefruchteten Eiern zu kurzlebigen, geflügelten Männchen. Während des Paarungsflugs werden die „jungfräulichen" Königinnen von fünf bis acht Männchen begattet. Jede Königin erhält dabei über 200 Millionen Spermien, die sie in ihrer Samentasche im Abdomen speichert. Dort werden die Spermien bis zu mindestens 14 Jahren, der längsten bisher im Laboratorium registrierten Lebensspanne einer Königin, in inaktivierter Form aufbewahrt. Erst zur Befruchtung der reifen Eier auf deren Weg durch den Eileiter werden die Spermien in kleinen Dosen nach außen abgegeben. Obgleich also die Männchen innerhalb weniger Tage nach der Begattung der Königin sterben, können sie viele Jahre nach ihrem Tod noch Vater werden, denn die Ameisenköniginnen besitzen eine interne Samenbank.

Die gewaltige Produktion einer neuen Kolonie von Blattschneiderameisen beginnt, sobald eine frischbegattete Königin anfängt, ein kleines Nest zu bauen und den ersten Schwung Arbeiterinnen aufzuziehen. Die begattete Königin bricht ihre vier Flügel an der Basis ab, so dass sie von nun an zu einem erdgebundenen Leben gezwungen ist. Dann gräbt sie einen 12 bis 15 mm breiten Schacht senkrecht in die Erde. Nach ungefähr 30 cm erweitert sie den Schacht zu einer Kammer mit etwa 6 cm Durchmesser. Schließlich beginnt sie damit, in der Kammer einen Pilzgarten anzulegen und ihre erste Brut aufzuziehen.

Wie kann die Königin einen Pilzgarten anlegen, wenn sie den symbiotischen Pilz im mütterlichen Nest zurückgelassen hat? Aber dem ist nicht so: Kurz vor dem Paarungsflug hat sich die junge Königin ein Probe der fadenförmigen Pilzhyphen in eine kleine Tasche in der Mundhöhle gesteckt, und jetzt in ihrer Nestkammer spuckt sie diese Probe aus und beginnt sofort damit, den Pilz mit Flüssigkeit aus ihrem Enddarm zu düngen. Nachdem sich der Pilz etabliert und kräftig an Masse zugenommen hat, beginnt die Königin, befruchtete Eier zu legen. Die ersten Arbeiterinnen schlüpfen etwa 40 bis 60 Tage nach der Eiablage aus den Puppen. Während dieser gesamten Zeit lebt die Königin vom Abbau ihrer Flugmuskulatur und ihrem gespeicherten Körperfett. Sie verliert täglich an Gewicht, gefangen in einem Wettlauf zwischen dem Verhungern und der Aufzucht einer genügend großen Gruppe von Arbeiterinnen, die ihr Überleben sichert. Wenn die ersten Arbeiterinnen erscheinen, graben sie sich schnell ihren Weg aus dem verschlossenen Eingangsschacht ins Freie und beginnen in der unmittelbaren Nähe des Nestes, auf dem Boden nach Futter für den Pilz zu suchen. Sie tragen verdrocknete kleine Blattstückchen ein, zerkauen sie zu einer breiigen Masse und arbeiten sie in die Pilzmasse ein. Ungefähr zu dieser Zeit hört die Königin auf, sich um die Brut und den Pilz zu kümmern. Sie verwandelt sich in eine regelrechte Eilegmaschine und verbringt in diesem Zustand ihr weiteres Leben.

Die Kolonie kann sich jetzt selbst erhalten, wobei ihre Versorgung von der Ernte draußen vorhandenen Pflanzenmaterials abhängt. Zuerst entwickelt sich die Kolonie langsam, aber während des dritten Jahres beschleunigt sich ihr Wachstum deutlich. Später lässt es wieder nach, wenn die Kolonie anfängt, geflügelte Königinnen und geflügelte Männchen zu produzieren, die während der Paarungsflüge entlassen werden und somit für die Fortpflanzung der Kolonie sorgen, aber nichts zur gemeinsamen Arbeit beitragen.

Nestarchitektur

Die endgültige Größe ausgewachsener Blattschneiderameisenkolonien ist enorm. Die Kolonien einiger Arten haben eine Populationsgröße von 5 bis 8 Millionen Arbeiterinnen, die in riesigen Nestern leben (Abbildung 7). Ein solches Nest, das in Brasilien ausgegraben wurde, enthielt über tausend verschieden große Nestkammern; 390 dieser Kammern waren mit Pilzgärten und mit Ameisen gefüllt. Die Erdmenge, die von den Ameisen im Laufe des Nestbaus bewegt wurde, wog ungefähr 40 Tonnen. Die Konstruktion eines solchen Nestes lässt sich nach menschlichen Maßstäben leicht mit dem Bau der Chinesischen Mauer vergleichen. Dazu sind Milliarden Ameisenladungen nötig, von denen jede vier- bis fünfmal soviel wie eine Ameisenarbeiterin

Abbildung 7: Die ausgewachsenen Nester vieler Arten der Blattschneiderameisen haben gigantische Ausmaße. Hier gezeigt ist das Nest von *Atta vollenweideri*. Foto von Flavio Roces.

Der Superorganismus der Blattschneiderameisen: Zivilisation durch Instinkt 111

Abbildung 8: Ein ausgewachsenes Nest von *Atta laevigata* in Brasilien wurde ausgegraben, nachdem das Nest mit 6 Tonnen Zement in etwa 10.000 Liter Wasser ausgegossen worden war. Foto von Wolfgang Thaler.

wiegt. Jede Ladung Erde wurde, wiederum nach menschlichem Maßstab, aus einer Tiefe von über einem Kilometer Länge hochtransportiert. Die Nesterbauten sind verbunden mit langen unterirdischen Tunneln, sie besitzen Entlüftungsschächte, durch die die um CO_2 angereicherte Luft nach oben entweicht und frische Luft durch andere Schächte in das Nest eindringt. Die Nestarbeiterinnen sind mit hochempfindlichen CO_2- und Temperaturrezeptoren ausgerüstet, mit deren Hilfe sie CO_2-Konzentrationen messen und die ideale Nesttemperaturzonen für die Brut zu lokalisieren vermögen. Luiz Forti und Flavio Roces haben in Brasilien ein Nest von *Atta laevigata* mit Zement ausgegossen (Abbildung 8). Dazu wurden 6.3 Tonnen Zement und nahezu 10.000 Liter Wasser gebraucht. Das Nest nahm eine Fläche von 50 qm ein und reichte 8 m tief in den Erdboden. All diese instinktiv vollbrachten Leistungen sind so erstaunlich, daß wir von einer Zivilisation durch Instinkt sprechen, durch die die Blattschneiderameisen in den neotropischen Landökosystemen zum dominanten Faktor geworden sind.

Literatur

Smith JM, Szathmáry E (1996) The major transitions in evolution. W.H. Freeman/Spektrum, Oxford. Deutsche Ausgabe (1998) Evolution, Prozesse, Mechanismen, Modelle. Spektrum, Heidelberg.

Wirth R, Herz H, Ryel RJ, Beyschlag W, Hölldobler B (2003) Herbivory of Leaf-Cutting Ants. Springer Verlag, Berlin, Heidelberg.

Hölldobler B, Wilson, EO (2009) The Superorganism, W. W. Norton, Comp. New York, London. Deutsche Ausgabe (2009) Der Superorganismus. Springer Verlag, Berlin, Heidelberg.

Hölldobler B, Wilson EO (2010) The Leafcutter Ants: Civilization by Instinct. W. W. Norton, Comp. New York, London. Deutsche Ausgabe (2011) Die Blattschneiderameisen: Det perfekte Superorganismus. Springer Verlag, Berlin, Heidelberg.

Manfred Robert Schroeder in der Akademie
Begrüßungsansprache

(Öffentliche Gedenkfeier an der Fakultät für Physik, Göttingen
am 24. Juni 2010)

CHRISTIAN STARCK

Sehr verehrte Frau Schroeder,
Angehörige der Familie Schroeder,
meine Damen und Herren,

Manfred Robert Schroeder, dessen wir heute gedenken wollen, kam 1969 als Nachfolger seines Lehrers Erwin Meyer aus den USA nach Göttingen zurück. Schon 1973 stellten Gerhard Lüders, Peter Haasen, Arnold Flammersfeld und Lothar Cremer den Antrag, Schroeder zum Ordentlichen Mitglied der Akademie zu wählen. In der dazu verfassten Laudatio wird auf die Hauptarbeitsgebiete von Schroeder verwiesen: die Raumakustik und die physikalische Sprachforschung. Es heißt dann weiter: „Er machte sich hierbei einen Namen besonders durch den ausgiebigen Einsatz von elektronischen Rechnern sowohl im Zusammenhang mit theoretischen Untersuchungen wie auch in Experimenten (z. B. bei der Sprachsynthese) und in der Kombination mit Messverfahren (z. B. auf dem Gebiet der Raumakustik). In seltener Breite wendet er in seinen Arbeiten theoretische Gesichtspunkte und moderne Methoden, besonders Korrelationstechniken, auf Fragen von grundsätzlicher Bedeutung und auf praktische Probleme an. Für seine Pionierleistungen in der Raumakustik wurde ihm 1972 die Goldmedaille der amerikanischen Audio Engineering Society verliehen."

Die Laudatio endet so: „Wir glauben, dass dieser anregende und vielseitig interessante Physiker für die Göttinger Akademie einen Gewinn darstellen würde." Diese Prognose ging in Erfüllung, und zwar in doppelter Weise:

Uns sind noch seine Vorlagen in den Plenarsitzungen in Erinnerung, in denen er aus seinem Fach in einer akademiegerechten Sprache berichtete. Akademiegerecht bedeutet: verständlich für Gelehrte, die sich mit anderen Disziplinen beschäftigen. Man merkte seinen Vorlagen an, dass er sie für die Fachleute und für die Nichtfachleute konzipiert hatte und ihm dieses nicht eine Last war, sondern Vergnügen bereitete, besonders wenn er erfolgreich war. Uns ist noch in Erinnerung seine letzte Vorlage vom Dezember 2008 mit dem Titel „Alltag mit der ‚Königin der Mathematik' ". Es ging, aus dem Titel nicht sofort erkennbar, aber für Schroederkenner erwartungsgemäß, um Zahlentheorie und Akustik von Konzertsälen. Darüber wird sogleich Herr Kollmeier noch sprechen. Schroeder verzauberte uns dann noch mit der Anwendung der Zahlentheorie auf Datenschutz und Spionage und mit futuristischen Anwendungen (vgl. Jahrbuch der Akademie der Wissenschaften zu Göttingen 2008, S. 157–169).

„Manfred Robert Schroeder in der Akademie", worüber ich spreche, erschöpft sich längst nicht in seinen Vorlagen. Damit komme ich zum zweiten Punkt der Prognoseerfüllung. Schroeder war außerordentlich interessiert an den Vorlagen der anderen. Er diskutierte mit den Mathematikern nicht nur über Zahlentheorie. Seine Präsenz in den Plenarveranstaltungen der Akademie war bemerkenswert und offenbarte eine Neugierde auf allen Gebieten des Wissens, die große Wissenschaftler auszeichnet. Er war ein Vorbild für die Jüngeren in seinem Fach und für uns alle. Seine Fragen in den Plenarsitzungen waren auch auf ihm fremden Gebieten durchaus produktiv und gaben Anlass zum Nachdenken und Neubedenken.

In der Akademie ist durch seinen Tod eine spürbare Lücke entstanden, übrigens dadurch schon äußerlich sichtbar, dass sein Platz neben dem Rednerpult leer bleibt. Sein Werk wird in seinen Schriften und Schülern weiterleben.

Auf meinen Kondolenzbrief hat Frau Schroeder geantwortet und geschrieben, dass ihr Mann gerne Mitglied der Akademie war. „Er fand, dass sich sein Horizont sehr erweitert hatte durch die Akademiesitzungen, wo er auf vielen Gebieten außerhalb seines Faches Anregungen erhielt und seinen Wissensdurst stillen konnte." So haben wir ihn erlebt, und wir können alle über Fortsetzungen der Diskussion in Gesprächen nach den Plenarsitzungen berichten. So fragte er mich oft zur neuesten Geschichte, zum Staatsrecht und zum Völkerrecht und wollte genaue Antworten haben. Ob das Ermächtigungsgesetz von 1933, das nur für eine bestimmte Zeit gelten sollte, verlängert worden sei, wann und für wie lange. Ich beschaffte ihm Kopien der Gesetzblätter.

In der letzten Akademiesitzung ist uns Person und Werk Manfred Robert Schroeders noch einmal durch den Nachruf von Herrn Eigen vergegenwärtigt worden. Wir werden uns gerne an ihn erinnern und sein Andenken in Ehren halten. Wir freuen uns, dass heute noch einmal durch Fachleute über ihn gesprochen wird.

Manfred Robert Schroeders Wirken am Dritten Physikalischen Institut

(Öffentliche Gedenkfeier an der Fakultät für Physik, Göttingen am 24. Juni 2010)

Hans Christian Hofsäss
Dekan der Fakultät für Physik

Kurz vor der Jahreswende wurde ich durch Mitarbeiter des Dritten Physikalischen Instituts darüber informiert, dass Professor Manfred Schroeder am 28. Dezember unerwartet verstorben war. Ich habe diese traurige Nachricht mir tiefer Betroffenheit entgegengenommen, weil mir bewusst war, dass mit Manfred Schroeder ein herausragender Wissenschaftler auf dem Gebiet der Akustik, ein sehr geschätzter Hochschullehrer und eine am Dritten Physikalischen Institut, an der Fakultät für Physik, an der Universität Göttingen und an ihren Wirkungsstätten weltweit hochgeschätzte Persönlichkeit von uns gegangen war.

Ich selbst kam 1989 nach Göttingen an das Zweite Physikalische Institut, arbeitete in Sichtweite, nein, um im Bereich der Akustik zu bleiben, in Rufweite des Dritten Physikalischen Instituts, war aber dennoch anfangs scheinbar weit von diesem entfernt. Den Kontakt zwischen den Instituten empfand ich als gering, weil Forschung und Lehre wohlgeordnet in den Räumen der einzelnen Institute durchgeführt wurden. Ausnahmen waren das Kolloquium des Sonderforschungsbereiches und der regelmäßige Termin des Physikalischen Kolloquiums, das bis ins Jahr 2002 im Hörsaal des Dritten Physikalischen Instituts in der Bürgerstraße abgehalten wurde und seither im Max Born-Hörsaal im Neubau der Physik stattfindet. Von 1984 bis 1991 leitete Manfred Schroeder das Physikalische Kolloquium der Fakultät für Physik. Im Zuge seiner Emeritierung im Jahr 1991 bedankte er sich bei dem damaligen Dekan, Professor Schönhammer, für die Vertretung während seiner gelegentlichen Abwesenheiten von Göttingen – ich hoffe es waren angesichts der regen Reisetätigkeit von Manfred Schroeder nicht allzu viele – und fügte hinzu: „Ich wünsche dem Physikalischen Kolloquium (an dem ich weiterhin als „Beobachter" teilzunehmen gedenke) weiterhin viel Erfolg".

Ich hatte während meiner nunmehr zwölfjährigen Tätigkeit in Göttingen leider nur einige Male Gelegenheit, mit Professor Schroeder zu sprechen, meist eben montags am Abend im Rahmen des Physikalischen Kolloquiums, das er bis zuletzt mit bewundernswerter Regelmäßigkeit und bewundernswertem Interesse an den Vorträgen als „Beobachter", wie er es nannte, besuchte. Er zeichnete sich auch dadurch aus, dass er sehr treffende Fragen, auch zu ihm scheinbar fremden Fachgebieten stellte. Als neuer Kollege an der Fakultät für Physik erkannte ich bald, dass Manfred Schroeder unter den Kollegen und Kolleginnen und Mitarbeitern und Mitarbeiterinnen hoch angesehen war und vor allem für die Mitglieder des Dritten Physikalischen Instituts ein besonderes Vorbild, wenn nicht gar eine Vaterfigur darstellte. Manfred Schroeder vermochte es offenbar, eine herzliche, kollegiale Institutsatmosphäre zu schaffen. Er ließ seinen Mitarbeitern und Mitarbeiterinnen viel Freiraum für Ideen und kreative Arbeit, stand aber stets als hoch anerkannter Ratgeber, Gesprächspartner und Lehrer zur Verfügung, der die Ideen in die richtigen Bahnen zu lenken und weiterzuentwickeln vermochte. Noch heute sind die Wissenschaftler, die bei Manfred Schroeder geforscht, gelehrt und gelernt haben, voll des Lobes und der Bewunderung. Die Fähigkeit von Manfred Schroeder, über 25 Jahre hinweg die Mitarbeiter und Mitarbeiterinnen des Instituts in ein begeistertes, engagiertes und erfolgreiches Team zu integrieren, ist bewundernswert.

Manfred Schroeders Wirken wurde durch verschiedene Auszeichnungen und Ehrungen, die ihm zuteil wurden, und auch beispielsweise anlässlich des 60-jährigen Bestehens des Dritten Physikalischen Instituts von einigen ehemaligen Kollegen gewürdigt. Als Dekan der Fakultät ist es mir eine Ehre, daran anzuknüpfen, kann aber hier nur als außen stehender Beobachter meine subjektiven Eindrücke aus Gesprächen, Publikationen und Schriftverkehr wiedergeben.

Manfred Schroeder studierte ab 1947 in Göttingen zunächst Mathematik. Im selben Jahr erfolgte die Gründung des Dritten Physikalischen Instituts, genauer gesagt, die Vereinigung der 1908 gegründeten Institute für Angewandte Elektrizität und Angewandte Mathematik und Mechanik. Er wechselte dann nach dem Vordiplom zum Studienfach Physik. Seine Diplomarbeit entstand aus einem Praktikumsversuch für das Fortgeschrittenenpraktikum, bei dem ihm ungewöhnliche Schwingungsformen bei elektromagnetischen Mikrowellen in Hohlleitern aufgefallen waren. Auch seine Dissertation am Dritten Physikalischen Institut bei Professor Erwin Meyer befasste sich mit elektromagnetischen Schwingungen in Hohlräumen, speziell mit der Statistik der Eigenschwingungen. Im Jahr 1954 legte er seine Promotion ab. Nach sich daran anschließender 15-jähriger Forschungstätigkeit bei den ATT Bell Laboratories in Murray Hill in New Jersey, wo er bald zum Leiter der Akustik- und Sprachforschung aufstieg, wurde er 1969 als Direktor zurück an das Dritte Physikalische Institut berufen. Auf seiner Internetseite erwähnte er diesen Wechsel mit der Bemerkung „five of us moved to Göttingen in Germany", was mir zeigt, dass die Familie für ihn von sehr großer Wichtigkeit war.

Hier in Göttingen am Dritten Physikalischen Institut gab es bereits die für Forschungen auf dem Gebiet der Akustik notwendige Infrastruktur, so einen nahezu schallfreien Raum, einen gut reflektierenden Hallraum, beide auch einsetzbar für Untersuchungen mit elektromagnetischer Strahlung, experimentelle Ausstattung der Labore und Praktika für Untersuchungen zur Akustik und mit elektromagnetischen Wellen.

Manfred Schroeder brachte vor allem eine Vielzahl neuer Ideen mit nach Göttingen, durch die er die Gebiete der Raumakustik, der Sprachakustik und der Hörakustik in Forschung und Lehre nachhaltig prägte. Mit ihm kam auch ein für damalige Verhältnisse sehr leistungsfähiger moderner Prozessrechner nach Göttingen, der es ermöglichte, die digitale Signalverarbeitung und die Signal- und Systemtheorie als neues Forschungsgebiet aufzubauen.

Ein von Manfred Schroeder intensiv bearbeitetes Forschungsthema galt der Akustik von Konzertsälen. In einer Publikation dazu in den Physikalischen Blättern von 1999 beschreibt er die drei grundlegenden Probleme der musikalischen Kalamität bei mangelhafter Saalakustik: Erstens, wie breitet sich der Schall in hallenden Räumen aus? Zweitens, was ist überhaupt hörbar, und drittens, wie möchten die Hörer gerne ihre Musik hören [1]. Die Beantwortung dieser Fragen erfordert sowohl präzise physikalische Messungen als auch deren Korrelation mit subjektiven Höreindrücken. Manfred Schroeder führte damit in die Forschungsaktivitäten am Dritten Physikalischen Institut neue Methoden der Psychoakustik in Verbindung mit fortgeschrittener physikalischer Messtechnik ein.

Der Kunstkopf, die Mathematik und der Computer spielten in Manfred Schroeders Wirken eine besondere Rolle. Mit Hilfe des Kunstkopfes und des Computers gelang es ihm, kopfbezogene Übertragungsfunktionen digital auszumessen. Mit Hilfe solcher Messungen wurde es möglich, objektive akustische Größen mit subjektiv für die Klangwahrnehmung relevanten Parametern zu korrelieren. Später folgten daraus Arbeiten von anderen Forschungseinrichtungen zur Raumsimulation. Ein Vergleich verschiedener europäischer Konzertsäle mittels Kunstkopfstereophonie führte dann zur digitalen Simulation der entsprechenden Raumakustiken. Manfred Schroeder hat sich also bereits sehr frühzeitig mit Fragen der „virtuellen Realität" befasst, lange bevor dieser Begriff in unseren Sprachgebrauch durch Computerspiele und Raumklang, neudeutsch „surround sound", Einzug hielt.

Die Interessen Manfred Schroeders waren sehr vielseitig und galten auch Fragen des Gehörs und der Sprache. Er hat Computerhörmodelle, digitale Signalverarbeitung für Hörgeräte und Konzepte für die Erzeugung künstlicher Sprache entwickelt. 1999 veröffentlichte er ein Buch mit dem Titel „Computer Speech: Recognition, Compression, Synthesis" [2].

Sein großes Interesse für Mathematik, sein ersichtlich müheloser Zugang zur Mathematik und seine Fähigkeit, mathematische Konzepte auf die unterschiedlichsten angewandten Fragestellungen richtig anzuwenden, sind beeindruckend. In Kombination mit der Faszination für die ersten Computer führte dies wohl zu seiner Leidenschaft für Computergraphik, die die Mitarbeiter seiner damaligen Gruppe noch heute mit Begeisterung würdigen. In einigen Büros des Dritten Physikalischen Instituts zieren noch immer Computergraphiken Manfred Schroeders die Wände. Seine Begeisterung für die Mathematik, insbesondere die Zahlentheorie, wird durch seine beiden Bücher „Number Theory in Science and Communication – With Applications in Cryptography, Physics, Biology, Digital Information, Computing, and Self-Similarity" (1984) und „Fractals, Chaos, Power Laws: Minutes from an Infinite Paradise" (1991) dokumentiert [3,4].

Die Anwendungen seiner hervorragenden mathematischen Kenntnisse zur Lösung der unterschiedlichsten Probleme im Bereich der Akustik sind einzigartig. Umfangreiche psychoakustische oder psychophysikalische Untersuchungen an Konzertsälen zeigten ihm, dass es für einen guten Höreindruck wichtig ist, dass die Ohren der Zuhörer von genügend intensiven seitlich laufenden Schallwellen getroffen werden. Als Folge davon wurden die von Manfred Schroeder vorgeschlagenen und auf Konzepten der Zahlentheorie beruhenden, breit streuenden Phasenreflexionsgitter, die so genannten Schroeder-Diffusoren, geboren. Solche Diffusoren verleihen wegen ihrer ungewöhnlichen, unregelmäßigen Oberflächentextur selbst der Göttinger Stadthalle eine besondere innenarchitektonische Note.

Manfred Schroeder hat über viele Jahre das angewandte Fach der Schwingungsphysik in der Lehre vertreten. Er hat regelmäßig Vorlesungen über Schwingungsphysik, Akustik, Hochfrequenztechnik und Optik sowie elektronische Messtechnik gehalten. Hinzu kamen Spezialvorlesungen zu Themen wie Informationstheorie, digitale Filter, Computergraphik, Anwendung der Zahlentheorie, Fraktale und nichtlineare Dynamik.

Seine Studenten liebten seine Vorlesungen, weil diese von einer Vielzahl von Demonstrationsexperimenten begleitet wurden. Manfred Schroeder selbst fügte, wie für einen engagierten Lehrer zu erwarten, sinngemäß hinzu: „Mein Assistent Heinrich Henze und ich selbst liebten diese Experimente wahrscheinlich noch mehr". Die umfangreiche Vorlesungssammlung am Dritten Physikalischen Institut geht zu einem wesentlichen Teil auf Manfred Schroeders Vorlesungen zurück. Die Lehre war ihm besonders wichtig, manchmal wichtiger als seine Forschungsaktivitäten. Für das Wintersemester 1973/1974 bat er beim Kultusministerium in Hannover um ein Freisemester, nicht um sich seinen Forschungsinteressen zu widmen oder, wie sonst üblich, einen Forschungsaufenthalt im Ausland anzutreten, sondern um die Zeit für die Vorbereitung neuer Vorlesungen mit Demonstrationsversuchen zu nutzen. Speziell hat er in dieser Zeit neue Vorlesungen zur Fourieroptik – er beschrieb diese als optische Datenverarbeitung mit kohärentem Licht – und zu digitaler Signalverarbeitung entwickelt.

Nach 25-jähriger Forschung und Lehre am Dritten Physikalischen Institut hielt Manfred Schroeder anlässlich seiner Emeritierung am 5. Juli 1991 eine Abschiedsvorlesung, zwar nicht im Hörsaal des Dritten Physikalischen Instituts in der Bürgerstraße, sondern im großen Hörsaal im Windausweg 2, mit dem Titel „Die schönsten Experimente aus der Schwingungsphysik, vom Hören und Sehen – und zur Zahlentheorie". Diese Vorlesung hätte ich selbst sehr gerne gehört.

Auch nach seiner Emeritierung war Manfred Schroeder für die Lehre unentbehrlich. Im Fakultätsratsprotokoll vom 18.5.1993 liest man: „Herr Prof. Schroeder wird um Mithilfe bei Vorlesungen und Prüfungen gebeten. Seine Prüfungsberechtigung wird einstimmig bestätigt (klopfend)". Dieser Bitte ist Manfred Schroeder sehr gerne nachgekommen. Zu diesem Zeitpunkt gab es wie auch heute Sparprogramme und gar Stellenbesetzungssperren, die in der Lehre am Dritten Physikalischen Institut einen Engpass verursachten. In seinem Glückwunsch an Manfred Schröder anlässlich der Verleihung des Niedersachsenpreises im Jahr 1993 brachte der damalige Dekan, Professor von Minnigerode, die Hoffnung zum Ausdruck, dass die Aktion „Schröder ehrt Schroeder" helfen werde, die Regierung unter Ministerpräsident Gerhard Schröder für die Berufungssorgen der Fakultät zu sensibilisieren.

Neben dem regelmäßigen Mitarbeiterseminar der Arbeitsgruppe Schroeder gab es das Hauskolloquium des Dritten Physikalischen Instituts, in dem die Studierenden damit gefordert wurden, nicht über ihre eigenen Arbeiten, sondern über aktuelle Themen aus der Literatur vorzutragen. Die Vorbereitung dazu war oft aufwendig, die Qualität der Vorträge sicher nicht immer optimal. Die Aufgabe, sich in fremde Arbeiten einzuarbeiten und diese kompetent zu präsentieren, war aber wohl für alle Teilnehmer eine wichtige und wertvolle Erfahrung. Die Arbeit mit Studierenden in solchen Seminaren, im Rahmen von Diplom- und von Doktorarbeiten, war für Manfred Schroeder stets sehr wichtig. Er selbst bemerkte, dass er die Arbeit mit seinen Studenten und Studentinnen mehr als jede formale Würdigung seiner Arbeit durch Preise und Medaillen schätze. Ich denke, die vielen Studentinnen und Studenten seiner Gruppe blicken ebenso mit Stolz und Anerkennung auf die Zeit mit Manfred Schroeder zurück.

Die anfangs erwähnte herzliche, kollegiale Institutsatmosphäre, die sich auch in vielen gemeinsamen Festen und der Gründung einer Institutsband niederschlug, hat sicher mit der Wertschätzung Manfred Schroeders für seine Mitarbeiter zu tun.

Professor Kollmeier erinnerte in seiner Laudatio anlässlich der Verleihung der Ehrenmitgliedschaft der Deutschen Gesellschaft für Audiologie an Manfred Schroeder im Jahr 2003 an die Arbeitssituation am Dritten Physikalischen Institut. Sinngemäß stellte sich das so dar: Professor Schroeder hatte bei seiner Berufung vereinbart, in den Semesterferien regelmäßig bei den Bell Labs zu forschen, was er auch über viele Jahre tat. Für die Mitarbeiter am Dritten Physikalischen Institut hatte dies den entscheidenden Vorteil, dass er immer die neuesten Entwicklungen und Ideen aus USA mitbrachte und auch die Bell Labs sich als Sprungbrett für die Mitarbeiter in die USA anboten. Ansonsten konnte die Arbeitsgruppe in Göttingen ungestört ihre eigenen wissenschaftlichen Neigungen und Ideen ausleben – denn der Chef war weit weg, und e-Mail und Videokonferenz gab es damals noch nicht! Fazit: eine gewisse Distanz ist also für ein gutes Arbeitsklima, das den Spaß an der Wissenschaft fördert, offenbar eine wichtige Komponente.

Einige seiner früheren Mitarbeiter haben mir bestätigt, dass Manfred Schroeder stets das getan hat, was ihm Spaß machte. Den Spaß an der Wissenschaft und die Begeisterung für die Wissenschaft konnte er den Studierenden, den Doktoranden und den Mitarbeitern am Dritten Physikalischen Institut mit großem Erfolg vermitteln. Es verwundert daher nicht, dass von den circa 70 promovierten Absolventen aus seiner Arbeitsgruppe viele in der Forschung, der Entwicklung und der Industrie tätig sind, als Professoren, leitende Wissenschaftler oder Geschäftsführer.

Als Mitglied des Fakultätsrates, als Studiendekan und als Dekan habe ich in den vergangenen Jahren die Wandlung des Dritten Physikalischen Instituts von der Schwingungsphysik, die die Phänomene der Akustik und der Optik umfasst, hin zur Biophysik miterlebt, verbunden mit dem Umzug von der Bürgerstraße in den heutigen Neubau der Physik. Göttingen wird also künftig nicht mehr als renommierter Standort für Schwingungsphysik und Akustik gelten können. Dafür entwickeln sich nun neue biophysikalische Schwerpunkte in Forschung und Lehre, mit neuen experimentellen Möglichkeiten, neuen theoretischen Ansätzen und, verglichen mit der damaligen Zeit, ungeahnten Computermöglichkeiten. Die biophysikalische Forschung am Dritten Physikalischen Institut wird, so ist zu hoffen, ähnlich erfolgreich werden, wie es die Arbeiten von Manfred Schroeder gewesen sind.

Die Erinnerung an Manfred Schroeder, sein hohes Ansehen als Wissenschaftler und Lehrer, seine außergewöhnliche Kreativität, seine Führungsqualitäten und seine Wertschätzung für Mitarbeiter und Studierende kann uns den richtigen Weg zum wissenschaftlichen Erfolg weisen.

Literatur

[1] Die Akustik von Konzertsälen, Manfred Schroeder, Physik Journal, Heft 11 (1999) 47
[2] Computer Speech: Recognition, Compression, Synthesis, Manfred R. Schroeder, (Springer, Berlin, 1999), ISBN 3-540-64397-4
[3] Number Theory in Science and Communication – With Applications in Cryptography, Physics, Biology, Digital Information, Computing, and Self-Similarity, Manfred R. Schroeder, (springer, Berlin, 1984), ISBN 3-540-12164-1
[4] Fractals, Chaos, Power Laws: Minutes from an Infinite Paradise, Manfred R. Schroeder, (Freeman, New York, 1991) ISBN 0-7167-2136-8

Nachruf

auf

MANFRED ROBERT SCHROEDER

12. Juli 1926 – 28. Dezember 2009

(vorgetragen in der Plenarsitzung am 4. Juni 2010)

MANFRED EIGEN

Meine Rede „in memoriam Manfred Schroeder", in der ich sein großartiges wissenschaftliches Lebenswerk Revue passieren lassen will, möchte ich mit einer persönlichen Anmerkung beginnen.

Zu Weihnachten, wenige Tage vor seinem Tode, habe ich ihn angerufen und gefragt, ob er einverstanden sei, dass ich ihm ein Kapitel aus meinem neuen Buch dediziere, in welchem ich auf die Probleme von Entropie und Information in Physik und Biologie näher eingehe. Jedes Kapitel sollte einem Kollegen gewidmet sein, der zu dem besprochenen Thema selber Wesentliches beigetragen hat. Manfred war für mich der Forscher, der die großen Ideen von Claude Shannon und Richard Hamming durch wichtige praktische Anwendungen hervorragend ergänzt hat.

Manfred und ich waren Consemester. Unter den hier Anwesenden bin ich wohl derjenige, der ihn am längsten gekannt hat. Er ist fast ein Jahr älter als ich. Jedoch war ich bereits 1945 aus amerikanischer Kriegsgefangenschaft nach Göttingen gekommen, während er erst 1947, aus Holland kommend, zu uns stieß. Da es in unserem Studentenkreis schon einige Schröders gab – allein auf Grund der statistischen Häufigkeit dieses Namens in Deutschland – hatte er gleich seinen Spitznamen weg: Wir nannten ihn „Schröder 17". Das war vielleicht eine Vorahnung seiner späteren Beschäftigung mit Primzahlen.

Damit kann ich gleich zu seinen Interessen kommen. Ja, diese waren vielfältiger Natur. Wir hatten damals nahezu dieselben Lehrer in Physik und Mathematik – wie z. B. Heisenberg, Becker, Kopfermann oder Herglotz und Kaluza, der die Grundlagen für die moderne Stringtheorie geschaffen hat und heute vor allem in den USA in hohem Ansehen steht. Manfred Schröder schloss sein Studium 1954 mit einem exzellenten Examen ab. Doch beschloss er, seine Zelte in Göttingen abzubrechen und in die Verei-

nigten Staaten zu gehen. Das erste, was ihm dort begegnete, war ein für ihn
großes Glücksereignis: Er lernte in New York, kurz nach seiner Ankunft,
seine spätere Frau, Anny, kennen. Ein zweites glückliches Ereignis folgte
sogleich: Man bot ihm eine Anstellung in dem berühmten „Bell Telephone
Laboratory" in Murray Hill/New Jersey an. Dort begann er eine einmalige
Karriere.

Manfreds ursprüngliches Interesse galt der modernen Elektrotechnik,
die er schon früh mit dem Konzept der Information verband. Er entwickelte daraus bedeutende Einsichten für die Codierung von Information. Sein
Lebenswerk lässt sich unter dem Titel „speech and graphics" zusammen-
fassen. Die Beschäftigung mit Problemen dieser Art machte ihn zu einem
der Pioniere in der Entwicklung von Methoden zur Analyse und Synthese von Sprache und Information. Daraus folgte, dass er sich auch mit der
Anatomie und der Physiologie des Innenohres befasste, dessen Haarzellen
akustische in neuronale Signale verwandeln. Darüber hinaus entwickelte er
Ideen zur künstlichen Erzeugung von Sprache. Eine von ihm entwickelte
Maschine, der sogenannte Vocoder, begrüßte mich in den fünfziger Jahren, als ich vom „Bell Telephone Laboratory" zu einem Vortrag über meine
Arbeiten auf dem Gebiet der schnellen chemischen Reaktionen eingela-
den war. Manfred hatte der Maschine einen Text einprogrammiert, der mit
den folgenden Worten begann: „Hello professor Eigen oft the famous Max
Planck Institute at Göttingen Germany". Ich musste vergeblich nach dem
Sprecher suchen. Es war der erste – von Manfred Schroeder konstruierte –
Apparat für eine künstliche Erzeugung von Sprache.

Ein weiteres Gebiet, das von Manfred Schroeder maßgeblich gefördert
wurde, ist die Raumakustik von Konzertsälen wie etwa der „Philharmonic
Hall at the Lincoln Center for the Performing Arts" in New York. Manfred
war bald ein renommierter Weltstar auf diesem Gebiet. Mehr als 20 Konzertsäle in aller Welt geben Zeugnis von seiner Kunst, die von einer sorgfältigen Analyse des Spektrums der akustischen Signale, ihrer Prozessierung
im Computer sowie einer Filterung der Normalmoden der statistisch inter-
ferierenden Wellen ausging. Die hierbei auftretende charakteristische Frequenz wird international heute als „Schroeder Frequenz" bezeichnet. Wer
je ein Buch geschrieben hat, weiß, dass der Weg vom Autoren- zum Sach-
verzeichnis für einen Forscher und Autor ein äußerst wichtiges Ereignis ist.

Ebenso ist Manfred Schroeder für seine Pionierarbeit in der Entwicklung
von Computergraphiken bekannt, die er als Hobby auch nach seiner Emeritierung in Göttingen fortsetzte. Schon 1969 erhielt er hierfür den 1. Preis
bei der „International Computer Arts Competition". Die Preisarbeit ba-

sierte auf der Anwendung mathematischer und physikalischer Konzepte bei der Kreation von Kunstwerken.

Natürlich kann ich in meinen Ausführungen nur einen kursorischen Überblick über Manfreds wissenschaftliches Œuvre geben. Sein Werk ist durch viele Preise und Auszeichnungen international gewürdigt worden. Aber auch hier gilt, dass der Prophet im eigenen Lande zunächst nichts gilt und erst spät erkannt wird. Die meisten Ehrungen erfolgten in den USA und in England: Goldmedaillen, Ehrenmitgliedschaften wie beispielsweise in der U. S. National Academy of Engineering oder der American Academy of Arts and Sciences. In seinem Heimatland, wo er 1969 die Nachfolge von Erwin Meyer im Göttinger III. Physikalischen Institut antrat, beschränken sich die Ehrungen – außer der Helmholtz-Medaille der Akustischen Gesellschaft sowie einem Preis der Eduard Rhein-Stiftung – auf den Raum Niedersachsen. Er war seit 1973 Mitglied der Göttinger Akademie wie auch auswärtiges Mitglied des Göttinger Max Planck-Instituts, ferner Träger des Niedersachsen-Preises. Er ist Autor mehrerer wissenschaftlicher Bücher, unter denen ich auch dem fachfremden, interessierten Leser das Buch „Fractals, Chaos, Power Laws", von dem eine deutsche Übersetzung existiert, zur Lektüre nur empfehlen kann. Ich zitiere aus seinem Acknowledgement:

> „This book owes its existence to many sources. Apart from a brief encounter, in my dissertation, with chaos among the normal modes of concert halls, a "nonintegrable" system, if there ever was one, my main stimulus came from the early demonstration by Heinz-Otto Peitgen and Peter Richter of fractal Julia sets [Peter Richter war für mehrere Jahre als ‚Postdoc' in meiner Göttinger Arbeitsgruppe]. Their beautiful images, and the intriguing mathematics which underlies them, as epitomized in their book The Beauty of Fractals, have made a lasting impression on me."

Manfred Schroeders Interessen gingen weit über sein eigenes Fachgebiet hinaus. Gemeinsam mit seiner Frau Anny besuchte er in früheren Jahren regelmäßig unsere Winterseminare, die alljährlich in Klosters in der Schweiz stattfinden – und das nicht nur, weil Anny und er leidenschaftliche Skifahrer waren. Seine Fragen und Diskussionsbemerkungen stellten eine wesentliche Bereicherung unseres Seminars dar.

Wir trauern um einen äußerst liebenswerten Menschen, der gleichzeitig ein Forscher von Weltrang war. Sein Werk hat in entscheidendem Maße den technischen Fortschritt in den Informationswissenschaften unseres Zeitalters geprägt.

Körpertopographie und Gottesferne: Vesalius in China

(Auswärtige Sitzung der Akademie der Wissenschaften am 2. Juli 2010
in der Herzog August Bibliothek Wolfenbüttel)

Helwig Schmidt-Glintzer

Vorbemerkung

Es häufen sich Hinweis darauf, dass der Austausch von Informationen, von Bildern, Techniken und Ideen zwischen Westasien und dem Mittelmeerraum einerseits und dem Fernen Osten andererseits eine weitaus längere Geschichte hat und häufig intensiver war als bisher angenommen. Seit dem Zusammenbruch der Sowjetunion ist jener mit dem Begriff der „Seidenstraße" bezeichnete Korridor, dessen Zentrum im Gebiet der heutigen Staaten Afghanistan und Pakistan liegt, zudem erneut ins Blickfeld der Forschung und des Kulturgüterschutzes gerückt.[1] Aber auch bei der Bewertung von Funden in China selbst ist man inzwischen offener für die Wahrnehmung fremder Einflüsse. So konstatiert man am Mausoleum des Ersten Kaisers von China, Qin Shihuangdi, die „Handschrift" westasiatischer Handwerker und identifiziert Bautechniken wie spezielle Ziegelformen, die zuvor in China nicht belegt sind und die Parallelen zu vorderasiatischen Fundstätten wie dem Palast von Halikarnassos aufweisen. Auf dieses Wechselverhältnis will ich näher eingehen.

Körpersphären

Lu Xun (1881–1936), dem „Vater der modernen chinesischen Literatur", der zum Medizinstudium nach Japan gegangen war, trat nach den ersten Teilnahmen am Sezierkurs sein Lehrer Fujino mit der Bemerkung entgegen:

---

[1] Siehe Helwig Schmidt-Glintzer, „Eurasien als kulturwissenschaftliches Forschungsthema", in: Religionsbegegnung und Kulturaustausch in Asien. Studien zum Gedenken an Hans-Joachim Klimkeit, Hrsg. von Wolfgang Gantke, Karl Hoheisel und Wassilios Klein. [= Studies in Oriental Religions vol. 49] Wiesbaden: Harrassowitz 2002, S.185–199; s. a. Ders., „Die Religionen der Seidenstraße", in: WBG-Weltgeschichte Band 2: Antike Welten und neue Reiche. Darmstadt: Wissenschaftliche Buchgesellschaft 2009, S. 406–432.

„Ich habe gehört, dass Chinesen Respekt vor Geistern haben, deshalb habe ich mir Sorgen gemacht. Ich fürchtete, du hättest Angst, Leichen zu sezieren. Jetzt bin ich endlich beruhigt, dass es sich nicht so verhält."[2] – Diese Begegnung kommentierte Lu Xun später in seinem Bericht mit den Worten: „China ist ein schwaches Land, daher werden Chinesen naturgemäß als Idioten betrachtet." Doch es war nicht nur die Schwäche Chinas, sondern zugrunde lag auch eine Differenz im Verhältnis zur Welt überhaupt. Daher ließ sich Lu Xun auch nicht von der Bemerkung seines Lehrers überzeugen, der eine etwas eigenwillige Zeichnung der Aorta in einer erst kürzlich wieder aufgetauchten Vorlesungsmitschrift Lu Xuns mit den Worten kritisierte: „Schau, du hast dieses Gefäß ein wenig in seiner Position versetzt. Natürlich sieht es so besser aus, aber anatomische Zeichnungen haben nichts mit den schönen Künsten zu tun. Die Dinge sind so, wie sie sind. Wir haben kein Recht, sie zu verbessern."[3] – Das sah Lu Xun anders: „Äußerlich stimmte ich zwar zu, aber bei mir dachte ich trotzdem: ‚Die Zeichnung ist mir nicht schlecht geraten. Um die faktische Seite weiß ich natürlich.'"[4] [Abbildung 1] – auch hier ganz der Devise des chinesischen Schülers folgend: „Der Schüler redet nicht; er unterstellt sich und gelangt selbst durch die Wildnis/unwegsames Gelände." (*Taoli buyan xia zichengxi* 桃李不言，下自成蹊). Hier zeigt sich, und darum geht es mir vor allem, eine Differenz in der Auffassung bildlicher Repräsentation, die auf unterschiedliche Welthaltungen zurückgeht und die dazu beigetragen hat, dass im Westen die Erscheinung der bildlich wiedergegebenen Objekte möglichst realistisch und „täuschend ähnlich" zu sein hat – wohin es freilich auch einige Entwicklungsschritte gab, wie Daston und Galison gezeigt haben[5] –, während in China das Bild nicht täuschend ähnlich sein, sondern eine Aussage über die Prinzipien machen soll. Es geht um eine Kartierung und damit auch um eine Vervielfältigung, um die Vorstellung von Modulen, wie dies insbesondere von Lothar Ledderose dargelegt worden ist.[6] Danach wird Natur als biomimetischer Prozeß von Variation und Mutation verstanden, weswegen auch Lu Xun so fasziniert war von den Schriften Ernst Haeckels, dessen „Welträtsel" er in einer deutschen Ausgabe von 1903 be-

---

[2] Lu Xun, Fujino Genkuro, in: Lu Hsun, Werke in sechs Bänden. Zürich: Unionsverlag 1994, Bd. 3, S. 91–100, hier S. 96.
[3] Ebd., S. 95.
[4] Ebd. – Zum Zusammenhang s.a. Lydia H. Liu, Life as Form: How Biomimesis Encountered Buddhism in Lu Xun, in: The Journal of Asian Studies vol. 68, Nr. 1 (2009), S. 21–54.
[5] Lorraine Daston/Peter Galison, Objektivität. Frankfurt am Main: Suhrkamp 2007.
[6] Lothar Ledderose, Ten Thousand Things: Module and Mass Production in Chinese Art. Princeton, N.J.: Princeton U.P. 1998. – S. a. Lydia H. Liu, op. cit., S. 24.

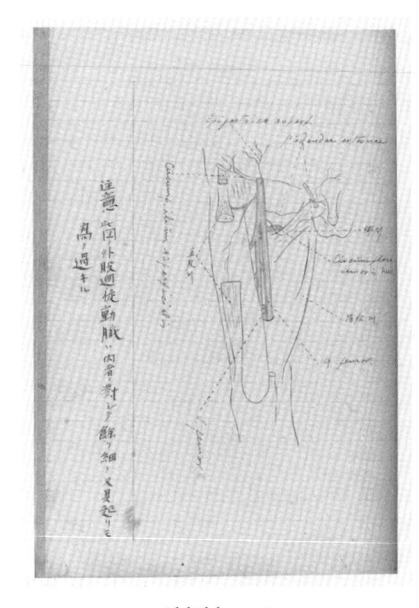

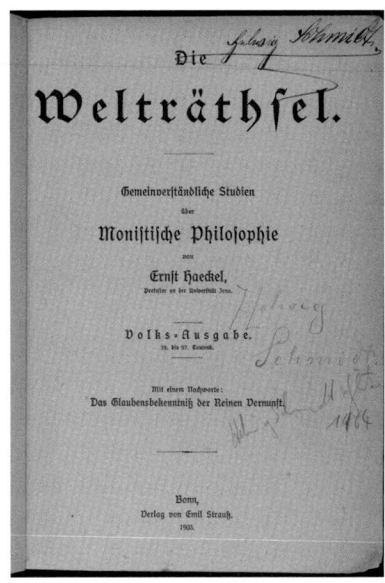

Körpertopographie und Gottesferne: Vesalius in China   127

Abbildung 1   Abbildung 2

saß⁷ [Abbildung 2] und dessen Lehre für Lu Xun Übereinstimmung mit der buddhistischen Dharma-Lehre zeigte. Der Erfahrung Lu Xuns im Sektionssaal vor über 100 Jahren war etwa weitere 300 Jahre zuvor eine Übermittlung von Körperbildern zwischen Ost und West vorausgegangen, die ebenfalls von unterschiedlichen Objektivitätsauffassungen zeugt und die zustande kam, weil die neuen Körperbilder des Vesalius und deren Erklärungen von Jesuitenmissionaren ins Chinesische übertragen wurden. Davon soll hier die Rede sein.

Leichensektion im Kirchenschiff

Nicht nur Andreas Vesalius (1514–1564) hatte im 16. Jahrhundert menschliche Körper seziert, sondern auch Bartolomeo Eustachius (1524–1574) und Gabriele Fallopia (1523–1563). [Abbildung 3] Eröffnungen des menschlichen Körpers hatte es lange zuvor gegeben, auch Abbildungen davon wie in Mondinos *Anathomia* von 1495,⁸ ganz zu schweigen von solchen Ereignissen wie der Körpereröffnung am Leichnam der Seligen Clara

---
7 Lydia H. Liu, op. cit., S. 29.
8 Siehe C. D. O'Malley, Andreas Vesalius of Brussels 1514–1564. Berkeley: Univ. of California Press 1964, S. 1–20 und Tafeln zwischen S. 80 und 81. Die verschiedenen Fassungen des Titel-

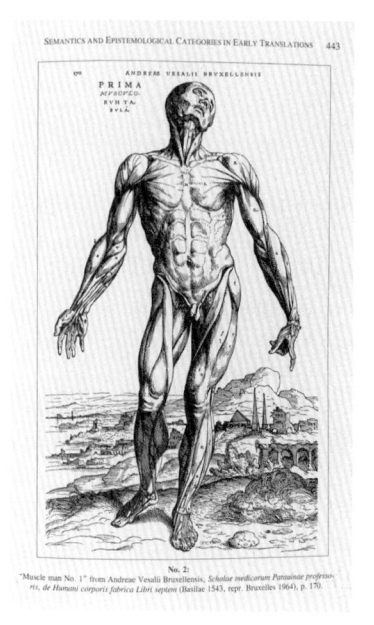

Abbildung 3   Abbildung 4

von Montefalco vom Augustinerorden im August 1308, wo vier Nonnen in einer Samstagnacht bei Öffnung des Herzens ein Kreuz fanden, was dann männliche Inspektoren trotz anfänglichen Verdachts weiblicher Hysterie bestätigten.[9] Abtrennungen von Körperteilen waren nichts Neues und zu Opferungszwecken vor allem nicht unüblich, aber auch als Bestrafung, und hier haben sich China und Europa in nichts nachgestanden. Doch es war Andreas Vesalius vorbehalten, die Epochenwende in der bildlichen Repräsentation der menschlichen Anatomie einzuleiten und zu Darstellungen zu gelangen, die auch in China aufgegriffen wurden. Dass Vesalius auch in Europa eine Ausnahmeerscheinung war und mit seinen Arbeiten Aufmerksamkeit erregte, kommt auch darin zum Ausdruck, dass wir in der Sammlung von Horoskopen berühmter Männer des Hieronymus Cardanus (1501–1576), in seinen *Libelli duo*, allerdings nicht in der ersten Ausgabe

---

blattes werden behandelt bei J. B. de C. M. Saunders und Charles D. O'Malley, The Illustrations from the Works of Andreas Vesalius of Brussels. New York: Dover Publications 1973, S. 248.

[9] Siehe B. Piergilii, Vita della B. Chiara detta della Croce da Montefalco dell'ordine die S. Agostino, Foligno, 1662; vgl. Piero Camporesi, The Incorruptible Flesh. Bodily Mutation and Mortification in Religion and Folklore. Cambridge: Cambridge U. P. 1988. Siehe auch Mutius Petroni, Das Leben und Wunderwerck der seligen Jungkfrawen Clarae von Montefalco, der Einsiedler S. Augustini Ordens. München: Henricus 1611, bes. S. 37 ff.

Nürnberg 1543, sondern erst in der zweiten erweiterten Ausgabe von 1547, erfahren, dass Vesalius am Morgen des 31. Dezember 1514 um Viertel vor sechs Uhr in Brüssel zur Welt gekommen ist.

Bereits in jungen Jahren, bei den Studien in Paris, wo er in der Anatomie des Galen unterwiesen wurde, interessierte sich Vesalius für menschliche Knochen, um seine anatomischen Kenntnisse zu vervollkommnen. Vor allem aber ging es ihm um die Untersuchung der Muskeln und der Gefäßsysteme, bei denen er früh schon die Vermutung äußerte, dass es sich bei den Nerven im Gegensatz zu dem System der Venen und der Arterien nicht um Hohlgefäße handele. Natürlich war das Skelet zentral, und so beginnt das 4. Kapitel des ersten Buches der *Fabrica* mit der Feststellung, dass der menschliche Körper im Interesse der Beweglichkeit nicht, einer Marmorstatue ähnlich, aus einem zusammenhängenden Knochen geformt sei. Wie ein solches Skelett zu präparieren sei, beschreibt er im 39. Kapitel des ersten Buches, bevor er dann die berühmt gewordenen Ansichten des menschlichen Körpers zeigt. [Abbildung 4] Ganz in der Tradition der Lehren Galens stehend, war sein Sinn auf die Gefäße und die Muskeln und deren Funktion und Zusammenhang gerichtet.

Nach Paris war er in Louvain nur ein knappes Jahr geblieben, 1536 bis 1537, wo er immerhin eine Sektion vornehmen konnte, und war dann nach Padua gezogen. Dort bestand er die Prüfung Anfang Dezember 1537 mit Bravour, lehrte bis 1542 Anatomie und führte zahlreiche öffentliche Sektionen durch. Mehrfach hatte er öffentlich vor großem Publikum Körperöffnungen vorgenommen, etwa in Padua 1537 oder im Dezember 1540 bei seinem zweiten Besuch in Bologna – bereits 1538 hatte er dort einen Disput mit Matteo Corti (oder Curtius) über die Richtigkeit einzelner Lehrsätze des Galen geführt. Von diesem zweiten Besuch besitzen wir den Bericht eines Augenzeugen.[10] In der Kirche San Francesco lagen drei menschliche Körper und sechs tote Hunde bereit, und inmitten von etwa 200 Universitätsangehörigen demonstrierte Vesalius seine Sezierkunst. Auch dieser Auftritt wurde von dem fortgesetzten Disput mit seinen Kollegen belastet, der besonders heftig war, weil allen Beteiligten in erster Linie die Respektierung des kanonisierten Wissens am Herzen lag und daher bei der Sektion gefundene Einsichten strittig bleiben mussten.[11] 1543 unterrichtete Vesalius in Pisa und wurde 1544 Leibarzt von Karl V. Als leidenschaftlicher

---

10   Ruben Eriksson, Hrsg., Andreas Vesalius' First Public Anatomy at Bologna 1540. An eyewitness report by Baldasar Heseler. Uppsala and Stockholm: Almqvist & Wiksells 1959.
11   C. C. O'Malley, op. cit., S. 99.

Lehrer und Vermittler seiner Erkenntnisse hatte er bereits in den Jahren 1537, 1538 und 1539 anatomische Werke verlegen lassen.

Mit der über mehrere Jahre vorbereiteten und mit zahlreichen Holzschnitten reich ausgestatteten Veröffentlichung von *De Humani Corporis Fabrica libri septem* und mit dem Begleitband *Epitome*, beide durch den Drucker Johannes Oporinus (1507–1558) in Basel im Jahre 1543 hergestellt, im selben Jahr, in dem Kopernikus' Werk über die Bewegungen der Himmelskörper erschien,[12] wurde dann im wahrsten Sinne des Wortes eine neue Seite in der Wissenschaftsgeschichte aufgeschlagen. Die kunstvollen Illustrationen dieses Werkes aus dem Atelier Tizians wurden weltweit zum Vorbild.[13] Eine auf Pergament gedruckte Prachtausgabe des *Epitome* zusammen mit der *Fabrica* überreichte Vesalius Anfang August 1543 Karl V. persönlich, und sie wurde als eine der Kostbarkeiten in der Universitätsbibliothek von Louvain aufbewahrt, bis diese von deutschen Truppen in der Nacht vom 25. auf den 26. August 1914 in Brand gesteckt wurde.[14]

Vesalius hatte seine Präsentationstechniken vervollkommnet, und ihm eilte schon vor der Veröffentlichung der *Fabrica* der Ruf einer akademischen Koryphäe voraus. Spannungsreich blieben seine Auftritte, wie etwa jener in Bologna im Januar 1544, von wo er sich zum Mißfallen des Publikums vorzeitig nach Pisa entfernte, um einer Einladung Cosimo de Medicis zu folgen.[15]

Obwohl Vesalius von der überlieferten Lehre des Galen von den drei inneren Kreisläufen der Venen, der Arterien und der Nerven ausging, mußte er sich doch im Zuge der Gewinnung seiner anatomischen Erkenntnisse von manchen Vorstellungen trennen. Wichtiger aber als die neue Erkenntnis war die Gelehrsamkeit. Das großartige Tafelwerk der *Fabrica* reicherte Vesalius daher mit aller ihm zur Verfügung stehenden Terminologie an. Insbesondere in der Abteilung über die Gesamtzahl der Knochen des menschlichen Körpers, bei der er entgegen früheren Berechnungen von 246 nun auf 308 kommt, führt er neben lateinischen auch griechische, hebräische und arabische Bezeichnungen an, die er allerdings oft verballhornt, weil er

---

[12] Siehe Christian Heitzmann, Die Sterne Lügen nicht. Astronomie und Astrologie im Mittelalter und der Frühen Neuzeit. Ausstellungskatalog. Wiesbaden: Harrassowitz 2008, S. 65 ff.
[13] Zur Frage der Autorschaft der Bilder siehe J. B. deC. M. Saunders und Charles D. O'Malley, The Illustrations from the Works of Andreas Vesalius of Brussels. New York: Dover Publications 1973, S. 25–29.
[14] Siehe Leuven in Books. Books in Leuven. The Oldest University of the Low Countries and its Library. Universitaire Pers Leuven 1999, S. 131–136.
[15] Siehe J. B. deC. M. Saunders und Charles D. O'Malley, op.cit., S.31.

des Hebräischen und des Arabischen kaum mächtig war.[16] So wenig die Erkenntnisse eines Vesalius für die praktische Krankenversorgung von Nutzen war, so sehr prägten sich die Bilder seines Werkes doch den Zeitgenossen ein. Und tatsächlich war es ihm ja auch um einen „kanonischen" Körper zu tun gewesen, eine Vorstellung, die auch Galen bestimmte, der sie seinerseits von dem antiken Bildhauer Polykleitos übernommen hatte.[17]

Blickwechsel, Wissensangebote und neue Bilder:
„... usque ad ultimum terrae"

Mit diesem kanonischen Wissen und der Vorstellung von dessen Überlegenheit gingen die Missionare des Jesuitenordens in die Welt, „... *usque ad ultimum terrae*".[18] Sie trugen das Wissen Europas in alle Erdteile und propagierten auch in Peking die Zentralperspektive.[19] Zugleich kam neues Wissen zurück in die eigene Welt. Im Bereich der Medizin etwa gelangten nicht nur die westlichen medizinischen Kenntnisse nach China, sondern umgekehrt fanden chinesische Diagnosepraktiken in Europa Verbreitung, darunter insbesondere die Pulsdiagnose,[20] die schon um 1300 in der persischen Kulturwelt Verbreitung gefunden hatte.[21] Über deren Einordnung in die Wissensbestände und die Diagnoseverfahren gibt es bis heute erheblichen Dissens.[22] [Abbildung 6 und 7]

So unterschiedlich das medizinische Wissen auch war und so fortgeschritten die Kenntnisse des Vesalius und seiner Zeitgenossen, für die me-

---

[16] Siehe J. B. deC. M. Saunders und Charles D. O'Malley, op.cit., S. 12; vgl. auch William Frank Richardson, Andreas Vesalius on the Fabric of the Human Body. A Translation of *De Humani Corporis Fabrica Libri Septem* I. San Francisco: Norman 1998, S. 397.
[17] Siehe Lorraine Daston, Peter Galison, Objektivität. Frankfurt am Main: Suhrkamp 2007, S. 84.
[18] Siehe Johannes Meier, Hrsg., „... usque ad ultimum terrae". Die Jesuiten und die transkontinentale Ausbreitung des Christentums 1540–1773. Göttingen: Vandenhoeck&Ruprecht 2000.
[19] Hans Belting, Florenz und Bagdad. Eine westöstliche Geschichte des Blicks. München: C.H.Beck 2008, S. 54; s. a. Samuel Y. Edgerton, Giotto und die Erfindung der Dritten Dimension. München: C.H.Beck 2004, bes. S. 243 ff. „Die Geometrie und die Jesuiten im Fernen Osten".
[20] Siehe Rolf Winau, Chinesische Pulsdiagnostik im 17. Jahrhundert in Europa, in: Medizinische Diagnostik in Geschichte und Gegenwart. Festschrift für Heinz Goerke zum Sechzigsten Geburtstag. München: Werner Fritsch 1978, S. 61–70.
[21] Siehe den Beitrag von Arslan Tezioðlu, in: Medizinische Diagnostik in Geschichte und Gegenwart. Festschrift für Heinz Goerke zum Sechzigsten Geburtstag. München: Werner Fritsch 1978, S. 71–79.
[22] So stellt sich Erhard Rosner gegen den Anspruch Manfred Porkerts, der die Analyse von Diagnose- und Heilverfahren der chinesischen Medizin nur im Rahmen des kulturellen Kontextes für zulässig hält. Siehe Erhard Rosner, Wege der Diagnostik in der traditionellen chinesischen Medizin, in: Medizinische Diagnostik in Geschichte und Gegenwart. Festschrift für Heinz Goerke zum Sechzigsten Geburtstag. München: Werner Fritsch 1978, S. 51–59.

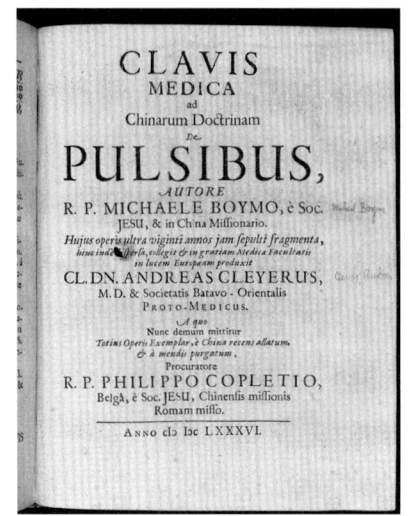

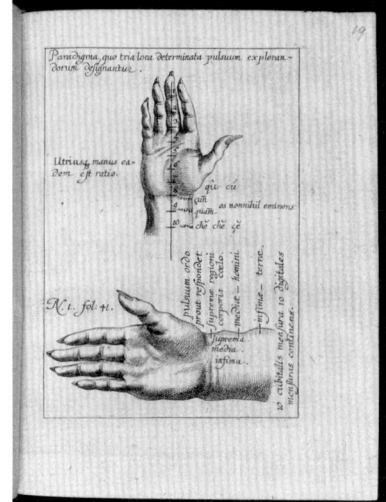

Abbildung 6   Abbildung 7

dizinische Praxis hatte der Westen China nichts zu bieten.[23] Vielleicht auch deswegen kam es zu einer Asymmetrie in den Blickwechseln,[24] denn die in Europa verfeinerte und der chinesischen Drucktechnik inzwischen weit überlegene Buchdruckerkunst ermöglichte die kulturelle Übersetzung in die europäische Welt, während China wenig empfing bzw. neue Informationen nur sehr unvollkommen umsetzte. Dies begann sich erst im 19. Jahrhundert zu ändern. – Europa dagegen, das sich seit dem 17. Jahrhundert unter den Augen Chinas sah, wandte seine Blicke dorthin, um sich seiner selbst zu vergewissern.[25] Die nach China entsandten Jesuiten jedoch warteten nicht auf die Konfuzianer, sondern propagierten selbst ihr Wissen. Neben den ins Chinesische übertragenen wissenschaftlichen Traktaten, in denen die präzisen astronomischen Instrumente vermittelt und angeboten oder mathematische Kenntnisse wie etwa die Lehren des Euklid (3. Jh.

---

[23] Ursula Holler, in: Nicolas Standaert (Hg.), Handbook of Christianity in China. vol. I: 635–1800, Leiden/Boston/Köln: Brill 2001, S. 787.
[24] Zur Methodik des Blickwechsels siehe Hans Belting, Florenz und Bagdad. Eine westöstliche Geschichte des Blicks. München: C.H.Beck 2008, S. 12 ff.
[25] Siehe Helwig Schmidt-Glintzer, Sinologie und das Interesse an China. Akademie der Wissenschaften und der Literatur. Abhandlungen der Geistes- und sozialwissenschaftlichen Klasse, Jahrgang 2007. Nr. 4. Stuttgart 2007.

v. Chr.) dargelegt wurden,[26] verfassten die Missionare bald selbst Traktate zur Unterweisung und fertigten Karten an und legten so ihr ganzes Wissen dar. Diese Formen des Wissenstransfers setzten sich in wechselnder Intensität fort bis in die Gegenwart.

Den Missionaren lag aber auch an der Verbreitung der christlichen Botschaft, und daher verfaßten sie Texte zur Ermahnung und Erbauung.[27] Darunter waren solch denkwürdige Traktate wie jener des Gründers der Jesuitenmission in China, Matteo Ricci, über die Freundschaft, in dem er den Chinesen die fünfte ihrer fünf Grundbeziehungen (Herrscher–Minister, Vater–Sohn, Mann–Frau, Älterer–Jüngerer Bruder, Freund–Freund) im Lichte der abendländischen Traditionen zu erklären suchte. Es war dies sein erster in chinesischer Sprache verfaßter Traktat.[28] Heute sehen wir schärfer, dass in jener Zeit China selbst eine soziale Transformation erlebte und Freundschaft wie alle Sozialbeziehungen problematisch geworden war, was sich in Romanen wie dem *Hongloumeng* („Traum der Roten Kammer") spiegelte und was auch Matteo Ricci gespürt haben dürfte.[29]

Johannes Schreck (1576–1630), Arzt und Missionar

Bei solchen Belehrungen und Präsentationen von Wissen bezog man sich auf das eigene Bildinventar. Unter den zahlreichen Übersetzungen westlicher Werke und den Traktaten westlicher Wissenschaft kommt dem Werk des Jesuiten Johann Schreck (1576–1630) „Westliche Theorie vom menschlichen Körper im Grundriß" (*Taixi renshen shuogai* 泰西人身説概) von 1625, dem ersten Text zur Verbreitung westlichen medizinischen Wissens in China, besondere Bedeutung zu,[30] das allerdings erst 1634 erscheinen konnte (s. u.). Dieser bei Konstanz gebürtige Johannes Schreck, latinisiert Terrentius, hatte zunächst Medizin in Bologna, Montpellier und Padua

---

[26] Siehe Peter M. Engelfriet, Euclid in China : the genesis of the first Chinese translation of Euclid's Elements, books I–VI (Jihe yuanben; Beijing, 1607) and its reception up to 1723. Leiden [u. a.]: Brill, 1998.

[27] Inzwischen ist eine beträchtliche Zahl dieser Texte zugänglich geworden. So sind beispielsweise chinesische christliche Texte der Französischen Nationalbibliothek, des Jesuitenarchivs Rom und der Zikawei-Bibliothek, Taipei, im Nachdruck erschienen.

[28] Siehe Maurus Fang Hao, Notes on Matteo Ricci's *De Amicitia*, in: Monumenta Serica 14 (1949–1955), S. 574–583; s. a. Pasquale M. D'Elia, S.J., Further Notes on Matteo Ricci's *De Amicitia*, in: Monumenta Serica 15 (1956), S. 356–377.

[29] Zum Freundschaftsbegriff in diesem Zusammenhang siehe Norman Kutcher, The Fifth Relationship: Dangerous Friendships in the Confucian Context, in: American Historical Review 105:2 (2000) S. 1615–1629.

[30] Siehe Angelika C. Messner, Some Remarks on Semantics and Epistemological Categories in Early Scientific Translations, in: Monumenta Serica 53 (2005), S. 429–459.

studiert. Bevor er dem Jesuitenorden im Jahre 1616 beitrat, war er bereits Mitglied in der ältesten „Akademie" Europas, der 1603 gegründeten „Accademia dei Lincei" in Rom, der auch Galileo Galilei (1564–1642) angehörte. Am 16. oder am 17. April 1618 schiffte er sich von Lissabon nach Indien ein. Von den 636 Passagieren an Bord, davon 22 Missionaren, unter denen sich auch Adam Schall von Bell befand, erkrankte die Hälfte während der Reise, und 45 Passagiere einschließlich fünf Missionare starben. Gegen Ende des Jahres gelangte das Schiff nach Goa, von wo aus Johannes Schreck am 15. Mai 1619 weiter nach Macao reiste, dem Stützpunkt Portugals in Südostchina. Nach zweijährigem Aufenthalt übersiedelte er dann nach Hangzhou. Aus dieser alten, für köstlichen Tee und feinste Seide bekannten Stadt am Westsee schrieb er am 26. August 1621 an den päpstlichen Arzt und Apotheker Faber:

> Erwarten Sie jetzt keinen großen Brief von mir, ich bin nämlich so beschäftigt mit dem Studium des Chinesischen, dass ich meine Aufmerksamkeit auf nichts anderes richten möchte, bis ich die Schwierigkeit der Sprache überwinde. Es bleiben für meine Ausbildung weniger als 2 Jahre, um Geläufigkeit im Verfassen von Büchern in chinesischer Sprache zu erlangen.[31]

Dass Johannes Schreck dabei die Vermittlung von Wissenschaften im Auge hatte, wird im selben Brief deutlich:

> Herr Galileo Galilei könnte der chinesischen Mission keinen größeren Gefallen tun, als seine Theorie von Sonne und Mond ohne Tafeln zu schicken. Das nämlich erwarten die Chinesen begierig von uns, dass wir ihnen eine sicherere Berechnung der Finsternisse geben, als sie selbst haben.

Die astronomischen Kenntnisse wurden dann bald insbesondere durch die Jesuitenpatres Adam Schall von Bell (1592–1666) und Ferdinand Verbiest (1623–1688) vermittelt und trugen wesentlich zum Erfolg der Jesuiten am Kaiserhof in Peking bei.[32] Unweit des Pekinger Bahnhofs finden sich noch heute am Jianguo-Tor im Osten die Reste des Kaiserlichen Observatoriums, das in der Mitte des 17. Jahrhunderts zur Arena für einen Wettstreit um die Kalendererstellung wurde, bei dem der aus Köln stammende Adam Schall von Bell seine Überlegenheit gegenüber den chinesischen und den mohammedanischen Astronomen unter Beweis stellte. Seine genauen Voraussagen von Gestirnkonstellationen und insbesondere von Sonnenfinsternissen brachten ihm die Bewunderung des Kaisers ein, der am 1. September

---

[31] Siehe Hartmut Walravens, China Illustrata. Ausstellungskatalog der Herzog August Bibliothek Wolfenbüttel. Weinheim: acta humaniora 1987, S. 22 f.
[32] Siehe Helwig Schmidt-Glintzer, Kleine Geschichte Chinas. München: C.H.Beck 2008, S. 131 und S.162.

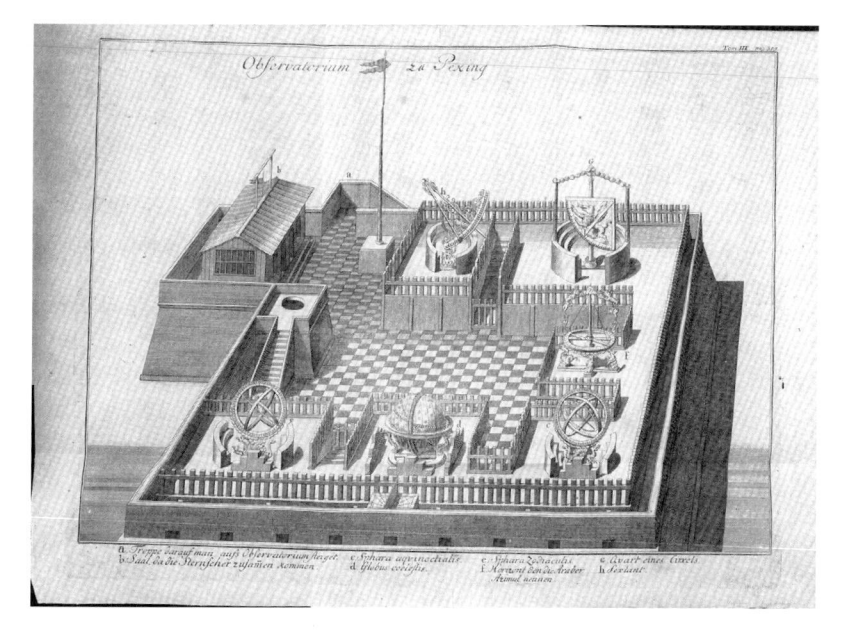

Abbildung 8

1644 durch zwei Minister die Beobachtung einer Sonnenfinsternis von dem Observatorium aus verfügte. Die meisten Hofbeamten aber mußten innerhalb des Palastes kniend „der Sonne in ihrem Kampf mit dem feindlichen Ungeheuer beistehen". In der „Ausführlichen Beschreibung des Chinesischen Reiches" von Johann Baptist Du Halde findet sich im dritten Band (Rostock 1749) in einer ausführlichen Beschreibung der „hohen Wissenschaften der Chineser" auch ein Bericht über das Pekinger Observatorium und über die Bemühungen der Jesuiten am Kaiserhof, nicht mit den in ihren Augen abergläubischen „Calenderthorheiten" in Verbindung gebracht zu werden.[Abbildung 8]

Das neue Wissen aber fand trotz seiner offenkundigen Überlegenheit keine Aufnahme. Zwar wurden auf Bitten von Ferdinand Verbiest die alten Instrumente des Observatoriums entfernt, und es wurden nach Anweisung der Jesuiten neue Instrumente aufgestellt, doch blieb weiterhin der offizielle Kalender die Grundlage für spekulativ-astrologische Wahrsagung. Den Jesuiten aber hatte der Kaiser bestätigt: „Ich verlange von euch weiter nichts, als was eigentlich den Kalender betrifft und auf die Astronomie gegründet ist." Dieser Anspruch der Jesuiten steht zugleich in Beziehung zur allmählichen Durchsetzung der Abspaltung der Sterndeutung von der

Beobachtung und Kalkulierung der Bewegung der Himmelskörper, der die in jener Zeit auch in Europa erfolgende Trennung von Astronomie und Astrologie entspricht.[33]

In Europa nun setzten in jener Zeit spezifische auf China bezogene Diskurse ein. Wir sehen den Austausch zweier Traditionen, der chinesischen wie der europäischen, die sich ihrer selbst nicht mehr gewiß waren und sich daher auch neu zu begründen suchten. Aus dieser Situation heraus erklärt sich auch die Besonderheit der wissenschaftlichen Beschäftigung mit China in Europa. China war inzwischen vom weiten Land zwischen dem Diesseits und dem Paradies, wie es noch der *Liber Floridus* (um 1100 n. Chr.) in seiner T-O-Karte zeigt,[34] zu einem erreichbaren und umfahrbaren Teil der eurasischen Landmasse geworden. Gemeinsame Kartographieprojekte wurden ins Werk gesetzt,[35] als in Europa im 16. Jahrhundert die Beschäftigung mit China begonnen hatte, etwa in Form von Berichten wie jenen des Dominikaners Caspar de Cruz, dessen Inhalt dann durch das Werk des Juan Gonzales de Mendoza von 1585 weiter verbreitet wurde.[36] Doch erst die Jesuiten brachten dann vertiefte Kenntnisse nach Europa, wobei die Informationen aus China oft von Ordensbrüdern zusammenfassend dargestellt wurden, wie etwa von dem flämischen Jesuiten Nicolas Trigault in seinem auf der Grundlage von Matteo Riccis Berichten verfaßten Werk *De Christiana expeditione apud Sinas suscepta ab Societate Jesu* von 1615. Alle wichtigen Fragen wurden seither im Lichte dieser Kenntnisse über China in großer Freundlichkeit verhandelt, wobei sich die Jesuiten in China mit Gelehrtenkreisen verbündeten, die zu einer Form konfuzianischer Lehre ohne buddhistische Züge zurückkehren wollten.

Ebenbürtigkeit oder moralische Überlegenheit?

Wohltätig und vorbildlich erschien das chinesische Kaisertum in den Berichten der Jesuiten, und doch war dessen Gottesferne zu beklagen. Ein ansonsten unbekannter holländischer Kapitän vermerkte am 6. Januar 1605 in seinem Tagebuch:

---

[33] Siehe Christian Heitzmann, op. cit.
[34] Siehe Christian Heitzmann, Europas Weltbild in alten Karten. Globalisierung im Zeitalter der Entdeckungen, Wiesbaden: Harrassowitz 2006, S. 34–35.
[35] Siehe Claudia von Collani bzw. Theodore N. Foss, in: Nicolas Standaert (Hg.), op. cit., S. 315 und S. 752 ff.
[36] Juan Gonzáles de Mendoza, Historia de las cosas más notables, ritos y costumbres del gran reino de la China, 1585. – Siehe auch Walter Demel, Als Fremde in China. Das Reich der Mitte im Spiegel frühneuzeitlicher europäischer Reiseberichte, München: Oldenbourg 1992.

Diese Chinesen sind ein sehr sparsames Volk und eifrig, alle Dinge zu verfertigen, und wunderbar geldgierig, leben aber sehr gottlos, bieten ihre eigenen Frauen um Geld feil und veröffentlichen darüber Bücher in (Text)druck oder Abbildungen von allen Manieren wie sie mit den Frauen leben und ihre bösen Werke tun; das will ich nicht erzählen und für ehrbare Leute wäre es ein Gräuel, zu lesen oder zu hören wie grauenhaft sie sind.[37]

Tatsächlich aber war zu jener Zeit China bereits dabei, die freizügige Darstellung von menschlicher Nacktheit sowie die Verbreitung pornographischer und schamlos illustrierter Einblicke in die Gemächer der Lust zu unterdrücken. Das Auge des Westens aber suchte mit Vorliebe nach solchen Enthüllungen, wie sie dann im 20. Jahrhundert von dem niederländischen Diplomaten Robert H. van Gulik, der einem breiten Publikum vor allem als Verfasser von Kriminalromanen in chinesischem Gewand bekannt ist, aufgespürt und neu präsentiert wurde,[38] in Abbildungen, die uns hier auch aus anderen Gründen als den von dem holländischen Kapitän vorgetragenen nicht weiter beschäftigen sollen. Der Gottlosigkeit der Chinesen zu begegnen, suchten die Missionare in der konfuzianischen Literatenschicht Verbündete. Dabei ergriffen sie Partei und wandten sich gegen die Vertreter des Buddhismus, die „Bonzen".[39] Man glaubte, die Voraussetzungen seien günstig. Auf der Seite der Jesuiten war es die spekulative Strömung in der Theologie einer kleinen Gruppe jesuitischer Missionare, welche als China-Figuristen („China Figurists") bezeichnet werden und denen es darum ging, alle Informationen aus anderen Kulturen mit dem Wahrheitsgehalt der Bibel in Einklang zu bringen. Die dominierende Person war hier Athanasius Kircher (1602–1680). Ein Gewährsmann der Figuristen war auch Paul Beurrier mit seinem *Speculum Christianae religionis in triplici lege naturali, mosaica et evangelica (1663)*. Darin erklärt der Autor, China habe

---

[37] Zitiert nach Bert van Selm, Cornelis Claesz's 1605 stock catalogue, in: Quaerendo 13:4 (1984), S. 247–259, hier S. 258–259 – Wie sehr diese Sichtweise zutrifft, haben spätere Grabrelieffunde aus dem chinesischen Mittelalter anschaulich gemacht. Siehe auch Helwig Schmidt-Glintzer, Kleine Geschichte Chinas. München: C.H.Beck 2008, S.56.

[38] Robert H. van Gulik, Erotic Colour Prints of the Ming Period. Privately Published in Fifty Copies. Tokyo 1951. Siehe Besprechung von Herbert Franke, in: Zeitschrift der Deutschen morgenländischen Gesellschaft, Neue Folge 30 (1955), S. 380–387.

[39] Noch Christian Wolff bezieht sich in seinem Vorwort von 1726 zu seiner „Rede über die praktische Philosophie der Chinesen" darauf, wenn er schreibt: „Das Folgende ist nämlich weder für Dummschwätzer geschrieben noch für die *Bonzen*, denen die Aufrichtigkeit eines Konfuzius, die ich anrate, fremd ist." Siehe Christian Wolff, Oratio de Sinarum philosophia practica. Rede über die praktische Philosophie der Chinesen, Hamburg: Meiner 1985, S. 10 und 11.

im wesentlichen die gleichen weltgeschichtlichen Erfahrungen gemacht wie jene Welt, von der die Bibel berichtet.[40]

Themen wie die Frage nach der Ursprache der Menschheit und Fragen nach der Chronologie der Weltgeschichte standen im Vordergrund.[41] Im Kern aber ging es um die Suche nach den gemeinsamen Anfängen der Menschheit und um die Harmonisierung der widersprüchlich erscheinenden Überlieferungslage unter der grundsätzlichen Prämisse des Geltungsanspruchs der biblischen Überlieferung. Es ging um Universalisierung.[42]

China im Spiegel und Wissensgefälle

Von dem Eindruck, den China auf das Europa der Frühen Neuzeit ausübte, zeugen Teehäuser in fürstlichen Gartenanlagen, chinesische Stoffe auf den Bühnen Europas ebenso wie Versuche, das Verwaltungspersonal chinesischem Vorbild folgend nach Leistungskriterien auszuwählen oder die Erziehung der Jugend nach den Grundsätzen des Konfuzius auszurichten.[43] Früh schon wurden die wechselseitigen Eindrücke in das eigene vertraute Weltbild und die Vorstellungswelt eingefügt, wie dies auch die Umsetzung der Reiseaquarelle Johan Nieuhofs von seiner Chinareise 1655–1657 in zeitgenössischen Kupferstichen zeigt.[44] Schon auf diese Weise wurde China ein (Zerr)Spiegel vorgehalten – und dort produzierte man massenweise Porzellan für den Export, dessen Dekor nicht dem chinesischen, sondern dem westlichen Geschmack entsprach.

Europa blickte nach China und bekam, was es verlangte, aber China blickte nicht zurück, und es kam zu einem Wissensgefälle. Dem suchten manche entgegen zu wirken, doch fanden die Übertragungsversuche kaum

---

[40] „[...] very certain that the Chinese had known the same truths about the creation of the world, the birth of the first man, his Fall, the Deluge, the Trinity, the Redeemer, the angels and the devils, purgatory, the punishment of the wicked and the recompense of the righteousones, as the old patriarchs had known." Siehe Knud Lundbæk, Joseph de Prémare (1666–1736), S.J. Chinese Philology and Figurism, Aarhus 1991, S.14.

[41] Zur Chronologie siehe etwa Claudia von Collani: „Johann Adam Schall von Bell: Weltbild und Weltchronologie in der Chinamission im 17. Jahrhundert", in: Roman Malek (Hg.), Western Learning and Christianity in China. The Contribution and Impact of Johann Adam Schall von Bell S.J. (1592–1666), Nettetal 1998, S.79–99.

[42] Siehe Claudia von Collani, Die Figuristen in der Chinamission, Frankfurt am Main 1981. Siehe auch David E. Mungello, Curious Land. Jesuit Accomodation and the Origins of Sinology, Honolulu: University of Hawai'i Press 1989, S.300ff.

[43] David Porter, Ideographia. The Chinese Cipher in Early Modern Europe. Stanford, Cal.: Stanford U.P. 2001.

[44] Leonard Blussé, Johan Nieuhofs beelden van een chinareis, 1655–1657. Middelburg: Stichting VOC publ. 1987.

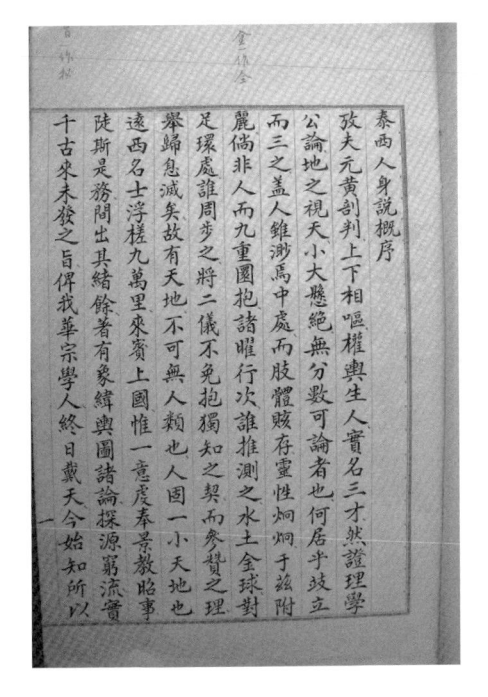

Abbildung 9

Resonanz und Verbreitung. Johannes Schreck etwa wählte eine der zu seiner Zeit besten europäischen Darstellungen der Anatomie für seinen Anatomietraktat, der dann, nach weiterer Bearbeitung durch den zum Christentum bekehrten konfuzianischen Gelehrten Bi Gongchen (gest. 1644)[45], im Jahre 1634 unter dem Titel *Taixi renshen shuogai* 泰西人身說概 („Die westliche Ansicht vom menschlichen Körper") [Abbildung 9] erscheinen konnte. Wie für viele andere Werke zur Anatomie, so war auch hier das Werk des Andreas Vesalius (1514–1564) *De humani corporis fabrica* von 1543 die Grundlage. Die Bilder übernahm dieses Werk des Johannes Schreck dem *Renshen tushuo*. Dabei handelte es sich um eine andere Schrift jener Zeit zur Anatomie, und zwar um die um 1630 unter dem Titel *Renshen tushuo* erschienene Übersetzung von Ambroise Parés (ca. 1510–1590) *Anatomie universelle du corps humain* (1561).[46]

Doch so wenig die *Fabrica* des Vesalius in Europa für die praktische Heilkunde anwendbar wurde, so wenig konnte das Werk des Ambroise

---

[45] Arthur W. Hummel, Eminent Chinese of the Ch'ing Period (1644–1912). Washington: Government Printing Office 1943–1644, S. 621–622.

[46] Siehe Nicolas Standaert, A Chinese Translation of Ambroise Paré's Anatomy, in: Sino-Western Cultural Relations Journal 21 (1999). S. 9–33.

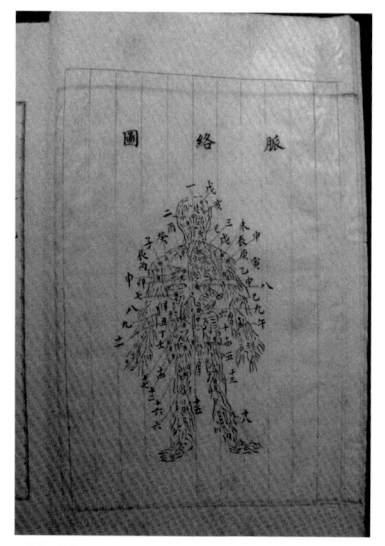

Abbildung 10A   Abbildung 10B

Abbildung 11A   Abbildung 11B

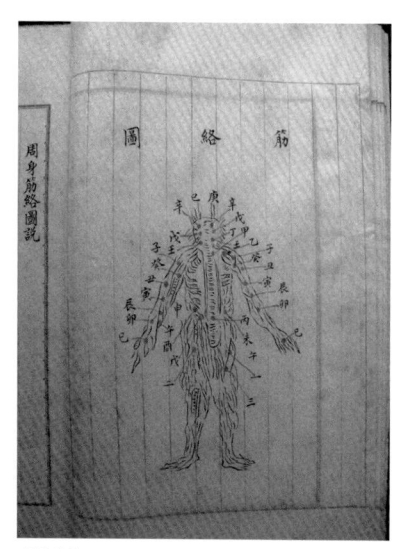

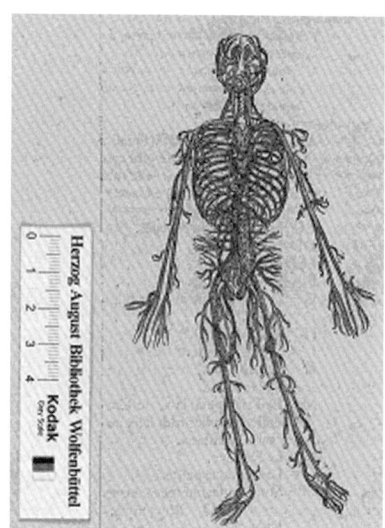

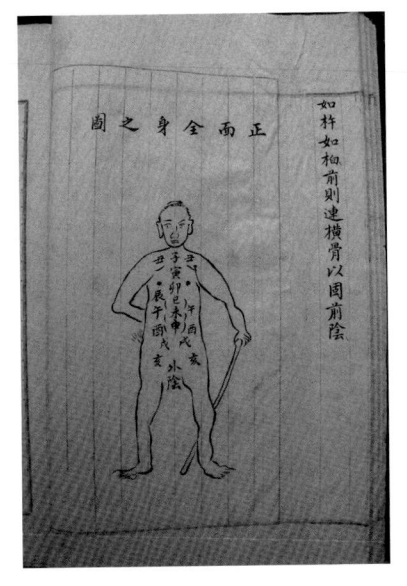

Körpertopographie und Gottesferne: Vesalius in China 141

Abbildung 12A

Abbildung 12B

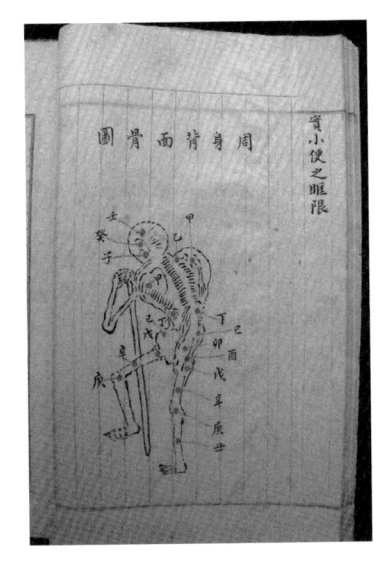

Abbildung 13A

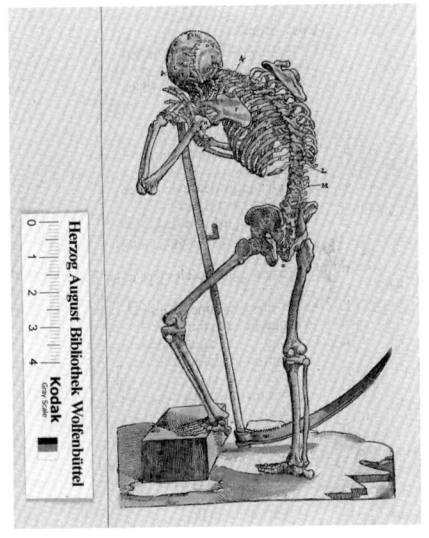

Abbildung 13B

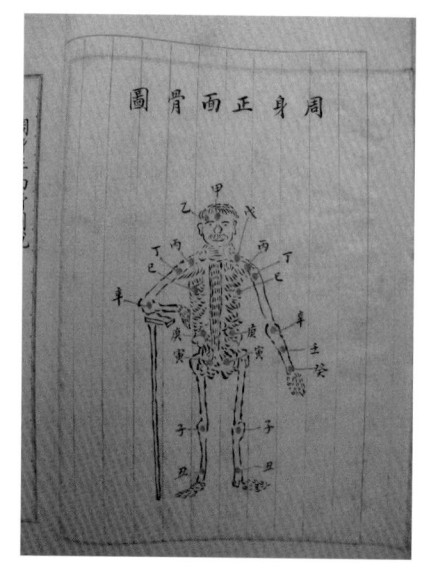

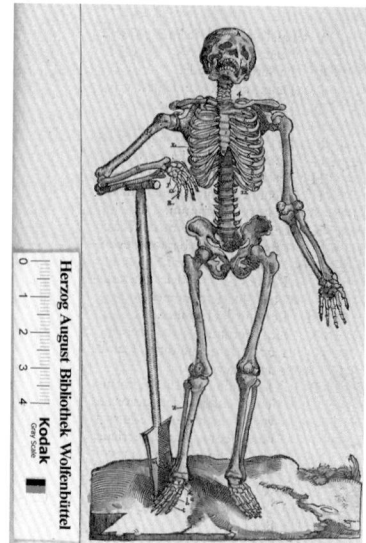

Abbildung 14A   Abbildung 14B

Paré in China Beachtung finden. Zwar wurden die Bilder übernommen, aber sie blieben isoliert.

Man brauchte die Sektionsergebnisse nicht, zumal man in China schon im 13. Jahrhundert im Rahmen einer forensischen Medizin die Leichenöffnung kannte.

Das Thema der Anthropometrie in China soll hier nur gestreift werden.[47] Der Körper jedenfalls galt in China immer schon als zugänglich: Im *Huangdi neijing lingshu* 黃帝內經靈樞 wird der Körper als Landschaft gesehen:

> Zu messen wie hoch der Himmel und wie ausgedehnt die Erde ist, geht über menschliche Fähigkeiten hinaus. Es ist jedoch einfach, oberflächliche Messungen an einem Menschen auszuführen, der 8 Fuß lang ist. Nach seinem Tod kann sein Körper seziert werden, um einen allgemeinen Eindruck vom Erscheinungsbild, von der Größe und vom Fassungsvermögen der Eingeweide zu gewinnen, um die Länge seiner Blutge-

---

[47] Siehe Ulrike Unschuld, Aspekte der Anthropometrie in China. In: Sigrid Braunfels et al., Der Vermessene Mensch. Anthropometrie in Kunst und Wissenschaft. München: Moos Verlag 1973, S. 85–92. – Siehe auch Maria-Magdalena Kennerknecht-Hirth, Autopsie, Anatomie und Rechtsmedizin. Chinesische Quellen zum menschlichen Körperbau, in: Monumenta Serica Bd, 65 (2008), S. 459–486.

fäße zu bestimmen und um die Menge und die Eigenschaften seines mit Sauerstoff (Atemluft) angereicherten zirkulierenden Blutes abzuschätzen.[48]

Von Leichenöffnungen wird bereits in den Han-Annalen berichtet. So heißt es von der Praxis des Hofarztes Shang Fang aus dem Jahr 16 n. Chr:

> Es wurden an der Leiche Messungen der inneren Organe vorgenommen, dünne Bambusruten wurden in die Blutgefäße eingeführt, um zu erkunden, wo diese Gefäße beginnen und wo sie enden. Dies soll dazu beitragen, ein besseres Verständnis für die Heilung von Krankheiten zu gewinnen.[49]

Bekehrungsversuche

Die Versuche zur Rettung der Seelen griffen auf ähnliches Bildmaterial wie die Wissenschaftsvermittlung zurück. Als die Jesuiten im China des 17. Jahrhunderts in zahlreichen Schriften Umkehr und moralische Vervollkommnung propagierten, setzten sie Einblattdrucke ein, wie dies zu jener Zeit auch in Europa geläufig war. Ein Beispiel ist ein in Nanking gedrucktes großformatiges Blatt [Abbildung 15] über „Die Vier letzten Dinge der Menschen" im Format 36 × 361 cm von etwa 1683.[50] Dies Blatt wurde in dem Jesuitencolleg von Louis le Grand in Clermont bei Paris aufbewahrt, bis im Jahre 1764 der Sammler Gerard Meerman (1722–1771) die Bibliothek von Clermont vollständig aufkaufte. Nach dem Verkauf der Meermanschen Sammlung durch seinen Sohn Jean im Juli 1824 gelangte das Blatt wohl in die Sammlung von Sir Thomas Phillipps (1792–1872),[51] bis diese im Jahre 1989 von Maggs Bros. Ltd. in London versteigert wurde.[52] Dargestellt sind oben (von links nach rechts) „Himmel" und „Jüngstes Gericht" [Abbildung 16 = 15A + 15B] und unten „Hölle" und „Purgatorium" [Abbildung 17 = 15C + 15D]. In der Mitte wird der Tod abgebildet [Abbildung 18 aus 15]. Hier hat offenbar das aus der Werkstatt Tizians stammende Blatt aus Andreas Vesalius' *De humani corporis fabrica* von 1543 Pate gestanden [Abbildung 19], dessen Inschrift lautet: „Das Genie wird leben, die anderen werden sterben." Im Begleitband *Epitome* wird dieser Holzschnitt wiederholt, nun aber mit einem Distichon des Silius Italicus (25–101 n. Chr.):

---

[48] Zitiert nach: Die Anatomischen Grundlagen der Akupunktur, in: http://www.lifu-college.ch/Anatomie_r.pdf [05.01.2011]
[49] Ebd.
[50] Adrian Dudink, Lubelli's *Wanmin simo tu* (Picture of the Four Last Things of All People), ca. 1683, in: Sino-Western Cultural Relations Journal 28 (2006), S. 1–17.
[51] Siehe Adrian Dudink, op.cit., S. 4f. – Vgl. Philip Robinson, Collector's Piece VI: Phillipps 1986. The Chinese Puzzle, in: The Book Collector 25 (1976), S. 171–194.
[52] Adrian Dudink, op.cit., S. 6.

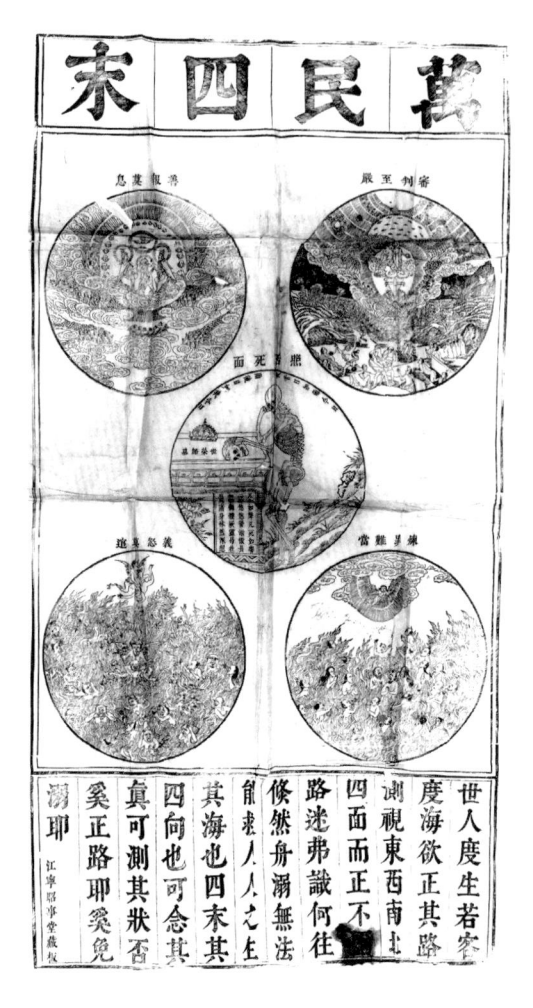

Abbildung 15

„Solvitur omne decus leto niveosque per artus / it stygius color et formae populatur honores" („Aller Glanz wird aufgelöst vom Tode, und durch die schneeweißen Glieder stiehlt sich die stygische Blässe und zerstört die schöne Gestalt"). In dem chinesischen Druck findet sich auf dem Altar die Krone. Sodann befinden sich im mittleren Feld mehrere Inschriften. Am oberen Saum des Kreises heißt es: „Ich war einst, wie Du jetzt bist. – Dermaleinst wirst Du sein wie ich." Unter der Krone steht: „Weltlicher Glanz geht zu Grabe". Und auf dem Stein: „Leben ist wie ein Klang, Sterben ist wie sein Echo. Wohin Deine Gedanken auch schweifen, Sünden die Fülle und Stolz im Übermaß. Lege die Hand auf Deinen Schädel; wohin wird

Körpertopographie und Gottesferne: Vesalius in China   145

Abbildung 16   (15A + 15B)

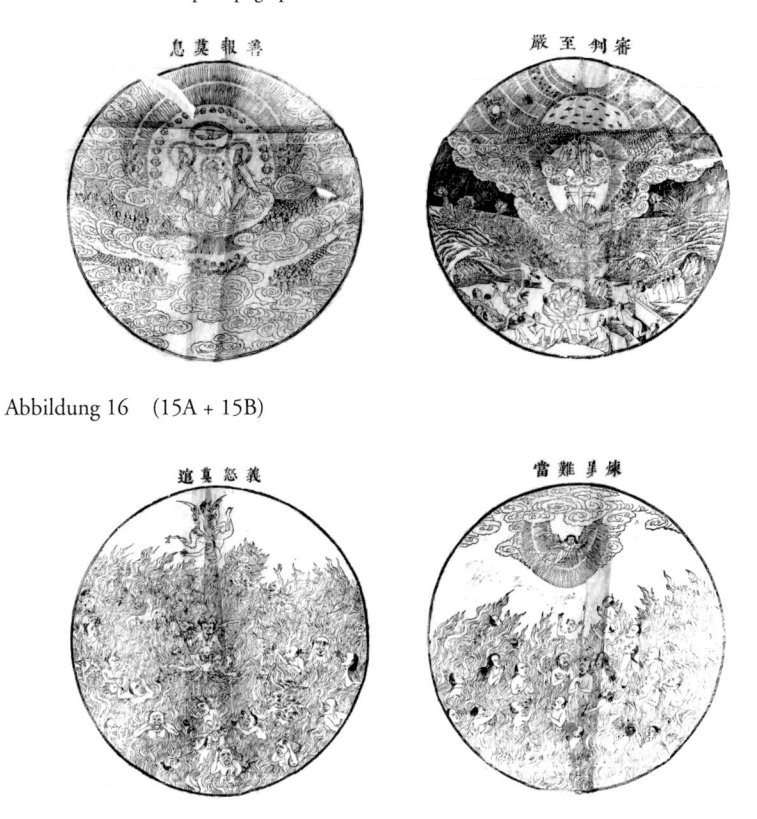

Abbildung 17   (15C + 15D)

Abbildung 18   (aus 15)

die Seele gehen? Einmal wird sie mit dem Körper wieder auferstehen; daher sei wachsam und besinne Dich!"[53]

Dieses *memento mori* fand offenbar wenig Anklang in China, in dem man auch eher auf glückverheißende Symbole schaut.[54] Und doch wirkte die moralische Ermahnung fort, und als bereits die westliche Medizin längst ihren Siegeszug in China angetreten hatte, gab es immer noch die Vorstellung von Schwäche und Unterlegenheit, und wie eine lange Nachwirkung des Nankinger Blattes aus dem späten 17. Jahrhundert erscheint die mahnende Aufforderung zur nationalen sportlichen Ertüchtigung aus dem Jahr 1929. Den Worten des kräftigen Athleten, in westlicher (moderner) Manier von links nach rechts geschrieben: „Wer würde es wagen, jemanden wie mich herumzustoßen!", entgegnet der magere suppenkaspergestaltige Chinese, in traditioneller Manier (von oben nach unten) geschrieben: „Nicht nur leidet ein schwacher Körper wie meiner lauter Krankheiten, sondern er wird auch von den japanischen Zwergen drangsaliert."[55]

Blickwechsel habe ich in den Blick genommen. Dazu gehört auch die Vorstellung darüber, wie die anderen einen wohl selbst sehen. So hat jüngst Jörn Rüsen auf die Ähnlichkeit verwiesen, mit der China Ausländer zu sehen pflegt, und er stellte Bilder von Fremden aus Hartmut Schedels Weltchronik den Darstellungen von Fremden im „Buch der Berge und Meere", dem *Shanhai jing* 山海經, gegenüber [Abbildung 20]. Dabei übersieht er, dass Ausländer in China ganz anders aussehen können[56], und er zieht nicht in Erwägung, dass das Bild des Ausländers in der Ausgabe des *Shanhai jing* aus dem Jahre 1667 eine Kopie aus Schedels Weltchronik ist. Dabei gibt es eine ganze Reihe von Bildern, die zeigen, wie sehr man im China des 17. Jahrhunderts westliche Bilder übernommen hat.

Ein anderes Beispiel für die Kopietätigkeit ist das *Yuanxi jiqi tushuo* 遠西奇器圖說 „Die wunderbaren Maschinen des Westens in Wort und Bild", von Terrentius und seinem Freund, dem kaiserlichen Beamten Wang Zheng (1571–1644) hergestellt.[57] Darüber hat schon vor hundert Jahren die Sinologie informiert und dann auch Fritz Jäger im ersten (und letzten) Heft

---

53 Adrian Dudink, op. cit., S. 7.
54 Siehe Helwig Schmidt-Glintzer, Wohlstand, Glück und langes Leben. Chinas Götter und die Ordnung im Reich der Mitte. Frankfurt/Main: Verlag der Weltreligionen 2009, S. 391.
55 Wang Huaiqi, Guochi jinian ticao („Leibesübungen angesichts der nationalen Demütigungen"). Shanghai: Zhongguo Jianxueshe 1929. Siehe Helwig Schmidt-Glintzer, Kleine Geschichte Chinas. München: C.H.Beck 2009, S. 199.
56 Siehe Joachim Hildebrand, Das Ausländerbild in der Kunst Chinas im Spiegel kultureller Beziehungen (Han–Tang). Stuttgart: Steiner 1987.
57 Siehe hierzu Erich Zettl, Johannes Schreck-Terrentius. Wissenschafter und China-Missionar (1576–1630). Konstanz 2008.

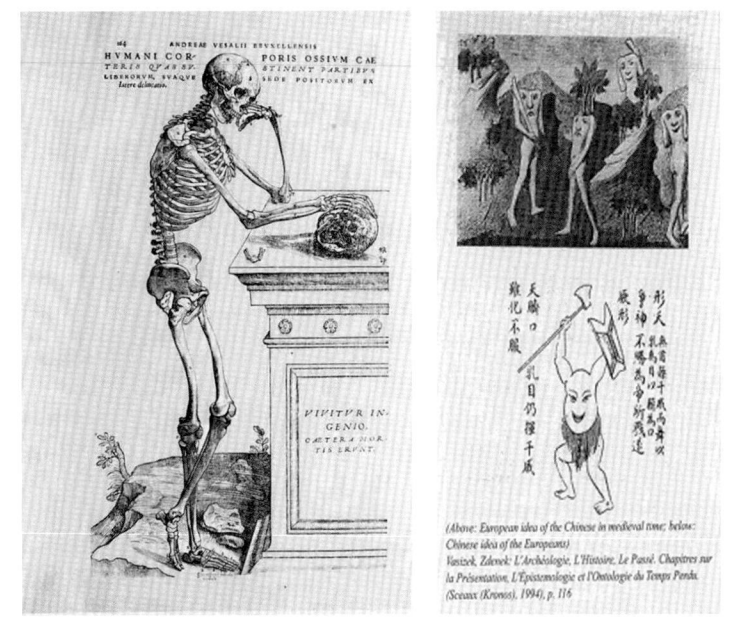

Körpertopographie und Gottesferne: Vesalius in China   147

Abbildung 19   Abbildung 20

der „Neuen Folge" von *Asia Major*, Leipzig und Wien 1944, in dem auch der Beitrag von Hans O. H. Stange, dem langjährigen Göttinger Vertreter der Sinologie, abgedruckt ist: „Die älteste chinesische Literatur im Lichte der Ausgrabungsfunde". In der ersten Fußnote lesen wir:

> Während des Feldzuges in Rußland trieb mich die Sorge, die schriftliche Festlegung meiner Gedanken zu diesen Problemen nicht mehr zu erleben, dazu, z. T. zwischen den Kampfhandlungen, z. T. unmittelbar in meinem Zuggefechtsstand unter russischem Artilleriefeuer, die hier entwickelten Gedanken in großen Zügen festzulegen. Sobald ich nach meiner Verwundung wieder arbeitsfähig war, ging ich an die endgültige Ausarbeitung des Manuskripts.[58]

---

[58] Siehe Asia Major. Neue Folge, 1. Band, 1. Heft, Leipzig und Wien 1944, S. 115

Vortragsabend

der Akademie der Wissenschaften zu Göttingen
im Niedersächsischen Landtag in Hannover

Europäisches Privatrecht: Woher? Wohin? Wozu?[1]

REINHARD ZIMMERMANN

16. November 2010
Hannover

Sehr geehrte Herren Präsidenten des Landtags, des Staatsgerichtshofs und der Akademie der Wissenschaften zu Göttingen! Sehr geehrte Abgeordnete! Liebe Kollegen! Meine Damen und Herren! Zunächst Ihnen, Herr Starck, ganz herzlichen Dank für Ihre freundlichen Worte der Einführung. Auch Ihnen, Herr Landtagspräsident, sehr herzlichen Dank. Ich darf vielleicht am Ende noch auf das zurückkommen, was Sie uns gerade ins Gedächtnis gerufen haben.

Das Hamburger Max-Planck-Institut, an dem ich arbeite, ist der Privatrechtsvergleichung gewidmet. Warum Privatrechtsvergleichung? Weil die Rechtslandschaft in Europa und über Europa hinaus zersplittert ist. Im Prinzip gibt es so viele Privatrechte, Privatrechtswissenschaften und Juristenausbildungen, wie es Nationalstaaten gibt. Eigentlich gibt es sogar noch mehr: Schottland und Katalonien haben eigenständige Privatrechtsordnungen, sind aber keine Nationalstaaten.

Dieser Zustand ist uns ganz selbstverständlich. In England gilt das common law – man ist stolz darauf –, in Frankreich der *Code civil* – Teil der nationalen Identität. Das ist vielleicht in Deutschland mit dem BGB etwas anders. Nur wenige werden vermutlich dem BGB ein Gefühl warmer Zuneigung entgegenbringen, sondern eher, wie Hein Kötz einmal sehr hübsch gesagt hat, eine Art kühler Anerkennung, die man dem Gesetzbuch wegen seiner unleugbaren technischen Qualitäten zollt. Weil unsere Rechtslandschaft so fragmentiert ist, bedarf es der Rechtsvergleichung, um Gemein-

---

[1] Dies ist der Text des Vortrags, den ich am Vortragsabend des Niedersächsischen Landtages mit der Akademie der Wissenschaft zu Göttingen am 16. November 2010 im Plenarsaal des Niedersächsischen Landtages gehalten habe. Hinzugefügt sind eine Zusammenfassung und weiterführende Literaturhinweise, die an die Teilnehmer der Veranstaltung verteilt wurden.

samkeiten und Unterschiede der Rechtsordnungen festzustellen und zu erklären, um die im Umgang mit den Gesetzen in den verschiedenen Ländern gesammelten Erfahrungen zu analysieren und verfügbar zu machen und um die Grundlagen für eine Rechtsvereinheitlichung zu legen.

In meinem Vortrag geht es um zweierlei. Erstens: Diese nationale Fragmentierung unseres Privatrechts ist keineswegs selbstverständlich. Jahrhundertelang hat Europa einen einheitlichen Rechtskulturraum gebildet. Es war geprägt von einer grundlegenden Einheit der Rechtswissenschaft. Das ist das Zeitalter des ius commune oder des Gemeinen Rechts, oder, wenn man denn einen englischen Begriff wählen möchte, könnte man sagen, des gemeineuropäischen *common law*. Zweitens: Was tun wir *heute*, um diese Einheit wiederzugewinnen und die nationale Zersplitterung zu überwinden?

I.

1. Zunächst zu der ersten, der rechtshistorischen Frage. Ich darf beginnen mit einem Zitat von Rudolf von Jhering, der 1818 in Aurich geboren wurde und seit 1872 Professor für römisches Recht in Göttingen war:

> Dreimal hat Rom der Welt Gesetze diktiert, dreimal die Völker zur Einheit verbunden, das erstemal, als das römische Volk noch in der Fülle seiner Kraft stand, zur Einheit des *Staats*, das zweite Mal, nachdem dasselbe bereits untergegangen, zur Einheit der *Kirche*, das dritte Mal infolge der Rezeption des römischen *Rechts*, im Mittelalter zur Einheit des Rechts; das erste Mal mit äußerem Zwange durch die Macht der Waffen, die beiden andern Male durch die Macht des Geistes.

Mit diesen Worten beginnt Jhering sein berühmtes Werk über den Geist des römischen Rechts auf den verschiedenen Stufen seiner Entwicklung. In der Tat gehört das römische Recht zu den Elementen antiker Kultur, die Europa besonders nachhaltig geprägt haben. Wie kommt das?

Für die Wirkung des römischen Rechts – und damit meine ich das römische Recht der Antike mit seiner Blütezeit etwa zur Zeit des Prinzipats in den zweieinhalb Jahrhunderten nach Christi Geburt –, denke ich, waren folgende Elemente von besonderer Bedeutung:

Erstens: Es handelte sich um eine hochentwickelte Fachwissenschaft, die von Juristen getragen wurde. Das war für die antike Welt einmalig. Das gab es insbesondere auch in Griechenland nicht.

Zweitens: Damit verbunden war eine prinzipielle Abgrenzung – man kann auch sagen Isolierung – von Recht gegenüber Religion, Sitte, Politik und Ökonomie, eine Sonderung des Rechts vom Nichtrecht.

Drittens: Damit wiederum hing eine sehr starke Konzentration auf das Privatrecht zusammen.

Viertens: Das römische Privatrecht war weithin Juristenrecht. Es war in keinem Gesamtgesetz systematisch geordnet, sondern wurde von praktisch erfahrenen und praktisch tätigen Juristen fortgebildet und angewandt.

Fünftens: Das erklärt einerseits die große Anschaulichkeit und Lebensnähe des römischen Rechts. Es erklärt andererseits aber auch die vielen verschiedenen Ansichten und Kontroversen, die sich um die Beurteilung konkreter Probleme herumrankten. Ich gebe Ihnen ein kleines Beispiel, einen typischen Text aus den Digesten, D. 9, 2, 11 pr. – ich lese die deutsche Übersetzung –:

> Als einige spielten und dabei einer den Ball mit Wucht auf die Hände eines Barbiers schleuderte und dadurch die eine Hand nach unten drückte, wurde die Kehle eines Sklaven, den der Barbier gerade rasierte, von dem angesetzten Rasiermesser durchschnitten: Derjenige von den Beteiligten hafte nach der lex Aquilia,

– das ist die zentrale Deliktsklage, das römische Gegenstück zum § 823 Abs. 1 BGB –,

> den Verschulden treffe. Proculus meint, den Barbier treffe Verschulden. Und in der Tat, wenn er dort rasierte, wo man gewöhnlich spielte oder lebhafter Verkehr herrschte, gibt es etwas, was ihm vorgeworfen werden kann. Doch könnte man nicht mit Unrecht auch folgende Meinung vertreten: Vertraut sich jemand einem Barbier an, der seinen Sessel auf einem gefährlichen Platz aufgestellt hat, so muss er sich bei sich selbst beklagen.

Mit diesem und mit ähnlichen Texten beschäftigten sich europäische Juristen seit der Rezeption des römischen Rechts im Mittelalter bis heute im Rahmen ihrer Erörterung über das Verschuldenserfordernis bei unerlaubten Handlungen und bei der Herausbildung der Lehre vom mitwirkenden Verschulden.

Sechstens: Derartige Meinungsverschiedenheiten waren Ausdruck der inneren Dynamik des römischen Rechts. Es war in ständiger Fortentwicklung begriffen.

Siebtens: Das römische Recht war damit außerordentlich komplex. Es gründete sich in der Hauptsache auf Fallentscheidungen, bildete eine über mehrere Jahrhunderte reichende Tradition und war in einer kaum noch überschaubaren Literatur dokumentiert.

Schließlich, achtens: Gleichwohl bildete das römische Recht kein undurchdringliches Gestrüpp von Einzelheiten. Vielmehr entwickelten die römischen Juristen eine Vielzahl von Rechtsinstitutionen, Begriffen und Regeln, die sie im Sinne innerer Widerspruchsfreiheit aufeinander abstimmten. Damit entstand eine Art von offenem System, das gedankliche Stringenz, gleichzeitig aber auch ein großes Maß an Flexibilität bei der Lösung praktischer Probleme gewährleistete. Geleitet wurden die römischen Juristen von einer Reihe grundlegender Werte oder Prinzipien, wie etwa der Freiheit der Person, den Geboten der *bona fides* und der *humanitas* oder dem Schutz erworbener Rechte, insbesondere des Eigentums.

Auf uns gekommen ist das römische Recht dann im Wesentlichen durch eine Rechtssammlung des Kaisers Justinian im sechsten Jahrhundert – *nota bene* eines christlichen Kaisers, der das Recht der heidnischen Römer für so essenziell hielt, dass er es der Nachwelt bewahren wollte.

2. Im hohen Mittelalter wurde Europa, ausgehend von Oberitalien, von einer großen Bildungsrevolution erfasst. Es kam zur Gründung der ersten Universitäten – Stichwort Bologna. Hier war es nun das römische Recht, das sich wie keine andere zeitgenössische Rechtsordnung als Gegenstand scholastisch-analytischer Interpretation und damit der universitären Lehre anbot. So rückten von Anfang an die römischen Quellentexte in das Zentrum des Studiums des weltlichen Rechts. Dies galt für alle nach dem Modell von Bologna gegründeten Universitäten, und es blieb so bis in das Zeitalter der nationalen Kodifikationen, d. h. in Deutschland bis zum Ende des 19. Jahrhunderts. Dadurch kam es auch zu einer praktischen Rezeption des römischen Rechts. Es wurde zur Grundlage eines *ius commune*, das in weiten Teilen West- und Zentraleuropas nicht nur die Rechtswissenschaft, sondern auch die Rechtsanwendung prägte.

Die Kodifikationen des kontinentalen Europa haben dieses zweite Leben des römischen Rechts zu einem Ende gebracht. Das hat dazu geführt, dass das römische Recht in der juristischen Ausbildung durch Vorlesungen über die nationalen Privatrechtskodifikationen ersetzt wurde. Es geriet in die Rolle eines pädagogischen Bildungsmittels und wurde in seiner Stellung innerhalb der Fakultäten zunehmend geschwächt. Diese Entwicklung ist in einer Zeit, in der es auf Überblick, Verständnis grundlegender Zusammenhänge und die Besinnung auf den europäischen Charakter unserer Rechtskultur in besonderer Weise ankommt, ausgesprochen paradox. Denn die Kodifikationen sind nach einem Wort von Bernhard Windscheid nichts

> als ein Punkt in der Entwicklung, fassbarer gewiss als eine Wasserwelle im Strome, aber doch nur eine Welle im Strome.

In der Tat trägt ein Gesetzbuch wie das BGB charakteristische Züge eines *Restatement* gemeinrechtlicher Jurisprudenz des 19. Jahrhunderts. Es sah sich als Teil einer Tradition, und zwar einer in starkem Maße durch

Rechtswissenschaft geprägten Tradition. Das Gesetzbuch sollte für eine organische Weiterentwicklung des Rechts einen seinerseits organisch aus der gemeinrechtlichen Entwicklung entstandenen Rahmen bieten. In eben diesem Sinne verstanden denn auch Wissenschaft und Rechtsprechung seine Normen. Ganz Ähnliches gilt für all die anderen modernen Kodifikationen; so ist etwa der *Code civil* 1804 in Frankreich in manchen Punkten sogar noch römischer als das BGB.

Dramatischere Folgen als für die Privatrechtspflege hatte die Kodifikation des bürgerlichen Rechts für die Wissenschaft vom römischen Recht. Sie konnte sich nunmehr unberührt durch gemeinrechtliche Anwendbarkeitsrücksichten ganz der Betrachtung der Antike widmen und die römischen Rechtsquellen in ihrem historischen Kontext zu verstehen beginnen. Damit begann ein großes Entdeckungszeitalter.

Diese sehr prononcierte Historisierung der Rechtsgeschichte mit all ihren glanzvollen Entdeckungen und der damit verbundene Prozess einer Emanzipation durch das Auseinanderdenken von römischem Recht und modernem Recht hatte freilich auch eine Kehrseite. Die Rechtswissenschaft verstand sich immer weniger als geschichtliche Wissenschaft. Damit geriet in Vergessenheit, in welchem Maße das römische Recht bis heute die kontinentalen Privatrechtsordnungen und übrigens auch – in größerem Maße, als man denkt – das englische Recht prägt und welches einheitstiftende Potenzial ihm nach wie vor innewohnt.

II.

1. Nun zu meiner zweiten Frage: Was können wir tun, was wird heute getan, um die nationale Fragmentierung unserer Rechtsordnungen wieder zu überwinden? – Hier ist der erste und zentrale Punkt eine Re-europäisierung der Rechtswissenschaft.

> Die Rechtswissenschaft ist zur Landesjurisprudenz degradiert. Die wissenschaftlichen Grenzen fallen in der Jurisprudenz mit den politischen zusammen.

So wiederum Rudolf von Jhering vor mehr als 100 Jahren. Er betrachtete diese Art von Landesjurisprudenz als demütigend und unwürdig.

Das mittelalterliche und frühmoderne *ius commune* bietet nicht nur ein historisches Beispiel europäischer Einheit auf der Ebene der Rechtswissenschaft, sondern es kann auch heute als Ausgangspunkt für eine Überwindung der Degradierung zur Landesjurisprudenz dienen, weil unsere europäischen Rechtsordnungen durch die gemeinsame Tradition viel miteinander gemeinsam haben – Gemeinsamkeiten, die allerdings verborgen sind unter den vielen Partikularismen einer zweihundertjährigen, national isolierten Entwicklung. An diese Gemeinsamkeiten lässt sich anknüpfen, und durch sie lässt sich eine Verständnisgrundlage füreinander schaffen. Wir können dadurch insbesondere auch die vertikale und die horizontale Isolierung des rechtswissenschaftlichen Diskurses überwinden.

Das bedeutet eine neue Rolle für die Rechtsgeschichte. Denn die historische Betrachtungsweise erlaubt uns, Gemeinsamkeiten und Unterschiede unserer modernen Rechtsordnung aus der Entwicklung heraus zu verstehen, zu erklären und das je spezifische Profil der modernen Gesetzbücher und der in ihnen gefundenen Lösungen zu begreifen. Erst dieses Verständnis bereitet den Weg für rationale Kritik und organische Weiterentwicklung des Rechts.

Natürlich rechtfertigt die Vergangenheit sich nicht selbst. Vielfach bietet sie auch keine Lösungen für moderne Probleme. Doch das Verständnis der Vergangenheit bietet eine wesentliche Voraussetzung dafür, passende Lösungen für die Gegenwart zu finden. Das gilt im Rahmen einer bestimmten nationalen Rechtsordnung ebenso wie für die Herausbildung eines europäischen Privatrechts. Es wäre außerordentlich wünschenswert, in der Juristenausbildung nicht der Herausbildung der neuesten Spezialdisziplinen hinterherzuhecheln, sondern die Grundlagen zu stärken.

In der Tat ist, was die Europäisierung der Rechtswissenschaften und insbesondere der Privatrechtswissenschaft betrifft, inzwischen einiges geschehen. 1996 beispielsweise ist das erste Lehrbuch des europäischen Vertragsrechts erschienen. Sein Autor, Hein Kötz, hat es unternommen – befreit von den Besonderheiten bestimmter nationaler Rechtsordnungen –, die nationalen Rechtsregeln lediglich als lokale Varianten eines einheitlichen europäischen Themas zu begreifen. Er bietet also damit eine weitgehend integrierte Darstellung des europäischen Vertragsrechts von einem Standpunkt jenseits der nationalen Rechtsordnungen. Das in diesem Buch beschriebene europäische Privatrecht ist nirgendwo in Kraft. Es hat eine gleichsam virtuelle Existenz. Doch schafft das Buch einen intellektuellen Rahmen für die Diskussion und Fortentwicklung – und eigentlich sollte es auch einen Rahmen schaffen für einen einheitlichen Unterricht – des Vertragsrechts in Europa. (Die Situation ist hier also ganz ähnlich wie in den USA, wo es auch Lehrbücher zum US-amerikanischen Vertragsrecht gibt, obwohl ein US-amerikanisches Vertragsrecht eigentlich gar nicht existiert: es gibt nur das Recht der US-amerikanischen Einzelstaaten.)

Ich habe dies als Beispiel genannt. Es liegen inzwischen eine reiche akademische Literatur und eine Vielzahl akademischer Projekte vor, die erheblich zu einer Europäisierung der Rechtswissenschaft beigetragen haben. Leider ist das bisher nur in ganz geringem Maße in die Ausgestaltung der Curricula und damit in die Juristenausbildung eingeflossen. Dort dominieren nach wie vor Vorlesungen zum allgemeinen und zum besonderen Teil des Schuldrechts des BGB statt Vorlesungen zum europäischen Vertragsrecht.

Zum Thema der Europäisierung der Rechtswissenschaften wäre nun noch vieles zu sagen. Dafür fehlt heute die Zeit. Ich möchte mich auf ein Thema beschränken, weil es zu dem überleitet, was der europäische Gesetzgeber – also „Brüssel" – getan hat und zu tun vorhat.

2. Seit etwa 30 Jahren haben Wissenschaftlergruppen damit begonnen, Modellregeln für ein europäisches Privatrecht auszuarbeiten, vor allem für ein europäisches Vertragsrecht. Pionier war hier die sogenannte Lando-Kommission, die von 1982 bis 2003 in drei Arbeitsschritten die *Principles of European Contract Law* erarbeitet hat. Dass damit zunächst das allgemeine Vertragsrecht im Vordergrund des Interesses stand, ist aus mehreren Gründen nicht überraschend:

Zum einen hat das Vertragsrecht seit jeher einen internationaleren Zuschnitt als andere Rechtsgebiete. Rudolf von Jhering hat wiederum sehr hübsch gesagt:

> Ein Zwischenhändler ist der erste Vorkämpfer der Kultur; er vermittelte mit dem Austausch der materiellen Güter auch den der geistigen und bahnte die Straßen des Friedens.

Handel war und ist eben auch immer grenzüberschreitend.

Zum zweiten bildet der europäische Binnenmarkt den stärksten Motor der Rechtsvereinheitlichung im Rahmen der EU, und es ist offenkundig, dass das Vertragsrecht dazu den engsten Bezug hat.

Und zum dritten gibt es in diesem Bereich seit vielen Jahrzehnten intensive rechtshistorische und rechtsvergleichende Vorarbeiten – ich erwähne vor allem Ernst Rabel, den bedeutendsten deutschsprachigen Rechtsvergleicher des 20. Jahrhunderts und Gründer des Kaiser-Wilhelm-Instituts in Berlin (d. h. des Vorgängers des Hamburger Max-Planck-Instituts). Diese Vorarbeiten kulminierten im UN-Kaufrecht, einem der erfolgreichsten Akte internationaler Privatrechtsvereinheitlichung im 20. Jahrhundert. Dort finden sich insbesondere Modellregelungen für den Vertragsschluss und die Rechtsbehelfe, an die die *Principles of European Contract Law* anknüpfen.

Die Verfasser der *Principles of European Contract Law* nennen selbst eine Reihe von Zielen, die sie mit ihrer Arbeit verfolgen. Es geht ihnen darum, den grenzüberschreitenden Handel innerhalb Europas zu erleichtern, indem sie den Parteien ein von den nationalen Rechtsordnungen losgelöstes

Regelwerk zur Verfügung stellen, dem sie ihr Geschäft unterstellen können. Ferner sehen sie in ihren Principles die moderne Formulierung einer lex mercatoria, also eines internationalen Regelwerks, auf das Schiedsgerichte zurückgreifen können, die einen Streitfall gemäß international anerkannten Rechtsgrundsätzen zu entscheiden haben. Eine stärker perspektivische Orientierung bringen die Verfasser der *Principles* zum Ausdruck, wenn sie in ihrem Regelwerk eine allgemeine begriffliche und systematische Grundlage für Maßnahmen zur Harmonisierung des Vertragsrechts im Rahmen der EU sehen und wenn sie es als Schritt auf diesem Weg zu einer Kodifikation des europäischen Vertragsrecht betrachten. Hinzuzufügen wäre freilich ein weiterer Aspekt, der mir als besonders wichtig erscheint: die *Principles of European Contract Law* als Inspirationsquelle und gewissermaßen als Referenzpunkt für Gerichte, Gesetzgeber und Rechtswissenschaft bei der Fortbildung der nationalen Vertragsrechte hin zu einer sich schrittweise herausbildenden Konvergenz.

Der Ansatz der Arbeitsgruppe, die die *Principles* ausgearbeitet hat, war rechtsvergleichend. Es ging in erster Linie darum, den gemeinsamen Kernbestand der Vertragsrechte aller Mitgliedstaaten der EU herauszufiltern und auf dieser Grundlage ein funktionstüchtiges System zu schaffen. Im Hintergrund stand dabei der Gedanke eines *Restatement* des europäischen Vertragsrechts: ein Gedanke aus den Vereinigten Staaten, wo – wie ich eben gesagt habe – das Vertragsrecht in erster Linie Staatenrecht ist, wo es aber ein *American Law Institute* gibt, das dafür sorgt, dass auf dieser Grundlage nicht-legislative Regelwerke eines nationalen, gemeinamerikanischen Privatrechts entwickelt werden. Diese Regelwerke, die kommentiert werden, heißen *Restatements* und haben einen enormen Einfluss auf die Entwicklung des US-amerikanischen Privatrechts gewonnen. Der Aufbau der *Principles of European Contract Law* spiegelt diese Modellfunktion der *Restatements* ganz deutlich wider.

Etwa gleichzeitig mit den *Principles of European Contract Law* erarbeitete eine Arbeitsgruppe des römischen UNIDROIT-Instituts die *Principles of International Commercial Contracts*. Die Regelwerke der Lando-Kommission und die der UNIDROIT-Arbeitsgruppe sind einander sehr ähnlich, was angesichts der in zweierlei Hinsicht unterschiedlichen Zielsetzung beider Gremien – europäische Harmonisierung/globale Harmonisierung; allgemeines Vertragsrecht/Handelsvertragsrecht – jedenfalls auf den ersten Blick überrascht.

Beide Regelwerke sind bislang sehr erfolgreich gewesen. Die UNIDROIT-*Principles* spielen insbesondere in der internationalen Schiedsgerichtspraxis eine – im Einzelnen freilich nicht genau präzisierbare – Rolle.

Im letzten Jahr ist sogar ein rechtsvergleichender Großkommentar zu ihnen erschienen. Die *Principles of European Contract Law* sind demgegenüber zu einem Schlüsseldokument der europäischen Rechtsharmonisierung geworden. Beide haben bei nationalen Rechtsreformen Bedeutung erlangt, sowohl in Europa, etwa bei der Schuldrechtsmodernisierung in Deutschland, als auch außerhalb Europas.

3. Ein zentraler Kritikpunkt gegenüber den *Principles* ist, dass sie das europäische Gemeinschaftsprivatrecht unberücksichtigt lassen. Das ist das Regulierungsprivatrecht, das der europäische Gesetzgeber seit den 60er-Jahren im Rahmen seiner Kompetenzen zu schaffen begonnen hat, überwiegend in Form von Richtlinien.

Dieses genuin europäische Gemeinschaftsprivatrecht ist punktuell und von bestimmten politischen Zielen her gedacht. Seit den 80er-Jahren hat die EU sich insbesondere dem Verbraucherschutz zugewandt und damit massiv in den Kernbereich des Privatrechts einzugreifen begonnen. Hauptargument für die EU war, die Funktionsfähigkeit von Märkten im europäischen Rahmen zu verbessern. Das europäische Verbraucherrecht ist von der Vorstellung getragen, dass dem Verbraucher ermöglicht werden soll, Güter und Dienstleistungen auf europäischen Märkten nachzufragen. Divergenzen zwischen den Verbraucherschutzstandards in den Mitgliedstaaten können nun aber – so das Argument – das Entstehen europaweiter Verbrauchermärkte behindern. Es ist deshalb eine Vielzahl von Richtlinien ergangen und in die nationalen Rechte umgesetzt worden. Stichworte sind: Haustürgeschäfte, Verbraucherkredit, Teilzeitnutzungsrechte, allgemeine Geschäftsbedingungen, Verbrauchsgüterkauf, Fernabsatz, und anderes mehr.

Diese Rechtsakte bilden kein System. Es sind punktuelle Maßnahmen, die schlecht aufeinander abgestimmt sind und die noch schlechter abgestimmt sind auf das überlieferte allgemeine Privatrecht in Kodifikationen wie dem BGB. Wir haben also gewissermaßen zwei *Rechtscorpora*: den *Acquis communautaire* – das Recht aus Brüssel – und den *Acquis commun* – das in den nationalen Rechtsordnungen tradierte europäische Privatrecht.

Die Europäische Kommission hat sich nun seit 2001 in einer Reihe von Mitteilungen die Harmonisierung bzw. Vereinheitlichung des Vertragsrechts auf die Fahnen geschrieben und in diesem Rahmen insbesondere auch eine Revision des Verbraucher*acquis* angekündigt. Zur Verfolgung dieser Ziele konnte sich die Kommission auf zwei große wissenschaftliche Netzwerke stützen, die sich von verschiedenen Ausgangspunkten aus mit dieser Thematik befasst haben.

Das eine Netzwerk ist die *Acquis Group*, die 2002 gegründet worden ist und sich um eine systematisierende und regelförmige Verdichtung des europäischen Verbrauchervertragsrechtes bemüht und Grundregeln eines europäischen Verbrauchervertragsrechts formuliert hat.

Das andere dieser Netzwerke ist die *Study Group on a European Civil Code*, die übrigens hier in Niedersachsen, in Osnabrück, von Christian von Bar gegründet worden ist: ein außerordentlich ambitioniertes Projekt, dem es um die regelförmige Erfassung weiterer Bereiche des Vermögensrechts geht. Das ist das besondere Vertragsrecht weit über den Kauf hinaus, das sind aber auch die gesetzlichen Schuldverhältnisse, Erwerb und Verlust von Eigentum an beweglichen Sachen, dingliche Sicherheiten an beweglichen Sachen, oder auch *Trusts*. Grundlage der Arbeiten der *Study Group* sind für das allgemeine Vertragsrecht die *Principles of European Contract Law*, die aber von der *Study Group* überarbeitet und in den systematischen Rahmen eines allgemeinen Schuldrechts integriert worden sind.

Acquis Group und *Study Group* haben sich dann zu einem *Joint Network on European Private Law* zusammengetan und sind von der EU im Rahmen des Sechsten Rahmenprogramms für Forschung finanziert worden, um ihre Arbeitsprodukte zu einem einheitlichen Dokument zu verschmelzen. Für dieses einheitliche Dokument hat die EU den sybillinischen Ausdruck „Common Frame of Reference" – Gemeinsamer Referenzrahmen – erfunden. Der *Entwurf*, den die beiden Arbeitsgruppen erarbeitet haben, heißt also *Draft Common Frame of Reference* (DCFR): ein Entwurf für diesen CFR.

Das ist also das große neue Zauberwort in der Debatte der europäischen Privatrechtsvereinheitlichung, unter dem man sich alles, aber auch nichts vorstellen kann. Immerhin liegt mit diesem DCFR ein Dokument vor, in dem der Versuch unternommen worden ist, die Rechtsmassen des *Acquis commun* und des *Acquis communautaire* zusammenzuführen.

Dieser DCFR ist in der kurzen Zeit, seitdem er vorliegt, in mancher Hinsicht kritisiert worden. Bei dieser Kritik ist zu berücksichtigen, dass der DCFR unter einem enormen zeitlichen Druck entstanden ist: Er sollte mit Ablauf der Amtszeit der ersten Kommission Barroso fertig sein. Das *Joint Network* ist aber erst im Jahre 2005 gebildet worden und hat dann schon Anfang 2008 einen ersten Entwurf, Anfang 2009 einen überarbeiteten Entwurf vorgelegt. Dieser überarbeitete Entwurf und auch die *Full Edition* zeigen noch an einigen Stellen Zeichen des Unfertigen. In diesem engen zeitlichen Rahmen lässt sich eine Jahrhundertaufgabe, wie sie die konzeptionelle und systematische Integration von allgemeinem Vertragsrecht und Verbrauchervertragsrecht darstellt, in der Tat nicht sinnvoll erledigen.

4. Ich möchte zwei von mehreren zentralen Punkten der Kritik herausgreifen. Die von der Europäischen Kommission seit Langem propagierte Revision des Verbraucher*acquis* ist bislang nicht wirklich in Angriff genommen worden. Das gilt auch für die *Acquis Group*, deren *Acquis Principles* ja in den DCFR eingeflossen sind. Diese *Acquis Group* hat sich zwar um eine systematisierende, teilweise auch generalisierende, Rekonstruktion dieses ungeordnet entstandenen Rechtsbereichs bemüht, sie hat aber – nach ihrem Selbstverständnis zu Recht – auf eine kritische Überprüfung der Entscheidungen des gemeinschaftsprivatrechtlichen Gesetzgebers verzichtet. Das werfe ich der *Acquis Group* nicht vor. Gleichwohl bleibt aber als Faktum bestehen, dass eine echte Revision des Verbraucher*acquis* bislang nicht geleistet worden ist.

An einem Beispiel möchte ich erläutern, was ich damit meine. Die hauptsächlichen rechtstechnischen Instrumente, derer sich der Gesetzgeber zwecks Verbraucherschutz bedient, sind erstens die Statuierung von Informationspflichten, zweitens Widerrufsrechte und drittens einseitig zwingendes Recht. Nehmen wir als Beispiel die Widerrufsrechte. Ein Widerrufsrecht ist das Recht, sich von einem einmal geschlossenen Vertrag innerhalb einer bestimmten Frist wieder lösen zu können, ohne dass es eines besonderen Grundes dafür bedarf. Man darf sich lösen einfach deshalb, weil man es sich anders überlegt hat. Es handelt sich also um ein echtes Reurecht. Das ist ein schwerwiegender Eingriff in den Grundsatz „pacta sunt servanda". Was rechtfertigt einen solchen Eingriff?

Beim Haustürgeschäft ist es der Überrumpelungsschutz. Wenn Sie in Ihrer Wohnung von einem Verkäufer aufgesucht werden oder Ihnen bei einer Kaffeefahrt eine Heizdecke aufgeschwatzt wird, dann sind hier Elemente einer situativen Beeinträchtigung der freien Willensbildung aufseiten des Verbrauchers vorhanden. Die englischen Juristen würden von einem Element von „undue influence" sprechen.

Beim Fernabsatz trägt diese Ratio aber nicht. Ein Verbraucher, der zuhause an seinem Computer sitzt und Waren bestellen will, kann sich so viel Zeit nehmen und so lange und so gut überlegen, wie er möchte. Seine Willensbildung ist nicht situativ beeinträchtigt. Wenn ihm der Gesetzgeber gleichwohl ein Widerrufsrecht einräumt, dann, um ihn so zu stellen, als hätte er beim Kauf in einem Geschäft die Ware sehen und auf ihre Qualität überprüfen können, also als hätte er in einem Geschäft gekauft. Er *hat* aber nicht in einem Geschäft gekauft, und das war seine freie Entscheidung. Insbesondere wusste er, dass er die Ware nicht sehen und auf ihre Qualität würde überprüfen können. Das Widerrufsrecht dient also letztlich der Förderung des Handels im Fernabsatz. Man kann sich immerhin fragen, ob das ein legitimer Grund für ein gesetzgeberisches Eingreifen ist. Selbst wenn man diese Frage bejaht, ist damit keineswegs gesagt, dass es eines allgemeinen und zwingenden Widerrufsrechts bedarf. Man kann z. B. auf den Markt setzen. Sie wissen alle, dass viele Unternehmen freiwillig Umtauschrechte einräumen, und zwar als Qualitätssignal.

Alternativ könnte man argumentieren, dass Widerrufsrechte im Versandhandel eine Art Versicherung des Käufers für den Fall darstellen, dass er nach Prüfung der Ware zu der reflektierten Einschätzung gelangt, sie doch nicht gebrauchen zu können. Eine Versicherung muss bezahlt werden. Der Verkäufer wird sie in die Kosten einpreisen. Frage: Warum sollen alle Verbraucher diese Kosten tragen? Warum soll man ihnen nicht freistellen, zu entscheiden, ob sie den Kauf mit oder ohne diese Versicherung abschließen? – Das wäre das vor allem von Horst Eidenmüller propagierte Modell der zwingenden Einräumung einer Option für Verbraucher, die wählen können sollen, ob sie ihren Vertrag ohne Widerrufsrecht zu günstigerem Preis oder mit Widerrufsrecht zu höherem Preis abschließen wollen.

Wieder anders liegt es beim Widerrufsrecht bei Teilzeitnutzungsrechteverträgen oder Verbraucherkreditverträgen. Der Verbraucher soll hier Schutz vor den Gefahren bekommen, die mit bestimmten Vertragstypen verbunden sind, die den Verbraucher mit komplexen Entscheidungssituationen konfrontieren. Hiergegen lässt sich zum einen einwenden, dass sich nicht leicht abgrenzen lässt, welche Vertragstypen das sind. Zum anderen: Die Situation ist zwei Wochen nach Vertragsabschluss für den Verbraucher nicht weniger komplex. Wenn der Verbraucher vor Vertragsschluss damit überfordert ist, ändert sich durch den Vertragsschluss daran nichts. Im Übrigen bereut der Verbraucher den Vertrag in der Regel auch nicht nach zwei Wochen, sondern erst zu einer viel späteren Zeit, nämlich – Verbraucherkredit – wenn er mit den seine Leistungskraft womöglich übersteigenden Rückzahlungspflichten konfrontiert wird. Man kann sich fragen: Wie sinnvoll ist ein Widerrufsrecht hier eigentlich?

Derartige Fragen sind bislang nicht hinreichend diskutiert worden, weil die im *Acquis* etablierten einzelnen Widerrufsrechte einfach als gegeben hingenommen und zum Teil verallgemeinert werden.

Ähnliche Probleme stellen sich in anderen Bereichen des Verbraucherschutzes. So hat der Gesetzgeber den Verbraucher durch immer weiter gehende Informationspflichten zu schützen versucht. Es ist aber sehr fraglich, ob das dem Verbraucher überhaupt nützt: Denn ein Verbraucher, der von einer Flut von Informationen überrollt wird, kann letztlich genauso hilflos und schlecht unterrichtet sein wie derjenige, der überhaupt nicht informiert worden ist.

Ein zweiter zentraler Kritikpunkt am DCFR ist, dass er überambitioniert ist. Zum einen formuliert er über weite Strecken hinweg – gesetzliche Schuldverhältnisse, Dienstleistungsverträge, *Trust*recht – *neue* Regeln und entwickelt *neuartige* Konzepte, die mit keiner Rechtsordnung in Europa in Einklang stehen, geschweige denn einen *Acquis commun* oder *Acquis communautaire* widerspiegeln.

Zum anderen ist er aber auch deshalb überambitioniert, weil er das allgemeine Vertragsrecht, für das sich im Laufe der Rechtsentwicklung des 20. Jahrhunderts ein weitgehender, rechtsordnungsübergreifender Konsens herausgebildet hat, unter dem Gesichtspunkt des Rechtsgeschäfts und des allgemeinen Schuldrechts rekonzeptualisiert und damit dem großen thematischen Zusammenhang eines allgemeinen Vermögensrechts unterordnet.

5. Wie geht es nun weiter? – Ich denke, es gibt drei bedeutende Initiativen, die man im Auge behalten sollte und mit denen ich Sie vertraut machen möchte, die unsere europäische Rechtslandschaft in der nächsten Zeit im Privatrecht verändern könnten.

a) Die erste Baustelle ist der *Acquis communautaire* im Bereich des Verbrauchervertragsrechts. Im Oktober 2008 hat die Kommission einen Vorschlag für eine Richtlinie über Verbraucherrechte publiziert. Dadurch sollten die vier wichtigsten einschlägigen Richtlinien in einer einzigen zusammengefasst werden. Die Richtlinie wäre dann in nationales Recht umzusetzen gewesen.

Dazu ist zu sagen – und ich möchte mich hier auf drei Punkte konzentrieren: (i) Auch dieser Richtlinienvorschlag leistet nicht die kritische Revision des Verbraucher*acquis* in dem von mir eben erwähnten Sinne. (ii) Der Richtlinienvorschlag beruht auf dem Prinzip der Vollharmonisierung. Das ist ein dramatischer Wechsel des Paradigmas. Bisher haben die Richtlinien einen gewissen europaweiten Minimumstandard gesetzt, den einzelne Mitgliedsstaaten überschreiten konnten und auch überschritten haben. Mit der Vollharmonisierung würde nun aber eine Vielzahl ganz ungelöster Probleme auftauchen. So findet sich in dem Richtlinienvorschlag etwa eine Regelung über vorvertragliche Informationspflichten, und es stellt sich die Frage: Was bedeutet das eigentlich für die allgemeinen Rechtsinstitute der Mitgliedstaaten, die sich mit dieser Thematik befassen – *culpa in contrahendo* in Deutschland, *misrepresentation* in England oder *obligations de renseignement* in Frankreich? (iii) Es fehlt jede Abstimmung mit dem DCFR. Eine unterschiedliche Terminologie wird verwendet. Wo die Terminologie übereinstimmt, werden unterschiedliche Definitionen verwandt. In vielen sachlichen Einzelheiten gibt es Unterschiede.

Die vehemente wissenschaftliche Kritik hat die Kommission zu einer Überarbeitung veranlasst. Diese Überarbeitung läuft momentan. Im Laufe des kommenden Jahres dürfte mit einem neuen Dokument zu rechnen sein, das dann zu prüfen sein wird.

b) Die zweite wichtige Baustelle: Was wird aus dem DCFR? Auch hier hat die Kommission in gewisser Weise auf Kritik reagiert, die geäußert worden ist. Denn Ende April 2010 hat die Kommission beschlossen, eine Expertengruppe für einen CFR – einen Common Frame of Reference – im Bereich des europäischen Vertragsrechts einzusetzen. Diese Expertengruppe soll den DCFR nun wieder auf die Teile zurückführen, die für das Vertragsrecht relevant sind. Man kann also von einer Rekontraktualisierung des DCFR sprechen. Diese Regeln sollen restrukturiert, revidiert und gegebenenfalls ergänzt werden, das Ganze unter Berücksichtigung des Forschungsstandes und des geltenden Gemeinschaftsrechts.

Die Expertengruppe steht in mancher Hinsicht von vornherein nicht unter einem sehr günstigen Stern. So ist die Abstimmung des Produktes dieser Expertengruppe mit dem zu überarbeitenden Entwurf einer Verbraucherrechterichtlinie offenbar nach wie vor unklar. Zudem hat die Expertengruppe, der überwiegend Wissenschaftler angehören, die schon mit der Erstellung des DCFR befasst waren, das erwähnte, außerordentlich anspruchsvolle Arbeitsprogramm in dem geradezu abenteuerlich kurzen zeitlichen Rahmen von einem Jahr zu bewältigen, mit monatlich jeweils einer Sitzung. Bereits im April oder Mai 2011 soll sie ihre Arbeitsergebnisse präsentieren. Diese könnte sich dann die Europäische Kommission als CFR zu eigen machen.

Das führt zu der Frage: Was will die Kommission mit einem CFR überhaupt, und was soll dieser CFR? – Und darin steckt ein drittes Dilemma dieser Expertengruppe: Sie arbeitet, ohne dass überhaupt feststeht, wofür das Produkt ihrer Arbeit verwandt werden soll.

Zu dieser Frage ist am 1. Juli ein Grünbuch der Europäischen Kommission über die Einführung eines europäischen Vertragsrechts für Verbraucher und Unternehmen erschienen, in dem sieben Optionen zur Diskussion gestellt werden, zu denen bis zum 31. Januar des nächsten Jahres Stellung genommen werden kann. Bis dahin hat die Expertengruppe also schon zwei Drittel ihrer Arbeit getan. Diese sieben Optionen reichen von bloßer Publikation der Arbeitsergebnisse – das ist die erste Option – bis hin zur Einführung eines Europäischen Zivilgesetzbuchs im Wege einer Verordnung – das ist die siebte Option. Sie reichen also von einem kaum wahrnehmbaren Windhauch bis zu einer veritablen Revolution des europäischen Privatrechts.

Ich will diese Optionen nicht im Einzelnen diskutieren. Wenn es nach dem Willen der Europäischen Kommission geht, steuert alles auf die Option 4 zu. Die Option 4 wäre eine „Verordnung zur Einführung eines fakultativen europäischen Vertragsrechtsinstruments". Das wäre dann das vielzitierte *Optional Instrument* – oder Optionales Instrument – *on European Contract Law*. Die Kommission sagt selbst dazu: ein umfassender und „möglichst eigenständiger Satz von Vertragsrechtsvorschriften", der in die innerstaatlichen Rechtsordnungen der 27 Mitgliedstaaten übernommen würde und den die Parteien als das geltende Recht auswählen können. Das heißt, für Geschäfte im Binnenmarkt können Parteien ein einheitliches europäisches Vertragsrecht wählen, wenn sie denn nicht wünschen, dass ein nationales Vertragsrecht anwendbar ist. Das Optionale Instrument soll also neben die bestehenden Vertragsrechte, nicht aber an deren Stelle treten.

Auch dieses Optionale Instrument wirft aber eine Reihe von Problemen auf, die noch zu klären sind. Ich kann sie hier nicht im Einzelnen behandeln, sondern nur einige zentrale Punkte nennen; im Hamburger Max-Planck-Institut sind wir gerade dabei, eine ausführliche Stellungnahme auszuarbeiten. Übrigens ist klar, dass das Verbraucherrecht eine Schlüsselrolle spielen wird, und damit stellt sich wiederum die Frage der Revision des Verbraucher*acquis*, die ich bereits als dringendes Desiderat erwähnt habe.

Wer soll eigentlich die Möglichkeit haben, dieses Optionale Instrument zu wählen? Soll der *Unternehmer* seine Transaktionen nach staatlichem Recht oder nach europäischem Recht anbieten können? Dann müsste man sich fragen: Wann wird er von letzterer Möglichkeit Gebrauch machen? Er wird davon wohl vor allem Gebrauch machen, wenn er sich dadurch Rationalisierungseffekte versprechen kann. Das ist aber nur dann der Fall, wenn damit alle Verträge für ihn nach einheitlichen Regeln abgeschlossen würden, wenn also auch die innerstaatlichen Geschäftsbeziehungen dem Optionalen Instrument unterständen. Der Verbraucher hätte dann nur noch die Wahl, bei diesem Unternehmer auf der Grundlage des Optionalen Instruments oder bei einem anderen nach nationalem Recht abzuschließen. Ein Vertragsschluss auf der Grundlage des Optionalen Instruments wäre, wenn das Optionale Instrument einen geringeren Schutzstandard hätte als das nationale Recht, für ihn nachteilig. Hätte das Optionale Instrument aber denselben Schutzstandard wie das ansonsten anwendbare oder gewählte nationale Recht, käme es faktisch zu einer Vollharmonisierung, von der sich die Kommission nunmehr doch gerade – aus guten Gründen – abgewandt hat.

Oder aber der *Verbraucher* erhält die Wahlmöglichkeit, entweder nach Optionalem Instrument oder nach nationalem Recht abzuschließen. Doch vermutlich wäre es praktisch und politisch nicht durchsetzbar, die Unternehmer dazu zu verpflichten, ihm eine solche Wahlmöglichkeit einzuräumen. Denn ihnen entstünden so erhebliche Zusatzkosten. Sie müssten nämlich nach wie vor ihre Geschäftsbedingungen für die nationalen Vertragsrechte vorhalten und zusätzlich noch Geschäftsbedingungen für das neue europäische Optionale Instrument entwickeln. Damit käme es also für die Unternehmer geradezu zu einer Komplizierung der Rechtslandschaft. (Aus eben diesem Grunde kann man auch nicht darauf setzen, dass Unternehmen den Verbrauchern freiwillig diese Wahlmöglichkeit einräumen.)

Zudem kann man sich fragen, ob der Verbraucher sinnvollerweise eine Entscheidung treffen kann, nach welchem Recht er abschließen will. Bereits innerstaatlich haben Verbraucher in der Regel keine nähere Kenntnis dessen, was im Kaufrecht gilt. Wie sollen sie dann im vorliegenden Zusammenhang eine informierte Entscheidung treffen können? Vorauszusetzen wäre dann doch, dass der Verbraucher sich nicht nur mit dem innerstaatlichen Recht, sondern auch mit dem Optionalen Instrument vertraut macht und dann beide rational gegeneinander abwägt.

Weiter: Soll das Optionale Instrument – diese Frage wurde bereits kurz angedeutet – nur auf grenzüberschreitende Verträge Anwendung finden oder auch innerstaatlich? Soll es nur für B2C-Verträge – *Business-to-Consumer*-Verträge, also Verbraucherverträge – oder auch für den Handelsverkehr – B2B, *Business-to-Business* – Anwendung finden? Soll es nur ein allgemeines Vertragsrecht enthalten – so wie die *Principles of European Contract Law* und die UNIDROIT-*Principles* – oder auch besondere Vertragstypen wie Kauf- oder Dienstleistungsverträge? Welches Recht soll anwendbar sein zur Lückenfüllung? Wie steht es mit der Wirkung auf Dritte, beispielsweise bei der Abtretung oder bei der Stellvertretung?

Hinzu kommen natürlich auch die Sprachenfrage und die Frage der Gerichtsorganisation: Umfassende Rechtseinheit wäre effektiv nur dann gewährleistet, wenn das Optionale Instrument in *einer* autoritativen Sprachversion existierte und wenn es von einem höchsten Gericht europaweit einheitlich und verbindlich ausgelegt würde. Diese beiden Voraussetzungen sind jedenfalls derzeit nicht gewährleistet. „Linguistic diversity is a core value of the EU" – das hat die Europäische Kommission häufig genug betont. Und der EuGH – der Europäische Gerichtshof in Luxemburg – wäre heillos überfordert, wenn er letztinstanzlich alle Fragen beantworten müsste, die sich bei der Anwendung eines Optionalen Instruments ergeben.

c) Schließlich noch ein paar Worte zu der dritten wesentlichen Initiative, die unsere Rechtslandschaft in Europa erheblich verändern könnte: Wenn ein Dokument mit einem besonderen Status ausgearbeitet wird wie dieses Optionale Instrument oder vielleicht in weiterer Zukunft sogar ein Vertragsgesetzbuch oder gar ein Zivilgesetzbuch, ist es dann wirklich befriedigend, dass diese Texte von selbst ernannten Professorengruppen oder von „Expertengruppen" gemacht werden, die von der Kommission nach nicht recht nachvollziehbaren Kriterien berufen werden? – Es stellt sich also die Frage nach einem angemessenen Verfahren und einer institutionellen Verfestigung derartiger Diskussionen. Hier gilt es, eine allgemein anerkannte, neutrale Institution zu etablieren, der die Verantwortung für einen solchen Diskussionsprozess übertragen werden kann. Das ist das Thema der Einrichtung eines *European Law Institute* nach dem Vorbild des *American Law Institute*, das, unter anderem, dafür sorgen könnte, dass sich der Diskurs um die Europäisierung des Privatrechts in transparenterer Form vollziehen kann als bisher, und das praktische Erfahrung und akademische Expertise gleichermaßen bündeln und verfügbar machen könnte.

Zu diesem *European Law Institute* gibt es in der Tat Vorschläge und zwei wichtige Initiativen. Im Juni ist in Hamburg der Versuch unternommen worden, diese beiden Initiativen zusammenzuführen. Ich habe Ihnen auch etwas Literatur für den Fall angegeben, dass Sie die Ergebnisse nachlesen möchten. In der kommenden Woche wird in Wien eine Sitzung stattfinden, auf der versucht werden wird, dies zu konkretisieren und eine Einigung auf ein *Vienna Memorandum* zu erzielen. Hier im Saal sitzen ja Kollegen, die dort mitwirken werden. Wir hoffen also momentan, dass es vielleicht schon im nächsten Jahr zur Gründung eines *European Law Institute* kommen könnte.

III.

Ich komme zum Schluss. Herr Präsident Dinkla, Sie haben mir dafür bereits die Vorlage geliefert. Ich möchte an das anknüpfen, was Sie ganz zu Beginn gesagt haben.

Ein Blick in die Geschichte: Zu Beginn des 19. Jahrhunderts war die Rechtslandschaft in Deutschland ähnlich zerklüftet wie heute in Europa – ein bunter Flickenteppich. Sie haben das erwähnt. In Teilen Deutschlands hat der *Code civil* gegolten, in anderen das österreichische ABGB, das preußische Allgemeine Landrecht, das sächsische Recht, das badische Landrecht und viele, viele lokale Rechte. Und im Hintergrund hat es immer und als vereinheitlichende Klammer das gemeine römische Recht gegeben, das in einigen Teilen Deutschlands auch noch bis 1900 unmittelbar gegolten hat. Der Deutsche Bund umfasste 41 souveräne deutsche Staaten. 1814 hat es den von Ihnen erwähnten Kodifikationsstreit gegeben. Die eine Seite, repräsentiert durch den Heidelberger Rechtslehrer Thibaut, hat für eine Kodifikation nach dem Modell des *Code civil* argumentiert. Diese Kodifikation sollte gleichzeitig Symbol der Einheit sein. Die andere Seite wurde repräsentiert durch Deutschlands berühmtesten Juristen, Friedrich Carl von Savigny. Er wies darauf hin, dass Gesetzgebung nicht notwendigerweise der Königsweg zur Rechtsvereinheitlichung ist. In seiner berühmten Programmschrift schrieb er:

> In dem Zweck sind wir einig: Wir wollen [...] Gemeinschaft der Nation und Konzentration ihrer wissenschaftlichen Bestrebungen auf dasselbe Objekt.

Doch sah er „das rechte Mittel" nicht in einem Akt der Gesetzgebung, sondern

> in einer organisch fortschreitenden Rechtswissenschaft, die der ganzen Nation gemein sein kann.

In diesem Sinne würde ich auch heute zu Geduld und langem Atem raten, zur Stärkung des europäischen Profils insbesondere auch der Juristenausbildung und der Wissenschaft, zur Fortführung von Grundlagenarbeit und zur Entwicklung von Referenztexten, die ihre Autorität nicht *ratione imperii* gewinnen – weil sie von der Europäischen Kommission irgendwie oktroyiert werden –, sondern *imperio rationis* – aufgrund ihrer Qualität und Überzeugungskraft.

Wenn die Kommission jetzt auf ein optionales Instrument setzt – was ich vermute –, dann kann man das durchaus als einen Schritt in die richtige Richtung sehen, weil sich dieses optionale Instrument eben in der Praxis bewähren und weil sich damit herausstellen muss, ob es angenommen wird oder nicht.

Herzlichen Dank für Ihre Aufmerksamkeit.

Zusammenfassung

Seit der Zeit der großen Kodifikationen ist unsere Privatrechtslandschaft in Europa national fragmentiert: Es gibt im Prinzip so viele Privatrechte, Privatrechtswissenschaften und Juristenausbildungen, wie es Nationalstaaten gibt. Der Vortrag erinnert zum einen daran, dass dieser Zustand keineswegs selbstverständlich ist. Vielmehr war Europa seit der Rezeption des römischen Rechts über Jahrhunderte hinweg ein einheitlicher Rechtskulturraum. Zum anderen bietet der Vortrag einen kritischen Überblick über die Initiativen, die gegenwärtig darauf abzielen, ein grenzübergreifendes europäisches Privatrecht wiederzubegründen. Hier steht momentan der Versuch der Europäischen Kommission im Vordergrund, für den Bereich des Vertragsrechts einen „Gemeinsamen Referenzrahmen" erarbeiten zu lassen. Im Gespräch ist auch die Gründung eines European Law Institute, dem die Verantwortung für einen institutionalisierten Diskussionsprozess um ein Europäisches Vertragsrecht übertragen werden könnte.

Weiterführende Literaturhinweise

I. Acquis commun: Das tradierte europäische Privatrecht und seine römischen Wurzeln

Paul Koschaker, Europa und das römische Recht, C. H. Beck, 4. Aufl., 1966
Franz Wieacker, Privatrechtsgeschichte der Neuzeit, Vandenhoek & Ruprecht, 2. Aufl., 1967
Helmut Coing, Europäisches Privatrecht, C. H. Beck, Bd. I, 1985; Bd. II, 1989
Hein Kötz, Europäisches Vertragsrecht, Mohr Siebeck, 1996
Reinhard Zimmermann, The Law of Obligations: Roman Foundations of the Civilian Tradition, Oxford University Press, 1996
Reinhard Zimmermann, Roman Law, Contemporary Law, European Law: The Civilian Tradition Today, Oxford University Press, 2001
James Gordley, Foundations of Private Law, Oxford University Press, 2006
Filippo Ranieri, Europäisches Obligationenrecht, Springer, 3. Aufl., 2009

Okko Behrends, Rolf Knütel, Berthold Kupisch, Hans Hermann Seiler, Corpus Iuris Civilis: Die Institutionen, C. F. Müller, 3. Aufl., 2007

II. Acquis communautaire und acquis commun: Das neue europäische Privatrecht, seine Quellen und seine Perspektiven

„Soft law"-Instrumente (= nicht-legislative Kodifikationen)

Ole Lando, Hugh Beale (Hg.), Principles of European Contract Law, Parts I and II, Kluwer Law International, 1999 (deutsche Ausgabe durch Christian von Bar und Reinhard Zimmermann, Grundregeln des Europäischen Vertragsrechts, Teile I und II, Sellier, 2002)
Ole Lando, Hugh Beale, Eric Clive, Reinhard Zimmermann, Principles of European Contract Law, Part III, Kluwer Law International, 2003 (deutsche Ausgabe durch Christian von Bar und Reinhard Zimmermann, Grundregeln des Europäischen Vertragsrechts, Teil III, Sellier, 2005)
UNIDROIT, Principles of International Commercial Contracts 2004, Unidroit, 2004 (erweiterte Neuauflage für 2011 in Vorbereitung)
Research Group on the Existing EC Private Law (Acquis Group), Principles of the Existing EC Contract Law (Acquis Principles), Sellier, 2. Aufl., 2009
Study Group on a European Civil Code (Christian von Bar, Eric Clive) und Research Group on the Existing EC Private Law (Hans Schulte-Nölke), Draft Common Frame of Reference (Principles, Definitions and Model Rules of European Private Law), Sellier, 6 Bde., 2009

Stefan Vogenauer, Jan Kleinheisterkamp (Hg.), Commentary on the UNIDRROIT Principles of International Commercial Contracts (PICC), Oxford University Press, 2009
Nils Jansen, The Making of Legal Authority: Non Legislative Codifications in Historical and Comparative Perspective, Oxford University Press, 2010

Draft Common Frame of Reference und Acquis Principles

4. Europäischer Juristentag, Abt. 1: Europäisches Vertragsrecht, Proceedings, Manz, 2008
Nils Jansen, Reinhard Zimmermann, Grundregeln des bestehenden Gemeinschaftsprivatrechts?, Juristenzeitung 2007, 1113 ff.
Horst Eidenmüller, Florian Faust, Hans Christoph Grigoleit, Nils Jansen, Gerhard Wagner, Reinhard Zimmermann, Der Gemeinsame Referenzrahmen für das Europäische Privatrecht: Wertungsfragen und Kodifikationsprobleme, Juristenzeitung 2008, 529 ff.
Reiner Schulze, Christian von Bar, Hans Schulte-Nölke (Hg.), Der akademische Entwurf für einen Gemeinsamen Referenzrahmen: Kontroversen und Perspektiven, Mohr Siebeck, 2008
Martin Schmidt-Kessel (Hg.), Der gemeinsame Referenzrahmen: Entstehung, Inhalte, Anwendung, Sellier, 2009
Nils Jansen, Reinhard Zimmermann, Was ist und wozu der DCFR?, Neue Juristische Wochenschrift 2009, 3401 ff.
Nils Jansen, Reinhard Zimmermann, Vertragsschluss und Irrtum im europäischen Vertragsrecht: Textstufen transnationaler Modellregelungen, Archiv für die civilistische Praxis 210 (2010), 196 ff.

„Vollharmonisierung" des Verbrauchervertragsrechts?

Norbert Reich, Von der Minimal- zur Voll- zur „Halbharmonisierung" – Ein europäisches Privatrechtsdrama in fünf Akten, Zeitschrift für Europäisches Privatrecht 18 (2010), 7 ff.

Grünbuch der Kommission

Grünbuch der Kommission: Optionen für die Einführung eines Europäischen Vertragsrechts für Verbraucher und Unternehmen, KOM(2010) 348/3, leicht zugänglich in Zeitschrift für Europäisches Privatrecht 18 (2010), 956 ff.
Sebastian Martens, Ein Knopf für den Binnenmarkt? Oder: Vollharmonisierung durch den „Blue Button"?, Zeitschrift für Gemeinschaftsprivatrecht 2010, 215 ff.
Walter Doralt, Rote Karte oder grünes Licht für den Blue Button? Zur Frage eines optionalen europäischen Vertragsrechts, Archiv für die civilistische Praxis 211 (2011), in Vorbereitung
Max-Planck-Institut für ausländisches und internationales Privatrecht, Submission on the Green Paper on European Contract Law, Rabels Zeitschrift für ausländisches und internationales Privatrecht, 75 (2011) in Vorbereitung

European Law Institute

Reinhard Zimmermann, Reflections on a European Law Institute, Zeitschrift für Europäisches Privatrecht 18 (2010), 719 ff.
„Hamburg Memorandum" und „Vienna-Memorandum" sind abrufbar unter: http://www.europeanlawinstitute.eu
„Vienna Memorandum", auch abgedruckt in Zeitschrift für Europäisches Privatrecht 19 (2011), Heft 2 (in Vorbereitung)

Gesamtüberblick

Jürgen Basedow, Klaus J. Hopt, Reinhard Zimmermann (Hg.), Handwörterbuch des Europäischen Privatrechts, Mohr Siebeck, 2 Bde., 2009

Reinhard Zimmermann, The Present State of European Private Law, American Journal of Comparative Law 57 (2009), 479 ff.

Christian Twigg-Flesner, The Cambridge Companion to European Union Private Law, Cambridge University Press, 2010

Preisträger des Berichtsjahres 2009

(Die Preisträgervorträge wurden in einer Plenarsitzung am 9. April 2010 vorgetragen)

Der **Physik-Preis 2009** wurden Herrn Mark Kowalski, Bonn, für seine wichtigen Arbeiten auf dem Gebiet der Neutrinoemission und -beobachtung aus Supernovae verliehen.

Suche nach astrophysikalischen Neutrinos am Südpol

Marek Kowalski

Zusammenfassung

Mit IceCube entsteht im antarktischen Eis des Südpols der größte Neutrinodetektor der Welt, der, sobald er im Winter 2010/2011 fertiggestellt sein wird, über ein kubikkilometergroßes instrumentiertes Volumen verfügen wird. Das primäre Ziel des IceCube-Neutrinoteleskops ist der erstmalige Nachweis von hochenergetischen, astrophysikalischen Neutrinos. Deren Nachweis würde zum Beispiel einen Einblick in das Innere von Supernovasternexplosionen ermöglichen oder es erlauben, die Quellen der kosmischen Strahlung zu identifizieren. Im Folgenden wird das IceCube-Neutrinoteleskop vorgestellt und werden erste Resultate diskutiert. Weiter wird die Realisierung einer neuartigen Methode beschrieben, die auf der Vernetzung des IceCube-Detektors mit optischen Teleskopen beruht und die Nachweissensitivität von Neutrinos von Supernovae um ein Vielfaches erhöht.

Marek Kowalski, Professor für Teilchenastrophysik an der Universität Bonn, Träger des Physik-Preises 2009

Einleitung

Neutrinos, nahezu masselose neutrale Elementarteilchen, wechselwirken nur über die schwache Kraft. Für die Neutrinoastrophysik ist das Fluch und Segen zugleich – ein Segen, denn Neutrinos können auf Grund der geringen Wechselwirkungswahrscheinlichkeit selbst in den dichtesten und heißesten Regionen entweichen, den Kosmos unbeeinträchtigt von kosmischen Magnetfeldern oder absorbierendem Staub durchqueren und so als „Botenteilchen" z. B. über das Innere von Sternen Auskunft geben. Die Kehrseite, ebenfalls bedingt durch die geringe Wechselwirkungswahrscheinlichkeit, besteht in der Schwierigkeit, Neutrinos nachzuweisen. Motiviert durch die Möglichkeiten der Neutrinoastrophysik, arbeiten Physiker seit den 80er Jahren intensiv daran, die experimentellen Hürden zu meistern.

Da die Rate an Neutrinoereignissen mit der Zahl der atomaren Streuzentren steigt, sind große, massive Detektoren notwendig. Und um die bei der Wechselwirkung entstandenen geladenen Teilchen nachweisen zu können, was z. B. durch die Emission von Cherenkov-Licht möglich ist, muss ein geeignetes Detektormedium gewählt werden. Wasser ist eine Möglichkeit, und die größten Neutrinodetektoren für den Nachweis hochenergetischer Neutrinos werden daher in Seen, Meeren oder im antarktischen

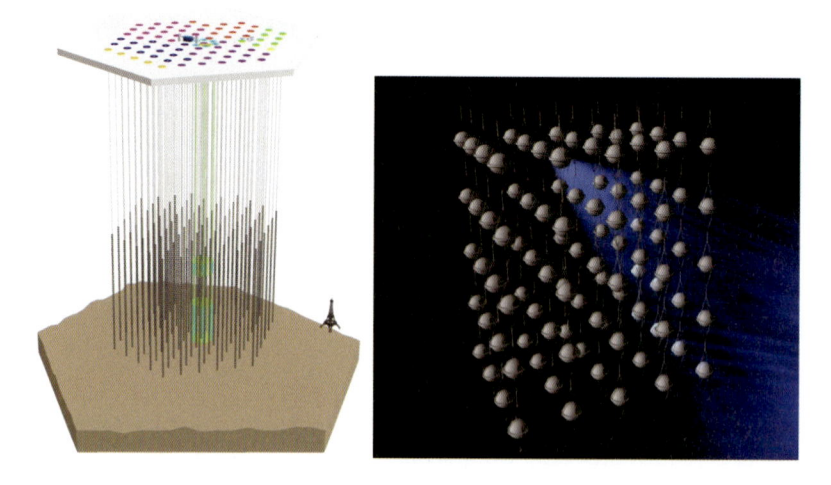

Abbildung 1: Schema des IceCube-Neutrinodetektors (links) und des Neutrinonachweisprinzips (rechts). Die optischen Sensoren sind durch Kugeln repräsentiert, die das bläuliche Cherenkov-Licht registrieren und durch elektrische Kabel die Information an die Oberfläche senden.

Eis installiert. Dabei wird das transparente Medium mit einem dreidimensional angeordneten Gitter von Lichtsensoren instrumentiert (siehe Abbildung 1). Der mit Abstand größte Neutrinodetektor – das IceCube-Neutrino-Observatory – wird im Rahmen einer internationalen Zusammenarbeit von zirka 250 Physikern am geographischen Südpol gebaut. Wenn der Detektor im Winter 2010/2011 fertiggestellt sein wird, wird er er über einen kubikkilometergroßen instrumentierten Block Eis verfügen. Damit wird erstmals die Möglichkeit bestehen, realistische Modelle für die Emission von hochenergetischen Neutrinos zu testen.

Der IceCube-Detektor

Für den Aufbau des IceCube-Detektors werden 2.5 km tiefe Löcher in das Eis geschmolzen. Im Anschluss daran werden die Lichtsensoren, die an Kabeltrossen gehängt werden, in das Eis eingelassen. Auf diese Weise wurden in den Jahren 2005–2010 79 Trossen im Eis installiert, und die letzten sieben Trossen folgen im Winter 2010/2011. Jede Trosse trägt 60 Lichtsensoren, mit Digitalisierungselektronik ausgestattete Fotovervielfacherröhren, die in druckresistente Glaskugeln integriert werden.

Ist die Trosse in das Eis eingelassen, so friert sie innerhalb einer Woche im ewigen Eis der Antarktis ein. Auf diese Weise entsteht ein kubikkilometergroßer Block instrumentiertes Eis [1].

Wechselwirkt ein Myonneutrino mit den Nukleonen des Eises, so kann dabei ein Myon erzeugt werden. Bei hochrelativistischen Neutrinos wird das Myon kilometerweit nahezu mit Lichtgeschwindigkeit durch das Eis fliegen, bevor es durch Ionisationsenergieverluste zum Stehen kommt und dann sehr schnell zerfällt. Solange sich das Myon mit relativistischer Geschwindigkeit durch das Eis bewegt, strahlt es Cherenkov-Licht aus, ein bläuliches Licht, das durch die Lichtsensoren aufgezeichnet wird (siehe Bild 1). Die Ankunftszeiten des Cherenkov-Lichts werden genutzt, um die Myonspur zu rekonstruieren. Die Richtung des Myons, und damit auch die des Neutrinos, lässt sich mit zirka 1 Grad Genauigkeit bestimmen.

IceCube zeichnet atmosphärische Myonen mit einer Rate von 2000 Ereignissen pro Sekunde auf. Diese Myonen werden direkt in der Atmosphäre oberhalb des Detektors erzeugt. Die Myonspuren sind daher abwärtslaufend. Mit einer um fünf Größenordnungen kleineren Rate werden aber auch Myonen mit aufwärtslaufender Spur aufgezeichnet. Diese stammen im Wesentlichen von atmosphärischen Neutrinos, die dank der schwachen Wechselwirkung den Erdball ungehindert durchfliegen können und nur zufällig in der Nähe des Detektors wechselwirken. Die neutrinoinduzierten Myonen lassen sich über ihre aufwärtslaufende Richtung identifizieren. Das Hauptziel von IceCube besteht darin, aus dem großen Untergrund an atmosphärischen Myonen und Neutrinos ein astrophysikalisches Neutrinosignal zu identifizieren.

Die Suche nach astrophysikalischen Neutrinoquellen

Warum ist der Nachweis von Neutrinostrahlung aus dem Kosmos so wichtig? Die Bedeutung eines solchen Nachweises leitet sich aus einer mittlerweile fast hundertjährigen Entdeckung ab, derjenigen der kosmischen Strahlung [2]. Diese Strahlung besteht aus Protonen und schwereren Kernen, die isotrop, also ohne Vorzugsrichtung, auf die Erde einprasseln. Die kosmische Strahlung wurde mit Energien bis über 10^{20} Elektronenvolt nachgewiesen, also mit um sieben Größenordnungen höheren Energien, als am Large Hadron Colliders am CERN, dem größten erdgebundenen Teilchenbeschleuniger, erzeugt werden. Um so bemerkenswerter ist, dass der Ursprung der kosmischen Strahlung bis heute nicht geklärt ist. Neutrinos können dazu beitragen, dieses Rätsel zu lösen. Der Grund hierfür ist der, dass die Quellen der kosmischen Strahlung aufgrund elementarer Streuprozesse im Inneren auch Neutrinos produzieren sollten. Diese verbreiten sich dann, anders als die kosmische Strahlung selbst, geradlinig durch den Kosmos. Mit dem Nachweis von kosmischen Neutrinos hätte man gleichzeitig die Quellen der kosmischen Strahlung identifiziert.

Mögliche Kandidaten sind Aktive Galaktische Kerne (AGNs), Galaxien mit einem massiven schwarzen Loch im Zentrum, die durch den gravitativen Einfall von Materie gewaltige Energien freisetzen können. Wären diese hinreichend starke Neutrinoquellen, so würden sie über dem isotropen Untergrund von atmosphärischen Neutrinos als Neutrinopunktquellen identifiziert werden. Untersuchungen der vom IceCube-Teildetektor aufgezeichneten Neutrinohimmelskarte des Jahres 2008 haben allerdings kein Anzeichen für einen Neutrinoüberschuss aus einer Richtung erbracht [1].

Eine weitere mögliche Quelle der kosmischen Strahlung sind Gamma-Ray Bursts (GRBs), Lichtblitze aus harter Röntgenstrahlung, die mit Supernovae, dem explosiven Ende von Sternen, in Verbindung gebracht werden. Um Neutrinos von GRBs zu identifizieren, wird nach Koinzidenzen in den Himmelskoordinaten und nach Ankunftszeiten gesucht. Die Daten des IceCube-Teildetektors des Jahres 2008 sowie die der Jahre davor haben leider keine solche Koinzidenz ergeben [1]. Aus der Nichtbeobachtung von

GRB-Neutrinos können bereits wichtige Einschränkungen der Modelle gemacht werden. Supernovae können nach gängigen Modellen ebenfalls energetische Neutrinostrahlung emittieren [3]. Der Nachweis solcher Neutrinos würde die Bildung von relativistischen Jets im Inneren von explodierenden Sternen implizieren.

Durch die Fertigstellung des IceCube-Detektors wird sich die Sensitivität des Detektors signifikant erhöhen. Durch Anwendungen neuer Suchmethoden kann zusätzliche Sensitivität gewonnen werden, so dass der Nachweis von astrophysikalischen Neutrinos damit hoffentlich in greifbare Nähe rückt. Dies wird im Folgenden näher beschrieben.

Eine neue Methode zur Identifizierung transienter Neutrinoquellen

Die übliche Suche nach Neutrinos von GRBs und Supernovae beruht auf dem Abgleich der Neutrinodaten mit optischen oder mit Röntgendaten, mit dem Ziel, Koinzidenzen zwischen dem Neutrino- und dem elektromagnetischen Signal zu finden. Leider ist aber die Beobachtung des Himmels in den verschiedenen Wellenlängenbändern sehr unvollständig. Die meisten GRBs und Supernovae im Universum finden unbeobachtet statt und können daher auch nicht für die „Neutrinojagd" genutzt werden. Das Problem kann umgangen werden, indem die nachgewiesenen Neutrinos selbst möglichst schnell sogenannte Nachbeobachtungen auslösen [4]. Die so gewonnenen optischen- oder Röntgendaten können dann auf ein mögliches GRB oder Supernovasignal hin untersucht werden. Gelingt ein solcher Nachweis, so kann die astrophysikalische Quelle rückwirkend den beobachteten Neutrinos zugeordnet werden.

Um diese Suche verwirklichen zu können, musste einiges neu entwickelt werden. Die Neutrinoanalysen finden allgemein im Norden statt, einige Monate, nachdem die Daten gewonnen worden sind, und damit zu spät für mögliche Nachbeobachtungen. Der erste Schritt bestand daher darin, die Analyse an den Südpol zu verlegen und „online" durchzuführen. Gesucht wird nach „Neutrinobursts", zwei oder mehr Neutrinos, die aus einer Richtung zu kommen scheinen und innerhalb von 100 Sekunden den Detektor erreichen. Durch Parallelisierung der Rekonstruktionsprozesse gelingt das Aufspüren von Neutrinobursts mittlerweile in wenigen Minuten. Ein darauffolgender Neutrinoalarm wird dann über den Iridium-Kommunikationssatelliten in den Norden übermittelt. Dabei ist es wichtig, zu betonen, dass die meisten dieser Neutrinobursts reine Untergrundereignisse sind, d. h. zwei atmosphärische Neutrinoereignisse, die nur zufällig in räumlicher und zeitlicher Koinzidenz nachgewiesen werden. Erst die Nachbeobachtungen geben Auskunft, ob es sich um astrophysikalische Neutrinos handelte.

Ein Neutrinoalarm vom Südpol wird automatisch an ein Netzwerk von robotischen Teleskopen weitergeleitet. Dabei arbeiten wir mit der ROTSE-Kollaboration zusammen, die ein Netz von vier baugleichen Teleskopen betreibt. Die Teleskope verfügen über ein 1.85×1.85 Quadratgrad großes Gesichtsfeld und sind somit gut auf das Neutrinowinkelauflösungsvermögen von IceCube abgestimmt. Nach einem Neutrinoalarm wird der entsprechende Teil des Himmels regelmäßig über drei Wochen lang beobachtet. Die dabei gewonnenen Bilder werden auf Supernovae durchsucht, d. h. auf neue punktförmige Lichtquellen im ansonsten konstanten Nachthimmel. Die dazu verwendeten Suchalgorithmen wurden für die Supernovakosmologie entwickelt und für unsere Zwecke abgewandelt. Um die Nachweiseffizienz der Suche zu bestimmen, wurden Supernovae simuliert und als künstliche Sterne in die gewonnenen Bilder eingesetzt.

Das Nachbeobachtungsprogramm läuft seit Dezember 2008, und die Daten des ersten Jahres (vom 18.12.2008 bis 31.12.2009) werden zur Zeit analysiert. Selbst für den Fall, dass keine Supernova identifiziert werden sollte, lassen sich interessante obere Grenzen über Häufigkeit, relativistische Boost-Faktoren und kinetische Energien von möglichen Jets in Supernovae ermitteln. Eine relativ allgemeine, wenngleich noch vorläufige obere Grenze lässt sich bereits aus der Nichtbeobachtung von drei oder mehr Neutrinos innerhalb des kurzen Zeitfensters von 100 s ableiten. So gilt z. B. für einen mäßig relativistischen Jet mit $\Gamma = 5$ und beobachteten Gamma-Ray Burst Jet-Energie von $E_j = 3 \times 10^{51}$ ergs [3] die folgende obere Grenze (90% Vertrauensintervall) auf die Supernovarate (ρ):

$$\rho < 1.2 \times 10^{-4} \text{s}^{-1} \text{Mpc}^{-3}$$

Mit einer gemessenen Supernovarate von $\rho_0 = 2.3 \times 10^{-4}$ s^{-1}Mpc^{-3} [5] sollte also maximal jede zweite Supernova einen solchen verborgenen Jet in sich tragen. Da die Analyse nur mit einem Teildetektor durchgeführt wurde, wird sich die Sensitivität in den kommenden Jahren noch um zirka eine Größenordnung verbessern lassen.

Zusammenfassung und Ausblick

IceCube ist der mit Abstand größte existierende Neutrinodetektor, der zur Zeit mit einer Rate von fast 10^{11} Myonen und hunderttausend Neutrinos pro Jahr Ereignisse aufzeichnet. Das Hauptziel von IceCube besteht in dem Nachweis von hochenergetischen, astrophysikalischen Neutrinos. Die Daten des Jahres 2008, die mit einem Teildetektor von IceCube (etwa mit 0.5 Kubikkilometer instrumentiertem Volumen) aufgezeichnet wurden, sind mit dem Ziel analysiert worden, ein astrophysikalisches Signal zu identifizieren. Bisher gab es leider noch kein Anzeichen für astrophysikalische Neutrinos.

Um die Sensitivität von IceCube weiter zu steigern, können Multi-Messenger-Methoden eingesetzt werden. Es wurde eine Methode entwickelt, die mit Hilfe von automatisierten Nachbeobachtungen die Sensitivität auf transiente Neutrinoquellen wie Supernovae oder Gamma-Ray Bursts um bis zu dem Dreifachen erhöhen kann. Dazu wird IceCube mit einem Netz von optischen Teleskopen verbunden, die mit ihren Beobachtungen nach möglichen elektromagnetischen Partnern zu dem Neutrinosignal suchen. Das System gewinnt seit Dezember 2008 Daten und wird kontinuierlich weiterentwickelt. In den kommenden Monaten wird das Netz um weitere optische Teleskope erweitert. Zusätzliche Nachbeobachtungen werden ab 2011 mit dem SWIFT-Röntgensatellit durchgeführt werden. Die Röntgendaten werden insbesondere die Sensitivität auf Gamma-Ray Bursts erhöhen, denn diese produzieren ein hartes Nachleuchten (Afterglow), das mit SWIFT oft über Tage hinweg sichtbar bleibt.

Mit der Inbetriebnahme des vollständigen IceCube-Detektors wird sich in den kommenden Jahren die Sensitivität auf den astrophysikalischen Neutrinofluss erheblich verbessern. Es bleibt abzuwarten, was dabei gefunden werden wird. Es ist eine Reise, die hoffentlich mit dem Entdecken von astrophysikalischem Neuland erst beginnen wird.

Danksagung

Ich danke den Wissenschaftlern der IceCube-Kollaboration für die gute Zusammenarbeit und meinen Mitarbeitern Anna Franckowiak und Andreas Homeier für ihre wesentlichen Beiträge zum Supernovanachbeobachtungsprogramm von IceCube.

Literatur

1. A. Karle for the IceCube collaboration, in Proc. of the 31st International Cosmic Ray Conference (2010), http://arxiv.org/abs/1003.5715
2. V. F. Hess, Physikalische Zeitschrift 13: 1084 (1912)
3. S. Ando, J. Beacom, Phys. Rev. Lett: 95:061103 (2005); S. Razzaque, P. Meszaros, E. Waxman, Phys. Rev. Lett. 93, 181101 (2004)
4. M. Kowalski & A. Mohr, Astroparticle Phys. 27:533 (2007)
5. S. Ando, J. Beacom, H. Yuksal, Phys. Rev. Lett: 95:171101 (2005)

Der **Chemie-Preis 2009** wurde Herrn Philip Tinnefeld, München, in Anerkennung seiner grundlegenden Arbeiten zur Weiterentwicklung der optischen Einzelmolekülspektroskopie und ihrer Anwendungen auf biomolekulare Wechselwirkungen verliehen.

Fluoreszenzmikroskopie „bottom-up": Von Einzelmolekülen zur Superauflösung

Philip Tinnefeld

Die räumliche Auflösungsfähigkeit eines optischen Mikroskops ist durch die Wellenlänge des Lichts begrenzt. So können mit einem herkömmlichen Mikroskop Strukturen, die kleiner als 200 bis 300 Nanometer – also Millionstel Millimeter – sind, nicht mehr eindeutig voneinander abgegrenzt werden. Diese fundamentale physikalische Grenze der Lichtmikroskopie wird von der Wellennatur des Lichts und der damit einhergehenden Beugung verursacht: Licht einer bestimmten Wellenlänge, das von einer Linse fokussiert wird, kann keine Objekte voneinander trennen, die näher als ungefähr die halbe Wellenlänge des Lichts voneinander entfernt sind.

Philip Tinnefeld, Professor für Biophysik an der Ludwig-Maximilians-Universität München, Träger des Chemie-Preises 2009

Diese seit etwa 140 Jahren bekannte Grenze galt allgemein als mit optischen Fernfeldmethoden unüberwindbar. Dem gegenüber steht das Interesse der Wissenschaftler an Strukturen von der Größe einzelner Moleküle und biomolekularer Komplexe. Dynamisch interagierende Zusammenschlüsse von Biomolekülen mit einer Größe von 10 bis 100 nm führen die fundamentalen molekularen Prozesse aus, die in ihrer Summe das Leben ausmachen. Eine höhere Auflösung ist zwar mit elektronenmikroskopischen Verfahren möglich, doch diese sind aufwändig und besitzen gewisse Nachteile – zum Beispiel erlauben sie keine Analyse lebender Strukturen.

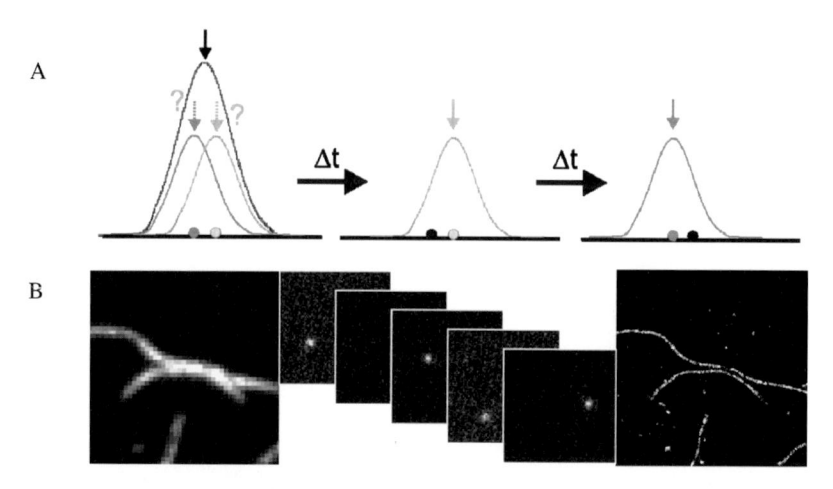

Abbildung 1: A: Schema der Fluoreszenz-Nanoskopie, die durch die Lokalisation einzelner Farbstoffmoleküle und ihrer zeitlichen Trennung Superauflösung erreicht. Wenn beide Moleküle gleichzeitig leuchten und ihre Anzahl und jeweilige Helligkeit nicht bekannt ist, dann ist die Strukturinformation aufgrund der Beugung verloren. Durch zeitliche Trennung ihrer Fluoreszenz können die beiden Moleküle sehr genau in der Mitte der Abbildungsfunktion lokalisiert werden. B: Beispiel der Blink-Mikroskopie: Beugungsbegrenztes Bild von Aktinfilamenten auf Glasoberflächen (links); einige Bilder einer Zeitserie, die die Emission einzelner blinkender Moleküle zeigt (Mitte), und das aus der sukzessiven Lokalisation der einzelnen Moleküle rekonstruierte Superauflösungsbild (rechts).

Ein erster Durchbruch zur Entwicklung einer Methode, die die Beugungsgrenze im Fernfeld überwindet, wurde mit der Stimulated Emission Depletion Mikroskopie bereits 1994 von Wichmann und Hell vorgestellt und einige Jahre später realisiert. [1] Hierbei werden die fluoreszierenden Farbstoffmoleküle in einem konfokalen Mikroskop angeregt. Der Anregungsfokus hat dabei einen beugungsbegrenzten Durchmesser von ca. 250 nm. Durch Überlagern mit einem zweiten längerwelligen Laser, der aufgrund von destruktiver Interferenz ein Intensitätsminimum in der Mitte des Fokus hat, werden Moleküle im äußeren Fokusbereich über stimulierte Emission abgeregt, was aufgrund der Nichtlinearität der Abregung zu einer nichtbeugungsbegrenzten Auflösung führt.

Mittlerweile hat sich hieraus ein neues Gebiet mit vielfältigen Ansätzen zur Auflösungserhöhung entwickelt (⇒ Nanoskopie oder Fernfeld-Superauflösungsmikroskopie). Gemeinsam ist diesen Ansätzen, dass sie das Schalten der Farbstoffe zwischen einem leuchtenden und einem dunklen Zustand aufweisen müssen, damit die Fluoreszenz der Farbstoffe getrennt werden und die Moleküle sequenziell lokalisiert werden können. Hier haben sich in letzter Zeit zwei Ansätze durchgesetzt, zum einen das gezielte Auslesen, bei dem der Ort durch die Anregungsgeometrie vorgegeben ist und geschaut wird, ob sich an diesem Ort fluoreszierende Moleküle befinden (z. B. bei der STED Mikroskopie), zum anderen das Auslesen der Positionen einzelner Farbstoffmoleküle in einer Probe, wobei die Farbstoffe stochastisch zwischen einem An- und einem Auszustand hin- und hergeschaltet werden. Die letztere Methode hat sich aufgrund ihrer instrumentellen Einfachheit – es wird lediglich ein Weitfeld-Mikroskop mit hochempfindlicher CCD-Kamera benötigt – weltweit in viele Laboratorien ausgebreitet. Während also ein Großteil der Farbstoffmoleküle in einem Dunkelzustand präpariert wird, kann die Population der leuchtenden Moleküle, die so verdünnt vorliegt, dass die Emission einzelner Moleküle nicht mehr überlappt und abgegrenzte beugungslimitierte Punkte detektiert werden, in der Mitte dieser Abbildungsfunktionen zum Beispiel mit Hilfe einer Gaußanpassung hochpräzise bestimmt werden. Diese Ortsbestimmung hat je nach Anzahl der detektierten Photonen eine Genauigkeit von wenigen Nanometern. Die Orte der Lokalisationen werden anschließend in einem neuen 2-D Bild histogrammiert und ergeben farbcodiert das rekonstruierte, superaufgelöste Bild. Dieser Prozess ist in Abbildung 1 anhand einzelner Aktinfilamente dargestellt, die auf einem Deckglas polymerisiert vorliegen.

Ein zentraler Punkt, in dem sich die verschiedenen Ansätze unterscheiden, die das stochastische Schalten und Positionsauslesen benutzen, sind die Art und Weise, wie ein Großteil der Farbstoffmoleküle in einem Auszustand präpariert werden kann. Hierzu bieten sich zum Einen photochrome Farbstoffe an, die mit Hilfe zweier Anregungswellenlängen an- und ausgeschaltet werden können. Außerdem spielen in diesem Bereich photoschaltbare, fluoreszierende Proteine wie Derivate des Grün-Fluoreszierenden-Proteins (GFP) eine Rolle, da sie vor allem für die Markierung in lebenden Zellen geeignet sind. Aus photophysikalischer Sicht sind die verwendeten photochromen Farbstoffe aber alles andere als ideal und werden schnell photozerstört. Auch ist die Schaltung mit häufig kürzerwelligem Licht nicht perfekt, wenig reproduzierbar und führt zu zusätzlicher Photozerstörung. Wir haben in den letzten Jahren einen neuartigen Weg gefunden, um diese Photozerstörung zu reduzieren und generische Auszustände, die jeder Fluoreszenzfarbstoff aufweist, für die Nanoskopie zu nutzen [2]. Dazu werden transiente Zustände der Farbstoffe, wie Triplett- und Radikalzustände, mit Hilfe von Elektronentransferreaktionen depopuliert.

Das reduzierende und oxidierende System (ROXS)

Es ist allgemein akzeptiert, dass langlebige Zustände wie Triplettzustände entscheidende Zwischenstufen auf dem Weg zur Photozerstörung organischer Farbstoffe sind. Um die Triplettzustände rasch zu entvölkern, haben wir vorgeschlagen, redox-aktive Substanzen, d. h. Reduktions- und Oxidationsmittel einzusetzen. Diese reagieren in einer Elektronentransferreaktion mit dem angeregten Triplettzustand des Farbstoffs und überführen ihn in das entsprechende Radikalion (siehe Schema in Abbildung 2). Da diese Radikalionen aber ebenfalls potentiell reaktiv sind und somit über Nebenreaktionen zu nichtfluoreszierenden Photoprodukten führen können, müssen auch die Radikalzustände schnell entvölkert werden. Dies erfolgt dadurch, dass Reduktions- und Oxidationsmittel in einem reduzierenden und oxidierenden System (ROXS) gleichzeitig eingesetzt werden. Sobald sich ein Radikalion bildet, reagiert es rasch über die komplementäre Redoxreaktion

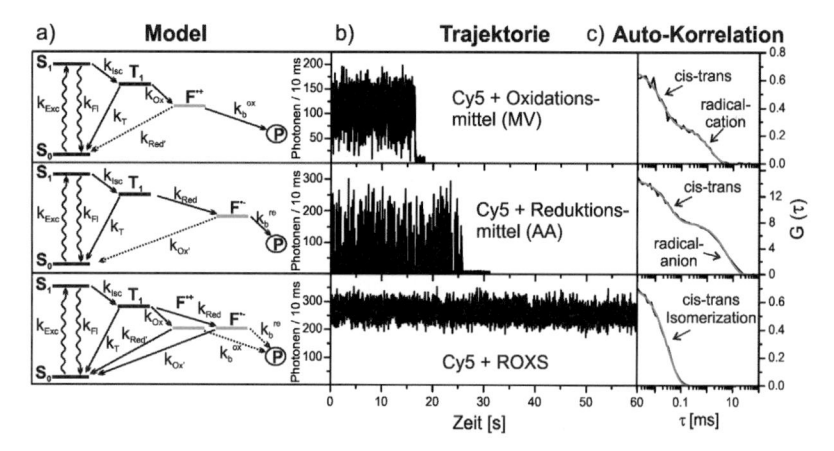

Abbildung 2: Das Konzept des reduzierenden und oxidierenden Systems (ROXS): (a) Zu Grunde liegendes Energieschema, das beschreibt, welche Reaktionswege in Anwesenheit eines Oxidationsmittels (oben), eines Reduktionsmittels (Mitte) bzw. von beidem (unten) möglich sind (S: Singulett, T: Triplett, F: Radikal, P: photozerstört) (b) Fluoreszenzzeitspuren (Trajektorien) einzelner Cy5 Farbstoffmoleküle, in Anwesenheit des Oxidationsmittels Methylviologen (oben), des Reduktionsmittels Askorbinsäure (Mitte) oder von beidem gleichzeitig (unten). (c) Die Autokorrelationsfunktion des Fluoreszenzsignals zeigt die Zeitskalen von Intensitätsfluktuationen. In Anwesenheit von ROXS wird nur die Intensitätsfluktuation aufgrund einer cis-trans Isomerisierung des Farbstoffs detektiert. Die Lebensdauer aller anderen transienten Zustände ist massiv verkürzt und wird daher nicht mehr detektiert.

wieder in den Grundzustand und steht wieder für Fluoreszenzzyklen zur Verfügung. Dieses Prinzip ist in Abbildung 2 anhand des häufig verwendeten Cyanin-Farbstoffs Cy5 dargestellt. In Anwesenheit eines Oxidationsmittels zeigt der Farbstoff schnelles sogenanntes „Blinken". Die mit Hilfe einer Autokorrelation (Abbildung 2c) bestimmten Auszustände im Millisekundenbereich können der Bildung eines Radikalkations zugeordnet werden. Die Photostabilität ist unter diesen Bedingungen stark eingeschränkt: Das Molekül wird nach ca. 16 s irreversibel zerstört, wie aus dem schlagartigen Verschwinden des Fluoreszenzsignals hervorgeht (Abb. 2a, oben). Eine weitere Intensitätsfluktuation, die in der Autokorrelation auftaucht, kann der für diesen Farbstoff typischen cis-trans Isomerisierung zugeordnet werden (Abb. 2c). Wird dem Farbstoff alternativ ein Reduktionsmittel zugesetzt, treten ähnliche Auszustände auf, die aber mit einer Lebensdauer von bis zu 60 ms etwas länger lebig sind. Dies wird auf die wiederholte Bildung von Radikalanionen zurückgeführt, die in diesem Fall nach ca. 26 s ebenfalls zur Photozerstörung führen. Werden jetzt Reduktions- und Oxidationsmittel gleichzeitig eingesetzt, verschwinden die Radikalzustände in der Intensitätsspur vollständig, und das Molekül leuchtet gleichmäßig und stabil (Abb. 2b, unten). Die Autokorrelation zeigt ferner, dass bis auf cis-trans-Isomerisierung keine weiteren Auszustände mit einer Lebensdauer >1 µs auftreten.

Die Reduktions- und Oxidationsmittel reagieren dabei gewöhnlich nicht miteinander, da die einzelnen Reaktionsschritte letztendlich durch die Anregungsenergie des Farbstoffes angetrieben werden und aus chemischer Sicht der Photozyklus eine Photokatalyse mit dem Farbstoff als Katalysator darstellt. Dieses Konzept der Photostabilisierung organischer Farbstoffe ist allgemein anwendbar und klärt auch den Ursprung und die Eigenschaften des oft unwillkommenen Blinkens einzelner Quantenemitter.

Neben der zum Beispiel für die STED-Mikoskopie benötigten höheren Photostabilität, bietet das über das Blinken Gelernte einen neuen Schaltmechanismus für die Superauflösungsmikroskopie: Radikalzustände, die langlebig genug sind, können dafür genutzt werden, einen Großteil der Farbstoffmoleküle auszuschalten und die verbliebene Subpopulation auszulesen. Dies ist schließlich in besonders kontrollierter Form gelungen, indem ausgesprochen elektronenaffine Farbstoffe wie Oxazine eingesetzt wurden [3]. Diese Farbstoffe besitzen einen so stabilen Radikalanionenzustand, dass es vergleichsweise starker Oxidationsmittel bedarf, um sie wieder anzuschalten. In Abwesenheit eines Oxidationsmittels können diese Farbstoffe sogar dauerhaft ausgeschaltet werden (siehe rote und gelbe Punkte in Abbildung 3).

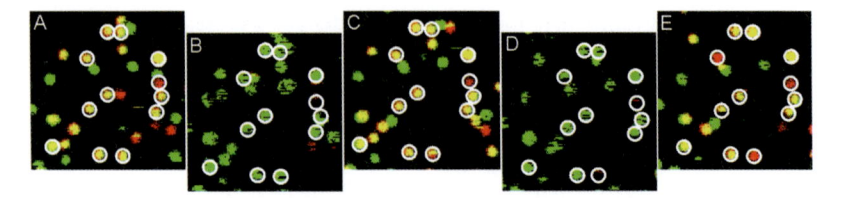

Abbildung 3: Fluoreszenzbilder einzelner Moleküle auf einer Glasoberfläche. Die rot dargestellten Punkte repräsentieren den elektronaffinen Farbstoff ATTO655. Der grüne Farbstoff Cy3B wurde mit angebracht, um die gleichen Stellen auf der Oberfläche zu identifizieren, wenn ATTO655 in einer reduzierenden Umgebung nicht leuchtet (B, D). Gelbe Punkte repräsentieren Kolokalisierungen der beiden Farbstoffe im Falschfarbenbild. Die Bedingungen wurden zwischen normalem Phosphat-Puffer (A, C, E) und reduzierendem Puffer (mit Askorbinsäure, Sauerstoff entfernt)(B, D) alterniert. Die roten Farbstoffe werden vorübergehend in einen metastabilen reduzierten Zustand geschaltet.

Mit diesen Farbstoffen gelang diese superauflösende „Blink-Mikroskopie" sogar in Anwesenheit von Sauerstoff und in Zellen. Ein so erhaltenes Bild ist beispielsweise in Abbildung 1 gezeigt.

Künftig sollen die verwendeten Fluoreszenzfarbstoffe gezielt den Umgebungsbedingungen in lebenden Zellen angepasst werden, und Strukturen von biomolekularen Komplexen in Zellen sollen aufgelöst werden. Generell steht aber schon fest, dass die neuen Techniken der Nanoskopie bisher unerreichte Einblicke in die Struktur biologischer Zellen ermöglichen.

Literatur

[1] S. W. Hell, *Far-field optical nanoscopy*, Science **2007**, 316, 1153.
[2] J. Vogelsang, R. Kasper, C. Steinhauer, B. Person, M. Heilemann, M. Sauer, P. Tinnefeld, *A reducing and oxidizing system minimizes photobleaching and blinking of fluorescent dyes*, Angew Chem Int Ed **2008**, 47, 5465; C. Steinhauer, C. Forthmann, J. Vogelsang, P. Tinnefeld, *Superresolution microscopy on the basis of engineered dark states*, J. Am. Chem. Soc. **2008**, 130, 16840.
[3] J. Vogelsang, T. Cordes, C. Forthmann, C. Steinhauer, P. Tinnefeld, *Controlling the fluorescence of ordinary oxazine dyes for single-molecule switching and superresolution microscopy*, Proc Natl Acad Sci U S A **2009**, 106, 8107.

Der **Wallstein-Preis 2009** wurde Frau Susanne Krones, München, für ihr Werk „Akzente im Carl Hanser Verlag. Geschichte, Programm und Funktionswandel einer Literarischen Zeitschrift" verliehen.

„Akzente" im Carl Hanser Verlag. Geschichte, Programm und Funktionswandel einer literarischen Zeitschrift

SUSANNE KRONES

Wer über gegenwärtige Akteure des deutschen Literaturbetriebs wie den Carl Hanser Verlag, die dort erscheinende literarische Zeitschrift *Akzente* und ihre drei Herausgeber – den 2003 verstorbenen Literaturwissenschaftler Walter Höllerer, den Nachkriegsautor Hans Bender und den heutigen Hanser-Verleger, *Akzente*-Herausgeber und Schriftsteller Michael Krüger – forscht, trifft zwangsläufig auf ein zeitgemäßes Meinungsbild: Der Carl Hanser Verlag ist heute bekannt als deutscher Verlag weltberühmter Autoren wie Italo Calvino, Umberto Eco, Milan Kundera, Harry Mulisch, T. C. Boyle, Philip Roth oder Susan Sontag, als Verlag zahlreicher Nobelpreisträger, darunter Ivo Andrić, Elias Canetti, Joseph Brodsky, Orhan Pamuk und jüngst Herta Müller. Umgekehrt hat der Verlag deutsche Autoren wie etwa Botho Strauß und Günter Kunert weltweit etabliert. Hanser gilt spätestens seit den programmatischen, personellen bzw. ökonomischen Krisen der Häuser Suhrkamp und Fischer neben Piper und Rowohlt als *der* Verlag der Gegenwartsliteratur – der deutschen wie der internationalen in deutscher Übersetzung.[1]

Susanne Krones, promovierte Literatur- und Buchwissenschaftlerin, Lehrbeauftragte an der Ludwig-Maximilians-Universität München, der Universität Regensburg sowie Verlagslektorin beim Deutschen Taschenbuch Verlag, Trägerin des Wallstein-Preises 2009

---

[1] Vgl. auch Susanne Krones: „›Der Warencharakter des Buches wird weiter zunehmen‹. Interview mit Edda Ziegler", in: *FORUM* 2/2004, S. 62f., und Edda Ziegler: *100 Jahre Piper. Die Geschichte eines Verlags*. München/Zürich: Piper 2004.

Im Vergleich zu ihrem Verlag ist die 1954 gegründete Zeitschrift *Akzente* heute ein leises Forum bedeutender Literatur: Namentlich zwar bekannt, rezipiert aber nur mehr von Insidern in einer kleinen Auflage von rund 3200 Exemplaren, teilt die Zeitschrift das Schicksal ihrer Artgenossen – und zeigt sich doch ungewöhnlich robust: 2004 konnten die *Akzente* ihren 50. Geburtstag feiern und erscheinen auch noch 2010, im 57. Jahrgang – nichts Selbstverständliches für etwas so Fragiles, weil Zeitgebundenes und Unrentables, wie eine literarische Zeitschrift.

Dass von den *Akzenten* ein Zauber ausgeht, der auch international trägt, eine offensichtliche Notwendigkeit, belegt die Art und Weise, wie sich Autoren in den verschiedensten Kontexten über diese Zeitschrift äußern. Der Exilautor Hermann Kesten konstatierte: „Ich habe eben die *Odyssee* gelesen, von A–Z, nun lese ich die *Ilias*, wenn meine Ferien länger wären, so wäre es ein hübscher Anfang, um nochmals die Weltliteratur Revue passieren zu lassen, enden müßte ich jedenfalls mit *Akzente*".[2] Dererlei Stimmen ließen sich viele zitieren, sie beschreiben die *Akzente* als „Zentralorgan des Museums der modernen Poesie" oder als „umfangreichste Anthologie der internationalen Poesie in Deutschland". Was sie nicht verrieten: welche Häutungen die Zeitschrift durchgemacht hat in ihrer fünfzigjährigen Geschichte und wie sie funktioniert – die Poesiemaschine *Akzente*.

Fragestellung und Methodik

Ziel meines Dissertationsprojekts war es, die wechselhafte Geschichte der Literaturzeitschrift *Akzente* von ihrer Gründung 1954 bis zu ihrem fünfzigsten Jahrgang, 2003, vorzulegen, diese Geschichte in einen Kontext zu setzen mit der Geschichte des Carl Hanser Verlags sowie vorausgehenden oder parallel erscheinenden Literaturzeitschriften wie *Corona, Konturen, Texte und Zeichen* sowie Höllerers zweiter Zeitschriftengründung *Sprache im technischen Zeitalter*. Das Programm der *Akzente* – immerhin 300 Ausgaben mit literarischen Beiträgen, insgesamt 4235 epischen, lyrischen, dramatischen und essayistischen Texten – sowie übergreifende Entwicklungszusammenhänge der literarischen Produktion wie der Rezeption im Umfeld der *Akzente* sollten dargestellt werden, um so einerseits der literaturgeschichtlichen Bedeutung der *Akzente* nachzufragen, andererseits auch generell den veränderten Bedingungen für literarische Zeitschriften und dem damit verbundenen Wandel ihrer Funktionen seit den 1950er Jahren nachzuspüren.

---

[2] Volker Neuhaus: „Porträt im Spiegel. Zu den Briefen an Hans Bender", in: *Briefe an Hans Bender*, hrsg. v. Volker Neuhaus. München: Hanser 1984, S. 9

Nach dem Entwurf einer Theorie der literarischen Zeitschrift, die helfen soll, das umfangreiche Quellenmaterial mit einigen grundlegenden Fragestellungen zu systematisieren, und die im Wesentlichen auf systemtheoretischen und netzwerkanalytischen Grundlagen beruht, wird die Geschichte der *Akzente* als eine Institutionsgeschichte rekonstruiert. Da eine Literaturgeschichte der *Akzente* jeden Rahmen gesprengt hätte, lag der Schwerpunkt der Recherchen auf der Verlagskorrespondenz, also den Briefwechseln zwischen den *Akzente*-Herausgebern und ihren Kollegen in Verlagsleitung, Lektorat, Herstellung und Marketing des Carl Hanser Verlags. Die Autorenkorrespondenzen wurden punktuell zur Ergänzung herangezogen. Periodisiert wird die Geschichte der *Akzente* in Vorgeschichte, Gründungsphase sowie die Herausgeberphasen Walter Höllerer und Hans Bender (1954–1967), Hans Bender (1968–1976), Hans Bender und Michael Krüger (1976–1980) und Michael Krüger (seit 1981). Der historische Überblick endet mit Ausführungen zum Wandel der wirtschaftlichen, technischen und organisatorischen Rahmenbedingungen.

In einem nächsten Schritt galt es, das Programm der *Akzente*, verstanden im Sinn eines Verlagsprogramms als das Textkorpus, das sich im Lauf von fünfzig Jahren Zeitschriftengeschichte gebildet hat, auszuwerten – nach literarischen Genres, dem urheberrechtlichen Status der Texte, nach der Komposition der Hefte und ihren festen Rubriken und Strukturprinzipien. Ergänzt wurden die Ausführungen zum Programm der *Akzente* um Angaben zum Autorenstamm der Zeitschrift und zu dem nationalen und internationalen Netzwerk aus Buch- und Zeitschriftenverlagen, in das die *Akzente* eingebunden sind, sowie zu fremdsprachigen Literaturen und deutsch-deutschen Literaturbeziehungen in den *Akzenten*.

Im letzten Schritt schließlich wird der Wandel in Funktionen und Selbstverständnis der Zeitschrift an drei Themenkomplexen vorgeführt: Untersucht wurden die Programmatik der drei Herausgeber, die Grenze zwischen Programmatik und Praxis sowie der Wandel von Buchmarkt, Literaturbetrieb und, damit verbunden, der Herstellung literarischer Öffentlichkeit im Laufe der Geschichte der Zeitschrift.

Die Arbeit ist als interdisziplinäre Untersuchung angelegt, die sowohl literatur- als auch buchwissenschaftliche Fragestellungen zu klären versucht. Die literaturhistorische Relevanz ihres Gegenstands zeigt bereits eine kursorische Durchsicht der über 300 bisher erschienenen Hefte: Die *Akzente*, im Untertitel zunächst als *Zeitschrift für Dichtung*, später als *Zeitschrift für Literatur* bezeichnet, verstanden sich selbst als Zeitschrift ohne Programm und als Plattform für die Förderung junger Autoren. Hans Magnus Enzensberger etwa debütierte in den *Akzenten*, Günter Grass publizierte dort als junger Autor und wurde in der Folge wesentlich von Walter Höllerer gefördert, Ingeborg Bachmann war seit der Gründung der Zeitschrift *Akzente*-Autorin. Undogmatisch und reichhaltig, ist die Literaturzeitschrift zu einem Kreuzungspunkt der Literaturproduktion und der Literaturvermittlung gerade in der Adenauerzeit geworden: Das Spektrum der *Akzente*-Autoren ist weit und reicht von den Vertretern einer „inneren Emigration" über die Exilanten und die Mitglieder der Gruppe 47 bis hin zu Vertretern radikaler ästhetischer und literaturtheoretischer Positionen. Außerdem spielten die *Akzente* eine zentrale Rolle für die Vermittlung ausländischer Literatur in der jungen Bundesrepublik. Aus buchwissenschaftlicher Perspektive ist das Quellenmaterial von großem Interesse, weil es eine intensive Auseinandersetzung mit der konkreten Herausgebertätigkeit von Höllerer und Bender und der Kooperation der Herausgeber mit dem Verlag erlaubt und so einen Blick „hinter die Kulissen" gewährt. Die Auswertung bietet so einen Baustein für eine „Alltagsgeschichte" der literarischen Vermittlung im 20. Jahrhundert – und leistet damit einen Beitrag zur Funktionsbestimmung literarischer Zeitschriften. Die literatur- und die buchwissenschaftliche Perspektive treffen sich an dem Punkt, an dem es um die Funktion literarischer Zeitschriften geht.

Dass bisher derart wenig Forschungsliteratur zu literarischen Zeitschriften existiert, ist irritierend, weil deren Rolle als zentrale Funktionsträger literarischer und politischer Entwicklungen, Medien neuer Trends und Tendenzen, Indikatoren der Veränderungen im Publikumsgeschmack ebenso wie Überlieferungsträger der Sozialisationsprozesse weithin anerkannt ist.[3] Für die *Akzente* sind die umfangreichen Archivbestände bisher nicht systematisch aufgearbeitet worden.

Quellen

Wer in einem Verlag arbeitet, muß, wenn er nicht gerade telefoniert, liest oder spricht, schreiben: Aktennotizen, Briefe, Gutachten, Klappentexte, Zeugnisse, Reden zur Weihnachtsfeier. [...] Ein Lebenswerk aus Nebensächlichkeiten.[4] Genau diese Bestandteile sind es, Überbleibsel alltäglicher Verlagsarbeit, die Michael Krüger als Lebenswerk aus Nebensächlichkeiten beschreibt, aus denen die *Akzente*-Korrespondenz besteht. Die Briefwechsel zwischen den *Akzente*-Herausgebern und ihren Autoren sowie ihren

---

[3] Alfred Estermann: „Deutsche Literatur-Zeitschriften 1880–1918", in: Estermann, Alfred: *Kontextverarbeitung. Buchwissenschaftliche Studien*. München: K. G. Saur 1998, S. 143

[4] Michael Krüger im Vorwort zu seinem Band *Vorreden, Zwischenworte, Nachrufe. Ein (lückenhaftes) ABC*. München/Wien: Sanssouci 2003, S. 7

Kollegen im Carl Hanser Verlag geben Einblick in die Verlagsarbeit, in Abstimmungsprozesse zwischen Verlag und Redaktion, in die interne Kommunikation und Struktur des Netzwerks um Walter Höllerer, Hans Bender und später Michael Krüger. Ihre Auswertung ist die wesentliche Grundlage der vorliegenden Arbeit.

Der erste Teil der *Akzente*-Korrespondenz liegt in dem von Walter Höllerer 1977 gegründeten Literaturarchiv Sulzbach-Rosenberg. Dieser Briefwechsel umfasst etwa 35.000 Briefe zwischen Autoren und Redaktion sowie zwischen Redaktion und Verlag im Zeitraum 1952–1970, außerdem Manuskripte, Typoskripte und Druckfahnen. Ihr zweiter Teil war bis zu dessen Einsturz Bestand des Historischen Archivs der Stadt Köln. Der dortige Vorlass von Hans Bender umfasst insgesamt 35.762 Blatt, bestehend aus der Fortsetzung der *Akzente*-Korrespondenz mit den Autoren und dem Verlag (11.253 Blatt) sowie Einzelbriefwechseln, privater Korrespondenz, Unterlagen zu Akademien und zum P.E.N., zu Benders Anthologien und zur Zeitschrift *Jahresring*. Die bis 1980 bereits in öffentlichen Archiven zugängliche *Akzente*-Korrespondenz findet ihre Fortsetzung in ihrem dritten Teil im Verlagsarchiv des Carl Hanser Verlags.

„Wege durch unsicheres Gelände". Die Geschichte der Akzente

Lässt man die Geschichte der Zeitschrift noch einmal Revue passieren, zeigen sich die folgenden Entwicklungsschritte als die wesentlichen: Die Vorgeschichte der Zeitschrift (bis 1953) entfaltete das Panorama, in das hinein die Literaturzeitschrift *Akzente* gegründet wurde – die bis zu Höllerers Lyrikband *Der andere Gast* komplette Absenz junger, deutschsprachiger Gegenwartsliteratur ließ bereits die Lücke ahnen, in die die *Akzente* schließlich stießen, und macht das Innovationspotenzial deutlich, das die Zeitschrift in den Verlag eingebracht hat. Hanser hatte vor dem Zweiten Weltkrieg nur wenige belletristische Titel verlegt und die belletristische Produktion während des Krieges schließlich ganz eingestellt; der Fachverlag existierte weiter. Neben der minimalen Backlist aus den Vorkriegsjahren startete Hanser nach 1945 mit Klassikerausgaben und einigen wenigen deutschsprachigen Autoren, Eugen Roth und Emil Strauß, der mit seinem Roman *Lebenstanz* 1940 ganz auf die Linie nationalsozialistischer Blut- und-Boden-Literatur gerückt war. Hanser legte diesen (ursprünglich bei Langen Müller erschienenen) Roman noch 1954 in einer Neuauflage vor.

Die Ausführungen zur Gründungsphase zeigten bereits in nuce, mit welchen Problemen die *Akzente*-Redaktion im Lauf der folgenden Jahrzehnte immer wieder zu kämpfen hatte. Das Ringen um die Konzeption der Zeitschrift, wie es die Jahre 1952/53 prägte, setzte sich fort: Ihre Autonomie in inhaltlichen Fragen mussten die freiberuflichen Herausgeber Walter Höllerer und Hans Bender im alltäglichen Kräftemessen mit ihrem die Zeitschrift finanzierenden Verleger Carl Hanser und seinem Cheflektor Herbert G. Göpfert – beide eine Generation älter – immer neu verteidigen. Unter der Herausgeberschaft Walter Höllerers und Hans Benders entwickelte sich die Zeitschrift von 1954 bis 1967 zu einer der führenden literarischen Zeitschriften der Bundesrepublik. Die Zeitschrift erwies sich als flexibel genug, um zur Integration von literarischen Stimmen aus Innerer Emigration, Exil und der Nachkriegsgeneration beizutragen und um eine Öffnung zur internationalen Literatur gegenüber dem Verlag durchzusetzen und dann mit erstaunlicher Kenntnis und Sensibilität für sich ankündigende Strömungen zu realisieren – eine Entwicklung, die in dieser Dynamik nicht zu prognostizieren war, bedenkt man die geschilderte konservative Ausrichtung des Buchverlages in diesen frühen Jahren. Auf diese Weise konstituierten sich die *Akzente* erfolgreich im literarischen Feld und bestanden in der Konkurrenz mit *Texte und Zeichen, Kursbuch* und anderen Zeitschriften. Es war auch das in der Konstruktion der Zeitschrift angelegte und durch die Brillanz, das Renommee und die gute Zusammenarbeit der beiden Gründungsherausgeber beinahe gleichberechtigte Kräftemessen zwischen Zeitschriftenredaktion und Verlag, das zu guten und konkurrenzfähigen Ausgaben führte. Erfolgreiche Synergieeffekte zwischen Zeitschrift und Verlag (wie Höllerers langlebige Reihe Literatur als Kunst) und gescheiterte (wie der zweimalige Versuch, Hans Bender als Lektor an den Carl Hanser Verlag zu binden) belegen, wie eng die Zusammenarbeit beider Partner war. Die für das Verlagswesen als in der Durchdringungszone von Kultur und Wirtschaft angesiedelte Sphäre typische, unlösbare Wechselwirkung zwischen wirtschaftlichen und kulturellen Strategien zeigte sich bei der Einführung von Themenheften und der Forcierung ästhetischer Debatten: Die Zeitschrift war finanziell in eine Krise geraten und stieß nicht mehr auf angemessene Resonanz beim Publikum – von einer veränderten redaktionellen Arbeit versprach man sich höhere Auflagen und durch verstärkte Presseberichterstattung über die Themenhefte auch mehr Renommee.

Walter Höllerer verließ die Zeitschrift schließlich zum Jahreswechsel 1967/68; Hans Bender startete mit den *Akzenten* als Alleinherausgeber in das Epochenjahr. Einer längst vollzogenen Weitung des Literaturbegriffs gab er mit der Veränderung des Untertitels von *Zeitschrift für Dichtung* in *Zeitschrift für Literatur* Ausdruck. Der zunehmende Funktionsverlust literarischer Zeitschriften lässt sich indes schon ahnen: Die Werbung für die

Zeitschrift muss intensiviert werden, die Themenhefte, die bisher Themenschwerpunkte hatten, verwandeln sich richtiggehend in Anthologien, die sich ganz einem Thema widmen und, ähnlich wie Buchpublikationen, eine je eigene Zielgruppe ansprechen. Die 1975 vollzogene Verkleinerung des Formats der Zeitschrift auf Taschenbuchgröße zeigt die massiven ökonomischen Zwänge und ist als eine Rationalisierungsmaßnahme des Verlages zu verstehen, der die Zeitschrift halten wollte. Zuletzt prägten Innovationen im Satzverfahren die Geschichte der *Akzente*: Anfangs im Bleisatz gesetzt, dann im Composersatz, bedeutete schließlich der Wechsel zu digitalen Satzverfahren ganz andere Rahmenbedingungen für die Redaktionsarbeit. Der Skandal um das Memorandum der Akademie für Sprache und Dichtung in Darmstadt und deren eigene Zeitschriftenpläne zeigten die Grenzen staatlicher Einflussnahme im Literaturbetrieb, der Reprint bei Zweitausendeins wiederum bewies, das auch für Zeitschriften lukrative Zweitverwertungen möglich sind. Zudem belegte der erstaunliche Erfolg dieses Nachdrucks das Interesse an der Zeitschrift, das bis Anfang der achtziger Jahre ungebrochen war, und das Bedürfnis vieler Leser nach einem Archiv moderner Poesie, wie die *Akzente* es geschaffen haben.

Der Einstieg des Verlagslektors Michael Krügers als Mitherausgeber in die Zeitschrift ist rückblickend der Auftakt einer gut vierjährigen Übergangszeit (1976–1980), in der die *Akzente* sich wesentlich veränderten: Schon rein äußerlich verkehrte sich die Konstellation ins Gegenteil. Von einer Zeitschrift mit zwei freiberuflichen Herausgebern wurden die *Akzente* zu einer Zeitschrift, die fest in Verlagshänden war und von jetzt an eng von Michael Krügers Persönlichkeit getragen wurde. Tatsächlich erwies sich Krüger als Akquisetalent, seine Lektorenerfahrung und die gute Beziehung zwischen Krüger und Bender zahlten sich aus. Schnell merkte Krüger, dass die Perspektive des Herausgebers ganz andere Sehweisen erlaubt als die des zuständigen Lektors im Verlag, die bisher die seine gewesen war. Kaum im Amt, begehrte Krüger gegen die Bedingungen auf, unter denen die *Akzente* zu dieser Zeit agierten, und konnte dies als Mitarbeiter des Verlages anders, vehementer, tun, als der freie Herausgeber Bender es vermocht hätte. Für die Zeitschrift hatte Krüger das Gefühl, die Herausgeber kämpften alleine gegen die wachsende Konkurrenz, während der Verlag die Autorenhonorare einfror, obwohl diese wesentlich dazu beitragen, eine Zeitschrift konkurrenzfähig zu machen. Seit 1981 verantwortet Michael Krüger die Zeitschrift nun alleine. Er startete in den goldenen Zeiten des Literaturverlages und konnte bei Amtsantritt bereits die schon etwas länger geplante Edition Akzente in Ergänzung zu der Zeitschrift realisieren, deren Programm bis heute vor allem allen Liebhabern des Essays wie eine

Schublade voller blankgeputzter Murmeln entgegenglitzert. 1986 wurde Michael Krüger Verleger des Carl Hanser Verlages und damit erstmals ein *Akzente*-Herausgeber zu seinem eigenen Verlagschef.

Die Situation ist paradox: Michael Krüger bündelt als Alleinherrscher und Verleger zwar ungleich mehr Kompetenzen als seine beiden Vorgänger, doch die Zeitschrift selbst ist machtlos geworden – und stiller. Das Nischendasein eröffnet neuen Spielraum für die Programmpolitik: Die Ausrichtung am literarischen Markt verliert an Bedeutung. Krüger kann seinen internationalen Kurs also ohne Bedenken fortsetzen und auch Gewässer ansteuern, für die die Seekarten das gefürchtete „Untiefen!" melden, in die hineinzufahren sich aber dennoch lohnt, weil das Wasser von unvergleichlichem dunklen Türkis ist. So führt er sein Archiv für internationale Poesie konsequent und mit sicherem Qualitätsbewusstsein weiter, allerdings auch in dem Wissen darum, dass die Zeitschrift dadurch esoterischer anmutet und als entbehrlicher empfunden wird denn in früheren Zeiten. Ganz unschuldig ist sie nicht daran: Wo einst Lyrik von Günter Grass oder Wolf Biermann dezidierten Zeitbezug ins Blatt brachte, fanden die weltpolitischen Ereignisse der achtziger und der neunziger Jahre – ob Mauerfall, Krieg in Jugoslawien oder im Irak oder die Bedrohung durch den internationalen Terrorismus – höchstens in wenigen Zeilen der Herausgebervorworte Eingang in die Zeitschrift.

Für den Verlag ist die Zeitschrift nach wie vor ein wertvolles Label, das für Qualität steht und Autorenpflege ermöglicht. Mit Gastherausgebern füllt Krüger die Lücke, die das Fehlen eines Mitherausgebers lässt, und holt sich je nach Themen oder Sprachraum Spezialistenwissen und andere Netzwerke ins Blatt. Es mutet in der für klassische Literaturzeitschriften scheinbar ausweglosen Situation programmatisch an, dass Krüger seine Zeitschrift mit Les Murrays Gedicht „Gleichmütigkeit" ins neue Jahrtausend ziehen lässt: mit Gleichmütigkeit im besten Sinn, die die Ruhe bewahrt und das Beste aus der jeweiligen Situation macht. Ein Literaturblatt, das weniger wahrgenommen wird, kann sich mehr erlauben, Verwegenes gar: das Beste.

Das diachrone Kapitel zum Programm der *Akzente* kann zeigen, dass die Herausgeber in der Komposition der Hefte bestimmte Standards etablierten und förderten, etwa die zwingende Kombination eines Autorenporträts mit literarischen Texten des jeweiligen Autors, auch das Arrangement von Gedichten zu Zyklen. Dass bestimmte Autoren ausschließlich unter einem Herausgeber vorkommen (man denke an Günter Grass zur Herausgeberzeit Walter Höllerers), zeigt dessen Subjektivität. Und die muss sein, steht doch ein Herausgeber ohne Institution für sich, ist auf sein eigenes Netzwerk und seinen eigenen Spürsinn angewiesen. Auch die Zeitschrift selbst ist in ein Netzwerk von nationalen und internationalen Buch- und Zeitschriftenverlagen eingebunden, die als Konkurrenten und Partner interagieren. Das Kapitel zur fremdsprachigen Literatur konnte zeigen, wie die *Akzente* den Nouveau Roman durchsetzten, als eine der ersten in der Bundesrepublik, die Beat-Lyrik vorstellten und den tschechischen Poetismus zumindest mit beförderten. Dass einem in jüngerer Zeit weniger Beispiele einfallen, in denen *Akzente* junge Strömungen mitbeförderten, zeigt Mehrfaches: einmal, dass Stile an sich unwichtiger werden, was man auch daran beobachten kann, dass selbst eine renommierte Instanz der Literaturförderung wie das Literarische Colloquium Berlin nicht mehr alle geförderten Autoren erfolgreich an einen Verlag vermitteln kann, dass Themen, Plots und das Potenzial, das Autoren als öffentliche Figuren mitbringen, wichtiger für Akquiseentscheidungen werden. Es zeigt aber auch einen Generationswandel an, der sich mit den *Akzenten* vollzogen hat: Gestartet als attraktives Blatt für die jüngste und die mittlere Generation der Produzenten und Rezipienten von Gegenwartsliteratur, ist die Zielgruppe mit ihrer Zeitschrift älter geworden; die Zielgruppe hat sich etabliert, die Zeitschrift den Glanz einer Entdeckerzeitschrift verloren. Dafür sind andere Zeitschriften nachgewachsen, die sich heute ans Entdecken machen – Zeitschriften sind eben immer auch Angelegenheiten von Generationen.

Zur Zukunft literarischer Zeitschriften in der veränderten literarischen Öffentlichkeit freilich lässt sich noch nichts Verbindliches sagen. Anders als seine Kollegen und im Geist seiner Vorgänger Walter Höllerer und Hans Bender, ist Michael Krüger von zurückhaltendem, doch anhaltendem Optimismus für das Medium und glaubt an eine Renaissance der kleinen Literaturzeitschriften: „Sie sind, wie das *Schreibheft* und die *manuskripte* und viele andere, einer winzigen Elite – die es ablehnen wird, sich so zu nennen – vorbehalten, die hartnäckig daran festhält, ihren Weg durch unsicheres Gelände zu gehen. Seltsame Menschen, die sich bei einem Gedicht aufhalten. Einzelgänger, die die Angebote der Wissensgesellschaft für einen Moment in den Wind schlagen. Sonderlinge, denen die Schönheit von ein paar gefügten Worten in die Haut fährt. Es werden immer weniger, daraus beziehen sie ihre Stärke."[5] Für die Zukunft seiner eigenen literarischen Zeitschrift über Krügers Zeit als Verleger des Carl Hanser Verlages hinaus heißt das freilich: alles und nichts.[6]

---

[5] Michael Krüger: „An die *Akzente*-Leser", in: *Akzente* 1/2000, S. 1f.
[6] Susanne Krones' mit dem Wallstein-Preis ausgezeichnete Monographie *Akzente im Carl Hanser Verlag. Geschichte, Programm und Funktionswandel einer literarischen Zeitschrift* ist 2009 im Wallstein Verlag erschienen (ISBN 978-3-8353-0551-9).

Der **Wedekind-Preis für deutsche Geschichte 2009** wurde Herrn Horst Walter Blanke, Bielefeld, für die Edition zu Johann Gustav Droysens „Historik" verliehen.

Die *Historik* J. G. Droysens. Ein Editionsprojekt

Horst Walter Blanke

Bei der *Fortsetzung der historisch-kritischen Edition der Droysenschen Historik* handelt(e) es sich um ein von der DFG gefördertes Projekt, das insgesamt fünf Jahre (Mai 2004 bis April 2009) dauerte, das aber noch nicht abgeschlossen ist.

1. Ausgangspunkt

Bevor ich auf Droysens *Historik* zu sprechen komme, seien einige Bemerkungen zur Historik generell gestattet: „Historik" stellt ein Moment der Verfachlichung und der Fachlichkeit der Geschichtswissenschaft selbst dar, indem sie die Praxis der verwissenschaftlichten Geschichtsschreibung und der methodisch geregelten historischen Forschung bestimmt. Damit nimmt sie fünf verschiedene Funktionen wahr: Sie dient (1) didaktisch-propädeutischen Zwecken, (2) der Systematisierung historischen Wissens, (3) der Spezialisierung in bestimmte Forschungsmethoden und Arbeitsgebiete, (4) v. a. der systematischen Begründung von Eigenart und Funktion der Geschichtswissenschaft im Zusammenhang mit anderen Wissenschaften und im lebenspraktischen Kontext der Historiker und ihres Publikums und (5) der historischen Absicherung erreichter Standards der Wissenschaftsentwicklung, letzteres v. a. in der Form der Historiographiegeschichte.

Horst Walter Blanke, Professor für Neuere Geschichte an der Universität Bielefeld, Träger des Wedekind-Preises 2009

Droysens *Historik* hat zahlreiche Wandlungen und Editionen durchgemacht (s.u. Abschnitt 5); 1977 erschien ein erster Band (von drei geplanten) der kritischen Ausgabe, der von Peter Leyh veranstaltet wurde: ein gewaltiger Torso, der geradezu darauf wartet(e), fortgesetzt zu werden. Der DFG sind zwei Publikationen versprochen: die *Texte aus dem Umkreis der Historik* und die *Historik letzter Hand*; der erstgenannte Band liegt vor (2007), den anderen hoffe ich Ende dieses Jahres druckfertig zu haben, so daß er im Sommer 2012 erschienen sein wird.

Allerdings: Neben diversen Aufsätzen sind zwei weitere Publikationen über Droysen – gewissermaßen als Geschenk an die DFG – erschienen: eine umfassende Droysen-Bibliographie (2008) und eine Festschrift zum 70. Geburtstag Jörn Rüsens, die, erheblich erweitert, aus den Tagungsbeiträgen zum 200. Geburtstag Droysens hervorgegangen ist, eine Festschrift, die Rüsens Schriftenverzeichnis und ansonsten ausschließlich Beiträge über Droysen enthält (2009).

Eine preiswerte, auch für Studenten erschwingliche Studienausgabe der Droysenschen Historik soll etwa drei Jahre nach Erscheinen des dritten Bandes, der *Historik letzter Hand*, publiziert vorliegen [1].

So ist als ein Zwischenfazit festzuhalten: die versprochenen Resultate liegen zwar noch nicht vollständig vor, werden aber ergänzt um weit über sie hinausgehende Publikationen.

Wofür habe ich den Preis bekommen? – Die Urkunde vom 21. November 2009 sagt folgendes aus: „Für die Edition zu Johann Gustav Droysens ‚Historik'". Da der dritte Band der historisch kritischen Edition noch nicht fertig ist, bleiben meine Ausführungen auf die zwei bzw. drei erschienenen Bände beschränkt.

2. Droysen-Bibliographie

Die Bibliographie ist der Versuch einer möglichst vollständigen und bibliographisch korrekten Auflistung der Schriften Droysens, ferner der Verzeichnisse der Teilnachlässe in Berlin-Dahlem, in Jena und in Halle (Saale). Darüber hinaus erfolgte der Abdruck eines zwar bedeutsamen, aber dennoch fragmentarischen persönlichen Schriftenverzeichnisses Droysens, des sog. *Katalogs meiner Arbeiten*. Bedeutsam ist dieser Katalog insofern, als er einerseits chronologische und sachliche Erläuterungen zu einzelnen Publikationen liefert [2], andererseits auch sog. graue Literatur zitiert [3].

3. Die Entstehung der Droysenschen Historik

Die Entstehung und Herausbildung der Droysenschen *Historik* aus unterschiedlichen thematischen Zusammenhängen und aus verschiedenen Textsorten ist eine spannende Frage. Droysen hat im Jahr 1852 erstmals eine *Historik*-Vorlesung angekündigt, aber erst fünf Jahre später tatsächlich gelesen. Die Gründe für diese Verzögerung sind nicht bekannt. 1857 entstand ein stichwortartiger *Grundriß der Historik*; die diesbezüglichen Vorlesungstexte liegen aus dem Nachlaß ediert vor (1977). In der Fassung des *Grundrisses* vom Jahre 1868 finden sich als Beilage drei theoretische Aufsätze, nämlich *Die Erhebung der Geschichte zum Rang einer Wissenschaft* (1863), eine Auseinandersetzung mit dem Positivismus, ferner *Natur und Geschichte* (1866) sowie *Kunst und Methode* (1867), die beide zentrale Punkte der Droysenschen *Historik* behandeln. Scheinbar sind alle bedeutenden Texte zur *Historik* erst 1857 und später entstanden. Indes, der Schein trügt. Denn natürlich beruht die *Historik* Droysens nicht auf einer genialen Eingebung, sondern speist sich aus verschiedenen Traditionssträngen. Diese sind in der Sammlung *Texte im Umkreis der Historik*, dem 2. Band der historisch-kritischen Ausgabe, zusammengestellt worden [4].

4. Texte im Umkreis der Historik

Der genannte Band enthält 50 Texte, von denen 40 bis zum Jahre 1857, das gewissermaßen als Stichdatum dient, entstanden sind. (Denn Texte der Jahre 1858 ff. sind nur insoweit berücksichtigt, als sie theoretische Themen behandeln, die im Rahmen der *Historik*-Vorlesung nicht oder doch nicht ausführlich behandelt worden sind, etwa Fragen des Wissenschaftsbetriebes wie z. B. der der Organisation des Geschichtsstudiums.)

Die verschiedenen Traditionsstränge korrespondieren auch unterschiedlichen Textgattungen: (1) Vorlesungseinleitungen, (2) Briefen, (3) Buchbesprechungen, (4) Denkschriften, (5) Aufsätzen, (6) Vorträgen, auch (7) Gedichten sowie schließlich (8) Akten. Daneben ist als eine eigenständige Textsorte die sogenannte *Privatvorrede* in dem 2. Band der Geschichte des Hellenismus zu nennen, ein Text, der gelegentlich auch unter dem Titel *Theologie der Geschichte* publiziert worden ist. Mit 20 Nummern bilden zweifellos die Vorlesungseinleitungen die zahlenmäßig größte Gruppe; diese Einleitungen bilden nicht selten so etwas wie Mini-Historiken bzw., treffender, „Proto-Historiken".

Welchen Beitrag zur Theorie-Diskussion leisten nun diese Texte? Nun, der Beitrag ist durchaus unterschiedlich.

Der erste von fünf Hauptteilen, der Texte aus Droysens Berliner Studentenzeit umfaßt (1826–31), enthält strenggenommen keine Texte zur *Historik*, wohl aber eindrucksvolle Dokumente zur Entwicklungsgeschichte der Droysenschen Denkens: In einem Gedicht aus dem Jahre 1827 z. B. wird „Geschichte" als Widerspiegelung des Göttlichen gefeiert; in den Briefen an die Schwestern wird Droysens tiefe Religiosität deutlich, die auch in dem Aufsatz *Ueber die Passions-Musik von J. S. Bach* artikuliert wird, hier freilich mit der Variante, den Staat Preußen als die Inkarnation des Protestantismus erweisen zu wollen. Die Gedichte dokumentieren Droysens Vertrautheit mit den Mythen der klassischen Antike. Nicht von ungefähr hat Droysen in seinem handschriftlichen Schriftenverzeichnis *Katalog meiner Arbeiten* selbstironisch diesen Abschnitt seines literarischen Schaffens mit den Worten kommentiert: „Wie natürlich spielten am Anfang poetische Versuche eine nicht geringe Rolle".

Der zweite Hauptteil dokumentiert die Berliner Zeit als Privatdozent und apl. Professor, d. h. die Jahre 1833–38. Die Antrittsrede zum Privatdozenten formuliert als Hauptaufgabe einer Beschäftigung mit dem griechischen Drama, der Tragödie und auch der Komödie, diese in ihrem historischen Werden darzustellen. In der Auseinandersetzung zwischen Sach- und Sprachphilologie bezog Droysen eindeutig Position für die Realphilologie.

In den Buchbesprechungen erfolgte eine Auseinandersetzung mit der Historiographiegeschichte, mit den großen Vorbildern: Barthold Georg Niebuhr galt als Wegbereiter der modernen Geschichtswissenschaft, ebenso Leopold Ranke.

In den Beschreibungen und Reflexionen zur Berliner Kunstausstellung 1834 kam es zu einer Beschäftigung mit der Historienmalerei: in Einzelkritiken werden die strukturellen Grenzen der Historienmalerei aufgezeigt, die u. a. darin bestünden, daß das, was den geschichtliche Moment – z. B. einen Wendepunkt in der geschichtlichen Entwicklung – auszeichnet, oft nicht überzeugend bildlich vermittelt werden könne. Daneben, eher beiläufig, kam Droysen zu Aussagen wie der folgenden: die abstrakte Wahrheit sei ebenso unwahr wie die porträtierende Naturwahrheit. Es gelte also, ein Mittelmaß zwischen Abstraktion und Empirie zu finden.

In den Briefen an Freunde war Droysen etwas frecher. Die Historiker seien oft nicht imstande (dieses „oft" fehlt freilich im Original), die Notwendigkeit des Geschehenen zu begreifen. Oder es werden geschichtsphilosophische Überzeugungen formuliert. Um wenigstens ein Beispiel zu nennen: der Geschichte des einzelnen Menschen ist die der Menschheit analog.

Am Beispiel der Einleitung in die Vorlesung zur Alten Geschichte kann man die intellektuelle Entwicklung Droysens verfolgen: 1838 ist der Abriß nur kurz; in sechs Abschnitten (auf 5½ Seiten) werden folgende Themen kurz behandelt: Was ist Geschichte? Wo beginnt die Geschichte? Was ist die alte Geschichte? Quellen? Hülfswissenschaften (Geographie, Chronologie, auch: Staatswissenschaften, schließlich: Kriegswissenschaften)? „Hülfsbücher" (= Gesamtdarstellungen, Forschungsliteratur)? [5]

Der dritte Hauptteil umfaßt die Kieler Zeit, d. h. die Jahre 1840–47. In meiner Sammlung sind sie durch insgesamt 17 Texte dokumentiert, davon

13 Vorlesungseinleitungen. In dem von Droysen und Waitz entworfenen Kieler Curriculum des Geschichtsstudiums werden eine „Encyclopädie der Geschichte" sowie eine „Philosophie der Geschichte" als Nebenvorlesungen angeregt. Ferner hat Droysen ein Gutachten über die Entwicklung des Gelehrtenschulwesens (Gymnasium) verfaßt: hier wird u. a. die Verortung der Geschichte im Lehrplan erörtert und wird – neben anderen Punkten – die Forderung nach Einrichtung eines Pädagogischen Seminars erhoben. In der sog. *Privatvorrede* finden wir eine Auseinandersetzung und Erläuterung des Hellenismusbegriffes. Als Ziel der Geschichte wird hier ganz unbefangen die Theodizee formuliert und als Forderung die Notwendigkeit einer Historik artikuliert!

Nun aber zu den Vorlesungseinleitungen, die eine große thematische Vielfalt bergen [6]. Droysen hat Vorlesungen gehalten über sämtliche Großepochen: die Alte Geschichte, die Geschichte des Mittelalters, die Neuere Geschichte, die Neueste Geschichte (seit 1815, also die „Zeitgeschichte"); daneben hat er sich mit thematischen Zuspitzungen beschäftigt, nämlich mit der deutschen Geistesgeschichte, der Geschichte der Freiheitskriege, der Geschichte des Deutschen Bundes, der Geschichte der Revolutionen und schließlich mit den bereits erwähnten Politikvorlesungen (*Ueber den öffentlichen Zustand Deutschlands*).

Zunächst eine Vorbemerkung: Der Gehalt dieser 13 Vorlesungseinleitungen erschöpft sich nicht darin, Vorläufer der *Historik*-Vorlesung zu sein. (Immerhin ist dies als Forderung explizit formuliert.) Der Gehalt erstreckt sich auf drei verschiedene Ebenen: (1) Der Geschichtsverlauf wird auf den Punkt gebracht: er zeigt immer wieder aufs Neue die Auseinandersetzung über das, was Geschichte als Sachverhalt auszeichnet, meist als Vorgeschichte der jeweiligen Vorlesung. Diese Passagen enthalten z.T. bereits geschichtsphilosophische Passagen bzw. Bemerkungen. So werden z.B. die Entitäten Monarchie und Staat als historische Kategorien reflektiert; es wird ein dreigliedriges Kategorienraster der Geschichte: Politik – Gesellschaft – Kultur entwickelt. Als höchste Aufgabe der Geschichtswissenschaft – das haben wir bereits kennengelernt – gilt die Theodizee.

Diese geschichtsphilosophischen Ausführungen finden sich am ehesten in der „Systematik" der *Historik* wieder. Sie lassen sich erweitern: Als Aufgabe der Geschichte wird der geistige Inhalt herausgearbeitet, den das Leben und die Entwicklung der Menschheit habe. Der Gehalt der Vorlesungseinleitungen erstreckt sich ferner (2) auch auf Bestandteile der „Methodik", so etwa in der These, daß der Historiker nie ohne Parteiinteressen schreiben könne.

Am Beispiel der Alten Geschichte läßt sich der letzte, der dritte Punkt veranschaulichen: der Erkenntnisfortschritt ist unverkennbar. Zwar wird die alte Sechserteilung beibehalten, aber sie wird nun inhaltlich neu gefüllt, und – vor allem – sie wird reflektiert: Der Abschnitt *Wo beginnt Alte Geschichte?*, um nur ihn zu nennen, unterstreicht nun die Eigentümlichkeiten der Sprache, der gesellschaftlichen Strukturen, der Religion; die Differenzierungen der Ausführungen über die „Quellen" dokumentieren den Erkenntniszuwachs. Schließlich: Der Umfang hat sich vervierfacht: Aus 5½ Seiten sind 22½ Seiten geworden [7].

Der vierte Hauptteil umfaßt die Jenaer Jahre 1850–58 mit insgesamt neun Texten: die Jenaer Antrittsvorlesung, persönliche Briefe, Vorlesungseinleitungen und schließlich eine Erläuterung von Eduard Bendemanns Wandgemälden im Dresdner Schloß. Letztere bildet in gewisser Weise ein Pendant zu dem Bericht über die Berliner Kunstausstellung (s. o.).

Die Antrittsvorrede thematisiert u. a. die enge Verwandtschaft von Geschichte und Politik, ferner die Abgrenzung der Geschichte von der Philosophie und der Theologie und kulminiert schließlich in der pathetischen Aussage: „Der Gattungsbegriff der Menschen ist die Geschichte".

In den Briefen wird *Historik* einerseits als Waffe gegen den Materialismus begründet, andererseits gegen die kritische Schule Rankes – ganz im Gegensatz zur Lobhudelei der 1830er Jahre (s.o.). Selbstbewußt betont Droysen seine Pionierrolle – „zum ersten Male" –, begründet er z. B. seine Ausführungen über vier verschiedene historische Darstellungsformen.

Was die Vorlesungseinleitungen betrifft, so setzen sich die oben beobachteten Trends fort. Zugleich kommt es zu einer Verschiebung der Argumentation: Die Zweckbestimmung des Staates (Politikvorlesung) ist Macht – eine solche Sichtweise war wohl erst nach den Erfahrungen der gescheiterten 1848/49er Revolution möglich. Geschichte als Zeugnis der göttlichen Weltregierung – das ist in den 1850er Jahren eine eher seltene Formulierung, häufiger wird die Gegenwart als Krisenerfahrung bestimmt.

Besonders deutlich werden die Änderungen in den Vorlesungseinleitungen über die Alte Geschichte. Diese werden erneut erweitert. 1857 gibt es eine klare Abgrenzung von den Naturwissenschaften, es finden sich Auseinandersetzungen mit Francis Bacon und mit Aristoteles. Als zentrales Moment der geschichtswissenschaftlichen Methode wird das „forschende Verstehen", die Interpretation, hervorgehoben [8].

Der fünfte Hauptteil, der insgesamt zehn Texte eines Vierteljahrhunderts umfaßt, berücksichtigt v. a. Einzelaspekte der Historik. Er reproduziert sechs Denkschriften über die Organisation des Geschichtsstudiums oder die Ausgestaltung des Archivwesens. Diese Gutachten waren nur zum

Teil bestellt; zum Teil hat Droysen sie unaufgefordert verfaßt, um politischen Einfluß zu nehmen. Diese Liste wäre auch zu erweitern.

5. Die weitere Entwicklung der Droysenschen Historik und ihre Edition

Auf die weitere Entwicklung der Droysenschen *Historik* kann und will ich hier nicht detailliert eingehen; nur soviel: Droysen hat die *Historik*-Vorlesung in dem Vierteljahrhundert bis zum Wintersemester 1882/83 einschließlich weitere 16mal gehalten; dabei hat er den Text fortwährend überarbeitet, d.h. gekürzt, erweitert, umgeschrieben, umgestellt.

Es ist allerdings nicht möglich, eine jeweils vollständige Version aller 17 Fassungen zu rekonstruieren. (Etwa in Form einer CD-Rom-Edition. Es gibt zu viele Löcher, zu viele Ungenauigkeiten. Außerdem: der Arbeitsaufwand wäre m. E. zu groß. Außerdem gibt es ein Kardinalproblem: die Streichungen.) Schon Peter Leyh hat sich für seine Rekonstruktion der ersten vollständigen Fassung der Vorlesungen (1857) auf alle Überlieferungsschichten, auch die der späten, bis hin zur Version von 1882/83, gestützt. Manche Textpassagen können einzelnen Überlieferungslagen nur vage zugeschrieben werden, so daß oft keine Zuordnung auf ein einzelnes Semester erfolgen kann.

Das ist auch ein gewichtiger Grund, weshalb als 3. Band der historisch-kritischen Ausgabe der *Historik* „die Historik letzter Hand" rekonstruiert werden soll (d. h. zur Zeit von mir rekonstruiert wird): die Gegenüberstellung von einerseits der frühesten (wenigstens z. T.) und andererseits der spätesten Fassung kann und muß als Dokumentation der Entwicklungsgeschichte der Droysenschen *Historik* weitgehend genügen.

6. Die Aufgabe des Editors

Die Aufgabe des Editors sind vielfältiger Art. Zunächst geht es darum, aus den handschriftlichen Befunden einen Text zu rekonstruieren, der der in einem bestimmten Semester tatsächlich gehaltenen Vorlesung möglichst nahekommt. Streichungen und Neuformulierungen sind zu berücksichtigen. Nicht selten sind die Reihenfolge und die Zuordnung zu einer bestimmten Signatur defekt, sie müssen dann in ihre richtige Ordnung gebracht werden. (Eine Hilfe sind Droysens Markierungen auf dem Rand, die anzeigen, wie weit er mit dem Stoff gekommen ist.) Zusätze und Verbesserungen (auch orthographischer Art) des Editors werden durch entsprechende Siglen (etwa: eckige Klammern) deutlich gemacht. Die Seitenzählung der Originale werden als Marginalien angezeigt [9]. Schließlich: Wo es keine autographische Überlieferung mehr gibt (bzw. diese bislang unauffindbar waren), sind die apographischen Befunde heranzuziehen und entsprechend deutlich zu machen [10].

Der Editor rekonstruiert so einen lesbaren und möglichst vollständigen Text, der gleichwohl durch diakritische Symbole, Fußnoten und Hinweise auf die „kommentierenden Anmerkungen" seiner Lesbarkeit ein wenig abträglich ist [11]. Meines Erachtens gibt es dazu keine Alternative. Die „kommentierenden Anmerkungen" berichten über Textbefunde und lösen bibliographische Anspielungen auf, erläutern wichtige Sachverhalte, ohne deren Kenntnis die Droysenschen Texte nur schwierig zu verstehen sind [12].

Schließlich ist ein editorischer Bericht zu schreiben, der die Eingriffe und Befunde darlegt.

Im Falle des 2. Bandes der Historik Droysens sind über die oben angeführten Arbeitsschritte hinaus noch essentielle Fragen gestellt worden: nach der Anzahl der Texte, die z. T. direkt und auch indirekt erfolgten. Weitere Texte sind u. U. sinnvoll, aber m. E. nicht zwingend [13]. Ich bin sicher, die wichtigsten Texte versammelt zu haben, die den Entwicklungsprozeß Droysen dokumentierten. (Die Jenaer Antrittsrede wurde auf lateinisch gehalten – eine deutschsprachige bzw. deshalb bilinguale Fassung dient letztlich der Verständlichkeit [14].) Die einzelnen Texte unterliegen nicht einer chronologischen, sondern einer thematischen Anordnung; sie ergänzen sich gegenseitig.

Literatur

[1] (a) J. G. Droysen: Hist.-krit. Ausgabe, Bd.1: Rekonstruktion der ersten vollständigen Fassung der Vorlesungen (1857), Grundriß der Historik in der ersten handschriftlichen (1857/1858) und in der letzten gedruckten Fassung (1882), hg. v. P. Leyh, Stuttgart 1977; (b) J. G. Droysen: Historik. ... , Bd. 2: Texte im Umkreis der Historik (1826–84), hg. v. H. W. Blanke, Stuttgart 2007; (c) J. G. Droysen: Historik ... Supplement: Droysen-Bibliographie, hg. v. H. W. Blanke, Stuttgart 2008; (d) H. W. Blanke (Hg.): Historie und Historik. 200 Jahre J.G. Droysen. Festschrift für J. Rüsen zum 70. Geburtstag, Köln u.a. 2009; (e) J. G. Droysen: Historik ... , Bd. 3: Die Historik letzter Hand, hg. v. H. W. Blanke, i. V. (ca. 2012); (f) J. G. Droysen: Historik, Studienausgabe, hg. v. H. W. Blanke, i. V. (ca. 2015).

[2] Droysen-Bibl., 175 (Nr. V.5).
[3] Ebd., 174 (Nr. IV.11).
[4] Bibl. Nachweise in: Blanke 2009, 28ff.
[5] Historik 2,1, 96–103 (Nr. 14).

[6] F. Jaeger in Blanke 2009, 106ff über die Einleitungen der Neuzeit-Vorlesungen.
[7] Historik 2,1, 144–67 (Nr. 18).
[8] Historik 2,2, 352–73 (Nr. 35).
[9] Z. B. Historik 2,1, 225–45 (Nr. 25).
[10] Für die in Arbeit befindliche Historik 3 s. Droysen-Bibl., 137 (Nrn. 171 u. 172). Vgl. etwa Historik 1, 46,11–15 u. 47,36 sowie 243,16–27.
[11] Vgl. Historik 1, 3–6 (mit 491).
[12] Historik 2,2, 559–689.
[13] Etwa Blanke 2009, 33 Anm. 41.
[14] Historik 2,2, 334–51.

Preisträger des Berichtsjahres 2010

(Die Preisträgervorträge wurden in einer Plenarsitzung
am 19. November 2010 vorgetragen)

Der **Hanns-Lilje-Preis 2010** wurde Herrn Benjamin Dahlke, Mainz, für seine Arbeit „Die katholische Rezeption Karl Barths. Theologische Erneuerung im Vorfeld des Zweiten Vatikanischen Konzils" verliehen.

Karl Barth und die Erneuerung der katholischen Theologie

Benjamin Dahlke

In den sechziger Jahren soll Papst Paul VI. einmal gesagt haben, Karl Barth sei der wahrscheinlich größte Theologe nach Thomas von Aquin. Das ist ein überaus erstaunliches Lob, war Thomas doch nicht irgendjemand – die damals dominierende neuscholastische Theologie bezog sich wesentlich auf ihn, und gerade die Päpste wurden nicht müde, ihn als den Lehrer des wahren Glaubens zu empfehlen. Barth dagegen war Protestant, dazu noch ein reformierter, der durch alles Mögliche aufgefallen war, nur nicht durch eine besondere Wertschätzung des Katholizismus. Als man Barth von jenem Lob berichtete, lächelte er jedenfalls schelmisch und erklärte, so langsam beginne er, an die päpstliche Unfehlbarkeit zu glauben.[1]

Benjamin Dahlke, Assistent am Lehrstuhl für Dogmatik und Ökumenische Theologie an der Universität Mainz, Träger des Hanns-Lilje-Preises 2010

---

[1] Es handelt sich hierbei um eine häufig, zudem in unterschiedlichen Fassungen überlieferte Begebenheit, deren Richtigkeit sich nicht belegen läßt. Für nähere Auskunft danke ich Herrn Dr. Hans-Anton Drewes (Basel) und Herrn Prof. DDr. Jörg Ernesti (Brixen). Näher zu Barths Verhältnis zum Katholizismus siehe meine beiden Artikel: Karl Barth und der Katholizismus. Zu

Karl Barth – Leben und Werk

Nach dem Studium der evangelischen Theologie hauptsächlich an deutschen Universitäten wurde Karl Barth (1886–1968) Pfarrer einer zwischen Luzern und Basel gelegenen Arbeitergemeinde.[2] Zunehmend wuchs sein Unbehagen gegenüber der Theologie, die er in seinem Studium kennengelernt hatte. Was im einzelnen dazu führte, läßt sich kaum mehr sagen. Nicht ganz unwichtig war offenbar, daß viele seiner einstigen Lehrer die Kriegspolitik des Wilhelminischen Kaiserreichs unterstützten, anstatt sich dem massenhaften Morden entgegenzustellen. Enttäuscht begann Barth mit der Suche nach neuen Grundlagen für die Verkündigung des Evangeliums. Intensiv setzte er sich deshalb mit dem Neuen Testament auseinander, zumal mit Paulus. Das Ergebnis seiner Lektüre war der „Römerbrief". Dieses schwer zu charakterisierende, in erster Fassung im Jahr 1919 erschienene Werk trug dem nicht einmal Promovierten eine Honorarprofessur an der Universität Göttingen ein, wo ihm auch Hanns Lilje begegnete.[3] Kurz nach Beginn seiner Lehrtätigkeit veröffentlichte Barth dann eine gänzlich überarbeitete Fassung des „Römerbriefs". Im erklärten Gegensatz zur damaligen Theologie betonte er die Gottheit Gottes und damit die fundamentale Differenz zwischen Gott und Mensch. Unter dem Eindruck dieser These formierte sich mit der Dialektischen Theologie eine ganz neue Richtung. Mittlerweile eine der bekanntesten und zugleich umstrittensten Figuren des deutschsprachigen Protestantismus, verließ Barth Göttingen, wurde Professor in Münster und bald darauf in Bonn. Wegen seiner dezidierten Ablehnung des NS-Regimes und seines Engagements zugunsten der Bekennenden Kirche versetzte man ihn im Jahr 1935 zwangsweise in den Ruhestand. In die Schweiz zurückgekehrt, lehrte er an der Universität Basel. Unentwegt meldete er sich politisch zu Wort, etwa indem er sich im Ost-West-Konflikt nachdrücklich für einen „dritten Weg" jenseits von Kommunismus und Kapitalismus stark machte. Hauptsächlich arbeitete er aber an der „Kirchlichen Dogmatik", seinem monumentalen und doch unvollendet gebliebenen Hauptwerk.

---

einer komplexen Beziehung. In: Brixner Theologisches Forum 120,2 (2009), 22–37, und Barth, Karl. In: Jörg Ernesti / Wolfgang Thönissen (Hrsg.): Personenlexikon Ökumene. Freiburg u. a. 2010, 32–34.

[2] Einen prägnanten Überblick zu Leben und Werk bietet der Artikel von Eberhard Jüngel: Barth, Karl. In: Theologische Realenzyklopädie 5 (1980), 251–268.

[3] Vgl. Hanns Lilje: Memorabilia. Schwerpunkte eines Lebens. Nürnberg 1973, 15. Näher zu Barths Lehrtätigkeit an der Georg August-Universität siehe Eberhard Busch: Die Anfänge des Theologen Karl Barth in seinen Göttinger Jahren. Göttingen 1987 (Göttinger Universitätsreden 83).

Die Barth-Rezeption vor dem Zweiten Weltkrieg

Ob Karl Barth, wie Papst Paul VI. offenbar meinte, tatsächlich zu den bedeutendsten Denkern in der Geschichte des Christentums zu rechnen ist, wird nach wie vor kontrovers diskutiert. Auf jeden Fall zählt er zu denjenigen, über die am meisten Sekundärliteratur existiert. Verständlicherweise ist das Interesse an Barth auf evangelischer Seite immer groß gewesen. Erklärungsbedürftig ist dagegen, wieso sich auch viele Katholiken mit ihm beschäftigten, und das gerade im Vorfeld des Zweiten Vatikanischen Konzils. Begreiflich wird die damalige Rezeption, wenn man sie im Kontext der theologischen Erneuerung versteht, die in der Zeit nach dem Ersten Weltkrieg auf katholischer Seite insgesamt festgestellt werden kann.[4] Es ging in erster Linie darum, die Neuscholastik zu überwinden.[5]

Bei der Neuscholastik handelt es sich um eine Richtung, welche die katholische Theologie von der Mitte des 19. bis zur Mitte des 20. Jahrhunderts fast gänzlich dominierte, massiv gestützt durch das kirchliche Lehramt.[6] Gegen das moderne Geschichtsbewußtsein, das Geltungsansprüche im Kontext ihrer Genese begreift und so ihre Unbedingtheit relativiert, wurde auf eine zeitenthobene Metaphysik rekurriert. Dazu berief man sich auf das Denken einer von kritischen Einwänden noch freien Vorzeit, namentlich auf Thomas von Aquin.[7] Auf rein philosophischem Wege sollte zunächst nachgewiesen werden, *daß* ein die Welt transzendierender und sie zugleich begründender Gott existiert. Nähere Aussagen darüber, *wie* dieser Gott nun ist, galten als der menschlichen Einsicht entzogen, sie mußten geoffenbart und im Glauben entgegengenommen werden. Die Neuscholastik unterschied aber nicht nur strikt zwischen Natur und Gnade, zwischen menschlichem Erkennen und göttlicher Offenbarung, sondern machte das eine auch zum Konstruktionspunkt des anderen. Genau in diesem Natur-Übernatur-Schema lag das Problem, denn es ließ sich kaum deutlich machen, worin der Zusammenhang zweier eigentlich selbständiger Ordnun-

---

4   Vgl. Alessandro Doni: La riscoperta delle fonti. In: Rino Fisichella (Hrsg.): Storia della teologia. Bd. 3. Rom/Bologna 1996, 443–474.
5   Im folgenden beziehe ich mich, weitgehend auf Einzelnachweise verzichtend, auf meine Studie: Die katholische Rezeption Karl Barths. Theologische Erneuerung im Vorfeld des Zweiten Vatikanischen Konzils. Tübingen 2010 (Beiträge zur historischen Theologie 152).
6   Vgl. Ralph Del Colle: Neo-Scholasticism. In: David Fergusson (Hrsg.): The Blackwell Companion to Nineteenth-Century Theology. Oxford u. a. 2010 (Blackwell Companions to Religion), 375–394.
7   Der Jesuit Joseph Kleutgen (1811–1883) veröffentlichte in der zweiten Hälfte des 19. Jahrhunderts mehrere höchst einflußreiche Werke, in denen er das Denken der „Vorzeit" den seiner Ansicht nach fragwürdigen Bemühungen der damaligen Philosophie und Theologie gegenüberstellte.

gen bestehen sollte. Wegen dieser erheblichen Unzulänglichkeit versuchten viele katholische Theologen, die Neuscholastik zu überwinden und alternative Formen des Denkens zu entwickeln. Einige meinten, daß Karl Barth dabei dienlich sein könne. Hier ist zuallererst Gottlieb Söhngen (1892–1971) zu nennen, der, kurz nachdem Barth an die Universität Bonn gekommen war, ebendort habilitiert wurde. Anstatt bei einem abstrakt-philosophisch erschlossenen Gottesbegriff anzusetzen, ging es ihm um eine Theologie, die sich aus der geschichtlichen Konkretheit der Offenbarung herleitet.[8] Entsprechende Anregungen lieferte ihm die „Kirchliche Dogmatik", mit der er sich intensiv befaßte. Allerdings sollte Söhngen erst nach dem Zweiten Weltkrieg größeren Einfluß erlangen. Er sorgte übrigens für die Habilitation des inzwischen zum Papst gewählten Joseph Ratzinger (*1927), in dessen Œuvre sich ebenfalls zahlreiche Spuren der Beschäftigung mit Barth finden.[9]

Neben Söhngen gab es während der Weimarer Republik und der NS-Zeit viele andere Katholiken, die sich mit dem „Römerbrief" und der „Kirchlichen Dogmatik" auseinandersetzten. Das belegen zahlreiche Artikel, die ebenso in einschlägigen Fachzeitschriften wie im weitverbreiteten, damals erstmals aufgelegten „Lexikon für Theologie und Kirche" erschienen. Zudem entstanden zahlreiche Dissertationen, etwa die von Hermann Volk (1903–1988), später Bischof von Mainz und Kardinal.[10] Mit der „Catholica" wurde sogar eigens eine Zeitschrift gegründet, die sich den Dialog mit der Dialektischen Theologie zur Aufgabe machte. Ungeachtet dessen kam es erst in den vierziger und den fünfziger Jahren zu einer produktiven Aneignung von Barths Denken. Zurückzuführen ist das auf Hans Urs von Balthasar (1905–1988), der sich zu einem der einflußreichsten katholischen Theologen des 20. Jahrhunderts entwickeln sollte.

Die Barth-Rezeption im unmittelbaren Vorfeld des Konzils

Nach dem Germanistik- und Philosophiestudium Jesuit geworden, absolvierte der aus der Schweiz stammende Balthasar in Pullach bei München und in Lyon die gänzlich neuscholastisch geprägte ordensinterne Ausbildung. Im Anschluß arbeitete er zunächst für eine Zeitschrift der Jesuiten

---

[8] Vgl. Gottlieb Söhngen: Analogia entis: Gottähnlichkeit allein aus Glauben? In: Catholica 3 (1934), 113–136; Ders.: Analogia entis: Die Einheit in der Glaubenswissenschaft. In: ebd., 176–208.

[9] Hinweise finden sich bei Hansjürgen Verweyen: Joseph Ratzinger – Benedikt XVI. Die Entwicklung seines Denkens. Darmstadt 2007. Eine eingehende Studie zum Thema steht noch aus.

[10] Vgl. Hermann Volk: Die Kreaturauffassung bei Karl Barth. Eine philosophische Untersuchung. Würzburg 1938 (Abhandlungen zur Philosophie und Psychologie der Religion 47/48).

in München. Als der Zweite Weltkrieg ausbrach, stellten seine Oberen ihn vor die Wahl, entweder Professor in Rom oder aber Studentenseelsorger in Basel zu werden. Wenn er sich ohne Zögern für letzteres entschied, dann nicht zuletzt wegen der Möglichkeit des unmittelbaren Austausches mit Barth. Bei der Lektüre des zweiten, im Jahr 1938 publizierten Teilbands der „Kirchlichen Dogmatik" meinte Balthasar nämlich eine fundamentale Veränderung bemerken zu können: Hatte Barth bislang die Differenz von Gott und Mensch betont, so entfaltete er sein Denken nun von der Einsicht her, daß sich Gott in Jesus Christus zum Gott der Menschen bestimmt hat, Jesus Christus aber zugleich so Mensch ist, wie der Mensch vor Gott sein soll.[11] Für Balthasar war dieser Gedanke deshalb von Interesse, weil er meinte, damit eine theologische Erneuerung auch der katholischen Theologie bewirken zu können. Statt bei einem philosophisch erschlossenen Natürlichen anzusetzen, das nur lose mit dem Übernatürlichen verbunden war, müsse von Jesus Christus ausgegangen werden, in dem Mensch und Gott miteinander vereint seien. Zunächst bemühte sich Balthasar, diesen Gedanken auf das Verhältnis von Natur und Gnade anzuwenden. Anfang der fünfziger Jahre wandte er sich dann, für damalige Verhältnisse erstaunlich offen, nicht etwa nur gegen die Neuscholastik, sondern sogar unmittelbar gegen Thomas von Aquin.[12] Das bedeutete aber keineswegs, er habe Barth in allem zugestimmt. Balthasar bemängelte vielmehr, der Eigenwert des Menschlichen komme zu kurz, wenn Anthropologie im Grunde Christologie sei. Die in der „Kirchlichen Dogmatik" vollzogene Konzentration auf Jesus Christus stellte ihn also ebensowenig zufrieden wie die Neuscholastik. Um eine Alternative zu entwickeln, griff er auf Hegels Dialektik zurück, d.h., er wies der Neuscholastik die Rolle der These zu, dem Denken Barths die der Antithese, um beide in die Synthese hinein aufzuheben: Anstatt vom Philosophisch-Abstrakten zum Theologisch-Konkreten oder umgekehrt vom Theologisch-Konkreten zum Philosophisch-Abstrakten zu gehen, solle das Denken dort ansetzen, wo beides unverkürzt gegeben sei, nämlich bei Jesus Christus, der sowohl das allgemein Menschliche verwirklicht als auch die besondere Offenbarung Gottes ist. Von dieser Einsicht her arbeitete Balthasar, beginnend in den fünfziger Jahren, ein eigenes voluminöses System aus – analog zur „Kirchlichen Dogmatik" und unter stetem Bezug auf sie. In der Folge wuchs die Distanz zwischen ihm und Barth je-

---

[11] Vgl. Hans Urs von Balthasar: Die Krisis der protestantischen Theologie. In: Stimmen der Zeit Bd. 134 (1938), 200f.
[12] Vgl. Hans Urs von Balthasar: Karl Barth. Darstellung und Deutung seiner Theologie. Köln 1951; Ders.: Thomas von Aquin im kirchlichen Denken heute. In: Gloria Dei 8 (1953), 65–76.

doch merklich. Hatten sie zuvor oftmals über Stunden gemeinsam Mozartplatten gehört, lockerte sich ihr Kontakt zunehmend. Barth selbst brachte dies in einem Brief vom Oktober 1962 ins Wort: Wie sich zwei Schiffe auf offener See begegnen, sich freundlich grüßen, dann aber aneinander vorbeifahren, so sei im Rückblick wohl auch ihr Verhältnis zueinander. Er selbst wolle, wie Barth betonte, konsequent und einzig Theologie treiben, was für Balthasar offenbar nicht nachvollziehbar sei. Umgekehrt könne er ihm nicht in ein Jenseits von Philosophie und Theologie folgen, und so schloß er mit dem Wunsch, daß es im Himmel doch besser werden möge.[13] Kurz vor seinem Tod nahm Barth noch an einer Tagung teil, bei der er ebenso wie Balthasar einen Vortrag hielt. Aufeinander eingegangen sind beide aber nicht.[14]

Die Zukunft der Barth-Rezeption

Das Zweite Vatikanische Konzil brachte nicht nur eine umfassende Reform mit sich, welche die katholische Kirche nachhaltig verändert hat. Auch die Theologie schlug ganz neue Wege ein. Die Neuscholastik verschwand in kürzester Zeit, was angesichts des Unbehagens, das ihr gegenüber schon zuvor geäußert worden war, keineswegs verwunderlich ist.[15] Die Rezeption von Karl Barths Denken war ein wichtiger Anstoß zur Erneuerung der katholischen Theologie, und auch in Zukunft dürfte sich die Beschäftigung zumal mit der „Kirchlichen Dogmatik" lohnen. Seit dem Ende der Neuscholastik besteht die Freiheit *von* einem System zeitenthobener Wahrheiten und damit zugleich die Freiheit *zu* einer zeitnahen, sich ihrer Relativität bewußten Form des Denkens. Um diese Form noch stärker als bisher zu entwickeln, kann Karl Barth ein wichtiger Gesprächspartner sein. Bei aller notwendigen Selbstbescheidung, die der Theologie seiner Ansicht nach ansteht, weist er doch auf ihre Aufgabe hin, mehr als nur historisch zu verfahren: „Ob Theologie als Wissenschaft möglich ist, das entscheidet sich nicht darin, ob die Theologen Quellen lesen, geschichtliche Tatsachen als solche beobachten und geschichtliche Zusammenhänge durchdringen, sondern daran, ob sie dogmatisch denken können."[16]

---

[13] Der Brief findet sich im Basler Karl Barth-Archiv unter der Signatur KBA 9262.177 (Karl Barth an Hans Urs von Balthasar, Brief vom 30.10.1962, Durchschlag).
[14] Vgl. Hans Urs von Balthasar / Karl Barth: Einheit und Erneuerung der Kirche. Freiburg/Schweiz 1968 (Ökumenische Beihefte zur Freiburger Zeitschrift für Philosophie und Theologie 2).
[15] Zum Verschwinden der Neuscholastik siehe Michel Fourcade: Thomisme et antithomisme à l'heure de Vatican II. In: Revue Thomiste 108 (2008), 301–325.
[16] Karl Barth: Die protestantische Theologie im 19. Jahrhundert. Ihre Vorgeschichte und ihre Geschichte. Zollikon/Zürich 1947, 384.

Der **Hanns-Lilje-Preis 2010** wurde Herrn Gregor Emmenegger, Freiburg/ Schweiz, für seine Arbeit „Der Text des koptischen Psalters aus al-Mudil" verliehen.

Der Text des koptischen Psalters aus al-Mudil

Gregor Emmenegger

Der Codex aus al-Mudil gehört zu den Prunkstücken des Koptischen Museums in Kairo. Der in ihm erhaltene Text ermöglicht vielfältige Einsichten in die Textgeschichte der Bibel.

Al-Mudil befindet sich in Mittelägypten, in der Nähe des antiken Oxyrhynchos. 1984 wird dort ein Gräberfeld ausgegraben, das im vierten Jahrhundert nach Christus angelegt worden ist. Die Gräber sind ärmlich, man entdeckt neben den mumifizierten sterblichen Überresten etwas Holzschmuck und Amulette. Mit einer Ausnahme: In einem Grab findet man die Mumie eines jungen Mädchens. Unter ihrem Kopf liegt eine Pergamenthandschrift der biblischen Psalmen. Der Codex ist in Mesokemisch abgefasst, einem koptischen Dialekt – der Alltagssprache der Bauern in der Region um Oxyrhynchos im vierten Jahrhundert. Aufgrund seines hohen Alters und seiner selten überlieferten Sprache war der Fund eine Sensation.[1] Doch noch interessanter ist der in ihm enthaltene Text. Warum?

Gregor Emmenegger, Lehr-und Forschungsrat an der Universität Freiburg/Schweiz, Träger des Hanns-Lilje-Preises 2010

Die Antwort auf diese Frage hängt mit dem Göttinger Professor Alfred Rahlfs zusammen. Diesem gelang es vor etwa hundert Jahren, eine Geschichte des Textes des griechischen Psalters, des sogenannten Septuaginta-Psalters, zu rekonstruieren.[2]

---

[1] Die Ausgrabung ist nicht dokumentiert worden, und auch die übrigen Fundgegenstände sind nicht auffindbar, so dass genauere Angaben nicht möglich sind. Vgl. Gawdat Gabra, Der Psalter im oxyrhynchitischen (mesokemischen / mittelägyptischen) Dialekt, Heidelberg 1995.

[2] Alfred Rahlfs, Der Text des Septuagintapsalters (Septuagintastudien 2), Göttingen 1907.

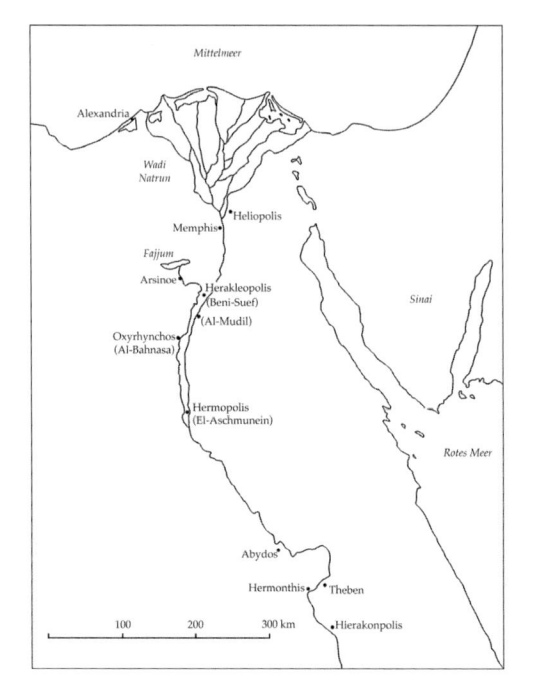

Abbildung 1: Karte Ägyptens in der Spätantike. Moderne Namen sind in Klammern gesetzt.

Abbildung 2: Der Mudil-Codex (© Koptisches Museum Kairo)

Die Psalmen sind ursprünglich auf Hebräisch verfasst. Im zweiten Jahrhundert vor Christus wurden sie in die damalige Verkehrssprache Griechisch übersetzt – zu einer Zeit also, als der hebräische Text selbst noch nicht festgelegt war. Es gab mehrere verschiedene Versionen der Psalmen. Auch die neu entstandene griechische Übersetzung befand sich im Fluss. Weil die Übersetzer manchmal sklavisch wörtlich und manchmal sehr frei gearbeitet haben, wurde sie in den folgenden Jahrhunderten immer wieder korrigiert und ausgebessert. Diese griechische Übersetzung fand weite Verbreitung in der jüdischen Diaspora und wurde zum Standard bei den frühen Christen.

Wir wissen nicht genau, welchen Psalmentext etwa Paulus auf seinen Reisen verwendet hat. Obwohl viele Handschriften der Psalmen überliefert sind, sind vom vor- und vom frühchristlichen Psaltertext nur noch Spuren erhalten geblieben. Der Grund hierfür ist folgender: Wie bei dem bekannten Flüsterspiel haben sich mit den Jahrhunderten von Kopist zu Kopist Fehler in den Text eingeschlichen. Es wurde geschickt und weniger geschickt korrigiert, ausgebessert und angepasst. Und auch der hebräische Text hat sich gewandelt und ist standardisiert worden. In den grossen Zentren begann man, den griechischen Text der Psalmen konsequent zu überarbeiten. Diese Rezensionen verdrängten den alten Text. Nur an abgelegenen Orten ist die alte Version erhalten geblieben und hat dort ein lokales Gepräge angenommen – zum Beispiel in Oberägypten.

Mit der Christianisierung Ägyptens im dritten Jahrhundert wurde es notwendig, der nicht griechisch sprechenden Bevölkerung die Bibel zugänglich zu machen – sie musste in die Volkssprache Koptisch übersetzt werden. Die in der Folge entstandenen Übertragungen des Alten Testaments sind durchwegs Übersetzungen aus dem Griechischen und nicht aus dem Hebräischen. Und tatsächlich wurde als Vorlage für die oberägyptischen Übersetzungen dieser alte, unrezensierte griechische Psalmentext verwendet. So ist ein allerdings schon recht verderbter Text konserviert worden. Rahlfs spricht anschaulich von einem archaischen, verwilderten Text.

Anders verhält es sich bei dem Mudil-Kodex. Der in ihm enthaltene Text ist frei von vielen dieser sogenannten Verwilderungen. Dennoch zeigt er etliche Merkmale des unrezensierten Textes. Darum war die Hoffnung gross, dass im Mudil-Kodex endlich dieser frühe griechische Text in einer reinen Form greifbar sei. Man hätte so einen Anhaltspunkt, wie die Psalmen zur Zeit der Abfassung des Neuen Testaments ausgesehen hätten, und könnte auf die verwendete hebräische Vorlage rückschliessen. Das ist die Ausgangslage für meine Dissertation.

Um die Frage zu beantworten, ob der Mudil-Kodex diesen unrezensierten Psalmentext wiedergibt, habe ich den Text mit den wichtigsten Textzeugen verglichen: mit den hebräischen und den griechischen Ausgaben aus späterer Zeit, mit der Version aus Qumran sowie mit den verschiedenen griechischen und koptischen Versionen, die meist fragmentarisch auf Papyrus, Pergament oder Holz aus jener Zeit erhalten sind.

An einem Beispiel möchte ich illustrieren, was das bedeutet und von welcher Art die Varianten sind, von denen ich hier spreche:

Ps 63,2 [𝔐 64,2]: קוֹלִי | ⲉⲡⲁϩⲣⲁⲟⲩ M τῆς φωνῆς μου S ⲉⲡⲁϩⲣⲟⲟⲩ Sa^L; φωνῆς μου 2110 LThtSy 55 = 𝔐] τῆς προσευχῆς μου B ⲉⲧⲁⲡⲣⲟⲥⲉⲩⲭⲏ Bo R *orationem meam* LaGaHe

Dies bedeutet: In Psalm 63,2 steht „Höre, Gott, auf" – und der masoretische Text fährt fort: קוֹלִי: „meine Stimme". Der Mudil-Codex (M) liest ⲉⲡⲁϩⲣⲁⲟⲩ, der Sinaiticus (S) τῆς φωνῆς μου und die sahidische Übersetzung nach dem Papyrus von London (Sa^L) ⲉⲡⲁϩⲣⲟⲟⲩ, das bedeutet „die meine Stimme". Auch der Papyrus Bodmer (2110) und die Mehrheitstexte (L Tht Sy 55) lesen φωνῆς μου „meine Stimme", lassen aber den Artikel τῆς aus. Diese Zeugen stimmen alle mit dem masoretischen Text (𝔐) überein. Anders jedoch die unterägyptischen und die abendländischen Zeugen: Sie lesen ⲉⲧⲁⲡⲣⲟⲥⲉⲩⲭⲏ (bohairische Texte), τῆς προσευχῆς μου (Vaticanus) und *orationem meam* (Altlateinische Versionen) – „mein Gebet".

Von solchen Varianten habe ich einige Tausend zusammengetragen. Anschließend habe ich diese Abweichungen gruppiert: Abschreibfehler, Übersetzungsfehler, Korrekturen, Anpassungen und natürlich all jene Differenzen, an denen mein Text mit einem oder mit mehreren der anderen Textzeugen übereinstimmt.

Das Ergebnis erstaunt: Der Mudil-Kodex kann nicht den alten, unrezensierten Text enthalten. Er zeigt Berührungen mit verschiedenen Textzeugen – oft zu sehr alten Versionen, aber an einigen Stellen auch zu den Rezensionen des dritten oder des vierten Jahrhunderts. Mit anderen Worten: Der Text des Mudil-Codex insgesamt kann nicht bedeutend älter sein als der Codex selbst. Die Handschrift ist ein Beispiel dafür, dass man sich in jener Zeit nicht nur in den grossen Zentren der Christenheit um einen guten Text bemüht hat, sondern auch an abgelegenen Orten wie in Mittelägypten. Und dies ist so gut ausgeführt worden, dass der Text auch heute auf den ersten Blick deutlich älter erscheint, als er tatsächlich ist.

Der Grund dafür liegt in der Arbeitsweise: Zwar lassen sich Anzeichen dafür erkennen, dass der Redaktor des al-Mudil-Codex über eine exegetische Bildung verfügte. Doch er verfolgte andere Motive und wendete andere Methoden an als die hochgelehrten Exegeten Origenes, Lukian oder Hieronymus, die in jener Zeit am Bibeltext arbeiteten. Es ging ihm nicht darum, seinen Text an der, wie Hieronymus es nennt, „hebraica veritas", der hebräischen Wahrheit zu messen.

Oxyrhynchos entwickelt sich in jener Zeit zu einem monastischen Zentrum. Aus dem ganzen Reich kommen Leute, um bei den berühmten Wüstenvätern in Askese und Mystik unterwiesen zu werden. Der Psalter spielt im religiösen Leben der Mönche eine zentrale Rolle – viele können ihn auswendig. Doch nicht zuletzt beim gemeinsamen Psalmenbeten müssen Differenzen verschiedener Textversionen aufgefallen sein. Diesen Mangel will der Redaktor beheben. Er erstellt einen Kompromisstext zum alltäglichen Gebrauch in der Sprache seines Wohnortes. Zu diesem Zweck vergleicht er griechische und koptische Psalter, die schon im Umlauf sind und denen eine gewisse Autorität zugeschrieben wird. Er erarbeitet daraus einen Mischtext, eine Art „Einheitsübersetzung". Er versucht, bei differierenden Varianten allen Vorlagen möglichst gerecht zu werden. Manchmal passt er den Text sogar seinen eigenen theologischen Vorstellungen an. Nur so lassen sich die zahlreichen Sonderlesarten und Harmonisierungen wie auch die unterschiedlichen Abhängigkeiten und Berührungen erklären.

Weitere Untersuchungen zeigen, dass in Oxyrhynchos einige andere Texte zur selben Zeit in vergleichbarer Weise überarbeitet worden sind. Der Übersetzer kann folglich als Exponent einer lokalen Schule gelten. Die Arbeitsmethode, die sich an den Psalmen des Mudil-Kodex gut dokumentieren lässt, ist zudem bei Zeugen des griechischen Neuen Testaments nachweisbar.

Der Text des Psalters aus al-Mudil verdient in der Textgeschichte der Bibel einen Ehrenplatz. Er ist ein wichtiger Zeuge für zum Teil sehr alte Textvarianten. Vor allem aber ist er ein faszinierendes Beispiel dafür, wie im Ägypten des vierten Jahrhunderts mit Bibeltexten umgegangen wurde. Der Codex bezeugt die auch heute noch nicht selbstverständliche Einsicht, dass Heilige Schrift nur in verschiedenen Versionen zugänglich ist. Heilige Texte haben ihre Geschichte, sie verändern sich mit den Jahrhunderten und müssen deshalb studiert und gepflegt werden, sei es hier am Septuaginta-Unternehmen oder in einem spätantiken ägyptischen Kloster.

Der **Hanns-Lilje-Preis 2010** wurde Herrn Christopher Spehr, Münster, für seine Arbeit „Luther und das Konzil. Zur Entwicklung eines zentralen Themas in der Reformationszeit" verliehen.

Das Konzil als Reformationsort?
Martin Luthers Position zur Institution der allgemeinen Kirchenversammlung

CHRISTOPHER SPEHR

Christopher Spehr, Privatdozent an der Evangelisch-Theologischen Fakultät der Westfälischen Wilhelms-Universität Münster und Lehrstuhlvertreter für Kirchengeschichte an der Friedrich-Schiller-Universität Jena, Träger des Hanns-Lilje-Preises 2010

„Jetzt aber ist ganz Deutschland in hellem Aufruhr. Neun Zehntel erheben das Geschrei: ‚Luther' und für das übrige Zehntel, falls ihm Luther gleichgültig ist, lautet die Losung: ‚Tod dem römischen Hofe!' Jedermann fordert und kreischt ‚Konzil', ‚Konzil', will es in Deutschland haben, und selbst die, welche am meisten für uns, ja für sich selbst sorgen sollten, wollen es teils aus Furchtsamkeit, teils aus Trotz, teils aus anderen Absichten."[1]

Es war kein geringerer als der päpstliche Nuntius Aleander, der diese Worte 1521 vom Reichstag zu Worms nach Rom meldete. Überdeutlich skizzierte er die doppelte Gefahr, die sich für die römische Kurie im Heiligen Römischen Reich deutscher Nation zusammenbraute und in Worms zu vereinigen schien: Die Begeisterung für Luther und dessen neue Lehre und die Forderung nach einem Konzil als Ort der Kirchenreform. In der Tat war es Martin Luther selbst gewesen, der im Spätsommer

---

[1] Siehe Paul Kalkoff (Hg.), Die Depeschen des Nuntius Aleander vom Wormser Reichstag 1521 (SVRG 17), Halle a. d. Saale 1886, 43 Nr. 6 (Aleander an den Vizekanzler Medici, Worms [8.2.1521]). – Die Abkürzungen orientieren sich an: Abkürzungen Theologie und Religionswissenschaften nach RGG[4], Tübingen 2007.

1520 das Konzil als Reformationsort öffentlichkeitswirksam gefordert hatte. In seiner Adelsschrift² hatte er die weltliche Obrigkeit aufgefordert, die Reform der Christenheit persönlich in die Hand zu nehmen und ein Konzil einzuberufen. Seitdem bestimmte der Ruf nach einem Konzil das kirchenpolitische Tagesgeschäft.

Aber was verstand derjenige, der die Reformation angestoßen hatte, genauer unter einem Konzil? Und inwiefern konnte es für Luther als Reformationsort dienen? Auf diese von der Reformationsgeschichtsforschung bisher vernachlässigten Fragen möchte ich meine skizzenhaften Ausführungen anhand von fünf Punkten konzentrieren. Für die umfangreicheren Zusammenhänge verweise ich auf meine Studie „Luther und das Konzil".³

I.

Seit der Zeit der Alten Kirche bilden die Konzilien die zentralen Leitungs- und Entscheidungsgremien der Christenheit. Im Verlauf des Mittelalters etablierte sich in der lateinischen Westkirche ein differenziertes System von Diözesan- und Provinzialsynoden sowie von Gesamtkonzilien, das im 14. und im 15. Jahrhundert theologisch und kirchenrechtlich reflektiert und in wachsender Konkurrenz zur päpstlichen Gewalt pointiert wurde. Als Instrument der Kirchenreform und zur Abstellung des päpstlichen Schismas erhielten die Reformkonzilien des 15. Jahrhunderts – allen voran das Konzil von Konstanz (1414–1418) – für die katholische Kirche wegweisende Bedeutung.⁴ Weil das Papsttum in der Folgezeit erneut erstarkte, kam es zu heftigen Auseinandersetzungen über die leitende Kirchentheorie. Die Vertreter des „Konziliarismus" stritten für eine kollegiale Leitung der Kirche mittels eines Konzils als oberster Autorität, während die Vertreter des „Papalismus" erfolgreich für die souveräne Primatstellung des römischen Papstes kämpften.

Der junge Theologieprofessor Martin Luther gehörte vor 1518 weder der konziliaristischen Partei an, noch hegte er besondere Neigungen zu historischen Konzilien oder zur Konzilsidee. Über die Institution des Konzils äußerte er sich in seinen erhaltenen Schriften kaum. Erst durch den Ablassstreit und die Eröffnung des kurialen Ketzerverfahrens sollte sich dies

---

2   Siehe Martin Luther, An den christlichen Adel deutscher Nation von des christlichen Standes Besserung (1520), in: WA 6; (381) 404–469.
3   Vgl. Christopher Spehr, Luther und das Konzil. Zur Entwicklung eines zentralen Themas in der Reformationszeit (BHTh 153), Tübingen 2010.
4   Vgl. z. B. Jürgen Miethke und Lorenz Weinrich (Hg.), Quellen zur Kirchenreform im Zeitalter der großen Konzilien des 15. Jahrhunderts. 2 Teile (AQDGMA 38), Darmstadt 1995–2002.

ändern. Im Streit um die Autorität des Papstes begann er, der Institution des Konzils zunehmend Aufmerksamkeit zu schenken. Das allgemeine Konzil galt ihm jetzt als Approbationsinstanz kirchlicher Lehren, alleinige Entscheidungsinstanz in Glaubensdingen und Ort kirchlicher Reformen.[5] Außerdem definierte er das Konzil als Repräsentation der Gesamtkirche. Kriterium für seine Rechtmäßigkeit war die Versammlung im Heiligen Geist.[6] Damit schloss sich Luther dem konziliaristisch geprägten Konzilsverständnis an. Aber anders als von seinem Gegner Silvester Prierias vermutet, entwickelte Luther hieraus kein konziliaristisches System. Er bediente sich konziliarer Argumente nur, um das Papstamt zu kritisieren und um seine zunehmend christologisch fundierte Ekklesiologie zu ventilieren. Gleichwohl diente die Institution des Konzils seiner persönlichen Verteidigung.

Im Herbst 1518 hatte sich der Ketzerprozess gegen Luther zugespitzt. Weil Luther seine Lehre nicht widerrufen hatte, ging es für ihn jetzt um Leben und Tod. In dieser für Luther höchst dramatischen Situation trat er Ende November 1518 in der Wittenberger Fronleichnamskapelle vor Notar und Zeugen und ließ eine beurkundete Konzilsappellation anfertigen. Mit diesem juristischen Schritt hoffte er, den Ketzerprozess vom Papst an ein künftiges, im Heiligen Geist versammeltes Konzil delegieren zu können.[7] Dass der Papst eine solche Appellation längst verboten hatte, interessierte Luther und seine Rechtsberater herzlich wenig.

II.

Die Entwicklung von Luthers Konzilsverständnis wurde im Jahr 1519 durch die Leipziger Disputation[8] elementar beschleunigt und grundsätzlicher als zuvor ihren spätmittelalterlichen Formen entwunden. In Leipzig stritten Johannes Eck und Luther um die Bedeutung der kirchlichen Autoritäten. Während sich Eck darauf konzentrierte, Luther als Ketzer zu entlarven, hoffte Luther den päpstlichen Primatsanspruch mit Hilfe der altkirchlichen Konzilien als widerchristlich zu plausibilisieren. Im Streit um die Bedeutung des Konstanzer Konzils, auf dem Jan Hus als Ketzer verurteilt worden war, rang Eck seinem Gegner die sensationelle Aussage ab: Konzilien können nicht nur irren, sondern sie haben – wie in Konstanz

---

5 Vgl. Spehr, Luther, 42–51.
6 Siehe WA 1; 656,36f.; WA 2; 36,17f.
7 Siehe WA 2; (34) 36–40.
8 Zur Leipziger Disputation vgl. Kurt-Viktor Selge, Die Leipziger Disputation zwischen Luther und Eck, in: ZKG 86 (1975), 26–40; Anselm Schubert, Libertas Disputandi. Luther und die Leipziger Disputation als akademisches Streitgespräch, in: ZThK 105 (2008), 411–442.

geschehen – auch bisweilen geirrt.⁹ Das war eine für die römische Amtskirche und romkritische Konziliaristen gleichermaßen unerhörte Aussage! Zwar suchte Luther seinerseits das altkirchliche Konzil von Nicäa aus dem Jahr 325 gegenüber dem Konstanzer Konzil aufzuwerten, doch ließ Eck eine Autoritätendifferenzierung der Konzilien nicht zu. Für ihn war Luther jetzt ein Ketzer, da er die souveräne Autorität der Konzilien in Frage gestellt hatte.¹⁰

Nach der Leipziger Disputation ging Luther seinen eingeschlagenen reformatorischen Weg konsequent weiter. Die Heilige Schrift galt ihm jetzt als höchste kirchliche Norm. Einem Konzil kam daher nur dann Autorität zu, wenn es sich ausschließlich an der Heiligen Schrift orientierte. Weil nach Luthers Meinung dieses Kriterium den jüngeren, päpstlichen Konzilien mangelte, hätten ihre Beschlüsse keine Autorität. Im Jahr 1520 entfaltete Luther sein schriftorientiertes Konzilsverständnis.

III.

Parallel zur Kritik an den päpstlichen Konzilien begann Luther, ein Konzil für kirchenpraktische Reformen wie die Zulassung des Laienkelchs beim Abendmahl und die Wiedereinführung der Priesterehe zu fordern.¹¹ Weil vom Papsttum keine Reform der Kirche zu erwarten war, die Christenheit aber im Glauben und im Leben durch das Evangelium gebessert werden musste, wandte sich Luther in dieser Notsituation an die weltliche Obrigkeit. Wie einleitend bereits betont, forderte er in seiner Adelsschrift Kaiser, Fürsten und politische Mandatsträger auf, die Besserung der Kirche voranzutreiben und ein Reformkonzil einzuberufen. Bezüglich des Konzilsverständnisses trat in der Adelsschrift erstmals Luthers gereifte reformatorische Konzilskonzeption an die Öffentlichkeit. Ausdruck fand diese neue Konzeption in dem Begriff des „freien, christlichen Konzils".¹² „Frei" bedeutete hierbei für das Konzil, frei vom Papst mit dessen Dekreten zu sein, und für die Konzilsteilnehmer, frei ihre Meinung äußern zu dürfen. „Christlich" war das Konzil, wenn es sich nach der Heiligen Schrift richtete, sich vom Heiligen Geist leiten ließ und sich als christliche Gemeindeversammlung verstand.¹³ Außerdem sollte es alle christlichen Gemeinschaften – und nicht nur die römische Kirche – versammeln.

---

9   Siehe WA 59; 500, 2081–2083.
10 Vgl. Spehr, Luther, 138–163.
11 Siehe u. a. WA 2; 742,24–26; WA 6; 146,13f.
12 Siehe u. a. WA 6; 413,27–29.
13 Vgl. Spehr, Luther, 217–233.

Mit diesen grundlegenden Erkenntnissen waren die herrschenden kirchlichen Konzilsvorstellungen obsolet geworden. Jetzt ermöglichte das reformatorische Konzilsverständnis einerseits die Verurteilung der päpstlichen Konzilien und ihrer Beschlüsse. Andererseits eröffnete es Luther die Indienstnahme des Konzils als Ort für Kirchenreformen. Es war die Institution des „freien, christlichen Konzils", an die er 1520 in Reaktion auf die Bannandrohungsbulle erneut appellierte.[14] Das „freie, christliche Konzil" galt ihm nun als angemessener Reformationsort. Und es galt ihm als der Ort, an dem eine unparteiische Entscheidung über seine evangeliumsgemäße Lehre gefällt werden konnte.

IV.

Allerdings trat in dem Maße, in dem sich Luthers Schriftprinzip manifestierte, seine Konzilsforderung signifikant zurück. Zudem erfuhr der mittlerweile von der Kirche gebannte Mönch auf dem Wormser Reichstag 1521, dass dieses Gremium keineswegs zur Prüfung seiner Lehre bereit war, sondern ihn – trotz großer Sympathie im Vorfeld – mit der Reichsacht belegte. Als zentraler Beweis für Luthers Ketzerei diente in Worms – von der Forschung bisher übersehen – dessen Konzilskritik und Konzilsappellation.

Seit Sommer 1521 galt Luthers Hauptanliegen der kirchlichen Reform oder Reformation, die aber nicht mehr durch ein Konzil – auch nicht durch ein freies, christliches Konzil –, sondern allein durch Gottes Wort herbeigeführt werden sollte. Ihre Umsetzung übertrug Luther der Verantwortung der christlichen Ortsgemeinde und ihrer Pfarrer.[15] Für Luther hatte das Konzil als Reformationsort ausgedient.[16] Selbst die drängenden kirchenorganisatorischen Fragen wollte Luther nicht durch eine Synode oder ein Provinzialkonzil geklärt wissen. Seine Abneigung gegen das konziliare Entscheidungsforum begründete er mit dem Hinweis, dass durch Konzilien nur neue menschliche Gesetze eingeführt würden, die dem Evangelium die Freiheit raubten.

---

[14] Siehe WA 7; (74) 75–82.
[15] Vgl. Spehr, Luther, 338–355.
[16] Siehe WA 12; 238,20–24: Auff das wort wagen wyrs und thuns, nur zu trotz und zu widder allen Conciliis, kirchen, allen menschen setzen, allen gelübden, gewonheytten, und was da widder seyn möcht oder yhe gewesen ist. Augen und oren zu, und nur gottis wort yns hertz gefasset!

V.

Luthers ablehnende Haltung zur Institution des allgemeinen Konzils blieb dennoch nicht sein letztes Wort. Während Luther dem Konzil keine positive Gestaltungskraft im Reformationsprozess mehr zuwies, hatten die Reichsstände das Konzilsthema in den 1520er Jahren aufgegriffen und zur Klärung der Glaubensfrage profiliert. Im kirchenpolitischen Ringen um die wahre Lehre übernahmen die Reichsstände Luthers 1520 entfalteten Begriff eines „freien, christlichen Konzils". Sie ergänzten ihn um die Forderung „in deutschen Landen".[17]

Neu belebt wurde die Diskussion um das Konzil, als der Papst mit seiner Konzilsausschreibung nach Mantua 1537 vermeintlich ernst machte. Durch seine 1520 vorgegebenen Linien war Luther auf den Diskurs bestens vorbereitet und griff jetzt erneut auf seine damals entwickelte Formel zurück. Luther votierte gegenüber seinem Landesherrn für eine Konzilsteilnahme der Protestanten unter der Bedingung, dass der Kaiser und somit die weltliche Obrigkeit das Konzil leite. Auf dem Konzil sollte nach Luthers Meinung keineswegs über die evangelische Lehre entschieden werden. Vielmehr sah Luther in dem allgemeinen Konzil einen Ort, an dem den Altgläubigen der evangelische Glaube öffentlichkeitswirksam vermittelt werden könne. In diesem „missionarischen" Sinne konnte er ein Konzil als Reformationsort erneut propagieren.

Institutionell war das Konzil für ihn nichts anderes als ein Konsistorium, Hofgericht oder Kammergericht, das in durch Irrlehren bedrohten Notzeiten zusammenkomme und das Evangelium verteidige. In seiner bedeutenden Schrift „Von den Konziliis und Kirchen"[18] eignete er die Aufgabe der täglichen Glaubensverteidigung den Pfarrern und Schulmeistern zu. Zukunftsgewandt betonte er: „Denn wo wir die Concilia ja nicht haben können, so sind die Pfarrhen und Schulen, wiewol kleine, doch ewige und nützliche Concilia."[19]

---

17 Vgl. DRTA. JR 3; 447–452 (Mandat des Reichsregiments vom 6. März 1523).
18 WA 50; (488) 509–653.
19 WA 50; 617,22–24.

Der **Physik-Preis 2010** wurde Frau Corinna Kollath, Palaiseau/Frankreich, in Anerkennung ihrer Arbeiten zur „Dynamik quantenmechanischer Vielteilchensysteme weit weg vom Gleichgewicht" verliehen.

Dynamik in ultrakalten Atomgasen

Corinna Kollath

Corinna Kollath, Chargé de Recherche (CNRS) im Centre de Physique Théorique der Ecole Polytechnique (Palaiseau) und Chaire Junior, Triangle de la Physique in Frankreich, Trägerin des Physik-Preises 2010

Einleitung

Ultrakalte Atome bilden einen der kältesten Plätze im Universum. Atome werden heutezutage in mehreren Laboren auf dieser Erde durch Licht abgebremst und eingefangen. Da die sehr kalten Atome durch die Lichtfelder im Vakuum gehalten werden, haben sie kaum Kontakt zu ihrer Umgebung. Was passiert, wenn man diese normalerweise gut isolierten Atome stört? Wie verhält sich ein einzelnes Atom, wenn man es in einen „See" von anderen ultrakalten Atomen einbringt? Behält dieses Teilchen seinen Teilchencharakter und stößt mit den anderen Atomen wie Bälle (Abbildung 1)? Oder verhält es sich wie ein Tropfen, der ins Wasser fällt und nur kollektive Wellen hervorruft?

Wir werden diese Fragestellung im Folgenden in eindimensionalen stark wechselwirkenden Quantengasen, d. h. in sehr kalten Gasen, diskutieren und die Aufspaltung des Teilchens in kollektive Anregungen, die sogenannte Spinladungstrennung, finden.

Das Verständnis und die Kontrolle dieser Quantendynamik ist nicht nur von fundamentalem theoretischen Interesse, sondern wird eine entscheidende Rolle für den zukünftigen technologischen Fortschritt spielen. Ein Beispiel ist die Miniaturisierung technischer Geräte wie zum Beispiel des Computers. Schon in heutigen Computern beruht die Speicherung

Abbildung 1: links: Ein Ball fällt in ein Meer von Bällen (B. Middelberg), rechts: Ein Tropfen fällt ins Wasser (PhotoDisc, Inc).

eines Bits, der kleinsten Einheit der Daten, auf wenigen hundert Elektronen. Diese Entwicklung wird in nächster Zukunft an ihre Grenzen stoßen, wenn nicht Quantenbausteine eingesetzt werden können, in denen schon einzelne Elektronen kontrolliert werden.

Das Bose-Einstein-Kondensat

In den letzten Jahrzehnten haben es Forscher geschafft, Atome mit der Hilfe von intensivem Laserlicht und starken magnetischen Feldern zu zähmen. Ultrakalte Atomgase werden mit optischen oder mit magnetischen Feldern im Ultrahochvakuum gefangen und sind daher nahezu perfekt von der Umgebung isoliert. Der Fortschritt, Laserlicht zu verwenden, um Atome zu fangen und zu kühlen, hatte derart weite Auswirkungen, dass im Jahre 1997 ein Nobelpreis für diese Entdeckung verliehen wurde. In den folgenden Jahren konnten Atome in Kombination mit anderen Techniken zu vorher unvorstellbar tiefen Temperaturen, einem millionstel Grad über dem absoluten Nullpunkt, gekühlt werden. Bei solch tiefen Temperaturen kommen Quanteneffekte ans Licht.

Die Temperatur eines solchen atomaren Gases kann durch die Geschwindigkeit der Atome charakterisiert werden: Bei Raumtemperatur bewegen sich die Atome mit Geschwindigkeiten von mehreren hundert Metern pro Sekunde. Diese Geschwindigkeiten sind ähnlich denen von Flugzeugen. Nach dem Kühlprozess hingegen sind die Atome fast bis zum Stillstand hin abgebremst. Ihre Durchschnittsgeschwindigkeit – wenige Millimeter pro Sekunde – ist langsamer als die einer Schnecke. Bei derart tiefen Temperaturen können bosonische Atome nicht mehr als einzelne Teilchen betrachtet

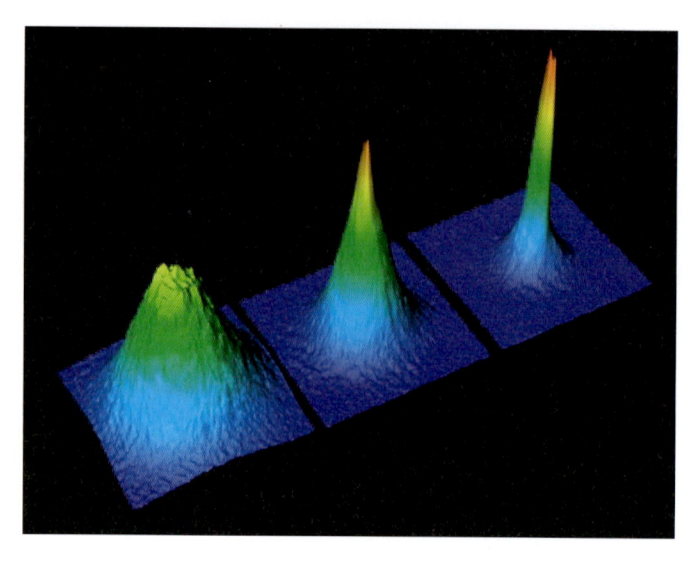

Abbildung 2: Geschwindigkeitsverteilung kalter bosonischer Gase beim Kühlen bis zur Bose-Einstein-Kondensation. Die Temperatur sinkt von links nach rechts. (T. Esslinger, ETH Zürich).

werden, sondern bilden einen kollektiven Zustand, das sogenannte Bose-Einstein-Kondensat. Diesen kollektiven Zustand, in dem eine makroskopische Anzahl von Atomen im selben Quantenzustand sind, kann durch eine grosse Welle verbildlicht werden. Damit konnte endlich der Effekt der Kondensatbildung, der von Bose und Einstein vor mehr als 80 Jahren vorhergesagt worden ist, im Labor realisiert werden.

In Abbildung 2 zeigen wir den experimentellen Nachweis eines Bose-Einstein-Kondensats. In den verschiedenen Teilfiguren wird die gemessene Geschwindigkeitsverteilung der Atome bei verschiedenen Temperaturen gezeigt. Die erst noch sehr breite Geschwindigkeitsverteilung entwickelt sich mehr und mehr zu einer sehr starken Spitze, die das Bose-Einstein-Kondensat signalisiert. In einem solchen Bose-Einstein-Kondensat, für dessen Herstellung 2001 der Nobelpreis verliehen wurde, hat man eine sehr gute Kontrolle über die Atome, so dass viele Grundsatzfragen untersucht werden können.

Dynamik in eindimensionalen Systemen

Zusätzlich können mit optischen, laserinduzierten Potentialen atomare Gase auf der Nanometerskala strukturiert werden. Dazu gehören künstliche

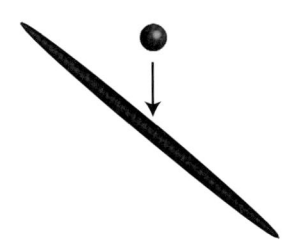

Abbildung 3: Skizze des Hinzufügens eines einzelnen Atoms mit Teilchencharakter zu einer Flüssigkeit von Atomen.

periodische Potentiale, sogenannte optische Gitter, die durch entgegengesetzt laufende Laserstrahlen gebildet werden, und niedrigdimensionale Strukturen. Für die niedrigdimensionalen Strukturen wird der extrem starke Einschluss des optischen Potentials ausgenutzt, um die Atombewegung auf eine oder zwei Dimensionen zu beschränken.

Niedrigdimensionale Systeme weisen viele unerwartete Effekte auf. Eindimensionale klassische Systeme haben die Besonderheit, dass die Teilchen sich nicht aneinander vorbeibewegen können. Diese Besonderheit kann man sehr einfach verstehen, wenn man sich Bälle in einem Rohr anschaut. In einem engen Rohr können die Bälle sich nur hintereinander her bewegen. Sobald ein Ball stoppt, können die anderen nicht vorbei. Ist es dagegen ein breites Rohr, können die Bälle aneinander vorbei. Daher kann die Dynamik der Bälle sich in den beiden Situationen sehr unterscheiden. Genauso treten in Quantensystemen wichtige Effekte durch die Einschränkung der Bewegungsfreiheit auf.

In einem eindimensionalen kalten Gas verhalten sich Atome wie Wellen statt wie einzelne Teilchen. Man nennt diesen Zustand auch die Luttinger-Flüssigkeit, in dem es keine teilchenartigen Anregungen mit der üblichen Dispersion $E(k) \propto k^2$ mehr gibt, sondern nur kollektive Anregungen wie zum Beispiel Dichtewellen mit linearer Dispersion $E(k) \propto k$.

Ein sehr unintuitiver und faszinierender Effekt taucht auf, wenn ein Atom aus einem separaten Reservoir zu einer Luttinger-Flüssigkeit hinzugebracht wird (Einteilchenanregung) (siehe Abbildung 3).

Generell trägt ein Atom zwei Eigenschaften: seinen Spin, der auf oder ab zeigen kann, und seine Ladung für geladene Teilchen bzw. seine Dichte für neutrale Atome[1]. Wenn es zu den anderen Atomen gebracht wird, verliert es seinen Teilchencharakter. Es verschmilzt mit den anderen Atomen und

---

[1] Wir verwenden im folgenden aus historischen Gründen das Wort Ladung, auch wenn wir neutrale Atome betrachten.

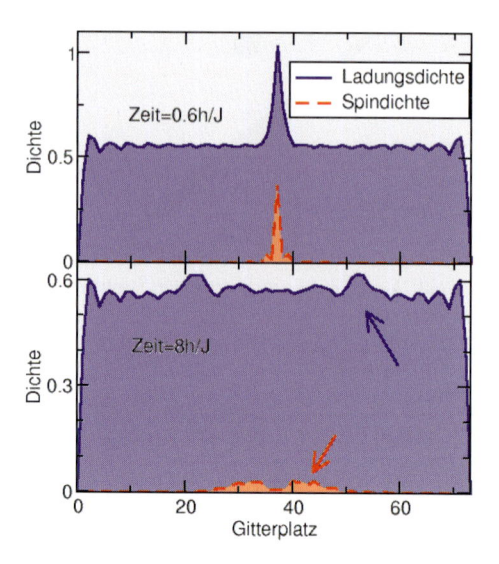

Abbildung 4: Spinladungstrennung im sogenannten Hubbard-Modell, einem sehr wichtigen Modell in der Quantenphysik. Momentaufnahmen der Zeitentwicklung der Spin- und der Ladungsdichte. Zum Zeitpunkt t = 0 wurde eine Einteilchenanregung in der Mitte erzeugt, die sich in kollektive Spin- und Ladungsanregung auftrennt (siehe Pfeile). Die Existenz von zwei entgegengesetzt propagierenden Anregungen sowohl in der Spin- als auch in der Ladungsdichte ist eine Folge der Symmetrie des betrachteten Systems.

formt zwei kollektive Wellenanregungen, eine im Spin- und eine im Ladungssektor. Diese beiden Anregungen bewegen sich mit unterschiedlichen Geschwindigkeiten, so dass nach kurzer Zeit die Spin- und die Ladungswellen voneinander getrennt sind. Dieses Phänomen wird Spinladungstrennung genannt.

Der beschriebene Effekt steht im Gegensatz zu dem Verhalten in einem typischen System mit drei Dimensionen. Darin behält ein hinzugefügtes fermionisches Teilchen für eine gewisse Zeit seinen Teilchencharakter. Es bewegt sich als sogenanntes Quasiteilchen. Die Eigenschaften des Quasiteilchens können durch die Anwesenheit der anderen Atome geringfügig verändert werden, jedoch trägt es immer wie das ursprüngliche Teilchen sowohl Ladung als auch Spin.

Die Trennung von Spin und Ladung für sehr lange Zeiten kann durch die sogenannte Luttingerflüssigkeitstheorie, einen analytischen Zugang für den Bereich niedriger Energien[2], beschrieben werden.

---

[2] K. Schönhammer, *Interacting Electrons in Low Dimensions*, Kluwer Academic Publishers (2003), T. Giamarchi, *Quantum Physics in One Dimension*, Oxford University Press (2004).

Erst vor wenigen Jahren ist es uns gelungen, die Trennung von Spin und Ladung nach dem Hinzufügen eines fermionischen Teilchens für realistische Systemgrössen (ca. hundert Plätze) zu simulieren[3]. Die numerischen Ergebnisse in Abbildung 4 zeigen eine deutliche Trennung von Spin und Ladung. Sie geben insbesondere Aufschluss über die Zeitskalen, auf denen diese Auftrennung erfolgt. Weiter zeigen sie, dass die Spinladungstrennung als charakteristische Eigenschaft eindimensionaler Systeme über den Bereich kleiner Anregungen hinaus erhalten bleibt.

Zusammenfassung und Ausblick

Die Quantendynamik von starkkorrelierten Vielteilchensystemen führt zu überraschenden Effekten. Wir haben einen davon, die Spinladungstrennung in eindimensionalen Systemen erörtert. Ultrakalte Quantengase ermöglichen heutezutage eine experimentelle Untersuchung dieser Dynamik in einer sehr kontrollierten Weise. Viele spannende Fragestellungen warten darauf, theoretisch und experimentell untersucht zu werden.

Danksagungen

Ich möchte mich an dieser Stelle bei der Akademie der Wissenschaften zu Göttingen für die Auszeichnung und die Gelegenheit bedanken, mein Arbeitsgebiet vorzustellen. Weiter danke ich Prof. Ulrich Schollwöck, Prof. Jan von Delft, Prof. Wilhelm Zwerger, Prof. Thierry Giamarchi und Prof. Antoine Georges für eine fruchtbare Zusammenarbeit und ihre anwährende Unterstützung.

Herausheben möchte ich auch die finanziellen Beiträge des „Triangle de la Physique" und des ANR (FAMOUS).

---

[3] C. Kollath, U. Schollwöck und W. Zwerger, Phys. Rev. Lett. **95**, 176401 (2005). C. Kollath, Physik Journal 8, 40 (2009).

Plenarsitzungen des Berichtsjahres 2010

Sitzung am 8. Januar 2010

> KARIN REICH (Hamburg), eingeführt durch Samuel Patterson:
> Ein neues Blatt in Eulers Lorbeerkranz, durch Carl Friedrich Gauß eingeflochten
> (veröffentlicht in Band 10 der Neuen Abhandlungen)
>
> JOACHIM REITNER:
> „Deep Down Under" – Eine Expedition zu den lebenden Fossilien an den Fischadler- und den Hai-Riffen vor der Ostküste Australiens

Sitzung am 22. Januar 2010

> GERHARD LAUER: Bericht aus seinem Arbeitsgebiet:
> Das Schöne und die Republik. Politische Klassik in Weimar 1800
>
> NORBERT ELSNER:
> Egoismus und Altruismus im Sprachgebrauch der Soziobiologen

Sitzung am 5. Februar 2010

> GERD HASENFUSS:
> Jede Körperzelle hat das Potential zur Stammzelle.
> Bedeutung für die medizinische Grundlagenforschung und die Organregeneration
>
> MICHAEL HECKER:
> Wie viele Proteine braucht das Leben?
> Erkenntnisse aus der bakteriellen Proteomforschung

Sitzung am 9. April 2010 (Preisträgersitzung)
Preisträger des Berichtsjahres 2009

> MAREK KOWALSKI:
> Suche nach astrophysikalischen Neutrinos am Südpol
> (siehe Seite 169)

Philip Tinnefeld:
Fluoreszenzmikroskopie „bottom-up": Von Einzelmolekülen zur Superauflösung
(siehe Seite 177)

Susanne Krones:
„Akzente" im Carl Hanser Verlag. Geschichte, Programm und Funktionswandel einer literarischen Zeitschrift
(siehe Seite 183)

Horst Walter Blanke:
Die „Historik" J. G. Droysens. Ein Editionsprojekt
(siehe Seite 192)

Sitzung am 23. April 2010

Annette Zgoll: Bericht aus ihrem Arbeitsgebiet:
Herausforderung für die Forschung: Altorientalische Mythen
(siehe Seite 301)

Holmer Steinfath: Bericht aus seinem Arbeitsgebiet:
Die praktische Grundfrage als Leitfaden
(siehe Seite 309)

Sitzung am 7. Mai 2010

Hartmut Lehmann:
Wissenschaftler in der Zeit des Nationalsozialismus. Fragen der Aufarbeitung und Bewertung

Norbert Hilschmann:
Adolf Butenandt. Die Wissenschaft, die Macht und die Kommission

Sitzung am 28. Mai 2010 (öffentliche Sommersitzung)

Bert Hölldobler:
Der Superorganismus der Blattschneiderameisen: Zivilisation durch Instinkt
(siehe Seite 99)

Sitzung am 4. Juni 2010

Manfred Eigen:
Nachruf auf Manfred Robert Schroeder
(siehe Seite 122)

RUDOLF SCHIEFFER:
Konzeptionsprobleme einer europäischen Geschichte des Mittelalters
(siehe Seite 230)

JÜRGEN TROE:
Freie Elektronen als physikalisch-chemische Werkzeuge und Quantenobjekte

Sitzung am 18. Juni 2010
Wissenschaft und Politik in der DDR

GERD LÜER:
Die Gründung einer wissenschaftlichen Gesellschaft in der DDR und die von der Politik auferlegten Restriktionen
(siehe Seite 238)

WOLFGANG SCHÖNPFLUG (Berlin), eingeführt durch Gerd Lüer:
Ideologie und Pragmatik in der Wissenschaftsorganisation. Der 22. Internationalen Kongress für Psychologie 1980 in der DDR
(siehe Seite 250)

Sitzung am 2. Juli 2010
Auswärtige Sitzung in der Herzog August Bibliothek Wolfenbüttel

HELWIG SCHMIDT-GLINTZER:
Körpertopographie und Gottesferne: Vesalius in China
(siehe Seite 125)

Sitzung am 16. Juli 2010

GÜNTHER PATZIG:
Nachruf auf Erhard Scheibe

ARBOGAST SCHMITT:
Aristoteles und Horaz und ihre Bedeutung für das Literaturverständnis der Neuzeit
(siehe Seite 261)

WERNER LEHFELDT:
„Gauß und die russische Sprache"
(veröffentlicht in Band 10 der Neuen Abhandlungen)

Sitzung am 15. Oktober 2010

>   Klaus Niehr:
>   Bericht aus seinem Arbeitsgebiet:
>   Dokument und Imagination: Das Bild vom Kunstwerk
>   (siehe Seite 319)
>
>   Jens Frahm, Martin Uecker:
>   Echtzeit-MRT: die Zweite
>   (siehe Seite 263)

Sitzung am 29. Oktober 2010

>   Heinz-Günther Nesselrath:
>   Wenn Mythologie politisch wird: War Aeneas der Stammvater Roms oder nicht?
>   (siehe Seite 271)
>
>   Samuel James Patterson:
>   Die Geschichte der Mathematik und die Mathematiker-Nachlaßsammlung der Niedersächsischen Staats- und Universitätsbibliothek

Sitzung am 5. November 2010 (öffentliche Sitzung)

>   Peter Machinist:
>   Biblical Studies and Assyriology. Episodes from the Early History of an Uneasy Relationship
>   4. Julius-Wellhausen-Vorlesung
>   (wird veröffentlicht als Heft 4 der Reihe „Julius-Wellhausen-Vorlesung")

Sitzung am 12. November 2010

>   Wilfried Barner:
>   Den nicht erzählbaren Anfang der Welt erzählen.
>   Über „Chaos" und Genesis in Hesiods Theogonie
>   (siehe Seite 277)
>
>   Gerhard Wörner:
>   Balanceakt Erde. Planetare Voraussetzungen für Intelligenz

Sitzung am 19. November 2010 (Preisträgersitzung)
Preisträger des Berichtsjahres 2010

>BENJAMIN DAHLKE:
>Karl Barth und die Erneuerung der katholischen Theologie
>(siehe Seite 201)

>GREGOR EMMENEGGER:
>Der Text des koptischen Psalters aus al-Mudil
>(siehe Seite 207)

>CHRISTOPHER SPEHR:
>Das Konzil als Reformationsort? Martin Luthers Position zur Institution der allgemeinen Kirchenversammlung
>(siehe Seite 212)

>CORINNA KOLLATH:
>Dynamik in ultrakalten Atomgasen
>(siehe Seite 218)

Sitzung am 20. November 2010 (öffentliche Jahresfeier)

>GERD HASENFUSS (Festredner):
>Stammzellforschung – eine wissenschaftliche und politische Gratwanderung
>(siehe Seite 89)

Sitzung am 3. Dezember 2010

>SERGIUSZ MICHALSKI:
>Modelle von Wissenschaft und Information? Zur Metaphorik von Spinne und Spinnennetzen

>WOLFGANG KÜNNE:
>Goethe und Bolzano
>(wird veröffentlicht in den Neuen Abhandlungen)

Sitzung am 17. Dezember 2010
Gesundheitswesen in Deutschland: Kostenfaktor und Zukunftsbranche

>MATHIAS BÄHR:
>Moderation und Einführung

>KLAUS-DIRK HENKE:
>Von der qualitativen zur qualitativen Erfassung der Gesundheitswirtschaft

Martin Siess:
Die Bedeutung der Universitätsmedizin für die klinische Forschung und Krankenversorgung der Zukunft

Konzeptionsprobleme einer europäischen Geschichte des Mittelalters

(vorgetragen in der Plenarsitzung am 4. Juni 2010)

RUDOLF SCHIEFFER

Nichts hat im 19. Jahrhundert die Erforschung und Darstellung der mittelalterlichen Geschichte so sehr beflügelt und zu gesellschaftlicher Anerkennung gebracht wie das nationale Bewußtsein. Die gemeinsame Vergangenheit der Deutschen so weit wie irgend möglich zurückzuverfolgen, die Eigenart ihres historischen Weges zu ergründen und dabei die Unterschiede zu anderen Nationen zu erkennen, war von höchstem allgemeinen Interesse. Führende Historiker damaliger Zeit begriffen sich als Wegbereiter und Lehrmeister der unter großen politischen Mühen zustande gebrachten deutschen Einheit und prägten ein suggestives Geschichtsbild, das alle Sympathie auf die monarchische Zentralgewalt der mittelalterlichen Kaiser und Könige lenkte und dementsprechend kritisch mit den Gegenkräften umging, also dem eigensüchtigen Partikularismus der Fürsten und erst recht den anmaßenden Eingriffen der Päpste. Das war nicht allein in Deutschland so, auch alle anderen europäischen Nationalbewegungen des 19. und des 20. Jahrhunderts, die griechische wie die belgische, die irische wie die serbische, fußten auf der von Historikern geschürten Wunschvorstellung von einem über weiteste Zeiträume mit sich identisch gebliebenen Staatsvolk, das sich auch nach jahrhundertelanger Fremdherrschaft den Weg zu politischer Eigenständigkeit zu bahnen bestimmt war. Das Mittelalter wurde zum Wurzelgrund der nationalen Selbstbehauptung.

Historische Umbrüche des 20. Jahrhunderts, die ich nicht näher zu schildern brauche, haben dazu geführt, daß zumal in Deutschland, aber keineswegs nur hierzulande, der politische Leitstern der Nation als einer zeitlosen, gewissermaßen apriorischen Größe erheblich an Strahlkraft eingebüßt hat und demgemäß auch die wissenschaftliche Kritik an der undifferenzierten Konstruktion einer deutschen Geschichte seit Arminius, einer französischen seit Vercingetorix, einer italienischen gar seit Romulus und Remus beherrschend geworden ist. An die Stelle der Fixierung auf die Nation, die meines Erachtens wegen ihrer neuzeitlichen Bedeutung stets ein legitimer Gegenstand historischer Reflexion bleiben wird, sind vielfältige andere Horizonte der Historiker getreten, unter denen Europa infolge der politischen Entwicklung nach 1945 und mehr noch seit 1989/90 besonders viele Blicke auf sich zieht.

Sich dem gesteigerten Bedürfnis nach Orientierung über das historisch bedingte Profil unseres Kontinents, über seinen unverwechselbaren Platz in der Welt von gestern und von morgen zu stellen, also europäische Geschichte zu schreiben, sollte nicht als plumpe Anbiederung an den Zeitgeist, als Vereinnahmung durch die jeweils aktuelle Politik beargwöhnt werden, sondern entspricht, wie ich finde, der genuinen Aufgabe des Historikers, seine wissenschaftlich gewonnene Expertise für den gesellschaftlichen Diskurs fruchtbar werden zu lassen. Welche Gefahren dabei tunlichst zu vermeiden sind, kann der Rückblick auf den Überschwang der nationalen Geschichtsbetrachtung früherer Generationen zeigen. So wird es nicht darum gehen dürfen, die politische Einigung der europäischen Völker oder auch bestimmte Konzepte ihrer Einheit vermeintlich zwingend aus den Tiefen der Vergangenheit abzuleiten; vielmehr muß, wie wir es bei der Geschichte der Nationen gelernt haben, auch in diesem Falle die Offenheit des historischen Prozesses betont werden, der in allen Stadien integrierende ebenso wie desintegrierende Faktoren aufweist und von den jeweils handelnden Zeitgenossen nicht in derselben Weise wahrgenommen wurde wie aus der generalisierenden, kategorisierenden Sicht des heutigen um Europa bemühten Historikers. Dieses Europa war so wenig wie seine einzelnen Völker eine historische Größe, für die eine zeitlose Identität beansprucht werden kann, sondern wie alles auf der Welt dem Gesetz des historischen Wandels unterworfen, der es nicht leicht macht, einen roten Faden für seine Darstellung herauszupräparieren.

Natürlich ist es nicht so, als ob der europäische Horizont erst neuerdings von der deutschen (wie auch der internationalen) Mediävistik in den Blick gefaßt worden wäre. Bei wesentlichen Themenfeldern wie der Geschichte des Papsttums und der religiösen Bewegungen, der Kreuzzüge und der Feudalgesellschaft, des Bildungswesens und der literarischen Kultur, des römischen und des kanonischen Rechts lag es seit jeher auf der Hand, daß sie sich ganz überwiegend einer bloß nationalen Betrachtungsweise entziehen. So sind in diesen Bereichen vor und nach 1945 bedeutende Forschungen und Synthesen vorgelegt worden, die sich zwar strenggenommen nicht auf den gesamten Kontinent im geographischen Sinne bezogen, aber doch vom Bewußtsein getragen waren, einen gemeinsamen Wurzelgrund der Völker des lateinisch-christlichen Europa im Mittelalter aufzudecken. Anders waren und sind schon von der Sache her die Bedingungen bei der Geschichte der Könige und ihrer Reiche, die seit dem Zerfall des *regnum*

Francorum im 9./10. Jahrhundert wie schon zur Völkerwanderungszeit wieder in der Mehrzahl auftraten und bis ins Spätmittelalter ständig an Zahl zunahmen, aber sich erst mit Beginn der Neuzeit zu einem funktionellen „europäischen Staatensystem" formierten. Als dessen spezifisch mittelalterliche Vorstufe hat man zumal von deutscher Seite gern die Vorrangstellung des römisch-fränkischen, später römisch-deutschen Kaisertums oder auch das Nebeneinander von lateinischem und griechischem Imperium aufgefaßt, doch handelt es sich dabei um Phänomene von bloß relativer und im Laufe der Jahrhunderte rapide abnehmender Tragweite, worauf sich schwerlich ein überzeugendes politikgeschichtliches Gesamtbild des europäischen Mittelalters gründen ließe. So kommt es, daß gerade in dieser zentralen Hinsicht bis heute eine individualisierend-nationalgeschichtliche Optik vorherrscht und eine gesonderte Behandlung nach Einzelreichen nahelegt, sobald es darum gehen soll, die politische Entwicklung Europas im Mittelalter nachzuzeichnen.

Ich lasse dahingestellt, inwieweit auch künftig Bedarf nach solchen additiven Entwürfen eines „Europa der Vaterländer" besteht, und wende mich der Frage zu, ob sich im Lichte der jüngsten Fachdiskussion andere Ansatzpunkte denken lassen, um der Totalität des mittelalterlichen Europa darstellerisch besser gerecht zu werden.

Nach den Erfahrungen mit dem Bemühen, eine vertretbare Eingrenzung für die Geschichte der Deutschen zu finden, die erst vom 11. Jahrhundert an in nennenswerter Häufigkeit als *Theutonici* begrifflich in Erscheinung treten, zuvor also mangels spezifischer Fremd- und Selbstbezeichnung kaum als eine ihrer selbst bewußte historische Größe anzusehen sind, könnte es lohnen, von der Verbreitung und dem Sinngehalt des Terminus *Europa* auszugehen, der ebenso wie übrigens *Germania* als rein geographische Kategorie ohne politische Konnotation vom Altertum dem Mittelalter überliefert worden ist. Europäische Geschichte an das Kriterium zu binden, daß Europa und die Europäer explizit zur Sprache gebracht sind, wäre an sich plausibel, doch haben intensive Forschungen schon seit den 50er Jahren des 20. Jahrhunderts ergeben, daß einschlägige Quellenbelege viel zu spärlich und zu vieldeutig sind, als daß sich (allein) daraus eine Geschichte des europäischen Mittelalters ableiten ließe. Von den *Europenses*, die gemäß einer vereinzelten spanischen Quelle 732 bei Tours und Poitiers die vordringenden Araber aus dem Feld geschlagen haben, bis zu Enea Silvio Piccolomini, der 1458, fünf Jahre nach der Einnahme Konstantinopels durch die Osmanen, eine Schrift mit dem Titel „Europa" verfaßt hat, erstreckt sich eine eher disparate Kette von Reminiszenzen an das traditionelle Wissen von den drei Erdteilen Asien, Europa und Afrika, das vor allem in Situationen der äußeren Bedrohung zu mobilisieren war. Europa war es dann, das sich nach der Meinung belesener Zeitzeugen der Sarazenen, der Wikinger, der Ungarn, der Tataren, schließlich der Türken zu erwehren hatte, doch blieb das im ganzen ein elitärer Sprachgebrauch, ein (wie man gesagt hat) jederzeit abrufbarer „transnationaler Abgrenzungsbegriff", dem ohne bestimmten Inhalt keine verbreitete und dauerhafte Selbstwahrnehmung, schon gar nicht eine handlungsfähige politische Ordnung entsprach. Es leuchtet ein, daß erst im Zuge der großen Entdeckungen an der Schwelle der Neuzeit Europa in einer allgemein erfahrbaren Weise zu einem Kontinent neben anderen geworden ist.

Andere Begriffe waren im Mittelalter weit besser geeignet, gleichsam von innen heraus zum Ausdruck zu bringen, worin man die gemeinsame Identität gegenüber den eben aufgezählten Fremden und überhaupt gegenüber dem Rest der bekannten Welt erblickte: *Christianitas, ecclesia, Occidens*, in geringerem Maße auch *Latinitas*. Damit sind positiv Elemente der Homogenität bezeichnet, die zumindest auf den ersten Blick viel tragfähiger als der blasse Europa-Gedanke für eine die nationalen Divergenzen überwindende Auffassung von der mittelalterlichen Vergangenheit unseres Kontinents erscheinen. Während *Latinitas* und bis zu einem gewissen Grade auch *Occidens* (Abendland) die Polarität von römisch-katholischem und griechisch-orthodoxem Kirchentum akzentuierten, kehrten *Christianitas* und *ecclesia* eine religiöse Gemeinsamkeit und den Antagonismus zum nichtchristlichen Barbaren- oder Heidentum hervor. Ausgehend von dieser gut bezeugten Selbstdeutung, kam es zu dem modernen Leitbild vom christlichen Mittelalter bzw., bei Beschränkung des Blicks auf den Okzident, vom christlichen Abendland (neuerdings auch gern als Lateineuropa bezeichnet), welches abgesehen von allerlei publizistischen und literarischen Adaptationen auch für wissenschaftlich fundierte Darlegungen einen einladenden Rahmen abgegeben hat und weiterhin abgibt. Zu behandeln sind dann die räumliche Ausbreitung des Christentums vom einstigen römischen Reichsboden aus auf alle Länder Europas, zuletzt 1386 nach Litauen, die Strukturierung des weiten Raumes durch die hierarchische Organisation der Kirche, gipfelnd im Papst in Rom, die Verflechtung der christlichen Mission mit der Entstehung der Nationen, die Ausprägung eines von den Bischöfen gestützten spezifischen Typus von christlicher Monarchie und die Austarierung des Verhältnisses von weltlicher und geistlicher Gewalt, die konkreten Formen der transnationalen Begegnung auf den Kreuzzügen, auf den Konzilien, auf den Pilgerwegen und an den Universitäten. Am Ende steht kurz vor 1500 ein geschichtlicher Augenblick, in dem nach dem Fall von Konstantinopel und nach dem Sieg der spanischen Reconquista, aber noch vor den überseeischen Entdeckungen das Christentum ziemlich exakt auf Europa konzentriert erscheint.

Die eingängige und in sich durchaus stimmige Vorstellung von einer im Verlauf des Mittelalters fortschreitenden Gleichsetzung des Kontinents Europa mit der christlichen Welt hat üblicherweise zum Ausgangspunkt das Zeitalter der Karolinger, als die missionarische Expansion des Christentums über die alten römischen Reichsgrenzen an Rhein und Donau hinweg in Gang kam und Karl der Große in seinem fränkischen Imperium eine beachtliche Integrationsleistung vollbrachte, die das Zeitalter der Völkerwanderung überwand und häufig als „Grundlegung der europäischen Einheit im Mittelalter" gerühmt worden ist. Kaum zufällig stammen solche Einschätzungen vornehmlich aus den 50er und den 60er Jahren des vorigen Jahrhunderts, als der beginnende europäische Einigungsprozeß nach historischen Leitbildern verlangte und eine Europäische Wirtschaftsgemeinschaft entstand, deren anfänglicher räumlicher Umfang in verblüffender Weise dem Reich Karls des Großen ähnlich sah. Schon mit der späteren Aufnahme Großbritanniens und Irlands, dann Spaniens und Portugals, vor allem aber Griechenlands haben sich diese Konturen merklich gewandelt, und erst recht die Wende von 1989/90 erlaubt es nicht länger, das historische Selbstbild des zusammenrückenden Kontinents allein von der karolingischen Tradition herzuleiten. Wenn es bei der Leitvorstellung vom christlichen Mittelalter bleiben soll, muß anerkannt werden, daß Byzanz und die griechische Kirche mit gleichem Recht dazugehörten und einen kaum geringeren Anteil als die Lateiner an der fortschreitenden Ausbreitung des Christentums in Europa gehabt haben. So wie Skandinavien, die Westslawen, Ungarn und ein Teil der Südslawen von westlicher Seite „europäisiert" worden sind, haben sich die orthodoxen Byzantiner beim anderen Teil der Südslawen sowie bei den Ostslawen, mithin von Bulgarien bis Rußland, die kirchlich-kulturelle Dominanz gesichert. Auch wenn sich in der Neuzeit bald schon die Gewichte mächtig verschoben, weil das koloniale Ausgreifen in alle Welt allein dem (mittlerweile konfessionell gespaltenen) Lateineuropa zugute kam, während die Orthodoxie nach dem Untergang von Konstantinopel auf eine begrenzte Weltgegend beschränkt blieb, ist für das gesamte Mittelalter unbedingt an der Bipolarität des christlichen Europa festzuhalten.

Allerdings sind seit Jahren auch gegen dieses erweiterte Konzept bedenkenswerte Einwände erhoben worden. Sie beziehen sich zum einen darauf, daß dabei das Judentum ausgeblendet wird, das zwar nicht überall und jederzeit, aber doch das ganze Mittelalter hindurch als religiöse und kulturelle Minderheit inmitten der Christen wie auch der Muslime Europas existierte, freilich nirgends eine eigenständige politische Rolle zu spielen vermocht hat. Infolge einer insgesamt relativ ungünstigen Quellenlage, die ihrer Natur nach eher Konfliktsituationen als friedliche Koexistenz hervorkehrt, bestehen nicht geringe Unsicherheiten über den quantitativen Umfang und die ökonomische Bedeutung dieser Minorität, weniger über ihren Einfluß auf das Geistesleben, doch ist fraglos das Postulat berechtigt, die Juden als Faktor von eigenem Gewicht im historischen Erscheinungsbild Europas zu berücksichtigen. Gravierender noch erscheint mir die Kritik, die darauf abzielt, daß Europa im Mittelalter weder von vornherein in allen Teilen christlich gewesen noch dies überall auf die Dauer geblieben ist. Der jahrhundertelange, nicht ohne Rückschläge verlaufene Vorgang der Christianisierung der Mitte, des Nordens und des Ostens unseres Kontinents besagt ja umgekehrt, daß diese religiöse Ausrichtung anfangs, etwa zur Zeit Karls des Großen, bloß auf einen Bruchteil Europas zutraf, im übrigen aber mannigfache Formen des sog. Heidentums vorherrschten. Dazu kommt, daß der Islam seit Beginn des 8. Jahrhunderts auf fast der gesamten Iberischen Halbinsel, später in Sizilien und Teilen Unteritaliens, seit dem 14. Jahrhundert in weiten Bereichen der Balkanhalbinsel auf Kosten des westlichen wie des östlichen Christentums Fuß gefaßt und dort auch politische Herrschaft etabliert hat. Aufs ganze gesehen, ist die mittelalterliche Geschichte Europas also tatsächlich nicht allein vom Christentum (und seiner Ausbreitung), sondern – wenn auch in sehr unterschiedlichen Proportionen – von allen drei monotheistischen Weltreligionen geprägt worden, die sich insgesamt von der polytheistischen Kultur der antiken Griechen und Römer deutlich abhoben.

Während das nach wie vor verbreitete, stets auch sinnstiftende Leitbild vom christlichen Mittelalter (auch bei Einschluß einer jüdischen Komponente) im Grunde mit einem räumlich variablen Europa rechnet, das sich gemäß den Fortschritten der Mission und damit zugleich der Ausbreitung von Schriftkultur mit der Zeit bis zu den äußeren Grenzen des Kontinents ausdehnt und gleichzeitig im Süden gewisse Einbußen gegenüber dem Islam erleidet, geht das Alternativkonzept von einem allzeit gleichbleibenden geographischen Rahmen aus, den spätestens das 18. Jahrhundert endgültig auf den Raum bis zum Ural, zum Kaukasus und zum Bosporus fixiert hat, und sucht ohne Rücksicht auf verbindende Merkmale alles in den Blick zu fassen, was sich dort zwischen 500 und 1500 Geltung verschafft hat. Dabei muß in Kauf genommen werden, daß beträchtliche Teile des Kontinents bis ins Hochmittelalter hinein auf der Kulturstufe der Vorgeschichte verharrten, also keine Schriftquellen hervorbrachten, so daß man auf archäologische und philologische Befunde sowie die sporadische Fernbeobachtung aus der christlichen Welt angewiesen ist. Zudem kommen mit dem Islam und Byzanz, in gewissem Sinne auch bereits dem Judentum, historische Kräfte ins Spiel, die anders als das lateinische Christentum des Mittelalters nicht auf den geographischen Rahmen Europas beschränkt waren und daher kaum ohne Ausblicke auf Vorderasien und Nordafrika angemessen zu behandeln sind. Von einem wie auch immer gearteten Wir-Gefühl oder auch nur von kontinuierlicher gegenseitiger Wahrnehmung in diesem multikulturell bestimmten Gesamtraum vom Nordkap bis Sizilien und von Irland bis zur Krim kann schwerlich die Rede sein. Solchen Erschwerungen für eine konsistente Darstellung steht der Vorteil gegenüber, präzise auf die heute bei den Europäern dominierende Vorstellung von ihrem Kontinent nicht so sehr als Träger einer Idee wie vielmehr einem bloß räumlichen Gebilde reagieren zu können, auch wenn an dessen mittelalterlicher Vergangenheit allein noch die Vielfalt, ein gewiß zeitloses historisches Phänomen, demonstriert wird.

Ehe uns das ratlos stimmt, sollten wir uns bewußt machen, daß die Geschichte mit ihrem unendlichen Vorrat an Anknüpfungspunkten eben kein objektiv vorgegebener Maßstab unseres Denkens und Handelns, kein Musterbuch für politische Entscheidungen, sondern stets das ist, was wir aus ihr machen. Sie bietet breiten Raum für Assoziationen und Analogien, um einen Vorgang der Gegenwart zu verorten, der seiner Natur nach historisch beispiellos ist. Die Vereinigung der europäischen Nationen nicht durch gewaltsame Unterwerfung, sondern in freier Selbstbestimmung stellt ja tatsächlich nicht die Rückkehr in ein goldenes, vornationales Zeitalter dar, sondern bedeutet etwas qualitativ Neues, nie Dagewesenes, das anscheinend gerade deshalb nicht ohne Leitbilder auskommt.

Literatur

Borgolte, M.: Vor dem Ende der Nationalgeschichten? Chancen und Hindernisse für eine Geschichte Europas im Mittelalter, in: Historische Zeitschrift 272 (2001) S. 561–596

Borgolte, M. (Hg.): Unaufhebbare Pluralität der Kulturen? Zur Dekonstruktion und Konstruktion des mittelalterlichen Europa (Historische Zeitschrift, Beihefte 32), München 2001

Borgolte, M.: Europa im Bann des Mittelalters. Wie Geschichte und Gegenwart unserer Lebenswelt die Perspektiven der Mediävistik verändern, in: Jahrbuch für europäische Geschichte 6 (2005) S. 117–135

Borgolte, M.: Ein einziger Gott für Europa. Was die Ankunft von Judentum, Christentum und Islam für Europas Geschichte bedeutete, in: Eberhard, W./Lübke, Ch. (Hg.), Die Vielfalt Europas. Identitäten und Räume, Leipzig 2009, S. 581–590

Ehlers, J.: Imperium und Nationsbildung im europäischen Vergleich, in: Schneidmüller, B./Weinfurter, St. (Hg.), Heilig – Römisch – Deutsch. Das Reich im mittelalterlichen Europa, Dresden 2006, S. 101–118

Fischer, J.: Oriens – Occidens – Europa. Begriff und Gedanke „Europa" in der späten Antike und im frühen Mittelalter (Veröffentlichungen des Instituts für europäische Geschichte Mainz, Abt. Universalgeschichte 15), Wiesbaden 1957

Fleckenstein, J.: Die Grundlegung der europäischen Einheit im Mittelalter (urspr. 1986), in: ders.: Ordnungen und formende Kräfte des Mittelalters. Ausgewählte Beiträge, Göttingen 1989, S. 127–145

Geary, P. J.: The Myth of Nations. The Medieval Origins of Europe, Princeton/Oxford 2002 (dt.: Europäische Völker im frühen Mittelalter. Zur Legende vom Werden der Nationen, Frankfurt 2002)

Heimpel, H.: Europa und seine mittelalterliche Grundlegung (urspr. 1949), in: ders.: Der Mensch in seiner Gegenwart. Acht historische Essais, Göttingen ²1957, S. 67–86

Hiestand, R.: „Europa" im Mittelalter – vom geographischen Begriff zur politischen Idee, in: Hecker, H. (Hg.), Europa – Begriff und Idee. Historische Streiflichter, Bonn 1991, S. 33–48

Karageorgos, B.: Der Begriff Europa im Hoch- und Spätmittelalter, in: Deutsches Archiv für Erforschung des Mittelalters 48 (1992) S. 137–164

Oschema, K.: Der Europa-Begriff im Hoch- und Spätmittelalter. Zwischen geographischem Weltbild und kultureller Konnotation, in: Jahrbuch für europäische Geschichte 2 (2001) S. 191–235

Oschema, K.: Europa in der mediävistischen Forschung – eine Skizze, in: Schwinges, R. Ch./Hesse, Ch./Moraw, P. (Hg.), Europa im späten Mittelalter. Politik – Gesellschaft – Kultur (Historische Zeitschrift, Beihefte 40), München 2006, S. 11–32

von Padberg, L. E.: Die Christianisierung Europas im Mittelalter, Stuttgart 1998

Schneider, R.: Europa im Mittelalter. Wahrnehmungshorizont und politisches Verständnis, in: Marti, R. (Hg.), Europa. Traditionen, Werte, Perspektiven, St. Ingbert 2000, S. 69–93

Schneidmüller, B.: Die mittelalterlichen Konstruktionen Europas. Konvergenz und Differenzierung, in: Duchhardt, H./Kunz, A. (Hg.): „Europäische Geschichte" als historiographisches Problem (Veröffentlichungen des Instituts für europäische Geschichte Mainz, Abt. Universalgeschichte, Beiheft 42), Mainz 1997, S. 5–24

Segl, P.: Europas Grundlegung im Mittelalter, in: Schlumberger, J. A. /Segl, P. (Hg.): Europa – aber was ist es? Aspekte seiner Identität in interdisziplinärer Sicht (Bayreuther Historische Kolloquien 8), Köln/Weimar/Wien 1994, S. 21–43

Wissenschaft und Politik in der DDR

Die Gründung einer wissenschaftlichen Gesellschaft und die von der Politik auferlegten Restriktionen

(vorgetragen in der Plenarsitzung am 18. Juni 2010)

GERD LÜER

1. Einleitung

Im Jahre 1980 fand in Leipzig auf Einladung der *Gesellschaft für Psychologie in der DDR* der XXII. Internationale Kongress für Psychologie statt. Zu dieser wissenschaftlichen Großveranstaltung kamen nahezu 4000 Teilnehmer aus aller Welt in die DDR. Niemals zuvor hatte es in der DDR einen so großen wissenschaftlichen Kongress gegeben. An der wissenschaftshistorischen Rekonstruktion jenes Leipziger Kongresses arbeiten Wolfgang Schönpflug, Freie Universität Berlin, und ich seit 2006. Eine Darstellung unseres Gesamtprojektes wird in Buchform erscheinen.[1]

Für unser Projekt werten wir Materialien aus Archiven aus dem Inland und dem Ausland aus. Die so erhobenen dokumentengestützten Fakten haben wir im Nachhinein zusätzlich in Interviews mit Zeitzeugen diskutieren und bewerten lassen.

Der Leipziger Kongress 1980 ist eng verbunden mit der Gründung der ostdeutschen *Gesellschaft für Psychologie in der DDR*. Sie trat damals offiziell als einladende Institution auf. Diese wissenschaftliche Gesellschaft war in ihrer Eigenständigkeit durch die Politik stark eingeschränkt, weil sie in ein doppeltes Geflecht von staatlichen und parteipolitischen Institutionen eingebunden war. Dass es den DDR-Psychologen dennoch gelang, entgegen dem erklärten Ziel parteipolitischer Vorstellungen den Leipziger Kongress weitgehend ideologiefrei zu halten, ist einem sich im Laufe der Kongressvorbereitung Platz greifenden Pragmatismus geschuldet, den Staat und Politik

---

[1] Schönpflug, Wolfgang & Lüer, Gerd. (2011). Wissenschaft zwischen Ideologie und Pragmatismus. – Der XXII. Internationaler Kongress für Psychologie 1980 im Parteistaat der DDR. Wiesbaden: VS Verlag für Sozialwissenschaften.

in der DDR zulassen mussten, um ein Scheitern des wissenschaftlichen Großereignisses zu verhindern. Darüber wird Wolfgang Schönpflug in seinem nachfolgenden Beitrag sprechen.

2. Gründung der Gesellschaft für Psychologie in der DDR

Bis zum Ende der 1950er Jahre waren viele wissenschaftlich arbeitende Psychologen aus der DDR noch Mitglied in der deutschsprachigen *Deutschen Gesellschaft für Psychologie,* die ihren Sitz in der Bundesrepublik Deutschland hat. Sie besuchten auch noch die dort stattfindenden Kongresse. Eine eigene wissenschaftliche Gesellschaft für Psychologie gab es damals in der DDR noch nicht.

2.1 Motive für die Gründung einer eigenständigen DDR-Gesellschaft für Psychologie

Erst mit Beginn der 1960er Jahre wurde der politische Druck in der DDR größer, eine vollständige Abtrennung von der bundesrepublikanischen Psychologie und ihren Wissenschaftlern herbeizuführen. Dafür gab es mehrere Gründe. Im Jahre 1959 wurde ein beim Staatssekretariat für das Hoch- und Fachschulwesen bestehender Wissenschaftlicher Beirat für Psychologie personell neu besetzt. Die neuen Beiratsmitglieder hatten in der Mehrzahl ihre akademische Ausbildung schon an DDR-Universitäten erhalten. Dieser Beirat sollte einerseits eine Studienreform vorbereiten, zum anderen aber auch dazu beitragen, die so genannte bürgerliche Psychologie zugunsten einer marxistisch-leninistisch ausgerichteten Psychologie nach sowjetischem Vorbild zu überwinden. Dazu wurden DDR-Kolloquien veranstaltet, in denen so genannte Meinungsstreite ausgetragen wurden. Diese Kontroversen richteten sich sowohl gegen eine bürgerliche Psychologie als auch gegen deren Vertreter. Zusammen mit einem Generationswechsel bei den Hochschullehrern sollte damit der Lehre und der Forschung in der DDR-Psychologie eine neue Richtung gegeben werden.

Zusätzlich kam am 13. August 1961 der Mauerbau hinzu, der die schon vorher nicht gern gesehenen Kontakte zu westlichen Wissenschaftlern weitgehend unterband. Diese erzwungenen Einschränkungen wurden von DDR-Wissenschaftlern als besonders einschneidend empfunden, weil sich die stürmische Entwicklung der Psychologie in der zweiten Hälfte des vorigen Jahrhunderts vornehmlich in westlichen Ländern vollzog. Um ein gänzliches Zurückbleiben im wissenschaftlichen Fortschritt zu verhindern, wurde die Gründung einer eigenen wissenschaftlichen Gesellschaft geplant, die als staatlich legitimierte Vereinigung ihrerseits internationale Kontakte anbahnen sollte, um einer Isolierung der DDR-Psychologie vorzubeugen.

2.2 Vorbereitungen zur Gründung einer Wissenschaftlichen Gesellschaft für Psychologie in der DDR

Erste Schritte zur Gründung einer DDR-Gesellschaft für Psychologie erfolgten am 13. Oktober 1961, exakt zwei Monate nach dem Mauerbau in Berlin. Der Wissenschaftliche Beirat für Psychologie beschloß die Einrichtung einer Initiativkommission, die einen Antrag zur Genehmigung der Gründung einer wissenschaftlichen Gesellschaft für Psychologie in der DDR zusammen mit einem Statut ausarbeiten sollte. Schon einen Monat später legte die Initiativkommission einen Satzungsentwurf vor und reichte ihn zusammen mit dem Antrag auf Genehmigung der Gründung einer Wissenschaftlichen Gesellschaft beim zuständigen Staatssekretariat für das Hoch- und Fachhochschulwesen ein. Nach erfolgter staatlicher Genehmigung im Jahre 1962 wurde die *Gesellschaft für Psychologie in der Deutschen Demokratischen Republik* offiziell gegründet.[2]

2.3 Gründung der Gesellschaft für Psychologie in der DDR

In der Gründungsversammlung im Jahre1962 wurde ein zu beschließender Statutenentwurf vorgelegt, der von der ursprünglich 1961 beim Staatssekretariat eingereichten Fassung im „Paragraph 2 Aufgaben" bemerkenswert abwich. Während in der Entwurfsfassung von 1961 der entsprechende Paragraph 2 nach fachlichen Gesichtspunkten formuliert worden und auch ideologiefrei gehalten war, traf das für die von politischer Seite genehmigte 1962-Fassung des Statuts nicht mehr zu. Diese enthielt Sätze wie:

> § 2. Die Gesellschaft stellt sich das Ziel, verantwortlich an der Erfüllung der gesellschaftlichen und staatlichen Aufgaben in der DDR, insbesondere bei der Entwicklung der Volkswirtschaft und der Volksbildung, mitzuwirken und damit dem Frieden und dem Aufbau des Sozialismus in der DDR zu dienen. Sie trägt dazu bei, die Psychologie auf der Grundlage des dialektischen und historischen Materialismus weiterzuentwickeln, und fördert den wissenschaftlichen Meinungsstreit.
>
> Sie tritt unwissenschaftlichen Auffassungen entgegen und sieht eine ihrer wichtigsten Aufgaben in der Auseinandersetzung mit antihumanistischen und imperialistischen Theorien. Hierbei unterstützt sie besonders alle Wissenschaftler Westdeutschlands, die im Sinne des Humanismus, der Demokratie und des gesellschaftlichen Fortschritts wirken.

---

[2] Mitteilung über die Konstituierung der *Gesellschaft für Psychologie in der Deutschen Demokratischen Republik*. Probleme und Ergebnisse der Psychologie 1963, Heft 8, S.96

Sie strebt die Mitgliedschaft in der „Internationalen Vereinigung der wissenschaftlichen Psychologen" an.; [...]".[3]

Die Ideologisierung des Textes im Gründungsstatuts wird dem Diktat der Abteilung Wissenschaften beim Zentralkomitee der SED zugeschrieben, die als politische Instanz ihre Zustimmung zur Satzung und auch zur Gründung der *Gesellschaft für Psychologie in der DDR* geben musste.

2.4 Einbindung der Gesellschaft für Psychologie in der DDR in eine doppelte Hierarchie von staatlichen und politischen Institutionen

Zunächst ist darzustellen, wie durch Staat und Politik mit einer institutionellen Doppelstruktur wissenschaftliche Gesellschaften und die durch sie vertretenen Wissenschaftsdisziplinen in der DDR kontrolliert wurden.

Die politische Macht und Kontrolle über Institutionen wurde in der DDR von der *Sozialistischen Einheitspartei Deutschlands (SED)* ausgeübt. Als oberstes Organ der Partei gab es den Parteitag, der in Abständen von fünf Jahren zusammentrat. Er wählte ein Zentralkomitee (ZK), das seinerseits als zentrale Führungsgremien ein Politbüro sowie ein Sekretariat des Zentralkomitees wählte. Das Sekretariat des Zentralkomitees hatte mehrere Mitglieder, die unter Leitung eines Generalsekretärs tätig waren.[4] Das für die Wissenschaften zuständige Sekretariat „Wissenschaft und Kultur" gliederte sich wiederum noch in mehrere Abteilungen. Eine dieser Untergliederungen nannte sich „Abteilung Wissenschaften des Zentralkomitees der SED". Auch diese war noch nach weiteren Sektoren unterteilt. Obwohl im Statut der Wissenschaftlichen Gesellschaft für Psychologie personell nicht vorgesehen, begleitete ab 1964 ein von dieser „Abteilung Wissenschaften des Zentralkomitees der SED" eingesetzter ständiger Beauftragter als Parteisekretär die Arbeit der *Gesellschaft für Psychologie der DDR*. Er nahm grundsätzlich an allen Vorstandssitzungen teil.

Die sozialistische Partei SED als führende Kraft der DDR bediente sich zweier Gruppen von Institutionen, um ihren politischen Einfluss zu gewährleisten. Der einen Gruppe oblagen die Aufgaben, die mit der politisch-ideologischen Führung verbunden waren. Die andere Gruppe von Institutionen hatte die operative Umsetzung von Parteibeschlüssen zur Aufgabe.

---

[3] Zitiert nach Strocka, Cordula (2001). Die Gesellschaft für Psychologie der DDR im Spannungsfeld zwischen wissenschaftlichem Anspruch und politisch-ideologischer Ausrichtung. Eine Analyse der Kongresse 1964–72. Friedrich-Schiller-Universität Jena, Institut für Psychologie. (Unveröffentlichte Diplomarbeit). S. 35.

[4] Fricke, K. W. (Hrsg.). (1982). Programm und Statut der SED vom 22. Mai 1976. Köln: Verlag Wissenschaft und Politik.

Die politisch-ideologische Führung der *Gesellschaft für Psychologie der DDR* lag von 1970 bis 1977 bei der Akademie der Wissenschaften. Diese war im Jahre 1970 nach sowjetischem Vorbild grundlegend umgestaltet worden. Bis 1972 führte sie noch den Namen „Deutsche Akademie der Wissenschaften" (DAW). Die Akademie blieb zwar auch nach ihrer Umgestaltung, was bereits ihre Vorgängerin seit 1700 gewesen war: eine Gelehrtengesellschaft, die sich durch Zuwahlen von Mitgliedern ergänzte und nach Klassen getrennt verhandelte. Zusätzlich erhielt die Akademie der Wissenschaften jedoch auch noch die Zuständigkeit für Wissenschaftliche Gesellschaften und Vereinigungen. Dazu unterstand dem Vizepräsidenten der Akademie ein Büro für Wissenschaftliche Gesellschaften. Die *Gesellschaft für Psychologie der DDR* war bei diesem Büro akkreditiert.[5] Mit Beschluss des Ministerrates vom 7. Mai 1969[6] hatte die Akademie die Weisungsbefugnis über die *Gesellschaft für Psychologie der DDR* erhalten, die sie allerdings 1977 wieder verlor.

Auf Betreiben der Psychologen in der DDR wurden die Verantwortlichkeiten durch Ministerratsbeschluss verlagert: Ab 1977 übernahm das Ministerium für das Hoch- und Fachschulwesen die Verantwortung und die Weisungsbefugnis für die Wissenschaftliche Gesellschaft der Psychologie.[7] Die Abteilung Wissenschaften des ZK der SED behielt aber wie vorher auch schon die oberste politisch-ideologische Führung. Gründe für diese Verlagerung von der Akademie zum Ministerium waren nicht nur eine als besonders schwerfällig erlebte Bürokratie von Seiten der Akademie, sondern dazu auch noch das Ausbleiben erhoffter Geldmittel von dieser vorgesetzten Stelle. Was die verantwortlichen Psychologen allerdings für noch bedenklicher hielten, war die Tatsache, dass sich der Generalsekretär der Akademie an die Spitze der Idee stellte, den Internationalen Kongress für Psychologie 1980 in Leipzig zu einer Demonstration der Überlegenheit marxistisch-leninistischer Wissenschaft zu nutzen und – was für die internationale Wissenschaftlergemeinde ganz und gar nicht hinnehmbar war – Wissenschaftlern aus politisch unerwünschten Ländern die Teilnahme am Kongress zu verwehren. Das wäre ein schwerer Eingriff in die Or-

---

[5] Strocka, C. (2001). Die Gesellschaft für Psychologie der DDR im Spannungsfeld zwischen wissenschaftlichem Anspruch und politisch-ideologischer Ausrichtung. Eine Analyse der Kongresse 1964–72. Friedrich-Schiller-Universität Jena, Institut für Psychologie (Unveröffentlichte Diplomarbeit). S. 37.

[6] Bundesarchiv Berlin. DC 20/I 4, 3837, Bl. 13–16, 52–53. Präsidium des Ministerrats der DDR. Beschluß über die Vorbereitung des XXII. Internationalen Kongresses für Psychologie 1980 in der DDR vom 20.7.1977.

[7] Bundesarchiv Berlin. DR 3.2. Schicht B 684d. Schreiben des Ministeriums für das Hoch- und Fachschulwesen. – Rechtsstelle – vom 18.7.1969 an die *Gesellschaft für Psychologie der DDR*.

ganisation und in die inhaltliche Gestaltung des Kongresses gewesen, der auch für die *International Union of Psychological Science* nicht hinnehmbar gewesen wäre. Tatsächlich verliefen auch nach dieser Umlagerung der Verantwortlichkeiten ab 1978 die Vorbereitungen für den Kongress nun reibungsloser und erfolgreicher.

An der Spitze des Staatsapparats, in dessen Verantwortlichkeiten die operative Lenkung fielen, stand ein Ministerrat. Darunter wiederum waren Fachministerien tätig.[8] Eines dieser Ministerien war das Ministerium für das Hoch- und Fachschulwesen. Ihm fiel die staatliche Zuständigkeit und operative Lenkung für die Universitäten zu, insbesondere für die akademische Lehre und Ausbildung.

3. Der Weg in die Internationalisierung

3.1 Die Bewerbung der Gesellschaft für Psychologie in der DDR um die Mitgliedschaft in der International Union of Psychological Science

Nach der erfolgreichen Gründung der *Gesellschaft für Psychologie in der DDR* im Jahr 1962 wurde das schon in der Satzung formulierte Ziel verfolgt, Mitglied in der *International Union of Scientific Psychology*[9] zu werden. Diese internationale Union ist eine bis heute weltweit operierende internationale Dachgesellschaft, in der sich mehr als 70 nationale wissenschaftliche Gesellschaften für Psychologie vereinen. Die Union richtet alle vier Jahre einen internationalen Kongress in einem ihrer Mitgliedsländer aus.

Ihren Aufnahmeantrag legte die DDR-Gesellschaft der internationalen Union im Frühjahr 1963 vor. Eine Entscheidung über die Aufnahme wurde jedoch vertagt. Grund hierfür waren die ideologisch gefärbten Passagen in der Satzung der Gesellschaft für Psychologie.

Die Rückmeldung von der erfolglos gebliebenen Bewerbung um Mitgliedschaft in der *International Union of Scientific Psychology* erreichte auch die Abteilung Wissenschaften beim Zentralkomitee der SED, das die inkriminierten Sätze in den Entwurf der Statuten hineingeschrieben hatte. Da es offizielle DDR-Politik in den 1960-Jahren war, auf allen nur denkbaren Wegen eine internationale Anerkennung ihres Staates zu erreichen, wurde von politischer Seite schon die Zurückweisung der Aufnahme der DDR-Gesellschaft für Psychologie in die internationale Union als schwerer Rückschlag empfunden. Und es waren ausgerechnet jene Vorstandsmitglieder in

---

[8] Neugebauer, G. (1978). Partei und Staatsapparat in der DDR. Opladen: Westdeutscher Verlag.
[9] Name später geändert in *International Union of Psychological Science*.

der internationalen Union gewesen, die aus den sozialistischen Bruderstaaten Sowjetunion und Polen kamen, die Einspruch gegen die ideologischen Formulierungen in der DDR-Satzung erhoben und damit die Aufnahme der DDR-Gesellschaft verhindert hatten. Aus Aktennotizen des zuständigen Parteisekretärs in der Abteilung Wissenschaften des Zentralkomitees der SED geht hervor, wie enttäuscht und ratlos man nach dieser Entscheidung war. Wohl oder übel musste die Politik nun der Bereinigung der Satzung von ideologischen Inhalten zustimmen.

Die nicht vollzogene Aufnahme in die *International Union of Scientific Psychology* war auch für den Vorstand der Gesellschaft für Psychologie kompliziert. Einerseits konnte die von dem sowjetischen Kollegen empfohlene Streichung der kritisierten Teile des § 2 des Statuts zu Konflikten mit der Partei der SED führen. Zum anderen drohte der DDR-Psychologie eine Isolation bei Nichtaufnahme in die internationale Union. Der Vorstand der Gesellschaft verstand es jedoch, sich aus diesem Dilemma trickreich herauszuwinden. Für eine neue Mitgliederversammlung wurde eine Änderung der Statuten vorbereitet und zur Abstimmung vorgelegt. Die Gründe für die Korrektur der Satzung wurden nicht mitgeteilt. Erwähnt wurde lediglich, dass einige in der Satzung genannte Aufgaben nun als bereits erfüllt angesehen werden könnten und daher nicht mehr aufgeführt werden müssten. Dabei ist zu bedenken, dass seit Gründung der *Gesellschaft für Psychologie in der DDR* gerade erst zwei Jahre vergangen waren.

Die *Gesellschaft für Psychologie in der DDR* wurde nach erfolgter Satzungsrevision durch Beschluss der Generalversammlung der *International Union of Psychological Science* im August 1966 in Moskau als neues Mitglied aufgenommen.

3.2 Bewerbung um einen Internationalen Kongress für Psychologie in Leipzig für das Jahr 1980

Die nächsten zu erreichenden Ziele, die die Gesellschaft für Psychologie sich vornahm, waren anspruchsvoller. Sie bestanden aus zwei definierten Vornahmen. Einmal sollte aus Anlass der von Wilhelm Wundt initiierten Gründung des ersten Psychologischen Instituts der Welt an der Universität Leipzig vor 100 Jahren ein internationaler Kongress der *International Union of Psychological Science* in die DDR geholt werden. Zum anderen ging es um den Einzug eines DDR-Wissenschaftlers in das Führungsgremium der internationalen Union, was in diesem Staate als ein bedeutender Schritt der internationalen Anerkennung ihrer Wissenschaft gewertet wurde.

Die Absicht, einen Weltkongress in die DDR zu holen, konnte ohne vorherige Absprachen mit den politischen und den staatlichen Stellen der DDR nicht in Angriff genommen werden. Einzubeziehen in einen solchen Genehmigungsprozess waren nicht nur die zuständigen Ministerien, sondern als höchste Instanz das Zentralkomitee der SED und die damals der DDR-Gesellschaft noch direkt vorgesetzte Stelle Deutsche Akademie der Wissenschaften. Die endgültige Genehmigung zur Einladung zum Internationalen Kongress für Psychologie 1980 nach Leipzig wurde durch Beschluß des höchsten politischen Gremiums der DDR, des Zentralkomitees der SED, am 2. August 1972 herbeigeführt. In diesem Beschluss heißt es wörtlich:[10]

> 1. Das Sekretariat des ZK der SED stimmt der Einladung der internationalen Union der Psychologischen Wissenschaft (IUPS) zur Durchführung ihres 22. Internationalen Kongresses für Psychologie im August 1980 in Leipzig zu. Die Einladung wird im Namen der Deutschen Akademie der Wissenschaften zu Berlin und der Gesellschaft für Psychologie der DDR als nationales Mitglied der IUPS von ihrem Vorsitzenden, Genossen Prof. Dr. Friedhart Klix, anlässlich des 20. Internationalen Kongresses für Psychologie im August 1972 in Tokio ausgesprochen.
>
> 2.2. Für die Anleitung und Kontrolle der Vorbereitungen und der Durchführung ist der Generalsekretär der DAW [Anmerkung: Deutsche Akademie der Wissenschaften] verantwortlich."

In zeitlich vorangehenden Schriftstücken an die Union ist eine solche doppelte Einladung von den zwei Institutionen Deutsche Akademie der Wissenschaften und *Gesellschaft für Psychologie der DDR* nicht aufgetaucht. Nun ist mit den Akademien der Wissenschaften im Verständnis der westlichen Welt immer ein hohes Ansehen verbunden gewesen. Möglicherweise ist aus diesem Grunde die Tatsache einer Doppeleinladung bei der Präsentation in der Generalversammlung der Union nicht aufgefallen und auch nicht problematisiert worden, weil laut Sitzungsprotokoll auch erst ganz kurz vor der Abstimmung von einer „Unterstützung" durch die Akademie die Rede gewesen ist. Wäre der Union und ihrer Generalversammlung schon damals bekannt gewesen, dass die Deutsche Akademie der Wissenschaften Aufsichtsbehörde für die *Gesellschaft für Psychologie der DDR* war, und wäre weiterhin bei der Union bekannt gewesen, dass die Akademie auch als politisch-ideologische Aufsichtsbehörde für die Wissenschaftlichen Gesellschaften fungierte, hätte diese Tatsache in der Generalversammlung sicherlich Bedenken ausgelöst. Denn der zitierte Beschluss des Zentralkomitees

---

10 Bundesarchiv Berlin. DY 30 2208 Bl. 1–10. Protokoll der Sitzung des Sekretariats des ZK der SED vom 2. August 1972.

der SED machte eindeutig klar, dass die Akademie als Kontrollorgan für die Vorbereitungen und die Durchführung des Kongresses verantwortlich eingesetzt worden war. Darüber hinaus war der Abteilung Wissenschaften des ZK die „politische und wissenschaftliche Konzeption vorzulegen." Damit reiste die Delegation der Deutschen Demokratischen Republik mit klaren Anweisungen und im Auftrage des Staates nach Tokio, um eine Einladung zum Internationalen Kongress „von Staats wegen" zu überbringen. Von all diesen Details war der Generalversammlung der Union allerdings wohl nichts bekannt. Tatsächlich erhielt die einladende DDR auch mit einer großen Stimmenmehrheit den Zuschlag für die Durchführung des Weltkongresses in Leipzig 1980.

3.3 Wachsender Einfluss der DDR-Psychologie im Führungsgremium der International Union of Psychological Science

Parallel zur gewonnenen Abstimmung in der Generalversammlung der Union 1972 in Tokio gelang es der DDR-Psychologie auch, den Vorsitzenden ihrer wissenschaftlichen Gesellschaft als eines von zehn Mitgliedern in das Exekutivkomitee der internationalen Union wählen zu lassen. Mit der Wahl in dieses Vorstandsamt endete der gewonnene Einfluss der DDR auf der internationalen Bühne der Wissenschaft jedoch noch nicht. Vier Jahre später wurde das Vorstandsmitglied Friedhart Klix nicht nur erneut in das Exekutivkomitee gewählt, er wurde nun auch als aussichtsreichster Kandidat für die anstehende Präsidentenwahl der Union gehandelt. Hinzu kam kurz vor der entscheidenden Sitzung der Generalversammlung, für die die Wahl anberaumt war, ein zustimmendes Telegramm vom Präsidenten der Akademie der Wissenschaften in Berlin mit der Empfehlung, sich zur Wahl zu stellen. Trotz großer Chancen, gewählt zu werden, stellte sich der Kandidat nicht zur Verfügung. Hätte sich Klix zur Kandidatur bereit gefunden und wäre er gewählt worden, hätte die ideologisch besonders stark ausgerichtete und damals noch vorgesetzte Stelle, die Akademie der Wissenschaften, durch die ihr zustehende Weisungsbefugnis einen sehr grossen Einfluss auf die Inhalte des Kongress nehmen können, was Klix unbedingt vermeiden wollte. Erst weitere vier Jahre später, als der Leipziger Kongress sehr erfolgreich verlaufen war, ließ Klix sich zum Präsidenten der *International Union of Psychological Science* wählen.

4. Reisebeschränkungen zu im Ausland stattfindenden Kongressen

Für DDR-Wissenschaftler war es nicht möglich, als Einzelperson zu einem Kongress ins nichtsozialistische Ausland zu fahren. Als Prinzip galt vielmehr, dass vom Staat Delegationen entsandt wurden. Für die DDR-Psychologen hatte die *Gesellschaft für Psychologie der DDR* das Vorschlagsrecht für die Aufnahme in eine derartige Delegation. Dazu musste eine Antragstellung auf einen langen Weg gebracht werden, die erst im Zentralkomitee der SED endgültig entschieden wurde. Die Komplexität einer solchen Antragstellung lässt sich schon der Formulierung entnehmen, die einem solchen Schreiben als Betreff vorangestellt war.

> Empfehlung der vom Vorstand beauftragten Kaderkommission an die Leiter der delegierenden zentralen staatlichen Organe und das zentrale delegationsbildende Organ zur Zusammensetzung der Delegation der DDR für die Teilnahme am 21. Internationalen Kongress für Psychologie in Paris vom 18. bis 25. Juli 1976.[11]

Relativ großzügig, was die Personenzahl angeht, wurden die Reisekader in sozialistische Bruderstaaten zugeschnitten. So umfasste die DDR-Delegation für den in Moskau im Jahre 1966 stattfindenden Internationalen Kongress für Psychologie insgesamt 80 Wissenschaftler. Zum nächsten internationalen Kongress in London 1969 durften noch 10 Wissenschaftler reisen. Zum darauffolgenden Kongress 1972 in Tokio, wo die DDR ihre Einladung nach Leipzig präsentierte und wo in der Generalversammlung der Union die DDR den Zuschlag für die Einladung nach Leipzig erhielt, wurde eine Liste von 20 bis 25 Delegationsmitgliedern auf den Weg gebracht. Davon erhielten lediglich drei Personen die Erlaubnis zur Reise nach Japan. Und als danach 1976 die Beantragung einer Reise zum internationalen Kongress in Paris aktuell wurde, schlug die DDR-Gesellschaft eine Liste mit 23 Personen für die Delegation vor. Begründet wurde diese große Zahl damit, dass schon der nächstfolgende internationale Kongress in Leipzig 1980 anstand und man dafür Erfahrungen vom Vorgängerkongress mit in die DDR bringen wollte. Eine Gruppe von 11 Personen wurde schließlich als Reisekader genehmigt. Ohne Zweifel war Paris ein besonders attraktives Reiseziel für DDR-Bürger, die seit 15 Jahren nach dem Mauerbau drastischen Reisebeschränkungen unterlagen. Interessant ist deshalb auch

---

[11] Humboldt-Universität zu Berlin – Universitätsarchiv, darin Bestand *Gesellschaft für Psychologie der DDR (GPs-DDR)*. 786a/191.1. Gesellschaft für Psychologie der DDR. Empfehlungen der vom Vorstand beauftragten Kaderkommission an die Leiter der delegierenden zentralen staatlichen Organe und das zentrale delegationsbildende Organ zur Zusammensetzung der Delegation der DDR für die Teilnahme am 21. Internationalen Kongreß für Psychologie in Paris vom 18. Bis 25. Juli 1976.

die Zusammensetzung dieser Reisegruppe nach Paris: Neben acht Wissenschaftlern aus der Psychologie waren auch zwei ranghohe Politiker aus der Abteilung Wissenschaften im Zentralkomitee der SED und ein Pädagoge Mitglieder der Delegation. Ebenso spielte auch die permanente Knappheit an Devisen, die für Auslandsreisen benötigt wurden, eine wesentliche Rolle. Auch sie hat zur Begrenzung der genehmigten Personenzahl beigetragen.

Den zum Reisekader gehörenden Personen wurde eine „Direktive" ausgehändigt, in der Aufträge formuliert waren und die auch Verhaltensregeln für den Aufenthalt im Ausland umfassten. Als Beispiel sei die für den internationalen Kongress in Paris 1976 ausgegebene Direktive angeführt.[12]

Interessant ist einmal die Reihenfolge der zu erfüllenden Aufgaben: Zuerst sollte die DDR-Politik im Ausland wirksam vertreten werden. Dazu wurden drei Punkte aufgeführt. In zwei weiteren Punkten wurde das Sammeln von Erfahrungen für die Kongressgestaltung in Leipzig zur Aufgabe gemacht. In weiteren Abschnitten wurde dekretiert, dass keine Dienstgeheimnisse offenbart werden dürften, dass keine Diskriminierung der DDR geduldet werden dürfe und dass „in allen Materialien des Kongresses die vollständige und korrekte Bezeichnung des Herkunftsstaates" einzuhalten sei, dass eine Abstimmung mit den sozialistischen Delegationen, insbesondere mit der Delegation der Sowjetunion, stattfinden müsse, dass die Friedenspolitik der DDR zu erläutern sei, [...] und dass ein ausführlicher Bericht über den Kongress angefertigt werden solle. Bei der Wahl des nächsten Kongressortes für das Jahr 1984 stimmt die DDR für Mexiko und gegen Israel. Sollte es zur Diskussion einer Resolution von westlicher Seite „über den sogenannten freien Verkehr der Wissenschaftler" kommen, solle die DDR-Delegation in der Generalversammlung mit den sozialistischen Länder zu erreichen versuchen, dass es nicht zu einer Abstimmung darüber komme. Für den Fall, dass diese Vorgabe nicht zu erreichen sein sollte, solle in die Resolution aufgenommen werden, dass die Erteilung von Visa eine innere Angelegenheit der Länder sei. Tatsächlich verabschiedet wurde eine solche Resolution dann vier Jahre später auf dem Leipziger Kongress 1980, nachdem die Problematik des freien Reiseverkehrs für die DDR bereits überstanden war.

---

12   Humboldt-Universität zu Berlin – Universitätsarchiv, darin Bestand *Gesellschaft für Psychologie der DDR (GPs-DDR)*. Gesellschaft für Psychologie der DDR und Akademie der Wissenschaften der DDR. Direktive für die Delegation der DDR zur Teilnahme am XXI. Internationalen Kongreß für Psychologie vom 19.–25. Juli 1976 in Paris vom 18.6.1976.

5. Schluss

Die hier nur ausschnitthaft mögliche Darstellung über das Leben und die Tätigkeit einer wissenschaftlichen Gesellschaft in der DDR gibt einen Eindruck davon, welch komplizierte Geflechte von Machtverhältnissen bei der Arbeit in einer solchen Vereinigung zu berücksichtigen waren. Hinzuzudenken ist eine überaus aufgeblähte und schwerfällige Bürokratie in der DDR, in der jeweils Parteisekretäre der SED Kontrollen ausübten und missliebige Anträge und Entwicklungen beobachteten und gegebenenfalls schon frühzeitig stoppen konnten. Eine derartige Dichte von Vorschriften, Kontrollen und ideologischen Erwartungen war für im Westen lebende Wissenschaftler sowie in westlichen wissenschaftlichen Gesellschaften unvorstellbar. Deshalb erkannte die *International Union of Psychological Science* diese in der DDR herrschende Realität wohl auch nicht in ihrer vollen Tragweite. Demgegenüber taten die Vertreter der DDR-Gesellschaft alles, um diese ihnen vertrauten, aber auch als sehr hinderlich erlebten Umstände vor der internationalen Öffentlichkeit zu verschleiern. Eine solches Dilemma ließ sich von den Wissenschaftlern der DDR jedoch auch dazu nutzen, um mit Forderungen der internationalen Gemeinschaft in die DDR zurückzukehren, denen die politischen und die staatlichen Institutionen in der DDR dann nachgeben mussten, wollten sie nicht einen Boykott des Weltkongresses in der DDR riskieren. Dass eine solche Chance auch genutzt wurde, konnte an dokumentierten Beispielen nachvollzogen werden. Von einem so entstandenen Pragmatismus, der beispielsweise bis zur praktisch unkontrollierten Grenzöffnung für Kongressteilnehmer zur Einreise in die DDR nach Leipzig reichte, wird im folgenden Beitrag von Wolfgang Schönpflug berichtet.

Ideologie und Pragmatik in der Wissenschaftsorganisation
Der 22. Internationale Kongress für Psychologie 1980 in der Deutschen Demokratischen Republik

(vorgetragen in der Plenarsitzung am 18. Juni 2010)

WOLFGANG SCHÖNPFLUG

Die Deutsche Demokratische Republik war ein Ein-Parteien-Staat sozialistischer Prägung, der auch wissenschaftliche Fächer in sein Herrschaftssystem einbezog. Dies hat für das Fach Psychologie der vorangehende Beitrag von Lüer dargestellt[1]. Welche Auswirkungen hat die Eingliederung einer wissenschaftlichen Disziplin in einen Ein-Parteien-Staat? Dies untersucht der vorliegende Beitrag anhand des Falles des 22. Internationalen Kongresses für Psychologie, der 1980 in Leipzig stattfand. Insbesondere soll dargestellt werden, (1) wie sich die Kontrolle vonseiten der Partei und des Staates in der Organisation des genannten Kongresses fortsetzte, (2) wie die Staatspartei den Kongress programmatisch zur Demonstration für ihre Politik zu nutzen versuchte. Beides, das Eingreifen des Staates in die Kongressvorbereitung und die Ambitionen der Partei zur Programmgestaltung, beruhen auf demselben Glauben, nämlich im Besitz einer einzigen Wahrheit zu sein und allein im Recht – und zudem den historischen Auftrag zu haben, Wahrheit und Recht in aller Welt zu verbreiten. Zur Kennzeichnung eines solchen intransigenten, eigene Positionen überbewertenden und allzu oft weltfremden Denkens wird im Folgenden der Begriff der Ideologie benutzt.

Es wird weiterhin darzustellen sein, (3) wie ideologische Vorstellungen den Erfolg des Leipziger Kongress gefährdet haben. Daraus ergibt sich die Frage: Wenn Ideologie vor der Wirklichkeit versagt, wird dann an der Ideologie festgehalten, auch um den Preis des Scheiterns? Oder wird die Ideologie aufgegeben, um einem Scheitern zu entgehen? Für eine Orientierung, der es nicht um Überzeugungen geht, sondern um den Erfolg des Handelns,

---

[1] Lüer, Gerd (2011). Die Gründung einer wissenschaftlichen Gesellschaft in der DDR und die von der Politik auferlegten Restriktionen. Jahrbuch der Akademie der Wissenschaften zu Göttingen (dieser Band). Göttingen.

wird der Begriff der Pragmatik gewählt.[2] Es soll geschildert werden, (4) wie eine pragmatische Haltung ideologische Ansprüche zurückdrängte und damit den Erfolg des untersuchten Fachkongresses sicherte. Das Verhältnis von Ideologie und Pragmatik – ihr Neben-, Gegen- oder Miteinander – in einem Ein-Parteien-Staat sozialistischer Prägung ist somit das zentrale Problem, das am Fall des 22. Internationalen Kongresses für Psychologie 1980 in Leipzig erkundet werden soll.

1. Kongressorganisation

Die heiße Phase der Kongressvorbereitung begann 1976 – vier Jahre vor Kongressbeginn – mit dem Beschluss des Ministerrates, d. h. der Regierung der DDR: „Für die einheitliche staatliche Leitung der politischen, wissenschaftlichen und organisatorischen Kongreßvorbereitung ist der Minister für Hoch- und Fachschulwesen verantwortlich."[3],[4] Damit nahm die Regierung formell und uneingeschränkt die Kontrolle über die geplante wissenschaftliche Veranstaltung in Anspruch und übertrug sie zugleich an eines ihrer Mitglieder. Dies geschah auf Vorschlag und mit Zustimmung der Einheitspartei der DDR. Die Entscheidungskompetenz bezüglich des Kongresses ging freilich mit dem Beschluss des Ministerrates keineswegs von der Partei auf den Minister über. Vielmehr fungierte der Minister als ausführendes Organ des Zentralkomitees der SED. Die gesamte Organisation sowie die personelle Besetzung der wichtigsten Gremien war von der Abteilung Wissenschaften (Leiter: Johannes Hörnig) des Sekretariats für Kultur und Wissenschaft (Sekretär und Mitglied des Zentralkomitees: Kurt Hager) vorgegeben. Die Abteilung Wissenschaften verfolgte sämtliche Vorgänge der Kongressvorbereitung und nahm aktiv an ihnen teil.

Der mit der Kongressvorbereitung betraute Minister für Hoch- und Fachschulwesen war Professor Hans-Joachim Böhme. Böhme richtete ein Netz von Vorbereitungsgremien ein: (1) das Nationale Vorbereitungs-

---

[2] Die Begriffe „Ideologie" und „Pragmatik" werden in bildungssprachlicher Bedeutung benutzt. Es wird weder auf die Fülle (auch positiver) Bedeutungen des Begriffs „Ideologie" in seiner Geschichte eingegangen noch auf die Spezifikation des Begriffs „Pragmatik" innerhalb der Wissenschaftssystematik.

[3] Bundesarchiv Berlin-Lichterfelde, DC 20/ I 4, 3837, Bl. 13–16, 52–53. Präsidium des Ministerrats der DDR. Beschluß über die Vorbereitung des XXII. Internationalen Kongresses für Psychologie 1980 in der DDR vom 20. 7. 1977.

[4] Die Fußnoten geben ausgewählte Literaturhinweise sowie die Quellen wörtlicher Zitate aus Archivalien. Eine komplette Liste der berücksichtigten Literatur sowie der benutzten Archivalien wird enthalten: Schönpflug, Wolfgang & Lüer, Gerd (in Vorbereitung). Wissenschaft zwischen Ideologie und Pragmatismus.

komitee mit dem Minister selbst als Vorsitzendem. Das Nationale Vorbereitungskomitee versammelte Vertreter von Ministerien – Gesundheit, Kultur, Auswärtige Angelegenheiten, Post- und Fernmeldewesen, Vertreter der Stadt und des Bezirks Leipzig sowie psychologische Fachwissenschaftler – insgesamt 23 Personen. Sodann berief der Minister (2) ein Wissenschaftliches Vorbereitungskomitee. Das Wissenschaftliche Vorbereitungskomitee bestand aus fünf Fachvertretern. Jeder der fünf Fachvertreter hatte eine eigene Zuständigkeit. Drei von ihnen hatten spezifische Verantwortungsbereiche: einer für das Programm, einer für die Organisation und einer für die Öffentlichkeitsarbeit. Zwei trugen übergreifende Verantwortung – einer als Kongresspräsident, einer als Generalsekretär. Das Wissenschaftliche Vorbereitungskomitee war dem Nationalen Vorbereitungskomitee unterstellt.

Unter der Leitung der drei Mitglieder des Wissenschaftlichen Komitees mit spezifischer Zuständigkeit wurden (3) drei Fachkommissionen gebildet – ein Programmkomitee, ein Organisationskomitee und eine Kommission für Öffentlichkeitsarbeit. Die Mitglieder des Organisationskomitees berief der Minister ebenfalls, die Mitglieder des Programmkomitees hatte bereits vorab das Zentralkomitee der SED benannt. Sechs Wochen vor Kongressbeginn erweiterte sich das Wissenschaftliche Vorbereitungskomitee (4) zur Kongressleitung; es blieb weiterhin dem Nationalen Vorbereitungskomitee unterstellt. Der Kongressleitung gehörten zusätzlich Vertreter des Ministeriums für Hoch- und Fachschulwesen sowie der Stadt und der Universität Leipzig an.

Zugleich mit dem Nationalen Vorbereitungskomitee und ebenfalls auf Vorschlag der Abteilung Wissenschaften des Zentralkomitees der SED berief der Minister für Hoch- und Fachschulwesen (5) einen Wissenschaftlichen Rat für Psychologie. Dieses Gremium bestand aus Fachvertretern der Landesuniversitäten und einiger Forschungseinrichtungen. Wozu noch ein Wissenschaftlicher Rat? Wissenschaftliche Räte waren in der DDR Planungs- und Entwicklungsgremien. Aus der langfristigen Perspektive des Faches war die Gründung des Wissenschaftlichen Rates für Psychologie ein lange erstrebter Fortschritt, weil er dem Fach in dem Prozess der staatlichen Planung eine vernehmbare Stimme gab. Begründet wurde die Einrichtung des Rates freilich mit der kurzfristigen Perspektive, für eine angemessene wissenschaftliche Repräsentation der DDR beim Internationalen Kongress sorgen zu müssen. Der Rat sollte dazu Forschung koordinieren und Kader rekrutieren. So veranstaltete er mehrere Konferenzen, bei denen Kongressvorträge geprobt und evaluiert wurden; einmal organisierte er auch eine zweiwöchige politische Schulung für Kongressteilnehmer aus der DDR, de-

```
                    ┌─────────────────────┐
                    │ Ministerium für Hoch-│
                    │ und Fachschulwesen   │
                    └─────────────────────┘
                       ╱           ╲
        ┌──────────────────────┐  ┌──────────────────────────┐
        │ Wissenschaftlicher Rat│  │ Nationales Vorbereitungskomitee│
        └──────────────────────┘  └──────────────────────────┘
                ╲                        ╱
        ┌──────────────┐ ┄┄┄┄┄┄ ┌──────────────────┐
        │ Kongressleitung│       │ Wissenschaftliches│
        └──────────────┘         │ Vorbereitungskomitee│
                                 └──────────────────┘
                                   ╱    │    ╲
                ┌──────────┐ ┌──────────────┐ ┌──────────────┐
                │ Programm-│ │Organisations-│ │   Komitee    │
                │ komitee  │ │  komitee     │ │Öffentlichkeitsarbeit│
                └──────────┘ └──────────────┘ └──────────────┘
```

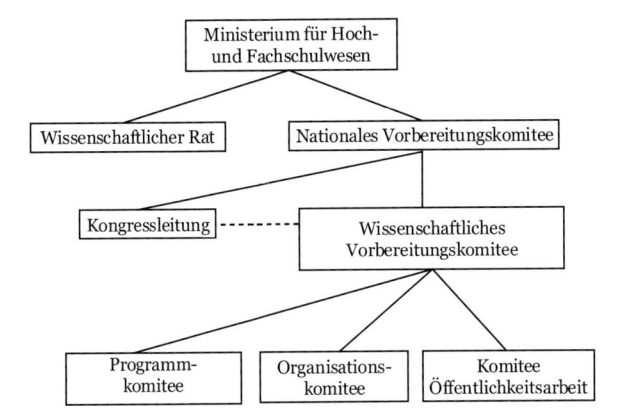

Abbildung 1: Gremien zur Vorbereitung des 22. Internationalen Kongresses für Psychologie 1980 in Leipzig

ren erste Hälfte von Dozenten der Akademie für Gesellschaftswissenschaften des Zentralkomitees der SED bestritten wurde. Die damit geschaffene formelle Organisationsstruktur zur Vorbereitung des 22. Internationalen Kongresses für Psychologie in Leipzig stellt Abbildung 1 dar.

2. Zielsetzungen für den Kongress – Ideologie

Die SED, welche den staatlichen Einfluss auf den Kongress zu sichern versuchte, verfolgte damit vor allem fünf Ziele: (1) Der Kongress sollte im Vergleich zu seinen Vorgängern eine erstklassige Veranstaltung werden – mit zahlreichen zufriedenen Besuchern aus Ost und West. (2) Der Kongress sollte hohe Einnahmen an westlichen Devisen bringen. Diese beiden Ziele erscheinen zunächst nicht als sonderlich politisch oder gar der Ideologie verdächtig. Doch ist ihr zeitgeschichtlicher Zusammenhang zu bedenken. In den 1970er Jahren warb die DDR im Westen für ihre völkerrechtliche Anerkennung; dabei belastete sie ihr Ruf als Unrechtsstaat mit drakonischem Grenzregime. Eine gelungene wissenschaftliche Großveranstaltung mit Teilnehmern aus aller Welt versprach einen Gewinn an Sympathie, der politischen Kredit verschaffen würde. Und an so genannten Valutamark, d. h. Devisen aus dem Westen, bestand in dem Staat, dessen wirtschaftliche Schwierigkeiten sich auch im Außenhandel niederschlugen, ein anhaltend hoher Bedarf.

Drei weitere Ziele waren unmittelbar als politische erkennbar: (4) der Auftrag, „[...] alle Kräfte daran setzen, zu dokumentieren, wie auf der

Grundlage der Weltanschauung der Arbeiterklasse, der marxistisch-leninistischen Philosophie, die großen progressiven Traditionen in der Wissenschaftsgeschichte bewahrt, aufgehoben und in Einheit mit den gesellschaftlichen Zielen des sozialistischen Aufbaus und seiner kommunistischen Perspektive weiterentwickelt werden."[5] Es sollte also das wissenschaftlich intendierte Programm zur Propagierung sozialistischer Politik und Weltanschauung dienen. Im Zusammenhang mit dem Ziel der Propaganda wollte man (4) eine starke Beteiligung von Teilnehmern aus dem Ostblock erreichen, eine paritätische Verteilung von Beiträgen aus Ost und West sowie eine Begrenzung der Zahl der sonst bei Psychologenkongressen dominierenden Amerikaner. (5) sollte Bürgern aus politisch verfemten Staaten die Teilnahme ganz verwehrt werden – aus Südafrika wegen der dortigen Rassenpolitik, aus Israel wegen dessen Palästinapolitik, aus Chile wegen der Pinochet-Diktatur sowie aus Taiwan wegen dessen Unbotmäßigkeit gegenüber der Volksrepublik China.

3. Grenzen der Ideologie – Pragmatik

Es hat sicher viele in der DDR gegeben – nicht zuletzt Wissenschaftler –, die der Parteiideologie ihre liberale Gesinnung entgegensetzten. Aber gescheitert sind jedenfalls die ideologisch begründeten Forderungen gegenüber dem Leipziger Kongress letztlich nicht an innenpolitischen Widerständen, sondern an ihrer Realitätsferne. Der Wunsch, einen großen internationalen Kongress für Psychologie zu einer Propagandaveranstaltung für Sozialismus zu machen, war unrealistisch. Achtbare psychologische Beiträge, die sich für den Marxismus-Leninismus ins Zeug legten, wurden – auch aus Ländern des Ostblocks – nicht annähernd in ausreichender Zahl eingereicht. Hätte man jedoch Parteitagsreden ohne wissenschaftliche Fundierung ins Programm aufgenommen, hätte man westliche Besucher abgeschreckt. Hätte man gar westliche Teilnehmer diskriminiert oder einzelne Länder ganz ausgeschlossen, wären die Anmeldungen aus aller Welt drastisch zurückgegangen; möglicherweise wäre der Kongress dann ganz boykottiert worden. Wenn man also einen wissenschaftlich erstklassigen Kongress mit stattlicher internationaler Beteiligung zustande bringen wollte, wenn man Schweizer Franken, Kanadische Dollar und Deutsche Mark in Millionenhöhe einnehmen wollte, dann musste man die übliche offe-

---

[5] Humboldt-Universität zu Berlin, Archiv, Bestand Gesellschaft für Psychologie der DDR 785/181.5. Wissenschaftliche Konzeption zur Vorbereitung des XXII. Internationalen Kongresses für Psychologie (ICP) 1980 in der DDR, bestätigt am 12. 7. 1977.

ne Ausschreibung von Kongressbeiträgen vornehmen, Anmeldungen großzügig ins Programm aufnehmen und alle, die zum Kongress nach Leipzig einreisen wollten, freizügig ins Land einreisen lassen. Und aus pragmatischer Sicht waren nur wissenschaftliche Qualität, starke internationale Beteiligung und Wirtschaftlichkeit als Organisationsziele zu rechtfertigen. Ideologisch und pragmatisch begründete Ziele schlossen sich dabei aus. Es stellte sich also die Frage: Was sollte sich als stärker erweisen – Ideologie oder Pragmatik?

Wer nur erzählt, wie eine Geschichte ausgegangen ist, der verschweigt ihren oft dramatischen und konflikthaften Verlauf. Trotzdem sei hier nicht auf den zeitweise verwickelten Fortgang der Kongressvorbereitungen eingegangen und nur ihr wirklich gutes Ende berichtet. Die Partei gab sich mit der symbolischen Erfüllung einiger ihrer Forderungen zufrieden – etwa die paritätische Verteilung der Symposiumsleitungen auf Ost und West. Ministerium und SED-Sekretariat betonten ihrerseits pragmatische Erfolge, die große Zahl von 4000 Teilnehmern sowie die – wie es hieß – „Devisenintensität" des Kongresses. Die Politik tastete das Programm nicht an; es entsprach vollauf wissenschaftlichen Maßstäben. Und damals schier unglaublich: Wer an der Grenze eine Kongressanmeldung vorweisen konnte, erhielt ein Einreisevisum – ohne weitere Überprüfung und ohne Einreiseantrag im Herkunftsland.

In der Geschichte, deren Verlauf hier nicht mehr wiedergegeben werden kann, agierten mehrere Gruppen: Wissenschaftler in der schon im vorangehenden Beitrag von Lüer behandelten International Union of Psychological Science, DDR-Psychologen, Funktionäre in der Akademie der Wissenschaften, den Ministerien und in der SED selbst. Klar, dass die Psychologen aus der DDR mit ihren Kollegen in der Internationalen Union auf pragmatische Lösungen drängten. Ein Hort der Ideologie befand sich wohl im Büro für wissenschaftliche Gesellschaften der Akademie. Aber beachtlich ist, dass Partei und Behörden im Ganzen schließlich den pragmatisch geforderten Lösungen zustimmten. Ja, die widerständige Akademie wurde von der Parteispitze selbst ausgebootet – wie dies Lüer im vorangehenden Beitrag ebenfalls beschrieben hat. In der Partei herrschte also nicht allein Ideologie, auch Pragmatik hatte dort eine Chance.

Wie bewährte sich Pragmatik bei der Kongressorganisation? Das Kongressprojekt war eine ganz unsichere Mission bei all den Zwängen und Engpässen, die in der DDR herrschten. Da half mitunter kein Minister und nicht einmal ein Sekretär des Zentralkomitees. Ein Beispiel möge dies verdeutlichen. Ein Kongresssekretariat, das tausende Wissenschaftler zu betreuen hat, braucht Bürogerät, in den 1970er Jahren mindestens eine elektrische Schreibmaschine und ein Kopiergerät. Das wollten selbstverständlich andere auch, und so war es taktisch ein kluger Antrag der Psychologen, die Geräte bei der Akademie der Wissenschaften der DDR für einen zentralen Pool zu beantragen – ausleihbar für Sekretariate, die gerade große Kongresse zu betreuen hätten. Die Akademie reagierte offenbar nicht, und so stellte für die Psychologen das Ministerium für Hoch- und Fachschulwesen einen Antrag auf Bürogeräte beim Präsidium des Ministerrats. Dem widersprach freilich die Staatliche Planungskommission. Der Ministerrat beschloss daraufhin die „zeitweilige Nutzung der Schreib- und Kopiertechnik im Bereich des Ministeriums für Hoch- und Fachschulwesen".[6] Das wäre nicht nur unpraktisch gewesen, die Mitarbeiter des Ministeriums hätten sich bestimmt auch dagegen gesträubt, ihre wertvollen und reparaturanfälligen Geräte fremden Nutzern zu überlassen. Kurz: Im Sommer 1978, zwei Jahre vor Kongressbeginn, war eine Lieferung von Schreib- und Kopiergeräten nicht abzusehen. Danach enden die Aufzeichnungen über die Beschaffung einer Büroausstattung. Aber es enden auch die Klagen über deren Fehlen. Zeitzeugen erinnern sich dagegen mit Stolz an vorzügliche Schreib- und Kopiergeräte im Kongresssekretariat. Die Erklärung eines Zeitzeugen, es sei aus der Parteispitze ein außerplanmäßiger Import aus dem Westen verfügt worden, ist falsch. Es war nämlich folgendes zu ermitteln: Als die Not am höchsten war, reiste der Generalsekretär des Kongresses nach München und traf sich dort mit dem Schatzmeister der Internationalen Union. Der Schatzmeister stellte dem Generalsekretär knapp 5.000 USD zur Vorfinanzierung zur Verfügung, wovon dieser zwei IBM-Schreibmaschinen und einen gebrauchten Xerox-Kopierer kaufte. Offensichtlich war das System an seine Grenze gestoßen. Es herrschte einer dieser empfindlichen Versorgungsmängel, und weder die Partei noch eine staatliche Instanz war imstande, den Mangel zu beheben. Man brauchte dazu Hilfe von außen.

Das ist allerdings der einzige belegbare Fall, in dem Partei und Staat sich bei der Kongressvorbereitung als hilflos erwiesen. In anderen Fällen waren sie sehr wohl effektiv – aber in welchem Sinne? Dies sei wieder an einem Beispiel erläutert. Während der Kongresswoche war eine größere sowjetische Delegation in einem Studentenheim am Rande der Stadt untergebracht. Die Teilnehmer aus dem Westen logierten dagegen in den alten Nobelhotels am Leipziger Stadtring. Die Besucher aus dem Westen zahlten nämlich in Devisen, die Sowjets nahmen eine Einladung wahr. Zum Aus-

---

[6] Bundesarchiv Berlin-Lichterfelde, DC 20 I/4 – 4036 Bl. 1–16. Präsidium des Ministerrats. Beschluß zur Sicherung der politischen, wissenschaftlichen und organisatorischen Vorbereitung und Durchführung des XXII. Internationalen Kongresses für Psychologie 1980 vom 23. 3. 78.

gleich bekamen die Sowjets einen Shuttle-Bus. Freilich waren Fahrzeuge in der DDR knapp. Es musste also ein Bus aus dem Umland abgezogen werden. Zur besseren Veranschaulichung sei angenommen, das sei ein Bus aus Pirna gewesen, der sonst für den Transport von Arbeitern zum Abbau von Quecksilber eingesetzt wurde. Da entstand ein Interessenkonflikt. In dem Interessenkonflikt musste jemand entscheiden, und nur eine Instanz hatte dazu die nötige Autorität – die Partei. Die Partei tendierte dazu, ihre Entscheidung politisch zu begründen. So wurde aus der praktischen Frage: Fährt der Bus für die Russen oder die Arbeiter? die grundsätzliche Frage des Primats der Außenpolitik. Solche Fällen zeigen: Die DDR war eine Mangelgesellschaft, und eine wichtige Rolle der Partei bestand darin, knappe Waren und Dienste zuzuteilen. Damit hat sie sich auch um den Leipziger Kongress verdient gemacht. Sie teilte den Kongressorganisatoren Papierkontingente, Druckkapazitäten, Fleischportionen und Konzertplätze zu, die sonst in andere Hände gelangt wären.

Systemkritisch kann man sagen: Der Sozialismus hat mit seiner Planwirtschaft andauernde Versorgungsengpässe hervorgebracht – und dabei war viel Ideologie im Spiel. Knapp vorhandene Güter denen zuzuteilen, die den besten Gebrauch davon machen, das wäre aus pragmatischer Sicht ein zu lobender Ansatz. Und Wissenschaftler werden sich unschwer auf die Einschätzung einigen, der Leipziger Kongress sei ein guter Zweck gewesen, der die bevorzugte Zuteilung von Mitteln verdient habe. Die Kumpel in Pirna, die ohne ihren Bus auskommen und vielleicht auch mit kleineren Fleischportionen vorlieb nehmen mussten, mögen da anderer Meinung gewesen sein.

4. Zum Verhältnis von Ideologie und Pragmatik

Partei und Regierung der DDR traten also bei der Kongressvorbereitung in zweifacher Funktion in Erscheinung. Zum einen beanspruchten sie Kontrolle über den Kongress, insbesondere über dessen Programm und dessen Teilnehmer – ein unverkennbarer Eingriff in die Wissenschaftsfreiheit. Zum anderen teilten sie dem Kongress knappe Mittel zu, begaben sich also in die Fürsorgepflicht für das wissenschaftliche Unternehmen. Die oben dargestellte und in Abbildung 1 veranschaulichte Organisationsstruktur spiegelt vor allem die Kontrollfunktion wider. Im Hinblick auf die Mittelzuteilung ergibt sich eine andere Organisationsstruktur.

Die tatsächliche Macht der staatlichen Lenkung darf man nicht überschätzen. In Wirklichkeit hatten die Fachvertreter das Heft in der Hand. Da stand Machtelite gegen Funktionselite. Die führenden DDR-Funktionäre stammten noch aus der Gruppe der so genannten Arbeiterveteranen; sie waren wegen ihrer so genannten antifaschistischen Gesinnung berufen und in ihrem Parteiapparat sozialisiert worden. Fachliche Bildung war ihre Sache nicht; sie waren unsicher gegenüber Intellektuellen. Wenig weltläufig und wenig sprachgewandt, sahen sie Ausländer insbesondere aus dem Westen durch den Filter eines Feindbildes; sie waren gegenüber Fremden unbeholfen und misstrauisch. Anders die psychologischen Fachvertreter. Sie gehörten bereits jener Gruppe an, die man in der DDR „Neue Intelligenz" nannte. Sie hatten ihre akademische Ausbildung nach dem Krieg genossen, und zumindest einige wenige verfügten über internationale Erfahrungen und über die nötigen Fremdsprachenkenntnisse. Zugleich hatten sie die obligaten politisch-weltanschaulichen Schulungen absolviert, waren zumeist der SED beigetreten und genossen das Vertrauen der politischen Funktionäre. Psychologische Fachvertreter aus diesem Kreis hatten die Kongresseinladung betrieben und wurden nun maßgeblich bei dessen Vorbereitung und Durchführung tätig.

Insbesondere den fünf Fachvertretern, die in das Wissenschaftliche Vorbereitungskomitee berufen waren, fiel eine zentrale Rolle zu. Sie konnten fachintern Aufträge an drei Arbeitsgruppen geben, die ihnen unmittelbar zugeordnet waren: das Programm- und das Organisationskomitee sowie die Kommission Öffentlichkeitsarbeit. Die fünf Zentralpersonen konnten die wichtigsten in Leipzig Verantwortlichen erreichen, als sich das Wissenschaftliche Vorbereitungskomitee zur Kongressleitung erweiterte. Zudem gehörten die Fünf dem Wissenschaftlichen Rat an, in dem sie ihre Kollegen aus allen Universitätsinstituten versammelten. Wie stand es aber mit dem Nationalen Vorbereitungskomitee, das dem Wissenschaftlichen Vorbereitungskomitee vorgeordnet war? Da dominierten nach ihrer Zahl und ihren Machtbefugnissen Regierungs- und Behördenvertreter. Aber die zentralen Fünf hatten auch im Nationalen Komitee Sitz und Stimme, und sie gaben dort durchaus den Ton an.

Was sich also zunächst als Hierarchie darstellte (s. wieder Abbildung 1), funktionierte wohl eher als Sternstruktur, wie sie Abbildung 2 darstellt. Das Wissenschaftliche Vorbereitungskomitee bildete den Kern der Entscheidungsstrukturen. Es ergänzte sich um weitere Wissenschaftler zum Wissenschaftlichen Rat, wenn es um Forschungsförderung und andere Fragen der Psychologieentwicklung ging. Es ergänzte sich um lokal Verantwortliche, wenn es in Leipzig um administrative und praktische Fragen der Kongressdurchführung ging. Wenn es aber um die politischen und die praktischen Probleme der Kongressvorbereitung ging, ergänzte sich das

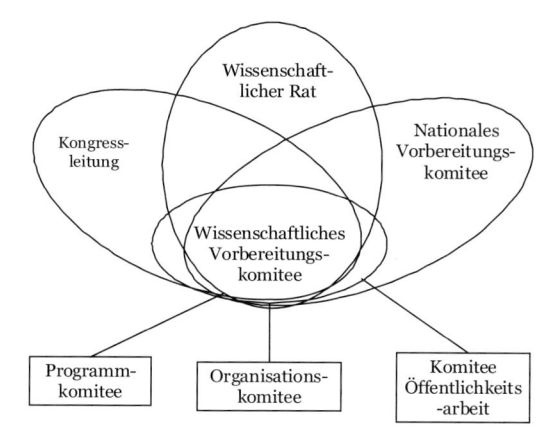

Abbildung 2: Das Wissenschaftliche Vorbereitungskomitee als Zentrum der Organisationsstruktur

Wissenschaftliche Vorbereitungskomitee um Staatsvertreter bis hin zum Minister selbst. Zugespitzt könnte man sagen: Die fünf zentralen Fachvertreter aus dem Wissenschaftlichen Vorbereitungskomitee machten sich im Nationalen Vorbereitungskomitee Staat und Partei zu ihrem Instrument.

Der formalen Hierarchie zum Trotz soll die Zusammenarbeit recht kollegial gewesen sein, wenn es um die Lösung konkreter Probleme ging. Ja, angesichts des Kompetenzgefälles zwischen Wissenschaft und Politik kehrte sich die formal vorgegebene Hierarchie mitunter um. Man musste zwar die Form wahren: Es waren stets das Zentralkomitee und das Ministerium, welche so genannte Festlegungen trafen. Aber man konnte sich seine Direktiven sozusagen „oben" bestellen. Oder wie ein Beteiligter das ausdrückte: „[...] da ist ja Manches, was man als Parteivorgabe zurückkriegt, ein Produkt der eigenen Vorbereitung. [...] Die Parteivorgabe war nichts Externes, es war auch ein Stück selbstgestaltete Realität." So verschafften sich die Fachvertreter Mitsprache- und Vorschlagsmöglichkeiten, konnten sogar – wie diplomatisch auch immer – Widerspruch einlegen. So bereiteten sie der Pragmatik den Weg und drängten Ideologie zurück.

Aus dieser Sicht waren die psychologischen Fachvertreter in der DDR die Agenten der Pragmatik. Allerdings hätten sie nichts ausgerichtet, wenn sie nicht Verständnis und Unterstützung in Partei und Regierung gefunden hätten. Das wäre ein bemerkenswerter Befund: Auch in der Partei gab es einen pragmatischen Flügel. Der Befund steht nicht allein. Andrew Port hat in einer eingehenden Studie zur Arbeiterschaft einer thüringischen Kleinstadt von erstaunlichen Konzessionen berichtet, welche Parteifunktionäre mitunter in Abweichung von der offiziellen Linie gemacht haben. Port erklärt dies mit der anhaltenden Instabilität der DDR, die sich auch in der untersuchten Region gezeigt habe. Unzufriedenheit und Verweigerung bis hin zum – legalen oder illegalen – Verlassen des Landes seien Symptome einer Dauerkrise gewesen. Parteifunktionäre hätten Forderungen aufgeben oder das Nichterfüllen von Forderungen hinnehmen müssen, um die Lage zu stabilisieren.[7] Diese Erklärung der Vorgänge aus der Arbeitswelt trifft wohl auch auf den vorliegenden Fall aus der Wissenschaft zu. Auch unter Wissenschaftlern drohte Unruhe; Kritik an der Politik des Landes kam auch aus der Wissenschaft, selbst und mitunter gerade von treuen Gefolgsleuten der Partei. Das Scheitern eines hoffnungsvollen internationalen Kongresses aus ideologischen Gründen hätte bei Vertretern der Psychologie erhebliche Erbitterung gegenüber den Machthabenden ausgelöst. Um diesen destabilisierenden Impuls zu vermeiden, waren Partei und Staat zu Konzessionen bereit.

Pragmatik wirkt in dieser Deutung als Ausgleichsmechanismus. Einerseits tritt sie als Gegenspielerin der Ideologie auf; sie hält jene in Schranken. Andererseits dient Pragmatik der Ideologie als Schutzschild; indem Pragmatik Ideologie in Schranken hält, bewahrt sie jene vor dem Unmut der Bürger. Gleichwohl ist die DDR am Zorn ihrer Bürger zugrunde gegangen. Diese waren wohl nicht nur der herrschenden Ideologie überdrüssig, sondern wollten sich auch nicht länger mit pragmatischen Zugeständnissen beschwichtigen lassen.

---

[7] Port, Andrew I. (2007). Conflict and Stability in the German Democratic Republic. New York: Cambridge University Press.

Aristoteles und Horaz und ihre Bedeutung für das Literaturverständnis der Neuzeit

(vorgetragen in der Plenarsitzung am 16. Juli 2010)

Arbogast Schmitt

Seit ihrer „Wiederentdeckung" (richtiger: Neurezeption) in der Renaissance hat die „Poetik" des Aristoteles die europäische Literatur in der Theorie wie in der Praxis der Dichter für mehr als zweieinhalb Jahrhunderte maßgeblich beeinflusst. Aristoteles hatte, so glaubte man, der Dichtung die Aufgabe gestellt, die Natur nachzuahmen. „Natur" sollte die geordnete Natur, der „Kosmos", sein. In Übereinstimmung mit der biblischen Überzeugung, Gott habe alles nach Maß, Zahl und Gewicht geordnet (Sap. 11,20), empfahl noch die Aufklärungspoetik guter Literatur die Orientierung am „Buch der Natur", da die freie Erfindung nur „Abgeschmacktes" (Gottsched) zustande bringen könne. Die Ästhetik des 18. Jahrhunderts bricht mit dieser Tradition. Die neue Lehre ist, dass nicht die Natur der Dichtung, sondern das künstlerische Subjekt in schöpferischer Erfindung der Natur die Regeln gibt.

Erstaunlicherweise ist von einer Nachahmung der Natur in der „Poetik" des Aristoteles nicht die Rede. Die Formulierung stammt aus der „Physik" und bezieht sich dort eher auf das, was wir heute Technik nennen. In der „Poetik" verwendet Aristoteles einen rein formalen Nachahmungsbegriff, der lediglich festhält, dass jede Kunst ihre Gegenstände in einem Medium darstelle. Ob diese Gegenstände erfunden oder der Wirklichkeit entnommen sind, stellt Aristoteles ausdrücklich frei, er begrenzt aber den Gegenstandsbereich: Dichtung solle – mögliches oder wirkliches – menschliches Handeln darstellen. Diese Begrenzung erschien schon den Literaturtheoretikern des Hellenisums (v. a. der Stoa und des Epikureismus) nicht mehr einleuchtend. Horaz, der diesen hellenistischen Theorien folgt, universalisiert den Bereich der Dichtung wieder: sie befasst sich mit denselben Gegenständen wie die Wissenschaft und die Philosophie (socraticae chartae), aber auf andere Weise. Sie stellt das Allgemeine in konkreter Anschauung (proprie communia dicere) und in passenden Gefühlen dar. Ihre Ordnung gewinnt sie durch die Orientierung an der Einheit und Ganzheit der „Natur" ihrer Gegenstände. Dieses Dichtungsverständnis hatte die

Renaissance lange vor der „Wiederentdeckung" der „Poetik" rezipiert. Die meisten Kommentatoren der „Poetik" waren überzeugt, bei Aristoteles eine lediglich systematischere Erklärung eben dieser Auffassung von Dichtung zu finden. So wurde auch er zum Zeugen, dass Dichtung die natürliche Ordnung der Dinge nachahmen solle. Da der Dichter dies nicht mit den diskursiven Mitteln rationaler Wissenschaft, sondern in unmittelbar einfühlender Intuition tut, erschien die Dichtung als die überlegene Form der Welterkenntnis (im Ganzen), der Dichter als ein alter deus. Da diese theologisch-metaphysische Überhöhung der Dichtung einer der wesentlichen Gründe für die Abwendung von der „aristotelischen" Nachahmungspoetik wurde, ist es interessant, durch den Blick zurück auf Aristoteles zu sehen, dass man die Besonderheit dichterischer Produktion auch auf andere, weniger theologisierte Weise begründen konnte. Die Beschränkung auf den handelnden Menschen ist bei Aristoteles eine Begrenzung nicht des Gegenstandsbereichs, sondern unseres Zugangs zur Welt. Wer handelt, erstrebt etwas für sich Gutes, d.h., er erstrebt es mit Lust oder meidet es mit Unlust. Der Handelnde betrachtet die Welt, in moderner Begrifflichkeit, unter einem Gefühlsaspekt. Sofern ein solches Handeln nach Aristoteles nur bereits geformten, selbständigen Charakteren möglich ist, bringt die Darstellung einer Handlung eine strukturelle Ordnung der Teile zum Ganzen mit sich und bestimmt auch die Art des Stils der Darstellung, der dem Charakter gemäß sein muss. Deshalb sagt Aristoteles vom Dichter, er solle darstellen, wie ein Mensch von bestimmtem Charakter auf Grund eben dieses Charakters wahrscheinlich oder notwendig ganz Bestimmtes sagt oder tut. Dieses „Sagen oder Tun" solle er vorführen, d. h. „nachahmen", nicht abstrakt beschreiben.

Nachahmung hat hier den doppelten Sinn, dass der Gegenstand in einem Medium präsent ist, dass er aber auch nur in diesem Medium, d. h. durch die Handlungsdarstellung selbst, präsent sein soll. Aristoteles' Verständnis von Dichtung vermeidet so eine Abhängigkeit von Normen, Regeln und Vorschriften, d. h. eine „epistemische Reduzierung" und einen überhöhten Anspruch auf eine allgemeine Weltweisheit des Dichters. Sein Konzept ist elastischer und subjektiver zugleich. Angesichts der Tatsache, dass die „neue" Ästhetik des 18. Jahrhunderts „die Ordnung der Dinge" von der äußeren in die innere Natur des Subjekts verlegt und dadurch immer noch in Abhängigkeit vom Dichtungsverständnis der Renaissance blieb, bietet Aristoteles ein Verständnis von Dichtung, das den Gegensatz von (subjektiver) Fiktion und (objektiver) Nachahmung auf eine bedenkenswerte Weise unterläuft.

Echtzeit-MRT: die Zweite

(vorgetragen in der Plenarsitzung am 15. Oktober 2010)

JENS FRAHM, MARTIN UECKER

Die Magnetresonanz-Tomografie (MRT) ist weltweit eines der wichtigsten Verfahren für die diagnostische Bildgebung. Ein breites Spektrum an unterschiedlichen MRT-Untersuchungen bietet dabei Zugang sowohl zu strukturell-anatomischen Informationen mit variablen Kontrasten als auch zu dynamisch-funktionellen Charakterisierungen des Gewebes. Letzteres gilt beispielsweise für die Visualisierung von Hirnfunktionen oder die Quantifizierung der Durchblutung nach Gabe eines paramagnetischen MRT-Kontrastmittels. Den meisten MRT-Techniken ist jedoch gemein, dass sie empfindlich auf Bewegungen reagieren und bei entsprechenden Störungen während der Datenaufnahme Bilder mit fehlerhaften Darstellungen liefern.

Vor einem Jahr hat unsere Arbeitsgruppe eine Messmethode vorgestellt, die sich durch eine Resistenz gegenüber Bewegungen auszeichnet und darüber hinaus die Aufnahme schneller Bildserien oder MRT-Filme ermöglicht (Zhang et al. 2010a; Frahm und Zhang 2010). Die erhöhte Toleranz gegenüber Bewegungen beruht auf einer im Vergleich zur kommerziell verwendeten MRT veränderten Ortskodierung: statt den Datenraum für ein MRT-Bild zeilenweise in einem rechtwinkligen Raster unter Nutzung von Frequenz und Phasenlage der MRT-Signale abzutasten, geschieht dies in radialer Form wie die Speichen eines Rades; vgl. Abbildung 1 in Frahm und Zhang (2010). Die radiale Abtastung beruht auf einer reinen Frequenzkodierung der MRT-Signale, die die durch Bewegungen beeinflussbare Phasenkodierung vollständig vermeidet. Die Rekonstruktion eines MRT-Bildes aus radial kodierten Daten kann nach Interpolation der Datenpunkte auf ein rechtwinkliges Raster (*gridding*) wie für die konventionell ortskodierte MRT mittels einer zweidimensionalen diskreten Fourier Transformation erfolgen.

Für die dynamische Bildgebung in Echtzeit ist es neben der Bewegungsresistenz wichtig, möglichst kurze Messzeiten zu erzielen. Da die physikalischen – und physiologisch zulässigen – Grenzen mit der heutigen MRT-Gerätetechnik bereits erreicht werden, ist eine Verkürzung der Messzeit nur noch durch eine Reduktion der für eine Bildrekonstruktion notwendigen Datenmenge möglich: je weniger Daten aufgenommen werden, desto kürzer die Messzeit. In dieser Hinsicht bietet die radiale gegenüber der rechtwinkligen Abtastung des Datenraumes erhebliche Vorteile, die auf der Gleichwertigkeit aller Speichen beruhen. Da der Informationsgehalt jeder Speiche, der einer eindimensionalen Projektion („Schattenbild") des untersuchten Objektes entspricht, in seiner Bedeutung für das zu berechnende zweidimensionale Bild gleich ist, kann auf einen großen Teil der radialen Daten verzichtet werden, ohne dass sich dies im rekonstruierten Bild durch wirkliche Fehler bemerkbar machen würde. Bei der im vergangenen Jahr vorgestellten Technik (Zhang et al. 2010a) betrug die auf diese Weise maximal erreichbare Reduktion der Messzeit einen Faktor 2 bis 3. Bei weiterer Datenreduktion ergeben sich mit der *gridding*-Technik Bildfehler wie in Abb. 1. Der Ansatz erlaubt daher zwar dynamische Aufnahmen von langsamen Prozessen wie beispielsweise Gelenkbewegungen, bei Untersuchungen des Herzens führt das Verfahren aber noch zu unzureichend langen Messzeiten von mindestens 150 Millisekunden.

Dieses Problem konnte vor kurzem in unserer Arbeitsgruppe auf eine überraschend erfolgreiche Weise gelöst werden. Die Bildrekonstruktion durch das *gridding*-Verfahren wurde dabei durch eine iterative Berechnung mit Methoden der numerischen Mathematik ersetzt, bei der das gewünschte Bild als die Lösung eines inversen Problems definiert wird. Die außergewöhnliche Leistungsfähigkeit des verwendeten Algorithmus zeigt die Abbildung 1 am Beispiel eines MRT-Bildes aus der besonders schnellen, postsystolischen Expansionsphase des Herzens: die beiden Rekonstruktionen mit konventionellem *gridding* und der neu entwickelten Technik wurden aus den selben Daten gewonnen, die aus nur noch 15 Speichen bestanden und in einer Messzeit von 30 Millisekunden aufgezeichnet wurden.

Bildrekonstruktion als inverses Problem

Die Abbildung 1 zeigt, dass eine erhebliche Reduktion der Datenmenge, die in diesem Beispiel einer etwa 14-fachen Unterabtastung und damit einer Beschränkung auf etwa 7% der eigentlich notwendigen Datenmenge entspricht, es nicht mehr erlaubt, mit konventionellen Methoden ein fehlerfreies Bild zu rekonstruieren. In der MRT wird diese Berechnung durch eine schnelle Fourier Transformation geleistet, die nur einen geringen rechnerischen Aufwand verlangt und damit sehr effizient bereits auf einfachen Computern ausgeführt werden kann. Wie in der Abbildung 2 schematisch

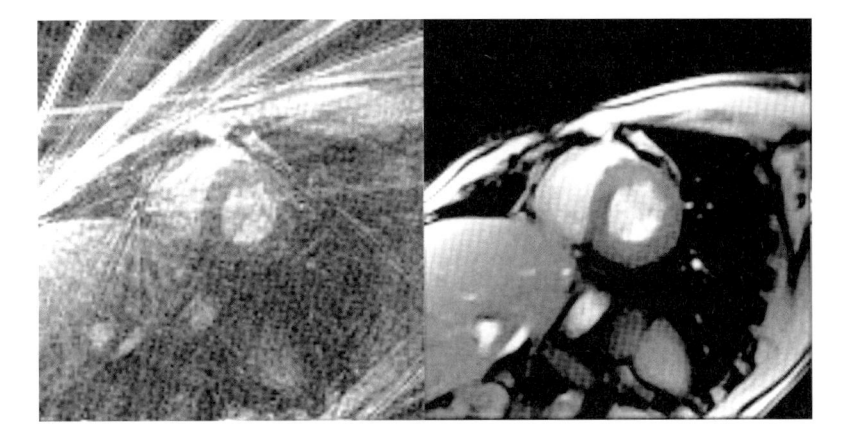

Abbildung 1: Unterschiedliche Bildrekonstruktionen derselben Daten einer MRT-Messung des schlagenden Herzens in Echtzeit (gesunde Versuchsperson, postsystolische Expansionsphase, Kurzachsenblick der rechten und der linken Herzkammer). Die Messzeit des Bildes betrug 30 Millisekunden bei einer Datenmenge von nur noch 15 Speichen. (links) Rekonstruktion durch ein konventionelles *gridding* und (rechts) mittels regularisierter nichtlinearer Inversion.

angedeutet, verfährt der aus der numerischen Mathematik bekannte Ansatz der inversen Lösung genau umgekehrt: wenn das Bild nicht korrekt aus den Daten berechnet werden kann, dann schätzt man das Bild und berechnet die dazugehörenden Daten durch eine gegenüber der normalen Bildberechnung umgekehrte Rechenvorschrift. Da nach einem beliebigen Startbild kaum die richtigen Daten an denjenigen Stellen entstehen werden, an denen gemessene Daten vorliegen, wird das Bild so lange in einem iterativen Prozess verändert, bis berechnete und gemessene Daten gut übereinstimmen.

Für Anwendungen in der MRT gestaltet sich die geschilderte inverse Berechnung etwas schwieriger: einerseits sind die MRT-Daten im mathematischen Sinne komplex, andererseits zeichnen die modernen MRT-Geräte ihre Daten mit sehr vielen (z. B. 32) räumlich komplementären Hochfrequenzantennen (Spulen) auf, die jeweils ein eigenes Empfindlichkeitsprofil besitzen. Es ist daher notwendig, sowohl das Bild als auch die Spulenprofile gleichzeitig aus z. B. 32 aufgenommenen Datensätzen zu bestimmen. Unsere Arbeitsgruppe konnte zeigen, dass die Schätzung der richtigen Lösung am besten gelingt, wenn der Optimierungsprozess nicht wie für die heute übliche „parallele" MRT nacheinander (erst die Spulenprofile, dann das Bild) erfolgt, sondern gleichzeitig für die Spulenprofile und das

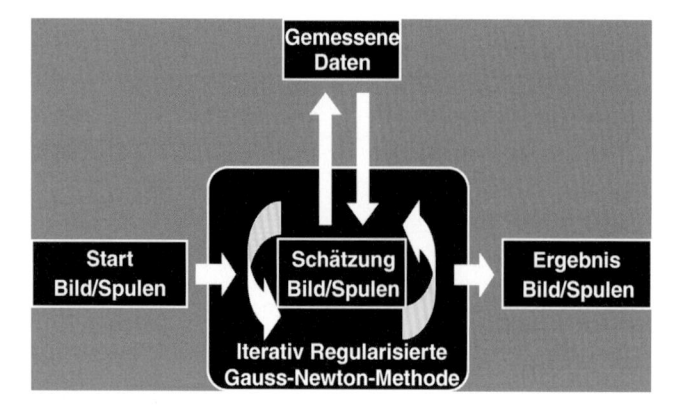

Abbildung 2: Das Prinzip der iterativen Bild-Rekonstruktionen durch regularisierte nichtlineare Inversion. Bei dieser Berechnung werden ein MRT-Bild und die Intensitätsprofile der eingesetzten Empfangsspulen geschätzt und die dazu gehörenden Daten berechnet. Anschließend wird das Schätzbild durch iterativen Abgleich der synthetischen mit den gemessenen Daten gezielt verändert und in mehreren Schritten optimiert. Dieser Prozess kann erheblich verbessert werden, wenn sich die Lösungsvielfalt durch eine Regularisierung des Iterationsprozesses mit Zusatzkenntnissen über das gewünschte Bild und die Spulenprofile einschränken läßt.

Bild realisiert werden kann (Uecker et al. 2008): damit ergibt sich allerdings ein *nichtlineares* inverses Problem, das mit einem gegenüber dem linearen Problem erheblich größeren Rechenaufwand gelöst werden muss.

Die Abbildung 3 enthält eine mathematische Formulierung des inversen Problems. Im Fall der MRT-Rekonstruktion besteht die Aufgabe darin, die gewünschte Information x (ein Bild und n Spulenprofile) zu schätzen, die Vorwärtsoperation $\mathcal{A}$ auszuführen und das Ergebnis $\mathcal{A}x$ mit y, den n gemessenen Datensätzen, zu vergleichen. Anschließend verändert man in einem

$$\Phi(x) = \frac{1}{2}\|\mathcal{A}x - y\|_2^2 + \sum_i \lambda_i \cdot R_i(x) \quad x = \underset{x}{\operatorname{argmin}}\, \Phi(x)$$

Abbildung 3: Die mathematische Formulierung der iterativen Bild-Rekonstruktionen durch regularisierte nichtlineare Inversion. Die Information x aus Bild und Empfangsspulen wird der Vorwärtsoperation $\mathcal{A}$ unterworfen, um die berechneten Daten mit den Originaldaten y vergleichen. Die numerische Optimierung durch ein iteratives Gauss-Newton-Verfahren verändert die Bild- und die Spuleninformation x, um das Funktional $\Phi(x)$ zu minimieren. Zusätzliche Regularisierungsterme R mit entsprechenden Wichtungsfaktoren λ helfen, die Lösungsvielfalt einzuschränken.

iterativen Prozess die Bild- und die Spuleninformation x so lange, bis das Funktional $\Phi(x)$, also die Differenz von $\mathcal{A}x$ und y, ausreichend minimiert wurde, mit anderen Worten, bis $\mathcal{A}x$ mit den Messdaten y weitestgehend übereinstimmt.

Wichtig für die Berechnung des „richtigen" Bildes aus möglichst wenigen Daten zur maximalen Beschleunigung der MRT-Messung ist dabei die Tatsache, dass die Optimierung mit Hilfe von Rahmenbedingungen „regularisiert" werden kann. Die mathematische Formulierung in Abbildung 3 enthält daher zusätzliche Terme $R(x)$, die sich auf allgemeine Kenntnisse über das Bild und die Spulenprofile beziehen. Wenn diese Terme gemeinsam mit der eigentlichen Lösung minimiert werden, lässt sich die theoretisch hohe Anzahl aller möglichen Lösungen des inversen Problems stark einschränken. Für die Echtzeit-MRT, die einer Serie von aufeinanderfolgenden Bildern entspricht, hat sich eine zeitliche Regularisierung der aktuellen Lösung mit dem unmittelbar vorhergehenden Bild, das eine große Ähnlichkeit mit dem aktuellen Bild besitzen muss, als besonders effizient herausgestellt. Auf diese Weise garantiert der erste Term in Abbildung 3, dass die Lösung des inversen Problems mit den Messdaten kompatibel ist (Datenkonsistenz), während der zweite Term sicherstellt, dass aus der Vielzahl möglicher Lösungen diejenige gefunden wird, die dem vorhergehenden Bild nahekommt.

Die technisch-mathematische Berechnung erfolgt mit einer iterativ regularisierten Gauss-Newton-Methode, bei der die Wichtungsfaktoren λ für die Regularisierung bei jedem Iterationsschritt verkleinert – z. B. halbiert – werden. So führt eine anfänglich starke Regularisierung schnell in die Nähe der richtigen Lösung (hier im Hinblick auf die Ähnlichkeit mit dem vorhergehenden Bild), während eine sich stetig abschwächende Regularisierung für eine immer stärkere Gewichtung der tatsächlich gemessenen Daten sorgt. In der Regel sind für die MRT-Berechnungen 8 bis 10 Iterationsschritte ausreichend.

Kardiovaskuläre MRT in Echtzeit

Die Möglichkeiten der Echtzeit-MRT lassen sich besonders eindrucksvoll bei der Untersuchung des menschlichen Herzens demonstrieren. Aufgrund der sehr schnellen Kontraktions- und Expansionsbewegungen des Herzmuskels ist mindestens eine zeitliche Auflösung von 50 Millisekunden erforderlich, um eine angemessene, d. h. in zeitlicher Hinsicht genaue Darstellung zu erzielen.

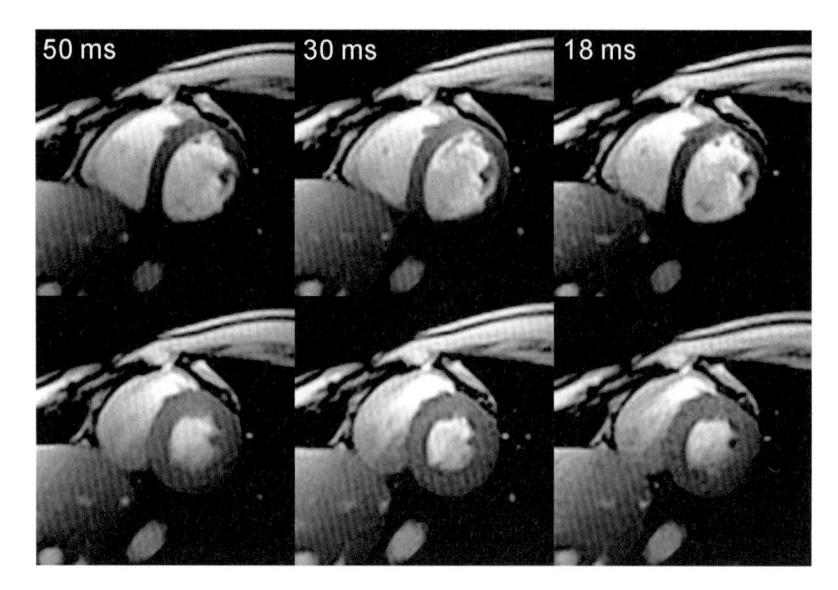

Abbildung 4: Echtzeit-MRT des Herzens einer gesunden Versuchsperson mit unterschiedlichen Messzeiten bzw. Datenreduktionen pro Bild. Die Aufnahmen (2 mm Auflösung, 8 mm Schichtdicke) zeigen jeweils einen Kurzachsenblick der rechten und der linken Herzkammer in der (oben) diastolischen bzw. (unten) der systolischen Phase des Herzschlags. Die Bildqualität der inversen Rekonstruktion wird kaum durch eine Verkürzung der Messzeit von 50 auf 30 oder 18 Millisekunden entsprechend einer Datenmenge von 25, 15 oder nur noch 9 Speichen beeinträchtigt. Die helleren Signalanteile entsprechen dem fließenden Blut.

Die Abbildung 4 zeigt die erreichbare Qualität in der diastolischen und der systolischen Phase bei einer Messzeit pro Einzelbild von 50, 30 und 18 Millisekunden entsprechend einer Datenmenge von 25, 15 oder 9 Speichen. Die Abbildung 5 zeigt von links oben nach rechts unten einen 0.72 Sekunden langen Ausschnitt aus einem MRT-Film mit einer zeitlichen Auflösung von 30 Millisekunden, der die Bewegungen des Herzmuskels während eines einzelnen Herzschlages darstellt.

Der Vorteil der Echtzeit-MRT des Herzens und der großen Gefäße besteht für die Patienten vor allem in der Tatsache, dass die Messung ohne das heute notwendige Anhalten des Atems erfolgen kann (üblicherweise werden ca. 15 Sekunden gefordert). Auf der klinischen Seite verbessern sich die diagnostischen Möglichkeiten um die Betrachtung einzelner Herzschläge und ihrer Variabilität. Als Stand der Technik wird bisher ein MRT-Film analysiert, der durch Synchronisation von einzelnen MRT-Messungen als

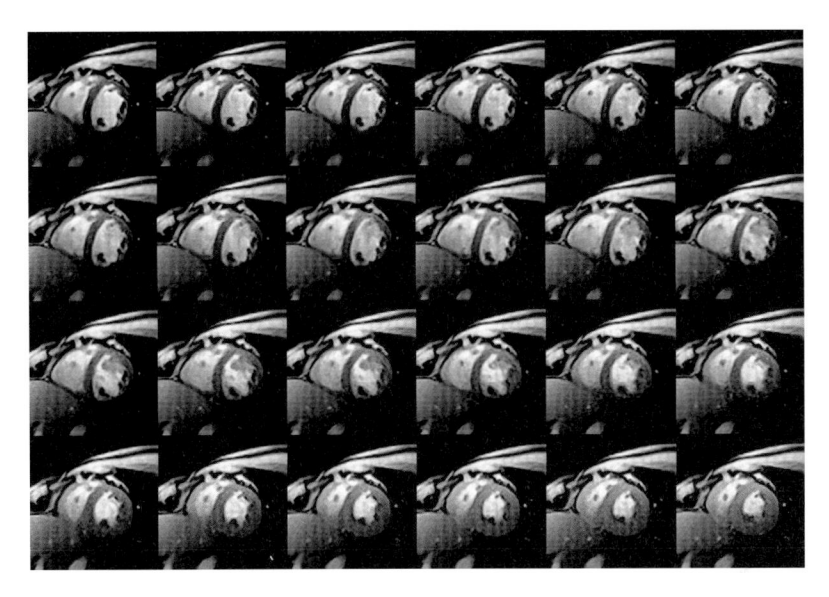

Abbildung 5: Echtzeit-MRT des Herzens einer gesunden Versuchsperson mit einer Messzeit von 30 Millisekunden pro Bild (Kurzachsenblick der rechten und der linken Herzkammer). Die Abbildung zeigt 24 aufeinanderfolgende Bilder, die einen 0.72 Sekunden langen Ausschnitt aus einem einzelnen Herzschlag repräsentieren: die Sequenz reicht von der Diastole (links oben) bis zur systolischen Kontraktion und Verdickung des Herzmuskels (rechts unten).

Mittelwert aus 10 bis 15 Herzschlägen zusammengesetzt ist und einen einzigen synthetischen Herzzyklus repräsentiert.

Ausblick

Ein wichtiges praktisches Ziel der aktuellen Arbeit ist die Reduktion der Rechenzeit, so dass die MRT-Filme nicht nur in Echtzeit gemessen, sondern auch in Echtzeit rekonstruiert und dargestellt werden können. Zur Zeit ist die unmittelbare Berechnung und Beobachtung nur durch eine Kombination mehrerer aufeinanderfolgender Datensätze möglich, die dann mit der *gridding*-Technik berechnet werden. Je nach Umfang benötigen die mit der inversen Rekonstruktionstechnik berechneten Filme einer kompletten MRT-Untersuchung etwa bis zu 1 Stunde. Durch den Einsatz von Rechnern, die mit mehreren Grafikkarten für besonders schnelles paralleles Rechnen ausgestattet sind, sowie nach einer technischen Optimierung des Algorithmus ist davon auszugehen, dass das Problem der Rechenzeit innerhalb eines Jahres gelöst sein wird. Ein weiteres Element für die klinische Nutzung der neuen Verfahren ist die Anpassung der Auswerteverfahren der Herzfilme an die Bedingungen der Echtzeit-MRT. Für diese Softwareentwicklungen sind bis zu zwei Jahre zu veranschlagen.

Insgesamt ist zu erwarten, dass sich die Möglichkeiten der Echtzeit-MRT in der Zukunft erheblich erweitern werden. Unsere Arbeitsgruppe hat für die Herzuntersuchung inzwischen erste quantitative Echtzeitmessungen der Blutflussgeschwindigkeit in den großen Herzgefäßen (Aorta, Pulmonararterie) mit einer Auflösung von 50 Millisekunden realisiert (Joseph et al. 2011). Darüber hinaus beschäftigen wir uns mit den physiologischen Abläufen anderer schneller Prozesse, wie sie beispielsweise beim Schlucken, Sprechen oder Singen auftreten. Schließlich wird auch die sogenannte „interventionelle" MRT von den hier vorgestellten Möglichkeiten profitieren, da sie für den Ersatz der Röntgenkontrolle bei minimal-invasiven Eingriffen durch eine MRT-Kontrolle eine möglichst robuste und schnelle Bildgebung in Echtzeit benötigt.

Literatur

Frahm J, Zhang S. Magnetresonanz-Tomografie in Echtzeit. Jahrbuch der Akademie der Wissenschaften zu Göttingen 2009, de Gruyter, Berlin, 2010, pp. 367–376.

Joseph AT, Zhang S, Uecker M, Voit D, Merboldt KD, Lotz J, Frahm J. Real-time phase-contrast MRI of cardiovascular blood flow at 50 ms resolution. In Vorbereitung.

Uecker M, Hohage T, Block KT, Frahm J. Image reconstruction by regularized nonlinear inversion – Joint estimation of coil sensitivities and image content. Magn Reson Med 60, 674–682, 2008.

Uecker M, Zhang S, Frahm J. Nonlinear inverse reconstruction for real-time MRI of the human heart using undersampled radial FLASH. Magn Reson Med 63, 1456–1462, 2010a.

Uecker M, Zhang S, Voit D, Karaus A, Merboldt KD, Frahm J. Real-time MRI at a resolution of 20 ms. NMR Biomed 23, 986–994, 2010b.

Zhang S, Block KT, Frahm J. Magnetic resonance imaging in real time – Advances using radial FLASH. J Magn Reson Imaging 31, 101–109, 2010a.

Zhang S, Uecker M, Voit D, Merboldt KD, Frahm J. Real-time cardiovascular magnetic resonance at high temporal resolution: Radial FLASH with nonlinear inverse reconstruction. J Cardiovasc Magn Reson 12, 39, 2010b.

Wenn Mythologie politisch wird: War Aeneas der Stammvater Roms oder nicht?

(vorgetragen in der Plenarsitzung am 29. Oktober 2010)

Heinz-Günther Nesselrath

Im Jahre 27 v. Chr. wird der Sieger des letzten der großen Bürgerkriege, die die römische Republik zerstörten, vom römischen Senat zum „Augustus" erklärt – ein Titel, den fortan alle römischen Kaiser tragen und der bei seinem ersten Träger sogar zum persönlichen Namen wird. Etwa zur gleichen Zeit entstehen in Rom drei literarische Werke, die den Mythos der römischen Stadt- und Staatsgründung in eine Form bringen, die fortan für alle Zeit – jedenfalls bis in unsere Gegenwart – kanonisch sein wird: Das 1. Buch der *Rhomaïkai Archaiotētes* – einer römischen Frühgeschichte in 20 Büchern – des griechischen Redelehrers und Literaturkritikers Dionysios von Halikarnass ist ganz der Ursprungssage bis zur Gründung Roms gewidmet und arbeitet auch sehr ausführlich die Verbindungen zwischen dem mythischen Troja und Italien heraus; die ersten sieben Kapitel des ersten Buchs der umfangreichen Geschichte Roms – unter dem Titel *Ab urbe condita* – des römischen Geschichtsschreibers Titus Livius stellen ebenfalls die Ursprungsgeschichte bis zur Stadtgründung dar; die wichtigste und am meisten maßgeblich gewordene Fassung des Übergangs von Troja nach Rom bietet jedoch Vergils *Aeneis*, die ebenfalls in dieser Zeit (im wesentlichen in den 20er Jahren v. Chr.) entsteht.

Im Mittelpunkt der *Aeneis* steht der trojanische Held Aineias/Aeneas, der bei Vergil zu einem „Brückenkopf" zwischen Ost und West, zwischen dem Mythos des Trojanischen Krieges und den Anfängen Roms wird. Aineias ist der Spross einer Nebenlinie des trojanischen Königshauses und auf trojanischer Seite der bedeutendste Held, der den Trojanischen Krieg überlebt: Bereits in den im 7. und im 6. Jh. v. Chr. entstandenen Werken des sogenannten epischen Kyklos – einer Reihe von größeren griechischen Gedichten, die Ursprung, Verlauf und Folgen des Trojanischen Krieges darstellen – wird in verschiedenen Versionen erzählt, wie Aineias kurz vor der Eroberung Trojas die Stadt verlässt; schon im 6. Jh. gibt es auch Vasendarstellungen, die Aineias zeigen, wie er auf dieser Flucht seinen Vater Anchises auf den Schultern trägt und seinen kleinen Sohn Askanios an der Hand führt.

Schon im späteren 5. Jh. v. Chr. gab es dann auch Darstellungen, in denen Aineias offenbar bereits bis nach Italien gelangte, etwa bei den Geschichtsschreibern Hellanikos von Lesbos (*FGrHist* 4 F 84) und Damastes von Sigeion (*FGrHist* 5 F 3). Damit hätte Aineias schon fast vierhundert Jahre vor Dionys, Livius und Vergil den großen Schritt nach Westen getan.

Nun gibt es jedoch vor allem in der sehr quellen- und zitatreichen Darstellung des Dionys bemerkenswerte Hinweise darauf, dass diese schöne Geschichte, die den Römern direkten Anschluss an ein besonders heroisches Kapitel des griechischen Mythos bietet – Aineias überlebt den Trojanischen Krieg, geht nach Italien und wird hier zum Stammvater Roms – bei weitem nicht die einzige Version ist, die seit dem 5. Jh. im Umlauf war, sondern dass es durchaus auch ganz andere gab, in denen Aineias keine so großen Wanderungen vollzieht und in denen er auch nicht immer eine rein positive Figur ist: So soll Aineias laut Menekrates von Xanthos (*FGrHist* 769 F 3) die Stadt Troja den Griechen ausgeliefert und zum Dank dafür freien Abzug erhalten haben; war der strahlende Held also nur ein schnöder Verräter?

Andere Autoren lassen ihn zwar aus Troja weg-, aber nicht bis nach Italien kommen: Laut Ar(i)aithos (*FGrHist* 316 F 1), dem Verfasser einer Lokalgeschichte Arkadiens kam Aineias nur bis nach Arkadien und gründete dort die Stadt Kapyai (benannt nach seinem Großvater Kapys). Bei noch weiteren Autoren gelangte Aineias sogar nur nach Thrakien und starb dort, so bei Hegesippos von Mekyberna (*FGrHist* 391 F 5) und bei Hegesianax von Alexandria Troas (*FGrHist* 45 F 7); freilich lässt Hegesianax dann immerhin vier Söhne des Aineias nach Italien gelangen, von denen Rhomos Rom gründet. Um die Mitte des 2. Jh.s v. Chr. vertrat der ebenfalls aus der Troas stammende antiquarische Gelehrte und Schriftsteller Demetrios von Skepsis sogar die These (die sich bis ins 20. Buch der homerischen *Ilias* zurückverfolgen lässt), dass Aineias überhaupt nie nach Westen gegangen, sondern in der Troas geblieben sei und seinen Nachkommen ein lokales Fürstentum vererbt habe. Noch mitten in der augusteischen Zeit – als Aineias längst, wie eingangs gesehen, zum kanonischen Ur-Vater Roms geworden ist – wird eine solche Ansicht von dem bedeutenden griechischen Geographen Strabon vertreten (13,1,53), der uns einerseits die gerade skizzierte Ansicht des Demetrios von Skepsis referiert und sich andererseits selbst auf *Ilias* Buch 20 beruft, wo von einer künftigen Herrschaft der Aineias-Nachkommen eben in der Troas, nicht aber im Westen des Mittelmeeres die Rede ist.

Ferner nennt eine Reihe von griechischen Autoren nicht Aineias, sondern andere Personen als Stammväter Roms: Der Philosoph Aristoteles (fr. 609

Rose) lässt Rom durch von Troja heimkehrende Griechen gründen, die ein Sturm nach Italien verschlägt. Der Schriftsteller Xenagoras (*FGrHist* 240 F 29) erklärt keinen geringeren als den berühmten Odysseus zum Stammvater Roms: Dieser habe mit Kirke drei Söhne namens Rhomos, Anteias und Ardeias gezeugt, die die Städte Rom, Antium und Ardea gegründet hätten. Bei Kallias von Syrakus (*FGrHist* 564 F 5a) gelangt eine Trojanerin namens Rhome mit anderen Trojanern nach Italien, heiratet dort den König Latinos und hat mit ihm die Söhne Rhomos, Rhomylos und Telegonos, die eine Stadt gründen und nach ihrer Mutter benennen. Andere (namentlich nicht bekannte) Autoren (zitiert bei Plut. *Rom.* 1,1) nennen als Gründer die Pelasger, ein Ur-Volk, das griechische Autoren gern als Lückenbüßer überall dort einführen, wo sie nur spekulieren können. Noch andere (ebenfalls namentlich unbekannte, zitiert bei Dionys *Ant.* I 72,6) wollen Rom sogar nur einen rein italischen Ursprung von einem Gründer Rhomos (einem Sohn des Italos und der Latinos-Tochter Leukaria) zuweisen.

Möglicherweise handelt es sich bei all diesen Varianten nicht nur um reine gelehrte (oder pseudo-gelehrte) Glasperlenspiele: Es wurde bereits angedeutet, dass die Zurückführung der Ursprünge Roms auf den trojanischen Helden Aineias für die expandierende Macht Rom, die gerade in der Kulturwelt der griechischen Staaten um Ansehen und Respektabilität bemüht war, ein wichtiges Mittel zur Erlangung dieser Respektabilität sein konnte: Wer sich auf einen Aineias als Stammvater berufen kann, der schon bei dem großen Dichter Homer hohes Ansehen genießt, der braucht sich auch gegenüber noch so snobistisch auf ihre eigenen Traditionen pochenden Griechen nicht zu verstecken; und so haben die römischen Geschichtsschreiber seit Fabius Pictor und die römischen Dichter seit Naevius und Ennius immer wieder Aineias an den Anfang der römischen Geschichte gestellt.

Diese Ansprüche sind freilich bei den Griechen nicht immer auf Gegenliebe gestoßen, besonders zu Zeiten, da sie die volle Härte römischer Expansions- und Eroberungspolitik zu spüren bekamen: Im Zweiten Punischen Krieg wagte es die unteritalische Stadt Tarent, von den Römern abzufallen, und musste dies mit einer blutigen Eroberung bezahlen. Das griechische Mutterland musste solche Erfahrungen bald ebenfalls machen; sie erreichten einen ersten traurigen Höhepunkt mit der Zerstörung der reichen Stadt Korinth (146 v. Chr.); damals wurde Muttergriechenland römische Provinz und verlor seine zuvor noch wenigstens nominell vorhandene politische Freiheit. Zu dieser Zeit hatten die römischen Legionen bereits weit ins östliche Mittelmeer ausgegriffen und die ehemals mächtigen hellenistischen Staaten entweder schon vernichtet (so Makedonien) oder zu mehr oder weniger subalternen Befehlsempfängern degradiert (so das Reich der Seleukiden und das der Polemäer). In von Griechen bewohnten Gebieten, die unter direkter römischer Herrschaft standen (seit 133 v. Chr. gehörte auch das westliche Kleinasien dazu), führte die römische Provinzverwaltung zu immer mehr Unzufriedenheit: Statt ihren Untertanen eine anständige Verwaltung zu bieten, plünderte sie sie vielmehr regelrecht aus oder gab sie vom Staat geförderten Ausplünderern preis. Die Unzufriedenheit entlud sich schließlich in blutigen Racheakten gegen Römer, als König Mithridates VI. von Pontos seit 88 v. Chr. als Griechenbefreier auftrat; erst mehr als zwanzig Jahre später konnte er von den Römern endgültig überwunden werden. Bald danach trat dann die Epoche der innerrömischen Bürgerkriege in ihre gewalttätigste Phase und zog gerade die griechische Mittelmeerwelt in große Mitleidenschaft: Sowohl der Kampf zwischen Caesar und Pompeius in den Jahren 49–45 als auch der Kampf des neuen Triumvirats mit den Caesarmördern 44–42 und schließlich der letzte Waffengang zwischen Marcus Antonius und dem späteren Augustus 32–30 fanden vor allem im griechischen Osten statt.

Vor diesem historischen Hintergrund sind starke (und auch literarisch geäußerte) griechische Ressentiments gegen römische Unterdrücker nicht verwunderlich. Zu einem großen Teil äußerten sich diese Ressentiments dabei in der These, dass die Römer nichts weiter als unedle Emporkömmlinge und Nachfahren von Vagabunden und Räubern seien, die sich kulturell in keiner Weise mit den Griechen messen könnten. Diese These lässt der Historiker Sallust den König Mithridates einmal in voller Schärfe formulieren (*Hist.* 5), und Dionys von Halikarnass nennt sie in der Einleitung seiner römischen Frühgeschichte als Motiv, gegen das vor allem er anschreiben möchte.

In diesem Zusammenhang nun könnten die oben zitierten Varianten zur römischen Gründungsgeschichte in einem neuen Licht erscheinen und vielleicht auch verschiedene Strategien zeigen, um den Anspruch der Römer auf eine respektable Vorgeschichte zu konterkarieren: Eine Möglichkeit war, die Stammvaterschaft des Aineias zwar nicht zu leugnen, sie aber dadurch zu entwerten, dass man diesen Stammvater zu einem Verräter an seiner eigenen Vaterstadt macht (so Menekrates von Xanthos); eine andere lässt den Nimbus des Aineias zwar bestehen, nimmt aber den Römern die Möglichkeit, ihn zu ihren Gunsten zu verwenden, dadurch weg, dass man Aineias erst gar nicht nach Italien kommen, sondern in Kleinasien bleiben oder zumindest lange vor einer Ankunft in Italien (in Thrakien oder mitten in der griechischen Peloponnes) sterben lässt, womit er nicht mehr zum Ur-Vater Roms werden kann. Eine ähnliche Tendenz könnte man bei

Autoren vermuten, die explizit andere Personen als Aineias zu Gründern oder Stammvätern Roms machen (so Aristoteles, Xenagoras, Kallias von Syrakus und andere namentlich nicht bekannte).

Es bleibt hier freilich die Unsicherheit, dass es oft nur vage Vermutungen darüber gibt, wann die betreffenden Autoren gelebt haben: Menekrates von Xanthos soll im 4. Jh. v. Chr. geschrieben haben, Hegesippos von Mekyberna und Kephalon von Gergitha werden von Dionys von Halikarnass als „Männer alter Zeit" bezeichnet; im Fall des Hegesippos nimmt man eine Datierung um 300 v. Chr. an, bei Kephalon von Gergitha handelt es sich jedoch um ein Pseudonym des Hegesianax von Alexandria in der Troas (*FGrHist* 45 F 1), von dem wir etwas mehr wissen: Er gehört ins späte 3. und frühere 2. Jh. v. Chr. und war ein „Philos" (d. h. ein Vertrauter) des Seleukidenkönigs Antiochos III. (vgl. Demetr. Sceps. fr. 7 Gaede). Wenn nun aber Dionys diesen Mann, der nur etwa 150 Jahre früher lebte als er selbst, als „Mann alter Zeit" bezeichnen konnte, dann muss man vielleicht auch den ebenso bezeichneten Hegesippos nicht viel früher ansetzen.

Bei den übrigen erwähnten Autoren – mit Ausnahme des Aristoteles, der bekanntlich zwischen 384 und 322 v. Chr. gelebt hat – bleiben die Datierungen ähnlich vage: Ar(i)aithos wird im 4. Jh. v. Chr. vermutet, Xenagoras im mittleren 3. Jh. v. Chr., Kallias von Syrakus lässt sich als Hofhistoriker des Alleinherrschers Agathokles von Syrakus (etwa 360 bis 289 v. Chr.) ins späte 4. bzw. frühe 3. Jh. v. Chr. datieren.

Einige der gerade genannten Autoren sind, wenn sie noch ins 4. oder frühere 3. Jh. v. Chr. zurückgehen, wohl tatsächlich zu früh, als dass man ihnen eine romkritische oder gar romfeindliche Tendenz zuschreiben könnte; denn erst seit den letzten Jahrzehnten des 3. Jh.s wurde die Expansion Roms auch in Muttergriechenland und im östlichen Mittelmeerraum als Bedrohung wahrgenommen und entwickelten sich die oben skizzierten Antipathien. Bei Hegesianax von Alexandria Troas wurde früher gelegentlich angenommen, dass auch er von antirömischen Ressentiments beeinflusst gewesen sein könnte: Hegesianax' Monarch, der Seleukide Antiochos III., geriet seit 196 v. Chr. in zunehmenden Konflikt mit Rom (im Jahr 195 gewährte er sogar dem römischen Erbfeind Hannibal Asyl!); dieser Konflikt wurde 192 zu einem regelrechten Krieg, in dem Antiochos bald den Kürzeren zog und seine Ambitionen als Vorkämpfer der Griechen endgültig begraben musste. Nun lässt aber Hegesianax zumindest Aineias' Sohn Rom gründen, womit der mythische Anspruch auf den großen Vorfahr natürlich erhalten bleibt. Andere aber haben nun gerade in den mittleren Jahrzehnten des 2. Jh.s – als der römische Militärstiefel bereits sehr dröhnend in der östlichen Mittelmeerwelt auftrat – der römischen Berufung auf Aineias offensichtlich die Stirn geboten, so der erwähnte Demetrios von Skepsis, und von hier lassen sich Linien bis ins 1. Jh. v. Chr. ziehen, bis hin zu Strabon, der sich allen römischen Ansprüchen gegenüber unbeirrt auf seinen Homer beruft, demzufolge die Aineiaden in der Troas geblieben seien. Spielte dabei eine Rolle, dass Strabons Vater eine angesehene Persönlichkeit gerade in der Entourage des großen Römerfeindes Mithridates war?

Nun lassen sich in dieser Zeit aber auch (vielleicht von den Römern geförderte) Versuche feststellen, solchen Stimmen entgegenzutreten, und diese Versuche dürften dazu beigetragen haben, dass sich die Version von Aineias als Vor-Vater Roms schließlich doch durchsetzen konnte. So korrigierte der arkadische Dichter Agathyllos (wohl 2. oder 1. Jh. v. Chr.) wohl ganz bewusst Versionen, in denen Aineias nur bis Arkadien kam, und zog in seinen bei Dionys (*Ant.* 1,49,2) zitierten Versen die Linie weiter: „Er kam nach Arkadien und setzte in Nesos zwei Söhne ein [...]; er selbst aber eilte (weiter) ins hesperische Land und zeugte (dort) den Sohn Romylos." Es gab sogar Bemühungen (zitiert bei Strabon 13,1,53 a. E), das Haupthindernis für eine Westfahrt des Aineias, eben die berühmte Prophezeiung des Gottes Poseidon in der *Ilias*, die eine Herrschaft von Aineiaden in der Troas (und nur dort) voraussagte, textlich so zu ändern, dass sie nunmehr auf die römische Weltherrschaft verwies. Dazu musste man den Vers (Il. 20,307) „Jetzt wird die Kraft des Aineias über die Troer herrschen" nur minimal ändern: „Jetzt wird das Geschlecht des Aineias über alle herrschen." Vergil scheint diese neue Version im 3. Buch der *Aeneis* (V. 97f.) geradezu zitiert zu haben.

So zeichnet sich noch in Umrissen das Bild eines publizistischen Kampfes ab, in dem die Römer mit ihren Ansprüchen auf die Stammvaterschaft des Aineias sich bemerkenswerten Herausforderungen gegenüber sahen, diese aber letztlich zurückweisen und verdrängen konnten.

Den nicht erzählbaren Anfang der Welt erzählen.
Über „Chaos" und Genesis in Hesiods *Theogonie*

(vorgetragen in der Plenarsitzung am 12. November 2010)

Wilfried Barner

Das insistente Fragen nach dem Anfang der Welt, und mitunter auch: das vorwitzige Wissenwollen, was vielleicht noch ‚davor' war – zwei der ältesten Spekulationsthemen in vielen Kulturen haben neue Aufmerksamkeit auf sich gezogen, aus zwei recht unterschiedlichen Richtungen: durch die staunenswerten Berichte aus der Weltraumforschung, das heißt aus den Vorstößen ins Universum, und durch die nicht selten hitzigen Debatten um Evolutionismus und Kreationismus, kürzlich wieder aus Anlaß des Darwin-Jahres 2009[1], und mit dem gewissermaßen Dritten Weg des sogenannten „Intelligent Design" (das manche auch bloß einen faulen Kompromiß schimpfen)[2].

In allen diesen Hauptströmungen bleibt jeweils eine Tendenz zum *Erzählen* auffällig: bei der Veranschaulichung der gigantischen kosmischen Prozesse und insbesondere beim Reden vom Anfang der Welt. Wo in frühen Weltentstehungsdarstellungen ein Schöpfer geglaubt wird, wie in der biblischen *Genesis* (1. Mose 1, 1–2), ist für ein zu erzählendes Geschehen zumindest der erste Handelnde, oder der ‚erste Beweger' gesichert:

Im Anfang schuf Gott Himmel und Erde;
die Erde aber war wüst und wirr,
Finsternis lag über der Urflut,
und Gottes Geist schwebte über dem Wasser[3].

---

[1] Hierzu Norbert Elsner: Darwin und kein Ende – Warum? Einige Gedanken am Ende des Darwin-Jahres 2009. In: Jahrbuch der Akademie der Wissenschaften zu Göttingen 2009. Berlin/New York 2010, S. 232 - 250. Dort S. 232 Anm. 1 Hinweise auf weitere aktuelle Publikationen.

[2] Kritischer Überblick bei Herbert Jäckle: Biologie der Schöpfung: Darwin oder doch Intelligent Design? In: Evolution. Zufall und Zwangsläufigkeit der Schöpfung. Hrsg. v. Norbert Elsner [u. a.]. Göttingen 2009, S. 438–456.

[3] Text nach: Die Bibel. Altes und Neues Testament. Einheitsübersetzung. Stuttgart 1980.

Die Frage nach dem ‚Noch davor' hat eine eigene, intrikate Geschichte[4]. Andersartige, noch schwierigere methodische Probleme stellen sich naturgemäß bei den beteiligten naturwissenschaftlichen Disziplinen. Hierzu, mit nicht professionell abgesichertem Interesse, von außen betrachtet, wenige Belege[5].

So formuliert der russisch-belgische Chemie-Nobelpreisträger des Jahres 2003, Ilya Prigogine: „Die Natur präsentiert uns eine Reihe von Erzählungen, von denen eine Bestandteil der anderen ist: die Geschichte des Kosmos, die Geschichte der Moleküle, die Geschichte des Lebens und des Menschen, bis zu unserer persönlichen Geschichte"[6]. Als eine kategorial noch übergeordnete Frage bei solchen „Erzählungen" stellt sich (außer der nach dem hier verwendeten Geschichtsbegriff) die viel umstrittene nach der Legitimität und der Funktion wissenschaftlichen Redens in Metaphern, und zwar in Geistes- *und* in Naturwissenschaften[7]. So sprechen zwei amerikanische Physiker, die sich mit Quantenfeldern im Universum befassen, von einem „Schlachtfeld zweier Kräfte", der anziehenden und der abstoßenden Gravitation[8]. Oder spezifischer noch, zu unserem Thema „Anfang der Welt", wiederum zwei Kosmologen: „Unmittelbar nach dem Urknall brodelte das Universum"[9] – wobei „brodeln" (*bubble*) metaphorisch eindrücklich sein mag, aber kaum deskriptiv präzise. Selbst die eingeführte Bezeichnung *Big Bang* – die man im übrigen auch als den Beginn einer Welterzählung fassen könnte – bewegt sich in der Sphäre des Metaphorischen.

Bei dem hier angesprochenen Fragenkomplex konzentriere ich mich zunächst auf das erwähnte ‚Davor' oder ‚Noch davor', weil es am direktesten zu Hesiod führt. Für den Astrophysiker, der die Allgemeine Relativitätstheorie im Hinterkopf bewahrt, ist die Frage nur bedingt sinnvoll oder gar gegenstandslos, wenn Raum, Zeit und Materie in *einem* Akt entstanden sind und somit eine temporale Dimension, für das ‚Davor', *per se* entfällt.

---

[4] Dazu Joachim Ringleben: Creatio ex nihilo. In: J. R.: Arbeit am Gottesbegriff. Bd. 1: Reformatorische Grundlegung, Gotteslehre, Eschatologie. Tübingen 2004, S. 235–248.
[5] Außer den bekannten Überblicken in Buchform (Stephen Hawking u. a.) erweisen sich die „Dossiers" der Zeitschrift „Spektrum der Wissenschaft" als aktuell und anregend (wohl auch als zuverlässig).
[6] Zit. nach Stefan Klein: Die Tagebücher der Schöpfung. Vom Urknall zum geklonten Menschen. München 2000, S. 10.
[7] Aus Platzgründen ein einziger Hinweis: Artikel „Metapher". In: Enzyklopädie Philosophie und Wissenschaftstheorie. Hrsg. v. Jürgen Mittelstraß. Bd. 2. Stuttgart, Weimar 2004, S. 867 - 870.
[8] Jeremiah P. Ostriker u. Paul J. Steinhardt: Die Quintessenz des Universums. In: Spektrum der Wissenschaft. Dossier 01/03, S. 74 - 81; hier: S. 74.
[9] Michael Riordan u. William A. Zajc: Die ersten millionstel Sekunden. In: Spektrum der Wissenschaft. Dossier 5/08, S. 40–47; hier: S. 42 f.

Diese Komplikation ergibt sich zwar für den griechischen Poeten um das Jahr 700 vor Christi Geburt noch nicht. Aber auch ohne das moderne Problem ist die Frage nach dem ‚Davor' schwierig genug. Und eine Besonderheit der hesiodeischen *Theogonie* wurde schon in der Antike darin gesehen, daß sie hieraus eine – gewiß aporetische – eigene Antwort zu geben versucht. Kein Geringerer als Aristoteles hat sich in seiner *Physik* mit diesem „Anfangs"-Passus der *Theogonie* ausdrücklich befaßt[10].

Die *Theogonie* (wörtlich: „Götterentstehung") ist in der europäischen Überlieferung der älteste Weltentstehungstext, der zuallererst, oder besser: *ineins* damit, einen Götterentstehungstext darstellt. Es handelt sich um ein über tausend Hexameterverse umfassendes Großgedicht noch aus der Periode Homers, jedenfalls des – im Verhältnis zur *Ilias* – jüngeren Epos *Odyssee*[11]. Nach einer sehr genau ausgearbeiteten zweiteiligen Einleitungspartie, die wesentlich den Musen gewidmet ist (sogenanntes Proömium), entfaltet sich das, was man die ‚Kern-*Theogonie*' nennen könnte: die *genesis*[12] der Götter und zugleich in ihr der ‚Welt'. Gleich der erste Vers (v. 116) ‚setzt', noch vor der Nennung einer ersten Gottheit überhaupt, das Wort „Chaos", umstandslos und ohne jede Erläuterung:

Wahrlich, zuallererst entstand
Die gähnende Leere (Chaos),
Alsdann aber die Erde (Gaia) mit ihrer breiten Brust[13].

Ἤτοι μὲν πρώτιστα Χάος γένετ᾽ · αὐτὰρ ἔπειτα
Γαῖ᾽ εὐρύστερνος

Neben der unvermittelten ‚Setzung' des Worts „Chaos" fällt – vielleicht irritierend – auf, daß dieses griechische Wort hier sowohl Bezeichnung („gähnende Leere") als auch Name sein kann[14]. Das handschriftliche Original ist durchgängig in Versalien gehalten, unterscheidet also nicht nach Groß-

---

[10] Unter wörtlicher Zitierung der ersten anderthalb Zeilen: Physik 208 b 25 ff.
[11] Die seit über zweihundert Jahren heiß diskutierten Probleme der Chronologie müssen hier ausgeklammert bleiben.
[12] Dieses bekannte griechische Lexem beruht auf dem gleichen Stammwort (aber mit Ablaut) wie das Kompositionsglied *-gonie*.
[13] Hier und im folgenden ist unter den zahlreichen deutschen Übersetzungen – als besonders ‚textnah' – diejenige von Walter Marg zugrunde gelegt: Hesiod: Sämtliche Gedichte. Übers. u. erläut. v. W. M. Zürich u. München ²1984. Die in runden Klammern stehenden Namen, vom Übersetzer hinzugefügt, sollen in Umschrift die originale griechische Schreibung wiedergeben. Griechische Zitate nach: Hesiodi Theogonia Opera et Dies [...] ed. Friedrich Solmsen. Oxford ³1990.
[14] Siehe den einschlägigen Artikel im LfgrE [wie Anm. 17]. Die zahlreichen Überblicksartikel und Monographien zu „Chaos" verzeichnet auf neuerem Stand (und mit betont ‚modernem' Interesse) Bianca Theisen: Artikel „Chaos – Ordnung". In: Ästhetische Grundbegriffe. Historisches

und Kleinschreibung[15]. Zu einer ‚Gottheit' fehlt jegliche einschlägige Prädizierung. Und, bei „Urwesen" (worunter man Chaos sowie die bald darauf genannten Eros und Gaia gelegentlich subsumiert hat – dazu später) ist notwendigerweise kritisch zu fragen, ob dieses „Wesen" hier überhaupt schon als Entität identifizierbar ist. Und dieses Chaos „entstand". Die sich aufdrängende Frage ‚Woraus?' bleibt unbeantwortet, geht ins Leere. Es ist eine Sprachgeste des ‚Aussparens' oder auch ‚Verschweigens', die in manchen frühen Mythentexten begegnet, etwa bei (aus unserer Sicht) akausalen Vorgängen, beispielsweise plötzlichen Gestaltwandlungen (Metamorphosen)[16].

Für die Frage nach der Erzählbarkeit des Anfangs ist von Belang, daß die zunächst isolierte Wendung „entstand", wenn man weiterliest, in eine Reihe von Akten des ‚Erzeugens' und ‚Geborenwerdens' oder ‚Entstehens' einrückt. Sie bildet sozusagen das Rückgrat für die Erzählstruktur der ‚Kern-Theogonie' insgesamt. Gottheit auf Gottheit folgt, bald schon genealogisch verzweigt und in abgestuften Generationen und Hierarchien. An der morphologischen Oberfläche wird das ablesbar in der klaren Dominanz von Ableitungen aus griechisch *gen* und (der Ablautform) *gon*, zusätzlich von Wendungen etwa für ‚zeugen' und ‚Zeuger' (*tek, tok*). Abgekürzt ließe sich von einem „generativen Faden" sprechen, der dieses mythische Erzählen ermöglicht, auch ‚Abzweigungen' und dergleichen (daß die z. T. aus dem Lateinischen abgeleiteten Wendungen wie *generativ, genetisch, Generation* usw. ähnliche Muster zeigen, ist kein Zufall).

Der zunächst irritierende „Chaos"-Anfang (irritierend ob seiner Unvermitteltheit und inhaltlichen Unbestimmtheit) wird durch das rätselhafte „entstand" (*egeneto*) von rückwärts her an eine Erzählgroßstruktur angebunden. Zwei weitere für den „Anfang" spezifische Beobachtungen. Die allererste, für „wahrlich" stehende griechische Partikel (so schon in der *Ilias* begegnend) hat feierlich versichernden, bekräftigenden, ‚Wahrheit' ankündigenden Charakter. Und „zuallererst" ist im Original als Superlativ von „zuerst" gebildet – rein aussagenlogisch hypertroph und somit, wie die anderen genannten Merkmale, auf ‚archaische', oder auch ein-

---

Wörterbuch in sieben Bänden. Hrsg. v. Karlheinz Barck [u. a.]. Bd. 1. Stuttgart, Weimar 2000. S. 751–771,

[15] Die moderneren Ausgaben der *Theogonie* setzen zumeist einen Großbuchstaben in den Beginn des Worts (wie bei Namen oder bei ‚Personifikation'), überdecken somit notgedrungen das Problem.

[16] Solchen und ähnlichen Merkmalen (wie ‚Verschweigung', Überexaktheit, Dingsymbolik, List, historische Transformation u. dgl.) in sehr frühen Dokumenten wie – auffälligerweise – in modernen Texten seit Nietzsche, geht ein eigenes Buchprojekt nach, das den Arbeitstitel trägt: Mythen lesen. Elemente einer Phänomenologie.

fach unbeholfene Weise das Außerordentliche dieses Erzählanfangs ausdrückend[17].

Mit „Gaia" (v. 117) erscheint, als eines der ‚Urwesen', die erste Göttin, mit eindeutig personaler Dimension. Im Kontrast zum unbestimmt bleibenden Chaos wird sie handeln, Kinder gebären (Vater oder Mutter bleiben freilich, wie bei Chaos und dann bei Eros, ausgeblendet; das konstituiert sie als ‚Urwesen'). Sie ist, nach der in vielen Kulturen verbreiteten Vorstellung, ‚Mutter Erde'[18]. Für Hesiods Konzept vom „Anfang der Welt" fast noch belangreicher: Sie ist erkennbar auch bereits Teil der materiellen ‚Welt'. Sie ist, wie es gleich anschließend heißt (v. 119), „fort und fort sicherer Sitz von allen" (Lebewesen). In ihr repräsentiert sich bereits die Einheit von Theogonie und Kosmogonie. Sie trägt das Land (auch das Meer) und insbesondere – bei Hesiod wiederholt herausgehoben – die „hohen Berge", in denen die physische Mächtigkeit der Erde sichtbar wird (es ist wohl nicht zu weit gegriffen, hier auch das Heranwachsen Hesiods am Fuß des über 1700 Meter aufragenden Musenberges Helikon als mitprägend zu vermuten). Es entsteht Gaia „mit ihrer breiten Brust": bemerkenswert, daß das hier im Original gewählte Adjektiv (wörtlich: „breitbrüstig") mit dem Kompositionsglied „Brust" schon in der *Ilias* weit überwiegend die männliche Brust bezeichnet; eine Übersetzung „mit ihren breiten Brüsten" wäre also durchaus unangemessen. Am Rande, bezugnehmend auf eine moderne Theorie, mag daran erinnert werden, daß diese Auffassung von der Erde als „Sitz", als Lebensraum „von allen", in den 1960er Jahren als sogenannte „Gaia-Hypothese" von Lynn Margulis und James Lovelock die Erde und ihre gesamte Biosphäre wie ein „Lebewesen" interpretierte: im Sinne der Gesamtheit aller Bedingungen für „Leben"[19].

Die knappen, gedrängten Anfangsverse der ‚Kern-*Theogonie*', mit ihren absichernden („Wahrlich") und zugleich ins Weiteste ausgreifenden („zuallererst") Sprachgesten reflektieren etwas vom Anspruch, von der gewaltigen Dimension des Unternehmens, den Anfang der Götter und der Welt zu erzählen. Nach griechischen Begriffen ist es ein Vorhaben, das sich in der Nähe der *hybris* bewegt. Gewiß, die Berufung auf die Musen, die Töchter des höchsten Gottes, Zeus, öffnet eine Möglichkeit der Rückverge-

---

[17] Zu den semantischen Fragen des griechischen Originals hier und im Folgenden (wegen der leichten Auffindbarkeit der Lemmata nicht wiederholt genannt): Lexikon des frühgriechischen Epos [LfgrE]. Begründet v. Bruno Snell. Hrsg. im Auftrag der Akad. d. Wiss. zu Göttingen. Bd. 1–4. Göttingen 1955–2010.

[18] Daß hier zugleich, wie auch bei späteren Vorstellungsmustern (‚Große Mutter', ‚Mutter Kybele' u. a.), mannigfaches altorientalisches Substrat vorliegt, kann nur erwähnt werden.

[19] Der hier fachlich zuständige Kollege Gerhard Wörner, der in der Akademiesitzung anschließend referierte, hat das Thema (wie er mir sagte) aus Zeitgründen ausgeklammert.

wisserung, der Legitimation. Sie geht über die Kürze und Formelhaftigkeit der aus *Ilias* und *Odyssee* bekannten Musenanrufe weit hinaus. Sie exponiert, viel spezifischer, in diesen 115 Versen des Proömiums, zugleich das historische Individuum Hesiod. Das macht wenige Kontexterläuterungen unumgänglich[20].

Das außerordentliche Ich-Bewußtsein, wenn nicht gar der Stolz dieses Poeten manifestiert sich schon in der Tatsache, daß er in der abendländischen Überlieferung als erster Autor mit Nennung des eigenen Namens (Hesiodos) vor sein Publikum tritt (*Theogonie*, v. 22), freilich nicht als ‚Ich‘, sondern als ‚Objekt‘ der Berufung durch die Musen (im Akkusativ). In seiner nächst der *Theogonie* bekanntesten Dichtung, den *Werken und Tagen* (die man einen am Jahreslauf orientierten „Bauernkalender" genannt hat, mit zahlreichen auch mythischen Erzählungen), verficht er durchaus handfest persönliche Belange, in einem Erbrechtsstreit mit seinem Bruder Perses. Hesiod ist einer der frühesten ausgeprägten ‚Rechtsdenker‘ der Griechen – was für sein ‚Ordnungsdenken‘ von einigem Belang wird (dazu weiter unten im Zusammenhang seiner Kosmosvorstellung). Die bäuerlich-agrarische Herkunft aus dem Dorf Askra wird als prägend nicht nur in der Berufung des „Hirten" Hesiod durch die Musen erkennbar (aus einer Schar von Schafhirten heraus, v. 22 ff.), sondern auch in der schon angesprochenen besonderen Gaia-Verbundenheit. Sie ist eine Determinante seines ‚Welt‘-Bildes. Seine Heimat, das mittelgriechisch-festländische Boiotien, steht zweifelsohne in charakteristischem Kontrast zur ostionischen, seeorientierten, westkleinasiatischen Kultursphäre, also auch zu derjenigen Homers (tendenziell adelsgeprägt) und der homerischen Epen. Die Region Boiotien insgesamt gehört, insbesondere in der Heterostereotypen-Perspektive der Athener, eher dem Typus Ostfriesland oder auch Niederbayern an. Was die faktische Weltkenntnis Hesiods angeht (Geographie, Erzählüberlieferung und dergleichen), so mag die Herkunft des Vaters aus dem nordwestlichen Anatolien an der Ägäisküste – wo er sich im Seehandel versucht hatte – eine Rolle spielen.

Hesiod wird in die Periode der frühgriechischen Kolonisation hineingeboren (um 750 – um 550 v. Chr.), durch die sich die Erfahrungswelt der

---

[20] Aus der sehr umfangreichen internationalen Literatur zur Einführung nur der aktuelle Artikel „Hesiodos" in: Der Neue Pauly. Hrsg. v. Hubert Cancik u. Helmuth Schneider. Bd. 5. Stuttgart, Weimar 1998, Sp. 506–510. Ausgezeichneter Kommentar zur *Theogonie*: Hesiod: Theogony. Ed. with Prolegomena and Commentary by Martin L. West. Oxford ²1971. Für deutschsprachige Leser gut zugänglich, in den „Anmerkungen" ungleichmäßig: Hesiod. Theogonie. Griechisch/Deutsch. Übers. u. hrsg. v. Otto Schönberger. Stuttgart 1999. Für zuverlässige Mithilfe in Sachen Hesiod danke ich Jonathan Groß.

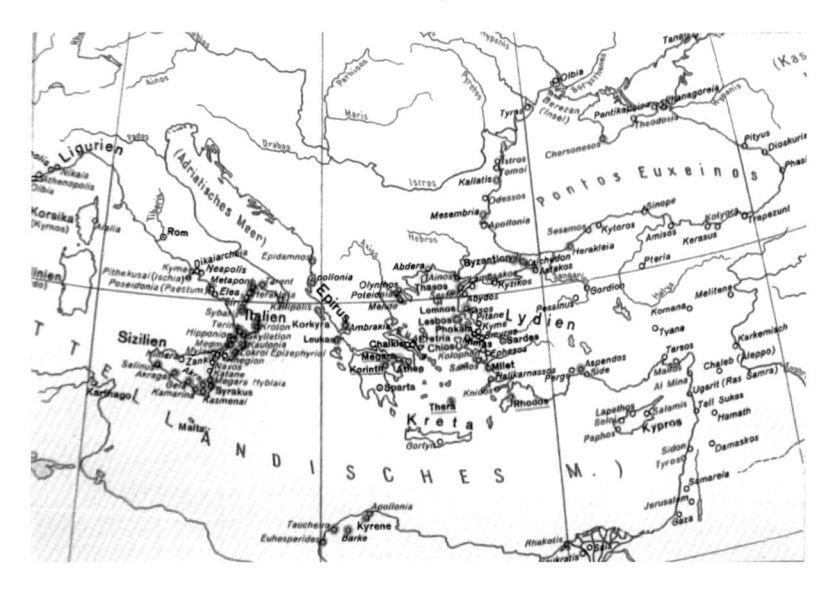

Abbildung 1: Die Mittelmeerwelt zur Zeit der Großen griechischen Kolonisation (um 750–um 550 v. Chr.)[21].

Griechen, auch die Vorstellungswelt der Festlandsbewohner, erheblich erweiterten und differenzierten. Die Erkundungszüge erstreckten sich praktisch über das gesamte Mittelmeer (im Westen bis nach Gibraltar, den „Säulen des Herakles") und darüber hinaus (von der Krim bis ins Niltal):

So, wie später die *Historien* des Ioners Herodot manifester Niederschlag seiner weiten Reisen vor allem im Osten wurden (von 450–430 v. Chr.), hat man für die *Odyssee* mit guten Gründen auch Reflexe der frühen Kolonisation vermutet. Es ist vielleicht keine abwegige Spekulation, daß die *Theogonie*, aus der Epoche der *Odyssee*, einen gewissermaßen komplementären festländischen Antwortversuch auf die Frage nach dem ‚Woher?' dieser neu erschlossenen „Welt" darstellen könnte. Dies in prinzipiell erzählender Form (daß dabei auch vorgriechisch-mittelmeerische resp. vorderorientalische Muster mit im Spiel waren, bleibt durchaus eingeschlossen)[22].

Die handwerkliche Grundlage für die Verfertigung einer hexametrischen Komposition wie der *Theogonie*, auch für ihre narrativen Techniken, vermittelte das Metier der Rhapsoden: fahrende Sänger, wie es sie auch in

---

[21] Abbildung nach: Grosser Historischer Weltatlas. Hrsg. v. Bayerischen Schulbuchverlag. 1. Teil. Bearb. v. Hermann Bengtson u. Vladimir Milojcic. München [4]1963, S. 12.
[22] Zu diesem besonders aktuellen Komplex am besten Walter Burkert: Die Griechen und der Orient. München [3]2009 (eingehender auch zu Hesiod, besonders zu seiner „Kosmogonie").

anderen Kulturen gibt (nordische Skalden, balkanische Gusle [oder Guslaren] bis ins 20. Jahrhundert, u. a.), die öffentlich auftraten, mitunter auch im Wettbewerb gegeneinander. Bei Homer begegnen solche Gestalten (etwa Demodokos bei den Phaiaken in der *Odyssee*), die ihren Gesang mit der Leier begleiten. Bei Hesiod ist eher Rezitation mit (skandierendem, unterstreichendem) Stab anzunehmen.

Für ein so ehrgeiziges, fast hybrishaftes Wagnis wie die *Theogonie* sind uns keine unmittelbaren Vorbilder bekannt. Große Taten von Göttern und Helden erscheinen im Text nur vereinzelt, meist anspielungsweise. Neben dem (narrativen) Epos beherrschten die Rhapsoden auch das – meist kultisch gebundene – Götterlied, den Hymnos. Unter Homers Namen überliefert ist ein ganzes Corpus von *Hymnen*, von denen die ältesten bis ins 7. Jahrhundert zurückreichen, und einige sogar mehrere hundert Hexameter umfassen: *Apollon-Hymnos* 546 Verse, *Hermes-Hymnos* 580 Verse; kürzere dienten lediglich als Proömien zu anderen. Hier vor allem knüpft Hesiod an. Einige dieser Lieder enthielten umfangreiche ‚erzählende' Partien, mit der Schilderung großer Taten der einzelnen Gottheiten, mit dem Preis ihres segensreichen Wirkens, und ähnlichem. Hesiod schafft – hierin durchaus ‚originell' – etwas Eigenes, Drittes: ein fast überdimensionales Götterlied, aber nicht auf *eine* Gottheit, sondern auf die Genesis *der* Götter schlechthin. Es geschieht mit den auch in den Hymnen verwendeten, integrierten Erzählmöglichkeiten, nicht zuletzt mit Nutzung einzelner homerischer Erzähltechniken (samt Szenerie, Dialogführung etc.) aus der *Ilias* und der *Odyssee*[23].

Doch wie erklärt sich bei Hesiod, etwas grundsätzlicher gefragt, dieser offenkundige Drang zum *Erzählerischen*? Gibt es nicht, gerade bei religiösen Gegenständen, die Möglichkeit der sinnlich reichen, visionären Vergegenwärtigung im Bild (das freilich in nicht wenigen Kulturen – gerade auch der griechischen – vielfältige Formen der ‚Bilderzählung' entwickelt hat)? Die komplexe Frage sei hier auf zwei Kernpunkte konzentriert. Der eine liegt in der sozusagen anthropologischen Verankerung des Erzählens begründet, abgekürzt: der Mensch als *homo animal narrans*. Die neuere Erzähltheorie oder Narratologie[24] hat differenzierter die kognitiven, auch die ‚ordnenden' Funktionen bestimmter Erzählweisen herausgearbeitet. Wie beim deutschen „er-zählen" enthalten die meisten griechischen Synonyme hier-

---

[23] Markus Janka: Fokalisierung und Mythenkritik in Hesiods Theogonie. In: Frühgriechisches Denken. Hrsg. v. Georg Rechenauer. Göttingen 2005, S. 40–62 (der etwas mißverständliche Titel läßt das hier einschlägige Thema nicht erkennen).

[24] Überblick über die internationale Entwicklung besonders seit den 1960er Jahren: Matias Martinez/Michael Scheffel: Einführung in die Erzähltheorie. München ^{8}2009.

für Momente von „aufsammeln", „aufzählen", „aneinanderreihen", „verknüpfen", „in die Reihe bringen". Darin stecken Ansätze zum ‚Ordnen', ‚Klären'[25]. Der zweite Kernpunkt: Bei Hesiod handelt es sich (wie bei Homer) um mythisches Erzählen. Angesichts dieses heute einen semantischen Alltags- und Massenmediendschungel darbietenden Begriffs kann nur auf einen gut orientierenden Artikel verwiesen werden[26]. Erwähnt sei jedoch exemplarisch ein frühmoderner Kronzeuge für den Wechsel in der Bewertung der antiken Mythen. Francis Bacon (1561–1626) hat sich bekanntlich auf der Basis seiner neuen „Erfahrungswissenschaft" auch um ein Erkenntniskonzept für Phänomene der *vita humana* und der äußeren *natura* bemüht. In seiner Schrift „Von der Weisheit der Alten" (*De sapientia veterum*, 1609) setzt er dazu an, die antiken Mythen von dem herrschenden Präjudiz als bloßer Fiktion oder gar Täuschung zu befreien (die Wurzeln zu dieser Abwertung liegen bereits in der Antike selbst). Er sieht in ihnen vielmehr eine frühe Form der Natur-*Erkenntnis*, eine auch rationale Dimension; und er deutet – am Beispiel des Orpheus – sogar eine Tendenz zur Naturbeherrschung an[27]. Man braucht so weit nicht zu gehen. Für Hesiods *Theogonie* erweist sich das ‚Erzählen' angesichts der übermächtigen theogonischen und kosmogonischen Vorgänge zumindest als eine plausible Interpretation (ob sich für das moderne ‚Erzählen' von Prozessen des Universums vergleichbare Motive der ‚Bewältigung' oder auch der ‚Distanznahme' ansetzen lassen, bleibe dahingestellt).

An dieser Stelle unserer Überlegungen erscheint es als sinnvoll, für grundsätzlich alles Erzählen vom „Anfang der Welt" drei Fragen zu formulieren.

- Erstens: Was, inhaltlich gefaßt, läßt sich – wenn überhaupt – vom Anfang der Welt erzählen?
- Zweitens: Wie, in welchem Modus, kann man davon erzählen (und es nicht etwa, lediglich visionär, imaginieren)?
- Drittens: Wie steht es mit der Verbürgtheit dieses undenkbar Fernen, des Anfangs, von dem erzählt wird; das heißt zuletzt: Wie steht es mit der Frage der Wahrheit?

---

[25] Dem hierzu konträren Muster, dem „unzuverlässigen Erzähler", hat die neuere Erzähltheorie seit Wayne C. Booth mit gutem Recht stärkere Aufmerksamkeit gewidmet.
[26] Aleida u. Jan Assmann: Artikel „Mythos". In: Handbuch religionswissenschaftlicher Grundbegriffe. Hrsg. v. Hubert Cancik [u. a.]. Bd. 4. Stuttgart [u. a.] 1998, S. 179–200.
[27] Das Wichtigste im Zusammenhang der Theoriegeschichte bei Christoph Jamme: „Gott an hat ein Gewand". Grenzen und Perspektiven philosophischer Mythos-Theorien der Gegenwart. Frankfurt a. M. 1991, S. 88 ff.

Abbildung 2: „Erdkarte" des Hekataios[28].

Die drei Fragen können behilflich sein, der Besonderheit der *Theogonie* auch im Hinblick auf nicht schon ‚erledigte' Problemstellungen (oder auch *éternelles questions*) wie dem „Davor" oder dem „Chaos" näher zu kommen. Frage eins impliziert, wenn man weiterdenkt, die Frage nach dem jeweiligen „Ist", nach der Vorstellung von dem, was jetzt ist, als das auch materielle Resultat jenes Prozesses, der mit dem Anfang begann. Es ist das Weltbild in einem sehr wörtlichen Sinn. Mit dem bei den Griechen ältesten rekonstruierbaren – natürlich umstrittenen – Zeugnis gelangt man, wiederum über dessen nachweisbare Vorlage, immerhin bis in die Anfänge des 6. Jahrhunderts vor Christus zurück und damit in die bereits weit fortgeschrittene Kolonisationsära. Es ist die sogenannte „Weltkarte" oder genauer „Erdkarte" des Hekataios aus Milet, dem an der südwestanatolischen Ägäisküste liegenden frühen Zentrum der – vor allem die Seewege erschließenden – Naturkunde und der spekulativen Naturphilosophie. Als bekannteste Namen seien der ‚Philosoph' und Mathematiker Thales (um 650-um 560), sein Schüler Anaximander (um 610–546), Kosmologe und Naturphilosoph mit dem ersten Versuch einer „Erdkarte", und Hekataios genannt (um 555–nach 500): weitgereister ‚Geschichtsschreiber' (in Prosa), Genealoge und ‚Erdbeschreiber' (auf Anaximander aufbauend).

Die Beiziehung dieser Rekonstruktion dient lediglich der Illustration eines möglichen Komplements eines „Ist" zum „Wurde". Akzeptiert man

---

[28] Rekonstruktion nach: Grosser Historischer Weltatlas [wie Anm. 21], S. 8.

diese Hilfsfunktion, so ist die Konvergenz in einigen Grundpunkten bemerkenswert.

Zur Karte des Hekataios drei hauptsächliche Hinweise. Zunächst: Die Erde, Gaia, ist vorgestellt als ungefähr kreisrunde Scheibe[29], die Land und Meer einschließt und (was in der *Theogonie* durch die wiederholt erwähnten „hohen Berge" hervorgehoben wird) mit dem „Ripäischen Gebirge" gewissermaßen die physikalische Vertikale auf der Gaia betont. (Im übrigen begegnet hier eines der frühesten Zeugnisse für die – nördlich/südliche – sozusagen kartographische Trennung in Europa und Asien.) Sodann: Das Ganze wird durch einen gewaltigen Ringfluß umschlossen (zu dem es ein recht genaues babylonisches Analogon gibt, dort „Bitterfluß" genannt). Dieser Bedeutung durchaus entsprechend, wird Okeanos – so heißt er schon in der *Ilias* – von Gaia (nach dem „gestirnten Himmel" [Uranos, v. 127] und dem „unwirtlichen Meer" [*pelagos*, v. 131] als dritter geboren: „tiefwirbelnd"; auch dies bei Homer vorgebildet. In ihn fließen zuletzt alle Flüsse, auch der Indos und der Nil und der Ister (d. h. die untere Donau): eine ‚Letztvereinigungs'-Vorstellung, die Hölderlin besonders fasziniert hat. Und drittens: Vom griechischen Siedlungszentrum aus erschließt sich die Erde über das Mittelmeer, bis zu den Säulen des Herakles. Das Ganze ist – dies bedarf keiner zusätzlichen Begründung – zugleich eine Spiegelung der frühen griechischen Kolonisationserfahrungen, einer Epoche, die zu Hesiods Lebenszeit schon voll entfaltet war und die den Hekataios (erst recht sein Vorbild Anaximander) noch einschloß[30].

Die Frage nach dem „Ist", gestellt aus Anlaß einer Kontextualisierung der *Theogonie*, erweist sich für die ‚Karte' des Hekataios zunächst, wie nicht anders zu erwarten, als eine nach der Vorstellung von diesem „Ist". Sie artikuliert sich in der visuellen Präsentation eines ‚Bildes', dessen wichtigste Bestandteile, wie Gaia, Okeanos, das Meer usw., gleich im Anfang der ‚Kern-*Theogonie*' als narrative Elemente begegnen. In diesem generellen Sinn ‚bestätigen' sie einander (es wäre jedoch abwegig, etwa nach dem Indos oder dem Ripäischen Gebirge zu fragen, die bei Hesiod nicht vorkommen). Eine entscheidende Differenz, in der die Eigenart des hesiodeischen ‚Erzähl'-Versuchs zu ihrem Recht kommt, wird in einem charakteristischen Anspruch des Hekataios erkennbar: seinem Pochen auf Empirie durch weite Seereisen, mit ‚Selbersehen' (griechisch *opsis*), und durch vorliegende

---

[29] Schon Heraklit postulierte die Kugelform überwiegend mit Argumenten aus der Beobachtung von Mondfinsternissen. Platon bestätigte die These mit weiteren Argumenten.

[30] Zu ihm der Artikel „Hekataios aus Milet" in: Der Neue Pauly [wie Anm. 20]. Bd. 5. Stuttgart/Weimar 1998, Sp. 264–267.

Seefahrerhandbücher sowie durch Befragen anderer (*akoé*)[31]. Diese grundlegende ‚Referenz'-Geste führt sowohl auf die zweite wie die dritte Hauptfrage, die beide über die Empirie (im Sinne des Hekataios) hinausreichen und sich dem Problem der eigentlichen ‚Nichterzählbarkeit' aussetzen. Die ersten vier Verse (v. 1–4; der Titel „Theogonie"/ ΘΕΟΓΟΝΙΑ bleibe hier ausgeklammert)[32]:

> Von den Musen des Helikon
> Laßt uns beginnen zu singen,
> Sie, die des Helikons Höhe bewohnen,
> Die mächtige, gotterfüllte,
> Und um die veilchendunkle Quelle
> Tanzen sie mit zarten Füßen,
> Und um den Altar des hochmächtigen Kronossohnes (Zeus).

> Μουσάων Ἑλικωνιάδων ἀρχώμεθ' ἀείδειν,
> αἵ θ' Ἑλικῶνος ἔχουσιν ὄρος μέγα τε ζάθεόν τε
> καί τε περὶ κρήνην ἰοειδέα πόσσ' ἁπαλοῖσιν
> ὀρχεῦνται καὶ βωμὸν ἐρισθενέος Κρονίωνος·

Mit diesem Eingang beantwortet Hesiod (oder ‚der Text') die Frage nach dem „Wie?", nach dem Modus des Erzählens vom Anfang, für die zeitgenössischen Zuhörer (später: Leser) sofort eindeutig: Es ist das „Singen" eines Götterliedes (*hymnos*; das Verb hierzu begegnet schon in v. 11). Genau im Stil der erwähnten ‚homerischen' Hymnen beginnt mit einem charakteristischen Relativsatz[33] das Erzählen von ihrem Wirken, ihrem Treiben in der Natur. Die lokale – für Hesiod: heimatliche –, die topographische Fixierung nennt nicht irgendeinen Ort, sondern den hohen Berg der Musen mit der heiligen Quelle und dem Zeus-Altar. Die kultische Anbindung ist evident. Wie mit „Tanzen" und „Reigen" und zarten Details eine narrative ‚Szenerie' entfaltet wird, mag etwa an die Nausikaa-Szene in der *Odyssee* (im 6. Gesang) oder ähnliches erinnern.

Ziemlich genau in der Mitte (v. 10–12) dieses ersten Eingangsteils (v. 1–21) schwenken die Verse um zum Inhalt dessen, was die Musen selbst singen (also bereits eine spiegelnde ‚Tiefenstaffelung'): Sie preisen die Götter, von Zeus und Hera und Athene und Artemis über Themis und

---

[31] Für die frühe Geschichtsschreibung wird dies methodisch vor allem durch den Ioner Herodot (ostmittelmeerisch orientiert) weiterentwickelt.

[32] Der Titel dürfte – wie bei den meisten Texten dieser frühen Zeit – erst später hinzugesetzt worden sein.

[33] Der hierfür (wie für viele nichtgriechische Götterlieder) eingeführte Spezialbegriff „Relativprädikation" stammt von Eduard Norden.

Aphrodite und Helios (Sonne) und Selene (Mond) und Okeanos (!) bis zur „dunklen Nacht". Das Ganze ist, wohlkalkuliert, eine gedrängte narrative ‚Vorwegnahme' (Prolepse)[34] des Gesamten, sozusagen eine ‚Kleine Theogonie'. Das „Wie?", der Modus ist in den entscheidenden Umrissen bestimmt: Götterlied, Preisen, Singen mit mannigfaltigen Möglichkeiten erzählerischer ‚Ausgestaltung'.

Ein zweiter, etwas kürzerer Eingangsteil (v. 22–34/35) wechselt mit deutlicher Zäsur, durchaus zielgerichtet, von „den Musen" zu „(dem) Hesiod":

Diese Göttinnen haben eines Tages
Hesiod schönen Gesang gelehrt,
Wie er die Schafe weidete
Am Hang des gotterfüllten Helikon.

Αἵ νύ ποθ' Ἡσίοδον καλὴν ἐδίδαξαν ἀοιδήν
ἄρνας ποιμαίνονθ' Ἑλικῶνος ὑπὸ ζαθέοιο

Daß Hesiod (Hesiodos) sich hier – als erster europäischer Poet – mit Namen selbst einführt, freilich als ‚Objekt' (im Akkusativ) der Musenansprache, wurde schon erwähnt. Jetzt tritt er, als Individuum, in die Kette des göttergegebenen Gesangs ein: was die „schöne" Form angeht und – wie sich gleich zeigen wird – auch die „Wahrheit" im Sinne der dritten oben formulierten Grundfrage. Er wird, durchaus dem biblischen David vergleichbar, als Sänger aus der Schar der Hirten herausgehoben. Diese Szene wurde zum Urmuster zahlloser ‚Dichterberufungen' in der Weltliteratur (nicht selten unter ausdrücklichem Bezug auf Hesiod). Das hybrisnahe Wagnis auch einer Theogonie ist eines mit der Autorität, dem Vermögen der Zeus-Töchter. Sie haben ihn den schönen Gesang nicht nur „gelehrt", sondern ihm auch, wie es kurz darauf heißt (v. 31), eine göttliche Stimme „eingehaucht" (es ist genau das Wort, dessen lateinisches Äquivalent inspiratio lautet).

Fast überraschend ist, was die Musen den Hirten in wörtlicher Rede offenbaren (v. 27 f.):

Wir wissen trügenden Schein in Fülle zu sagen,
Dem Wirklichen ähnlich,
Wir wissen aber auch, wenn es uns beliebt,
Wahres zu künden.

ἴδμεν ψεύδεα πολλὰ λέγειν ἐτύμοισιν ὁμοῖα,
ἴδμεν δ', εὖτ' ἐθέλωμεν, ἀληθέα γηρύσασθαι

---

[34] Über diesen neueren Terminus (von Gérard Genette) s. Martinez/Scheffel [wie Anm. 24], S. 36 f.

Man hat hierin wiederholt – und sicher zu Recht – ein sehr frühes explizites Zeugnis für das Bewußtsein vom „Fiktions"-Charakter der Poesie gesehen. Nicht weniger belangvoll ist die Warnung vor der Willkür der Götter (hier ein wenig ‚postmodern': „wenn es uns beliebt"). Könnte es nicht im Nebensinn auch einen ‚salvatorischen' Bezug auf das neuartige, ehrgeizige Projekt der *Theogonie* insgesamt enthalten, auch etwa auf die ‚Nichterzählbarkeit' des „Anfangs der Welt"? Die enormen Ausdrucksschwierigkeiten zu Beginn der ‚Kern-*Theogonie*' waren ja unverkennbar.

Den inhaltlichen Auftrag der Musen an den Sänger faßt Hesiod als „rühmen" (im Griechischen das Verb, durch dessen Stamm auch der Name der Muse „Kleio/Klio" gebildet ist): „was sein wird Und was vorher gewesen" (v. 32; etwas später, in v. 38, vervollständigt sich die Formel durch das „was ist" zur Dreiheit). Es ist eine recht abstrakte, wahrhaft universale Fassung, in die neben dem Götter- und Heldensänger auch Züge des göttlichen Sehers einbezogen sind (bereits von Homer her nicht unvertraut).

Neben dem „schönen Gesang" verleihen die Musen dem Hesiod als äußere, auszeichnende Symbole auch „den Stab des Sprechers" (v. 30), entsprechend der Entwicklung zur Zeit Hesiods (also nicht mehr die Leier), und: „Des stark sprossenden Lorbeers Zweig" (v. 30). Hesiods Musenproömium zur *Theogonie* exponiert in der europäischen Dichtungstradition nicht nur zum ersten Mal die *neun* Musen, sondern auch die Namen (die heute verwendeten ‚Bereichs'-Zuweisungen, auch die der Klio, stammen aus viel späterer Zeit – was mitunter nicht bedacht wird).

Für den Versammlungsraum der Göttinger Akademie der Wissenschaften, wie er 1837 zum hundertjährigen Jubiläum der Universität nach dem Konzept von Carl Otfried Müller ausgestaltet worden ist, stellt das Musenproömium der *Theogonie* Hesiods den ältesten Bezugstext überhaupt dar[35]. Ein einziges Beispiel, der „Musenführer" Apollon, lorbeerbekränzt, Kithara spielend, in fast weiblicher Körperausformung (Abbildung 3):

Der Lorbeerbaum, seit früher Zeit dem Apollon zugehörig (die Daphne-Sage wurde eigens zur aitiologischen Fundierung geschaffen) bot mit seinen Zweigen Auszeichnungssymbole für Dichter und Sänger (deren Schutzgott Apollon war), auch für Sieger bei den Pythischen (Delphischen) Spielen. In der römisch-lateinischen Tradition kam unter anderem die Lorbeerehrung

---

[35] Zur wissenschaftsprogrammatischen Konzeption, besonders auch für Göttingen: Rudolf Horn: Das Sitzungszimmer der Akademie der Wissenschaften zu Göttingen. Eine Studie zum Nachleben der antiken Malerei. In: Jahrbuch der Akademie der Wissenschaften in Göttingen. Übergangsbd. für die Jahre 1944–1960. Göttingen 1960, S. 68–101. Die größeren Zusammenhänge kurzgefaßt in: Marianne Bergmann, Christian Freigang, Stephan Eckardt: Das Aula-Gebäude der Göttinger Universität. Athen im Königreich Hannover. München 2006, bes. S. 28–48.

Abbildung 3: Apollon, die Kithara spielend (Göttinger Akademiezimmer)[36]

des Triumphators hinzu. Vielleicht am ‚nachhaltigsten', bis in die Gegenwart hinein, ist seit Petrarca die Idee des *poeta laureatus* geblieben.

Im Musenproömium Hesiods stellt, bis zum Einsatz der ‚Kern-*Theogonie*' (v. 116), eindeutig Zeus die dominante Gottheit dar. In dieses Beziehungsfeld hinein ist die „Götterentstehung", als „Anfang der Welt", von vornherein komponiert. Die Musen tanzen um den Altar des Kronos-Sohnes Zeus (v. 4), sie besingen Zeus (v. 11). Athene wird eingeführt als Tochter des „aigistragenden" Zeus (v. 13) (der Schild, den Hephaistos angefertigt hat – ein Epitheton, das schon bei Homer durchgängig die Stärke und Macht des obersten Gottes kennzeichnet). Nicht zuletzt sind die „olympischen" Musen selbst Töchter des Zeus (mit dem gleichen Beiwort). Und auf die Dichterweihe des Hesiod folgt als erstes die Nennung eines Liedes der Musen auf Zeus (v. 36 ff.):

---

[36] Bergmann, Freigang, Eckardt [wie Anm. 35], S. 37.

Nun denn, mit den Musen laßt uns beginnen,
Sie, die Zeus dem Vater mit ihrem Preisen
Erfreuen den großen Sinn, droben im Olymp,
Wenn sie sagen, was da ist, was sein wird,
Was vorher gewesen.

> Τύνη, Μουσάων ἀρχώμεθα, ταὶ Διὶ πατρὶ
> ὑμνεῦσαι τέρπουσι μέγαν νόον ἐντὸς Ὀλύμπου,
> εἰρεῦσαι τά τ᾽ ἐόντα τά τ᾽ ἐσσόμενα πρό τ᾽ ἐόντα

Die Geltung, der Anspruch, die Macht des Zeus ist, wie sich hier schon andeutet, in jeder Hinsicht ‚universal'. Hesiod ist ein entschiedener, früher Anhänger dessen, was man die „Zeusreligion" genannt hat, mit besonderer Betonung der „Gerechtigkeit" (*dike*), über die unter den Menschen vor allem die (legitimen) Herrscher, die „Könige" zu wachen haben[37]. In den *Werken und Tagen* ist das, auf besondere Weise, sozusagen juristisch pointiert (wegen des Erbrechtsstreits mit dem Bruder). *Dike* ist – nicht nur bei Hesiod – darüber hinaus Schlüsselbegriff für ‚Ordnung' schlechthin. Das Lexem *kosmos* begegnet zwar bei Hesiod, wie bei Homer, nicht selten[38], jedoch eher im Sinne von ‚Rang', (militärischer) ‚Ordnung', auch ‚Schmuck' u. ä. Als ‚geordnetes Weltall', in Richtung auf den modernen Kosmosbegriff, läßt sich die Verwendung, zunächst vereinzelt, unter ‚philosophischem' Einfluß der Pythagoreer und dann der Stoiker beobachten (etwa seit dem 4. Jahrhundert). Und vollends *kosmogonia* als „Weltentstehung" taucht erst im 1. Jahrhundert nach Christi Geburt auf. Solche begriffsgeschichtlichen Erinnerungen sind gelegentlich vonnöten, angesichts der Überfülle an modernen Neubildungen, die sich um *kosmos* herum etabliert haben.

Wie geht Hesiods *Theogonie* den Weg von Chaos und Gaia bis zur ‚Ordnung' der jetzigen Welt unter Zeus? Nicht zuletzt: Welchen Raum nimmt dabei das ‚Erzählen' ein, und welche Modi des Erzählens sind kennzeichnend? Auf eine nach dem „generativen" Prinzip gestaltete, gedrängte Passage über die weitere ‚Entstehungs'-Kette von den ‚Urwesen' und den Abkömmlingen von Gaia und Kronos (darunter so wichtige wie Okeanos und so unbedeutende wie Koios und Kreios, aber auch Mnemosyne und Kronos) folgen noch ‚Zwischenwesen' wie die Kyklopen und die riesenhaften „Hundertarmigen" (v. 123–153). Nach nur kurzem Übergang schließen sich – fast überraschend – zwei genau ausgearbeitete Erzähleinheiten an (man kann sie auch ‚Teilmythen' oder einfach ‚Mythen' nennen). Sie haben sich

---

[37] Über den im Deutschen leicht mißverständlichen Titel „König" bei Hesiod (für griechisch *basileus*) vgl. das LfrgE [wie Anm. 20].
[38] Wiederum: LfrgE.

den Griechen und der westlichen Tradition, bis zur Malerei der Neuzeit, tief eingeprägt: die Entmannung des Uranos durch seinen Sohn Kronos, den Vater des Zeus (v. 154–187), und die Geburt der Aphrodite (v. 188–206). Damit ist, aus gleich noch zu erläuternden Gründen, der erweiterte „Anfang" der Götter- und Welt-„Entstehung" abgeschlossen.

Kronos, der ‚Held' der ersten weit ausgreifenden Erzählung in der *Theogonie* überhaupt, wird auffallend früh, bereits in der ‚proleptischen' Kleinen *Theogonie* (v. 11 ff.), mit dem Aufmerksamkeit erregenden Beiwort „Krummes sinnend" (v. 18, so schon bei Homer) eingeführt; und wörtlich wieder in der ‚Kern-*Theogonie*' (v. 123 ff.; dort v. 137). Am Anfang steht, als bloße ‚Setzung', die düstere Feststellung, daß Uranos „alle" Kinder, die ihm Gaia gebiert, „haßt" (v. 155; dort passivisch gefaßt) und versteckt. Charakteristisch, daß Gaia schon hier als physisches Zentrum der Welt und als Göttin handelt und daß kein Grund dafür genannt wird. Es ist das schon erwähnte Merkmal des ‚Verschweigens' oder ‚Aussparens' in mythischen Erzählungen (Versuche, hier psychologisierende Erklärungen anzusetzen, verfehlen gerade dies)[39]. Gaia denkt sich einen „listigen, schlimmen Kunstgriff" aus (v. 160). In drei Schritten, narrativ sorgfältig komponiert, wird die „List" erwähnt, regelrecht ‚spannend', ohne Erläuterung. Gaia handelt nur, stellt als Element, als Werkstoff, grauen Stahl her und daraus eine „scharfgezahnte" große Sichel (v. 162, 175). Als sie die Kinder ermahnt, die Schandtaten des Vaters zu rächen (hier sogar in wörtlicher Rede), ermannt sich als einziger Kronos (erklärt sich bereit). Gaia „freut" sich (v. 173) und „unterweist" ihn in der „List" (v. 175), die wieder nicht genannt wird. Als in der Nacht Uranos sich der Gaia zum Beischlaf nähert, packt Kronos mit der Linken die – nicht genannten – Geschlechtsteile des Vaters (v. 179–181):

> Mit der Rechten aber faßte er fest
> Die ungeheure Sichel, lang, scharfgezahnt,
> Schwang sie und schnitt ab des eigenen Vaters Gemächte,
> Und rückwärts warf er es, daß es hinter ihn fiel.

> δεξιτερῇ δὲ πελώριον ἔλλαβεν ἅρπην,
> μακρὴν καρχαρόδοντα, φίλου δ' ἀπὸ μήδεα πατρὸς
> ἐσσυμένως ἤμησε, πάλιν δ' ἔρριφε φέρεσθαι
> ἐξοπίσω

Die Sichel, bäuerliches Gerät – zugleich der Welt Hesiods zugehörig – und Waffe, auch in anderen Mythen wie dem von Perseus und Medusa be-

---

[39] Besonders häufig in Hesiod-Kommentaren (die entsprechende Stellen nicht unerläutert lassen wollen).

Abbildung 4: Kronos (r.) mit erhobener Sichel, vor seinem Vater Uranos.⁴⁰

gegnend (ebenso in altorientalischen) wurde/war eindrückliches ‚Attribut' des Kronos (und bei den Römern das des Saat- und Fruchtbarkeitsgottes Saturn). Als furchterregendes Dingsymbol des Kronos trifft man es in der griechischen und dann der römischen Bildenden Kunst vielfältig an (ebenso auf Münzen), auch sich verselbständigend als mythisches Symbol: Hesiods herausragend plazierter Kronos-Mythos von der Kastration des eigenen Vaters wurde zu einer Schlüsselerzählung aus der „Entstehung" der Götter und der Welt.

Warum ausgerechnet diese Erzählung, so prominent und detailliert herausgehoben, nachgerade inszeniert? Das ungeheure, schreckliche, folgenreiche Geschehen ist durch Narration ‚gebannt', ein riesiger Schritt der Natur, im Sinne von Francis Bacon: der Kognition ein Stück weit geöffnet. Doch das vielleicht Entscheidende: Hinter diesem Mythos steht die alte, besonders auch im Vorderen Orient verbreitete Erzählung über die ‚Trennung von Himmel und Erde'⁴¹. Sie gehört essentiell noch zum „Anfang" der Welt, im erweiterten Sinn. Interpreten hatten, seit längerem schon, hinter der Abfolge Uranos – Kronos – Zeus das Modell eines altorientalischen (auf Dynastieerzählungen basierenden) Sukzessionsmythos vermutet, bei Hesiod freilich mit deutlicher Teleologie auf Zeus hin gestaltet. Seit den 1950er Jahren sind aus hethitisch geschriebenen Keilschrift-Tafeln von Boghazköi (in denen sich zugleich ältere, auch mesopotamische Überlieferung spiegelt) zwei größere Texte bekannt, die unter den Titeln *Mythos vom König-*

---

[40] Nach Lexicon Iconographicum Mythologiae Classicae. Bildlexikon der Antiken Mythologie. Bd. VI/1 [Textteil]. Zürich u. München 1992, S. 145; Bd. VI/2 [Bildteil], S. 66.
[41] Vgl. Fritz Stolz: Artikel „Himmelsgott". In: Handbuch religionswissenschaftlicher Grundbegriffe [wie Anm. 26]. Bd. 3 (1993), S. 141–143.

tum im Himmel und *Lied von Ullikummi* gehandelt werden[42]. Für die Wege zu Hesiod werden unterschiedliche Annahmen diskutiert; die Herkunft des Vaters aus dem westlichen Kleinasien kann eine Rolle spielen. Hier relevant sind die fast programmatische Integration der – vergleichsweise sehr umfangreichen – Partie in den Eröffnungsteil der Großerzählung vom Anfang der Götter und der Welt und die Funktionalisierung im Sinne der Zeus-Religion: Die ‚generative' Linie führt vom „Chaos" über die ungeheuerliche, von „List" bestimmte Gewalttat von (Gaia und) Kronos bis zur ‚Ordnung' garantierenden Herrschaft des Zeus.

Der pragmatische und symbolische Akt, mit dem Kronos die abgetrennten Geschlechtsteile hinter sich wirft (v. 181; zumeist als ‚apotropäische' Handlung gedeutet), ist Dreh- und Angelpunkt für einen kurzen ‚Zwischenakt' (v. 182–187: Entstehung der Erinyen, der Giganten und der Nymphen aus den Blutstropfen) und unmittelbar anschließend für den zweiten, kürzeren Teilmythos (v. 188–206): die Geburt der Aphrodite aus dem Schaum, den das „Gemächte" auf dem Meer verbreitet. Es ist eine Geburt ohne Zeugung (‚Abstammung' freilich: von Uranos), von ferne vergleichbar der ‚Kopfgeburt' Athenes aus dem Haupt des Zeus – wieder mythische ‚Eigenkausalität', wie man es nennen könnte (die gelegentliche Bezeichnung der Geburt Aphrodites als „Parthenogenese" ist irreführend). Wiederum wird die Zeitfolge, wie beim „Chaos"-Anfang und – extensiver – beim Kronos-Mythos, erzählerisch-'pedantisch' entfaltet. Der doppelten, konkurrierenden Überlieferung vom Geburtsort der Aphrodite auf der Insel Kythera (vor der Südspitze der Peloponnes) und auf Kypros (Zypern) entsprechend[43], treibt das „unvergängliche Fleisch" von Westen nach Osten. Weißer Schaum bildet sich ringsum (aus dem griechischen Wort *aphrós* wird von Hesiod – in der schon erwähnten etymologisierenden Manier – der Name erklärt). Aus ihm schreitet ein strahlendes Mädchen hervor, die Wiese ‚schießt auf' unter ihren schlanken Füßen (als Zeichen ihrer Fruchtbarkeit). Szenisch erzählte Epiphanie einer jungen Göttin, wie die einer Prinzessin (v. 201 f.):

Ihr gab Eros das Geleite,
Und Himeros (die Sehnsucht), der Schöne, folgte ihr,
Vom Anbeginn, wie sie erstanden war
Und wie sie zu der Götter Schar schritt.

---

[42] Die Tafeln entstammen der 2. Hälfte des 2. vorchristlichen Jahrtausends. Auf Details muß hier verzichtet werden. Das Ullikummi-Lied wurde als ganzes zuerst 1952 veröffentlicht.
[43] Auf beiden Inseln genoß Aphrodite sehr alte kultische Verehrung. Daher auch die bekannte Prädizierung Aphrodites als „Kythera-Geborene" und als „Kypros-Geborene".

Abbildung 5: Die Geburt der Aphrodite⁴⁴.

τῇ δ᾽ Ἔρος ὡμάρτησε καὶ Ἵμερος ἕσπετο καλὸς
γεινομένῃ τὰ πρῶτα θεῶν τ᾽ ἐς φῦλον ἰούσῃ.

Ihr „Vorrecht", ihr „Anteil" unter den Menschen und Göttern liegt in dem, was sie wirken kann: „Mädchengeflüster und Lachen und Hintergehen Und süßes Erfreuen und Lust und Kosen" (v. 205 f.). Danach wird mit der Geburt des „Verhängnisses", des „Verderbens", des „Todes", des „Schlafs" usw. der ‚generative' Faden wieder aufgenommen. Im scharfen Kontrast zum Schreckbild der Kronos-Tat hat sich die strahlende Geburt der Aphrodite ikonographisch vielfältig ausgeprägt. Eine ‚rituelle' Variante aus dem 5. vorchristlichen Jahrhundert repräsentiert der sogenannte Ludovisische Thron (Abbildung 5).

Drei Beobachtungen zur Aphrodite-Erzählung Hesiods mögen erläutern, inwiefern diese Partie auf das Musenproömium und insbesondere auf den „Chaos"-Beginn der ‚Kern-*Theogonie*' zurückverweist. Das Wirken der Götter bleibt unberechenbar, sowohl glanzvoll wie unheimlich („Hintergehen" in der Liebe) – das, worauf das geordnete ‚Erzählen' der Mythen antwortet. Eros, der bereits im fünften Vers der eigentlichen *Theogonie* (v. 120) als eines der ‚Urwesen', ungezeugt, plötzlich „entstand", kehrt

---

⁴⁴ Nach: Lexicon Iconographicum Mythologiae Classicae [wie Anm. 40]. Bd. II/1 [Textteil, 1984], S. 144; Bd. II/2 [Bildteil, 1984], S. 117.

ringkompositorisch als Geleiter der Aphrodite wieder (v. 201). Er hat als ‚Prinzip', wie man es verschiedentlich gedeutet hat, den gesamten entropischen Prozeß des Zeugens und Gebärens durchwirkt: nicht als Figur im Oberflächengeschehen, sondern – wie es in der neueren Erzählforschung französisch benannt wird[45] – als in der ‚Tiefe' Handelnder (als „actant"). Aphrodite, die alles Überstrahlende, deren stark altorientalische Prägung oft betont worden ist, erinnert an die babylonische Ishtar, der sich schließlich die konkurrierenden Göttinnen unterordnen müssen[46]. Sie bildet den Höhepunkt des Fundamentalteils der *Theogonie*. Und schließlich drittens: Auch sie erhält innerhalb des Pantheons ihr „Los", ihren „Anteil" (v. 203 f., ein in zahlreichen Mythologien resp. Religionen – auch etwa der altgermanischen – verankertes Muster). So fügt auch diese außergewöhnliche, herrliche und unheimliche Gottheit sich in eine ‚Ordnung', über die Zeus wacht, die den gesamten Kosmos, die „Welt" bestimmt.

Bei aller narrativen Eindrücklichkeit dieser beiden recht verschiedenartig gestalteten Mythen – hat Hesiod mit diesen Ausweitungen nicht sein klares generatives Prinzip des Erzählens vom „Anfang" durchbrochen? Eine Ungleichgewichtigkeit der Komposition ist nicht zu übersehen, die man je nach Einschätzung als ‚archaisch'[47] oder auch als boiotisch-‚provinziell' kennzeichnen mag. Jedoch sind auch zwei Beobachtungen zur Tiefenstruktur von Belang. Die fast überdeutliche Voranstellung zweier Erzählungen besitzt etwas nachgerade Programmatisches: Auch vom frühesten Geschehen läßt sich elaboriert „erzählen". Und beide Mythen sind innerhalb des Gesamtprojekts „Götterentstehung" teleologisch gebunden, somit von kognitiver Qualität im Sinne Francis Bacons: Die Entmannung des Uranos (der seine Kinder versteckt und damit zugleich Gaia quält) öffnet den weiteren Prozeß des Zeugens und Gebärens, und über Kronos bereits den Weg zu Zeus[48]. Aphrodite wiederum verkörpert die strahlende Schönheit, die Unwiderstehlichkeit des Eros: und in ihm das Weiterwirken

---

45 Der Terminus „actant" wurde durch den Linguisten und Semiotiker Algirdas Julien Greimas geprägt. Das deutsche Äquivalent „Aktant" begegnet in verwirrend unterschiedlicher Verwendung.
46 Sie wird gelegentlich auch als „Supergöttin" bezeichnet.
47 Das Epitheton (das hier bisher sparsam verwendet wurde) ist in der Hesiod-Literatur als Allerweltswort sehr verbreitet. Wegweisend für eine differenzierte Erfassung immer noch: Hermann Fränkel: Wege und Formen frühgriechischen Denkens. München ²1960.
48 Daß die Geburt des Zeus erst *nach* derjenigen der Aphrodite erzählt wird (v. 453 ff., neu ansetzend mit Kronos), gehört zu den charakteristisch ‚archaischen' Freiheiten der hesiodeischen Narration.

des Prinzips (*arché*)⁴⁹ der sexuellen Lust als des immer neuen „Anfangs" (*arché*)⁵⁰.

Das lenkt zurück zu den Grundzügen des hesiodeischen Denkens am Beginn der ‚Kern-*Theogonie*'. Die spekulative Leistung, unvermittelt „Chaos" voranzustellen, als reine ‚Setzung', und Eros als Weltprinzip wirken zu lassen, hat wesentlich dazu beigetragen, Hesiod zu einem Vorläufer, ja zum Archegeten der sogenannten „Vorsokratiker" zu erklären (Thales, Anaximander, Heraklit, Parmenides u. a.)⁵¹. Deren kritische Auseinandersetzung mit Hesiod geht auch aus der bloß fragmentarischen Überlieferung klar hervor. Dem „Chaos" fehlt, wie bereits erläutert, im Gegensatz zu den nachfolgenden ‚Urwesen' und Gottheiten, jegliche Prädizierung. Gleichwohl hat man es immer wieder mit einer Substanz, und sei es einer diffusen, zu füllen gesucht⁵². Dabei geschieht die Anlehnung vorzugsweise an einen (oder mehrere) der „Vorsokratiker" und/oder an altorientalische Überlieferungen. So bei „Wasser": an Thales von Milet (der Heimat des Hekataios) und an die „Urflut" und die „Wasser" der biblischen *Genesis* (v. 1, 1 f.), oder an die „Wassergötter" des babylonischen kosmogonischen Epos *Enuma elish*. Oder „Nebel". Oder „Dunkel" (das bei Hesiod durch das Urwesen „Erebos" bereits ‚besetzt' ist). Die häufige Kennzeichnung als „leerer Raum"⁵³ vermeidet zwar das Ansetzen einer Substanz, lehnt sich an die *Physik* des Aristoteles an⁵⁴, führt jedoch mit „Raum" etwas ein, das sich als eigene Dimension im Text Hesiods nicht verankern läßt.

Man sollte sich entschließen, die Voraussetzungslosigkeit, das Nichtbestimmbare oder Noch-nicht-Bestimmbare des „Chaos" als des „Anfangs" bei Hesiod stehen zu lassen und nicht sekundär ‚aufzufüllen'. Diese Voraussetzung seines Erzählens vom Anfang der Welt ist ebenso unabweisbar wie das Fehlen jeglicher Vorstellung von einem „Schöpfer"⁵⁵. Auch wenn aus Berührung mit vorgriechisch-mediterranen oder altorientalischen Traditionen solche ‚Ideen' hier und da andeutungsweise bekannt gewesen sein

---

[49] Diese (nach-hesiodeische) Bedeutung, die sich in der ionischen Naturphilosophie herausbildet, manifestiert sich am einfachsten im lateinischen *principium* (‚An-fang').

[50] So wiederholt bei Hesiod im ‚Neuansetzen' des Rhapsoden (v. 1!, dann wieder v. 35 usf.) und innerhalb der „generativen" Kette. Zur Semantik im einzelnen s. LfrgE [wie Anm. 17].

[51] Dies vor allem seit dem Ende des Zweiten Weltkriegs; bezeichnend: Olof Gigon: Der Ursprung der griechischen Philosophie von Hesiod bis Parmenides. Basel 1945.

[52] Zwischensummen: Robert Mondi: ΧΑΟΣ and the Hesiodic Cosmogony. In: Harvard Studies in Classical Philology 92 (1989), S. 1–41; Aude Wacziarg: Le Chaos d'Hésiode. In: Pallas, Revue d'études antiques. Toulouse 2001, S. 131–152.

[53] Vgl. Anm. 52.

[54] Wie Anm. 10.

[55] Die Entwicklungsstufen übersichtlich bei Carl J. Classen: The creator in Greek thought from Homer to Plato. In: Classica & Mediaevalia 27 (1964), S. 1–22.

mögen – für Hesiod wie für das frühgriechische Denken insgesamt gehören sie nicht zum engeren Horizont. Zugespitzt formuliert: er ist nichtkreationistisch[56]. Der Demiurg (*demiurgós*), als „Weltschöpfer", gewinnt erst im 4. Jahrhundert, wesentlich durch Platon (im *Timaios*) an Bedeutung, mit Schwergewicht dann im christlichen Platonismus[57].

Hesiod ist auf der ‚heidnischen' Seite zu belassen – was, wie erwähnt, einzelne Analogien zur biblischen *Genesis* nicht ausschließt, auch in den ‚erzählerischen' Zügen[58]. Dazu eine letzte Beobachtung. Das griechische *chaos* läßt sich als „gähnende Leere" übersetzen (wie oben), aber auch etwa als „gähnender Schlund" wie beim Krokodil, bei der Riesenschlange und anderen Monstern (auch in der griechischen Bildenden Kunst), oder beim alttestamentlichen Leviathan, der ja häufig auch als „Chaosschlange" bezeichnet wird, unter mehr oder weniger klarer Anspielung auf das „Chaos" Hesiods. Es geht nicht darum, durch die Hintertüre doch noch etwas ‚Substantielles' einzuführen.

Doch eine *Konnotation*[59] ist zu erwägen: der „Schrecken", den die Vorstellung eines tierhaft aufgerissenen Riesenschlundes hervorruft[60]. Das mythische Erzählen im Sinne Francis Bacons bewegt sich bei Hesiod von einem irritierenden Anfang des nicht bestimmbaren ‚Noch nicht' über ein ungreifbares Urgeschehen des „Entstehens" (in der Tiefe vom Prinzip des „Eros" gelenkt), über grausige Erzählungen von den Schandtaten des Uranos[61] und von dessen Entmannung durch den eigenen Sohn, schließlich auf den Kosmos des Zeus hin.

Der „Schrecken", den diese Erzählungen als ‚eingreifende' Wirkung erzeugen (das Motiv des ‚Erschreckens' begegnet in der Kronos-Erzählung auch textimmanent, v. 167)[62], ist zurückgebunden an den primordialen „Schrecken", den die bedrohliche Übermacht der undurchschauten Natur-

---

[56] Die ausdrückliche Ablehnung eines Schöpfergottes begegnet bereits bei Heraklit.
[57] Die zentrale Stelle bei Platon: Timaios 41a ff.
[58] So etwa schon in der Paradies-Erzählung (*Genesis* 2, 46–25, dem älteren Teil – des sogenannten „Jahwisten" – zugehörig).
[59] Im genaueren Sinn, wie ihn etwa Umberto Eco aus der Linguistik in die kulturwissenschaftliche Semiotik übernommen hat.
[60] Also nicht strikt tiergestaltig (theriomorph) nach einer bestimmten Spezies, sondern nur ‚tierartig' (therioid) mit Konnotation eines speziesübergreifenden Merkmals (Pranke, aufgerissener Schlund u. dgl.).
[61] Gaia selbst bewertet gegenüber den Kindern die Taten des Vaters gleich doppelt als „schlimmen Frevel" (v. 165), als gegen das (‚sozial-moralisch') „Schickliche", „Natürliche" verstoßend (die Nähe zur *dike* ist evident).
[62] Als Gaia ihre Kinder für eine „Rache" an dem ruchlosen Vater zu gewinnen versucht (ohne dies zu konkretisieren), werden sie von „Furcht", „Schrecken" ergriffen (v. 167), und ihre Reaktion ist – Verstummen (nur Kronos wagt sich heraus).

gewalten erregt. Neuere Mythostheorien[63] haben dieser Urmotivation besondere Aufmerksamkeit zugewandt, haben gar von „Urangst" gesprochen[64]. So weit braucht man nicht zu gehen. Das Anfangs„-Chaos" des Hesiod, wie es hier verstanden wurde, als *nicht* sekundär mit ‚Substanz' aufgefülltes, schließt zwei Potenzen ein: das Bedrohliche (mit oder ohne die erwähnte Konnotation) und den zu Beginn erörterten Impuls des Fragens nach dem ‚Davor'.

„Chaos" im Sinne Hesiods ist nicht selbst schon erzählbar. Insofern bleibt die Paradoxie des oben gesetzten Titels. Erzählbar aber ist, was danach geschieht: was durch das Prinzip der „Genesis" sozusagen ‚von rückwärts' an die Uranfänglichkeit des „Chaos" angebunden bleibt (durch das naive „entstand", v. 116). Oder modern formuliert: an dessen „Anfangssingularität"[65], die sich durch das Fehlen jeglicher vorgängigen Analogie- oder Vergleichsgrößen auszeichnet. Die Phantasie hat gleichwohl ein sogenanntes „Vorausuniversum" schon zu denken versucht. Das Irritierende, das bei Hesiod als uranfänglicher „Schrecken" anzusetzen sein mag, könnte sein spezifisch neueres Pendant darin erhalten, daß im *Big Bang* statt einer „Explosion" nunmehr auch eine gewaltige „Implosion" gedacht wird[66], nicht erst (wie andere annehmen) am „Ende" der Welt – und *vice versa*.

Hesiod, um 700 vor Christi Geburt, repräsentiert selbst ‚Anfangssingularität'. Er sagt nicht: „Ganz am Anfang war Chaos" (es war auch kein Schöpfer). Sondern: „Ganz am Anfang entstand Chaos" – ein ambitionierter Versuch, das Unheimliche des Anfangs durch den Beginn von Erzählen, dann durch generative Mythen an den Zusammenhang des Lebendigen zu binden.

---

[63] Die Forschungsgruppe „Poetik und Hermeneutik" stellte eine ihrer frühen Schlüsselpublikationen zur Mythenrezeption (wesentlich unter Einwirkung von Hans Blumenberg) unter den Titel: Terror und Spiel. Probleme der Mythenrezeption. Hrsg. v. Manfred Fuhrmann (Poetik und Hermeneutik. IV). München 1971 (statt „Terror" begegnet in dem Band als wichtigstes Synonym auch „Schrecken"). Beispiele hierzu, bis zum Ausgang des 20. Jahrhunderts, in: Texte zur modernen Mythentheorie. Hrsg. v. Wilfried Barner, Anke Detken u. Jörg Wesche. Stuttgart 2003.

[64] Jamme [wie Anm. 27], S. 88 ff. führt dies bis auf Vico zurück.

[65] Nicht im engeren Sinne der Theorien der Kosmophysik, die sich dadurch auszeichnen, daß sich die Determinanten des Anfangs mathematisch abstrakt formulieren lassen, ohne daß die Dimension der Zeit schon gegeben wäre.

[66] Eine Interdependenz der Annahmen über „Anfang" und „Ende"/„Zukunft" wird wiederholt erkennbar in der knappen Zusammenstellung von Hans-Joachim Blome u. Harald Zaun: Der Urknall. Anfang und Zukunft des Universums. München ²2007.

Vorstellungsberichte der neuen Mitglieder

ANNETTE ZGOLL

Herausforderungen für die Forschung: Altorientalische Mythen

(vorgetragen in der Plenarsitzung am 23. April 2010)

Auf den Spuren des Alten Orient

Man kann das Leben als Spurensuche begreifen. Im Nachhinein können wir Wege, auch Hohlwege und Sackgassen, aber auch die großen Linien und roten Fäden erkennen. Ganz besonders mag es einem während des Studiums so ergehen. Man erfährt Teile, sieht Fragmente, Stücke, die auf ein Ganzes verweisen, und im Lauf der Zeit vervollkommnet sich das Bild. Bei mir war es die altorientalische Antike, der ich in ihrer unvorstellbar großen Quellenvielfalt von der Türkei bis Ägypten, vom Iraq bis Israel geistig gefolgt bin. Konkret führten mich diese Spurensuchen an verschiedene Orte in Deutschland und in anderen Ländern, übertragen von einzelnen

Annette Zgoll, Professorin für Altorientalistik an der Georg-August-Universität Göttingen, O. Mitglied der Göttinger Akademie seit 2010

kleineren Projekten zu großen Unternehmungen, Modellen und Theorien, die sich aus den Tafeln, Scherben, Fragmenten zu Gesamtbildern fügen ließen. Der folgende Beitrag versucht, einige der Fäden meines wissenschaftlichen Weges zusammenzuführen, und dies in einer Weise, die auch für Leser, die nicht täglich Keilschrift entziffern oder der Bedeutung sumerischer Verbalpräfixe auf die Schliche kommen wollen, möglichst gut lesbar und vielleicht sogar zum Nachdenken anregend ist.

Münster (1988–1990), München (1990–1997) und Museen: Der erste Autor

Das Studium begann für mich in Münster mit den Fächern Altorientalistik, Ägyptologie und Altes Testament. Die Wahl war auf Münster gefallen, weil sich dem deutschlandweiten Vergleich zufolge dort im WS 1988/89 die meisten neuen Sprachen lernen ließen: Sumerisch, Akkadisch (= Babylonisch-Assyrisch), Altägyptisch und Ugaritisch. Sechs Altorientalisten lehrten und forschten dort, dazu sporadisch der berühmte Emeritus Wolfram von Soden. Als besonders spannend entpuppte sich das Sumerische, dessen vielfältige Rätsel Joachim Krecher schon mit den Erstsemestern diskutierte. Von ihm stammt die Idee, ich solle mich mit einem Lied des frühesten Autors der Weltliteratur beschäftigen. Die Erstedition müsse dringend überarbeitet werden. Ich wechsle nach München, zu Dietz Otto Edzard und Claus Wilcke, die Idee bleibt. Hindernisse kommen in den Blick: Die neu identifizierten Tontafeln, die v.a. in Philadelphia liegen, sind schon längst „vergeben" – ein dortiger Kollege hat die Rechte an diesen Tafeln. Dieser Kollege, Hermann Behrens, fliegt nach München, um mit meinen akademischen Lehrern zu sprechen, ob man mir die Bearbeitung zutrauen könne. Freigiebig überlässt er mir die Rechte, womit die materielle Grundlage für meine Dissertation gelegt ist: Die neue, teilweise erste Edition dieses Liedes, das in über 100 Tontafeln und Fragmenten erhalten ist, führt mich in sieben Museen in Frankreich, England, der Türkei und v. a. den USA – insgesamt fast ein Jahr lang. Es ist ein schwieriger sumerischer Text, ein echtes Unikat. Darin spricht jemand über eine politische Krise, doch nicht etwa im Nachhinein, sondern die Person ist selbst ins Geschehen aufs engste involviert. Diese Person bekleidet das höchste religiöse Amt innerhalb eines neu gebildeten Zentralreiches um 2300 v. Chr. – doch separatistische Bewegungen haben diese Priesterin von ihrem Kultort vertrieben. Mit einer ausgefeilten Rhetorik versucht sie, eine Göttin zum Niederschlagen der Revolte zu bewegen. Ein gefährliches Unternehmen, wie sich zwischen den Zeilen zeigt, da sie durch den Verlust ihres Amtes selbst versagt haben könnte. Und der Zorn der Göttin ist verheerend wie leichenverschlingende Raubtiere ... Die Arbeit ist aufregend und abwechslungsreich – sie führt von sumerischer Grundlagenforschung (Grammatik, Lexeme) über neue Editionstechniken (Textkritik) zu einer historischen und literaturwissenschaflichen Analyse des Werkes in seiner Zeit. Die Betreuung ist ausgezeichnet: Claus Wilcke, idealer Mentor, lässt größte Freiheit, prüft die fast fertige Arbeit aber akribisch genau. Die Zusammenarbeit mit ihm wird nicht abreißen.

München und Leipzig (1990–2003): Rituale

Noch etwas anderes beginnt in München, die Forschung an babylonisch-assyrischen Handerhebungsritualen aus dem 2. und dem 1. Jt. v. Chr. – ein gutes Pendant zu den Analysen der sumerischen Textzeugen und ihres historischen Ursprungs im 3. Jt. v. Chr.. Die philologische Basisarbeit führt hier zum Verständnis der Ritualgruppe als ganzer. Hinter den vielfältigen Handlungs- und Redeanweisungen – Dach fegen, Opfergaben, Niederwerfen, Gebete etc. – lässt sich ein Konzept erkennen: Diese große Textgruppe folgt dem Konzept einer Audienz. Und umgekehrt lässt sich mithilfe dieses Textmaterials und anderer textlicher und bildlicher Quellen eine Theorie der Audienz im Alten Orient erstellen. Außerdem gelingt auf der Basis der Handerhebungsrituale eine Studie zur Theorie von Ritualfunktionen, welche die in der allgemeinen Ritualforschung disparaten Ansätze kategorisiert und aufeinander bezieht und damit auch eine Basis für die Vermittlung zwischen unterschiedlichen Positionen innerhalb der altorientalistischen Ritualforschung leisten will. Dort sind gerade textorientierte – d. h. mit Zgoll: makrofunktionelle – Ansätze (S. Maul) mit theorieorientierten – d. h. mit Zgoll: metafunktionellen – Ansätzen (N. Veldhuis) kollidiert. Schließlich geht es darum, die literarische Formensprache der Gebete auf ihre theologischen Anliegen und psychagogischen Implikationen zu prüfen.

Vom weiteren Forschen nur noch zwei Notizen aus der Leipziger Zeit: Eine monographische Studie zum größten Fest im Mesopotamien des 1. Jt. v. Chr., dem Neujahrsfest, bringt ganz neue Einblicke in den Ablauf und die Bedeutung des elftägigen Kulminationspunktes, der das Schicksal des Landes für das neue Jahr festlegen soll, Götter, König, Priester und Volk in einem komplexen Geschehen verbindet und ausrichtet auf zentrale Werte und Hoffnungen. – Gegen das Diktum von A. L. Oppenheim, eine Religionsgeschichte des Alten Orients könne und dürfe nicht geschrieben werden, entstehen mehrere Versuche, die Religion Mesopotamiens systematisch zu erfassen. Dieses Projekt ist noch nicht abgeschlossen – in der Göttinger Reihe „Grundrisse zum Alten Testament" (hg. von R. Kratz und H. Spieckermann) soll möglichst bald ein Versuch in dieser Richtung unternommen werden, was u. a. auch als Grundlage für die Mythosforschung wesentlich werden wird.

München (1997–1999) und Leipzig (1999–2002): Traumtheorie und Traumpraxis

Das erste völlig frei gewählte Thema folgt: Altorientalische Träume. Eine Reise in die Ansätze moderner Traumforschung – von der empirischen

Traumlaborforschung über die psychologischen Richtungen bis hin zu ethnologischen und anderen kulturwissenschaftlichen Ansätzen, etwa zu Träumen in der Renaissance (Burke) – läuft im Hintergrund ab und schafft das Wissen um die moderne Forschung, die sich für die Bearbeitung der altorientalischen Zeugnisse teils gewinnbringend adaptieren lässt. Im Vordergrund geht es zunächst darum, das umfangreiche altorientalische Material auszuspüren und auf den philologisch neuesten Stand zu bringen. Sämtliche sumerischen und akkadischen Bezugnahmen auf Träume und Erzählungen von Träumen in der Literatur – in mythischen und in epischen Texten, Liedern, Königsinschriften: 25 sumerische und 115 akkadische Texte und Textstellen – und in der Alltagsüberlieferung, d. h. in Wirtschaftstexten und Briefen und schließlich in Texten der religiösen Praxis wie Ominasammlungen und Traumbüchern, Ritualen, astrolog. Berichten.

Eine der ersten großen Entdeckungen ist es, dass die Rede über Träume zu bestimmten Zeiten festen Regeln unterworfen war, dass z. B. im 18. Jh. v. Chr. sprachlich unterschieden wurde, ob in einem Traum ein Gott oder ein Mensch gesprochen hatte; dass man verschiedene Verben verwendete, um anzuzeigen, ob der Traum schon durch weitere „wissenschaftlich-religiöse Verfahren", d. h. durch andere Omina, überprüft war. Vor dem Hintergrund der modernen Traumforschung lässt sich damit auf einmal eine ganz neue Traumtheorie entwickeln. Die bisherige Forschung in der Altorientalistik und der Klassischen Philologie ist davon ausgegangen, Menschen in der Antike hätten grundsätzlich anders geträumt als wir heute. Sie hätten nämlich die Erfahrung von Botschaftsträumen machen dürfen, also direkte Botschaften der Götter im Traum empfangen, die aus sich heraus verstehbar gewesen seien und keiner Deutung mehr bedurft hätten – ein Modell, das letztlich auf Artemidor von Daldis zurückgeht und von da zu E. Dodds, A. L. Oppenheim und vielen anderen gelangt ist. Das altorientalische Material mit seiner so präzisen Sprachwahl lässt nun ein ganz anderes Bild erkennen: Die Kategorie „Botschaftstraum" meint genau diejenigen Träume, die schon gedeutet sind! In originärer Perspektive kommt es nicht auf das „Traummaterial" an, sondern auf den „Traumgedanken". Dieser Rückgriff auf die Terminologie von S. Freud fügt sich wie eine moderne Adaption zur mesopotamischen Traumtheorie, wie sie sich aus der Zusammenschau der sumerischen und der akkadischen Texte rekonstruieren lässt. Die antiken Traumexperten sprachen statt von „Traumgedanken" vom „Herzen, Inneren, Kern" eines Traumes (Sumerisch ša3.g, Akkadisch *libbu*), den es ihrer Meinung nach freizulegen galt. In emischer Perspektive war dieser „Traumkern" zugleich der Kern einer Gottheit, die Botschaft einer Gottheit. Daher konnte man Träume auch als „Wort eines Gottes" bezeichnen.

Zur Traumpraxis öffnen sich viele Fenster, etwa durch die Entdeckung bestimmter Formeln, mit denen man Berichte über Inkubationen einleitete, wodurch zum ersten Mal die Inkubationsforschung auf soliden wissenschaftlichen Boden gestellt wird, oder durch ein neues Verständnis des Funktionierens von Traumritualen.

Die Erfahrungen eines durch und durch bewusst gestalteten Sprachgebrauches im Bereich des Umgangs mit Träumen, die es ermöglichten, Traumtheorie und Traumpraxis für das antike Mesopotamien und teils auch für die umliegenden Kulturen zu bestimmen, sind für mich über das Thema als solches hinaus von heuristischem Wert. Diese spezifischen Charakteristika des altorientalischen Materials lenken meine Erwartungen auch für neue Forschungsbereiche wie v. a. die Erforschung der altorientalischen Mythen, was sich durch meine bisherigen Studien auch schon hat bestätigen lassen.

Die Arbeit über die Träume wird von der Fakultät für Geschichte, Kunst und Orientwissenschaften der Universität Leipzig als Habilitationsschrift angenommen, das bestandene Habilitationsverfahren macht aus meiner Assistentur eine Oberassistentur – was zwei Wochen vor einem völligen Stellenstop in Sachsen amtlich wird und für meine Familie nicht unwichtig ist, zumal wenige Monate später unser erstes Kind das Licht der Welt erblickt.

Während die Münchner Zeit viele Kontakte zum Ausland mit sich gebracht hat – auch als Mitglied der „Sumerian Grammar Discussion Group" in Oxford –, bringt die Leipziger Zeit verschiedene interessante Vernetzungen im nationalen Raum. Ich arbeite bei der Planung eines Graduiertenkollegs unter Federführung des Ethnologen Berhard Streck mit, ich werde als Mitglied ins Institut für Historische Anthropologie e.V. gewählt und für zwei interdisziplinär angelegte Publikationsorgane zur Mitherausgeberin bestellt („Orientalische Religionen in der Antike" und „Saeculum". Jahrbuch für Universalgeschichte).

Göttingen (ab 2008): Auf den Spuren der Mythen

Die Berufung auf eine Christian-Gottlob-Heyne-Professur führt mich ab 2008 nach Göttingen in das traditionsreiche, lebendige und anwachsende Seminar für Altorientalistik mit seiner Einbindung in den Studiengang „Antike Kulturen" und in das Centrum Orbis Orientalis et Occidentalis mit seinem Graduiertenkolleg „Götterbilder – Gottesbilder – Weltbilder". Hier tun sich großartige Möglichkeiten der Zusammenarbeit auf durch die interessanten und offenen Kollegen in der Philosophischen und der Theologischen Fakultät. Und so entsteht nach und nach die Idee eines großen gemeinsamen Forschungsunternehmens: Die Arbeit an den altorientalischen Mythen und am Mythos überhaupt.

Steckbrief zu altorientalischen Mythen

Mittlerweile sind weit über 70 Mythen aus Mesopotamien bekannt, und die Tendenz ist weiter steigend, einmal durch Zuwachs aus Ausgrabungen (wie im Fall eines neuen, sumerischen Adapa-Mythos aus Mari), zum anderen durch die Publikation unpublizierter Texte aus Sammlungen und Museen (wie etwa des bislang völlig unbekannten Bazi-Mythos aus der Schøyen-Sammlung). Außerdem gelingt es durch die neuen Erkenntnisse der Grundlagenforschung in den Bereichen Grammatik, Lexik und Textkritik, sich bislang schwierigen oder völlig unverständlichen Texten weiter anzunähern, z. B. Gilgamešs Tod durch die Forschungen von A. Cavigneaux, F. Al-Rawi und anderen. Der zeitliche Rahmen, den diese Texte abdecken, umspannt die Zeit vom 3. bis ins 1. Jt. vor Chr. (derzeit 26. Jh. bis 3. Jh. v. Chr.). Gattungen, in denen sich mythische Stoffe finden, sind weit gestreut; epische, hymnische, rituelle Texte und Briefe gehören zum wichtigen Bestand. Größere Untersuchungen von Mythologemen stehen noch völlig aus.

Grundlagenforschung

Ein Projekt wie die Erforschung mesopotamischer Mythen wird heute möglich, weil viele Spuren grundlegender Art beschritten und Fährten gelegt sind durch minutiöse philologische Feinarbeit, wie sie etwa Rykle Borger durch seine exzellenten Zeichenlexika ermöglicht hat. Dennoch ist auch im Bereich der Grundlagenforschung noch immer viel zu tun, besonders für das Verständnis des Sumerischen. Etwa zwei Drittel der Mythen sind in sumerischer Sprache überliefert. Diachron und diatop spezifische Paläographien sind nötig, um die Keilschrift lesen zu können, für das Verständnis der Lexeme bedarf es eines Wörterbuchs, es fehlen noch allgemein akzeptierte Referenzgrammatiken, insbesondere für den Bereich des sumerischen Verbums. Daneben sind für sumerische wie für akkadische Mythen dringend textkritische Studien, Stilforschung und semantische Analysen zu ihrer literarischen, historisch-politischen, sozialen, religiösen Verortung und Funktionsweise nötig. Dies führt von der Grundlagenforschung zur kulturwissenschaftlichen Forschung.

Kulturwissenschaftliche Forschung zu Mythen: disziplinäre und interdisziplinäre Aufgaben

Altorientalische Mythen sind historisch-archäologisch zu verorten. Für jeden Textzeugen, d. h. für jede Tontafel, stellen sich viele Fragen: Woher eine Tafel ursprünglich stammt (Ort, Umgebung, z. B. Art des Gebäudes, primäre oder sekundäre Lage), wann sie geschrieben wurde (historischer Kontext), von wem sie geschrieben, für wen sie bestimmt, von wem sie gelesen wurde (gesellschaftlicher Kontext), in welcher Tradition sie steht, welche Textgeschichte ihr vorausgeht, wie ihre Inhalte gedeutet, evtl. auch umgedeutet wurden („Arbeit am Mythos").

Mit literaturwissenschaftlichen Methoden gilt es, Stil, Rhetorik und Funktionen einzelner Mythen zu erarbeiten. Mir ist besonders daran gelegen, die „Narratologik" von Mythen, die spezifischen Eigenarten ihrer Funktionsweise(n) im Alten Orient herauszufinden und damit letztlich das, was die einzelnen Mythen in ihrer Zeit bedeutet haben und in welchen Wirkzusammenhängen sie eingesetzt waren (emische Perspektive). Die Unterscheidung verschiedener „Ebenen" deutet sich hier als wesentliches Werkzeug an, um etwa zwischen detailreicher Erzähloberfläche und Zielpunkten eines Textes differenzieren zu können. Damit lassen sich verschiedene Zeitebenen und verschiedene Machtebenen erkennen, die sich in den altorientalischen Mythen deutlich überlagern, wie z. B. lokale vs. zentral-überregionale oder himmlisch-astrale vs. unterweltlich-chthonische Machtebenen.

In religionswissenschaftlicher und in anthropologischer Hinsicht interessieren hierbei die „großen Themen" des Menschseins: Wie der Mensch sich in seiner Welt erfährt, welche Größen ihm relevant erscheinen, wie Grenzen gesetzt und ausgelotet werden. Neue Einblicke in die Funktion von Mythen versprechen Untersuchungen zur Eigenperspektive auf Mythen. Hier gilt es beispielsweise zu untersuchen, welche Begrifflichkeiten in der altorientalischen Antike für Mythen verwendet wurden, wie man mit Mythen umging, wie Mythen im Verhältnis zu anderen Erfahrungen – z. B. Traum – und in Bezug auf sprachliche und bildliche Verarbeitungsmöglichkeiten verankert waren.

Grundlegendes Material, das die altorientalistische Mythosforschung benötigt, sind Bibliographien, welche die verstreuten Tontafeln und Studien dazu orten, und eine gute Mythosbibliothek. Mitarbeiter des Altorientalischen Seminars wie K. Lämmerhirt und A. Lange sind gemeinsam mit Hilfskräften seit 2008 mit dem Aufbau dieser Infrastruktur befasst. Um für das Mythosprojekt geeignete Nachwuchskräfte auszubilden, haben wir außerdem von 2008 bis 2010 einen neuen Studiengang BA Altorientalistik mit philologischem Schwerpunkt erarbeitet, wozu G. Gabriel entscheidend beigetragen hat.

Wenn wir in der Altorientalistik diese Fülle der frühesten bekannten Mythen aufarbeiten, dann gilt es, behutsam vorzugehen und einerseits die Arbeitsschritte konzentriert im Hinblick auf das umfangreiche eigene Material zu wählen und hieraus Fragen und Lösungswege zu entwickeln, andererseits in ständigem Austausch mit der allgemeinen Mythosforschung und den Ergebnissen und Ansätzen anderer Disziplinen Fragen und Ansätze wahrzunehmen und an den eigenen Quellen zu überprüfen und zu adaptieren. In einem derartigen Austausch lassen sich neue Theorien und Einsichten in die Praktiken verschiedener Zeiten und Räume gewinnen. Dieses Vorgehen – analog zu dem ertragreichen Vorgehen mit Bezug auf antike mesopotamische Träume, welches viel aus der allgemeinen Traumforschung gelernt und umgekehrt ganz neue Theorien für die kulturwissenschaftliche Traumforschung entwickelt hat – wird neue Impulse geben können für die Frage nach der spezifischen Eigenart von Mythen, nach Kernbereichen und Randphänomenen, wird suchen, durch verschieden eng oder weit gefasste Terminologie eine Grundlage für komparatistische Zugänge zu verschiedenen Kulturen zu gewinnen, wird unterschiedliche Kategorisierungen von Mythen testen und selbst erarbeiten.

Die bunte Vielfalt des Mythos wird in solchen gemeinsamen Analysen nicht verlorengehen. Wenn wir etwa fragen, was nach verschiedenen mythischen Deutungen den Menschen zum Menschen macht, was sein Menschsein bedroht, wie er angesichts der kolossalen Herausforderung seiner eigenen Begrenzung durch den Tod ein sinnvolles Leben führen kann und wo bestimmte Themen und Stoffe auftauchen oder gerade nicht, wie sie zwischen den Kulturen gewandert sein mögen oder unabhängig voneinander bearbeitet worden sind, dann werden wir von einer chaotisch erscheinenden Fülle zu einem Kosmos menschlichen Erfahrens, Ordnens und Bewertens gelangen, der auch für die heutige Zeit zu spannenden Fragen anregen und zu Positionierungen herausfordern wird.

Arbeit an Mythen ist immer ein Abenteuer – und ich freue mich auf die Kolleginnen und Kollegen in der Akademie und außerhalb, mit denen dieses Abenteuer weiter Gestalt annehmen wird.

HOLMER STEINFATH

Die praktische Grundfrage als Leitfaden

(vorgetragen in der Plenarsitzung am 23. April 2010)

Die Aufnahme in die Akademie der Wissenschaften zu Göttingen ist für mich auch ein Anfang, der andere Anfänge abschließt. Nach der ersten Professur in Aachen und dem ersten Ordinariat in Regensburg brachte der Wechsel auf einen – durch das Wirken von Günther Patzig hoch angesehenen – Göttinger Lehrstuhl für Philosophie im Jahr 2006 für mich den dritten Universitätswechsel innerhalb kurzer Zeit und damit ein abermaliges Beginnen, nicht zuletzt mit neuen institutionellen Verpflichtungen. Inzwischen fühle ich mich jedoch als Göttinger, so dass ich die stets etwas heikle Aufgabe der Selbstdarstellung nutzen möchte, um gut sokratisch Rechenschaft darüber zu geben, was, wenn irgendetwas, meine philosophische Tätigkeit in den letzten Jahren zusammengehalten hat und sie wohl auch weiterhin anleiten wird.

Holmer Steinfath, Professor der Philosophie an der Georg-August-Universität Göttingen, O. Mitglied der Göttinger Akademie seit 2010

Philosophie lebt von der fortgesetzten Beschäftigung mit für das Selbst- und das Weltverständnis von Menschen zentralen allgemeinen Fragen. Sicherlich nicht alle, aber doch viele dieser Fragen lassen sich systematisch auf die Frage beziehen, die Ernst Tugendhat, mein für mich wichtigster akademischer Lehrer, die „praktische Grundfrage" genannt hat (Tugendhat 1976, 118). Sie bildet seit langem einen wichtigen Leitfaden meines Denkens (vgl. Steinfath 1998; 2010). Die Schwierigkeiten, die sie aufwirft, beginnen schon mit ihrer genauen Formulierung. Bei Platon, dessen gesamte Philosophie um sie kreist, ist sie irritierend subjektlos formuliert:

πῶς βιωτέον; heißt es beispielsweise im *Gorgias*, also „Wie ist zu leben?". Bei Aristoteles, über den ich in Berlin promoviert wurde (Steinfath 1991) und dessen Werk ich weiterhin bewundere, obwohl seine Bestimmung der Philosophie als Ontologie mich einmal in eine ernste Krise gestürzt hat, finden sich ähnlich allgemeine Wendungen. So wird in der *Nikomachischen Ethik* gefragt, was das höchste durch menschliches Handeln zu erreichende Gut oder das für Menschen beste Leben ist. Der englische Philosoph Bernard Williams hat dagegen den persönlichen Charakter der praktischen Grundfrage betont (vgl. Williams 1985, 1. Kap.). Sie werde stets aus der Perspektive der ersten Person Singular und aus der Mitte des jeweiligen Lebensvollzugs gestellt: „Wie soll – oder vielleicht auch: wie will – *ich* leben, und zwar von *jetzt* aus gesehen?" Williams' Subjektivierung lässt die von Platon und Aristoteles offenkundig unterstellte Möglichkeit einer allgemein verbindlichen Antwort auf die praktische Grundfrage von vornherein zweifelhaft erscheinen. Und es ist ja auch schwerlich in Abrede zu stellen, dass es von den je besonderen – äußeren wie inneren – Lebensumständen abhängt, wie jemand im Leben am besten fährt. Der aufgeklärte Liberalismus hat daraus die politische Überzeugung gewonnen, dass Aufgabe staatlicher Ordnung die Sicherung eines Freiheitsraums ist, in dem jeder nach seiner Façon glückselig zu werden trachten muss. Damit scheint sich die praktische Grundfrage aber, kaum dass sie gestellt ist, dem philosophischen Zugriff auch schon wieder zu entziehen. Das philosophische Fragen und Überlegen bewegt sich notwendig im Medium allgemeiner Begriffe. Dort, wo es sich anheischig macht, dem Einzelnen konkrete Lebensratschläge zu geben, missversteht es sich selbst und überschreitet seine Kompetenzen. Die praktische Grundfrage muss folglich anders gewendet werden, soll sie philosophischen Untersuchungen als Leitfaden dienen können.

Einen Anlauf dazu habe ich in meiner Konstanzer Habilitationsschrift *Orientierung am Guten* unternommen (Steinfath 2001). Nicht die wechselnden substantiellen Antworten auf die praktische Grundfrage standen dort zur Erörterung, sondern die formale Struktur der praktischen Überlegungen, die wir unter Voraussetzung einer gewissen Vernünftigkeit anstellen, wenn wir uns fragen, was wir tun und wie wir leben sollen. Ausgangs- und Abstoßungspunkt bildete dabei das Modell instrumentellen Überlegens, das sich in seinen verschiedenen Varianten als äußerst flexibel und fruchtbar erwiesen hat. Wir nehmen einen bestimmten Zweck in den Blick und überlegen dann, wie wir ihn am besten verwirklichen können. In der Regel führt freilich nicht nur ein Strang zur Realisierung gewünschter Zwecke, weswegen wir aus einer Vielzahl von Mitteln die tauglichsten auswählen müssen, und zumeist geht es uns nicht nur um einen Zweck, sondern um einen ganzen Strauß von Zwecken. Im instrumentellen Überlegen wägen wir die Folgen von unterschiedlichen Handlungsverläufen ab und wählen jenen Verlauf, der sich für die Gesamtheit der uns jeweils präsenten eigenen Zwecke unserer Meinung nach am besten eignet. Die moderne Entscheidungs- und Spieltheorie hat diesen Gedanken in beeindruckender Weise formal ausgearbeitet. Ich gehöre nicht zu denjenigen, die darin eine kalt kalkulierende ökonomische Rationalität am Werk sehen, die den Reichtum und die Sinnhaftigkeit menschlichen Lebens verkennt und bedroht. Das Zweck-Mittel-Denken ist ein Grundzug menschlichen Lebens, und in Verbindung mit der Verarbeitung explizit generischer kausaler Informationen wie „As verursachen Bs" oder konditionaler Informationen wie „Wenn A auftritt, wird auch B auftreten" dürfte es einen der wichtigsten Unterschiede zwischen Menschen und Tieren darstellen (vgl. Papineau 2003).

Trotzdem ist die instrumentalistische Konzeption praktischen Überlegens verkürzt. Sie tendiert dazu, praktisches auf theoretisches Überlegen zu reduzieren. Die deliberative Tätigkeit erschöpft sich dann im Aufdecken vorgängig bestehender Zwecke und ihrer Gewichte sowie in der Exploration kausaler Verbindungen. Damit wird die Art und Weise, wie wir uns handelnd in der Welt zurechtfinden, nach dem Modell des distanzierten Erfassens objektiver Sachverhalte gedeutet, und das scheint phänomenal unangemessen zu sein. Unsere Zwecke sind uns nicht einfach gegeben. Sie entspringen einem Wollen, auf dessen Gestalt wir fortlaufend Einfluss nehmen. Anders, als die instrumentelle Konzeption suggeriert, besteht die wichtigste Aufgabe praktischen Überlegens weder im Auffinden von geeigneten Mitteln zu gegebenen Zwecken noch im Ordnen gegebener Zwecke, sondern in der Festsetzung und Revision der für unser Handeln und Leben maßgeblichen Orientierungen. Nicht die Umsetzung, sondern die Formung unseres Wollens ist unser Hauptproblem. Vom Glück, in dem die antiken Ethiker das höchste Ziel sahen, sagt Kant ganz zu Recht, dass sich der Mensch als endliches Wesen von ihm gar keinen bestimmten Begriff machen könne. Er wisse nicht, „was er hier eigentlich wolle" (*Grundlegung zur Metaphysik der Sitten*, Akademie-Ausgabe IV, 418). Und so wie mit dem Glück geht es ihm mit den meisten wichtigen Dingen. Wie können wir dann aber vorgehen, wenn die uns leitenden Ziele und Ideale noch nicht feststehen oder blind von anderen übernommen werden?

Ein Großteil der sich mit dieser Frage beschäftigenden philosophischen Literatur ist von einem unglücklichen Gegensatz zwischen Anhängern David Humes und Verehrern Immanuel Kants beherrscht. Erstere bekennen sich stolz zu Humes drastischem Diktum: „Reason is, and ought only to be, the slave of the passions" (*A Treatise of Human Nature*, II.iii.iii). Die

Kantianer glauben dagegen, in der reinen praktischen Vernunft eine Garantie für die menschliche Freiheit jenseits der naturkausalen Determination durch kontingente Neigungen in Händen zu halten; sie meinen, wir könnten letztlich von allen uns bestimmenden Einflüssen reflektierend Abstand nehmen, um sie auf ihre Eignung zum formalen Gesetz der Moral zu prüfen. Doch während Hume den Spielraum vernünftigen Abwägens radikal verengt, nimmt Kant zu einer philosophischen Konstruktion Zuflucht, die zudem das Reich der Freiheit auf seltsame Weise mit dem der Moral zusammenfallen lässt. In meinen eigenen konstruktiven Anstrengungen bin ich stärker Hume als Kant gefolgt. Humes „passions" (bzw. eine Teilklasse von ihnen) erschienen mir durchaus als der richtige Ansatzpunkt zur Rekonstruktion unserer willens- und zweckebildenden Überlegungen. Unsere praktischen Orientierungsbemühungen nehmen ihren Ausgang von Gefühlen, die uns sowohl etwas über die Welt wie uns selbst verraten. Intentionale – im Sinn von: gerichtete – Emotionen wie Furcht, Scham und Bewunderung haben formale Objekte wie das Gefährliche, das Schändliche, das Bewundernswerte. Da diese einen wertenden Charakter haben, manifestiert sich in den entsprechenden Gefühlen ein wertender Welt- oder Selbstbezug. Züge dessen, was uns begegnet, erscheinen uns im Licht unserer evaluativen Gefühle als in der einen oder anderen Weise bedeutsam. Aber man muss kein Emotionsverächter sein, um zu wissen, dass Gefühle selten gute Ratgeber sind. Oft sind sie flüchtig und diffus. Sie bedürfen deswegen der Artikulation und Interpretation. Hinzu kommt, dass sie auch dort, wo sie klar und unzweideutig auftreten, angemessen oder unangemessen sein können. Furcht ist nur angemessen, wo eine tatsächliche Gefahr droht, Scham nur dort, wo es etwas zu schämen gibt, Bewunderung nur dort, wo etwas wirklich bewundernswert ist. Ich habe mir ziemlich – und ich fürchte, nicht sehr fruchtbar – den Kopf darüber zerbrochen, welcher Art die Wertungsstandards, anhand derer wir emotionale und andere Reaktionen als angemessen oder unangemessen beurteilen können, sind und woher sie kommen. In manchen Fällen, wie etwa der Furcht, ist diese Frage nicht so schwer zu beantworten. Doch was machen wir mit einem Fall wie dem der Bewunderung?

Seit kurzem beteilige ich mich an einem interdisziplinären Promotionsstudiengang „Biodiversität und Gesellschaft", in dem es um einen nachhaltigen Naturschutz geht. Für einen schonenden Umgang mit der Artenvielfalt gibt es viele gute instrumentelle Gründe. Der Wunsch, die natürliche Umwelt in ihrer Vielfalt zu erhalten, wird jedoch auch von der Bewunderung für den Reichtum, die Komplexität und die Schönheit von Flora und Fauna getragen. Ist diese Bewunderung angemessen? Haben uns die Romantiker die Erhabenheit des Hochgebirges vor Augen geführt, oder haben sie uns nur dazu verführt, in aufgetürmten Gesteinsmassen etwas Besonderes zu sehen, die ich als Norddeutscher lange nur als lästige Sichthindernisse auf dem Weg zum geliebten Meer wahrzunehmen vermochte? Wir haben es hier sicherlich wesentlich mit kulturellen Deutungsmustern zu tun, die ihre eigene Geschichte und sozialen Kontexte haben. Und doch scheinen diese Muster einen in ihrer unhintergehbaren kulturellen Prägung nicht aufgehenden Erfahrungsgehalt haben zu müssen, um auf Dauer überzeugen zu können. Im Fall der Begegnung mit einer vielfältigen Natur könnte man beispielsweise argumentieren, dass sie uns einen Resonanzboden für die Erfahrung unserer eigenen inneren Vielfalt und Lebendigkeit liefert. Wir würden so den fraglichen Erfahrungsgehalt auf die Struktur unserer Subjektivität zurückführen und darüber vermittelt eine wohl nicht notwendige, aber mögliche Dimension eines für uns guten Lebens kenntlich machen.

Eine weitere wichtige Linie des Nachdenkens über die Struktur praktischer Überlegungen führt auf das Ideal der Selbstbestimmung. In der sokratischen Tradition ist es dem Interesse an der praktischen Grundfrage von Anfang an mitgegeben, denn Sokrates' bekanntes Wort, ein ungeprüftes Leben sei nicht wert, gelebt zu werden, ist Ausdruck eines bestimmten Autonomieideals. Sind uns unsere Zwecke nicht einfach vorgegeben, sondern Produkt unserer eigenen willensbestimmenden Überlegungen, und bestimmt sich über unsere Ziele und Ideale wesentlich, wer wir sind, dann sind wir als so oder so überlegende Wesen stets mitverantwortlich für das, was wir geworden sind, für unsere qualitative „Identität". Aber der Modus, in dem dies geschieht, kann ein mehr oder minder aufgeklärter und selbstbestimmter sein. Ich bin im letzten Kapitel meiner Habilitationsschrift und in einer Reihe kleinerer Arbeiten den weitgehend formalen und prozeduralen Bestimmungen personaler Autonomie gefolgt, die in der analytisch geprägten Philosophie heute vorherrschen. Selbstbestimmt ist eine Person danach, grob gesprochen, in dem Maße, in dem sich ihr handlungsleitendes Wollen ihren hinreichend informierten und von äußeren wie inneren Zwängen freien Überlegungen verdankt. Ganz falsch ist das sicherlich nicht. Aber für viele praktische Kontexte ist es zugleich unterbestimmt und fragwürdig überintellektualisiert. Nachdem die VW-Stiftung einer Forschergruppe zum Thema „Autonomie und Vertrauen in der modernen Medizin", in der ich als Philosoph mitarbeite, grünes Licht gegeben hat, werde ich Gelegenheit haben, unterschiedliche Autonomieverständnisse auf ihre Tauglichkeit für existentielle Situationen zu überprüfen, in denen wie im Krankenhaus Autonomie gerade prekär wird. Wie steht es z. B. mit dem eigenen Willen von Alzheimerpatienten, und wie kann die zu einem früheren Zeitpunkt getroffene Willensverfügung eines Patienten bindend für einen späteren Zeitpunkt sein, zu dem der Patient nicht mehr einwilligungsfähig ist?

In den letzten Jahren hat für mich freilich ein anderer Fragenkomplex im Vordergrund gestanden. Die praktische Grundfrage nach dem guten Leben aufzunehmen, war mir von Anfang an auch ein Anliegen, um die einseitige Konzentration von Vertretern der Praktischen Philosophie auf Fragen der Moral aufzubrechen. Das erschien mir lohnend, weil die praktische Grundfrage eben nicht nur die persönliche Seite hat, die Williams betont, sondern von sich aus ebenso auf allgemeine Aspekte des menschlichen Lebens wie Tod, Endlichkeit, Angewiesenheit auf Anerkennung usw. führt, deren Thematisierung aus der Philosophie verdrängt worden ist, sich aber durchaus einer von Gründen geleiteten Beschäftigung zugänglich erweisen sollte. Nur hat dies in meinem eigenen Fall einem Ausweichen vor den dornigen Fragen der Moralphilosophie Vorschub geleistet, das ich jetzt mit einem Buch eben zur Moral und ihren Begründungen korrigieren möchte.

Im Zentrum steht dabei das Bemühen, die Rede von moralischen Verpflichtungen und Forderungen aufzuklären. Wer wie ich ursprünglich von den antiken Ethiken herkommt, muss darin eine besondere Herausforderung sehen, denn der Gedanke, dass wir zu etwas moralisch verpflichtet sind und einander etwas schulden, scheint so gar nicht zu unserem Interesse an einem guten Leben zu passen und spielt deswegen im antiken Eudämonismus keine tragende Rolle. Nietzsche hat mit dem ihm eigenen psychologischen Scharfsinn nicht zufällig im ganzen Syndrom von Pflicht, Schuld, Verbindlichkeit usw. das größte Hindernis zu einem reicheren Leben für „freie Geister" gesehen. Aber die Idee, dass wir einander etwas schulden, ist mit einer Reihe weiterer Vorstellungen verbunden, die wir nicht ohne Not fröhlich über Bord werfen sollten. Am Begriff der moralischen Verpflichtung hängen unter anderem Überzeugungen wie die, Menschen hätten einen Anspruch auf einen bestimmten Umgang, sie seien für ihr Tun verantwortlich und als eigenverantwortliche Subjekte ihres Lebens ernst zu nehmen. Um so erstaunlicher ist, dass in Teilen der gegenwärtigen moralphilosophischen Literatur die Rede von moralischen Verpflichtungen kaum mehr als eine Floskel ist, die mit wechselnden Intuitionen inhaltlich gefüllt wird.

Meine eigenen Überlegungen, die ich wieder nur andeuten kann, beruhen auf der Annahme, dass moralische Verpflichtungen ein konstitutiv soziales oder intersubjektives Phänomen sind, das sich aus den Implikationen spezifischer Interaktionen zwischen Personen erklären und rechtfertigen lässt. Dass wir überhaupt eine Moral im Sinn eines Geflechts wechselseitiger und allgemeiner Forderungen und Erwartungen haben, erklärt sich meines Erachtens daraus, dass wir uns die praktische Grundfrage wie auch einzelne praktische Fragen nicht nur aus der Ich-, sondern auch aus der Wir-Perspektive stellen können (Steinfath 2003). Ich kann mich fragen, was ich erreichen will, und in sozialen Kontexten werde ich dabei mit den Interessen der anderen, die mit meinen harmonieren mögen oder nicht, rechnen müssen. Durch den Einbezug der anderen bekommt mein Überlegen einen sozialen Bezug, doch solange ich die Interessen und Pläne der anderen nur als weitere Daten in meine Erwägungen einbeziehe und allein darauf achte, was ich unmittelbar handelnd bewirken kann, bleibe ich der Ich-Perspektive verhaftet. Die klassische Spieltheorie hat gezeigt, dass dies regelmäßig in Gefangenendilemmata führt, in denen die Akteure nicht das für sie zusammen optimale Kooperationsergebnis erzielen können. Das Bild ändert sich, wenn ich zusammen mit anderen überlege, was wir gemeinsam erreichen wollen. In diesem Fall gehen wir nicht von individuell gegebenen Zielen aus, sondern wir betrachten uns gemeinsam als Handlungseinheit. Ein Fest beispielsweise richte nicht ich aus, sondern wir sind es, die es ausrichten. Mit Blick auf das gemeinsame Handlungsziel betrachtet dann jeder Einzelne sein Tun nicht primär auf seine unmittelbaren kausalen Wirkungsmöglichkeiten, sondern mereologisch als Teil des Ganzen; jeder überlegt sich in Abstimmung mit anderen, wie sein Beitrag zum Gelingen des Ganzen aussehen könnte (vgl. Postema 1995). Es gibt inzwischen eine Reihe von Studien zum Mensch-Tier-Vergleich, in Deutschland sind am bekanntesten die Arbeiten von Michael Tomasello, die glauben zeigen zu können, dass die Entwicklung einer Wir-Perspektive und von genuin geteilten Absichten ein Proprium des Menschen ist, das unsere Art der Kultur wesentlich ermöglicht (vgl. Tomasello 2009). Mein spezifisches Interesse gilt den normativen Implikationen gemeinsamer Überlegungen und Handlungen. Haben wir gemeinsam das Fest geplant und erste Schritte zu seiner Verwirklichung unternommen, sind wir gemeinsam auf dieses Ziel festgelegt (vgl. Gilbert 1999). Wenn Ihnen dann mitten in der Festvorbereitung einfällt, dass Sie eigentlich lieber etwas anderes machen möchten, und Sie deswegen alles stehen und liegen lassen, werden wir anderen nicht erfreut sein. Aber das ist nicht alles. Vielmehr könnten wir anderen Sie zu Recht rügen, weil durch die gemeinsame Festlegung spezifische Verpflichtungen und Berechtigungen entstanden sind, die jedem Teilnehmer am gemeinsamen Projekt so etwas wie eine besondere normative Autorität verleihen. Dies ist der erste Schritt in eine Moral wechselseitiger Verbindlichkeiten.

Aber natürlich ist es nur ein erster Schritt, denn eine Gruppe, ein Wir, das gemeinsam auf etwas festgelegt ist, ist auch eine Rotte von Söldnern, die sich gemeinsam aufs Plündern und Morden verlegt haben. Gruppenbildungen im Rahmen geteilter Absichten und Einstellungen liegt die Anerkennung der Einzelnen als „einer von uns" zugrunde. Mich beschäftigt die Frage, was in dieser Anerkennung eingeschlossen ist (welche normativen Präsuppositionen in sie eingehen) und wie sie sich argumentativ sukzessive erweitern lässt. In der Tradition der Aufklärung ist es üblich, alle Menschen in den Schutzbereich der Moral einzubeziehen und ihnen die gleichen grundlegenden Rechte zuzuerkennen. Aber was zwingt uns zu diesem Schritt? Kant würde sagen, die reine praktische Vernunft, doch die habe ich vorhin als philosophisches Konstrukt zurückgewiesen. Ich glaube, dass hier, ähnlich wie bei der Bewunderung für die Vielfalt der Natur, zweierlei zusammenkommt: besondere kulturelle und historische Prozesse, wie sie sich in Europa konzentriert im 18. Jahrhundert, der Gründungszeit der Georgia Augusta und dieser Akademie, beobachten lassen einerseits und die damit verbundene Freilegung einer generelleren Erfahrungsstruktur, die der menschlichen Sozialität von Anfang an mitgegeben ist, andererseits. Dass wir uns und anderen einen besonderen normativen Status zuschreiben, ist immer schon Teil von für die menschliche Lebenswelt typischen Interaktionen (vgl. Darwall 2006). Wer sich beispielsweise über das Verhalten eines anderen empört, unterstellt damit eo ipso, dass er dazu berechtigt ist, dass sich andere ebenfalls empören sollten und dass er selbst die berechtigte Empörung der anderen auf sich zöge, würde er sich so wie der kritisierte Übeltäter verhalten. In einer weniger theorielastigen Sprache könnte man auch sagen, dass wir in unserem Sozialleben immer schon die Erfahrung des anderen als Mitpersonen und als Mitmenschen machen. Aber welchen Wert wir der allgemeinen Struktur wechselseitiger und allgemeiner Verpflichtungen und Berechtigungen oder der Mitmenschlichkeitserfahrung sowie ihrer Erweiterung auf alle Wesen, die mit uns entsprechend interagieren können, zumessen, ist keine Frage der überzeitlichen Rationalität, sondern betrifft am Ende die Frage, wie wir zusammen leben wollen und was wir unter einem gemeinsamen guten Leben verstehen. Der entscheidende Schritt zur Ausweitung der Moral auf alle Menschen, hin zu einer Moral der gleichen moralischen Achtung aller, besteht in der Entwicklung eines Selbstverständnisses, in dem wir – zumindest für unsere Interaktionen im öffentlichen Raum – unserer Identität als Person und Mensch Vorrang vor unseren partikularen Identitäten als Professor, Mann, Deutscher o. ä. geben. Für diesen Schritt sprechen viele Gründe und Erfahrungen, von denen die Entdeckung der Vorzüge eines selbstbestimmten und selbstverantwortlichen Lebens nicht der geringste ist, aber keiner dieser Gründe und Erfahrungen dürfte als Basis für einen zwingenden Rationalitätsausweis ausreichen.

Anlässlich meiner Aufnahme in die Akademie, für die ich ebenso dankbar bin, wie sie mich überrascht hat, bin ich gefragt worden, wo die Schwerpunkte meiner Forschung liegen. Mir fällt es jedes Mal schwer, darauf eine befriedigende Auskunft zu geben, weil meine Interessen quer zu den Standardrubrizierungen meines Faches liegen. Aus einer gewissen Verlegenheit gebe ich manchmal an, es gehe mir um Probleme einer „philosophischen Anthropologie". Damit laufe ich Gefahr, mich in die Nähe von Denkern zu begeben, deren philosophischer Stil mir fremd ist, ich denke etwa an Max Scheler und Arnold Gehlen. Trotzdem weiß ich nichts Besseres zu nennen. Und tatsächlich bin ich überzeugt, dass die Philosophie mit ihren eigenen begrifflichen Mitteln und gestützt auf eine lange Tradition der argumentativen Klärungsbemühungen Wesentliches zum Verständnis dessen, was uns als Menschen ausmacht, beizutragen in der Lage ist. Will sie sich dabei nicht in lebensferne Spekulationen verlieren, wird sie freilich gut beraten sein, den Austausch mit anderen Wissenschaften zu suchen. Aufgrund der Forschungsinteressen, die ich hier nur andeuten konnte, liegt mir zur Zeit sowohl an der Verbindung zu Untersuchungen zum Mensch-Tier-Vergleich und zu einzelnen Zweigen der Psychologie als auch an Kontakten zu den historischen und den philologischen Fächern, die den Reichtum der menschlichen Kultur in ihrer geschichtlichen und sozialen Kontingenz zum Gegenstand haben. Ich wüsste kaum einen besseren Ort für das gemeinsame Gespräch über das, was uns ausmacht und was wir von unserem individuellen wie gemeinsamen Leben begründet wollen können, zu nennen als die Akademie der Wissenschaften zu Göttingen.

Literatur

Darwall, Stephen (2006) The Second-Person Standpoint. Morality, Respect, and Accountability, Cambridge, Mass.
Gilbert, Margaret (1999) Obligation and Joint Commitment, in: M. Gilbert, Sociality and Responsibility, Lanham: 50–70.
Papineau, David (2003) The Roots of Reason, Oxford.
Postema, Gerald (1995) Morality in the First Person Plural, in: Law and Philosophy 14: 35–64.
Steinfath, Holmer (1991) Selbständigkeit und Einfachheit. Zur Substanztheorie des Aristoteles, Frankfurt a. M.
Steinfath, Holmer, Hg. (1998) Was ist ein gutes Leben? Philosophische Reflexionen, Frankfurt a. M.
Steinfath, Holmer (2001) Orientierung am Guten. Praktische Überlegungen und die Konstitution von Personen, Frankfurt a. M.

Steinfath, Holmer (2003) „Wir und Ich. Überlegungen zur Begründung moralischer Normen", in: A. Leist (Hg.), Moral als Vertrag?, Berlin: 71–96.

Steinfath, Holmer (2010) Philosophie und gutes Leben, in: K. Meyer (Hg.), Texte zur Didaktik der Philosophie, Stuttgart: 103–126.

Tomasello, Michael (2009) Why We Cooperate, Cambridge, Mass.

Tugendhat, Ernst (1976) Vorlesungen zur Einführung in die sprachanalytische Philosophie, Frankfurt a. M.

Williams, Bernard (1985) Ethics and the Limits of Philosophy, London.

Klaus Niehr

Dokument und Imagination: Das Bild vom Kunstwerk

(vorgetragen in der Plenarsitzung am 15. Oktober 2010)

Im Interessenspektrum der Kunstgeschichte sind Bilder nicht allein Artefakte, bei denen es um Ästhetik geht. Es sind in gleicher Weise immer auch Objekte, die historischen Rang besitzen, das heißt Dokumente, welche Aussagen machen über die technische Seite ihrer Herstellung, über Auftraggeber und über die Umsetzung von Ideen in eine visuelle Sprache. Diese jedem Kunstgegenstand inhärenten Eigenschaften treten verstärkt in einer besonderen Gattung von Werken hervor. Sobald man sich auf die Geschichte der Beschäftigung mit bildender Kunst und Architektur einlässt, gibt es nämlich nicht allein mehr die von uns so genannten „Originale"; neben sie tritt jetzt eine große Zahl von Nach- und Abbildungen, die

Klaus Niehr, Professor für Kunstgeschichte an der Universität Osnabrück, O. Mitglied der Göttinger Akademie seit 2010

mit der Intention geschaffen wurden, diese „Originale" zu vermitteln, und denen wir zum guten Teil unsere Kenntnis von historischer Kunst und Geschichte verdanken. Diese Reproduktionen aber tragen alle Anzeichen einer eigenen Ästhetik. Das heißt, es sind individuelle Ansichten, hergestellt mit bestimmten Absichten unter bestimmten Bedingungen. „Objektivität", die wir bei bildlichen Wiedergaben von Kunstwerken zunächst wenigstens anzunehmen gewillt sind, steht im Spektrum der Anforderungen jedenfalls nicht an erster Stelle. Man könnte von Repräsentationen sprechen, wenn man darunter Wiedergaben versteht, die eine Sache mit anderen Mitteln, mit spezifischer Intention und Ausdrucksweise darbieten.

Wie gesagt: Sobald wir in der Kunstgeschichte Wissenschaftsgeschichte betreiben, kommen visuelle Vergegenwärtigungen in den Blick, die eine besondere Rolle einnehmen, die aufgrund ihres Gebrauchscharakters aber oft nicht wahr- oder nicht ernstgenommen werden. Bilder auch sie, aber Bilder mit einer spezifischen Semantik, da sie sich in den Dienst einer modernen Aufgabe – nämlich der Dokumentation – stellen. Und damit gelangen wir auf ein Forschungsfeld, das erst seit den 1970er Jahren in den Focus des Interesses gerückt ist. Denn solange die Wissenschaft glaubte, sich ausschließlich mit sog. „Hochkunst" beschäftigen, mit sog. „Meisterwerken" und „genialen Ideen" auseinandersetzen zu müssen, hatten Nachbildungen, welcher Art auch immer, nicht nur keine Berechtigung, in den Kanon vorbildlicher Artefakte aufgenommen, sondern bereits keine Aussicht, überhaupt beachtet zu werden. Warum diese auch heute durchaus nachvollziehbare Einstellung wichtig und so entscheidend für die Rezeption von Kunst wurde, lässt sich klar bestimmen. Sie ist nämlich mit besonderer Autorität ausgestattet, geht sie doch höchstwahrscheinlich auf einen der Väter der Kunstgeschichte im 16. Jahrhundert zurück: Giorgio Vasari hatte in seinen *Lebensbeschreibungen der berühmtesten Architekten, Bildhauer und Maler* nur „produktive" Künstler aufgeführt, „reproduktive", also Wachsformer oder Gießer, von denen es im Florenz der frühen Neuzeit zahlreiche gab, jedoch unbeachtet gelassen. Damit nimmt Vasari eine gleichsam ethische Wertung vor: Der wahre Künstler ist der, welcher kreativ ist und erfindet, mitnichten aber der, welcher seine Kunst auf direkte Nachbildung stützt.

Wer immer dieser Meinung zustimmt und glaubt, damit ein sinnvolles Ordnungskriterium gefunden zu haben, muss gleichwohl eingestehen, dass Reproduktion seit jeher eine wichtige Aufgabe verkörpert und als Faktum gerade auch in der christlichen Kunst eine zentrale Stelle einnimmt. Das ergibt sich bereits aus der allzu oft vergessenen Tatsache, dass am Beginn dieser Kunst ein reproduziertes Bild stand, besser, gestanden haben soll: Veronika, die Frau mit dem Tuch, in das sich die Züge des leidenden Herrn eingedrückt hätten, ist sozusagen die Urmutter der direkten Kopie oder der Selbstverdoppelung. Denn das Ergebnis ihrer Aktion steht in erstaunlicher Nähe zu dem, wonach dann lange Zeit gesucht und was erst Jahrhunderte später mit der Fotografie gefunden wurde, der quasi automatischen Wiedergabe eines Gegenstandes durch einen Prozess mechanischer Nachbildung ohne Zutun einer menschlich-manuellen Tätigkeit.

Wir dürfen demnach – auch wenn das plakativ und provokant klingt – sagen: Zwischen dem Schweißtuch der Veronika und der Fotografie spannt sich die Kulturgeschichte der Reproduktion. Gewiss, es sind sehr verschiedenartige Dinge, die dadurch ins Bild gesetzt werden; eine nicht unerhebliche Rolle in dieser Geschichte spielen aber Kunstwerke, die zunächst in der Graphik, dann in der Fotografie auftreten und durch diese Medien Verbreitung und Nachleben erfahren.

Und genau dieses Faktum öffnet ein weites Panorama von Fragen: Dass ein spannungsreiches Verhältnis zwischen „Original" und „Kopie" stets existiert, dass Reproduktion immer eine perfekte Nachbildung anstrebt, sie aber niemals erreichen kann, ist selbstverständlich. Bei der bildlichen Wiedergabe von Kunst aber wird daraus etwas Besonderes; denn hier wird ja ein Kunstwerk durch ein Werk vervielfältigt, das ebenfalls den Anspruch erhebt, Kunst zu sein. Und damit ist *a priori* garantiert, dass es sichtbare Unterschiede geben muss zwischen dem „Original" und seinem Abbild. Denn der Nachahmer meldet sich unüberhörbar zu Wort; der Täter spricht zum Publikum. Und wenn kurz nach der Erfindung der Fotografie 1839 von einer Revolution gesprochen wurde, dann genau deshalb: Weil dieser Täter nun verschwunden war, ja weil es im Grunde genommen – so sah man das – keinen Täter mehr gab und damit der Idealfall von dienender Reproduktion ohne weiterführende Ambition erreicht war.

Als Einstieg in das Thema mag es sinnvoll sein, von aktuellen Erfahrungen auszugehen. Wer heute eine Buchhandlung betritt, um eine Publikation über Architektur, Skulptur, Malerei oder Kunstgewerbe zu kaufen, kann damit rechnen – und rechnet sicherlich auch damit –, dass diese Publikation illustriert ist. Was im Jahr 2010 erforderlich zu sein scheint, hat sich allerdings erst im Laufe der letzten 250 Jahre zu dem mittlerweile als selbstverständlich geltenden Standard ausgebildet. Der Prozess der Illustration eines Textes verlief dabei parallel zur Geschichte der Beschäftigung mit Kunst wie übrigens auch mit der Natur. Wer diese Geschichte erzählt, hat also stets zu berücksichtigen, dass neben einer mündlichen und einer schriftlichen Aneignung oder Propagierung von Artefakten eine mindestens ebenso wichtige Historie der bildlichen Aneignung und Kommunikation dieser Stücke existiert, die wie die Geschichte der Texte den Entwicklungsgang der Wissenschaft bestimmt hat und dokumentiert. Natürlich sind – wir sagten es eingangs – diese Abbildungen den Bedingungen des ästhetischen und des technischen Wandels unterworfen. Sie geben aber nicht nur einen Gegenstand in seiner äußeren Erscheinung wieder, vielmehr bilden sie – auch das wurde schon erwähnt – Ideen und Standards, Haltungen und Einstellungen wie deren Änderungen ab, so dass sich ohne weiteres eine Geschichte der Kunstgeschichte anhand von Bildreproduktionen nachzeichnen ließe.

Konfrontieren wir Texte und Bilder, so stellen wir alsbald fest, dass wechselseitige Einwirkungen existieren. Das Schreiben über Kunst, die methodischen Verfahren der Wissenschaft stehen nicht selten in Abhängigkeit von den Abbildungen, zunächst schon von ihrer Zahl und ihrer Verfügbarkeit, dann aber auch von ihrer Qualität und von den Perspektiven, unter denen die Reproduktion ein Werk präsentiert. Andererseits werden diese Abbildungen auch im Hinblick auf wissenschaftliche oder ästhetische Erfordernisse bzw. Wünsche hergestellt. Ein Kunstwerk hat beispielsweise erhaben zu wirken; es hat sich in besonderem Licht zu zeigen; nur bestimmte Züge seiner Erscheinung sollen vermittelt werden usw. Daher liegt es nahe, nach der Argumentation durch und über das Bild zu fragen, nach Interessen, die im Bild gespiegelt, nach den Bedingungen, die hier anschaulich werden. Und es bietet sich an, das Verhältnis zu bestimmen, welches zwischen Texten und Bildern besteht: der Gleichklang der Medien, aber auch deren Auseinanderklaffen, was die Wiedergabe der Dinge anbetrifft. Denn – das sei vorab schon gesagt – Bilder, auch in der Wissenschaft, haben oft eine erheblich längere Lebensdauer als Worte. Und es erweist sich immer wieder, dass in Texten neue Erkenntnisse präsentiert werden, denen alte Illustrationen beigegeben sind.

Der Wunsch, Schreiben und Beschreiben um Bilder zu ergänzen, ist alt. Die Notwendigkeit dazu wird häufig dort betont, wo Worte nicht auszureichen scheinen, einen Gegenstand zu erfassen. Schon aus dem Mittelalter sind derartige Überlegungen bekannt, und damit werden zugleich auch die Bereiche markiert, welche für die einzelnen Medien – also Sprache/Text auf der einen, Bild auf der anderen Seite – reserviert sind. Ließen sich zeitlich ausgedehnte Vorgänge problemlos literarisch fassen, so schienen Gestalt und Farben nur sehr unvollkommen in Worten kommuniziert werden zu können. Als man sich um die Mitte des 18. Jahrhunderts intensiv und auf neuer wissenschaftlicher Grundlage mit den Kunstwerken vor allem des griechischen und des römischen Altertums beschäftigt und die Denkmäler mit antiquarischem Anspruch zu edieren beginnt, steht man genau vor diesem Problem. Schon in den frühen Arbeiten von Johann Joachim Winckelmann, die aus Kostengründen ohne Abbildungen hatten erscheinen müssen, macht sich deshalb der Autor vor seinem Publikum Gedanken über das fehlende Bild. Nicht dass Winckelmann die Unvollständigkeit seiner Publikationen entschuldigt hätte, aber er zeigt sich der Tatsache gegenüber bewusst, dass sein Vorgehen ein ganz anderes gewesen wäre, wenn ihm Abbildungen zur Verfügung gestanden hätten. Dementsprechend musste er seine Besprechung der Denkmäler auf solche beschränken, „die ohne Kupfer anzudeuten und zu verstehen seyn" (*Anmerkungen über die Baukunst der alten Tempel zu Girgenti*, 1759). Damit ist im Grunde genommen ein Programm formuliert, das für die Zukunft Bedeutung erlangen sollte. Das Medium Bild wird nicht nur für wünschenswert, sondern für unerlässlich erklärt. Worte können es nicht ersetzen, wenngleich sich dieser Anspruch doch immer wieder formuliert findet. Ja, das Bild kann für sich stehen. Es transportiert die wesentlichen Elemente, die ein tiefergehendes Verstehen des wiedergegebenen Dings ermöglichen. Mit dieser Grundeinstellung tritt um die Mitte des 18. Jahrhunderts bereits die französische *Encyclopédie* vor das Publikum. Die Illustrationen in den Tafelbänden würden – wie es in der Einleitung heißt – den „descriptions obscures et vagues" zu Klarheit und Präzision verhelfen, vor allem dort, wo es um handwerkliche Tätigkeiten und technische Dinge geht. Und ein Blick auf die großformatigen Stiche demonstriert diesen Anspruch sofort. Bild = perfekte Beschreibung, in diese kurze Formel ließe sich der Sachverhalt gießen. Aber damit ist die Angelegenheit noch keineswegs erledigt. Denn das Bild klärt nicht nur, es verunklärt auch, regt dadurch paradoxerweise an, über Beschreibungen hinauszugehen, stimuliert die Imagination. Goethe drückte es in einem Brief an Heinrich Meyer vom September 1809 so aus: „Zur wahren Erkenntniß braucht man eigentlich blos Trümmern [...]. Diese guten, vortrefflichen, aber höchst beschädigten, diese schwachen ausgedruckten, diese ungeschickt aufgestochenen, copirten und in so manchem Sinne verzerrten und zerfetzten Blätter haben gerade meine kritische Fähigkeit aufgeregt [...]." Und vermutlich haben das auch die Zeitgenossen so gesehen. Denn es gab ja oft nur diese bescheidenen Illustrationen, welche die Dinge mehr ins Dunkel tauchten, als dass sie sie wirklich erhellt hätten. Außerdem griff die Entstehungszeit auch ikonographisch in das Abbild ein, modifizierte die Gegenstände der Wiedergaben nach eigenem Geschmack und suchte sie dadurch dem Verständnis des Publikums nahezubringen.

Von diesem Punkt aus könnte man sich eine Geschichte kunsthistorischer Illustration vorstellen, die – hinsichtlich der Beschreibung von Werken immer im Vorteil – stetig perfektioniert, unangefochten ihren Rang behauptet. Das ist zum Teil tatsächlich möglich, aber es würde doch nur einen kleinen Ausschnitt der Sache erfassen; außerdem wäre es eine sehr einseitige Geschichte. Interessant wird die Sache jedoch dadurch, dass wir es in dieser Geschichte keineswegs nur mit einem linearen Prozess zu tun haben, der auf Mimesis abzielt, sondern dass es ein Vorgang ist, in dem es ständig darum geht, eine Balance zu schaffen zwischen Aufgabe, Technik und Ästhetik. Wenn wir dies an Beispielen vor allem des 19. Jahrhunderts deutlich zu machen versuchen, dann soll damit zugleich auf die entscheidenden Weichenstellungen in der Geschichte der kunsthistorischen Reproduktion aufmerksam gemacht werden, die ihre Wirkung bis heute ausüben.

Abbildung 1: S. Boisserée, Geschichte und Beschreibung des Doms zu Köln, 1842, Frontispiz

Seit 1821 gibt der Kölner Kaufmannssohn und Privatgelehrte Sulpiz Boisserée seine großformatige, mit Kupferstichtafeln ausgestattete Monographie zum Kölner Dom heraus, die unter dem Titel *Ansichten, Risse und einzelne Theile des Doms von Köln, mit Ergänzungen nach dem Entwurf des Meisters, nebst Untersuchungen über die alte Kirchen-Baukunst und vergleichenden Tafeln der vorzüglichsten Denkmale* nicht nur zu ihrer Zeit mit großer Aufmerksamkeit wahrgenommen, sondern sogar Berühmtheit erlangen wird. Im Textband der zweiten Auflage *Geschichte und Beschreibung des Doms zu Köln* von 1842 findet sich als Frontispiz eine Ansicht der Kathedrale von Südosten (Abbildung 1).

Über Jahre hinweg hatte Boisserée an der Vorbereitung dieses Stichs und der anderen gearbeitet, selbst gemessen, entworfen und nach dem Auffin-

Abbildung 2: S. Boisserée, Geschichte und Beschreibung des Doms zu Köln, 1842, Tafel

den des Originalplans 1817 korrigiert. Die besten Zeichner, Stecher und Drucker wurden engagiert, um schließlich Resultate präsentieren zu können, die alles in den Schatten stellten, was bis dahin publiziert worden war. Die suggestive Veranschaulichung des imposanten Bauwerks, von den Zeitgenossen mit Goethe an der Spitze enthusiastisch gefeiert, lässt schnell vergessen, dass hier nicht etwa die genaue Aufnahme eines gotischen Bauwerks vorliegt, sondern diese in mehrfacher Hinsicht von der Vorlage, also der existierenden Architektur, abweicht. Am deutlichsten wird dies, wenn wir die aus Untersicht besonders monumental wirkende Kathedrale mit dem Zustand der Kirche in der Zeit um 1840 vergleichen, die zu weniger als zur Hälfte fertiggestellt war und genau so nur ein paar Seiten weiter im selben Buch auch erscheint (Abbildung 2). Boisserées erste Ansicht ist also eine Projektion, sowohl rückwärts wie vorwärts gewandt: Sie orientiert sich an mittelalterlichen Baurissen und stellt einen Zustand vor Augen, der irgendwann einmal zu realisieren wäre. Damit erweist sich das Bild als eine Idee vom Original, mit der argumentiert wird, die aufrütteln soll und nicht zuletzt auf die Vollendung dessen setzt, was noch unvollendet ist.

Das Blatt aus dem Werk über den Kölner Dom ist relativ leicht zu durchschauen. Darüber hinaus erstaunt es keineswegs. Denn wenn hier die

Illustration etwas abbildet, das bis zu dieser Zeit partiell nur auf Plänen, als Ganzes höchstens in Köpfen existierte, so gehört eine derartige Art der Visualisierung ja durchaus in das Gebiet der Architekturdarstellung: Dinge oder Phänomene zu zeigen, die nicht sichtbar sind, ist bekanntlich seit alters her ein wichtiges Instrument der Wiedergabe eines Baus. Jeder Grundriss oder Schnitt ist ja ein solch abstraktes Ding, das mit dem Verständnis für diese besondere Art der Reproduktion gelesen werden muss. Schauen wir in architekturgeschichtliche oder -theoretische Werke seit dem 16. Jahrhundert, in Cesarianos Vitruvausgabe von 1521, in Murphies Monographie über die Kirche zu Batalha von 1795 oder in das große, zehnbändige Lexikon des französischen Architekten und Denkmalpflegers Eugène Emmanuel Viollet-le-Duc, das unter dem Titel *Dictionnaire raisonné de l'architecture française* seit 1854 erscheint: Ständig begegnen wir derartigen An- und Einsichten, fragmentierten Bauteilen, zerrissenen Partien, ungewöhnlichen Perspektiven, welche die dem menschlichen Auge sichtbare Realität überschreiten, die wir aber dankbar zur Kenntnis nehmen und zu entziffern gelernt haben, weil uns mit ihrer Hilfe Funktionsweisen und Strukturen der Denkmäler besser verständlich werden als durch jede noch so genaue beschreibende Darstellung. Daneben stehen Visionen, nicht nur wie in Köln eng an eine ehemals existierende Planung angelehnt, sondern selbst eine Planung rekonstruierend und in phantastischer Weise ausführend.

Visuelle Evokationen dieser Art können also nicht als passives Abbild gelten, vielmehr enthalten sie Elemente einer bewusst konzipierten Optik, die durch den Verfertiger eigenverantwortlich oder nach Anweisung eingefügt wurde. Das gilt keineswegs nur im Bereich der Architektur, sondern ebenso für Wiedergaben von Malerei und Skulptur. Im Hinblick auf die intendierten Aufgaben solcher Bilder haben sich früh schon Konventionen und Darstellungsmethoden entwickelt, die das „Original" auf eine bestimmte Sicht hin festlegen, indem sie dessen Kontextbedingungen und -bindungen und damit seine Semantik und Aussagefähigkeit verändern. Fünf Punkte, die für reproduzierende Abbildungen bis auf den heutigen Tag wichtig sind, seien in diesem Zusammenhang kurz genannt:

1. Ganzes und Teile
   Selbstverständlich ist eine Entscheidung darüber vonnöten, wie vollständig ein Werk abgebildet werden soll, ob es überhaupt möglich ist, dieses Werk als Ganzes zu präsentieren, oder ob man nicht besser einen Ausschnitt wählt und, wenn ja, welchen. Die Frage stellt sich für ein komplexes architektonisches Denkmal prinzipiell anders als für eine Miniatur. Versuche, Ganzheit in abgekürzter Form zu zeigen, wie es zahlreiche Bil-

der von Bauten, aber zum Beispiel auch schon der Titel von Boisserées Domwerk *Ansichten, Risse und einzelne, Theile* [...] demonstrieren, stehen neben bewusster Fragmentierung dort, wo es aus Platzgründen eigentlich nicht nötig gewesen wäre. Das Herauspräparieren eines Details, eine möglicherweise bis zur Unkenntlichmachung von Gesamtorganismen gehende Nahsicht markieren spezifische Interessen. Alles dies macht bewusst, dass es hier um mehr geht als nur um die untergeordnete Wahl eines Bildtypus, dass sich vielmehr mit dieser Wahl eine dezidierte Aussage verbindet.

2. Zusammenstellung/Vergleich
In den Illustrationen eines Buchs oder in den Lieferungen einer umfangreicheren Publikation treffen Bilder aufeinander, die möglicherweise zeitlich und örtlich weit voneinander entfernte „Originale" wiedergeben. Die Kombination und Konfrontation von Werken unterschiedlicher Zeit und unterschiedlicher Herkunft übertrifft die in der Natur zu erlebende Realität. Sie kann Vergleiche ermöglichen und/oder Geschichte auf einen Blick anschaulich machen und wird mit diesen Absichten gezielt eingesetzt. Die Bildgattung der im 18./19. Jahrhundert beliebten sog. „Parallèles", Zusammenstellungen von Artefakten auf einem Blatt, zeigt, worum es geht: historisch Komplexes so zu verdichten, dass daraus eine aussagekräftige Visualisierung wird: prozesshaft verlaufende Geschichte, Entwicklung, Kanon.

3. Layout/Organisierbarkeit
Wie verteilt man Kunstwerke auf einem Blatt? Wie organisiert man die Sammlung diverser Ansichten, dass daraus eine sinnvolle Botschaft eventuell mit didaktischem Anspruch entsteht? Wählt man ein Layout, das die Seite regelmäßig gliedert, sie also zu einer Art Schmuckseite macht (Abbildung 3), oder orientiert man sich allein an wissenschaftlichen Kriterien, die ein Layout unabhängig von der Beschaffenheit der „Originale" vorzieht? Beide Möglichkeiten eröffnen eine Fülle von Lesemöglichkeiten für den Betrachter und prägen daher sein Erleben der Werke.

4. Hervorhebung/Betonung/Auslassung/Größenverhältnisse
Besteht demnach große Freiheit, ein „Original" durch Platzierung auf einer Buchseite in Szene zu setzen, so bezieht sich das ebenfalls auf die Proportionierung dieses „Originals" im Bild. Hier sind überaus variable Einstellungen möglich, welche die Erscheinung der Werke im Hinblick auf bestimmte Qualitäten zum Teil erheblich verändern.

5. Materialität/Farbe/Technik

Abbildungen sind Abstraktionen allein schon bezüglich ihrer Materialität. Außer vielleicht bei der Wiedergabe von Graphik, ist der Werkstoff des „Originals" in der Abbildung nicht direkt präsent. Das gleiche gilt aber häufig auch für die Farbigkeit, die entweder gar nicht reproduziert wird oder nur in eingeschränkter Form wiedergegeben werden kann. Experimente zum Farbendruck seit dem 17. Jahrhundert belegen ein gestiegenes Bewusstsein für die Notwendigkeit, den koloristischen Aspekt eines Werks in die Reproduktion zu übertragen. Schließlich zeigte sich die Abweichung vom „Original" auch in der angewandten Technik: Strichzeichnung oder Modellierung mit Hilfe von Licht und Schatten, die für Abstraktion und Suggestion von perfekter Wiedergabe stehen mochten, bringen jedoch erneut den Abstand zwischen dem Objekt und dessen bildlicher Darstellung zum Ausdruck.

Angesichts der hier kurz besprochenen Punkte erscheinen die Vorwürfe nachvollziehbar, die man im Laufe des 19. Jahrhunderts gegen graphische Reproduktionen erhebt. Denn in diese Reproduktionen hatten deren Verfertiger mehr oder minder intensiv ihre Vorstellungen vom Objekt eingetragen und dieses Objekt damit verändert. Es ging bei der Kritik allerdings weniger um die Frage, ob es erlaubt sei, eine bestimmte Strichführung zu wählen oder eine bestimmte Technik einzusetzen. Was die handwerkliche Realisierung von Reproduktionen anbetraf, so hatten zahlreiche künstlerisch ambitionierte Versuche schon seit dem 17. Jahrhundert immer wieder Aufsehen erregt und Maßstäbe setzen können. Jetzt ging es vielmehr um Genauigkeit und Objektivität. Und an denen schien es trotz ausgefeilter technischer Mittel oftmals doch erheblich zu mangeln. Was Goethe noch in positivem Licht sehen mochte, „die ungeschickt aufgestochenen [...], verzerrten und zerfetzten Blätter", konnte spätestens seit den 1830er Jahren keinerlei Begeisterung mehr auslösen. Denn mit der Ausbildung historisch-kritischen Vorgehens in der Wissenschaft war eine Illustration gefragt, die ebenso wie ein geschriebener Text den Betrachter von den stilistischen Besonderheiten der Werke überzeugen und Unterschiede in deren Machart belegen, also letztlich auf eigene kunsttheoretische und ästhetische Ansprüche Verzicht leisten sollte, um sich ganz in den Dienst der Sache zu stellen.

Der neue Blick auf die Abbildungen passte auch deshalb in die Zeit, weil man sich durch intensive Studien mittlerweile in die Lage versetzt sah, Vergleiche anzustellen. Das heißt, die historisch-kritische Analyse beschränkte sich nicht mehr nur auf die „Originale", sondern erstreckte sich auch auf die aus diesen entwickelten Reproduktionen. Stellte man aber derartige Vergleiche an, dann wurden seit dem Beginn des 19. Jahrhunderts nicht allein die mimetischen Qualitäten von Bildern, sondern zunehmend auch deren unterschiedliche Herstellungsmethoden und ihre Wirkung in die Wertung mit einbezogen. Vor allen Dingen zwei Neuerungen forderten zur Auseinandersetzung und zum Vergleich mit dem Kupferstich heraus, die Lithographie und die Fotografie. Beide schienen der alten Verfahrensweise gegenüber von unbestreitbarem Vorteil. Zum einen waren sie erheblich schneller herzustellen, zum anderen schien man mit ihnen sehr viel sensibler auf die Vorlagen reagieren zu können.

Seit der Erfindung des Steindrucks durch Alois Senefelder 1799 erlebte die Lithographie einen Siegeszug sondergleichen. Dies wird verständlich, wenn man sich klar macht, dass mit dieser Technik vieles erreicht werden konnte, was vorher nur mit Mühen und unter großem Zeitaufwand zu bewerkstelligen gewesen war. So wird zum Beispiel jetzt der Mehrfarbendruck zur Serienreife gebracht. Im Laufe des 19. Jahrhunderts entsteht eine wachsende Zahl von Chromolithographien, hervorragend gedruckte Blätter, die eine bis dahin nicht gekannte Farbigkeit präsentierten. Wollte man hingegen Kupferstiche kolorieren, musste man dafür im Normalfall auf das alte manuelle Verfahren zurückgreifen.

Aber nicht nur Farbe trat mit der Lithographie als perfekt zu realisierende Möglichkeit ins Blickfeld. Entscheidender noch für die Vorteile gegenüber dem alten Druckmedium war die Geschwindigkeit: Das Zeichnen auf den Stein setzte der ausführenden Hand sehr viel weniger Widerstand entgegen als das Führen des Grabstichels. Zudem lässt sich ein lithographiertes Blatt in wesentlich höherer Auflage drucken als ein gestochenes Bild. Und schließlich gab es ungeahnte Möglichkeiten, auch der Faktur eines „Originals" nahezukommen. Mit Kreidelithographien etwa waren Gemälde in einer Weise zu „kopieren", die leicht die Tatsache vergessen ließ, dass hier eine Übersetzung vorlag.

Was angesichts des derart rasanten technischen und kommerziellen Fortschritts oft völlig falsch eingeschätzt wurde, war die wissenschaftliche Relevanz der neuen Reproduktionsmethode. Geschwindigkeit und die Möglichkeit, große Auflagen zu drucken, bedeuteten ja noch keineswegs auch eine für die Forschung verwertbare Qualität. Und tatsächlich setzt im frühen 19. Jahrhundert eine Diskussion darüber ein, ob die neue Lithographie den alten Techniken gegenüber nicht im Nachteil sei: Geschwindigkeit konnte ja auch Oberflächlichkeit indizieren, die Möglichkeit zu weiter Verbreitung zudem auf eine allzu nachgiebige Haltung dem Publikumsgeschmack gegenüber hindeuten.

Was für die Lithographie galt – ihre Vorteile als rasch herzustellendes und schnell zu verbreitendes Medium der Dokumentation –, schien in noch höherem Maße für die Fotografie zuzutreffen. Mit der Bekanntgabe des neuen Abbildverfahrens und dem Ankauf des Patents durch den französischen Staat 1839 war eine Technik auf dem Markt, die alle bis dahin existierenden Reproduktionsmethoden qualitativ in den Schatten stellte. Denn hier geschah ja etwas Ungeheures: Nicht mehr der Mensch mit seinen bestechlichen Augen und seinen mehr oder minder gut ausgeprägten handwerklichen Fähigkeiten, Gesehenes zu fixieren, war am Werk. Vielmehr war es die Natur selbst, die sich abbildete, indem eine chemisch vorbereitete Glasplatte, durch Sonne belichtet, das Abbild eines Gegenstandes quasi automatisch hervorbrachte. „The Pencil of Nature" nannte deshalb William Henry Fox Talbot die von ihm weiterentwickelte Technik fotografischer Aufnahmen. Damit war Autorität behauptet, denn was die Natur abbildete, war sakrosankt und hatte keinerlei Widerspruch hinsichtlich seiner mimetischen Qualität zu befürchten. Präzision und Detailgenauigkeit aber, wie sie hier auftraten, waren in unbeschreiblich kurzer Zeit zu erreichen. Auch darin schien die Fotografie unschlagbar, verglichen mit den bis dahin üblichen Wiedergabeverfahren.

Doch ähnlich, wie es sich schon bei den älteren Abbildungstechniken verhielt, so ist es auch hier. Fotografie lässt sich nicht einfach in eine lineare Geschichte pressen und zum Endpunkt teleologischer Entwicklung machen. Denn schließlich geht es bei dieser Technik ebenfalls nicht allein um eine sich perfektionierende Methode genauen Abbildens, vielmehr sind auch hier Prädispositionen im Spiel, die individuell geregelt werden können und müssen. Selbst die vermeintlich objektive und unbestechliche Fotografie – diese Einsicht setzt sich im Laufe des 19. Jahrhunderts relativ schnell durch – ist nicht das Dokumentationsmedium *par excellence*, das alle Kritik, die man den graphischen Techniken gegenüber erheben konnte, mit einem Schlag zum Verstummen brachte. Zunächst einmal war man ja auf die alten Techniken nach wie vor angewiesen. Ein Abdruck in höherer Stückzahl war vorerst nur möglich, wenn man fotografische Aufnahmen in Holz oder Kupfer stach bzw. lithographisch umsetzte. Diese Reproduktionen zeigten sich zwar oftmals kontrastreicher als die Vorlage, brachten allerdings wieder die Subjektivität des Handwerkers in die Bilder hinein, verwässerten also ursprünglich Qualität.

Die seit etwa 1850 oft in Büchern anzutreffende Kombination diverser Aufnahmetechniken mochte vor Augen führen, dass es keineswegs einen Methodendarwinismus auf dem Gebiet der Abbildungsverfahren gab, dass sich vielmehr bestimmte Arten der Visualisierung für bestimmte Zwecke besonders eigneten und daher immer eine große Breite der Verfahren wünschenswert erschien. Gerade wenn es um Architektur ging, aber zum Beispiel auch auf dem Gebiet der Medizin oder dem der Naturwissenschaft war Fotografie keineswegs *a priori* im Vorteil. Maßstabsgerechte Aufnahmen, idealtypische Ansichten, Detailperspektiven usw. ließen sich zum Beispiel weit besser in Zeichnungen und danach angefertigten Graphiken darstellen. Hinzu kam ein zweites. Auch Fotografie ist nicht gleich Fotografie. Denn das vermeintlich objektive, weil angeblich automatisch hergestellte Abbild ist wie seine Vorgänger ebenfalls weitgehend vom Sehen und von der Einstellung des Herstellers, also des Fotografen bestimmt.

Niemand Geringeres als der an der staatlich geförderten *mission héliographique* beteiligte Fotograf Charles Nègre wird dies schon in den 1850er Jahren unter anderem durch zwei Aufnahmen von Skulpturenfragmenten der Kathedrale in Chartres bestätigen (Abbildung 4). Sie sind alles: Effektvoll, malerisch, poetisch mag man sie nennen. Nur eines sind sie nicht: „wahr" im Sinne von objektiv. Denn die Ensembles, die Nègre uns vor Augen stellt und die einen ikonographischen Kontext vermuten lassen, waren erstens so an der ganzen Kathedrale nicht zu finden (die Teile gehören nämlich nicht zusammen, wie es suggeriert wird), und zweitens handelt es sich nicht um Originale, sondern um Abgüsse von Partien unverletzter Figuren. Der sicherlich für die Wirkung mitverantwortliche, auf hohes Alter und Zerstörung hinweisende Fragmentcharakter der Objekte im Bild entspricht nicht den Tatsachen, ist vielmehr inszeniert.

Dass ausgerechnet Fotografie „lügen" oder wenigstens die Realität modellieren kann, ist im digitalen Zeitalter vor dem Hintergrund von Erfahrungen mit Änderungsmöglichkeiten und Manipulationen an Bildern nichts, was besonders erstaunt. Das auf der Suche nach dem perfekten Abbildungsmedium euphorische 19. Jahrhundert musste eine derartige Einsicht allerdings stark verunsichern. Die daraus resultierende Folgerung: Auch Fotografien sind in erster Linie Kunstwerke und unterliegen deshalb den Kriterien, welche für Gemälde oder Skulpturen gelten. Subjektivität ist auch im dokumentierenden Bild vorhanden, mindert aber in keiner Weise dessen Wert, auch wenn es um eine „objektive" Wiedergabe der Dinge geht. Anders gesagt: Unbestechlichkeit – was immer das sein mochte – war ein Phantom; die Täuschung der Sinne vermittels idealer Perspektiven oder eigenverantwortlich gesuchter Auswahl mochte tiefere und wertvollere Einsichten bescheren als sog. „objektive" Ansichten.

Damit allerdings scheinen sichere Kriterien der Wertung außer Kraft gesetzt; „Wahrheit" und „Täuschung" oder – weniger hoch gegriffen – äußere

Abbildung 3: A. C. P. de Caylus, Recueil d'antiquités, 1752–67, Bd. 4, Tafel 96

Abbildung 4: Ch. Négre, Abgussfragmente von Skulpturen am Südquerhaus der Kathedrale von Chartres, 1853/57

Genauigkeit und deren Vernachlässigung zugunsten anderer Informationen sind nicht mehr sauber voneinander zu trennen, schon gar nicht eindeutig mehr zu erkennen. Und mit der im 19. Jahrhundert aufgrund industrieller Fertigung auch von dokumentierenden Bildern wachsenden Flut der Visualisierungen werden die Kriterien unschärfer denn je. In dieser Situation stellt sich mehr und mehr heraus, dass mit klar definierten Trennlinien nicht viel gewonnen ist. Nègres Bilder waren ja beides: Penible Beschreibung und Inszenierung, genaue Wiedergabe und Phantasie. Aus solcher Erkenntnis wächst die Gewissheit, dass die Deutung von Bildern selbst im Zeitalter ihrer Massenherstellung und digitalen Speicherung eine wichtige Aufgabe bleibt, ja neue Aktualität gewinnt. Dass aber absolute Mimesis eine Fiktion ist, lässt sich im Grunde leicht durchschauen. Immer dann, wenn wir vor ein Kunstwerk treten und enttäuscht darüber sind, dass dieses Werk unscheinbarer, weniger farbig, weniger ansprechend wirkt, als wir es von Abbildungen her kennen, dann mögen wir eine Vorstellung davon gewinnen, wie Reproduktionen hinters Licht führen und blenden. Wer übrigens des Italienischen mächtig ist, ahnte es ja schon längst: der Übersetzer und der Betrüger, der *traduttore* und der *traditore,* wohnen nur zwei Buchstaben voneinander entfernt.

Literatur

Stephen Bann, Der Reproduktionsstich als Übersetzung, in: Der Pantheos auf magischen Gemmen (Vorträge aus dem Warburg-Haus, 6), Berlin 2002, S. 42–76.
Bilderlust und Lesefrüchte. Das illustrierte Kunstbuch von 1750 bis 1920. Hrsg. von Katharina Krause, Klaus Niehr u. Eva-Maria Hanebutt-Benz, Leipzig 2005.
Françoise Boudon, Le regard du XIXe siècle sur le XVIe siècle français: ce qu'ont vu les revues d'architecture, in: Revue de l'art 89, 1990, S. 39–56.
Olaf Breidbach, Bilder des Wissens. Zur Kulturgeschichte der wissenschaftlichen Wahrnehmung, München 2005.
Horst Bredekamp u. Franziska Brons, Fotografie als Medium der Wissenschaft. Kunstgeschichte, Biologie und das Elend der Illustration, in: Iconic Turn. Die neue Macht der Bilder. Hrsg. von Hubert Burda u. Christa Maar, Köln 2004, S. 365–381.
Jonathan Crary, Techniques of the observer. On vision and modernity in the nineteenth century, Cambridge/Mass. 1991.
Lorraine Daston, Objectivity versus Truth, in: Wissenschaft als kulturelle Praxis 1750–1900. Hrsg. von Hans-Erich Bödeker, Peter Hanns Reill u. Jürgen Schlumbohm (Veröffentlichungen des Max-Planck-Instituts für Geschichte, Bd. 154), Göttingen 1999, S. 17–32.
Georges Didi-Huberman, Ressemblance mythifiée et ressemblance oubliée chez Vasari: La legende du portrait „sur le vif", in: Mélanges de l'École française de Rome – Italie et Méditerranée 106,2, 1994, S. 383–432.

Druckgraphik. Zwischen Reproduktion und Invention. Hrsg. von Markus A. Castor, Jasper Kettner, Christien Melzer u. Claudia Schnitzer (Passagen, Bd. 31), Berlin – München 2010.

Trevor Fawcett, Graphic versus Photography in the Nineteenth-Century Reproduction, in: Art History 9, 1986, S. 185–211.

Wolfgang M. Freitag, La servante et la séductrice. Histoire de la photographie et histoire de l'art, in: Histoire de l'histoire de l'art, Bd. 2: XVIIIe et XIXe siècles. Hrsg. von Édouard Pommier, Paris 1997, S. 257–291.

Gestochen scharf. Die Kunst zu reproduzieren. Hrsg. von Dirk Blübaum u. Stephan Brakensiek, Heidelberg 2007.

Werner Hupka, Wort und Bild. Illustrationen in Wörterbüchern und Enzyklopädien (Lexicographica. Series maior, 22), Tübingen 1989.

Valentin Kockel, Die antiken Denkmäler und ihre Abbildungen in der ‚Encyclopédie' Diderots, in: Wissenssicherung, Wissensordnung und Wissensverarbeitung. Das europäische Modell der Enzyklopädien. Hrsg. von Theo Stammen u. Wolfgang E. J. Weber (Colloquia Augustana, Bd. 18), Berlin 2004, S. 339–370.

Kunstwerk – Abbild – Buch. Das illustrierte Kunstbuch von 1730 bis 1930. Hrsg. von Katharina Krause u. Klaus Niehr, München – Berlin 2007.

Otto M. Lilien, Jacob Christoph Le Blon 1667–1741. Inventor of three- and four-colour printing (Bibliothek des Buchwesens, Bd. 9), Stuttgart 1985.

Klaus Niehr, Gotikbilder – Gotiktheorien. Studien zur Wahrnehmung und Erforschung mittelalterlicher Architektur in Deutschland zwischen ca. 1750 und 1850, Berlin 1999.

Klaus Niehr, Dem Blick aussetzen. Das exponierte Kunstwerk, in: Visualisierung und Imagination. Mittelalterliche Artefakte in bildlichen Darstellungen der Neuzeit und Moderne, 1. Teilband. Hrsg. von Bernd Carqué, Daniela Mondini u. Matthias Noell (Göttinger Gespräche zur Geschichtswissenschaft, Bd. 25), Göttingen 2006, S. 51–102.

Ordnungen der Sichtbarkeit. Fotografie in Wissenschaft, Kunst und Technologie. Hrsg. von Peter Geimer, Frankfurt/Main 2002.

Ingeborg Reichle. Kunst – Bild – Wissenschaft. Überlegungen zu einer visuellen Epistemologie der Kunstgeschichte, in: Verwandte Bilder. Die Fragen der Bildwissenschaft. Hrsg. von Ingeborg Reichle u. a., Berlin 2007, S. 169–189.

Hillel Schwartz, The Culture of the Copy, New York 1996.

Nathalie Soulier, Die Verwendung der Lithographie in wissenschaftlichen Werken zu Beginn des 19. Jahrhunderts, in: Gutenberg-Jahrbuch 72, 1997, S. 154–182.

Vergleichendes Sehen. Hrsg. von Lena Bader, Martin Gaier u. Falk Wolf, München 2010.

Julia Voss, Darwins Bilder. Ansichten der Evolutionstheorie 1837–1874, Frankfurt/Main 2007.

Die Forschungsvorhaben der Akademie

Bei Namensangaben ohne nachstehende Ortsbezeichnung handelt es sich um Akademiemitglieder. (Für die regelmäßige Begutachtung der Vorhaben ist seit 2000 die Union der deutschen Akademien der Wissenschaften zuständig.)

I. Akademievorhaben

Carmina medii aevi posterioris Latina
Vorsitzender: Schmidt †
Rädle, Schindel

Die Funktion des Gesetzes in Geschichte und Gegenwart
Vorsitzende: Schumann
Alexy, Behrends, Diederichsen, Dreier, Fleischer (Bonn), Henckel, Link, Sellert, Starck, Zimmermann

Kontaktadresse: Institut für Rechtsgeschichte, Rechtsphilosophie und Rechtsvergleichung, Abt. für Deutsche Rechtsgeschichte, Weender Landstraße 2, 37073 Göttingen, Tel.: 0551-39-7444, Fax: 0551-39-13776, e.schumann@jura.uni-goettingen.de (Prof. Dr. Schumann)

Arbeitsbericht: Die 1984 von den juristischen Akademiemitgliedern gegründete Kommission sieht ihre Aufgabe darin, die Funktion des Gesetzes mit einem vom modernen Problembewusstsein genährten Erkenntnisinteresse nach allen Seiten unter rechtshistorischen, rechtsphilosophischen und rechtsdogmatischen Aspekten zu bearbeiten. Auf den bisher fünfzehn Symposien haben sich drei Themenkomplexe herauskristallisiert: (1) Gesetzgebungslehre: Wie hat der Gesetzgeber gearbeitet?; (2) Recht und Gesetz: Wie hat der Gesetzgeber sich mit den ihm vorgegebenen Normen auseinandergesetzt?; (3) Steuerung durch Gesetz: Was hat der Gesetzgeber gewollt und hat er es erreicht?

Im Oktober 2010 ist als Band 9 der Abhandlungen (Neue Folge) der Tagungsband zum 15. Symposion der Kommission mit dem Titel „Das strafende Gesetz im sozialen Rechtsstaat" (hrsg. von Eva Schumann) erschienen. Neben der Fertigstellung dieses Tagungsbandes stand im Zentrum der Kommissionsarbeit 2010 die Vorbereitung des 16. Symposions zum Thema „Das erziehende Gesetz", das am 20./21. Januar 2011 mit folgendem Programm stattfinden wird:

- Thomas Simon (Wien): Der Erziehungsgedanke in den frühneuzeitlichen Polizeiordnungen
- Friedrich-Christian Schroeder (Regensburg): Der Erziehungsgedanke im Recht der sozialistischen Staaten
- Christiane Wendehorst (Wien): Regulationsprivatrecht – Verhaltenssteuerung durch Privatrecht am Beispiel des europäischen Verbrauchervertragsrechts
- Matthias Jestaedt (Erlangen): Legaledukation – Erzieherische Intentionen des Gesetzes im Kinderschutzrecht
- Stefan Huster (Bochum): Grundfragen staatlicher Erziehungsambitionen

Die Ergebnisse der Tagung sollen 2011 der Akademie vorgelegt werden; das Erscheinen des Tagungsbandes ist für 2012 geplant.

E. Schumann

Die Natur der Information
Vorsitzender: Schaback
Bachmann, Elsner, Fritz, Lehfeldt, Lieb, Lüer, Schaback, Schönhammer, Webelhuth

Kontaktadresse: Institut für Numerische und Angewandte Mathematik, Lotzestraße 16–18, 37083 Göttingen, Tel.: 0551-39-4501, Fax: 0551-39-3944, schaback@math.uni-goettingen.de (Prof. Dr. Schaback)

Arbeitsbericht: Die Kommission analysiert Wesen und Bedeutung des Informationsbegriffs in verschiedenen Fachdisziplinen wie Linguistik, Kognitionspsychologie, Neurobiologie, Molekularbiologie, Informatik und Physik. Ein wesentliches Ziel des Vorhabens ist es, Gemeinsamkeiten und Unterschiede im Gebrauch des Begriffs herauszuarbeiten und für die verschiedenen Teilbereiche heuristisch nutzbar zu machen. Ferner wird von dieser Untersuchung eine Annäherung an ein kohärentes Gesamtbild von der Natur der Information erhofft. Auf den Versuch, eine allgemeingültige Definition des Begriffs an den Anfang der Arbeit zu stellen, wurde bewußt verzichtet.

Derzeit verfolgte Themenschwerpunkte sind
- Strukturen und Komplexität natürlicher und technischer Sprachen – einschließlich der zugehörigen Verarbeitungssysteme
- Kognition als Informationsverarbeitung
- Mechanismen der de novo-Generierung von Information

Internet-Auftritt: Die Kommission unterhält unter dem URL http://www.num.math.uni-goettingen.de/schaback/info/inf/index.html eine Website (Federführung: R. Schaback) mit dem jeweils aktuellen Vortragsprogramm und einer Zusammenstellung der bisherigen Aktivitäten. Außerdem sind dort Zusammenfassungen und Illustrationen zu Vorträgen sowie in Arbeit befindliche und abgeschlossene Manuskripte einzusehen.

Im Berichtszeitraum hat sich die Kommission siebenmal getroffen:

29.01.2010: 42. Treffen
Vortrag Hans-Joachim Fritz: Biochemie der Unterdrückung von Rauschen bei der Weitergabe genetischer Information

16.04.2010: 43. Treffen
Vortrag Gerhard Spindler: Die rechtliche Behandlung von Informationen (Schutz (Urheberrecht, Patentrecht) und Haftung)

28.05.2010: 44. Treffen
Vortrag Bert Hölldobler (Universität Würzburg und Arizona State Univ.): Der Superorganismus der Ameisen: Zivilisation durch Instinkt

11.06.2010: 45. Treffen
Vortrag Konrad Cramer: Eine Kritik des Naturalismus

25.06.2010: 46. Treffen
Programmdiskussion

09.07.2010: 47. Treffen
Vortrag Pier Luigi Luisi (Department of Biology, University Roma 3): From the origin of life to cognition

10.12. 2010 48. Treffen
Vortrag Andreas Dress (Universität Bielefeld): Manfred Eigens Informationsraum und die Theorie der phylogenetischen Netze

Die sechs Vortragstreffen wurden von durchschnittlich etwa 10 Personen besucht.

R. Schaback

Erforschung der Kultur des Spätmittelalters
Vorsitzender: Rexroth
Bleumer (Göttingen), Dilcher (Frankfurt), Friedrich (Göttingen), Grenzmann (Göttingen), Grubmüller, Günther (Göttingen), Guthmüller (Marburg), Hamm (Erlangen), Hasebrink (Freiburg/Brg.), Haussherr (Berlin), Haye (Göttingen), Heidrich, Henkel, Imbach, Kaufmann, Kellner (Dresden), Leinsle (Regensburg), Michalski, Moeller, Müller-Oberhäuser (Münster), Noll (Göttingen), Petke (Göttingen), Rädle, Reichert (Stuttgart), Schiewer (Freiburg), Schumann, Sellert, Stackmann, Trachsler (Göttingen), Weltecke (Konstanz), Worstbrock

Kontaktadresse: Seminar für Mittlere und Neuere Geschichte, Platz der Göttinger Sieben 5, 37073 Göttingen, Tel.: 0551-39-4639, Fax: 0551-39-4632, frexrot@gwdg.de (Prof. Dr. Rexroth)
http://www.uni-goettingen.de/de/69960.html

Arbeitsbericht: Die Kommission zur Erforschung der Kultur des Spätmittelalters hat am 18. 11. 2010 eine reguläre Geschäftssitzung durchgeführt und die Planung der mit der Tagung 2010 beginnenden Tagungsperiode zu „Geschichtsentwürfen und Identitätsbildung im Übergang vom Mittelalter zur Neuzeit" mit der Benennung weiterer Referenten fortgesetzt. Die Publikation des zweiten Teilbandes mit den Ergebnissen des letzten Tagungszyklus hat sich zwar weiter verzögert, soll aber nun entschieden vorangetrieben und möglichst bald realisiert werden. Künftig sollen stets die Beiträge von jeweils zwei Tagungen in einem Band versammelt werden, um unnötige Wartezeiten für die Autoren zu vermeiden.

Der aktuelle Tagungszyklus wurde im Anschluss an die Kommissionssitzung durch eine zweitägige Tagung zu „Präsentationsformen des Vergangenen" eingeleitet, die einen allgemeinen Rahmen für die kommenden Tagungen schuf. Dabei wurden folgende Vorträge gehalten:

M. Völkel (Rostock): Paradigmen der Geschichtsschreibung im Übergang vom Mittelalter zur Frühen Neuzeit.

M. Pohlig (Münster): Reform und Endzeit. Identitätsstiftung und Geschichtsdeutung im 15. und im 16. Jahrhundert.

A. Schirrmeister (Berlin): Gegenwärtige Vergangenheiten. Historiographisches Publizieren im 16. Jahrhundert.

T. Noll: Ordnungsmodelle in der Kunstgeschichte; H. Bleumer: Alexanders Welt. Bild, Geschichte und Narration zwischen Historia und Roman.

H. Manuwald (Freiburg): Mediale Inszenierungen von Geschichtsmodellen in den „Codices picturati des Sachsenspiegels".

E. Keßler (München): Der Historiker als „artifex".

Am 17. und am 18.11.2011 wird die zweite Tagung des Zyklus unter dem Titel „Vergangenheitsentwürfe und die Konstruktion von personalen Identitäten" stattfinden.

F. Rexroth

Imperium und Barbaricum: Römische Expansion und Präsenz im rechtsrheinischen Germanien und die Ausgrabungen von Kalkriese
Vorsitzender: G. A. Lehmann
M. Bergmann, Bergemann (Göttingen), Döpp, Grote (Göttingen), Haßmann (Hannover), Moosbauer (Osnabrück), R. Müller (Göttingen), Nesselrath, Schindel, Schlüter (Osnabrück), Steuer, von Schnurbein (Frankfurt a. M.), Wiegels (Osnabrück)

Kontaktadresse: Philosophische Fakultät, Althistorisches Seminar, Humboldtallee 21, 37073 Göttingen, Tel.: 0551-39-4965, Fax: 0551-39-4671, glehman1@gwdg.de (Prof. Dr. Gustav-Adolf Lehmann)

Arbeitsbericht: Die Kommission hat sich am 21. 4. 2010 in Göttingen zu einer Arbeitssitzung getroffen und über die mittel- und langfristigen Perspektiven ihrer Tätigkeit beraten, wobei der Fokus der gemeinsamen Arbeit nach wie vor auf der frühen und der hohen Kaiserzeit, vornehmlich im nordwestdeutschen Raum, liegen soll, jedenfalls aber vor der germanischen Völkerwanderungszeit. Angesichts neuer bedeutender Entdeckungen und archäologischer Befunde in Nord- und in Mittelhessen, die in den genannten Zeitraum fallen, will sich die Kommission verstärkt um eine engere regional-historische Zusammenarbeit mit der Landesarchäologie in Hessen bemühen, wobei aber die bewährte Verbindung mit der althistorisch-archäologischen Forschung in Osnabrück und den Ausgräbern in Kalkriese uneingeschränkt bestehen bleiben soll. Die Arbeiten an der Drucklegung des Tagungsbands zu dem im September 2009 in Osnabrück veranstalteten internationalen Kongress „Rom – Imperium zwischen Widerstand und Integration. Fines imperii – Imperium sine fine?" kommen an Ort und Stelle gut voran; eine Publikation in den Abhandlungen der Phil.-Hist. Klasse ist jedoch nicht vorgesehen.

Als Arbeitsprojekte für die nächsten Jahre wurden von der Kommission vereinbart:

1. Die Mitwirkung der Kommission an einem Kolloquium (2012 in Göttingen) über das römische Lagersystem in Hedemünden und die zugehörigen Befunde im Kaufunger Wald und im südlichen Leinetal. Im Mittelpunkt dieser Veranstaltung soll die Vorlage eines umfassenden Grabungsberichts durch den verantwortlichen Ausgräber, Herrn Klaus Grote (Mitglied der Akademie-Kommission), stehen. Die Kommission wird sich im Hinblick auf diese Veranstaltung auch mit der Leitung des Landkreises Göttingen in Verbindung setzen.

2. Die Kommission wird sich – in enger Verbindung mit dem Fortgang der Grabungen und Prospektionen auf der Harzhorn-Höhe bei Kalefeld (Kr. Northeim) – an einem umfassenden Kolloquium über die archäologischen Befunde und Quellenzeugnisse zur Entwicklung in der Germania Magna im 3. Jh. n. Chr. (und zur römischen Grenzpolitik in dieser Zeit) beteiligen und dieses vorbereiten (in Göttingen). Hier werden sicherlich die Funde und Befunde auf dem Kampfplatz Harzhorn-Höhe / Kalefeld im Mittelpunkt stehen.

Mehrere Mitglieder der Kommission, darunter auch der Vorsitzende, haben im Juni 2010 an einer Besprechung im Deutschen Archäologischen Institut (DAI) in Berlin teilgenommen, in der auf Initiative des (damaligen) Präsidenten des DAI, Herrn Gehrkes, Möglichkeiten und Umrisse eines größeren, den gesamten deutschen Raum einbeziehenden Projektes zur germanisch-römischen Begegnung in der frühen römischen Kaiserzeit – im Zusammenwirken von DAI und DFG – erörtert wurden. Leider haben sich jedoch, nach dem überraschenden Wechsel im Präsidium des DAI, die Chancen für den Erfolg eines solchen übergreifenden DFG-Großprojektes wesentlich verringert.

Am 25.8.2010 wurde bei Kalefeld in Anwesenheit von Frau Ministerin Wanka (Hannover) eine Pressekonferenz zu den neuen Funden am Harzhorn (mit Begehung der Grabungs- und Forschungsstätten) durchgeführt; die Leitung der sehr erfolgreichen Veranstaltung lag in den Händen der Kommissionsmitglieder Haßmann und Moosbauer.

Auf Antrag der Kommission hat die Phil.-Hist. Klasse der Göttiner Akademie Herrn Michael Meyer (FU Berlin), den Leiter der Ausgrabungen am Harzhorn/Kalefeld, zum Mitglied der Akademie-Kommission gewählt.

G.A. Lehmann

I. Akademievorhaben   341

Interdisziplinäre Südosteuropa-Forschung
Vorsitzender: R. Lauer
Brandl (Göttingen), Hagedorn, Höpken (Leipzig), Lehfeldt, Lienau (Münster), Majer (München), Roth (München), Schreiner

Kontaktadresse: Seminar für Slavische Philologie, Humboldtallee 19, 37073 Göttingen, Tel.: 0551-39-4197, Fax 0551-39-4707, rlauer@gwdg.de (Prof. Dr. R. Lauer)

Arbeitsbericht: Die Südosteuropa-Kommission hat im Jahre 2010 ihre Arbeit auf unterschiedlichen Feldern fortgesetzt. Dank der Unterstützung durch eine wissenschaftliche Mitarbeiterin (Frau Natalya Maysheva) konnte der Band „Die Grundlagen der slowenischen Kultur" redaktionell vorbereitet und in Druck gegeben werden. Er ist als Band 6 der Neuen Folge der „Abhandlungen der Akademie der Wissenschaften zu Göttingen" erschienen. Auch der Band „Erinnerungskultur in Südosteuropa" (Arbeitstitel „Erinnern und Vergessen in den Kulturen Südosteuropas") konnte inzwischen redaktionell abgeschlossen und dem Verlag übergeben werden. Zur Zeit wird der Band „Osmanen und Islam in Südosteuropa" bearbeitet, zu dem freilich, da die letzte Konferenz erst im November stattgefunden hat, noch mehrere Beiträge ausstehen.

Der Band über „Die Grundlagen der slowenischen Kultur" ist in Slowenien auf ein sehr positives Echo gestoßen, er soll am 19. Januar 2011 von den beiden Herausgebern, den Professoren France Bernik und Reinhard Lauer, in Ljubljana auf einer Pressekonferenz vorgestellt werden.

Am 9./10. November 2010 fand im Bibliothekssaal der Akademie der Wissenschaften die dritte Konferenz zum Thema „Osmanen und Islam in Südosteuropa" statt. Als Referenten traten auf Frau Dr. Irène Beldiceanu (Paris) mit dem Thema „Die Tolak, eine Volksgruppe", Prof. Machiel Kiel (Bonn) mit dem Thema „Islamische Baukunst – am Beispiel Skopje", Prof. Jens Oliver Schmitt (Wien) mit dem Thema „Islamisierung bei den Albanern – zwischen Forschungsfrage und gesellschaftlichem Diskurs", Prof. Stefan Schreiner (Tübingen) mit dem Thema „Tradition und Moderne. Bosnischer Islam unter osmanischer und österreichisch-ungarischer Herrschaft" sowie Prof. Christian Voß mit dem Thema „Sprachliche Markierung religiöser Gruppengrenzen". Frau Dr. Armina Omerika (Bochum) hatte krankheitshalber im letzten Moment absagen müssen; sie wird ihren Beitrag über das Thema „Bosnien-Herzegowina zwischen Christentum und Islam" zu dem vorgesehen Sammelband nachträglich einreichen. Die Sektionen leiteten die Kommissionsmitglieder Prof. Lienau und Prof. Majer.

Die Südosteuropa-Kommission hielt anläßlich der Konferenz eine Arbeitssitzung ab, in der erneut die Frage das künftigen Vorsitzes und der personellen Erneuerung der Kommission sowie die künftige thematische Planung besprochen wurden. Zu Beginn des kommenden Jahres wird Prof. Lauer der Philologisch-Historischen Klasse einen Vorschlag für seine Nachfolge unterbreiten. Drei neue Kommissionsmitglieder sollen ebenfalls zu Erneuerung der Kommission beitragen.

R. Lauer

Kommission Manichäische Studien
Vorsitzender: Röhrborn
Feldmeier, Laut, G. A. Lehmann, Rudolph (Marburg), van Tongerloo (Wavre/Belgien)

Kontaktadresse: Seminar für Turkologie und Zentralasienkunde, Waldweg 26, 37073 Göttingen, Tel.: 0551-39-22171, Fax: 0551-39-10226, klaus.roehrborn@phil.uni-goettingen.de (Prof. Dr. Röhrborn)

Arbeitsbericht: Die „Kommission für manichäische Studien" hat die Aufgabe, die uigurischen (alttürkischen) Quellen zum Manichäismus neu zu edieren und zu kommentieren. Der Manichäismus, eine vergessene Weltreligion, breitete sich vom 3. Jh. an – vom Mittelmeerraum ausgehend – bis nach China aus und wurde im Ostuigurischen Königreich (744–840) zur Staatsreligion.

Die ersten manichäischen Originaldokumente überhaupt wurden deshalb in Zentralasien ans Tageslicht gebracht und von Albert v. Le Coq zu Beginn des 20. Jhs. ediert und übersetzt. Le Coq selbst hat seine Bearbeitungen als „Versuch" betrachtet, und tatsächlich genügen sie den heutigen Maßstäben nicht mehr. Die ersten beiden Neubearbeitungen („Huastuanift" und „Der große Hymnus an Mani") sind jetzt so weit gediehen, dass sie im Jahre 2011 der Akademie vorgelegt werden können.

Am 4./5. März 2010 hat die Kommission ein Symposion veranstaltet. Es wurden 12 Vorträge gehalten, die, in einem Sammelband vereinigt, unter dem Titel „Der östliche Manichäismus, Gattungs- und Werksgeschichte" im Frühjahr 2011 der Akademie vorgelegt werden sollen. Ein ausführlicher Bericht über dieses Symposion von M. Knüppel wurde abgedruckt in: „Ural-Altaische Jahrbücher" 23 (2009:'10), S. 242–246.

Interdisziplinäre Arbeit ist gerade für die Manichäismusforschung von besonderer Bedeutung. Aus diesem Grund ist für den Herbst des Jahres 2011 ein weiteres Symposion vorgesehen, mit dem Arbeitstitel „Vom Syrischen zum Alttürkischen, Probleme der Übersetzung manichäischer Texte".
Auf Vorschlag der Kommission wurde im Berichtsjahr Prof. Dr. Jens Peter Laut (Göttingen) in die Kommission gewählt.

K. Röhrborn

Kommission für Mathematiker-Nachlässe
Vorsitzender: Patterson
Krengel, Reich (Hamburg), Rohlfing (Göttingen), Schappacher (Straßburg), Scharlau

Kontaktadresse: Mathematisches Institut, Bunsenstraße 3–5, 37073 Göttingen, Tel.: 0551-39-7786, Fax 0551-39-2985, sjp@uni-math.gwdg.de (Prof. Dr. Patterson)

Arbeitsbericht: Das Akademievorhaben „Mathematiker-Nachlässe" ist ein gemeinsames Projekt mit der Handschriftenabteilung der SUB Göttingen, in Kooperation mit der Deutschen Mathematiker-Vereinigung (DMV). Das Ziel ist das Sammeln und die Katalogisierung jener Nachlässe von Mathematikern, die sonst nicht adäquat beherbergt werden. Die Handschriftenabteilung mit ihren wichtigen Nachlässen (Gauß, Riemann, Hilbert, Klein, u.a.) ist seit langem eine der bedeutendsten Stätten für die Erforschung der Geschichte der Mathematik. Die Akademie unterstützt dieses Vorhaben durch die Finanzierung einer Halbtagsbibliothekarsstelle (Entgeltgruppe 9) für die Erfassung der Nachlässe; zur Zeit ist diese Stelle mit Frau Bärbel Dibowski besetzt. Die Arbeit der Kommission mündet in die Bereitstellung von Findbüchern für die Nachlässe. Die Kommission bildet zusätzlich eine Schnittstelle zwischen der Handschriftenabteilung der SUB und der mathematischen Gemeinde, die es erlaubt, Nachlässe zu finden, die es wert sind, aufbewahrt zu werden.
Frau Dibowski hat im Jahre 2010 die Katalogisierung des Nachlasses von Dieter Gaier (1928–2002), Prof. in Gießen, aufgenommen und abgeschlossen. Schwerpunkte des Nachlasses sind Vorlesungen und Übungen D. Gaiers (47 Stücke), Vorträge (135 Stücke) sowie einige Korrespondenzen und Manuskripte. Das Nachlassverzeichnis liegt noch nicht in gebundner Form vor, kann aber als PDF-Datei in der Datenbank Hans eingesehen

werden. Anschließend katalogisierte Frau Dibowski Korrespondenzen mit Helmut Hasse (1898–1979), die Peter Roquette der Bibliothek im Laufe des Jahres übergeben hatte, darunter Briefe von Richard Brauer, David Hilbert, Bartel van der Waerden, André Weil und Hermann Weyl.

Seit Mitte Oktober bearbeitet sie den letzten noch unkatalogisierten Teil des Nachlasses von Hans Zassenhaus (1912–1991). Dabei handelt es sich um Notizen und Fragmente, die nur durch eine grobe Erschließung zu erfassen sind. Es ist damit zu rechnen, dass diese Arbeiten im Februar 2011 abgeschlossen sein werden.

Durch Vermittlung von Dr. Gerhardt Betsch (Mathematisches Institut der Universität Tübingen) erhielt die Handschriftenabteilung der SUB einen Teilnachlass von Robert Johann Maria König (1885–1979), zuletzt Professor an der Universität München und tätig im Bereich der Funktionentheorie und der Geodäsie. König war mit Hermann Weyl befreundet und folgte Constantin Carathéodory auf dessen Lehrstuhl in München. Der Nachlass wurde von Frau Mund bearbeitet. Außerdem übergaben die Kinder Martin Knesers Medaillen und Urkunden als Ergänzungen zu den Nachlässen von Adolf, Hellmuth und Martin Kneser.

Aus Privatbesitz kaufte die SUB eine Nachschrift einer Vorlesungen von Arthur Schönflies (1853–1928) über Analytische Mechanik im SS 1895, nachgeschrieben von Sophus Marxsen. Einzelautographen zur Ergänzung von Mathematikernachlässen wurden in diesem Jahr nicht erworben.

S. J. Patterson

Synthese, Eigenschaften und Struktur neuer Materialien und Katalysatoren
Vorsitzender: Roesky
Kirchheim, Müller (Bielefeld), Nöth, Samwer, Stalke (Göttingen)

Kontaktadresse: Institut für Anorganische Chemie, Tammannstraße 4, 37077 Göttingen, Tel.: 0551-39-3001, Fax: 0551-39-3373, hroesky@gwdg.de (Prof. Dr. Roesky)

Arbeitsbericht: Im Jahr 2010 haben wir Untersuchungen zu Molekülen durchgeführt, die solchen vergleichbar sind, wie sie im interstellaren Raum existieren. Infolge des hohen Wasserstoffgehaltes im interstellaren Medium liegen dort viele der Moleküle im niedervalenten Zustand vor. Die Forschungsarbeiten konzentrieren sich auf Verbindungen der Elemente der 14. Gruppe des Periodensystems. Hier wurden schwerpunktmäßig die

Schwesterelemente des Kohlenstoffs untersucht. Es zeigte sich, dass man Verbindungen mit niedervalenten Elementen sehr gut durch Zusatz von Lewis Basen stabilisieren kann und damit eine Möglichkeit gewinnt, diese Substanzen bei Raumtemperatur zu untersuchen.

Darüber hinaus wurden die Kooperationen mit chinesischen und mit indischen Wissenschaftlern fortgesetzt. Im Berichtsjahr sind aus dieser Zusammenarbeit drei Publikationen in hochangesehenen Zeitschriften erschienen. Ein längerer Aufenthalt in Varanasi, Indien, wurde durch eine Adjunct Professur der indischen Regierung finanziert.

Die wissenschaftlichen Arbeiten werden dankenswerterweise durch die Deutsche Forschungsgemeinschaft, den Fonds der Chemischen Industrie und die Alexander von Humboldt Stiftung unterstützt.

H. W. Roesky

Technikwissenschaftliche Kommission
Vorsitzender: Frahm
Buback, Büchting (Einbeck), Kirchheim, Litfin (Bad Honnef), Marowsky (Göttingen), Musmann, Peitgen, Troe

Kontaktadresse: Biomedizinische NMR Forschungs GmbH am MPI für Biophysikalische Chemie, Am Fassberg 11, 37070 Göttingen, Tel.: 0551-201-1721, Fax: 0551-201-1307, jfrahm@gwdg.de (Prof. Dr. Frahm)

Arbeitsbericht: Wesentliches Ziel der Technikwissenschaftlichen Kommission der Akademie der Wissenschaften zu Göttingen ist es, die gesellschaftliche Bedeutung der naturwissenschaftlichen Forschung sowie von deren technischer Umsetzung stärker in das öffentliche Bewusstsein zu rücken. Dieses Ziel wird vor allem durch allgemeinverständliche Vorträge und Diskussionsveranstaltungen erreicht. Hierbei spielt die Zusammenarbeit mit der Braunschweigischen Wissenschaftlichen Gesellschaft (BWG) eine besondere Rolle. Im Berichtsjahr 2010 wurden gemeinsam mit der BWG die seit dem Jahre 2008 durchgeführten Veranstaltungsreihen im Wolfsburger „Phaeno" fortgeführt und eine Ringvorlesung in der Aula der Georg-August-Universität Göttingen veranstaltet.

Im Wintersemester 2009/2010 fanden in Wolfsburg unter dem Rahmenthema „Biotechnologie" sechs Vorträge statt, die sich unter anderem mit der Entwicklung neuer Enzyme für eine sanfte Synthesechemie (H.-J. Fritz), der Rolle der Bioinformatik in der Biotechnologie (D. Schomburg), der Grünen Biotechnologie und ihrer Rolle in der Pflanzenzüchtung (L. Broers) und dem Herzschlag in der Petrischale (Th. Eschenhagen) befaßten. Dem „Element Wasser" waren die „Phaeno"-Vorträge im Sommersemester 2010 gewidmet. Einzelthemen waren die Bedeutung des Wassers für die Entwicklung intelligenter Lebewesen (G. Wörner), Wasser und Farben (R. Krull), die Physik von Wassertropfen (J. Eggers) sowie die Frage, ob angesichts des knappen Gutes Wasser Natur und Technik im Gleichgewicht stehen können. Bei dem Rahmenthema „Spiegel" im Wintersemester 2010/2011 wurde das Spektrum der Vorträge auf den geistes- und kulturwissenschaftlichen Bereich ausgedehnt. So standen neben Vorträgen zu Themen wie „Spiegel vermessen die Welt" (J. Müller) und „Der Spiegel: Von der mesopotamischen Bronze zur modernen Photonik" (D. Ristau) Beiträge über „Spiegel und Spiegelungen im Werk von Degas und Ingres" (S. Michalski) sowie „Spiegel, Spiel und Literatur – Warum der Mensch Literatur hat" (G. Lauer) auf dem Programm.

In Göttingen wurde von der Technikwissenschaftlichen Kommission, auch hier in Zusammenarbeit mit der BWG, die zentrale Ringvorlesung des Wintersemesters 2010/2011 in der Aula der Georg-August-Universität unter dem Thema „Vom Nutzen des Nutzlosen – Vom Spiel zum Produkt" veranstaltet. Wichtigstes Anliegen dieser Vorlesungsreihe war es, die eher langfristig und wenig zielorientiert angelegte Verzahnung von grundlegender (Natur-)Wissenschaft und anwendungsorientierter Technik als die eigentliche Quelle von Fortschritt und Innovation aufzuzeigen. Die Unvorhersehbarkeit dieser Abläufe sowie – umgekehrt – die Unmöglichkeit ihrer Planbarkeit, die eher zufällige Verknüpfung von Erkenntnissen der Grundlagenforschung mit einer oft erst viel späteren anwendungsorientierten Forschung oder gar einer technikwissenschaftlichen Umsetzung und wirtschaftlich orientierten Produktentwicklung wurden an Beispielen aus verschiedenen Wissenschaftsbereichen illustriert (Mathematik, Physik, Chemie, Biologie, Medizin). Das Spektrum der Beiträge reichte vom Quantencomputer (A. Zeilinger) zur Brustkrebsdiagnostik (H.-O. Peitgen) und zur Neuroprothetik (B. Graimann), von der gestylten Pflanze in Forschung (H. Saedler) und Praxis (A. J. Büchting) zur regenerativen Medizin (A. Haverich) sowie von der mathematischen Verkehrsplanung (A. Schöbel) bis zur bildgebenden Diagnostik (J. Frahm). Ergänzende Vorträge beleuchteten Entwicklungen in der Evolution (N. Elsner) und der Wissenschaftsgeschichte (B. Wahring) sowie Aspekte der Forschungspolitik und der Forschungsförderung. P. Gruß, Präsident der Max-Planck-Gesellschaft, analysierte die Bedeutung der Wissenschaft als Wirtschaftsfaktor. Der Beitrag von U. Beisiegel, Präsidentin der Georg-August-Universität Göttingen, zu den Voraussetzungen für wissenschaftlichen Fortschritt wurde von einer Podiumsdiskussion (J. Klein, BWG; W. Krull, VolkswagenStiftung; G. Litfin, Dt. Physikal. Gesell. und LINOS AG) unter der Leitung von A. Brünjes (Göttinger Tageblatt) begleitet. Den Schlussvortrag mit dem Titel „Wissenschaft als Erwartung des Unerwarteten" hielt J. Wanka, Ministerin für Wissenschaft und Kultur des Landes Niedersachsen.

II. Vorhaben aus dem Akademienprogramm

Für die regelmäßige Begutachtung der Vorhaben ist seit 2000 die Union der deutschen Akademien der Wissenschaften zuständig.

Byzantinische Rechtsquellen
Leitungskommission:
Vorsitzender: Behrends
Duve (Frankfurt/Main), G. A. Lehmann, Mühlenberg, Papagianni (Athen/ Griechenland), Schindel, Schreiner

Kontaktadresse: Max-Planck-Institut für Europäische Rechtsgeschichte, Hausener Weg 120, 60489 Frankfurt a. M., Tel.: 069-78978-142, Fax 069-78978-169, Burgmann@rg.mpg.de (Dr. Burgmann),

Arbeitsbericht: Gelehrte des 16. Jahrhunderts prägten den Ausdruck *Ius Graecoromanum* und meinten damit römisches Recht in griechischer Sprache. Auch Karl Eduard Zachariä von Lingenthal (1812–1894), ein Meister seines Fachs, sprach noch vom „griechisch-römischen" Recht. Die Rede vom „byzantinischen" Recht kam erst am Ende des 19. Jahrhunderts auf, als in München und St. Petersburg nahezu gleichzeitig byzantinistische Lehrstühle errichtet und Zeitschriften gegründet wurden.

Den Löwenanteil der erhaltenen byzantinischen Rechtstexte bilden griechische Übersetzungen aus dem Lateinischen, die im Rechtsunterricht der justinianischen Zeit (6.Jhdt.) entstanden sind. Auf dieser Grundlage wurden mehrere systematisch oder alphabetisch geordnete Auswahlsammlungen hergestellt und zum Teil auch offiziell veröffentlicht. Die Produktion neuer Gesetze nahm gegenüber der justinianischen Gesetzesflut deutlich ab, jedoch sind aus der Zeit zwischen dem Tod Justinians (565) und der Eroberung Konstantinopels durch die Kreuzfahrer (1204) immerhin noch etwa 200 Novellen erhalten. Die normative Textbasis des kanonischen Rechts war wesentlich schmaler, was seiner kontinuierlich wachsenden Bedeutung keineswegs entsprach. Seine Fortentwicklung erfolgte durch Patriarchal- bzw. Synodalentscheidungen, die in großer Zahl überliefert sind.

Zu den druckfertigen, bereits ins Netz gestellten Beschreibungen kanonistischer Handschriften wurden Register (Kopisten, Vorbesitzer, datierte Handschriften, Incipit sowie Autoren und Werke) angefertigt, die ebenfalls elektronisch zugänglich gemacht werden sollen.

Die Sondierungen bezüglich der in fast keiner kanonistischen Handschrift fehlenden Synodengeschichten wurden abgeschlossen. Mit der Arbeit an Edition und Kommentierung eines historiographisch besonders ergiebigen Exemplars wurde begonnen. Eine monographische Publikation lässt sich absehen.

Ebenfalls abgeschlossen wurden die Arbeiten an der Ausgabe des Nomos Stratiotikos. Inhaltlich von zweifelhaftem Interesse, hat dieses kleine Militärstrafgesetzbuch eine lange und geradezu abenteuerliche Editionsgeschichte, die sich nur auf der Grundlage einer neuen Edition beschreiben lässt.

Nach der inzwischen verwirklichten Aufarbeitung der Nebenüberlieferung der „Peira", einer der wichtigsten Quellen zur mittelbyzantinischen Rechtspraxis, wurde die Arbeit an Text, Übersetzung und Kommentar forciert.

Im Druck befindet sich ein Beitrag über die nachjustinianischen Novellen. Er stellt gewissermaßen die materielle Ergänzung zu einem 1995 erschienenen Aufsatz dar, in dem derselbe Autor die Editionsgeschichte dieser Gesetze behandelt hat.

E. Papagianni

Deutsche Inschriften des Mittelalters und der frühen Neuzeit
(Arbeitsstellen Göttingen und Greifswald)
Leitungskommission:
Vorsitzender: Henkel
Stellv. Vors.: Stackmann
Arndt, Arnold (Wolfenbüttel), Auge (Kiel), Grubmüller, Haye (Göttingen), Michael (Lüneburg), Petke (Göttingen), Reitemeier (Göttingen), Rexroth, Schindel, Schröder (Hamburg), Spieß, Winghart (Hannover)

Kontaktadresse: Arbeitsstelle Göttingen: Theaterstraße 7, 37073 Göttingen, Tel.: 0551-39-5336, Fax: 0551-39-5407, cwulf@gwdg.de (Dr. Wulf), http://www.inschriften.uni-goettingen.de, http://www.inschriften.net/

Arbeitsstelle Greifswald: Historisches Institut der Ernst Moritz Arndt-Universität Greifswald, Soldmannstraße 15, 17487 Greifswald, Tel.: 03834-863342, Fax: 03834-863345, cmagin@uni-greifswald.de (Dr. Magin), http://www.inschriften.uni-greifswald.de, http://www.inschriften.net/

Arbeitsbericht: Das Forschungsprojekt hat die Sammlung und kommentierte Edition der mittelalterlichen und der frühneuzeitlichen Inschriften zur Aufgabe. Erfaßt werden die Inschriften in lateinischer und in deutscher Sprache vom frühen Mittelalter bis zum Jahr 1650, und zwar nicht nur die im Original erhaltenen, sondern auch die nur mehr in Abschriften (kopial) überlieferten. Die Leitungskommission hat die Aufsicht über zwei Arbeitsstellen: eine für Niedersachsen zuständige Arbeitsstelle in Göttingen und eine weitere, die an der Universität Greifswald angesiedelt ist und die Inschriften in Mecklenburg-Vorpommern erfaßt. Beide Arbeitsstellen sind Teil eines Gemeinschaftsprojekts der wissenschaftlichen Akademien in Deutschland und Österreich. Die gedruckten Publikationen erscheinen in der Reihe „Die Deutschen Inschriften" im Dr. Ludwig Reichert-Verlag, Wiesbaden. Für Niedersachsen liegen bisher 13 Bände vor: die städtischen Bestände Göttingen, Osnabrück, Hameln, Hannover, Braunschweig I u. II, Einbeck, Goslar, Hildesheim und Helmstedt sowie der Landkreis Göttingen (incl. Hann. Münden und Duderstadt), Lüneburg St. Michaelis und Kloster Lüne bis 1550 und die Inschriften der Lüneburger Klöster: Ebstorf, Isenhagen, Lüne, Medingen, Walsrode, Wienhausen (bis 1700). In Bearbeitung sind die Inschriften der Landkreise Hildesheim, Holzminden und Schaumburg sowie die Inschriften der Stadt Lüneburg. Neun Göttinger Bände sind mittlerweile auch online verfügbar auf der Plattform DIO (Deutsche Inschriften Online) unter der URL www.inschriften.net: Stadt und Landkreis Göttingen, die Städte Hameln, Hannover, Einbeck, Goslar, Braunschweig 1529–1671, Hildesheim und Helmstedt. Die Online-Publikationen bieten gegenüber den gedruckten Bänden erheblich mehr und überwiegend farbige Abbildungen. Bis Ende 2011 werden voraussichtlich die noch fehlenden Bände der Göttinger Reihe folgen.

Die Arbeitsstelle Greifswald widmet sich schwerpunktmäßig kulturellen Zentren des Ostsee-Hanseraums. Sie hat die Inschriften der Stadt Greifswald publiziert. In Bearbeitung sind die Inschriften der Hansestädte Stralsund und Wismar sowie des Klosters Dobbertin.

Die publizierten Bände stellen reichhaltiges Quellenmaterial für unterschiedliche historische und philologische Disziplinen bereit, wie z. B. Landesgeschichte, Kirchengeschichte, lateinische und deutsche Sprachgeschichte, Schriftgeschichte und Kunstgeschichte. Zu den neuerschlossenen Informationen gehören zunächst die personengeschichtlichen Daten, die sich vor allem aus den Grabinschriften gewinnen lassen. Daneben spiegeln die Texte vielfältige frömmigkeits- und kulturgeschichtliche Entwicklungen, wie z. B. die im Laufe der Jahrhunderte sich wandelnden Vorstellungen von Tod, Jenseits und Auferstehung oder die verschiedenen Ausdrucksformen bürgerlichen Bildungsbewußtseins und ständischer Repräsentation. Viele Inschriften geben authentische Hinweise auf Zeit und Umfeld der Stücke, auf denen sie angebracht sind. In Zeiten fortschreitender Umweltzerstörung, der die oft im Freien befindlichen Denkmäler in starkem Maße ausgesetzt sind, ist die Sammlung der Inschriften besonders dringend geworden.

Arbeitsstelle Göttingen
Laufende Einzelprojekte: Kanonissenstift Gandersheim (Wulf), Landkreis Hildesheim (Wulf), Landkreis Holzminden (Lampe), Schaumburg (Finck), Stadt Lüneburg (Wehking).

Im September 2010 wurden die Arbeiten am Landkreis Holzminden wieder aufgenommen. Die Beschreibung der Objekte und die Edition des 302 Inschriftentexte umfassenden Bestands sind weitgehend abgeschlossen, für etwa ein Drittel davon sind auch die Kommentare bereits erarbeitet. Der Abschluß ist Ende 2011 vorgesehen. Für die 442 Inschriften des Landkreises Hildesheim sind Beschreibung und Edition ebenfalls weitgehend abgeschlossen, für etwa 300 Inschriftenartikel ist auch der Kommentar fertiggestellt. Der Band soll Anfang 2012 gedruckt werden Die Arbeit an den Inschriften des Kanonissenstifts Gandersheim und seiner Eigenkirchen Brunshausen und Clus ist abgeschlossen, der Bestand wird in zweifacher Form publiziert: zum einen in dem von Hedwig Röckelein herausgegebenen Tagungsband „Der Gandersheimer Schatz im Vergleich", zum anderen in digitaler Form auf der Plattform Deutsche Inschriften Online (Februar/März 2011). Die Vorbereitung beider Publikationen ist nahezu abgeschlossen. Für den Landkreis Schaumburg konnten bis jetzt 660 Inschriften (einschließlich Jahreszahlen) ermittelt werden. Für mehr als zwei Drittel des Bestands sind die Aufnahmearbeiten erledigt, deren Ergebnisse fortlaufend eingearbeitet werden. Mit der Kommentierung der Inschriften wurde begonnen – der Abschluß des Projekts ist für 2013 vorgesehen. Für die Stadt Lüneburg konnten bis jetzt 784 Inschriften gesammelt werden. Diese erfreulich hohe Zahl verdankt sich vor allem der umfangreichen kopialen Überlieferung (Rikemann, Büttner, Bertram). Mit einem weiteren Anwachsen des Bestands ist zu rechnen. Zur Zeit werden die Handschriftenkataloge der Ratsbücherei Lüneburg, der Leibniz-Bibliothek Hannover und der Herzog August-Bibliothek in Wolfenbüttel im Hinblick auf weitere kopiale Überlieferung der Lüneburger Inschriften durchgesehen.

Weitere Projekte der Arbeitsstelle: Zur Erleichterung einer mittel- und langfristigen Projektplanung wird das aus der heimathistorischen Literatur und den Kunstdenkmälerbänden bis 1981 handschriftlich erstellte Niedersächsische Inschriftenarchiv sukzessiv computergerecht nach Landkreisen erfaßt und durch Standort- und Namenregister erschlossen. Eingegeben sind bisher folgende Landkreise: Northeim, Osterode, Goslar, Hameln-Pyrmont, Wolfenbüttel, Gifhorn, Celle, Soltau-Fallingbostel, Uelzen, Lüneburg, Helmstedt, Peine, Nienburg mit Kloster Loccum, Verden, Osnabrück und die Region Hannover.

Digitalisierung: In Zusammenarbeit mit der Digitalen Akademie Mainz hat die Göttinger Arbeitsstelle im Jahr 2010 zehn der insgesamt 14 bisher erschienenen Bände der Göttinger Reihe (s. oben) online verfügbar gemacht (www.inschriften.net). Weitere drei Bände (Lüneburg St. Michaelis und Kloster Lüne sowie Osnabrück und Braunschweig bis 1528) und der Inschriftenbestand Gandersheim werden Anfang des Jahres 2011 folgen. Die in der Arbeitsstelle Göttingen zu leistende Vorbereitung der Text- und der Bilddaten sind für die Bände Osnabrück und Braunschweig abgeschlossen, die Textdaten des Inschriftenbandes Lüneburg St. Michaelis und Kloster Lüne werden zur Zeit in China erfaßt, die Bilddaten in der Arbeitsstelle vorbereitet. Die Koordination der Arbeiten erfolgt gemeinschaftlich in den Arbeitsstellen Göttingen (Wulf, Wehking, Brosenne, Hofmeister, Moos, Zech) und Greifswald (Herold). Die technischen Arbeiten leistet die von der Göttinger Akademie mitfinanzierte Arbeitsgruppe in Mainz.

Vom 16. bis zum 18. Februar 2010 wurde die St. Michaelis-Kirche in Hildesheim in einem 3-D Laser-Scanning-Verfahren durch ein Team des i3-Instituts Mainz aufgenommen. Ziel des Projekts ist es, die wissenschaftlichen Ergebnisse eines Inschriftenprojekts und damit exemplarisch die Forschungsarbeit der Akademie in einer attraktiven Form der interessierten Öffentlichkeit zu vermitteln (wissenschaftliche Begleitung Wulf).

Interakademische Kontakte: Die Göttinger Arbeitsstelle hat die diesjährige Tagung der Mitarbeiter und Mitarbeiterinnen des Gesamtunternehmens

Deutsche Inschriften am 3. und am 4. März in Göttingen veranstaltet, Gegenstand war die Gestaltung der Plattform „Deutsche Inschriften Online". Herr Henkel und Frau Wulf haben am 5. Mai 2010 in Mainz an einer Sitzung der Interakademischen Kommission teilgenommen. Auf dieser Sitzung wurde Herr Henkel bis 2013 zum Vorsitzenden der Interakademischen Kommission gewählt. Frau Finck, Frau Wehking und Frau Wulf haben an der Internationalen Epigraphiktagung in Mainz vom 5. bis zum 8. Mai teilgenommen.

Lehr- und Vortragstätigkeit: Im WS 2009/2010 und im SS 2010 hat Frau Wulf im Rahmen eines Lehrauftrags am Seminar für Mittlere und Neuere Geschichte der Universität Göttingen im Studiengang Historische Hilfswissenschaften jeweils ein Seminar zur mittelalterlichen und zur frühneuzeitlichen Inschriftenpaläographie gehalten. Die jährliche Seminarsitzung mit Studierenden der Deutschen Rechtsgeschichte im Göttinger Rathausgefängnis fand am 14. Dezember 2010 statt.

Frau Wulf hat mit einem Vortrag zum Thema „Die Gandersheimer Inschriften zwischen Hildesheim und Halberstadt" an der Tagung „Der Gandersheimer Schatz im Vergleich" in Gandersheim teilgenommen (30. September–2. Oktober).

Sonstiges: Die Inschriftenkommission ist Patronatsmitglied der Historischen Kommission für Niedersachsen und Bremen. Die Mitarbeiterinnen und Mitarbeiter der Arbeitsstelle nehmen regelmäßig am Arbeitskreis Mittelalter der Historischen Kommission im Staatsarchiv Hannover teil.

Im Februar 2010 hat die Arbeitsstelle den DAAD-Stipendiaten Prof. Dr. Jarosław Wenta von der Nikolaus-Kopernikus-Universität Thorn betreut.

Die Göttinger Arbeitsstelle ist Kooperationspartner des am Göttinger Institut für Historische Landesforschung bearbeiteten Niedersächsischen Klosterbuchs.

Im Jahr 2010 fanden zwei Sitzungen der Göttinger Leitungskommission statt: am 5. März 2010 und aus Anlaß des Jubiläums „40 Jahre Inschriften in Göttingen" am 22. Oktober 2010. Dieses Jubiläum wurde mit einem Kolloquium „Inschriften als Zeugnisse kulturellen Gedächtnisses" gefeiert (s. unter „Sonstige Veranstaltungen", Seite 464).

Veröffentlichungen:

Klöster und Inschriften – Glaubenszeugnisse, gestickt, gemalt, gehauen, graviert, herausgegeben von Christine Wulf, Sabine Wehking und Nikolaus Henkel. Beiträge zur Tagung am 30. Oktober 2009 im Kloster Lüne. Wiesbaden 2010. Darin:

Katharina Ulrike Mersch und Christine Wulf, Klöster und Inschriften. Einführung in das Tagungsthema. S. 13–22.
Inga Finck, Gemalte Gelehrsamkeit, gesammelte Glaubensgrundsätze und beständiges Gedächtnis. Inschriften des Klosters Möllenbeck. S. 71–93.
Sabine Wehking, Begrabenwerden im Kloster. Das Begräbnis der Dorothea von Meding im Jahr 1634 nach der Beschreibung im Anschreibebuch des Klosters Lüne. S. 209–221.

Arbeitsstelle Greifswald
Laufende Einzelprojekte: Hansestadt Stralsund (Magin), Hansestadt Wismar (Herold), Kloster Dobbertin (Magin, Herold)
Die im Jahr 2003 begonnene Bearbeitung der Stralsunder Inschriften (Magin) wurde Anfang 2005 zurückgestellt, damit gemeinsam an den Greifswalder Inschriften und der Weiterentwicklung der Datenbank gearbeitet werden konnte. Nach der Publikation und der öffentlichen Vorstellung des Greifswald-Bandes am 18. Januar 2010 wurde im Frühjahr damit begonnen, die seit 2005 neu erschienene, umfangreiche Literatur zu Stralsund einzuarbeiten. Im Landesamt für Kultur und Denkmalpflege (Schwerin) fand eine erste mehrtägige Sichtung der Akten- und der Fotobestände statt. Kopiale Inschriftenüberlieferung im Stadtarchiv Stralsund ist bereits ermittelt, jedoch noch nicht ausgewertet. Als Abschluss des Projekts ist Ende 2014 ins Auge gefasst.

Mit der Bearbeitung der Inschriften der mecklenburgischen Hansestadt Wismar wurde begonnen (Herold). Gegenwärtig werden die bis jetzt vorliegenden Fotos der Grabplatten aus St. Georgen, St. Marien und St. Nikolai in die Datenbank eingearbeitet sowie Beschreibungen und Transkriptionen der Inschriften angefertigt. Noch nicht erfasst sind die Grabplatten im Museum und im Heilig-Geist-Hospital. Als Abschluss des Projekts ist das Jahr 2015 vorgesehen.

Kloster Dobbertin (Magin, Herold): Für einen Sammelband zur Geschichte und Sanierung dieses mecklenburgischen Benediktinerinnenklosters, hg. vom Landesamt für Kultur und Denkmalpflege in Schwerin, sind von der Arbeitsstelle bereits 2008 zwei Beiträge eingereicht worden, die sich mit den Inschriften auf 23 Grabplatten des 14. bis 19. Jh. und auf zwei Gewölbekonsolen des 14. Jh. im Dobbertiner Kreuzgang befassen. Die Publikation ist vom Landesamt für 2011 angekündigt.

Deutsche Inschriften Online: Die Arbeitsstelle war an der Aufbereitung der Katalogdaten des Goslar-Bandes (Herold, Magin) sowie der Registerdaten von fünf Inschriftenbänden (Volontär Alexander v. Weber) für den DI-Online-Auftritt (www.inschriften.net) beteiligt. Darüber hinaus hat Jürgen Herold fortlaufend Unterstützung für die Datenaufbereitung weiterer Inschriftenbände geleistet und wird dies auch in Zukunft in Kooperation mit der Digitalen Akademie Mainz tun. Der Band DI 77 „Die Inschriften der Stadt Greifswald" wurde mittels der in der Arbeitsstelle entwickelten Inschriftendatenbank erstellt, die es ermöglicht, Daten in verschiedenen Formaten auszugeben (pdf-Dateien als Vorstufe zum gedruckten Buch, Word-Dateien zur weiteren Bearbeitung z. B. für Vorträge, Präsentationen im Internet). Daher wird nach Ablauf des mit dem Reichert-Verlag vereinbarten Zeitraums von zwei Jahren nach der Buchveröffentlichung auch der Greifswald-Band ohne großen Nachbearbeitungsbedarf online verfügbar gemacht werden können.

Weiteres: Die Kurzerfassung von Inschriften aus den mecklenburgischen und den pommerschen Kunstdenkmälerinventaren konnte im Frühjahr 2010 abgeschlossen werden. Mit den Angaben „Inschriftenträger", „Datierung", „Wortlaut der Inschrift(en)" und „Literaturnachweis" wurden die für das Land Mecklenburg-Vorpommern (M-V) ermittelten Inschriften in die Datenbank aufgenommen. Somit ist eine erste Basis für die zukünftige Projektplanung gegeben, die jedoch noch erweitert werden muss. Daher wurde im Anschluss an die Durchsicht der Kunstdenkmälerinventare mit der Durchsicht der wichtigsten regional- und landeshistorischen sowie archäologischen Zeitschriften begonnen.

Im Schweriner Landesamt für Kultur und Denkmalpflege wurden ca. 75 Abreibungen vorpommerscher Glocken, angefertigt vor dem Zweiten Weltkrieg, an Ort und Stelle verzeichnet, fotografiert und danach in die Datenbank eingeordnet. Diesen Arbeitsschritt vorläufig abschließend, wurde für ganz M-V ein Register der namentlich bekannten Glockengießer erstellt (Volontär Alexander v. Weber).

Der umfangreiche deutsch-lateinische Bericht des Lüneburger Patriziersohnes Heinrich Witzendorff über eine Reise durch Mecklenburg und Vorpommern im Jahr 1623 wurde vollständig transkribiert (Schattschneider). Es handelt sich um eine außerordentlich bedeutsame Quelle für die Inschriftenüberlieferung der Region vor dem Dreißigjährigen Krieg und darüber hinaus um den ältesten überhaupt bekannten Reisebericht zu dem heutigen Bundesland. Der erste Korrekturdurchgang ist abgeschlossen, die Inschriften wurden in die Datenbank aufgenommen.

Die Homepage der Arbeitsstelle wurde auf neuer technischer Basis modernisiert, um künftig deren Pflege zu erleichtern.

Im September 2010 musste das Gebäude des Historischen Instituts (Domstr. 9a) einschließlich der Fachbibliothek Geschichte wegen Einsturzgefahr gesperrt werden. Danach wurden die Büros vollständig geräumt. Die Arbeitsstelle konnte als Ausweichquartier für einen Monat im Krupp-Kolleg ein Büro mit zwei Arbeitsplätzen anmieten. Der Auszug der Arbeitsstelle aus der Domstraße erfolgte am 21./22. Oktober, Anfang November konnte das Personal des Instituts einschließlich der fünf Mitarbeiter/innen der Arbeitsstelle Inschriften dann in Ausweichräume der ehem. Kinderklinik der Universität (Soldmannstr. 15) einziehen und die Arbeit wieder aufnehmen. In den Zeiten, in denen keine Arbeitsplätze zur Verfügung standen bzw. in denen der Umzug vorbereitet und durchgeführt werden musste, konnte an den laufenden Projekten nur eingeschränkt gearbeitet werden. In welchem Umfang das Haus Domstraße saniert werden muss, wie lange die Unterbringung in der Soldmannstraße dauern wird und ab wann und an welchem Ort die Fachbibliothek Geschichte wieder zugänglich sein wird, steht zum gegenwärtigen Zeitpunkt noch nicht fest.

Interakademische Kooperation, wissenschaftliche Kontakte, Tagungen: Am jährlichen Mitarbeitertreffen der Inschriftenarbeitsstellen in Göttingen am 3./4. März 2010 sowie an der vom 5. bis zum 8. Mai in Mainz stattfindenden Interakademischen Tagung „Inschriften zwischen Realität und Fiktion" nahmen C. Magin und J. Herold teil. Vor der Eröffnung der Tagung fand am 5. Mai eine Sitzung der Interakademischen Kommission statt (C. Magin). J. Herold traf sich zu derselben Zeit mit den Mitarbeitern der Digitalen Akademie Mainz, um Aktuelles zu DI Online zu besprechen.

Am 24. Juni 2010 fand auf Einladung des Präsidenten der Göttinger Akademie ein Gespräch zu den Themen „Digitalisierung von Forschungsergebnissen und Weiterbildung von Mitarbeiter/-innen" statt. Daran sowie auf der Tagung „Häuslich, persönlich, innerlich. Bereiche der privaten Frömmigkeitsausübung im späten Mittelalter und in der frühen Neuzeit", Universtät Leipzig, 8. bis 10. Juli, und an einem eintägigen Kommunikationstraining an der Akademie der Wissenschaften Mainz am 19. Oktober nahm C. Magin teil.

Auf der Kommissionssitzung am 22. Oktober 2010 in Göttingen sowie bei dem anschließenden Festkolloquium „40 Jahre Deutsche Inschriften in Göttingen" vertrat J. Herold die Greifswalder Arbeitsstelle. C. Magin war wegen des Umzugs der Arbeitsstelle verhindert. Auf der interdisziplinären Tagung „Medialität – Unmittelbarkeit – Präsenz: Die Nähe des Heils im Verständnis der Reformation" an der Universität Erlangen-Nürnberg, 29.–31. Oktober, sprach C. Magin über „Soli Deo gloria? Inschriftliche Medien der Reformationszeit".

Zuarbeiten zum entstehenden Mecklenburgischen Klosterbuch erfolgen von Fall zu Fall nach Anfragen der Bearbeiter der einzelnen Standorte. Im Jahr 2010 wurden 30 Anfragen beantwortet, davon etwa ein Drittel aus dem Landesamt für Kultur und Denkmalpflege.

N. Henkel

Veröffentlichungen:
Die Inschriften der Stadt Greifswald, ges. und bearb. von Jürgen Herold, Christine Magin, Wiesbaden 2009 (Die deutschen Inschriften 77).
Christine Magin, Akademische Epigrafik? Die Universitäten Rostock und Greifswald im Spiegel historischer Inschriften. In: Tochter oder Schwester – Die Universität Greifswald aus Rostocker Sicht, hg. von Hans-Uwe Lammel, Gisela Boeck, Rostock 2010 (Rostocker Studien zur Universitätsgeschichte 8), S. 85–112.
Christine Magin, Neue Freidank-Inschriften des 14. Jahrhunderts in einem mecklenburgischen Kloster. In: Zeitschrift für deutsches Altertum und deutsche Literatur 139 (H. 2), 2010, S. 191–196.
Christine Magin, Klösterliche Begräbnisformen im Mittelalter und in der frühen Neuzeit: eine Problemskizze. In: Klöster und Inschriften. Glaubenszeugnisse gestickt, gemalt, gehauen, graviert. Beiträge zur Tagung am 30. Oktober 2009 im Kloster Lüne, hg. von Christine Wulf, Sabine Wehking, Nikolaus Henkel, Wiesbaden 2010, S. 129–139.

Deutsches Wörterbuch von Jacob Grimm und Wilhelm Grimm
Interakademische Leitungskommission:
Stackmann, Gardt, Klein (NL), H. Schmidt (Berlin)

Leitungskommission für auf Göttingen beschränkte Belange:
Vorsitzender: Stackmann
Stellv. Vors.: Henne
Barner, Blosen (Egå/DK), Casemir (Münster), Detering, Gardt

Kontaktadresse: Papendiek 14, 37073 Göttingen, Tel.: 0551-39-9544, Fax: 0551-39-9881, vharm@gwdg.de (Dr. Harm), http://www.grimm.adw-goettingen.gwdg.de

Arbeitsbericht: Das 1960 in erster Auflage mit 32 Bänden abgeschlossene Deutsche Wörterbuch wurde als historisches Wörterbuch der neuhochdeutschen Schriftsprache angelegt. Es enthält in alphabetischer Ordnung den gebräuchlichen deutschen Wortschatz von der Mitte des 15. Jahrhunderts bis zur Gegenwart. Geplant und begonnen wurde es von den Brüdern Jacob und Wilhelm Grimm. Nach ihrer Vorstellung und ihrem Vorbild stellt das Wörterbuch die Geschichte der deutschen Wörter dar, gibt ihre Herkunft, ihre Verwandtschaft und ihre Formen an und beschreibt ihre landschaftliche Verbreitung innerhalb des deutschen Sprachgebiets. Die Hauptaufgabe des Wörterbuchs besteht in der Herausarbeitung und Beschreibung der Bedeutung der Wörter und ihrer verschiedenen Gebrauchsweisen in der schriftsprachlichen Überlieferung anhand von ausgewählten Belegen. Auf diese Weise sollen Entwicklung, Veränderung und Variation der Bedeutungen vom ersten Auftreten bis heute aufgezeigt werden. Der besondere Wert des Deutschen Wörterbuchs liegt in der umfassenden Wortschatzsammlung und in der breiten Dokumentation der historischen Belege. Es bildet ein Grundlagenwerk der deutschen Wortforschung. Mit der vollständigen Neubearbeitung der ältesten Teile A-F soll in Konzeption und Darstellungsweise an die letzten Bände der Erstausgabe angeknüpft, zugleich aber auch der Anschluß des Werks an zeitgemäße Standards der historischen Lexikographie gewährleistet werden. Die Arbeiten an der Neubearbeitung wurden 1960 begonnen. Seit 1965 erscheinen Lieferungen der Unternehmensteile in Berlin und Göttingen. Das Unternehmen wird von der Berlin-Brandenburgischen und der Göttinger Akademie der Wissenschaften getragen und verfügt über zwei Forschungsstellen an den Sitzorten der Akademien. Der in Göttingen bearbeitete Teil D–F des ^{2}DWB ist im Frühsommer 2006 planmäßig abgeschlossen worden und liegt gedruckt vor.

Im Rahmen einer Kooperationsvereinbarung der beiden Unternehmensteile über den beschleunigten Abschluß der Neubearbeitung des Deutschen Wörterbuchs wurde im Juli 2006 das Belegmaterial des fünften Bandes im Alphabet von BETRIEB bis Ende C von der Berliner Arbeitsstelle nach Göttingen überstellt. Es handelt sich um ca. 500.000 Zettel, die, auf fünf Lieferungen verteilt, bis 2012 in Göttingen abschließend bearbeitet werden sollen.

Im Jahr 2010 wurde die lexikographische Bearbeitung der dritten Lieferung des fünften Bandes in großen Teilen abgeschlossen. Damit besteht nach wie vor ein Rückstand von rund einer Lieferung gegenüber der ursprünglichen Planung. Die Personalfluktuation, die die Arbeitsstelle seit 2007 zu verkraften hat, dauert an. So wechselte der Arbeitsstellenleiter, Prof. Dr. Michael Schlaefer, zum 31.12.2010 in die Freistellungsphase seiner Altersteilzeit. Er hat sich in den 25 Jahren seiner Tätigkeit große und bleibende Verdienste um die Neubearbeitung des Deutschen Wörterbuchs erworben. Frau Sabine Elsner-Petri verlässt das Vorhaben ebenfalls zum Jahresende und tritt eine Stelle in einem anderen Projekt der Akademie an. Vor dem Hintergrund des anhaltenden personellen Umbruchs wurde bereits im Vorjahr deutlich, daß ein planmäßiger Abschluß der Neubearbeitung nicht mehr zu erreichen sein wird. In Zusammenarbeit mit der Berlin-Brandenburgischen Akademie der Wissenschaften, die gemeinsam mit der Göttinger Akademie die Verantwortung für das Vorhaben trägt, wurde daher für den Göttinger Projektteil ein Antrag auf Verlängerung der Förderung vorbereitet. Grundzüge der Antragstellung wurden in drei Sitzungen (30.11.2009, 24.3.2010 in Göttingen, 21.5.2010 in Berlin) festgelegt. Um den Abschluß des Unternehmens sicherzustellen, wurde eine gemeinsame Leitung des Projekts beschlossen. Der Leitungskommission gehören Herr Stackmann und Herr Gardt als Vertreter der Göttinger Akademie sowie Herr Klein und Herr Schmidt als Vertreter der Berlin-Brandenburgischen Akademie an.

Die im Vorjahr begonnenen Arbeiten an der digitalen Fassung des Quellenverzeichnisses konnten fortgesetzt werden. Im Rahmen der Reihe „Kolloquien für junge Wissenschaftler" hat die Arbeitsstelle am 1. und am 2.3.2010 ein deutsch-dänisches Wörterbuchkolloquium zum Thema „Phraseologie im historischen Wörterbuch" veranstaltet (s. dazu unter „Sonstige Veranstaltungen", Seite 442). Neben Sprachwissenschaftlern aus Dänemark haben an der Veranstaltung auch Vertreter des Mittelhochdeutschen Wörterbuchs sowie des Deutschen Rechtswörterbuchs (Heidelberg) teilgenommen. Am 25.8.2010 fand in Berlin ein Treffen der beiden Arbeitsstellen statt, das Gelegenheit zum fachlichen Austausch zwischen den Unternehmensteilen bot. Mitarbeiter der Arbeitsstelle haben im laufenden Jahr externe wissenschaftliche Veranstaltungen besucht und universitäre Lehrveranstaltungen durchgeführt. Eine Sitzung der Kommission für das Deutsche Wörterbuch fand am 27.9.2010 statt.

K. Stackmann

Die Inschriften des ptolemäerzeitlichen Tempels von Edfu
Leitungskommission:
Vorsitzender: Junge
Behlmer (Göttingen), Beinlich (Würzburg), Kurth (Hamburg), G. A. Lehmann, Loprieno (Basel)

Kontaktadresse: Universität Hamburg, Fakultät für Geisteswissenschaften, Departement Kulturgeschichte und Kulturkunde, Abt. Archäologisches Institut, Arbeitsstelle „Edfu-Projekt", Edmund-Siemers-Allee 1, Flügel West, 20146 Hamburg, Tel.: 040-42838-3209, -3254, contact@edfu-projekt.gwdg.de (Dr. Waitkus), http://www.edfu-projekt.gwdg.de

Arbeitsbericht: Der ptolemäische Tempel von Edfu gilt als einer der besterhaltenen Sakralbauten der Antike. Schon bald nach der bis 1865 erfolgten Freilegung des jahrhundertelang in weiten Teilen verschütteten Tempels wurden einige größere Texteinheiten von verschiedenen Ägyptologen wie Ernst von Bergmann, Heinrich Brugsch, Johannes Dümichen, Edouard Naville, Karl Piehl und Jacques de Rougé in Abschriften publiziert. Erst 1876 begann jedoch die systematische Aufnahme der Hieroglyphen und der Dekoration durch Maxence de Rochemonteix, der seine Arbeit jedoch nicht zu Ende führen konnte. Sein Nachfolger wurde Émile Gaston Chassinat, der die Abschriften der Texte des Haupttempels und des Mammisis schließlich veröffentlichte. Die Gesamtpublikation umfaßt von seiten Rochemonteixs/Chassinats 14 Bände, acht Textbände, welche die hieroglyphischen Texte in Drucktypen wiedergeben, zwei Bände mit Strichzeichnungen sowie vier Bände mit Photographien (1897–1960). Ein 15. Band mit Texten und Darstellungen, deren Aufnahme von Maxence de Rochemonteix übersehen worden war, wurde mit weiteren Photographien 1985 von Sylvie Cauville und Didier Devauchelle publiziert. Die beiden ersten Textbände wurden in einer revidierten Auflage ebenfalls von Cauville und Devauchelle zwischen 1984–1990 herausgegeben. Die Inschriften des Mammisi von Edfu wurden von Chassinat 1939 veröffentlicht. 2008 erschien mit Faszikel 10.3 ein weiterer Band mit Strichzeichnungen von Yousreya Hamed im Verlag des IFAO. Die Strichzeichnungen der Umfassungsmauer und des Pylonen, angefertigt von Uwe Bartels, wurden 2009 durch das Edfu-Projekt als ITE II/1 publiziert.

Erst nach den Basisarbeiten, insbesondere den hieroglyphischen Abschriften durch Chassinat, wurde eine umfassende und detaillierte wissenschaftliche Bearbeitung der Tempeltexte möglich. Die Edfu-Inschriften zählen nach Umfang und Inhalt zu den wichtigsten religiösen Quellen aus der Zeit der Ptolemäerherrschaft in Ägypten.

1986 gründete Dieter Kurth ein Langzeitprojekt, das sich der philologischen *Gesamtbearbeitung* der Inschriften des Tempels von Edfu widmet. Bis 2001 wurde das Edfu-Projekt von der Deutschen Forschungsgemeinschaft finanziert und betreut. Seit 2002 gehört das Projekt zum Programm der Akademie der Wissenschaften zu Göttingen. Die Arbeitsstelle selbst ist in Räumlichkeiten der Universität Hamburg beheimatet. Während Dieter Kurth die Projektleitung innehat, wurde Wolfgang Waitkus 2008 als Arbeitsstellenleiter eingeführt.

Der erste aus der Arbeit des Projektes hervorgegangene Übersetzungsband mit Umschrift und Kommentar wurde 1998 publiziert. Er enthält die Inschriften des Pylonen (Edfou VIII). Die Inschriften der Außenseite der

Umfassungsmauer (Edfou VII) erschien 2004 (ISBN 978-3-447-03862-1 und 978-3-447-05016-6).

Zwecks Überprüfung der Originaltexte wurden während bislang sieben Kampagnen am Edfu-Tempel (1995–2005) ausgewählte Inschriftenpassagen der Bände Edfou IV-VII sowie der gesamte Band VIII vor Ort kollationiert. Insbesondere an den höher gelegenen Bereichen – der Pylon misst heute noch über 32 m – sowie an den beschädigten Stellen sind zahlreiche Zeichen und Textpassagen der Publikation von Chassinat zu korrigieren und zu ergänzen. So konnten dem ersten Übersetzungsband (ITE I/1, Edfou VIII) 40 Seiten hieroglyphische Korrekturen und dem zweiten Band (ITE I/2, Edfou VII) 48 Seiten Korrekturen zu Chassinat beigegeben werden. Der zweite Band enthält des Weiteren auf einer beigefügten CD-ROM ein Datenbankprogramm mit den bislang publizierten Texten in Umschrift und Übersetzung.

Die Inschriften der inneren Umfassungsmauer sowie diejenigen des Hofes und der Säulen des Hofes sind in einer Vorübersetzung abgeschlossen.

2009 erschien im Harrassowitz-Verlag der Band „Die Darstellungen auf den Außenseiten der Umfassungsmauer und auf dem Pylonen. Strichzeichnungen und Photographien. Die Inschriften des Tempels von Edfu, Abteilung II, Dokumentationen, Band 1" (ITE II/1) von Uwe Bartels (ISBN 978-3-447-05834-6), der die von Chassinat nicht publizierten Strichzeichnungen der Ritualszenen zu Edfou VII (Außenseite der Umfassungsmauer) und zu Edfou VIII (Pylon) enthält. Der Monographie wurde eine DVD-ROM beigelegt, die es ermöglicht, der jeweiligen als Strichzeichnung ausgeführten Szene eine zugehörige Photographie des Edfu-Archivs zuzuordnen.

2010 erschien der zweite Band in der *Dokumentationen*-Reihe: „Neue Graffiti und Ritualszenen des Tempels von Edfu. Die Inschriften des Tempels von Edfu, Abteilung II, Dokumentationen, Band 2" (ITE II/2); auch diesem Band liegt eine CD-ROM mit 38 Strichzeichnungen und 277 Farbphotographien bei (ISBN 978-3-935012-06-5). Dieser Dokumentationsband enthält sechs Artikel, in denen bisher unpublizierte Graffiti und hieroglyphische Texte veröffentlicht und bearbeitet wurden. Den Anfang bilden drei Ritualszenen, die im Eingangskorridor des östlichen Pylonturmes entdeckt wurden und einen Beitrag zur Baugeschichte des Tempels liefern. Es folgen Ritualszenen eines Soubassements, das zur Dekoration des zweiten Hofes des Mammisi gehört. Der anschließende Artikel behandelt demotische Versatzmarken des Tempels von Edfu, die sich vor allem auf der Brücke zwischen den Pylontürmen erhalten haben. Sie eröffnen Einblicke in die bautechnische Planung und Ausführung des Tempelgebäudes. Der nächste Artikel befasst sich mit den bisher nicht beachteten Resten eines kleinen Kultbaues, von dem sich noch sieben dekorierte Blöcke nahe der Nordwestecke des großen Tempels *in situ* befinden. Es folgen Publikation und Bearbeitung einiger hieratischer, demotischer und koptischer Graffiti. Abschließend werden Graffiti vorgestellt, die aus der Zeit der Ägyptenexpedition Napoleons stammen. Der Inhalt des vorliegenden Bandes zeigt, dass die Erforschung des großen Tempels von Edfu nicht nur im Bereich der Bearbeitung seiner Inschriften, sondern auch im Bereich der Dokumentation längst noch nicht abgeschlossen ist.

Seit 1990 wurden sechs Bände der Reihe „Edfu-Begleithefte" herausgegeben. Zuletzt erschienen ist im Dezember 2009 eine von Stefan Rüter angefertigte monographische Untersuchung einer spezifischen Hymnenform in Edfu und weiteren Tempeln der Ptolemäerzeit: („Habt Ehrfurcht vor der Gottheit NN. Die snḏ-n-Hymnen in den ägyptischen Tempeln der griechisch-römischen Zeit"; ISBN 978-3-935012-05-8).

Im Jahr 2010 konnte *EDFU:* Materialien und Studien. Die Inschriften des Tempels von Edfu; Begleitheft 6 publiziert werden (ISBN 978-3-935012-07-2). Das Buch enthält insgesamt zwölf Beiträge von D. Budde, A. Effland, M. von Falck, J.-P. Graeff, S. Martinssen-von Falck und W. Waitkus. Im Vordergrund der unterschiedlichen Beiträge stehen die Themen, die sich aus der Beschäftigung mit dem Edfu-Tempel bzw. der Arbeit des Edfu-Projektes ergeben. So widmen sich einige Studien der Textgestaltung und der Dekoration des Edfu-Tempels sowie dessen Baugeschichte. In den Bereich der Hilfsmittel zur methodischen Erforschung der Edfu-Texte gehört ein Beitrag zu den Datenbanken des Edfu-Projektes. Etwas herausgehoben aus dem üblichen Rahmen der Begleithefte sind zwei Beiträge, die der Rezeptionsgeschichte des Edfu-Tempels in Architektur und Dekoration des 19. Jahrhunderts sowie in den Neuen Medien nachgehen. An die im Begleitheft 5 publizierten Berichte über die Surveys im Hinterland von Edfu schließt ein Beitrag an, in dem neue Beobachtungen und Überlegungen zur Lage der Götternekropole Behedet vorgestellt werden. Über den Tempel von Edfu hinausgehend, werden übergreifend einige Themen zur Theologie, zu Dekorationprinzipien und Ritualen der Tempel der griechisch-römischen Zeit behandelt.

Nachdem 2007 (^{3}2009) der erste Band der ptolemäischen Grammatik (ISBN 978-3-9810869-1-1) erschienen ist und im Dezember 2008 der zweite Band (ISBN 978-3-9810869-3-5), der auch die ausführlichen vereinigten Indizes beider Bände enthält, werden seither für Folgeauflagen fortwährend Verbesserungen und Korrekturen eingearbeitet. 2010 erschien mit „A Ptolemaic Sign-List. Hieroglyphs Used in the Temples of the Graeco-Roman Period of Egypt and their Meanings" (ISBN 978-3-9810869-9-7) ein englischsprachiger Exzerpt des ersten Grammatikbandes, das eine ausführliche hieroglyphische Zeichenliste enthält.

Im Berichtszeitraum 2010 wurden folgende Arbeiten durchgeführt: Die Übersetzung der Texte der Innenseite der Umfassungsmauer (Edfou VI) wurde fortgesetzt. Dieser Band enthält u. a. den überwiegenden Teil der innerhalb der gesamten Edfu-Inschriften verstreut überlieferten Schöpfungsmythen. Darüber hinaus sind in Edfou VI auch die Texte des Großen Horusmythos zu finden, bei dem es sich um den größten erzählenden Text des Tempels handelt. Die Fertigstellung der Übersetzung ist nahezu abgeschlossen. Vor der geplanten Publikation des Bandes ITE I/3 (Edfou VI) in 2011 sind noch die ausführlichen Indizes anzufertigen und die computererstellten hierglyphischen Korrekturen am originalen Chassinat-Text sowie die üblichen redaktionellen Arbeiten abzuschließen.

Die 2009/10 publizierte relevante Sekundärliteratur wurde gesichtet, aufgenommen und verarbeitet. Ebenso wurde die Arbeit an den Datenbanken des Projektes fortgeführt (dazu s. u.).

Die digitalisierte Erfassung der Wortliste mit Transliteration, Übersetzung und hieroglyphischer Umsetzung wurde fortgesetzt.

Im Rahmen der von der Akademienunion befürworteten und unterstützten Aufgabe der Digitalisierung, Langzeitarchivierung und Schaffung verläßlicher Repositorien zum Erhalt der erarbeiteten Ressourcen und Materialien wurde u. a. damit begonnen, die bereits in Printform erschienenen Publikationen zu digitalisieren und zu transformieren. An dem Workshop „Repositorien" der Arbeitsgruppe „Elektronisches Publizieren" der Union der deutschen Akademien der Wissenschaften (Digitale Bibliotheken der Zukunft: Workshop der Akademienunion zu Repositorien, Düsseldorf, 04.–06.10.2010) nahm J. P. Graeff als Vertreter des Edfu-Projektes mit einem Vortrag teil. Eine Textdatenbank („Edfu Explorer Online") wurde im Oktober online gestellt (s. u.).

Im Kontext der Planungen und Vorarbeiten zur 8. Kollationierungskampagne in Edfu (März/April 2011) konnte mit Mitteln der Akademie ein mobiles Hochstativsystem erworben werden, das es ermöglicht, an hochgelegenen und nahezu unzugänglichen Stellen des Tempels von Edfu digitale Photographien anzufertigen.

Die Arbeiten an der Lemmatisierung, die der Zuarbeit für den Thesaurus Linguae Aegyptiae des Altägyptischen Wörterbuchprojekts der Berlin-Brandenburgischen Akademie der Wissenschaften dienen, wurden von R. Brech fortgeführt.

Während der letzten drei Kalendermonate wurden die verbliebenen halben Stellen der Mitarbeiter des Edfu-Projekts zeitlich befristet aufgestockt.

Im Berichtszeitraum wurden mehrere Vorträge zu Edfu-Themen gehalten: D. Kurth, Die Rolle des Königs im altägyptischen Tempelkult (Berlin); A. Effland, Old and New. Graffiti in the Edfu-Temple (London); J.-P. Graeff, Vom Zettelarchiv zur Datenbank: Die Inschriften des Tempels von Edfu in Oberägypten (Düsseldorf).

Die Internetpräsenz des Projektes wurde fortlaufend überarbeitet und gepflegt. Seit November befinden sich die Web-Seiten auf einem Server der Universität Göttingen (http://www.edfu-projekt.gwdg.de/); sie sind weiterhin auch in einer englischsprachigen Version aufrufbar (http://www.edfu-projekt.gwdg.de/Home_engl.html). Zudem wurde eine Textdatenbank (Edfu Explorer Online) ins Netz gestellt. Der Edfu Explorer Online ist eine Datenbankplattform, die das Formular der Texte des Tempels von Edfu enthält, soweit es durch die Publikationen „Die Inschriften des Tempels von Edfu" bereits freigegeben wurde. Zur Zeit betrifft dies die Übersetzungen der Chassinat-Bände Edfou VII und VIII (ca. 4.000 Datensätze). Des Weiteren hat der Nutzer Zugriff auf die mit den jeweiligen Datensätzen verbundenen Photos des Edfu-Archives in einem Umfang von etwa 15.000 Photographien sowie die betreffende Seite der Chassinat-Publikation (etwa 1.300 Seiten). Für Formularstudien steht darüber hinaus ein zweidimensionaler Plan des Tempels zur Verfügung, der den Zugriff auf die Chassinat-Seite über die Szenenposition ermöglicht.

Erneut engagierten sich Projektleiter und Mitarbeiter des Vorhabens in der akademischen Lehre an der Universität Hamburg. Zur Zeit sind als Wissenschaftliche Mitarbeiter beim Projekt beschäftigt: Ruth Brech, Andreas Effland, Jan-Peter Graeff, Martin von Falck. Als studentische Hilfskraft ist Leon Ziemer tätig, der die durch die Akademie finanzierten Titel in die Bibliothek des Projektes einpflegt. Projektleiter ist Dieter Kurth, Arbeitsstellenleiter ist Wolfgang Waitkus.

D. Kurth

Veröffentlichungen:

D. Kurth & W. Waitkus (Hgg.), Neue Graffiti und Ritualszenen des Tempels von Edfu. Die Inschriften des Tempels von Edfu — Abteilung II Dokumentationen, Band 2, Gladbeck 2010 (ISBN 978-3-935012-06-5)

Edition der naturwissenschaftlichen Schriften Lichtenbergs
Leitungskommission:
Vorsitzender: Christensen
Stellv. Vors.: Barner
Beuermann (Göttingen), Joost, Lieb, Patzig, Samwer, Schöne

Kontaktadresse: Am Papendiek 14, 37073 Göttingen, Tel.: 0551-39-8409, Fax: 0551-39-9661, akrayer@gwdg.de (Dr. Krayer)

Arbeitsbericht: Auf mehr als 1300 Blättern und in 41 kleinen Heftchen des in der Göttinger Bibliothek aufbewahrten Nachlasses von Georg Christoph Lichtenberg steht ein Fülle von Beobachtungen, Gedanken und Bemerkungen zu Erxlebens Lehrbuch „Anfangsgründe der Naturlehre", das der Physikprofessor Lichtenberg über Jahrzehnte hinweg als Leitfaden seiner Vorlesungen zur Experimentalphysik, zur physischen Geographie und zur Astronomie verwandte. Dieses Werk liefert das Ordnungsprinzip für die Edition der bisher unveröffentlichten Aufzeichnungen; ihre Transkription und Kommentierung sind die Hauptaufgaben der Arbeitsstelle.

Im Berichtsjahr 2010 konnte planmäßig der vierte Band der Edition erscheinen, mit dem die „Notizen und Materialien zur Experimentalphysik" in zwei Bänden (3 und 4) nun vollständig vorliegen. Jedes ihrer Kapitel korrespondiert einem der ersten elf Abschnitte des Erxlebenschen Lehrbuchs, das nach einem von Lichtenberg annotierten Exemplar als Band 1 der Edition vorliegt. Jedes enthält nach einer kurzen Einleitung durch die Bearbeiter zunächst die entsprechenden Passagen aus Lichtenbergs Aufzeichnungen für die Vorlesung des Sommersemesters 1785 und sodann die übrigen thematisch einschlägigen Texte, jeweils mit textkritischem Kommentar. Die Sachkommentare sind gesammelt am Ende der Bände abgedruckt. Etwa 750 Seiten Lichtenbergschen Textes stehen Sachkommentare im Umfang von gut 700 Seiten gegenüber.

Im Anschluß daran wurde mit der Arbeit an Band 5 begonnen, der die Texte zu den Abschnitten 12 („Vom Weltgebäude und der Erde überhaupt") und 13 („Von der Erde insbesondere") enthalten wird. Den darin behandelten Fächern Astronomie und physische Geographie (mit Meteorologie und den Lehren vom Erdmagnetismus und der Erdentstehung) widmete Lichtenberg eine besondere Vorlesung. In ihrer vierstündigen Endform hielt er sie erstmals im Wintersemester 1785/86. Die bei der Vorbereitung darauf entstandenen umfangreichen Aufzeichnungen bilden den Kernbestand der zur Edition in diesem Band vorgesehenen Lichtenbergschen Manuskripte.

Ebenfalls angelaufen sind die Planungen für Band 6, der neben einem Gesamtregister der Ausgabe als Glanzpunkt in einer reich illustrierten Form Lichtenbergs Verzeichnis seiner Instrumentensammlung enthalten soll, die den Grundstock und Ausgangspunkt einer universitären Sammlung physikalischer Apparate in Göttingen bildete (heute in der Sammlung historischer Apparate des I. Physikalischen Instituts).

U. Christensen

Veröffentlichung:

Georg Christoph Lichtenberg: Vorlesungen zur Naturlehre. [Bd. 4.], Notizen und Materialien zur Experimentalphysik, Teil II. Hrsg. von der Akademie der Wissenschaften zu Göttingen. (Bearb.: Albert Krayer, Thomas Nickol, Horst Zehe) Wallstein-Verlag, Göttingen 2010. XXVI, 920 S., zahlr. Abb. ISBN 978-3-8353-0658-5

Enzyklopädie des Märchens
Leitungskommission:
Vorsitzender: Roth (München)
Alzheimer (Bamberg), Brednich (Göttingen), Brückner (Würzburg), Drascek (Regensburg), Gerndt (München), Köhler-Zülch (Göttingen), Mölk, Nagel, Terwiel, Uther (Göttingen)

Kontaktadresse: Friedländer Weg 2, 37085 Göttingen, Tel.: 0551-39-5358, Fax: 0551-39-2526, uther@gwdg.de (Prof. Dr. Uther), http://gwdg.de/~enzmaer

Arbeitsbericht: Die Enzyklopädie des Märchens (EM) ist ein Handwörterbuch zur historischen und vergleichenden Erzählforschung. Es stellt die Ergebnisse von zwei Jahrhunderten internationaler Forschungsarbeit im Bereich volkstümlicher Erzähltraditionen in Vergangenheit und Gegenwart umfassend dar. Das Werk erfaßt dabei schwerpunktmäßig die oralen und die literalen Erzählformen Europas und der europäisch beeinflußten Kulturen, bemüht sich aber auch um eine angemessene Berücksichtigung außereuropäischer Kulturkreise. Darüber hinaus werden anhand der verschiedenen Quellenbereiche die ständigen Wechselbeziehungen zwischen Literatur und Volksüberlieferung deutlich gemacht. Die in der EM präsentierten Informationen sind für Fachleute verschiedenster Forschungsbereiche von Interesse, u. a. für Volkskundler, Philologen, Ethnologen, Religionswissenschaftler, Soziologen, Psychologen, Pädagogen, Kunsthistoriker, Medienforscher. Die Göttinger Forschungsstelle verfügt über ein weltweit einzigartiges Archiv von mehreren 100.000 Erzähltexten sowie eine Spezialbibliothek mit etwa 15.000 Einheiten. Die bisher über 800 Autoren und Autorinnen der EM stammen aus über 70 Ländern in allen Kontinenten.

2010 liegen dreizehn komplette Bände (A – Verführung) vor. Im Berichtsjahr wurden außerdem die Artikel für die erste Lieferung des 14. Bandes (Vergeltung – Weg) zum Druck vorbereitet.

Im Oktober 2010 erschien die dritte Lieferung des dreizehnten Bandes der „Enzyklopädie des Märchens"; sie umfaßt die Artikel „Troja-Roman" bis „Verführung". Ein Großteil der Manuskripte für die erste Lieferung des 14. Bandes („Vergeltung" bis ca. „Weg") liegt bereits vor. Die redaktionelle Bearbeitung der ausstehenden Manuskripte soll im Februar 2011 abgeschlossen werden, so daß die erste Lieferung des 14. Bandes ca. August 2011 erscheinen kann.

Außer auf die Redaktionstätigkeit zu den Artikeln der Buchstaben V bis Z verwandten die Mitarbeiter erhebliche Zeit darauf, die außerordentlich umfangreichen Archive und Kataloge der Arbeitsstelle zu ergänzen und auf den neuesten Stand zu bringen. Dies betraf insbesondere die Betreuung des Textarchivs sowie die Auswertung von Typenkatalogen und Spezialbibliographien. Die Anschaffung und Einarbeitung wichtiger in- und ausländischer Primär- und Sekundärliteratur in die Bibliothek und die diversen Archive wurde gleichfalls in angemessenem Maßstab betrieben.

Fortgeführt wurde die EDV-Erfassung zur Aufbereitung des Archivmaterials, der verschiedenen Katalog- und Karteisysteme sowie der Namen-, Sach-, AaTh/ATU- und Motivregister, die für die redaktionelle Arbeit einen schnellen und umfassenden Zugriff auf die Materialien ermöglicht und sich in der Praxis vielfach bewährt hat. Die Register der EM sind nach umfangreichen Umstellungen seit Sommer 2000 bei der GWDG gespeichert. Abfragen und Bearbeitungen werden per Internetschnittstelle vorgenommen.

J. Uther

Veröffentlichungen:

Enzyklopädie des Märchens, Handwörterbuch zur historischen und vergleichenden Erzählforschung
    Band 13, Lieferung 3 (Troja-Roman – Verführung). Begründet von Kurt Ranke. Mit Unterstützung der Akademie der Wissenschaften zu Göttingen herausgegeben von Rolf Wilhelm Brednich, Göttingen, zusammen mit Heidrun Alzheimer, Bamberg, Hermann Bausinger, Tübingen, Wolfgang Brückner, Würzburg, Daniel Drascek, Regensburg, Helge Gerndt, München, Ines Köhler-Zülch, Göttingen, Klaus Roth, München, Hans-Jörg Uther, Göttingen. Verlag Walter de Gruyter & Co., Berlin/New York 2010. Sp. 961–1440.

Erschließung der Akten des kaiserlichen Reichshofrats
Leitungskommission:
Vorsitzende: Schumann
Cordes (Frankfurt/Main), Just (Wien), Oestmann (Münster), Olechowski (Wien), Sellert

Kontaktadresse: Institut für Rechtsgeschichte, Rechtsphilosophie und Rechtsvergleichung, Abt. für Deutsche Rechtsgeschichte, Weender Landstraße 2, 37073 Göttingen, Tel.: 0551-39-7444, Fax: 0551-39-13776, e.schumann@jura.uni-goettingen.de (Prof. Dr. Schumann)

Arbeitsbericht: Das seit 2007 bestehende (in Zusammenarbeit mit der Österreichischen Akademie der Wissenschaften und dem Österreichischen Staatsarchiv betreute) Forschungsprojekt zur Erschließung der Judicialia des Kaiserlichen Reichshofrats (ausführlich zu Umfang und Zielsetzungen des Projekts: Wolfgang Sellert, Jahrbuch der Akademie der Wissenschaften zu Göttingen 2009, S. 506–509) ist im vergangenen Jahr – trotz Mitarbeiterwechsel in den Jahren 2009 und 2010 – gut vorangekommen. Zwei Bände sind 2010 und Anfang 2011 beim Erich Schmidt Verlag (Berlin) erschienen: der von Eva Ortlieb bearbeitete zweite Band aus der Serie I (Alte Prager Akten, Band 2: E-J) und der von Ursula Machoczek bearbeitete erste Band aus der Serie II (Antiqua, Band 1: Karton 1–43). Die Arbeiten an zwei weiteren Bänden aus der Serie I (Alte Prager Akten, Band 3 und 4, bearbeitet von Eva Ortlieb und Tobias Schenk) stehen vor dem Abschluss und werden 2011/2012 erscheinen; die Arbeiten am zweiten Band aus der Serie II (Antiqua, Bearbeiter: Ulrich Rasche) kommen ebenfalls gut voran. Zu den Bänden stellt der Verlag eine kostenpflichtige digitale Version unter der Adresse http://www.RHRdigital.de zur Verfügung.

Die bisher erschienenen Rezensionen waren durchgängig sehr positiv: Anja Amend-Traut, sehepunkte 10 (2010), Nr. 11 [15.11.2010], http://www.sehepunkte.de/2010/11/17657.html; Filippo Ranieri, Archiv für hessische Geschichte und Altertumskunde, Neue Folge, Bd. 68 (2010), S. 489–491; Dieter Pöschke: Jahrbuch für Geschichte Mittel- und Ostdeutschlands, Zeitschrift für vergleichende und preußische Landesgeschichte, Bd. 55, 2009, S. 293–297; Robert Riemer, sehepunkte 10 (2010), Nr. 7/8 [15.07.2010], http://www.sehepunkte.de/2010/07/17651.html; Bernd Schildt, http://www.koeblergerhard.de/ZRG128Internetrezensionen2011/DieAktendesKaiserlichenReichshofrats.htm; Raimund J. Weber, Zeitschrift für die Geschichte des Oberrheins (ZGO), Bd. 157 (2009), S. 505–507.

Von Tobias Schenk wurden in Zusammenarbeit mit dem Projektleiter „Ordnungs- und Verzeichnungsrichtlinien" als arbeitsgruppeninterne Ergänzung der in den Inventarbänden publizierten Benutzerhinweise erstellt. Sie sollen zukünftig die formale Einheitlichkeit aller Verzeichnungen als wichtiges Qualitätskriterium gewährleisten. Es wurde außerdem eine von Ulrich Rasche betreute Homepage für das Projekt eingerichtet: www.reichshofratsakten.de und http://www.reichshofratsakten.uni-goettingen.de/

In Kooperation mit der Wetzlarer Gesellschaft für Reichskammergerichtsforschung fand in Göttingen vom 2. bis zum 4. September 2010 das Symposion „Geld und Gerechtigkeit im Spiegel höchstrichterlicher Rechtsprechung des Alten Reichs" statt . Die Ergebnisse der Tagung werden der Akademie im Wintersemester 2011/2012 vorgelegt; der Tagungsband soll unter dem Titel „Geld, Handel, Wirtschaft – Höchste Gerichte im Alten Reich als Spruchkörper und Institution" im Jahr 2012 in den Abhandlungen erscheinen.

Am 28. April 2010 und am 2. Dezember 2010 fanden Arbeitssitzungen der Projektgruppe „Die Akten des Kaiserlichen Reichshofrats" im Haus-, Hof-, und Staatsarchiv Wien unter der Leitung von Wolfgang Sellert statt; die Leitungskommission tagte ebenfalls unter der Leitung von Wolfgang Sellert am 3. September 2010 in Göttingen.

Ende Oktober 2010 ist Werner Ogris auf eigenen Wunsch als Mitglied aus der Leitungskommission ausgeschieden; als sein Nachfolger wurde Thomas Olechowski (Wien) in die Leitungskommission gewählt. Außerdem hat auf Vorschlag der Leitungskommission Eva Schumann im Oktober 2010 den Vorsitz der Leitungskommission übernommen. Die Projektleitung liegt weiterhin in den bewährten Händen von Wolfgang Sellert; wissenschaftliche Mitarbeiter sind Dr. Ulrich Rasche und Dr. Tobias Schenk.

E. Schumann

Veröffentlichungen:

Wolfgang Sellert (Hrsg.), Die Akten des Kaiserlichen Reichshofrats, Serie II: Antiqua, Band 1: Karton 1–43, bearbeitet von Ursula Machoczek, Berlin 2010.

Ulrich Rasche, Tagungsbericht: Geld und Gerechtigkeit im Spiegel höchstrichterlicher Rechtsprechung des Alten Reichs (Akademie der Wissenschaften zu Göttingen, Gesellschaft für Reichskammergerichtsforschung, Göttingen 2. 9. – 4. 9. 2010), in: H-Soz-Kult, 15. November 2010.

Tobias Schenk, Ein Erschließungsprojekt für den kaiserlichen Reichshofrat, in: Archivar 63, 2010, S. 285–290.

Germania Sacra
Leitungskommission:
Vorsitzende: Röckelein
Black-Veldtrup (Münster), Flachenecker (Würzburg), Gatz (Città del Vaticano/Italien), Heimann (Potsdam), Henkel, Monnet (Paris), Muschiol (Bonn), Rexroth

Kontaktadresse: Theaterstraße 7, 37073 Göttingen, Tel.: 0551-39-4283 (Frau Dr. Kruppa), Fax: 0551-39-13784, germania-sacra@gwdg.de, www.germania-sacra.de

Arbeitsbericht: Das Forschungsprojekt Germania Sacra hat zur Aufgabe, die Quellen der Kirche des Alten Reiches zu erschließen, das überlieferte Material aufzubereiten und in Handbuchformat zu publizieren. So werden kirchengeschichtliche Basisinformationen zu ganz unterschiedlichen Bereichen der historisch ausgerichteten Wissenschaften wie Verfassungs- und Kirchengeschichte, Reichs- und Landesgeschichte, Wirtschafts- und Sozialgeschichte, Bildungsgeschichte, Historische Geografie, Siedlungsgeschichte, Prosopographie, Mentalitäten-, Frömmigkeits- und Patroziniengeschichte des Mittelalters und der Neuzeit erarbeitet. Der Untersuchungszeitraum erstreckt sich über die ganze Vormoderne, von den Anfängen der Bistümer des Reiches im 3./4. Jahrhundert bis zu deren Auflösung in der Reformation bzw. im Zeitalter der Säkularisation zu Beginn des 19. Jahrhunderts.

Das Vorhaben konzentriert sich auf die Bearbeitung der Bistümer (in ihren Grenzen um 1500) und der Domstifte auf dem Gebiet der Bundesrepublik Deutschland. Die unter der Federführung des Max-Planck-Instituts für Geschichte begonnenen Bände zu einzelnen Stiften und Klöstern werden bis 2018 abgeschlossen.

Die Germania Sacra richtet jährlich ein Colloquium für ihre ehrenamtlichen Mitarbeiterinnen und Mitarbeiter aus. Das diesjährige Colloquium fand am 23./24. April 2010 im Historischen Gebäude der Staats- und Universitätsbibliothek Göttingen statt und widmete sich den Reformbewegungen der Klöster und Stifte des Alten Reiches. Im öffentlichen Abendvortrag referierte Prof. Dr. Gert Melville (TU Dresden) über „Bischöfe und religiöse Bewegungen im Hochmittelalter". Aus dem Kreis der ehrenamtlichen Mitarbeiterinnen und Mitarbeiter sprachen Prof. Dr. Immo Eberl (Die Hirsauer Reform und die Gründung des Klosters Blaubeuren), Dr. Peter Rückert (Spätmittelalterliche Klosterreform und Schriftkultur im Umfeld südwestdeutscher Benediktinerklöster), Dr. Bruno Krings (Reformen im Prämonstratenserstift Rommersdorf), Sr. Dr. Maria Magdalena Zunker OSB (Reformen in St. Walburg/Eichstätt [1453–1457]) und Prof. Dr. Hans-Georg Aschoff (Reformation und Gegenreformation im Bistum Hildesheim im 16. Jh.).

Zu den Forschungsvorhaben der Germania Sacra, die bis 2018 abgeschlossen und publiziert werden sollen, gehören elf Bände zu Klöstern des Benediktinerordens. Um die Arbeit an den Bänden zielgerichtet voranzutreiben, richtete die Arbeitsstelle am 26. November 2010 in Göttingen einen Workshop aus, an dem fünf Bearbeiterinnen und Bearbeiter von Benediktinerklöstern teilnahmen: Prof. Dr. Immo Eberl (Blaubeuren und Ellwangen), Dr. Jutta Krimm-Beumann (St. Peter im Schwarzwald), Dr. Bertram Resmini (St. Maximin/Trier), Dr. Peter Rückert (Gottesaue), Sr. Dr. Maria Magdalena Zunker OSB (St. Walburg/Eichstätt). P. Dr. Marcel Albert OSB (Abtei Gerleve) gab eine Einführung in den Stand der Ordensforschung. Gemeinsam mit der Projektleitung und der Redaktion diskutierten die Bearbeiterinnen und Bearbeiter inhaltliche und formale Probleme bei der Abfassung ihrer Bände.

Die Projektleitung und die Mitglieder der Redaktion vertraten die Germania Sacra auf zahlreichen wissenschaftlichen Konferenzen im In- und im Ausland. Intensive wissenschaftliche Kontakte wurden mit der Central European University Budapest und dem Deutschen Historischen Institut in Rom geknüpft.

Das Redaktionsteam der Germania Sacra war aktiv in das DAAD-Austauschprogramm „Medieval Monastic Regions in Central Europe – The Spiritual and Physical Landscape Setting of Monastic Orders and Religious Houses" eingebunden, welches von der Universität Göttingen (Prof. Dr. Hedwig Röckelein) und der Central European University Budapest (Prof. Dr. József Laszlovszky) betreut wird. Das Programm bestand aus vier Workshops. Der dritte Workshop fand am 9./10. April 2010 zum Thema „Monastic Topography and Ecclesiastical Topography" in Göttingen statt und wurde von der Germania Sacra ausgerichtet.

Am 12./13. Oktober 2010 fand in Rom ein gemeinsamer Workshop des Deutschen Historischen Instituts und der Germania Sacra zu den Themen Digitalisierung, Datenbanken und Kartographie statt. Dort wurde eine künftige Kooperation zwischen der Germania Sacra und dem Deutschen Historischen Institut in Rom vereinbart.

Im Rahmen der „Kolloquien für junge Wissenschaftler" der Akademie der Wissenschaften zu Göttingen richtete die Germania Sacra am 29./30. Oktober 2010 einen Workshop für Nachwuchswissenschaftler aus, auf dem sowohl Doktorandinnen und Doktoranden als auch Habilitandinnen und Habilitanden ihre kirchenhistorischen Projekte vorstellen konnten (s. unter „Sonstige Veranstaltungen", Seite 466).

Das Forschungsvorhaben Germania Sacra wurde im Berichtsjahr zum ersten Mal seit dem Übergang des Projektes an die Akademie der Wissenschaften 2008 evaluiert. Die Begehung durch auswärtige Fachgutachter fand am 9. Juli 2010 in der Arbeitsstelle statt.

Im Berichtszeitraum konnte die Redaktion die Bearbeitung folgender neuer Bände zu Diözesen und Domstiften der Reichskirche vertraglich vereinbaren: Bischofsreihe Mainz (Anfänge bis 1088; 1089–1200; 1396–1514; 1647–1802), Bischofsreihe Konstanz (1206–1410; 1410–1600), Bischofsreihe Regensburg (bis 1649; 1649–1817), Domstift Regensburg (bis 1250; 1250 bis zur Säkularisation).

Mitarbeiter der Redaktion der Germania Sacra unterrichteten am Seminar für Mittlere und Neuere Geschichte der Georg-August-Universität Göttingen. Im Sommersemester 2010 bot Dr. Nathalie Kruppa ein Aufbauseminar über „Adel im mittelalterlichen (Nieder)Sachsen" an. Im Wintersemester 2010/11 leitete Dr. Christian Popp ein Seminar zu mittelalterlichen Kalendarien.

Im Mai 2010 erschien mit der Monographie von Wilhelm Kohl „Die Zisterzienserabtei Marienfeld" der zweite Band der Dritten Folge der Germania Sacra. In Druckvorbereitung sind die Bände von Walburga Scherbaum (Das Augustinerchorherrenstift Bernried) und von Winfried Romberg (Die Würzburger Bischöfe von 1617 bis 1684). Außerdem wird im Frühjahr 2011 der erste Band der „Studien zur Germania Sacra. Neue Folge" von Miriam Montag-Erlwein (Heilsbronn von der Gründung 1132 bis 1321. Das Beziehungsgeflecht eines Zisterzienserklosters im Spiegel seiner Quellenüberlieferung) publiziert werden.

H. Röckelein

Veröffentlichungen:

Wilhelm Kohl: Die Zisterzienserabtei Marienfeld (Germania Sacra Dritte Folge 2; Das Bistum Münster 11), Berlin/New York 2010.
Jasmin Hoven/Bärbel Kröger/Nathalie Kruppa/Christian Popp: Germania Sacra. Bericht der Arbeitsstelle ‚Germania Sacra' bei der Akademie der Wissenschaften zu Göttingen für das Jahr 2009/2010, in: Deutsches Archiv für Erforschung des Mittelalters 66 (2010), S. 137–143.

Goethe-Wörterbuch (Arbeitsstelle Hamburg)
Interakademische Leitungskommission:
Vorsitzender: J. Schmidt (Freiburg i. Br.)
Barner, Bierwisch (Berlin), Gardt, Frick, Knapp (Heidelberg), H. Schmidt (Mannheim)

Kontaktadresse: Von-Melle-Park 6, 20146 Hamburg, Tel./Fax: 040-42838-2756, christiane.schlaps@uni-hamburg.de (Dr. Schlaps), http://www.rrz.uni-hamburg.de/goethe-woerterbuch/

Arbeitsbericht: Das seit 1966 erscheinende Goethe-Wörterbuch dokumentiert als größtes semasiologisches Autorenwörterbuch der Germanistik den Wortschatz Johann Wolfgang Goethes in über 90.000 Stichwörtern und gestützt auf circa 3,3 Mio. Belegexzerpte. In alphabetisch angeordneten Wortartikeln wird der spezifische Individualstil Goethes, wie er sich in der Überlieferung eines extrem weitgefächerten Textsorten- und Bereichsspektrum zeigt, in Wortbedeutung und -gebrauch mittels genauer hierarchischer Gliederungsstruktur sowie reichhaltiger Zitat- und Stellenbelegdarbietung herausgearbeitet.

Im Berichtszeitraum sind die zehnte und die elfte Lieferung des 5. Bandes (Libanon – Lokalbildung sowie Lokale – manchmal) erschienen. Die Redaktion der 12. (und letzten) Lieferung des 5. Bandes erfolgte in der Hamburger Arbeitsstelle. Zugleich wurde die Internetversion der unter www.goethe-woerterbuch.de zugänglichen Bände des GWb in ihrer Benutzerfreundlichkeit verbessert.

Zum 1. März verließ Herr Dr. Niels Bohnert die Arbeitsstelle; die Vollstelle ist seither vakant und konnte erst zum 1. Januar 2011 wiederbesetzt werden. Eine halbe Mitarbeiterstelle zur Förderung des wissenschaftlichen Nachwuchses wurde zum 15. November neu eingerichtet und konnte mit Frau Jana Ilgner, M.A., besetzt werden.

Die Mitarbeiterinnen und Mitarbeiter vertraten das Projekt in bewährter Form in verschiedenen wissenschaftlichen Institutionen und auf einer Reihe wissenschaftlicher Konferenzen im In- und im Ausland. Im Anschluß an die Mitarbeitervollversammlung mit den Kolleginnen und Kollegen der Partnerarbeitsstellen vom November 2009 (s. den Bericht zu 2009) arbeitete Ch. Schlaps die dort gefaßten Beschlüsse in eine Neufassung des sog. Regelwerks, d. h. der verbindlichen Darstellung der lexikographischen Arbeitsprinzipien und -praktiken des GWb, ein und führte umfangreiche weitere Vorschläge in einer endgültigen Version zusammen, die anschließend in den Arbeitsstellen diskutiert und entschieden wurden. Diese Fassung des

Regelwerks trat am 31.3.2010 in allen drei Forschungsstellen des Projekts in Kraft. Mit dem Erscheinen des nächsten Bandes der historisch-kritischen Ausgabe der Briefe Goethes wurden unter der Leitung von B. Hamacher mit Unterstützung durch die studentischen Hilfskräfte die Vergleichsarbeiten mit dem bisherigen Textbestand der Weimarer Ausgabe und anderer Editionen fortgeführt und dabei Korrekturen und Neulesungen aufgenommen. Nachexzerptionen aus diversen amtlichen Schriften wurden im Berichtsjahr von E. Dreisbach vorgenommen.

Ch. Schlaps

Veröffentlichungen:

Goethe-Wörterbuch. Hrsg. von der Berlin-Brandenburgischen Akademie der Wissenschaften, der Akademie der Wissenschaften in Göttingen und der Heidelberger Akademie der Wissenschaften. Kohlhammer-Verlag, Stuttgart, Bd. 5, Lfg. 10 (*Libanon – Lokalbildung*), 2010.

Goethe-Wörterbuch. Hrsg. von der Berlin-Brandenburgischen Akademie der Wissenschaften, der Akademie der Wissenschaften in Göttingen und der Heidelberger Akademie der Wissenschaften. Kohlhammer-Verlag, Stuttgart, Bd. 5, Lfg. 11 (*Lokale – manchmal*), 2010.

Elke Dreisbach: [Rez.] Johann Wolfgang von Goethe. „Die Actenstücke jener Tage sind in der größten Ordnung verwahrt..." Goethe und die Gründung der *Jenaischen Allgemeinen Literaturzeitung* im Spiegel des Briefwechsels mit Heinrich Carl Abraham Eichstädt. Hrsg. von Ulrike Bayer. Göttingen 2009. In: Zeitschrift für Germanistik NF 3 (2010), S. 682–684.

Elke Dreisbach: [Rez.] Die Entstehung von Goethes Werken in Dokumenten. Begr. von Momme Mommsen, fortgef. und hrsg. von Katharina Mommsen. Bd. I–IV. Berlin u. a. 2006–2008. In: Jahrbuch der Österreichischen Goethe-Gesellschaft, Bd. 111/112/113 (2007/2008/2009), S. 263–266.

Bernd Hamacher: Offenbarung und Gewalt. Literarische Aspekte kultureller Krisen um 1800. München: Fink 2010.

Bernd Hamacher: Johann Wolfgang von Goethe. Entwürfe eines Lebens. Darmstadt: Wissenschaftliche Buchgesellschaft 2010.

Bernd Hamacher: „Hm! Hm!" Goethes „sehr ernste Scherze" und die Allegorie. In: „Kann man denn auch nicht lachend sehr ernsthaft sein?". In: Sprachen und Spiele des Lachens in der Literatur. Hrsg. von Daniel Fulda, Antje Roeben und Norbert Wichard. Berlin/New York: de Gruyter 2010, S. 71–83.

Bernd Hamacher/Myriam Richter: Der Sprachkörper unter dem Seziermesser. Strukturalismus im Goethe-Wörterbuch. In: Strukturalismus in Deutschland. Literatur- und Sprachwissenschaft 1910–1975. Hrsg. von Hans-Harald Müller, Marcel Lepper und Andreas Gardt. Göttingen: Wallstein 2010 (marbacher schriften. neue folge 5), S. 320–337.

Rüdiger Nutt-Kofoth: [Rez.] Harald Wentzlaff-Eggebert: Weimars Mann in Leipzig. Johann Georg Keil (1781–1857) und sein Anteil am kulturellen Leben der Epoche. Eine dokumentierte Rekonstruktion. Mit einem Beitrag von Markus Bertsch und unter Mitwirkung von Corinne Dölling. Heidelberg 2009 (Ereignis Weimar-Jena. Kultur um 1800, Bd. 26). In: Goethe-Jahrbuch 126 (2009) [2010], S. 316–318.

Christiane Schlaps: Aspekte der Medizin der Goethezeit im Spiegel des *Goethe-Wörterbuchs*. In: Würzburger medizinhistorische Mitteilungen 29 (2010), S. 256–277.

Hof und Residenz im spätmittelalterlichen Deutschen Reich (1200–1600)
Leitungskommission:
Vorsitzender: Paravicini
Albrecht (Kiel), Bünz (Leipzig), Fouquet (Kiel), Grubmüller, Honemann (Münster), Johanek (Münster), Moraw, Müller (Mainz), Ranft (Halle/Saale), Spieß, Zotz (Freiburg i. Br.)

Kontaktadresse: Residenzen-Kommission/Arbeitsstelle c/o Christian-Albrechts-Universität zu Kiel/ Historisches Seminar, Olshausenstraße 40, 24118 Kiel, Tel./Fax: 0431-880-1484 (Dr. Hirschbiegel), -2296 (Dr. Wettlaufer), resikom@email.uni-kiel.de, http://resikom.adw-goettingen.gwdg.de

Arbeitsbericht: Die Residenzen-Kommission als Einrichtung der Akademie der Wissenschaften zu Göttingen arbeitet mit der Aufgabenstellung, Residenz und Hof im spätmittelalterlichen Deutschen Reich (1200–1600) im europäischen Vergleich zu untersuchen. Die föderale Struktur Deutschlands, die Konkurrenz seiner zahlreichen Städte wird an einer ihrer Wurzeln erforscht: der Entstehung der landesherrlichen Residenzen im späteren Mittelalter. Diese ist auf das engste mit dem Wachstum der Höfe verbunden, der wichtigsten Machtzentren Alteuropas. Die Kommission fördert Monographien einzelner Höfe, Residenzen und Residenzengruppen, organisiert internationale Kolloquien: „Alltag bei Hofe" (Ansbach 1992), „Zeremoniell und Raum" (Potsdam 1994), „Höfe und Hofordnungen" (Sigmaringen 1996), „Das Frauenzimmer" (Dresden 1998), „Erziehung und Bildung bei Hofe" (Celle 2000), „Der Fall des Günstlings" (Neuburg an der Donau 2002), „Der Hof und die Stadt" (Halle an der Saale 2004), „Hofwirtschaft" (Gottorf/Schleswig 2006), „Vorbild, Austausch, Konkurrenz. Höfe und Residenzen in der gegenseitigen Wahrnehmung" (Wien 2008), „Städtisches Bürgertum und Hofgesellschaft. Kulturen integrativer und konkurrierender Beziehungen in Residenz- und Hauptstädten vom 14. bis ins 19. Jahrhundert" (Coburg 2010), und veröffentlicht sie in der Reihe „Residenzenforschung" (23 Einzelbände sind bislang erschienen, dazu die Bände 15-I und 15-II in jeweils zwei Teilbänden sowie 15-III;

15-IV in wiederum zwei Teilbänden wird 2011 erscheinen). Außerdem sammelt sie aus ihrem Zeitraum die deutschen Hofordnungen und als weitere Quelle die europäischen Reiseberichte (die Bibliographie der deutschen Reiseberichte ist 1994 erschienen [2. Aufl. 2001], der französischen 1999, der niederländischen 2000). Derzeit wird am Abschluß eines Handbuchs spätmittelalterlicher Höfe und Residenzen gearbeitet. Der erste, dynastisch-topographische Teil in zwei Bänden zu den Dynastien, Höfen und Residenzen ist 2003 erschienen, der zweite, „Bilder und Begriffe" betitelte Teil, liegt seit 2005 in ebenfalls zwei Bänden vor, der dritte, einbändige Teil „Hof und Schrift" seit 2007; ein vierter Teil zu den „Grafen und Herren" befindet sich in der redaktionellen Bearbeitung. Als Forum dienen halbjährlich versandte „Mitteilungen".

Mit anhaltender Unterstützung der Fritz Thyssen Stiftung konnte das Projekt „Höfe und Residenzen im spätmittelalterlichen Reich" nach Erscheinen des ersten, des zweiten und des dritten Teiles des Handbuches weiter voranschreiten. Die redaktionelle Arbeit am vierten Teil zu den „Grafen und Herren" steht vor dem Abschluß, Erscheinungstermin ist nunmehr Herbst 2011.

Vom 25. bis zum 28. September 2010 fand in Coburg in Zusammenarbeit mit der Historischen Gesellschaft Coburg e. V. unter ihrem Vorsitzenden Prof. Dr. Gert Melville (Dresden/Coburg) das 12. Symposium der Kommission zu dem Thema „Städtisches Bürgertum und Hofgesellschaft. Kulturen integrativer und konkurrierender Beziehungen in Residenz- und Hauptstädten vom 14. bis ins 19. Jahrhundert" statt, siehe den beiliegenden Bericht von Sven Rabeler (Kiel), unter „Sonstige Veranstaltungen", Seite 456.

Erschienen sind mit den Heften 20,1 und 20,2 zwei weitere Ausgaben der Mitteilungen der Residenzen-Kommission, dazu, anläßlich ihres 25jährigen Jubiläums, ein bibliographisches Sonderheft, das sämtliche Publikationen der Residenzen-Kommission seit deren Bestehen erfaßt.

In der Reihe „Residenzenforschung" sind erschienen als Band 23 die Publikation der Beiträge des 11. Symposiums der Residenzen-Kommission unter dem Titel „Vorbild, Austausch, Konkurrenz. Höfe und Residenzen in der gegenseitigen Wahrnehmung", hg. von Werner Paravicini und Jörg Wettlaufer, Ostfildern: Thorbecke 2010, sowie als Band 24 die Publikation der Akten einer Tagung, die sich vom 19. bis zum 22. Februar 2009 in Salzburg den geistlichen Fürsten widmete: „Höfe und Residenzen geistlicher Fürsten. Strukturen, Regionen und Salzburgs Beispiel in Mittelalter und Neuzeit", hg. von Gerhard Ammerer, Ingonda Hannesschläger, Jan Paul Niederkorn und Wolfgang Wüst, Ostfildern: Thorbecke 2010. Band 25 wird die Beiträge des 12. Symposiums der Kommission publizieren, befindet sich in Vorbereitung und wird 2011 erscheinen.

Weiterhin in Vorbereitung befindet sich die Edition der Hof-, Regiments- und Ämterordnungen von Jülich-Kleve-Berg durch Brigitte Kasten und Margarete Bruckhaus, Saarbrücken, die als Band 26 der Reihe im Jahr 2011 erscheinen werden.

Die Förderung der Kommission durch das Akademienprogramm endet mit dem Jahre 2010. Ein Neuantrag mit veränderter Fragestellung (siehe den Bericht über das Coburger Symposium) ist gestellt. Trifft er auf Zustimmung, wird ab dem Jahresbeginn 2012 eine neue „Residenzen-Kommission" ihre Arbeit aufnehmen. Für das Jahr 2011 ist eine verringerte Abschlußfinanzierung genehmigt. Sie wird sich hoffentlich als Brücke zu neuen Wegen herausstellen.

W. Paravicini

Veröffentlichungen:

Mitteilungen der Residenzen-Kommission der Akademie der Wissenschaften zu Göttingen [Universitätsdruckerei der Christian-Albrechts-Universität zu Kiel, Aufl. 850, ISSN 0941-0937]:
20,1 (2010) [89 S.]
20,2 (2010) [148 S.]

Mitteilungen der Residenzen-Kommission der Akademie der Wissenschaften zu Göttingen. Sonderheft [Universitätsdruckerei der Christian-Albrechts-Universität zu Kiel, Aufl. 850, ISSN 1617-7312]:

Sonderheft 13: 25 Jahre Residenzen-Kommission 1995-2010. Eine Bibliographie, zusammengestellt von Jan Hirschbiegel, Kiel 2010 [Universitätsdruckerei der Christian-Albrechts-Universität zu Kiel, Aufl. 850, 83 S., ISSN 1617–7312]

Reihe „Residenzenforschung":

Vorbild, Austausch, Konkurrenz. Höfe und Residenzen in der gegenseitigen Wahrnehmung, hg. von Werner Paravicini und Jörg Wettlaufer, Ostfildern 2010 (Residenzenforschung, 23) [Jan Thorbecke Verlag, Aufl. 300, 464 S. mit 48 farb. Bildtafeln, Ln., ISBN 978-3-7995-4526-6].

Höfe und Residenzen geistlicher Fürsten. Strukturen, Regionen und Salzburgs Beispiel in Mittelalter und Neuzeit, hg. von Gerhard Ammerer, Ingonda Hannesschläger, Jan Paul Niederkorn und Wolfgang Wüst, Ostfildern (Residenzenforschung, 24) [Jan Thorbecke Verlag, Aufl. 300, 552 S. mit 44 farb. Bildtafeln, Ln., ISBN 978-3-7995-4527-3].

Johann Friedrich Blumenbach-Online
Leitungskommission:
Vorsitzender: Rupke
Stellv. Vors.: Lossau (Göttingen)
Elsner, Joost, Lauer, Mazzolini, Reitner, Schmutz (Zürich), Schorn-Schütte (Frankfurt)

Kontaktadresse: Papendiek 16, 37073 Göttingen, Tel. 0551-39-9468, Fax: 0551-39-9748, (Dr. Weber), hweber@gwdg.de, www.blumenbach-online.de

Arbeitsbericht: Der Aufbau einer Arbeitsstelle für das zum Jahresbeginn 2010 bewilligte Projekt begann im Januar mit der Besetzung der Mitarbeiterstellen und war im Oktober mit der Ernennung von Dr. Heiko Weber zum Projektkoordinator abgeschlossen (die Projektkoordination war bis dahin kommissarisch von Herrn Reimer Eck wahrgenommen worden). Die konstituierende Sitzung der Leitungskommission fand am 8. Mai 2010 statt. Seit Ende Mai wird das Projekt durch eine eigene Website im Internet repräsentiert.
 In organisatorischer Hinsicht wurden für die gegenwärtigen Arbeitsschwerpunkte des Vorhabens drei Projektgruppen gebildet: Textedition, Softwareprogrammierung und Erfassung der Sammlungsobjekte. Angesiedelt sind die Arbeitsgruppen bei der Niedersachsenprofessur für Wissenschaftsgeschichte im Heyne-Haus, bei der Abteilung „Forschung und Entwicklung" der Staats- und Universitätsbibliothek in deren Historischem Gebäude und im Geologischen Zentrum der Universität Göttingen. Die Zusammenarbeit der Arbeitsgruppen erfolgt durch regelmäßig stattfindende Sitzungen und durch eine zu diesem Zweck eingerichtete, kooperative elektronische Projektdokumentation.
 Die Grundlage für die online-Edition der Texte Johann Friedrich Blumenbachs wurde im ersten Halbjahr 2010 mit der Erstellung einer Gesamtbibliographie der von dem Gelehrten publizierten Werke geschaffen. Die Bibliographie liegt inzwischen gedruckt vor und wurde auf der Frankfurter Buchmesse präsentiert.
 Die aus Sicht des Blumenbach-Projekts besonders relevanten Möglichkeiten einer online-Edition sind Hyperlinking, Multimedialität und Kooperativität. Die Erprobung und Demonstration dieses Potenzials in Form einer Modelledition, die Texte und Sammlungsobjekte abbildet, ist das Hauptziel der ersten Projektphase. Entscheidende Schritte hierfür sind die Material-

auswahl; die Erarbeitung von Metadatenschemata und die Schaffung der technischen Voraussetzungen:

- Als Materialgrundlage wurde ein Korpus inhaltlich verwandter und in ihrer Genese zusammenhängender Texte Blumenbachs ausgewählt. Im Zentrum stehen dabei Blumenbachs Dissertation „De generis humani varietate nativa" und Blumenbachs Überlegungen zu einer Typologisierung der Menschheit. Die Digitalisierung der entsprechenden Texte und deren Umwandlung in Volltexte nach TEI-Standard wurde vorbereitet und begonnen; hierzu gehören die Ermittlung geeigneter Verfahren, die Festlegung von Qualitätsstandards und die Bereitstellung von Hilfsmitteln für die beauftragten externen Dienstleister (Codierungstabellen für die Wiedergabe von Schriftzeichen in historischen Drucktypen; Pflichtenhefte). Die multimedialen Möglichkeiten einer online-Edition werden durch die Einbindung von Abbildungen nichttextueller Zeugnisse von Blumenbachs Arbeit genutzt. Hierbei handelt es sich vor allem um die in seinen Texten beschriebenen oder abgebildeten Objekte aus seiner umfangreichen naturhistorischen Sammlung. Die Identifizierung und Lokalisierung der ca. 4000 noch erhaltenen, auf Blumenbach zurückgehenden Objekte in heutigen Sammlungen in Göttingen und andernorts war und ist daher ebenfalls Teil der Vorbereitung der Materialgrundlage für die Modelledition.
- Die Nutzung der Texte, vor allem aber der Sammlungsobjekte für elektronische Such- und Auswertungsvorgänge erfordert die Erhebung umfangreicher Metadaten zu diesen und erzwingt zugleich deren planvolle Standardisierung. Die Planung und Entwicklung solcher Schemata und die Programmierung einer Software zur Unterstützung der Erhebung dieser Daten ist darum ein wesentlicher Teil der Vorbereitung für die Modelledition.
- Mit Hilfe der Hyperlinktechnologie werden die einzelne Texte annotiert und einerseits mit Parallelabschnitten in anderen Texten, andererseits mit visuellen Medien (Bilder; animierte 3D-Sequenzen) verknüpft. In einer sogenannten „virtuellen Forschungsumgebung" (VRE) soll diese Bearbeitung für mehrere Forscher kooperativ möglich sein. Hierfür wird die gegenwärtig in einem vom BMBF geförderten Projektkonsortium (Koordinator ist die Staats- und Universitätsbibliothek Göttingen) entstehende elektronische Arbeitsumgebung „TextGrid" zur Bearbeitung von Text- und Bildmaterial eingesetzt. In intensivem Austausch mit deren Entwicklerteam wurden in den vergangenen 12 Monaten Erfordernisse des

Blumenbach-Projekts an TextGrid spezifiziert und in den Prozess der Programmentwicklung eingebracht.

N. Rupke

Veröffentlichung:

Kroke, Claudia. Johann Friedrich Blumenbach. Bibliographie seiner Schriften. Unter Mitarbeit von Wolfgang Böker und Reimer Eck. (Schriften zur Göttinger Universitätsgeschichte – Band 2) Göttingen 2010, 235 S.

Katalogisierung der orientalischen Handschriften in Deutschland
Leitungskommission:
Vorsitzender: Feistel (Berlin)
Stellv. Vors.: Röhrborn
Bausi (Hamburg), Franke (Marburg), Götz (Köln), Lienhard, Nagel, Niklas (Köln), Schwieger (Bonn), Seidensticker (Jena), Uhlig (Hamburg), Wagner (Gießen), Zauzich (Würzburg)

Kontaktadresse: KOHD c/o Orientabteilung der Staatsbibliothek zu Berlin/Preussischer Kulturbesitz, Potsdamer Straße 33, 10785 Berlin, Tel.: 030-261-6334, Fax: 030-264-6955, h-o.feistel@sbb.spk-berlin.de (Dr. Feistel), http://kohd.staatsbibliothek-berlin.de

Arbeitsbericht: Seit dem letzten Jahresbericht sind im Verzeichnis der Orientalischen Handschriften in Deutschland (im Auftrag der Akademie der Wissenschaften zu Göttingen herausgegeben von Hartmut-Ortwin Feistel; Franz Steiner Verlag Stuttgart) folgende Bände erschienen:

II,17	Indische Handschriften. Teil 17: Die Śāradā-Handschriften der Sammlung anert der Staatsbibliothek zu Berlin – Preussischer Kulturbesitz. [Teil 2.] Beschrieben von Gerhard Ehlers. 2010. [214 Seiten]
XIII,18	Alttürkische Handschriften. Teil 10: Buddhistische Erzähltexte. Beschrieben von Jens Wilkens. 2010. [389 Seiten]
XVII,B,9	Arabische Handschriften. Teil 9: Arabische Handschriften der Bayerischen Staatsbibliothek zu München unter Einschluss einiger türkischer und persischer Handschriften: Band 2. Beschrieben von Florian Sobieroj. [xxiv, 563 Seiten, 13 Tafeln]
XVII,B,10	Arabische Handschriften. Reihe B: Teil 10: Arabische Handschriften der Bayerischen Staatsbibliothek zu München. Band 3: Cod Arab 2300–2552f. Beschrieben von Kathrin Müller. 2010. [xxv, 644 Seiten]
XXIII,7	Birmanische Handschriften. Teil 7: Die Katalognummern 1201–1375. Beschrieben von Anne Peters. 2010. [xxiii, 384 Seiten]

Damit liegen jetzt 138 Katalog- und 52 Supplementbände vor.

Im Berichtsjahr sind folgende Rezensionen und Artikel, das „Verzeichnis der Orientalischen Handschriften in Deutschland" betreffend, eingegangen bzw erschienen:

II,16	Ludo Rocher (JAOS. 128,1.2008. 202–203.)
XI,13	Helmut Eimer (ZDMG. 160,2.2010. 526–528.)
XI,14	Helmut Eimer (ZDMG. 160,2.2010. 526–528.)
XIII,22	Wolfgang Scharlipp (Asiatische Studien = Études Asiatiques. 64,3.2010. 737–740.)
XVIII,1	Daniel Jensen Sheffield (JAOS. 129,1.2009. 166–167.)
XXIII,6	Tilman Frasch (Southeast Asian Studies. 40,2.2009. 433.)
XLIV,1	Lucia Obi (Bibliotheks Magazin. Mitteilungen aus den Staatsbibliotheken in Berlin und München. 3,2010. 28–31.)

Andere relevante Literatur:

„Katalogisierung der Orientalischen Handschriften in Deutschland" in: Kulturelles Erbe mit Zukunft : Forschungsvorhaben im Akademienprogramm. Redaktion Adrienne Lochte. – Göttingen: Akademie der Wissenschaften zu Göttingen, 2009. 28–29.

Arbeitsstelle Berlin I
Leitung und Koordinierung des Gesamtprojekts, „Indische Handschriften", „Syrische Handschriften", „Hebräische Handschriften", „Naxi-Handschriften", „Chinesische und manjurische Handschriften und seltene Drucke", „Afrikanische Handschriften", „Japanische Handschriften und traditionelle Drucke aus der Zeit vor 1868", „Laotische Handschriften", „Nepalese Manuscripts", „Illuminierte hebräische Handschriften", „Malaiische Handschriften", „Shan Manuscripts", „Tocharische Handschriften", „Yao Handschriften" (Leitung Dr. Hartmut-Ortwin Feistel) – „Ägyptische Handschriften" (Leitung Professor Dr. Karl-Theodor Zauzich, Würzburg) – „Tamil-Handschriften", „Khmer- und Thai-Khmer-Handschriften" (Leitung Professor Dr. Ulrike Niklas, Köln)

Gesamtprojekt
Auf Vorschlag des Projektleiters wurde im vergangenen Jahr Professor Dr. Alessandro Bausi, Hamburg, in die Leitungskommission zugewählt. Professor DDr. Siegfried Uhlig hat inzwischen auf eigenen Wunsch die Leitung der Arbeitsstelle Hamburg Herrn Bausi übergeben.

Es ist darauf hinzuweisen, dass im folgenden Jahresbericht nur diejenigen Teilprojekte vorgestellt werden, für die zur Zeit haupt- oder ehrenamtliche Bearbeiter vorhanden sind. Die Besetzung der vom Projekt finanzierten Stellen zum Zeitpunkt des Berichts ist jeweils vermerkt. Darüber hinaus gibt es Sprachgruppen, für die im Augenblick keine Bearbeiter zur Verfügung stehen und die deshalb im Bericht nicht erwähnt werden.

„Indische Handschriften" <II>
[Sanskrit-Handschriften: PD Dr. Gerhard Ehlers, Berlin; Tamil-Handschriften: Thomas Anzenhofer MA, ³/₃-Stelle, Bonn; Herr Mathusamy Saravan, Werkvertrag, Bonn]

Der Katalogband VOHD II,17, der die Śāradā-Handschriften der Sammlung Janert mit den Katalognummern 5887–6408 und den Bibliothekssignaturen Hs or 11501–12000 beschreibt, liegt nunmehr gedruckt vor.

Herr PD Dr. Gerhard Ehlers hat die Arbeiten an Teilband 18 begonnen. Dieser soll die Katalognummern 6409–6907 mit den Bibliothekssignaturen Hs or 12001–12500 umfassen. Die ersten 100 Katalogeinträge sind so gut wie fertig. Layout-Probleme wie beim vorausgehenden Band VOHD II, 17 dürfte es nicht geben, so dass mit einer Fertigstellung im Rahmen des vorgegebenen Zeitplans zu rechnen ist.

Herr Ehlers nahm an der internationalen Tagung „Lecteurs et copistes dans les traditions manuscrits iraniennes, indiennes et centrasiatiques", 15. bis 17. Juni 2010 in Paris, Université Sorbonne nouvelle, mit einem Vortrag teil.

Herr Thomas Anzenhofer MA setzte die Arbeiten an Teilband 14 fort, der die Tamil-Handschriften aus Berlin und München beschreibt. Es wurden 45 Handschriften katalogisiert, wobei es sich – wie bei den im Vorjahr bearbeiteten Materialien – um Rechnungsbücher handelte. Herr Mathusamy Saravan bearbeitete 26 Handschriften, die besonders schwer lesbar und identifizierbar sind. Als Muttersprachler mit Erfahrung im Umgang mit Palmblattmanuskripten konnte er dabei schnellere und bessere Ergebnisse erzielen als ein nichtmuttersprachlicher Wissenschafter. Die Manuskripte werden dabei, soweit ihr physischer Zustand dies erlaubt, vollständig eingescannt, damit Problemstellen in Indien nochmals mit einheimischen Wissenschaftlern durchgegangen werden können. Gemäss ausdrücklichem Wunsch der Akademie zu Göttingen fertigt Herr Saravanan nicht nur Katalogeinträge an, sondern unternimmt auch Gesamtabschriften (im Hinblick auf eine baldige Edition und eventuelle Übersetzung) von Manuskripten, die besonders interessant erscheinen. So hat er die Edition einer Kupferplatte erstellt, an deren Übersetzung Professor Dr. Ulrike Niklas gemeinsam mit ihm arbeitet. Edition und Übersetzung eines weiteren Manuskripts – einer Art Handbuch eines Dorfarztes, in dem etwa 175 Krankheiten und ihre Behandlung beschrieben sind – befindet sich ebenfalls in Arbeit.

„Syrische Handschriften" <V>
Die Bearbeitung der syrischen Handschriften der Berliner Turfansammlung (VOHD V,2) wurde von einer Arbeitsgruppe unter der Leitung von Frau Dr. Erica Hunter, London, im vergangenen Jahr fortgesetzt. Mitarbeiter sind Dr. Mark Dickens, Professor Dr. Nicholas Sims-Williams und Professor Dr. Peter Zieme. Das Projekt „The Christian Library of Turfan" wird vom Arts and Humanities Research Board, London, unterstützt.

Eine erste Durchsicht aller syrischen Fragmente ist inzwischen abgeschlossen; ihre Beschreibung ist in einer Datenbank erfasst. Die nochmalige Überprüfung an Hand der Originale wird im Laufe dieses Jahres beendet werden, so dass die Fertigstellung eines Druckmanuskripts für Oktober 2011 vorgesehen ist.

Das Projekt wird zentrales Thema des achten Seminartages zu „Christianity in Iraq" im Mai 2011 in London sein, ebenso während der „International Conference of Patristic Studies" im August 2011 in Oxford.

„Chinesische Handschriften" <XII>
Professor Dr. Martin Gimm und Frau Renate Stephan haben die Arbeiten an Teilband 2 (Münchener Handschriften und frühe Drucke) fortgesetzt.

Die durch den Tod von Professor Kogi Kudara verzögerten Redaktionsarbeiten an Teilband 5 wurden durch die Arbeitsgruppe der „Research Society for Central Asian Culture" unter Professor Matsumi Mitani fortgesetzt. Herr Mitani plant, im kommenden Jahr bei einem Arbeitsaufenthalt in Berlin die notwendigen Überprüfungen an den Originalen der Handschriften abzuschliessen.

Professor Tsuneki Nishiwaki hat die Arbeiten an einem Katalog der chinesischen Blockdrucke in der Berliner Turfansammlung fortgeführt (Teilband 7). Im laufenden Jahr hat ihm ein Arbeitsaufenthalt in Sankt Petersburg die Durchsicht von dort erhaltenen Textfragmenten ermöglicht. Die Endfassung soll, wie bei dem schon früher von ihm bearbeiteten Teilband, unter Mitarbeit von Herrn Dr. Christian Wittern und Frau Dr. Simone-Christiane Raschmann entstehen.

„Ägyptische Handschriften" <XIX>
Das von Professor Dr. Karl-Theodor Zauzich geleitete DFG-Projekt „Soknopaiu Nesos nach den demotischen Quellen römischer Zeit" wurde mit dem Jahresende 2009 offiziell abgeschlossen. Der Band III der Reihe „Demotische Urkunden aus Dime" ist im Druck und wird in Kürze erscheinen. Wegen seiner Tätigkeit als Mitherausgeber der Zeitschrift „Enchoria" war es Herrn Zauzich im Berichtszeitraum nicht möglich, an dem geplanten

Teilband 5 des Katalogs der „Ägyptischen Handschriften" kontinuierlich weiterzuarbeiten.

„Khmer Handschriften" <XXXVI>
Im laufenden Jahr konnte in Köln unter Beteiligung einer Gastdozentin die Bearbeitung der Khmer-Handschriften der Staatsbibliothek zu Berlin aufgenommen werden. 16 Manuskripte wurden abschliessend katalogisiert, weitere 14 sind in Arbeit. In allen Fällen handelte es sich um Teile des Pali-Kanons in Khmer-Schrift; eine Handschrift enthielt eine gekürzte Fassung des ganzen Kanons für Novizen in einem Kloster.

„Tocharische Handschriften" <XLI>:
Frau Dr. Christiane Schaefer, Uppsala, führte die Arbeiten an einem ersten Teilband des Katalogs der tocharischen Fragmente aus den Turfanfunden fort.

Arbeitsstelle Berlin II

„Mitteliranische Handschriften" (Leitung Dr. Hartmut-Ortwin Feistel, Berlin)

„Mitteliranische Handschriften" <XVIII>
[Soghdische Handschriften: Dr. Christiane Reck, Berlin]
Frau Dr. Christiane Reck hat im Berichtszeitraum die Bearbeitung der buddhistischen Texte für Teilband 2 fortgesetzt. Es wurden 93 Fragmente beschrieben. Darunter waren weitere 38 Fragmente einer Handschrift des „Vimalakīrtinirdeśasūtra", deren Beschreibung bereits im vorangegangenen Berichtszeitraum begonnen wurde. Damit sind die 61 Fragmente erfasst, die dieser Handschrift zugeordnet werden können. Nur in Einzelfällen konnte eine konkrete bzw eine vermutete Identifizierung vorgenommen werden. Meistens sind die Fragmente dazu aber zu klein und die erhaltenen Textstücke zu unspezifisch. Die anderen beschriebenen Fragmente sind zum Teil von Yutaka Yoshida publiziert bzw als Teile verschiedener Sūtras identifiziert worden; die meisten Fragmente konnten aber nicht näher bestimmt werden. Darüber hinaus wurden die 12 Fragmente einer Handschrift eines bisher unidentifizierten Kommentars zum „Vajracchedikasūtra", eines in der Überschrift als „Vajraśāstra" bezeichneten Textes, beschrieben.

Frau Reck setzte, unterstützt durch Frau Susann Rabuske (BBAW), die Registrierung der Benutzung und Publikationen der iranischen Teile der Sammlung in der Datenbank fort. Auch die Eingabe der Transliterationen der Texte in die von Desmond Durkin-Meisterernst entwickelte Datenbank mitteliranischer Texte wurde fortgesetzt. Für die Handbibliothek des Akademienvorhabens „Turfanforschung" wurden 99 (darunter 17 für KOHD) Bände inventarisiert.

Es erschien ausserdem der Aufsatz „Some Remarks on the Manichaean Fragments in Sogdian Script in the Berlin Turfan Collection", in: The Way of Buddha 2003: The 100th Anniversary of the Otani Mission and the 50th of the Research Society for Central Asian Cultures. (Cultures of the Silk Road and Modern Science.1.) Kyoto 2010. 69–74.

Frau Reck nahm im vergangenen Jahr an folgenden Kongressen teil:

- Seventh International Conference of Manichaean Studies, Chester Beatty Library, Dublin, 8.–12. September 2009, mit einem Vortrag zum Thema „Sogdian Manichaean Confessional Fragments in Sogdian Script in the Berlin Turfan collection". Bei dieser Konferenz wurde sie auch als Mitglied des Board der International Association of Manichaean Studies und als Schatzmeisterin bestätigt.
- Gattungsgeschichte des manichäischen Schrifttums: Arbeitstagung der Kommission für manichäische Studien an der Akademie der Wissenschaften zu Göttingen, 4. bis 5. März 2010 in Göttingen, mit dem Vortrag „Fragmente von Büchern: Zwei Sammelhandschriften im Vergleich".
- Lecteurs et copistes dans les traditions manuscrites iraniennes, indiennes et centrasiatiques, 15. bis 17. Juni 2010 in Paris, Université Sorbonne nouvelle, mit einem Vortrag „The Middle Iranian manuscripts of the Berlin Turfan collection: variety and diversity, original and re-use". Außerdem hielt sie an der Universität Potsdam, Institut für Religionswissenschaft, im Rahmen der Ringvorlesung „Zarathustras Erben. Religionen im Iran" eine Vorlesung zum Thema „Gnosis II: Manichäismus – eine untergegangene Weltreligion iranischer Herkunft".

Im Rahmen des Projekts „The Christian Library of Turfan" (siehe oben, „Syrische Handschriften") hat Professor Dr. Nicholas Sims-Williams, London, die Katalogisierung der nestorianischen Fragmente der Turfan-Sammlung fortgesetzt, wobei er von Herrn Dr. Desmond Durkin-Meisterernst und Frau Reck unterstützt und betreut wurde. Mit dem Abschluss des Teilbandes „Iranian Fragments in Syriac Script" kann in der nahen Zukunft gerechnet werden.

Arbeitsstelle Berlin II / Kassel (ehemals Marburg)
„Alttürkische Handschriften" (Leitung Professor Dr. Klaus Röhrborn, Göttingen) – „Türkische Handschriften", „Persische Handschriften", „Islami-

sche Handschriften-Sammlungen" (Leitung Professor Dr. Manfred Götz, Köln)

„Alttürkische Handschriften" <XIII, 9 ff>
[Alttürkische Handschriften: Dr. Simone-Christiane Raschmann, Berlin; Dr. Zekine Özertural, ½ Stelle, Kassel; Dr. Michael Knüppel, ½ Stelle, Kassel]

Frau Dr. Simone-Christiane Raschmann setzte die im letzten Berichtszeitraum begonnenen Arbeiten für den Katalogband „Buddhica aus der Berliner Turfansammlung. Teil 1: Das apokryphe Sutra Säkiz Yükmäk und Varia" (Alttürkische Handschriften: Teil 18 = VOHD XIII, 26) fort; es wurden 135 Beschreibungen sowie die zugehörigen Konkordanzeinträge angefertigt. Die Fragmente haben noch keine Katalognummern. Sie sollen so aufgenommen werden, dass die Reihenfolge dem Text des Sūtras entspricht. Eine Zuordnung zu verschiedenen Abschriften wird nicht vorgenommen, wohl aber eine Zuordnung zu verschiedenen Textrezeptionen nach den Angaben von Juten Oda (siehe unten). Die Konkordanzen umfassen auch die Teile des Sūtras, die in den nach der Schriftart konzipierten Bänden (VOHD XIII,9; XIII,20 und XIII,23) bereits beschrieben worden sind. Im Juli 2010 wurde die Arbeit an den Berliner Fragmenten unterbrochen, um neue Erkenntnisse einzuarbeiten, die aus der jüngst erschienenen Gesamtedition des Sūtras von Juten Oda zu gewinnen sind. Im Übrigen richtete Frau Raschmann bei der Beschreibung ihr Augenmerk besonders auf die bisher nahezu unbearbeiteten, meist in Kursivschrift verfassten Aufschriften auf den Rückseiten bzw auf den auf der Rückseite zur Reparatur aufgeklebten Fragmenten, die in der Mehrzahl inhaltlich vom Haupttext auf der Vorderseite der Fragmente unabhängig sind. Derartige Texte sind in den bisher erschienenen Katalogbänden nicht beschrieben worden.

Frau Raschmann hat weiterhin die Datenbank der Berliner Turfan-Sammlung mit den für die Katalogisierung essentiellen Einträgen aktualisiert.

Vom 3. bis zum 5. September 2009 nahm Frau Raschmann, wie schon im letzten Jahresbericht erwähnt, in Sankt Petersburg an einer Tagung teil („Dunhuang studies: prospects and problems for the coming second century of research") und referierte über das alttürkische „Zehn-Könige-Sūtra", das den wesentlichen Teil des Katalogbandes „Buddhica aus der Berliner Turfansammlung: Teil 2" (Alttürkische Handschriften: Teil 20 = VOHD XIII,28) bilden soll. Auf einer weiteren Tagung – „Lecteurs et copistes dans les traditions manuscrites iraniennes, indiennes et centrasiatiques", 15. bis 17. Juni 2010 in Paris, Université Sorbonne nouvelle – referierte sie über neue Erkenntnisse aus ihrer Arbeit im KOHD-Projekt, und auf der PIAC-Tagung (Sankt Petersburg, 25. bis 30. Juli 2010) hielt sie einen Vortrag über die Fragmente des alttürkischen Goldglanz-Sūtras in der Berliner Turfan-Sammlung und in anderen Handschriftensammlungen. Anlässlich der Teilnahme an der PIAC-Tagung hielt sich Frau Raschmann ab dem 20. Juli 2010 zu einem Arbeitsaufenthalt am Institut für orientalische Handschriften der Russländischen Akademie der Wissenschaften auf.

Ausserhalb ihrer Dienstzeit erledigte Frau Dr. Raschmann Restaurierungs- und Fotoaufträge in der Turfan-Sammlung und beteiligte sich an der Koordination des von der DFG bewilligten Teilprojekts „Digitalisierung der syrischen und Sanskrit-Fragmente der Berliner Turfansammlung.

Folgende Publikationen von Frau Raschmann sind im letzten Jahr erschienen

- „Traces of Christian communities in the Old Turkish documents", in: Studies in Turkic philology. Festschrift in honour of the 80th birthday of Professor Geng Shimin. Edited by Zhang Dingjing and Abdurishid Yakup. Beijing 2009. 408–425.
- „Altun Yaruk Sudur. The prophecy concerning the ten thousand divine sons (book IX, chapter 23)" in: The Way of Buddha 2003: The 100th Anniversary of the Otani Mission and the 50th of the Research Society for Central Asian Cultures. (Cultures of the Silk Road and Modern Science.1.) Kyoto 2010. 25–33.
- „Herbst-Baumwolle (küzki käpäz)", in: Trans-Turkic-Studies. Festschrift in honour of Marcel Erdal. Edited by M Kappler, M Kirchner, P Zieme. Istanbul 2010. (Türk dilleri araþtırmaları dizisi. 49.) 103–116.
- „Fragmenta Buddhica Uigurica". Ausgewählte Schriften von Peter Zieme. Herausgegeben von Simone-Christiane Raschmann und Jens Wilkens. Berlin 2009. (Studien zur Sprache, Geschichte und Kultur der Türkvölker. 7.)

Herr Dr. Michael Knüppel und Frau Dr. Zekine Özertural überarbeiteten im Berichtszeitraum den Katalogband „Mahāyāna-Sūtras und Kommentartexte" (Alttürkische Handschriften: Teil 16 = VOHD XIII, 24). Anfang des Jahres 2010 hielt der japanische Wissenschaftler Kitsudō Kōichi in der Berlin-Brandenburgischen Akademie der Wissenschaften einen Vortrag. Nach den dort präsentierten Erkenntnissen gehören verschiedene Texte von teilweise disparatem Inhalt, die in den oben genannten Katalogband aufgenommen worden waren, zu einer umfangreichen Sammelhandschrift, die in der uigurischen Literatur in dieser Form kein Gegenstück hat. Etwa ein Drittel der Einträge des oben erwähnten Katalogbandes musste neu konzipiert und angeordnet werden. Alle Konkordanzen waren neu zu erstellen. Der Band umfasst jetzt 368 Katalognummern mit etwa 420 Beschreibungen.

Es hat sich gezeigt, dass es zweckdienlich ist, dass ein Katalogband jeweils nur von einem Mitarbeiter bearbeitet wird, wenn einmal der Abschluss des

II. Vorhaben aus dem Akademienprogramm   387

Bandes in greifbare Nähe rückt. Auf dem Titelblatt dieses Bandes sollte dann allein der Name dieses Mitarbeiters stehen. Der Band „Mahāyāna-Sūtras und Kommentartexte" wird deshalb unter dem Namen von Zekine Özertural erscheinen, der folgende Band (Alttürkische Handschriften: Teil 17 = VOHD XIII, 25) unter demjenigen von Michael Knüppel.

Im Berichtszeitraum konnten ferner die Arbeiten an dem Band „Heilkundliche, astrologische, kalendarische und magische Texte, Wahrsagebücher, Dhāraṇī-Texte und Verwandtes" weitgehend zum Abschluss gebracht werden, der jetzt etwa 320 Katalog-Nummern umfasst. Viele Texte dieses Bandes, vor allem solche zur Heilkunde und zur Mantik, stellten die Bearbeiter vor besondere Anforderungen. Rahmeti Arat hat in seiner Edition Textstücke aus verschiedenen Fragmenten zusammengestellt, ohne dies in der Edition detailliert zu vermerken. Die Katalogisierung musste die Fragmente hingegen nach deren tatsächlichem Zustand beschreiben. Bei insgesamt vier Besuchen in Berlin wurden deshalb problematische Textstellen an Hand der Originale geprüft, gleichzeitig wurden die in diesem Band beschriebenen Fragmente vermessen.

Weiterhin konnten im Berichtszeitraum erste Vorarbeiten für den folgenden Katalogband „Alttürkische Stabreimtexte und Varia Buddhica" (Alttürkische Handschriften: Teil 21 = VOHD XIII, 29) geleistet werden.

Frau Özertural und Herr Knüppel nahmen auch an der Arbeitstagung „Gattungsgeschichte des manichäischen Schrifttums", 4. bis 5. März 2010, teil, die von der Kommission für manichäische Studien der Akademie der Wissenschaften zu Göttingen veranstaltet wurde (Vortrag von Herrn Knüppel: „Zur späten manichäisch-uigurischen Dichtung", Vortrag von Frau Özertural: „Über die innere Gliederung des alttürkischen Beichttextes Chuastuanift"). Frau Özertural ist auch (zusammen mit Dr. Jens Wilkens) mit der Herausgabe der Tagungsakten betraut.

Im April 2010 hat Professor Dr. Klaus Röhrborn in der Universitätsbibliothek Kassel einen öffentlichen Vortrag über das Katalogisierungsprojekt gehalten.

Der ehrenamtliche Mitarbeiter Professor Dr. Jens Peter Laut, Göttingen, hat den Abschluss der von im bearbeiteten Teilbände VOHD XIII, 11–12 für die nahe Zukunft zugesagt.

Der ehrenamtliche Mitarbeiter Dr. Dieter Maue hat die Arbeiten an einem zweiten Teilband „Dokumente in Brahmi und tibetischer Schrift" aufgenommen (Alttürkische Handschriften. Teil 19 = VOHD XIII, 27).

„Islamische Handschriftensammlungen" <XXXVII>
Professor Dr. Manfred Götz hat im vergangenen Jahr seine Arbeiten an islamischen Handschriften der Bayerischen Staatsbibliothek München fortgesetzt.

Arbeitsstelle Bonn

„Tibetische Handschriften" (Leitung Professor Dr. Peter Schwieger, Bonn)

„Tibetische Handschriften" <XI>
[Saadat Arslan MA, ½ Stelle, Bonn; PD Dr. Karl-Heinz Everding, Bonn]
Frau Saadat Arslan war mit der Erstellung des Indexbandes der Sammlung „Rin-chen gter-mdzod" beschäftigt. Einträge aus fünf Bänden (XI, 10–14) mussten gesichtet und geordnet werden. Es handelte sich dabei um insgesamt 2048 Seiten mit 2566 beschriebenen Texten. Grundlage waren Unterlagen in Form von mehreren Dateien, die im Laufe der Jahre mit verschiedenen Versionen desselben Textverarbeitungsprogramms erstellt worden waren und zusammengefasst werden mussten. Umformatierung und Vereinheitlichung der diakritischen Zeichen nahmen erhebliche Zeit in Anspruch. Diese Arbeiten erwiesen sich als umfangreicher und komplexer als anfangs angenommen. Insgesamt liegen nunmehr etwa 12700 Einträge vor, geordnet nach Personen, Gottheiten, Werktiteln und Orten. Die Einträge mussten noch in Tibetisch und Sanskrit unterteilt werden. Beim Ordnen der Einträge nach dem tibetischen Alphabet musste neben der einfachen Anordnung der Grundbuchstaben auch die Anordnung der Ligaturen mit ihren verschiedenen Kombinationsmöglichkeiten berücksichtigt werden. Auf diese Weise enthält das zugrundeliegende Ordnungs- und Sortierschema eine Reihenfolge von insgesamt 345 Elementen.

Innerhalb des letzten Jahres hat Herr PD Dr. Karl-Heinz Everding die Arbeiten an Teilband 18 weitgehend abgeschlossen. Der Katalog umfasst die Beschreibungen von tibetischen Prachthandschriften, die mit Gold, Silber oder Edelsteinfarben geschrieben worden sind, von bis zu 600 Jahre alten tibetischen Blockdrucken, die aus dem westlichen Zentraltibet (gTsang) – besonders aus dem Großraum sKyid-grong – stammen, von wertvollen alten Handschriften, die unbekannte religiöse Überlieferungstraditionen enthalten, und nicht zuletzt Beschreibungen des ersten Teils einer umfangreichen Sammlung von Beijinger Blockdrucken und Handschriften des 17. bis frühen 20. Jahrhunderts, die die Staatsbibliothek zu Berlin – Preußischer Kulturbesitz bereits vor längerer Zeit von Professor Dr. Walter Heissig zu erwerben vermocht hat.

Die Beschreibung und Indexierung der Werke der ersten drei Kategorien ist abgeschlossen. Abgesehen vom literarischen und historischen Wert der einzelnen Quellen, ermöglichen diese Werke aufgrund ihrer sehr ausführlichen, bislang zum Großteil unbearbeiteten Text- und Druckerkolophone interessante neue Einblicke in den Herstellungsprozess und das sozio-historische Umfeld der Entstehung des tibetischen Blockdruckwesens.

Auch die Bearbeitung des ersten Teils der Beijinger Blockdrucke ist von tibetologischer Seite so gut wie fertiggestellt. Bearbeitet wurden 202 Texte dieser Textsammlung, die vor allem aus rituellen Verrichtungen besteht und einen Gesamtumfang von etwa 334 Texten besitzt. Dabei konnte eine Publikation von RO Meisezahl („Tibetische Handschriften und Drucke, vornehmlich chinesischer Herkunft, in der Staatsbibliothek (Preussischer Kulturbesitz), zu Berlin", in: Studies of Mysticism in Honour of the 1150th Anniversary of Kobo-Daishi's Nirvāṇam, Acta Indologica VI [1984]. 145–346.), als Grundlage benutzt werden. Ebenda hat Meisezahl eine äußere Beschreibung der von ihm ausgewählten Texte nebst Transliteration des Titels und des Kolophons sowie Beschreibungen der Texte vorgelegt, die unter spezieller Fokussierung auf die ikonographische Beschreibung der Gottheiten in den einzelnen Werken verfasst worden sind.

Entsprechend dem Standard, wie er in KOHD-Band XI, 5 entwickelt worden ist, wird eine umfassende Neubearbeitung der gesamten Sammlung vorgelegt, deren erster Teil in Band XI, 18 veröffentlicht wird. Dabei werden die äußere Beschreibung der Werke präzisiert, die Texttitel und Kolophone werden transliteriert und übersetzt, eine Kategorisierung der Werke vorgenommen, der aktuelle Stand der literarischen Bearbeitung der Werke aufgearbeitet, und Inhaltsverzeichnisse und Beschreibungen werden für diejenigen Werke verfasst, die noch nicht hinreichend beschrieben worden sind.

Wenn die Bearbeitung des ersten Teils der Beijinger Blockdrucke von tibetologischer Seite auch weitgehend fertiggestellt ist, so gilt es noch, die chinesischen Paginierungen sowie die chinesischen Text- und Titelzusätze in das Manuskript einzuarbeiten, die in tibetischer oder in mongolischer Sprache gegebenen Namen der Sponsoren und der Kaiser zu identifizieren und dadurch die Datierungen vereinzelter Werke zu verbessern. Damit die Beschreibungen dieser Werke die gleiche umfassende Beschreibung erfahren, wie sie Manfred Taube der Beschreibung der Beijinger Blockdrucke in den Bänden XI, 1–4 hat zuteilwerden lassen, sind deshalb ergänzende Arbeiten von sinologischer Seite erforderlich. Nach der Einarbeitung der chinesischen Randsignaturen usw stehen noch letzte Arbeiten am Index, an der Einleitung und die Gestaltung des Lay-outs aus.

Der Band XI, 18 enthält damit Beschreibungen sehr unterschiedlicher Werke, die den verschiedensten Literaturgattungen zuzuordnen sind. Neben historiographischen Werken stehen Werke zur Astronomie, zur Divination und zur Medizin. Weitere Schwerpunkte des Katalogs bilden religiöse Belehrungen und rituelle Verrichtungen, alle Arten von Gebeten, Evokationsritualen, Weihe- und Opferritualen sowie kanonische Texte.

Zum Jahreswechsel wurden die Arbeiten an Band XI, 19 mit der Beschreibung des zweiten Teils der Sammlung Beijinger Blockdrucke in Angriff genommen. Davon sind mittlerweile 118 Werke beschrieben.

Frau Hanna Schneider MA hat im Sommer 2010 die Manuskripte des Katalogs der tibetischen Urkunden aus Südwest-Tibet abgeschlossen. Bevor die beiden Bände in Druck gehen können, ist allerdings noch eine formale Überarbeitung notwendig.

Arbeitsstelle Göttingen
„Sanskrithandschriften aus den Turfanfunden", „Birmanische Handschriften", „Singhalesische Handschriften" (Leitung Dr. Hartmut-Ortwin Feistel)

„Sanskrithandschriften aus den Turfanfunden" <X>
[Dr. Klaus Wille-Peters, ½ Stelle, Göttingen]
Für den Teilband 11 hat Dr. Klaus Wille-Peters im Berichtszeitraum 442 Katalognummern (SHT 4607–5048) bearbeitet. Die Katalognummern SHT 4607–4777 enthalten die restlichen Fragmente des im letztjährigen Bericht erwähnten restaurierten Expeditionsklumpens. Bei den folgenden Katalognummern handelt es sich ausschliesslich um sehr kleine Fragmente, von denen einige als aus dem „Vinaya", dem „Dīrghāgama" und dem „Samyuktāgama" stammend identifiziert werden konnten.

Bei zwei Dienstreisen nach Berlin vom 30.11. bis zum 4.12.2009 und vom 17. bis zum 21.5.2010 hat Herr Wille-Peters die Abschriften der Katalognummern 4441–4950 für Teilband 11 anhand der Originale überprüft sowie verschiedene Einzelfragen zu vorhergehenden Katalognummern geklärt. Frau Anne Peters hat während dieser Zeit die Fragmente der Katalognummern SHT 4756–4777 und 5781–6662 vermessen.

Neben der Arbeit an Teilband 11 der Sanskrithandschriften aus den Turfanfunden hat Herr Wille-Peters die Mitarbeiterinnen der Berlin-Brandenburgischen Akademie der Wissenschaften bei dem DFG-Projekt zur Digitalisierung, Archivierung und Internetrepräsentation der Sanskrit-Fragmente in der Berliner Turfan-Sammlung kontinuierlich beraten.

Zusammen mit Jens-Uwe Hartmann hat Herr Wille-Peters folgenden Aufsatz veröffentlicht: „Apotropäisches von der Seidenstrasse: eine zweite Löwenhandschrift", in: From Turfan to Ajanta: Festschrift for Dieter Schlingloff on the Occasion of his Eightieth Birthday. Editors E Franco und M Zin. Lumbini International Research Institute, 2010. 371–394.

„Birmanische Handschriften" <XXIII>
[Diplom-Soziologin Anne Peters, ½ Stelle, Göttingen]
Für Teilband 7 sind im Berichtszeitraum von Frau Anne Peters die restlichen Katalognummern 1368–1375 bearbeitet worden. Nach Abschluss der redaktionellen Arbeiten konnte der Band Ende 2009 zur Kalkulation eingereicht werden und ist im Jahr 2010 erschienen.

Für Teilband 8 konnte Frau Peters die Katalognummern 1376–1443 (68 Handschriften mit insgesamt 89 Texten) fertigstellen.

Arbeitsstelle Hamburg
„Äthiopische Handschriften", „Koptische Handschriften" und „Arabische Handschriften der Kopten" (Leitung Professor Dr. Alessandro Bausi)

„Äthiopische Handschriften" <XX>
[Dr. Veronika Six, Hamburg]
Frau Dr. Veronika Six erarbeitet für die Zeitschrift „Aethiopica. International Journal of Ethiopian and Eritrean Studies" (Hamburg) Beschreibungen äthiopischer Handschriften, in Fortsetzung ihrer im VOHD publizierten Bände. In diesem Jahr sind jedoch keine Neuerwerbungen deutscher Bibliotheken bekannt geworden. Allerdings beantwortete Frau Six verschiedentlich Anfragen von Institutionen – (darunter der SUB Hamburg) – zur Identifizierung sowie zur Begutachtung äthiopischer sowie arabisch-koptischer Handschriften.

„Koptische Handschriften" <XXI>
[Dr. Ina Hegenbarth-Reichardt, Hamburg; Dr. Paola Buzi, ½ Stelle, Hamburg]
Die Katalogisierung der koptischen Handschriften der Staatsbibliothek zu Berlin – Preußischer Kulturbesitz wurde durch den ehrenamtlichen Mitarbeiter Professor (em.) Dr. Lothar Störk und durch Frau Dr. Ina Hegenbarth-Reichardt fortgesetzt. Seit dem 1.Januar 2010 widmet sich zusätzlich Frau Dr. Paola Buzi auf einer neu geschaffenen halben Stelle der Katalogisierung der Handschriften der SBB. Es wurde entschieden, das Corpus zu teilen und zwei Teilbände mit bohairischen bzw. mit sahidischen Manuskripten anzufertigen. Der erste Teilband (VOHD XXI, 6) wird von

Frau Hegenbarth-Reichardt fertiggestellt, der zweite (VOHD XXI, 7) von Frau Buzi. Ein dritter Teilband (VOHD XXI, 5) soll die Katalogisierungsarbeiten von Herrn Störk enthalten und ist noch in Vorbereitung.

Es wurde auch beschlossen, die Arbeiten unter Verwendung des international anerkannten koptischen Unicode-basierten Schriftzeichens „IFAO N Copte" fortzusetzen. Word-Makros werden eine einfache Umsetzung der aktuellen ASCII-Dateien in UNICODE-Dateien erlauben. Verwendet wird auch ein neuentwickeltes Erfassungsschema, das den Standards der modernen Koptologie entspricht.

Herr Störk konnte im Berichtszeitraum die Drucklegung von Teilband VOHD XXI, 5 noch nicht abschliessen. Nach dem neu aufgestellten Plan soll Herr Störk Handschriften berücksichtigen, an deren Erwerb er selbst beteiligt war und die er inzwischen geordnet hat. Allerdings musste er die Arbeit aufgrund eines Unfalls unterbrechen und konnte sie bisher noch nicht wieder aufnehmen. Unter Umständen muss die Fertigstellung dieses Bandes einer anderen Mitarbeiterin übertragen werden.

Frau Hegenbarth-Reichardt hat schon 2008 die Arbeit für Teilband VOHD XXI, 6 mit Beschreibungen von etwa 40 koptischen Manuskripten abgeschlossen. Der Teilband umfasste den Grossteil des Nachlasses des Gelehrten Theodor Petraeus, einige biblische Bücher, eine Reihe von sahidischen Fragmenten sowie einige arabische Handschriften. Bei der Bearbeitung des Layouts und dem gleichzeitigen Arbeiten an einem Band mit Addenda et Corrigenda stellte Frau Hegenbarth-Reichardt jedoch fest, dass noch weitere 40 koptische Manuskripte des Berliner Bestandes unbearbeitet geblieben waren. Es handelte sich dabei um liturgische, biblische, literarische und grammatische Texte aus allen Epochen vom 5./6. bis zum 19. Jahrhundert, die neben dem Arabischen sowohl in bohairischer als auch in sahidischer Sprache verfasst worden sind. Nach Ablauf des Mutterschaftsurlaubs nahm sie im August 2009 ihre Tätigkeit wieder auf und bemühte sich, den fertiggestellten Teilband XXI, 6 um die hinzugekommenen Handschriften zu erweitern. Nach eingehenden Überlegungen wurde dann beschlossen, das Corpus zu teilen und zwei Teilbände mit bohairischen (VOHD XXI, 6) bzw. mit sahidischen (VOHD XXI, 7) Manuskripten anzufertigen. Im Augenblick ist der Teilband VOHD XXI, 6 (bohairische Manuskripte) von Frau Hegenbarth-Reichardt so gut wie abgeschlossen. Frau Buzi und Frau Hegenbarth-Reichardt haben gemeinsam Teilband VOHD XXI, 7 (sahidische Manuskripte) bearbeitet, wobei einige fragmentarische Handschriften noch zu katalogisieren sind.

Frau Hegenbarth-Reichardt nahm vom 1. bis zum 3. Dezember 2009 in Hamburg an „The Launching Conference of the European Science Foundation, Research Networking Project Comparative Oriental Manuscript Studies (COMST)" mit einem Vortrag über das KOHD-Projekt teil.

Frau Buzi beschäftigte sich im Berichtszeitraum ebenfalls mit der Katalogisierung der Handschriften der SBB. In Zusammenarbeit mit Frau Hegenbarth-Reichardt bereitet sie derzeit den Teilband VOHD XXI, 7 vor. Sie bearbeitete Handschriften, deren komplette Beschreibung zum Juni 2011 zu erwarten ist. Dazu gehören sahidische Blätter, die aus verschiedenen Manuskripten des Weißen Klosters stammen und zum Grossteil auf das 9./10. Jh. zu datieren sind, sowie zwei urkundliche Papyrusrollen, die aus West-Theben stammen. Außerdem befasste sie sich mit zwei wegen ihrer Seltenheit besonders wichtigen Handschriften, die in nubischer Sprache verfasst worden sind, sowie mit zwei ausserordentlich alten (möglicherweise auf das 4. Jahrhundert zu datierenden) und fast vollständigen Papyrushandschriften, die zwar in der Wissenschaft bekannt, aber ebenfalls bisher nicht in einem Katalog erfasst sind (Proverbia Salomonis und Epistula Clementis). Frau Buzi hat die Texte identifiziert und überprüfte regelmässig, ob aus derselben Handschrift stammende und somit ergänzende Blätter in den Katalogen oder Veröffentlichungen zu finden sind. Sie hat darüber hinaus Kontakte mit der Berliner Papyrussammlung wegen der Katalogisierung der dortigen koptischen Handschriften aufgenommen.

Frau Buzi hat vom 5. bis zum 6. Juli 2010 in Bologna am „V. Colloquio di Egittologia e Antichità Copte: Lo scriba e il suo re: dal documento al Monumento" mit dem Vortrag „Cataloguing the Coptic Manuscripts of the Staatsbibliothek zu Berlin" und vom 22. bis zum 23. Juli 2010 in Hamburg am „Comparative Oriental Manuscript Studies (COMSt). Workshop Digital support for manuscripts analysis" teilgenommen.

Frau Buzi hat im vergangenen Jahr folgende Beiträge veröffentlicht:

„Catalogo dei manoscritti copti Borgiani conservati presso la Biblioteca „Vittorio Emanuele III" di Napoli, con un profilo scientifico del cardinale Stefano Borgia e Georg Zoega" (Accademia dei Lincei – Memorie, Serie IX, Volume XXV, Fascicolo 1, Roma: Accademia Nazionale dei Lincei, 2009 [2010])

„Una seconda chiesa a Bakchias. Nuove proposte interpretative sulla fase tardo-antica e cristiana della kome alla luce dei risultati della Campagna di scavo 2008" in: Rapporto preliminare della XVII. Campagna di Scavo a Bakchias. A cura di Sergio Pernigotti – Enrico Giorgi – Paola Buzi. Imola: La Mandragora, 2009 [2010]. S. 75–89;

„Arabische Handschriften der Kopten" <XLIII>
[Dr. Vernonika Six, Hamburg]

Frau Six setzte die Beschreibung der Fragmente der christlich-arabischen Handschriften der Kopten aus dem Besitz der Staats- und Universitätsbibliothek Hamburg (SUBH) fort. Mittlerweile ist die Identifizierung der

Fragmente so weit gediehen, dass kaum mehr Inhalte von bisher unbestimmten Fragmenten geklärt werden können. Eine Zusammengehörigkeit etlicher Blätter wird allerdings abschliessend noch herausgearbeitet werden können.

Zur Zeit arbeitet Frau Six an der Abfassung des einleitenden Teils zu den Bänden, mit Literaturliste, Beschreibung der Arbeitsweise und Erklärungen zu etlichen vagen Angaben, die aus dem schwierigen Material resultieren, sowie an einer Einschätzung des Werts der Sammlung. Eine der Hauptaufgaben ist dabei die Erstellung des Registers, angelegt als Generalregister, um einen Überblick über die Inhalte der Fragmente zu erhalten, die über 5000 Blätter verteilt sind. Nach langwierigen Überlegungen hat Frau Six beschlossen, die Auflistung im Registerteil in diesem Fall auf die Signaturen zu beschränken und nicht, wie allgemein üblich, zusätzliche Verweisungen auf Seitenzahlen zu geben. Da einige Stichworte über einen Großteil der vergebenen Signaturen verteilt sind, wurde so die Reihenfolge der Signaturen beibehalten, eben auch im Erstellen des Registers (also A-Z, AA-ZZ, AAA). Diese Vorgehensweise soll zukünftigen Benutzern die Suche erleichtern, da die Information, in welchem Teil der Bände die gesuchte Signatur abgelegt ist, sofort ersichtlich wird. Wie allerdings die voraussichtliche Dreiteilung der Teilbände aussehen wird, steht zum gegenwärtigen Zeitpunkt noch nicht fest.

Wie bereits im letzten Bericht dargelegt, ist inzwischen eindeutig zu belegen, dass die vorgefundene Zweiteilung der Sammlung der christlich-arabischen Blätter nach Provenienzangabe: Makarioskloster und Pšoikloster, keine Gültigkeit hat, da sich die Provenienzen innerhalb einer Signaturengruppe in einigen Fällen vermischt haben.

Mit Unterstützung von Professor Dr. Alessandro Bausi konnten Probleme mit der Software für arabische Schrift gelöst werden. Ebenso konnte geklärt werden, dass auch hier (wie im Fall der koptischen Fragmente – siehe unten) eine Umstellung von ASCII auf UNICODE mit Hilfe von Macros einfach durchzuführen ist.

Frau Six hat an folgenden Kongressen teilgenommen:

- „17th International Conference of Ethiopian Studies (ICES)" vom 1. bis zum 6. November 2009 an der Addis Ababa University, mit dem Vortrag „A Psalter From Tübingen, Although Inconspicuous the Content, Nevertheless a Treasure for Manuscriptology";
- „8th International Conference on the History of Ethiopian Art and Architecture (ICHEAA)" vom 6. bis zum 8. November 2009 am Goethe-Institut in Addis Ababa, mit dem Vortrag „Four Directions of the Winds:

the Many Ways of Their Pictorial Presentation on Ethiopian Parchment Scrolls";
- „Symposium über die Fragestellung der Sehnsucht nach der Hölle: Höllen- und Unterweltsvorstellungen in Orient und Okzident" vom 12. bis zum 14. Mai 2010 in der Leucorea, Wittenberg, mit dem Vortrag „Teufel – Diabolos – Satan — In der Vorstellung des christlich-orthodoxen Gläubigen Vertreter der Hölle oder ‚nur' Symbol des Bösen?"

Der Vortrag von Frau Six auf dem 30. Deutschen Orientalistentag ist online veröffentlicht: „Der Katalog über die arabischen Handschriftenfragmente der Kopten aus dem Bestand der Staats- und Universitätsbibliothek Hamburg" [http://orient.ruf.uni-freiburg.de/dotpub/six.pdf].

Arbeitsstelle Jena
„Arabische Handschriften" (Leitung Professor Dr. Tilman Seidensticker, Jena)

„Arabische Handschriften" <XVII>
[Dr. Rosemarie Quiring-Zoche, ½ Stelle, Jena; PD Dr. Florian Sobieroj, ½ Stelle, Jena]
Der Schwerpunkt der Arbeit von Frau Dr. Rosemarie Quiring-Zoche lag im Berichtszeitraum 2010 auf der Handlist, für die sie 243 Werke in 73 Kodizes neu katalogisiert hat. Außerdem hat sie die Aufnahmen von Frau Beate Wiesmüller (siehe dazu den Jahresbericht für 2008) in die Handlist eingegliedert. Es stellte sich heraus, dass die Wiesmüllerschen Beschreibungen sämtlich überarbeitet werden mussten, da hier – im Gegensatz zu den Quiring-Zocheschen Aufnahmen – die ältere Ausgabe von Brockelmanns „Geschichte der arabischen Litteratur" zitiert wird und auch anderes vereinheitlicht werden musste. Einige unidentifizierte Werke liessen sich noch nachträglich bestimmen. Zusammen mit den Wiesmüllerschen Aufnahmen umfasst die Handlist jetzt Beschreibungen von 416 Kodizes mit 598 Titeln, letztere oft in mehreren Exemplaren.

Für den Katalogband VOHD XVII, B, 7 hat Frau Quiring-Zoche 11 Kodizes mit 30 herausragenden Werken ausführlich beschrieben. Dieser Band enthält jetzt die Beschreibungen von 333 Werken in 145 Kodizes. Für beide Bände wurden die Indizes „Signaturen", „Personen", „Titel in Lateinschrift", „Orte", „Sachen" und „Datierungen" fortgeführt.

Vom 3. bis zum 5. Dezember 2009 nahm Frau Quiring-Zoche mit einem Vortrag über Kolophone in arabischen Hss. an der internationalen Konferenz „On Colophons" der Forschergruppe „Manuscript Cultures in Asia and Africa" an der Universität Hamburg teil. In der Folgezeit überarbeitete sie ihren Beitrag, so dass er jetzt unter dem Titel „Colophons in Arabic Manuscripts. A Phenomenon without a Name" in druckfertiger Form vorliegt.

Herr PD Dr. Florian Sobieroj hat im Berichtszeitraum den Katalogband VOHD XVII, B.9, seinen zweiten Katalog der arabischen Handschriften der Bayerischen Staatsbibliothek München, fertiggestellt; der Band ist inzwischen erschienen. Die Beschreibungen der arabischen Handschriften der BSB werden von Cod arab 1665 (die letzte Signatur von XVII, B, 9 ist 1664) an im Handlistformat fortgesetzt. Die Handlistbeschreibungen sind kürzer als die des bisher gewählten Formats und unterscheiden sich auch dadurch, dass das Explicit nicht mehr aufgenommen ist, außer in den Fällen, wo der Textanfang fehlt, jedoch das Textende enthalten ist. Bei den sufischen Handschriften wurde zumeist auch das Explicit aufgenommen, da Herr Sobieroj erwogen hatte, einen Katalog sufischer Handschriften abzufassen, der ausführliche Beschreibungen enthalten sollte (diese Idee ist wegen Unvereinbarkeit mit den Zeitplänen wieder verworfen worden). Zeitgleich mit den Beschreibungen wurden auch die Indizes mitabgefasst. Zahlreiche in schwer lesbarem maghribinischen Duktus geschriebene Handschriften, die als anonyme und titellose Fragmente vorliegen, haben eine zeitaufwendige Bearbeitung erfordert. Die Konvolute aus oft nicht zusammengehörenden Fragmenten konnten im Rahmen einer Handlist jedoch nur in Auswahl bearbeitet werden. Abgesehen von zahlreichen Handschriften maghribinischer Herkunft, ist hinsichtlich der Provenienz eine Sammelhandschrift erwähnenswert, die bei Kazan in Südrussland entstanden ist. Im Berichtszeitraum wurden 100 Kodizes mit rund 150 Werken katalogisiert. Zusammengerechnet mit den in den Vorjahren für diesen Katalog bearbeiteten Handschriften, ergibt dies eine Gesamtziffer von etwa 225 Kodizes mit etwa 365 Werken.

Frau Dr. Kathrin Müller (Bayerische Akademie der Wissenschaften/ München) hat im Berichtsjahr zunächst die Druckvorlage für den Band VOHD XVII, B, 10 fertiggestellt; der Band ist inzwischen erschienen

Die für die zukünftige Bearbeitung arabischer Handschriften zu verwendenden Schriftarten wurden auf UNICODE-System („Gentium" für Lateinschrift, „Scheherazade" für arabische Schrift) umgestellt. Nach Absprache mit Herrn Sobieroj wurden von Frau Müller für den nächsten Band diejenigen Handschriften bearbeitet, die den in Band VOHD XVII,B,10 beschriebenen Handschriften vorausgehen, also rückwärts ab Cod arab 2299 in Richtung auf Cod arab 2000 hin. Seit November 2009 wurden 44 Handschriften mit 113 enthaltenen Werken bearbeitet.

Am 5. November 2009 wurde das Projekt KOHD von der Kommission für Semitische Philologie auf dem Tag der Offenen Tür der Bayerischen Akademie der Wissenschaften mit einem Poster und mit einer Auslage der bisher erschienenen Bände der Serie VOHD XVII,B,1 bis B,8 vorgestellt.

Professor Dr. Tilman Seidensticker hat sich weiterhin an den Aktivitäten der Hamburger DFG-Forschergruppe „Manuskriptkulturen in Asien und Afrika" beteiligt. Er hat für deren „Newsletter Manuscript Cultures" 2 (2009, Seiten 1–4) einen Aufsatz mit dem Titel „Ordered Disorder: Vestiges of Mixed Written and Oral Transmission of Arabic Didactic Poems" verfasst. Gegenwärtig arbeitet er an einem Teilprojektantrag zum Layout in arabischen Handschriften für den geplanten Sonderforschungsbereich, der aus dieser Forschergruppe hervorgehen soll.

Herr Seidensticker hielt folgende Vorträge mit Bezug zu arabischen Handschriften:

- „Die „Katalogisierung der Orientalischen Handschriften in Deutschland" zwischen Minimal- und Maximalprogramm", Vortrag im „Workshop Islamische Handschriften in Deutschland", Orientalisches Institut/ Universitätsbibliothek Leipzig, 28. bis 29. Januar 2009;
- „Islamische Kleinhandschriften", Vortrag im Bayerischen Orient-Kolloquium Bamberg, 20. Mai 2010;
- „Der Tübinger Umar aus kodikologischer Sicht", Vortrag im „Arabian Nights Workshop", 26. bis 29. Mai 2010, Universität Erlangen;
- „Eine kleine Einführung in die klassische arabische Literatur", Vortrag anlässlich der Eröffnung der Ausstellung „Die Wunder der Schöpfung" in der Bayerischen Staatsbibliothek München, 15. September 2010.

H.-O. Feistel

Leibniz-Edition (Leibniz-Archiv Hannover und Leibniz-Forschungsstelle Münster)
Interakademische Leitungskommission:
Vorsitzender: Künne
Dingel (Mainz), Knobloch (Berlin), Leinkauf (Münster), Mittelstraß (Konstanz), Patterson, Peckhaus (Paderborn), Poser (Berlin), Siep (Münster)

Kontaktadresse: Niedersächsische Landesbibliothek, Leibniz-Archiv, Waterloostraße 8, 30169 Hannover, Tel.: 0511-1267-327, Fax 0511-1267-202, Herbert.Breger@gwlb.de (Prof. Dr. Breger), http://www.nlb-hannover.de/Leibniz/ (Arbeitsstelle Hannover);

Leibniz-Forschungsstelle-Münster, Robert-Koch-Straße 40, 48149 Münster, Tel.: 0251-83329-25, Fax 0251-83329-31 stemeo@uni-muenster.de (PD Dr. Meier-Oeser), http://www.uni-muenster.de/Leibniz/ (Arbeitsstelle Münster)
Gemeinsame Homepage: http://www.leibniz-edition.de

Arbeitsbericht: (Bericht der Leibniz-Editionsstelle Hannover (Leibniz-Archiv)):
Die Leibniz-Gesamtausgabe wird von der Göttinger Akademie und der Berlin-Brandenburgischen Akademie gemeinsam herausgegeben. Während die Berliner Akademie seit 1901 an der vollständigen Ausgabe der Schriften und der Briefe arbeitet, ist die Göttinger Akademie erst seit 1985 an dieser Ausgabe beteiligt. Von den 30 seit 1985 erschienenen Bänden sind 25 von den beiden Arbeitsstellen (Hannover und Münster) der Göttinger Akademie erarbeitet worden.

Leibniz' Briefwechsel ist in vieler Hinsicht eine wichtige Quelle für das Werk des Gelehrten. Leibniz korrespondierte mit ungefähr 1100 Korrespondenten aus nahezu allen sozialen Schichten und vielen europäischen Ländern bis nach China. Die Fülle der im Briefwechsel erörterten Themen erstreckt sich über alle Bereiche des Wissens. In den mathematischen Schriften gewinnt der Leser einen Einblick in Leibniz' Schaffensprozess. Leibniz hat oft auch auf die Veröffentlichung relativ reifer Überlegungen verzichtet, so dass die Veröffentlichung des Nachlasses wichtige Gesichtspunkte zur Beurteilung seines Werkes liefert.

Die Leibniz-Ausgabe ist in acht Reihen gegliedert; die hannoversche Editionsstelle arbeitet an den Reihen I (Allgemeiner, politischer und historischer Briefwechsel), III (Mathematischer, naturwissenschaftlicher und technischer Briefwechsel) und VII (Mathematische Schriften). Jeder Band umfaßt 800 bis 1000 Seiten.

Im Berichtszeitraum wurde die Bearbeitung der Bände I, 23 (Januar bis September 1704), I, 24 (Oktober 1704 bis Juli 1705), III, 8 (Januar 1699 bis Dezember 1701) und VII, 6 (Arithmetische Kreisquadratur 1673 – 1676) fortgesetzt. Die Schlussredaktion des Textteiles des Bandes I, 22 (Januar – Dezember 1703) wurde abgeschlossen; Register und Einleitung liegen teilweise vor. Die Bände I, 21 (April bis Dezember 1702) und III, 7 (Juli 1696 – Dezember 1698) werden voraussichtlich 2011 an den Verlag gegeben.

Die Arbeitsstelle hat bisher neun abgeschlossene Bände sowie vorläufige Fassungen von fünf in Bearbeitung befindlichen Bänden ins Internet gestellt. Insgesamt handelt es sich dabei um mehr als 11.000 Seiten. Außerdem hat die Arbeitsstelle ein kumuliertes Korrespondenzverzeichnis mit mehr als 12.000 Briefen von und an Leibniz sowie ein kumuliertes Personenverzeichnis mit mehr als 30.000 Datensätzen sowie sechs laufend erweiterte Konkordanzen zwischen der Akademieausgabe und früheren Leibniz-Ausgaben der Forschung im Internet zugänglich gemacht.

Ferner werden Transkriptionen von bisher unveröffentlichten Briefen von und an Leibniz ins Netz gestellt. Dabei wurde bewusst mit Briefen aus Leibniz' letzten Lebensjahren (also nicht aus dem Zeitraum, in dem Bände in Vorbereitung sind) begonnen. Bisher konnten 3000 Seiten ins Netz gestellt werden; die Resonanz der Forschung darauf ist sehr positiv.

H. Breger

Arbeitsbericht: (Bericht der Leibniz-Forschungsstelle Münster):
Die Leibniz-Forschungsstelle ist eine der vier in Münster, Hannover, Potsdam und Berlin angesiedelten Arbeitsstellen, die das Gesamtwerk von Leibniz erschließen und in der Leibniz-Akademieausgabe historisch-kritisch edieren. Wie das Leibniz-Archiv Hannover wird sie im Rahmen des Akademienprogramms von der Akademie der Wissenschaften zu Göttingen betreut. Ihre Aufgabe besteht in der Erforschung und Edition der philosophischen Schriften (Reihe VI) und des philosophischen Teils des 2007 von der UNESCO zum Weltkulturerbe erklärten Briefwechsels von Leibniz (Reihe II).

Die Edition der Texte erfolgt grundsätzlich in chronologischer Reihenfolge. In den Bänden VI, 1-VI, 4 sind bislang die philosophischen Schriften bis 1690 herausgegeben worden. Abweichend von der chronologischen Ordnung, ist jedoch bereits 1962 Band VI, 6, erschienen, welcher Leibniz' Auseinandersetzung mit Locke aus den Jahren 1703–1705 enthält. Für die nun noch zu überbrückende Zeit zwischen 1690 bis 1705 sind vermutlich zwei weitere Bände der philosophischen Schriften zu erwarten. Die konzeptionelle Vorbereitung für deren Herausgabe wurde im Jahr 2010 aufgenommen, da in der internationalen Forschung zur Philosophie der frühen Neuzeit ein großes Interesse an den Werken dieser Phase der Ausgestaltung des metaphysischen Systems von Leibniz besteht.

Nach dem Erscheinen von Band II, 2 (Philosophischer Briefwechsel 1686–1694) im Jahr 2009 ist die editorische Arbeit jedoch zunächst auf den philosophischen Briefwechsel konzentriert, der mit den Bänden II, 3 und II, 4 bis zum Jahr 1705 aufschließen soll.

Die Bearbeitung des Bandes II, 3, der insgesamt 261 Briefe aus der Zeit von 1695 bis 1700 umfasst, wurde fortgesetzt. 270 Seiten, d. h. 36%

des Gesamttextbestandes, wurden bislang ins Netz gestellt. Diese Form der online-Präsentation wird sukzessive fortgeführt, so dass im Frühjahr 2011 über 75% des Bandes im Internet verfügbar sein werden. Mit einem Abschluss der Bearbeitung des Bandes ist bis Ende 2011 zu rechnen.

Der Inhalt des Bandes II, 4 (1701–1705) ist in Abstimmung mit den anderen Reihen festgelegt worden. Fehlende Briefe wurden erfasst, so dass unmittelbar nach Beendigung von Band II, 3 mit der editorischen Bearbeitung begonnen werden kann. Im Zuge dieser Arbeiten wurden die Grunddatei des Briefcorpus durch die Abschrift noch fehlender Transkriptionen für die Bände II, 4 und II, 5 vervollständigt sowie der Druckortekatalog aktualisiert. Damit sind alle neueren Drucke und Übersetzungen von Leibniz-Texten der Jahrgänge 1991 bis 2008 auf der Grundlage der Online-Leibniz-Bibliographie erfasst und in die beiden Kataloge, den Druckortekatalog und den Ritterkatalog, eingepflegt worden.

Die Leibniz-Forschungsstelle Münster unterstützt auswärtige Wissenschaftler und Wissenschaftlerinnen, die an Ort und Stelle die Bibliothek und das Archiv als Arbeitsinstrumente nutzen. Im Jahr 2010 hat sie Prof. Dr. Juan Nicolás (Granada) und Dr. Jeffrey MacDonough (Harvard) technisch betreut.

St. Meier-Oeser

Lexikon des frühgriechischen Epos (Thesaurus Linguae Graecae)
Leitungskommission:
Vorsitzender: Schmitt
Harlfinger (Hamburg), Heitsch, Hettrich (Würzburg), Nickau (Göttingen), Schindel

Kontaktadresse: Indogermanistik/FU, Fabeckstraße 7, 14195 Berlin, Tel.: 030-838-55028, drmeier@zedat.fu-berlin.de (Prof. Dr. Meier-Brügger); Thesaurus-Linguae-Graecae, Von-Melle-Park 6 VIII, 20146 Hamburg, Tel.: 040-42838-4768, william.beck@uni-hamburg.de (Dr. Beck), http://www.rrz.uni-hamburg.de/Thesaurus/

Arbeitsbericht: Im Jahr 2010 wurde das Lexikon des Frühgriechischen Epos abgeschlossen. Die in diesem Jahr noch zu erledigenden Aufgaben waren:

1) Die Fertigstellung der letzten beiden Lieferungen: 24 φή – χαλκός und 25 χαλκότυπος – ῏Ωφ.

Zusammen mit dem Vorwort, den Corrigenda et Addenda und einer vollständigen Abkürzungsliste und nach einem letzten Korrekturdurchgang war der vollständige Band IV Ende Juli im Druck.

2) Vorbereitung, Durchführung und Nachbereitung eines Abschlusskolloquiums mit dem Thema: „Homer – gedeutet durch ein großes Lexikon", das vom 6. bis 8. Oktober 2010 im Erwin-Panofsky-Saal des Hauptgebäudes der Universität Hamburg stattfand.

Durch die großzügige Unterstützung der Göttinger Akademie, der Hamburger Stiftung zur Förderung von Wissenschaft und Kultur sowie des Senats der Freien und Hansestadt Hamburg konnten herausragende Homerkenner aus vielen Ländern als Referenten gewonnen und die Tagung in einem angemessenen Rahmen durchgeführt werden. Die Tagung wurde durch den Präsidenten der Göttinger Akademie, Christian Starck, eröffnet; auch Vertreter des Präsidiums der Universität Hamburg und des Hamburger Senats sprachen Grußworte. Zum Eröffnungsabend waren auch der Vorsitzende der Kommission der Union der Akademien, Volker Gerhard, und die Generalsekretärin der Göttinger Akademie, Frau Angelika Schade, gekommen. Im öffentlichen Abendvortrag gab der Doyen der deutschen Homerforschung, Joachim Latacz, vor einem zahlreichen Publikum einen Überblick und eine Analyse der Höhepunkte des Homerischen Einflusses auf die Europäische Kulturentwicklung. Den zweiten öffentlichen Abendvortrag hielt am Donnerstag, dem 7. Oktober, der Direktor des Deutschen Archäologischen Instituts Athen, Wolf-Dietrich Niemeier, in dem er die Forschungssituation zum historischen Hintergrund der homerischen Epen darstellte.

Auf der durchwegs sehr gut besuchten Tagung zeigten Referentinnen und Referenten aus den USA, den Niederlanden, Frankreich, der Schweiz, Österreich, Italien, Griechenland und Deutschland sowie Mitarbeiter der Hamburger Arbeitsstelle unter verschiedenen Apekten die vielfältigen Impulse auf, die vom Lexikon des Frühgriechischen Epos für die Homerdeutung ausgegangen sind. Das beeindruckende Niveau und die reichen Ergebnisse waren Anlass, eine Publikation der Tagungsvorträge im Rahmen der Abhandlungen der Göttinger Akademie der Wissenschaften vorzusehen. Der Band soll im Sommer 2011 zum Druck fertiggestellt sein. Die Redaktion übernimmt Michael Meier-Brügger.

Der Abschluss des Lexikons des Frühgriechischen Epos konnte auch die Aufmerksamkeit der überregionalen Presse gewinnen. In ausführlichen Beiträgen würdigten insbesondere die „Frankfurter Allgemeine Zeitung", die „Neue Zürcher Zeitung" und die „Süddeutsche Zeitung" die Bedeutung des von dem großen Klassischen Philologen Bruno Snell gleich nach dem Ende des Zweiten Weltkriegs gegründeten Unternehmens. Auch wenn Snells Anliegen, der Barbarei des Kriegs die Erinnerung an die kulturellen Grundlagen Europas entgegenzustellen, heute andere Bezugspunkte hat, das Anliegen, die Begriffe und Inhalte, die Europa geprägt haben und die die Besonderheit seiner Kultur ausmachen, durch die wissenschaftliche Analyse ihrer Bedeutung präsent zu halten, wurde in seiner aktuellen Relevanz anerkannt, der nicht unerhebliche Beitrag hervorgehoben, den das Lexikon leistet.

3) Die Retrodigitalisierung des Lexikons des Frühgriechischen Epos
Die Vorbereitungen der Retrodigitalisierung des Lexikons wurden im Jahr 2010 weiter vorangetrieben. Der Teil eines Antrags an die DFG, der die Begründung für den wissenschaftlichen Gewinn einer Retrodigitalisierung liefert, wurde in Zusammenarbeit zwischen dem Redaktor der Arbeitsstelle, William Beck, und dem Vorsitzenden der Leitungskommission der Akademie fertiggestellt. Für die Bewältigung der technischen Probleme der Retrodigitalisierung leistete das Trierer Kompetenzzentrum für elektronische Erschließungs- und Publikationsverfahren in den Geisteswissenschaften wichtige Hilfe. Besonders günstig ist, dass auch das Interesse des Editor in Chief, Gregory Crane, der Perseus Digital Library an einer Zusammenarbeit mit dem LfgrE gewonnen werden konnte. Auf einem Arbeitstreffen am 15. Dezember in Hamburg wurden konkrete Verfahren der Zusammenarbeit besprochen und eingeleitet.

4) Abwicklung der Arbeitsstelle, Übergabe an die Hamburger Universität
Die letzten Aufgaben, die im Jahr 2010 erledigt werden mussten, waren die Abwicklung der Arbeitsstelle in Hamburg und die Übergabe an die Universität Hamburg. Durch eine Übereinkunft der Göttinger Akademie mit der Universität Hamburg konnte erreicht werden, dass die über viele Jahre gepflegte Spezialbibliothek mitsamt den sie erschließenden Katalogen in den bisherigen Räumen bleiben kann. Die Bibliothek wird von der Göttinger Akademie dem Seminar für Klassische Philologie der Universität Hamburg als Dauerleihgabe zur Verfügung gestellt. Die Räume werden renoviert und können dann für wissenschaftliche Projektarbeiten genutzt werden.

Besonders wichtig für den pünktlichen und erfolgreichen Abschluss der Arbeiten am Lexikon des Frühgriechischen Epos war die Tatsache, dass die Mitarbeiter der Hamburger Arbeitsstelle, die bereits pensioniert waren, sich unentgeltlich und ununterbrochen an der Abfassung und Korrektur von Artikeln beteiligt hatten. Auch der Redaktor, Michael Meier-Brügger, stand dem Lexikon mit Rat und Tat zur Verfügung, ohne dafür einen finanziellen Ausgleich zu fordern und trotz der Verpflichtungen an seinem Lehrstuhl in Berlin.

William Beck, der Ende 2009 in den Ruhestand gegangen ist, war durch einen Werkvertrag weiter beschäftigt, damit er die Arbeiten an Ort und Stelle koordinieren konnte. Frau Barbara Schönefeld ist im September 2010 aus dem regulären Dienst ausgeschieden, war aber bis Dezember 2010 mit einem Werkvertrag weiter beschäftigt. Ohne ihre effektive Mithilfe hätte die Abschlusstagung nicht organisiert, die Abwicklung nicht erfolgreich bewältigt werden können.

A. Schmitt

Mittelhochdeutsches Wörterbuch (Arbeitsstelle Göttingen)
Leitungskommission:
Vorsitzender: Grubmüller
Gärtner (Trier), Henkel, Klein (Bonn), Schumann, Stackmann

Kontaktadresse: Papendiek 14, 37073 Göttingen, Tel.: 0551-39-6412, uhdpmhdw@gwdg.de (Dr. Diehl), http://www.uni-goettingen.de/de/92908.html

Arbeitsbericht: Das Vorhaben „Mittelhochdeutsches Wörterbuch" bietet eine umfassende lexikographische Bearbeitung des mittelhochdeutschen Wortbestandes in den zeitlichen Grenzen von 1050 bis 1350. Seine Quellenbasis bildet ein Corpus von philologisch gesicherten Texten aller Textsorten der Periode. Auf der Grundlage des Quellencorpus wurde ein maschinenlesbares Textarchiv angelegt und aus diesem durch computergestützte Exzerpierung ein Belegarchiv erstellt, welches das Material für die Ausarbeitung des Wörterbuches bietet. Aufgrund seiner Quellenbasis gewährt das Wörterbuch erstmals einen die ganze Periode zeitlich und räumlich gleichmäßig berücksichtigenden Überblick über die Verwendungsbedingungen und die Bedeutungsentwicklung des mittelhochdeutschen Wortbestandes und kann daher als zuverlässiges Hilfsmittel für die Erforschung der deutschen Sprache des Mittelalters sowie für das Verstehen und die philologische Erschließung mittelhochdeutscher Texte dienen. Das Vorhaben wird von der Göttinger und der Mainzer Akademie gemeinsam getragen und von zwei Arbeitsstellen in Göttingen und Trier durchgeführt.

Die zur Stärkung des Gesamtprojekts im Rahmen der langfristigen Planungen zum Sommer 2009 zusätzlich eingerichtete halbe Mitarbeiterstelle (J. Richter M.A.) wurde ebenso verlängert wie die von beiden Akademien gemeinsam getragene Aufstockung der für EDV-Arbeiten zuständigen Stelle in Trier (U. Recker-Hamm M.A.). Damit konnte der im Vorjahr begonnene Ausbau des projekteigenen Artikelredaktionsprogramms TAReS fortgesetzt werden. Im Herbst hat der Wechsel von Dr. Runow auf eine Ratsstelle an der LMU für eine kurze Stellenvakanz gesorgt. Seit Mitte November hat sich unser Team jedoch mit Frau Luise Czajkowski M. A. wieder vervollständigt.

In Göttingen ist die Bearbeitung der 7. Lieferung (ëbentiure – erbieten) abgeschlossen, sie geht zu Beginn des kommenden Jahres zusammen mit der Trierer Lieferung 8 (erbietunge – gar) in Druck. Die Artikelarbeiten an der zehnten, den ersten Band abschließenden Lieferung (gemeine – geveigen) sind bis zur Hälfte fortgeschritten. Durch die Korrektur und die Integration zusätzlicher maschinenlesbarer Texte ins Redaktionssystem konnte das Belegarchiv erweitert und damit auch die Artikelbearbeitung erleichtert werden.

Wie bereits in den letzten Jahren haben die Mitarbeiter der Arbeitsstelle auch im Jahr 2010 an verschiedenen externen wissenschaftlichen Veranstaltungen und Kongressen teilgenommen. Neben universitären Lehrveranstaltungen wurden für Seminare und auswärtige Besucher Führungen durch die Arbeitsstelle angeboten bzw. Materialien zur Verfügung gestellt. Der 2009 eingerichtete Praktikumsplatz konnte im laufenden Jahr mehrfach besetzt werden. Die Übernahme einer qualifizierten Praktikantin auf eine Hilfskraftstelle belegt den Nutzen dieser Dienstleistung auch für die Arbeitsstelle selbst.

Das Evaluationsverfahren (Begehung am 18.9.2009 in Trier) wurde im Berichtsjahr erfolgreich abgeschlossen. Die notwendige Ergänzung der Kommission ist in die Wege geleitet.

K. Grubmüller

Veröffentlichungen:

Susanne Baumgarte/Gerhard Diehl/Holger Runow: Wörterbuchmacher als Wörterbuchnutzer. Das neue Mittelhochdeutsche Wörterbuch und das Deutsche Rechtswörterbuch, in: Das Deutsche Rechtswörterbuch – Perspektiven, hrsg. von Andreas Deutsch, Heidelberg 2010, S. 159–175.

Ortsnamen zwischen Rhein und Elbe – Onomastik im europäischen Raum
Leitungskommission:
Vorsitzender: Henne
Aufgebauer (Göttingen), Debus (Kiel), Lehfeldt, Oexle, Reitemeier (Göttingen), Udolph

Kontaktadresse: Robert-Koch-Straße 40, 48149 Münster, Tel.: 0251-8331464, Fax: 0251-8331466, kirstin.casemir@ortsnamen.net (Dr. Casemir), http://www.ortsnamen.net

Arbeitsbericht: Das Vorhaben soll kreisweise sämtliche bis 1600 in schriftlichen Quellen erwähnte Ortsnamen Niedersachsens, Bremens und Westfalens unter Einschluß der Wüstungen onomastisch aufbereiten. Dies umfaßt eine Belegsammlung, die die Überlieferung des einzelnen Ortsnamens über die Jahrhunderte spiegelt, eine Zusammenfassung der bisher erschienenen Literatur zur Deutung des Namens sowie als Schwerpunkt eine systematisch gegliederte Deutung des Namens.

Im Mai 2010 erschien der zweite Band des Westfälischen Ortsnamenbuches, die Untersuchung der Ortsnamen des Kreises Lippe, der in einer Veranstaltung im Lippischen Landesmuseum in Detmold der Öffentlichkeit vorgestellt wurde. Druckfertig liegt das Manuskript des 7. Bandes des Niedersächsischen Ortsnamenbuches (Kreis Helmstedt/Stadt Wolfsburg) vor, so daß der Band um das Jahresende veröffentlicht werden wird. Die Arbeiten an den Folgebänden des Westfälischen Ortsnamenbuches gehen planmäßig voran und befinden sich in der Redaktion bzw. stehen unmittelbar vor der Redaktion, so daß im Jahr 2011 die Bände 3 und 4 gedruckt werden können.

Wie in den vergangenen Jahren steht die Arbeitsstelle durch Vorträge der Mitarbeiter, Tagungsteilnahmen und Beantwortung zahlreicher Anfragen in einem regen Austausch mit der wissenschaftlichen wie der breiteren Öffentlichkeit. Das examensbedingte Ausscheiden mehrerer Hilfskräfte konnte durch die Gewinnung qualifizierter Studenten einer Lehrveranstaltung an der Westfälischen Wilhelms-Universität Münster kompensiert werden.

Der im Vorjahr begonnene Aufbau einer Datenbank der Belegkonkordanzen durch studentische Hilfskräfte des Projektes wurde fortgesetzt und umfaßt derzeit 14.000 Datensätze. Durch diese Datenbank werden Paralleldrucke bzw. Regesten einer und derselben Urkunde in unterschiedlichen Editionen erfaßt, so daß die Bearbeiter rasch die maßgebliche Edition ermitteln sowie Doppelexzerptionen vermeiden können.

Die wissenschaftliche Leitungskommission sprach sich auf ihrer jährlichen Sitzung am 4.6.2010 dafür aus, die Kommission durch Herrn Prof. Dr. Arnd Reitemeier, Direktor des Instituts für Historische Landesforschung an der Georg-August-Universität Göttingen, zu erweitern.

H. Henne

Veröffentlichungen:

Birgit Meineke: Die Ortsnamen des Kreises Lippe. Westfälisches Ortsnamenbuch (WOB). Im Auftrag der Akademie der Wissenschaften zu Göttingen herausgegeben von Kirstin Casemir und Jürgen Udolph. Band 2. Verlag für Regionalgeschichte, Bielefeld 2010

Papsturkunden des frühen und hohen Mittelalters
Leitungskommission:
Vorsitzender: Herbers (Erlangen)
Görz (Erlangen), Kölzer (Bonn), López Alsina (Santiago de Compostela), Maleczek (Wien), Schieffer

Kontaktadresse: Friedländer Weg 11, 37085 Göttingen, Tel.: 0551-5316499, Fax: 0551-5316512, wkoenig@gwdg.de (Dr. Könighaus), http://www.papsturkunden.gwdg.de

Arbeitsbericht: Im Berichtszeitraum waren innerhalb des von der Union der Akademien finanzierten und seit Februar 2007 laufenden Projektes „Papsturkunden des frühen und hohen Mittelalters" folgende Mitarbeiterinnen und Mitarbeiter angestellt: in der Arbeitsstelle Göttingen für die Iberia Pontificia die Herren Daniel Berger (bis August 2010), Thomas Czerner, M. A. (seit Oktober 2010), Frank Engel, M.A. und Dr. Waldemar Könighaus (Bohemia-Moravia Pontificia und Polonia Pontificia); in der Arbeitsstelle Erlangen: Frau Judith Werner und Herr Dipl.-Hist. Markus Schütz (Neubearbeitung des Jaffé) sowie Herr Thorsten Schlauwitz, M. A. (Iberia Pontificia; Neubearbeitung des Jaffé; Digitalisierung). Darüber hinaus waren in beiden Arbeitsstellen mehrere Hilfskräfte beschäftigt.

Unter dem Titel „Das begrenzte Papsttum. Spielräume päpstlichen Handelns. Legaten – delegierte Richter – Grenzen" veranstaltete das Akademienprojekt in Zusammenarbeit mit dem spanischen Schwesterprojekt „El Pontificado Romano: relaciones con el Noroeste Peninsular y bases documentales para su estudio hasta el año 1198" und mit dem gastgebenden Centro de Estudos de História Religiosa der Universidade Católica Portuguesa in Lissabon am 9. und am 10. Juli 2010 eine internationale Tagung

(s. dazu unter „Sonstige Veranstaltungen", Seite 447). Die Beiträge sollen in den Abhandlungen der Göttinger Akademie publiziert werden. Ein Arbeitstreffen in Porto vom 3. bis zum 5. Dezember 2009 hatte sich mit der Vorbereitung dieser Konferenz sowie mit den Modalitäten der weiteren deutsch-iberischen Kooperation befaßt.

Iberia Pontificia
Die Kooperation des Projektes mit spanischen und mit portugiesischen Wissenschaftlern und Wissenschaftlerinnen wurde fortgesetzt (zu den regelmäßig stattfindenden Arbeitstreffen der Iberia-Mitarbeiter und der diesjährigen Konferenz vgl. auch oben unter 1. Arbeitsstelle Göttingen).
Diözese Burgos: Dank der Unterstützung durch das spanische Partnerprojekt „El Pontificado Romano: relaciones con el Noroeste Peninsular y bases documentales para su estudio hasta el año 1198" konnte Herr Daniel Berger im Dezember 2009 eine dreiwöchige Archivreise nach Burgos und Madrid unternehmen, auf der die notwendigen Archiv- und Bibliotheksrecherchen (insbesondere in der Biblioteca Nacional in Madrid) zum Abschluß gebracht werden konnten. Das Regestencorpus hat sich durch diese Reise noch einmal auf nun insgesamt 219 Nummern erweitert; noch ausstehende Überlieferungsfragen konnten weitestgehend geklärt werden. Der Schwerpunkt der Bearbeitung lag im Berichtszeitraum auf der Abfassung der historischen Einleitungen zu den insgesamt 17 Lemmata des Bandes. Von diesen hat Herr Berger bis zum Ausscheiden aus dem Projekt im August 2010 die entsprechenden Texte für 15 Institutionen fertiggestellt. Ein Gesamtmanuskript des Bandes, das dank der kollegialen Unterstützung von Herrn Frank Engel bereits einmal Korrektur gelesen worden ist, wurde dem Sekretär übergeben. Eine Begutachtung nimmt seit September Herr Prof. Dr. Fernando López Alsina (Santiago de Compostela) vor; um eine weitere Durchsicht wurde parallel der Altsekretär gebeten. Die Abfassung der noch fehlenden Narrationes möchte Herr Berger als freier Mitarbeiter so bald wie möglich zu Ende führen, so daß der Band in absehbarer Zeit erscheinen kann. – Diözese Ávila: Herr Frank Engel hat im Berichtszeitraum die Auswertung von gedruckten Quellenwerken und Literatur mit Blick auf Papstkontakte in der Diözese Ávila fortgesetzt. Die Zahl der Regestenentwürfe zu diesem Bistum beläuft sich auf mittlerweile knapp 140. In vielen Fällen hat die Durchsicht von Publikationen Fehlanzeigen oder nur weitere Editionen und Regesten zu bekannten Urkunden erbracht, daneben jedoch zahlreiche „Extravaganten" für andere iberische Bistümer und die geistlichen Ritterorden; ihre Zahl beträgt mittlerweile über 220. Die Ausarbeitung und Kommentierung der zu Ávila gehörigen Regesten ist

weit fortgeschritten. Von den historischen Einleitungen ist im wesentlichen noch die zum Lemma „Episcopatus" zu erarbeiten, zu der jedoch ebenfalls bereits Konzepte vorliegen. Allerlei „Baustellen" innerhalb des Manuskripts zum Regestenband resultieren aus den Schwierigkeiten bei der Literaturbeschaffung. Eine erste Interpretation der erarbeiteten Befunde, näherhin zur delegierten Gerichtsbarkeit in der Diözese Ávila, konnte Herr Engel im Rahmen der von den Mitarbeitern des Akademienprojekts mitorganisierten Tagung „Das begrenzte Papsttum" vortragen (Lissabon, 09./10.07.2010). Im Rahmen des 6. Workshops „Historische Spanienforschung" (Kochel am See) referierte er am 18. September 2010 über Stand und Perspektiven der Iberia Pontificia.

Auch in diesem Jahr standen die Transkriptionen der Aufzeichnungen aus den spanischen Archiven und Bibliotheken im Mittelpunkt der Tätigkeit von Herrn Thorsten Schlauwitz. Alle Faszikel sind nun transkribiert und von Hilfskräften korrigiert worden. Derzeit steht noch ein weiterer Korrekturgang durch Herrn Schlauwitz aus. Die Informationen aus den transkribierten Faszikeln sind in eine Datenbank eingegeben worden, einschließlich der Verweise auf die Signaturen in den jeweiligen Aufzeichnungen und auch – sofern vorhanden – auf die Archivsignaturen. Zudem wurde die Datenbank um die Funktion ergänzt, selbst erstellte Digitalisate von Editionen und Faksimiles aus spanischen Publikationen an die jeweiligen Datensätze anzuhängen. Dies soll einerseits als effizientes Hilfsmittel für die Mitarbeiter der Iberia Pontificia dienen, andererseits einen Überblick über die Qualität der bisher erschienenen Editionen verschaffen, um über eine Publikation der in den Aufzeichnungen vorhandenen Urkundentranskriptionen besser entscheiden zu können. Bisher wurden 565 Digitalisate zu 406 Papsturkunden aus Spanien erstellt und verlinkt. Zusätzlich ist eine Literaturdatenbank (Citavi) mit derzeit 786 Titeln angelegt worden, die ebenfalls den Mitarbeitern zur Verfügung steht.

Polonia Pontificia
Herr Waldemar Könighaus hat mit der Bearbeitung des Bandes „Polonia Pontificia" begonnen und sich dabei zunächst dem Bistum Breslau gewidmet. Es konnten bereits einige Vorarbeiten zum Bistum und zu den Stadtstiften St. Maria auf dem Sande der Augustiner-Chorherren und St. Vinzenz der Prämonstratenser geleistet werden. Während einer Archiv- und Bibliotheksreise nach Warschau im September 2010 sichtete Herr Könighaus die Papstprivilegien für das Bistum Leslau (Włocławek) und das Augustiner-Chorherrenstift Czerwińsk, u. a. wurden mehrere mittelalterliche und neuzeitliche Abschriften der päpstlichen Privilegien ermittelt. In

der nächsten Zukunft sollen die Forschungen auf die Bistümer Krakau und Płock mit den innerhalb dieser Diözesen liegenden Klöstern ausgedehnt werden.

Bohemia-Moravia Pontificia
Im Berichtsjahr arbeitete Herr Könighaus die Ergänzungen und Korrekturen der Gutachter (Prof. Dr. Hiestand und Prof. Dr. Werner Maleczek, Wien) in das Manuskript der „Bohemia-Moravia" ein und schloß den Band ab. Alle drucktechnischen Details wurden im Laufe des Sommers in mehreren Gesprächen mit dem Verlag Vandenhoeck & Ruprecht geklärt, so daß Herr Könighaus im Sommer mit Hilfe des Programms „InDesign" ein publizierbares Manuskript erstellen konnte. Inzwischen ist dieses Werk im Januar 2011 erschienen. Im Mai 2011 hat auch eine Buchpräsentation in Prag stattgefunden, in deren Rahmen der Band vorgestellt wurde. Des weiteren hielt Herr Könighaus im Juni 2010 in der Villa Vigoni bei der Konferenz „Die Ordnung der Kommunikation und die Kommunikation der Ordnungen im mittelalterlichen Europa. Zentralität: Papsttum und Orden im Europa des 12. und 13. Jahrhunderts" zum Thema „Die Päpste und die Klöster Ostmitteleuropas" einen Vortrag. Anfang September 2010 stellte Herr Könighaus das Projekt Bohemia-Moravia Pontificia im Rahmen der Konferenz „Pontes ad fontes" in Brünn vor.

Neubearbeitung des Jaffé
Für die Erlanger Arbeitsstelle des Akademienprojektes haben Frau Judith Werner sowie die Herren Markus Schütz und (bis Ende Dezember 2009) Thorsten Schlauwitz die Arbeit an der 3. Auflage der „Regesta Pontificum Romanorum" fortgesetzt.

I. Teilband 1: 33–844
Für den ersten, bis zum Jahr 844 reichenden Band liegen die Regesten bis zum Jahr 604 manuskriptfertig vor. Die Regesten bis zum Jahr 844 befinden sich in der internen Korrektur. Bei der bibliographischen Überarbeitung der Regesten wurden fehlerhafte Verweise aus der zweiten Auflage des Jaffé und widersprüchliche Datierungen aus unterschiedlichen Regestenbänden korrigiert sowie neuere Editionen der an den Papst gerichteten Schreiben aufgenommen. Die Begutachtung des ersten Bandes ist für Ende 2010 vorgesehen.

Die bis jetzt fertiggestellten Regesten (gut 3.100 Stück) hat Herr Könighaus Korrektur gelesen. Weitere 190 Seiten bzw. ca. 1.250 Regesten liegen ihm zur Zeit zur Durchsicht vor; bis jetzt konnten davon alle Regesten bis zum Pontifikat Vigilius' (gut 900 Nummern) korrigiert werden.

II. Teilband 2: 844–1073

Im August 2009 begann Frau Werner die Arbeit am zweiten Teilband der Neubearbeitung des Jaffé, der die Jahre 844 bis 1073 umfaßt. Für die Zeiträume von 844 bis 858 (Sergius II. bis Benedikt III.), 911 bis 1024 (Anastasius III. bis Benedikt VIII.) und 1024 bis 1046 (Johannes XIX. bis Gregor VI.) liegen mit den „Regesta Imperii"-Teilbänden I 4,2 von Klaus Herbers (1999), II 5 von Harald Zimmermann (1998) und III 5 von Karl Augustin Frech (2006) bereits drei relativ aktuelle Regestenwerke vor, aus denen insgesamt ca. 2.050 Regesten in die Datenbank eingearbeitet werden konnten. Diese müssen teilweise noch um die lateinische Version des Kurzregests und des Sachkommentars ergänzt werden. Die umfassenden Literaturangaben der „Regesta Imperii"-Bände wurden bereits auf die jeweils aktuellste kritische Edition und eventuelle Editionen bei Mansi, Migne oder in den Reihen der MGH reduziert. Auch für die Zeit von 858 bis 867 (Nikolaus I.) wird demnächst ein Teilband der „Regesta Imperii" vorliegen, aus dem dann ca. 440 weitere Regesten in die Datenbank übernommen werden können.

Für die Jahre 867 bis 911 (Hadrian II. bis Sergius III.) wurden ca. 800 Regesten aus Jaffé/Ewald bzw. Jaffé/Löwenfeld sowie aus den beiden Editionsbänden der Papsturkunden von Harald Zimmermann (1984/85), die die Zeit von 896 bis 1046 abdecken, in die Datenbank eingearbeitet. Bei diesen, besonders für den Zeitraum von 867 bis 896, muß vor allem noch die aktuelle Literatur nachgetragen werden. Außerdem werden sich für diese Periode wohl noch weitere Regesten, vor allem Erwähnungen, ergeben. Ähnliches gilt für die Jahre 1046–1073 (Clemens II. bis Alexander II.), für die bereits ca. 220 Regesten in Rohfassung durch eine Hilfskraft in die Datenbank eingegeben wurden.

K. Herbers

Patristische Kommission (Arbeitsstelle Göttingen)
Leitungskommission:
Vorsitzender: Mühlenberg
Gemeinhardt (Göttingen), Nesselrath

Kontaktadresse: Friedländer Weg 11, 37085 Göttingen, Tel.: 0551-3894330, emuehle@gwdg.de (Prof. Dr. Mühlenberg)

Arbeitsbericht: Unter dem Namen Dionysius Areopagita wurden Anfang des 6. Jahrhunderts griechische Schriften eines Christen verbreitet. Darin war souverän der Athener Neuplatonismus in christliches Denken integriert; jahrhundertelang diente dieses als Modell für Theologen und christliche Philosophen. Die Werke des „Dionysius" werden auf der Basis der Überlieferung in mittelalterlichen Handschriften kritisch ediert.

Der erste Teilbereich des Vorhabens „Dionysius Areopagita" ist die kritische Edition des „akkumulierten Dionysius Areopagita" (Editorin: Prof. Dr. Beate R. Suchla). Für den Band der Begleitkommentare (Scholien) zu „De divinis nominibus" wurde der griechische Text einschließlich der Apparate konstituiert. Die Praefatio ist erweitert worden, der Entwurf ist abgeschlossen. Die Korrekturdurchgänge werden fristgemäß bis Jahresende ausgeführt. Die technische Umsetzung zu einer digitalen Druckvorlage ist eine Mischung aus Glück, Konzentration und Geduld.

Der zweite Teilbereich betrifft im jetzigen Arbeitsschritt die kritische Edition der „Epistula ad Timotheum de morte apostolorum Petri et Pauli" (Editoren: Prof. Dr. Beate R. Suchla/Dr. M. Muthreich). Die Arbeit konzentrierte sich auf die äthiopische Fassung. Deren Überlieferungsbestand in Handschriften ist festgehalten und durchgesehen worden. Es gibt mehrere Rezensionen, und bisher deutet alles darauf hin, daß die äthiopischen Texte direkt aus dem Griechischen (ohne koptische Vermittlung) übersetzt wurden. Es hat sich inzwischen ergeben, daß verschiedenartige Überlieferungsträger (Überlieferungsorte) unterschieden werden können: Das Schriftstück wird tradiert als Anhang zum Neuen Testament, im Kontext von Apostellegenden und in dogmatischen Florilegien.

Im dritten Teilbereich („Liber de haeresibus/Anakephalaiosis". Editoren: Prof. Dr. Beate R. Suchla/Chr. Birkner) ist die Bestandsaufnahme der handschriftlichen Überlieferung vorerst abgeschlossen (ca. 1000 Handschriften). Nach ihrer Katalogisierung wurden die Handschriften geordnet; es sind mehrere Rezensionen festgestellt. Der Arbeitsschritt, Testimonien zu identifizieren, wurde begonnen.

Über die Forschungen, die sich an die Arbeitsstelle „Patristik: Dionysius Areopagtita" angegliedert haben, kann wie folgt berichtet werden: Im Zusammenhang mit Forschungen zu den „Apophthegmata Patrum" hat Frau Professor C. Faraggiana (Bologna/Ravenna) ein Dossier zu Makarios erarbeitet. Das Druckmanuskript ist revidiert worden; es erwiesen sich mehrere Streufunde den verschiedenen Überlieferungen unter dem Namen des Jesajas Monachos als so eng verwandt, daß Nachträge und Vergleiche nicht ausgeschlossen werden durften.

Gregor von Nyssa, „De anima et resurrectione": Unabgeschlossene Edition (Prof. Andreas Spira† 2004). Herr Dr. W. Brinker (Mainz) hat seinen Beitrag abgeschlossen. Alle diese die Edition betreffenden Materialien lagern jetzt in der hiesigen Arbeitsstelle.

E. Mühlenberg

Qumran–Wörterbuch
Leitungskommission:
Vorsitzender: Kratz
Lohse, Perlitt, Smend, Spieckermann

Kontaktadresse: Vereinigte Theologische Seminare, Platz der Göttinger Sieben 2, 37073 Göttingen, Tel.: 0551-39-7130, Fax 0551-39-2228, rkratz@gwdg.de (Prof. Dr. Kratz)

Arbeitsbericht: Das Unternehmen gilt den antiken Handschriften vom Toten Meer. Diese im vergangenen Jahrhundert in der Nähe der Ruinensiedlung Khirbeth Qumran entdeckten Überreste von rund 1000 meist hebräischen und aramäischen Manuskripten stammen aus der Zeit vom 3. Jh. v. Chr. bis zum 2. Jh. n. Chr. Bei den Texten handelt es sich um eine einzigartige Quelle für die Erforschung der Geschichte des antiken Judentums sowie des Alten Testaments und für den Entstehungshintergrund des Neuen Testaments. Die Aufgabe des Unternehmens besteht in der Erarbeitung eines philologischen Wörterbuchs, das den gesamten Wortschatz der nichtbiblischen Texte vom Toten Meer erfasst und das Material etymologisch, morphologisch sowie semantisch aufbereitet. Das Wörterbuch schließt damit die bisher kaum erforschte Lücke zwischen dem älteren biblischen und dem jüngeren rabbinischen Hebräisch und Aramäisch. Das wichtigste Arbeitsinstrument ist eine im Rahmen des Projekts speziell für die Bedürfnisse des Unternehmens entwickelte Datenbank. In ihr sind sämtliche Quellentexte, alle wichtigen in der Forschungsliteratur vorgeschlagenen, oft umstrittenen Lesungen der einzelnen Wörter sowie alle weiteren für das Wörterbuch relevanten Informationen (Editionen, Literatur, Zählungsabweichungen etc.) erfasst. Sämtliche Editionen der Texte werden gesichtet, abweichende Lesungen elektronisch registriert und die Eingabe dieser „Varianten" in einem separaten Arbeitsgang kontrolliert und gegebenenfalls korrigiert. Die Datenbank ist komplett aufgebaut und wird laufend aktualisiert. Eine Spezialbibliothek umfasst eine große Photosammlung der Handschriften und sämtliche Editionen der Texte vom Toten Meer und wird kontinuierlich um einschlägige Neuerscheinungen erweitert.

Von Mai 2002 bis Dezember 2005 wurde das Qumran-Wörterbuch als Langzeitprojekt von der DFG gefördert. Mit Beginn 2006 ist das Unternehmen in das Programm der Akademie der Wissenschaften zu Göttingen übergegangen und ist hier zusammen mit dem Septuaginta-Unternehmen und dem Editionsvorhaben SAPERE im Centrum Orbis Orientalis (CORO) angesiedelt.

Im Berichtsjahr 2010 wurde an der Abfassung von Wörterbuchartikeln im Bereich der Buchstaben aleph-zajin gearbeitet. Die philologische Voranalyse der aramäischen Belege ebenso wie die der Sirachbelege wurde begonnen bzw. weitergeführt und ist in beiden Fällen erfreulich fortgeschritten. Abgeschlossen werden konnte die Varianteneingabe/-korrektur zur umfangreichen Edition von Wacholder/Abegg. Die Aufnahme wertvoller Varianten aus der sogenannten „Zettelkonkordanz" ist inzwischen beim Buchstaben *he* angelangt. Varianten aktueller Neueditionen und Dissertationen, besonders auch aus Israel, wurden ebenso berücksichtigt. Die Zahl relevanter Qumran-Veröffentlichungen ist in den vergangenen Jahren stark angestiegen, und so nimmt die Bibliotheksarbeit einen zunehmend größeren Raum in der Projektarbeit ein. Die Qumran-Bücher aus der Bibliothek Stegemann (Schenkung durch Frau Prof. Dr. Ursula Spuler-Stegemann 2009) wurden integriert. Auf unterschiedlichen Ebenen wurde die Datenbank des Projekts ausgebaut. Sie verfügt nunmehr auch über ein erneuertes Indexsystem. Erweitert wurde die Datenbank auch im Blick auf ein von Dr. Noam Mizrahi an der Theologischen Fakultät in Göttingen durchgeführtes Projekt zu den biblischen Handschriften von Qumran (Beginn August 2010). Die sprachlichen Analysen von Dr. Mizrahi werden ebenfalls dem Wörterbuchprojekt zugute kommen, welches neben dem nichtbiblischen Bestand auch philologische Spezifika der biblischen Handschriften von Qumran berücksichtigt. Gemeinsam mit Dr. Noam Mizrahi und Dr. Philippe Hugo (Septuaginta-Unternehmen Göttingen/Fribourg) wurde für März 2011 im Rahmen des Graduierten-Kollegs „Gottesbilder – Götterbilder – Weltbilder" ein internationaler Workshop zum Thema „Bits and Bible – New Digital Approaches to Edit Biblical Texts" konzipiert und vorbereitet. Ziel des Workshops ist es, Grundlagenforschung am biblischen Text zukünftig international zu vernetzen. Die Datenbank des Lexikonprojekts besitzt dafür modellhaften Charakter. Aus Sondermitteln der Akademie konnte für den projektinternen Gebrauch mit dem Scannen der Microficheedition der Qumran-Handschriften begonnen werden, die – gerade in elektronischer Form – ein hervorragendes Arbeitsinstrument darstellt. Vorbereitungen zu einer Neuedition der Damaskusschrift auf der Basis einer materiellen Rekonstruktion (H. Stegemann u.a.) als zukünftig maßgeblicher Edition für das Wörterbuch wurden vorangetrieben. Das Karl-Georg Kuhn-Archiv wurde fortgeführt. Untersuchungen an den Handschriftenoriginalen in Jerusalem trugen auch im Jahr 2010 zu einer Sicherung der Textgrundlage des Wörterbuchs und einem Ausbau der Arbeitskontakte an Ort und Stelle bei (École Biblique/Israel Museum/Hebrew University). Bestehende Verbindungen zu verschiedenen internationalen Forschungseinrichtungen wurden vertieft und neue angebahnt, z. B. zu den Universitäten Madrid (Prof. Dr. Pablo Torijano) sowie Toronto und Yale (Prof. Dr. Hindy Najman). Besuch erhielt das Projekt z.B. von Prof. Dr. Adrian Schenker (Fribourg) und Dr. Jonathan Norton (London). Die Datenbank des Projekts wurde auf dem Gesenius-Kongress in Halle (März 2010) und dem IOQS in Helsinki (August 2010) öffentlich vorgestellt. Das Projekt führte auch im Jahr 2010 regelmäßig Lehrveranstaltungen zu den Texten vom Toten Meer an der Theologischen Fakultät durch, darunter erstmals auch wieder eine Einführung in Qumran.

R.G. Kratz

Runische Schriftlichkeit in den germanischen Sprachen
Leitungskommission:
Vorsitzende: Marold (Kiel)
Bammesberger (Eichstätt), Heizmann, Henkel, Lenker (Eichstätt), Ronneberger-Sibold (Eichstätt)

Kontaktadresse: Akademieprojekt "RuneS", c/o Nordisches Institut der Cristian-Albrechts-Universität Kiel, Leibnizstraße 8, 24118 Kiel, Tel.:0431-8802563, Fax: 0431-880-3252, emarold@t-online.de (Prof. Dr. Marold), runenprojekt@nord-inst.uni-kiel.de

Arbeitsbericht: Ziel des Projekts ist eine umfassende Untersuchung und Darstellung runischer Schriftlichkeit, die bewusst die bisher eingehaltenen Grenzen der großen Gruppen der Schriftsysteme (älteres *fuþark*, jüngeres *fuþąrk* und anglo-friesisches *fuþorc*) überschreitet und alle drei Systeme mit einheitlichen Methoden untersucht. Zwei Aspekte bilden die zentralen Fragestellungen, die jeweils einem Modul zugrundeliegen: 1. der mediale Aspekt mit seinem Fokus auf dem Verhältnis von Phonie und Graphie („Verschriftung" in Modul II) und 2. der konzeptionelle und funktionale Aspekt der Schriftlichkeit („Verschriftlichung" in Modul III). In beiden Modulen wird neben der systematischen Untersuchung auch die Frage nach einem möglichen Einfluss der lateinischen Schriftlichkeit auf die Entstehung und Weiterentwicklung der runischen Schriftlichkeit gestellt werden. Eine weitere Frage wird sein, wie sich die doch lange andauernde Koexistenz beider Schriftsysteme gestaltet hat. Den beiden Forschungsschwerpunkten geht ein Modul voraus (Modul I), das die Basis der Untersuchungen bildet.

Ziel der Arbeiten in Modul I ist es, eine fundierte, einheitlich strukturierte Corpusgrundlage für die wissenschaftlichen Untersuchungen zur runischen Schriftlichkeit in den Modulen II und III zu schaffen. Ebenfalls in diesem Modul werden die Methoden der Untersuchung in den folgenden beiden Modulen (Graphematik und Pragmatik) präzisiert und erprobt. Als Ergebnis soll eine Datenbank vorliegen, die die Basisdaten der für die Untersuchungen in Modul II und III ausgewählten Inschriften enthält.

Auf der Basis der im Antrag formulierten Modulziele lässt sich das Arbeitsprogramm für Modul I nach folgenden Punkten gliedern:

- theoretisch-methodische Vorarbeiten in den Bereichen Graphematik und Pragmatik
- Entwicklung einer Datenbankstruktur und Aufbau der Datenbank
- Erstellung der Corpusgrundlage

Allgemeine Vorbemerkungen zu den einzelnen Punkten des Arbeitsprogramms:

Da die geplanten theoretisch-methodischen Vorarbeiten einen möglichst umfassenden, gleichzeitig aber auch detailgenauen Überblick über das zu untersuchende Material verlangen, lag der Schwerpunkt der Arbeiten in den Arbeitsstellen Eichstätt-München, Göttingen und Kiel im Jahr 2010 auf der Erstellung der Corpusgrundlage und damit 1. auf der Fortführung der in Arbeit befindlichen Editionen und 2. der Auswahl der Inschriften aus dem jüngeren *fuþąrk*. Auch die beiden Projekttreffen im April/Mai und Oktober in Göttingen waren daher vornehmlich diesem Projektbereich gewidmet.

Theoretisch-methodische Vorarbeiten in den Bereichen Graphematik und Pragmatik

Die theoretisch-methodischen Vorarbeiten standen im Jahr 2010 vor allem im Zeichen der Graphematik. Neben einer ersten Sichtung der allgemeinen Forschungsliteratur im Bereich historische Graphematik brachte besonders die Tagung „LautSchriftSprache – ScriptandSound: The (Dis)ambiguity of the Grapheme" wichtige Impulse für die geplanten Arbeiten. Durch die internationale und interdisziplinäre Ausrichtung der Tagung eröffnete sich die Möglichkeit, die geplante methodische Vorgehensweise im Untersuchungsmodul Graphematik mit Schrifthistorikern unterschiedlicher philologischer Fachdisziplinen zu diskutieren und so deren Erfahrungen aus ähnlichen, noch unpublizierten Forschungsvorhaben kennenzulernen. Außerdem zeigte sich in den Gesprächen, dass die Ergebnisse des Projekts „RuneS" auch für die allgemeine Schriftforschung von Bedeutung sein werden. So dürfte etwa die Entwicklung einer stringenteren terminologischen Definition z. B. von Graph, Graphtyp, Allograph anhand der Runeninschriften auch für andere Projekte im Bereich der Schriftforschung von Interesse sein.

Weitere Vorarbeiten konzentrierten sich auf die Nutzung neuester technischer Methoden zur präziseren zeitlichen und räumlichen Erfassung des runischen Untersuchungsmaterials. Diese Arbeiten wurden von der Arbeitsstelle Eichstätt-München angeregt und begonnen und werden in Kooperation mit dem Lehrstuhl für Physische Geographie an der KU Eichstätt-Ingolstadt vorbereitet.

Es ist geplant, die im Rahmen der physischen Geographie entwickelten neuesten technischen Möglichkeiten zu erproben, um die Runeninschriften genauer als bisher zeitlich einordnen und damit auch graphematische Entwicklungen besser nachvollziehen zu können. Als erstes Versuchsobjekt für den Einsatz eines solchen Gerätes diente die von der Datierung her höchst umstrittene Runeninschrift im Kleinen Schulerloch nahe Eichstätt (Essing, bei Kelheim). Dabei wurde ein am Lehrstuhl für Physische Geographie (Prof. Dr. Michael Becht, Dipl.-Geogr. Christian Breitung) an der KU Eichstätt-Ingolstadt vorhandenes spezielles Messgerät (terrestrischer 3D Laserscanner) eingesetzt, um möglicherweise Aufschluss über das Alter dieser Inschrift zu erhalten. Nachdem sich bei einer Versuchsmessung im Juli 2010 herausgestellt hat, dass dieses Gerät für solch feine Ritzungen aufgrund der Breite des Laserstrahls nicht geeignet ist, ist geplant, bei einer weiteren Exkursion nächstes Frühjahr Aufnahmen mit einer speziellen Digitalkamera zu machen und diese mit der photogrammetrischen Software LEICA PHOTOGRAMMETRY SUITE auszuwerten. Beides ist am Lehrstuhl für Physische Geographie vorhanden und kann vom Projekt „RuneS" genutzt werden.

Ebenfalls mit Unterstützung des Lehrstuhls für Physische Geographie ist mit den Vorbereitungen für die Erstellung von digitalen georeferenzierten Karten (d. h. Karten mit Längen- und mit Breitengraden), in die Daten eingetragen werden können, begonnen worden. Auf diesen können die Objekte nach verschiedenen Parametern getrennt oder in Kombination (auch mit Animationseffekten) verzeichnet werden: Fundorte, Datierung, Dialektgebiete, Grenzen der Verwaltungsgebiete im Mittelalter, Graphtypen etc. Die Karten werden auf bereits vorhandenen Karten von G. Waxenberger basieren; die neuen Karten werden jedoch georeferenziert sein, damit die Fundstellen nach Koordinaten eingetragen werden können. So lässt sich etwa die zeitliche und geographische Staffelung von bestimmten Typen einzelner Runen noch genauer sichtbar machen, was für das zweite Modul „Runische Graphematik" von großer Bedeutung sein wird. Die Konzeption der gewünschten Karten wurde in Kooperation mit dem Lehrstuhl für physische Geographie erarbeitet. Anfragen bei verschiedenen britischen Organisationen ergaben, dass auf der Website der Ordnance Survey //www.ordnancesurvey.co.uk/ entsprechende Karten zur Verfügung stehen, auf denen verschiedene Parameter nach Bedarf sichtbar gemacht bzw. ausgeschaltet werden können. Nun müssen zunächst die technischen Voraussetzungen für die Bearbeitung dieser Karten geschaffen werden (GIS Software), um dann mit der Einfügung unserer Daten beginnen zu können.

Entwicklung einer Datenbankstruktur und Aufbau der Datenbank

Bei der Entwicklung der Datenbankstruktur wird auf die Erfahrungen des von der DFG geförderten Kieler Runenprojekts zurückgegriffen. Dort wurde eine relationale Datenbank konzipiert, die Informationen zu unterschiedlichen Aspekten des runischen Objekts in verschiedenen Einzeldateien bündelt (zu Inschriftobjekt, Lesung und Deutung, sprachlichen Charakteristika und zur Sekundärliteratur) und über ein relationales Verknüpfungssystem vielfältig aufeinander beziehbar macht. So können z. B. Wortformen, die in mehreren runischen Texten belegt sind, nur einmal erfasst und linguistisch beschrieben, dieser Datensatz jedoch zu mehreren Objekten/Inschriften in Bezug gesetzt werden. Auf diese Weise bleiben die Einzeldateien überschaubar, und Doppeleingaben werden vermieden. Die Anlage einer relationalen Datenbank ermöglicht somit ein grundsätzlich effizienteres Arbeiten, was vor dem Hintergrund der Bearbeitung großer Datenmengen besonders plausibel erscheint. Im Rahmen der Projektarbeiten wird zur Zeit erprobt, in welchem Umfang die Kieler Struktur auf die vorliegenden Belange und Fragestellungen übertragen werden kann. Analog zu obigem Beispiel aus der Kieler Datenbank scheint das Konzept im Hinblick auf formelhafte Textelemente direkt übertragbar. Auch identische Graphtypen aus einer Vielzahl unterschiedlicher Inschriften ließen sich durch eine relational strukturierte Erfassung effizienter abbilden, da nicht bei jeder Inschrift die Informationen neu eingegeben, sondern lediglich eine neue Verknüpfung zu einer potentiellen Datei „Graphtypen" erstellt werden müsste. Ob dagegen die Fortführung einer Dateidifferenzierung zwischen Inschriftobjekt und Lesung/Deutung für den vorliegenden Rahmen übernommen wird, werden erst kommende Erprobungen zeigen müssen.

Einen weiteren Aspekt der Datenbankkonzeption stellt die praktische Umsetzung in Form eines vernetzten, Web-basierten Arbeitens dar. Hier sind verschiedene Modelle vorstellbar, deren möglicher Umsetzung jedoch erst im kommenden Jahr eingehender nachgegangen werden kann. Vor allem wird dabei dazu zu klären sein, wo diese Datenbank basiert sein und von wem sie betreut werden soll. Dies hängt nicht zuletzt vom Ausbau der Möglichkeiten in der Akademie Göttingen ab. Mit dem Aufbau der Datenbank wird nach der Klärung dieser grundsätzlichen Fragen 2011 begonnen werden.

Erstellung der Corpusgrundlage

Grundsätzliches zur gemeinsamen Vorgehensweise: Bei den beiden Arbeitstreffen in Göttingen wurde ein gemeinsamer editorischer Leitfaden erarbeitet, der den noch im Entstehen begriffenen Editionen eine vergleichbare Grundstruktur geben soll. Die dabei vereinbarten Editionsprinzipien umfassen folgende Punkte:

- Die Editionen präsentieren ihr Material in Form von einzelnen Editionsartikeln.
- Die Editionsartikel fußen auf dem von K. Düwel und H. Roth in einem Beitrag in „Nytt om runer" (1986, 18ff.) entworfenen Aufbauschema. Den ersten Teil der Editionstexte bilden grundsätzlich die Informationen und Daten zum Inschriftenträger selbst: Hierunter fallen die Objektbeschreibung, die Fundkategorie und der archäologische Fundzusammenhang bzw. die Fundgeschichte des Objekts. Ergänzt werden diese Daten um Aussagen zu Verbreitung, Funktion und Zeitstellung des Inschriftenträgers. Der folgende runologische Teil umfasst die Beschreibung der Inschrift nach Autopsie (wenn möglich) sowie deren Lesung und Deutung, einen sprachwissenschaftlichen Kommentar sowie eine typologische Einordnung und Funktionszuordnung der Inschrift. Beide Editionsteile münden idealerweise in eine Gesamtinterpretation des runischen Objekts. In zahlreichen Fällen wird es allerdings nicht möglich sein, rivalisierende Lesungen und die darauf aufbauenden Deutungen zu einer abschließenden Gesamtinterpretation zusammenzuführen, hier müssen die Lese- und die Deutungsvarianten bestehen bleiben.

- Zur Verbesserung der Benutzerfreundlichkeit der Editionen werden alle Editionsartikel einleitende Kurzskizzen („Steckbriefe") enthalten. Diese werden – wenn möglich – auch bereits eine Abbildung des Objekts/der Inschrift bieten.
- Ein noch in Teilen neu zu entwerfendes Siglensystem wird die Verweise innerhalb und unter den einzelnen Editionen erleichtern.
- Auch terminologisch wird auf möglichst große Vergleichbarkeit geachtet werden.

Gemeinsame Arbeitsprozesse im Berichtsjahr 2010

Die editorische Arbeit umfasste im Jahr 2010 an allen Arbeitsstellen folgende Punkte:

- inhaltliche, formale und sprachliche Überarbeitung bestehender Editionstexte,
- Einarbeitung der auf den Projekttreffen in Göttingen gemeinsam erarbeiteten Vorgaben struktureller Art (Reihenfolge der Datenpräsentation, Nummerierung, einleitender Objektsteckbrief s.o.),
- Autopsie und Dokumentation von Neufunden bzw. Sichtung von neuem Material zu Altfunden, die in die Editionen eingehen.

Arbeitsschritte und Stand der Arbeiten im Einzelnen

Die Arbeit an den einzelnen Arbeitsstellen stellte sich im Einzelnen wie folgt dar:

Arbeitsstelle Eichstätt-München
Die Corpusgrundlage wurde aktualisiert durch:

- die Aufteilung des Corpus in zwei Subkorpora (Pre-Old English, Old English). Im Berichtsjahr 2010 wurden vor allem die Editionstexte für das Subkorpus der frühen Inschriften im Hinblick auf eine gesonderte Editionseinheit bearbeitet.
- die Einarbeitung u. a. der Ergebnisse zweier Autopsiereisen, die z. T. zu neuen oder zu revidierten Lesungen geführt haben: 1) Autopsiereise im September 2010: Objekte im British Museum (London), Ruthwell Cross, Bewcastle Cross, Lindisfarne Stones, Whitby Comb; 2) Autopsiereise im November 2010 (Norwich Castle Museum): Caistor-by-Norwich/Harford Farm Brooch, Caistor-by-Norwich Astragalus, Heacham Tweezers. Bei den Autopsiereisen wurden alle Objekte sowohl neu fotografiert als auch erstmals per Videokamera dokumentiert; das Ruthwell Cross, die umfangreichste Inschrift, wurde auf diese Weise

fortlaufend kommentiert, so dass der derzeitige Zustand jeder einzelnen Rune nicht nur visuell, sondern ergänzend auch sprachlich festgehalten ist. Die Objekte in Norwich wurden darüber hinaus gezeichnet und vermessen. Zusätzlich wurden einige Abbildungen vom Norwich Castle Museum zur Verfügung gestellt. Das gesamte Dokumentationsmaterial wurde in ein neu erstelltes digitales Archiv aufgenommen; mit der Auswertung ist begonnen worden.

- die Aufnahme von Neufunden der letzten Jahre ins Corpus: Die zunehmende Suche mit Metalldetektoren hat auch einige Funde mit runischen Texten zutage gefördert. Diese Funde sind exzeptionell im Hinblick auf Material (Bleiplättchen), Runen (altenglische und skandinavische Runen) und Sprache (u. a. Latein). Auf der Autopsiereise im November 2010 (Norwich Castle Museum) wurden verschiedene Bleiplättchen untersucht und die relevanten Daten erfasst: Shropham, St. Benet, March-Gegend, Baconsthorpe Bookmark/Tweezers. Diese Neufunde dürften die altenglische Runenreihe in ihren dialektalen Ausprägungen sowie das Subcorpus der merzischen Texte in neuem Licht erscheinen lassen. Die Autopsiedaten werden derzeit im Hinblick auf Graphem und Phonem ausgewertet. In Verbindung mit den zu erwartenden neuen Erkenntnissen durch die Neufunde von Norfolk wurde ein entsprechendes Dissertationsthema vergeben: „Das merzische Subkorpus im Lichte der Neufunde von Norfolk" (Betreuung durch G. Waxenberger).
- Arbeiten an der Gesamtbibliographie (student. Hilfskraft).

Bei den Autopsiereisen konnten bestehende Kooperationen ausgebaut und neue aufgebaut werden: 1) Die bestehende Kooperation mit der Kunsthistorikerin Leslie Webster, früher tätig als Keeper, Department of Prehistory and Europe am British Museum (London), wurde über deren Pensionierung hinaus verlängert. 2) Die Kooperation mit dem Department for Prehistory and Europe im British Museum, jetzt unter Leitung von Dr. Sonja Marzinzik, wurde wiederaufgenommen. 3) Mit dem Curator of Archaeology, Norwich Castle Museum and Art Gallery, Dr. Tim Pestell, wurde eine längerfristige Kooperation vereinbart; eine weitere Reise nach Norwich ist für Sommer 2011 bereits geplant. 4) Eine Kooperation mit Susan Harrison, Curator (Collections), North Territory, English Heritage in Bezug auf die Lindisfarne-Steine ist vereinbart worden. 5) Im Zusammenhang mit den Lindisfarne-Steinen steht auch Christine Maddern, die ihre Doktorarbeit über die Grabsteine in Northumbria geschrieben hat: Christine Maddern [forthcoming], „Raising the Dead: Early Medieval Name Stones in Northumbria". Auch mit ihr ist eine Kooperation geplant.

Der Stand der Arbeiten präsentiert sich nach dem Berichtsjahr 2010 wie folgt:

1) Altenglisches Corpus
- ca. 20% fertige Editionstexte
- ca. 60% Editionstexte vorhanden, in verschiedenen Stadien der Aktualisierung
- ca. 20% noch zu schreibende Editionstexte (Neufunde)

2) Friesisches und skandinavisches Corpus, Manuskriptrunen
- Das friesische Corpus ist durch die Dissertation von Concetta Giliberto (1997), „Le iscrizioni runiche sullo sfondo della cultura frisone altomedievale", Diss. Palermo, ediert und wird daher nicht erneut in Buchform ediert, sondern für die Projektarbeit in den folgenden Modulen II und III in die Datenbank aufgenommen.
- Dies gilt auch für die skandinavischen Runen in Großbritannien, für die ebenfalls bereits Editionen vorliegen (vgl. Antragstext: Stand der Forschung).
- Die englischen Manuskriptrunen werden in die Datenbank aufgenommen. Da Derolez (1954) veraltet ist, wurde mit der Sammlung der Daten beim „Linguarum Vett. Septentrionalium Thesaurus Grammatico-Criticus et Archaeologicus" von George Hickes (Oxford 1703–5) begonnen.

Arbeitsstelle Göttingen

1. Neuedition der südgermanischen Inschriften
Die Corpusgrundlage wurde aktualisiert und erweitert durch:

- Einarbeitung u. a. der Ergebnisse einer Autopsiereise nach Köln und Bad Honnef: K. Düwel hat in Köln die Inschrift von Bad Ems autopsiert anlässlich eines Treffens mit P. Pieper, zu dem auch D. Steinmetz mit der Beuchter Fibel aus Wolfenbüttel stieß. Im Anschluss daran nimmt K. Düwel den Nachlass von H. Arntz in Bad Honnef in Augenschein, vor allem um Photos und Diapositive zu erhalten, die, da sie bedeutenden Aufschluss über den ältesten Zustand der Runen geben können, hier digitalisiert werden sollen.
- Erstellung einer Materialsammlung zum Phänomen der paraschriftlichen (runenähnlichen und/oder runenbegleitenden) Zeichen. Diese umfasst momentan etwa 50 Objekte. Diese Objekte stammen vorwiegend aus dem Zeithorizont der südgermanischen Runeninschriften. Auch jüngere und ältere Stücke wurden berücksichtigt. In diesem Zusammenhang fanden Arbeitstreffen mit den Kollegen F. Stein (Saarbrücken) und J. Precht

(Verden) statt, bei denen neues Material autopsiert werden konnte. Ferner war die Auswertung des Nachlasses von Wolfgang Krause aufschlussreich.
- Digitalisierung von Bildmaterial für die Edition (student. Hilfskraft).

Der Stand der Arbeiten präsentiert sich nach dem Berichtsjahr 2010 wie folgt: Grundsätzlich soll die Edition unter Mitarbeit von F. Siegmund (Basel, Archäologie), R. Nedoma (Wien, Namenkunde), P. Pieper (Düsseldorf, Autopsien) entstehen. Bei Arbeitstreffen wurden die nähere Zusammenarbeit und die dabei geltenden Editionsprinzipien (s.o.) besprochen. Vom runologischen Standpunkt aus wurde die Edition folgender Funde abgeschlossen: Aalen, Aquincum, Aschheim I–III, Bad Ems, Bad Krozingen, Beuchte, Bezenye und Herbrechtingen. Für Aalen, Bad Krozingen und Beuchte liegen auch die archäologischen Partien von F. Siegmund vor, desgleichen Herbrechtingen von S. Oehrl. Von R. Nedoma konnte vorerst nur Aalen fertiggestellt werden; die übrigen namenkundlichen Beiträge zu den oben genannten Inschriften werden zum Ende des Jahres vorliegen. Epigraphische und pragmatische Aspekte wurden durch detaillierte Beschreibungen der Runenzeichen und durch die Erörterung der Funktion der Inschriften berücksichtigt.

2. Edition der Runica Manuscripta

Im Zentrum der Arbeiten standen die Erstellung und Aktualisierung der Corpusgrundlage:
In einem ersten Arbeitsschritt wurden die Vorarbeiten von Heizmann und Bauer (vgl. Antragstext: *Stand der Forschung*) zusammengeführt. Dabei wurden insgesamt 115 Handschriften berücksichtigt. Aufgrund der Verschiedenheit des Handschriftenmaterials – bei Bauer überwiegend nachmittelalterliche Handschriften – erwies sich eine Neustrukturierung des Materials als zwingend notwendig. Da graphematische Gesichtspunkte bei den Vorarbeiten kaum Berücksichtigung fanden, wird es in einem nächsten Schritt vonnöten sein, das bisher berücksichtigte Material neu zu sichten und um das Thema Graphematik zu ergänzen. Für einzelne Handschriften wurde diese Arbeit begonnen. Ebenfalls begonnen wurde die Recherche zu dem runologischen Material in dänischen und in schwedischen Handschriften. Zu diesem Bereich gibt es bislang kaum Forschungen, und es zeigt sich weiter, dass die Hilfsmittel vielfach ungenügend sind. Es wird daher in mehreren Fällen unumgänglich sein, Bibliotheksrecherchen an Ort und Stelle durchzuführen. Diese Arbeiten sollen im Rahmen der Doktorandenstelle erfolgen, die ab dem Frühjahr 2011 für Göttingen vorgesehen ist. Über den Umfang dieses Materials besteht derzeit noch keine fundierte

Vorstellung. Die bisherigen Recherchen lassen aber vermuten, dass dieses Material nicht wirklich ergiebig ist.

Nicht in dieses Editionsprojekt einbezogen sind die Zeugnisse einer ersten „wissenschaftlichen" Beschäftigung mit Runen, die von verschiedenen Isländern seit dem 17. Jahrhundert stammen und nur in handschriftlicher Überlieferung erhalten sind. Der in vielerlei Hinsicht wichtigste dieser Texte – weil sonst verlorenes mittelalterliches Handschriftenmaterial berücksichtigend – von Jón Ólafsson, die berühmte „Runologia", wird jedoch als eigenes Projekt von Bauer und Heizmann ediert. Die Abschrift des Autographen wird noch vor Jahresende abgeschlossen sein.

Arbeitsstelle Kiel
Die Corpusgrundlage für die Inschriften im älteren und im jüngeren *fuþark* wurde aktualisiert und erweitert durch:

- die Aufnahme und Auswertung von Lesungen und Deutungen zu den Inschriften im älteren *fuþark* aus Forschungspublikationen des Zeitraums 1900–1950. Die Daten wurden direkt in die im Rahmen des DFG-Projekts angelegte Access-Datenbank eingegeben und sind so für den Aufbau der neuen Datenbank bereits digital verfügbar.
- die Aufnahme und Auswertung von Neufunden der letzten beiden Jahre: Hier ist allen voran der Stein von Hogganvik zu nennen, der im Herbst 2009 in Vest-Adger, Süd-West-Norwegen, entdeckt wurde und mit seiner Inschrift zu den längsten bislang vorliegenden Inschriften des älteren *fuþark* zählt. Neben typischen graphemischen, textuellen und lexikalischen Merkmalen zeigt die Inschrift auch interessante Besonderheiten (Doppelschreibung identischer Schriftzeichen), die neben den Runenformen selbst eine interessante Grundlage für die Untersuchungen des zweiten und des dritten Forschungsmoduls darstellen werden. Auf Grund der graphemischen und der sprachlichen Merkmale wird die Inschrift zurzeit in den Zeitraum 350–500 n. Chr. datiert. Ebenfalls mit Schriftzeichen des älteren *fuþark* versehen sind zwei neue Fibeln aus Lauchheim (Baden-Württemberg), deren Beschriftung im Rahmen der jüngsten Auswertungen des Fundmaterials aus den Grabungen der Jahre 1986–2005 zutage trat. Beide Objekte wurden im Rahmen des Treffens der Feldrunologen im April 2010 in Schloss Gottorf, Schleswig autopsiert und die Ergebnisse aufgenommen.
- die Autopsie eines Großteils der Objekte aus Haithabu und Schleswig (jüngeres *fuþark*), die im Rahmen des Treffens der Feldrunologen in Schleswig durchgeführt wurde.

- Die systematische Recherche und das Einsammeln von Bildmaterial zu einem Teil der im Corpus enthaltenen Objekte.

Auswahl aus den Inschriften im jüngeren *fuþąrk*

- Hinsichtlich des Corpus der zu bearbeitenden Inschriften wurde im Antrag bereits darauf hinweisen, dass hier eine Auswahl getroffen werden muss. Im Berichtszeitraum 2010 wurde ein Kriterienkatalog erarbeitet, der als Grundlage dieser Auswahl dienen könnte. Folgende Kriterien wurden dabei in Betracht gezogen: 1) die zur Verfügung stehenden Editionen und ihre wissenschaftliche Brauchbarkeit, 2) bereits vorliegende Forschungsergebnisse zu Teilaspekten und 3) die zu bearbeitenden Fragestellungen.
- Angestrebt wird eine grundsätzlich repräsentative Auswahl, die zeitliche, räumliche, funktionale und traditionsgeschichtliche Kriterien berücksichtigt: 1) zeitliche Dimension: Da in der Länge des Zeitraums, in dem Inschriften im jüngeren *fuþąrk* überliefert sind, nicht von einer homogenen Kommunikationskultur ausgegangen werden kann, muss die Auswahl exemplarisch ältere und jüngere Zeitabschnitte berücksichtigen. 2) räumliche Dimension: Das jüngere *fuþąrk* wird in einem sehr weiten geographischen Raum verwendet, der in etwa dem der wikingischen Ausdehnung entspricht. Es ist zu erwarten, dass auch hier keine Homogenität der Schriftkultur vorausgesetzt werden kann. Der nordatlantische Raum (wikingerzeitliche Kolonien) bietet sich für Untersuchungen im Bereich von kulturellen Entwicklungen an, in denen isolierte Tradition und durch Kulturkontakte entstandene Variation gegeneinander stehen. In den skandinavischen Kernländern, in denen sich in diesem Zeitraum die Ländergrenzen und die Einzelsprachen etablierten, wäre zu untersuchen, ob auch die Schriftlichkeit diesen Entwicklungen folgt oder regional bestimmt bleibt. 3) funktionale Kriterien: Die Funktion der Runenschrift ändert sich im Bereich des jüngeren *fuþąrk* erheblich. Bestehende Schrifttraditionen ändern sich (z. B. die Memorialinschriften), neue Räume der Schriftlichkeit treten in Erscheinung (z. B. in den Alltagsinschriften der Stadtkultur). 4) Ein weiteres Kriterium für die Auswahl wird der Blick auf die Nachbartraditionen (älteres *fuþark*, anglo-friesische Inschriften) ergeben, so dass der gewünschte Vergleich erfolgen und mögliche Bezüge aufgezeigt werden können.

E. Marold

Sanskrit-Wörterbuch der buddhistischen Texte aus den Turfan-Funden und der kanonischen Literatur der Sarvāstivāda-*Schule*
Leitungskommission:
Vorsitzender: Hartmann (München)
Job (Göttingen), Laut, Oberlies, Röhrborn, Schmithausen (Hamburg), von Simson

Kontaktadresse: Am Reinsgraben 4, 37085 Göttingen, Tel.: 0551-58125, Fax 0551-43173, swtf@gwdg.de (Dr. Chung), http://swtf.adw-goettingen.gwdg.de/

Arbeitsbericht: In Ruinenstätten und verlassenen Höhlenklöstern entlang der nördlichen der beiden alten „Seidenstraßen" in Ostturkistan, der heute zur Volksrepublik China gehörenden Provinz Xinjiang, wurden in den letzten beiden Jahrzehnten des 19. und in den ersten Jahrzehnten des 20. Jahrhunderts von Expeditionen aus verschiedenen Ländern, darunter auch vier deutschen Expeditionen (1902–1914), archäologische Grabungen durchgeführt. Dabei wurde eine große Anzahl von Manuskripten in vielen verschiedenen Sprachen, zu einem erheblichen Teil in Sanskrit, der klassischen Kultursprache Indiens, entdeckt. Ein großer Teil dieser Handschriften gelangte in die nach einem der Hauptfundorte benannte „Turfan"-Sammlung in Berlin. Wie sich bei der Bearbeitung der Handschriften herausstellte, gehören die Texte überwiegend zum Kanon der Sarvāstivādin, einer buddhistischen Schule des „Hīnayāna", die vom Nordwesten Indiens aus entscheidend zur Ausbreitung des Buddhismus in Zentral- und in Ostasien beigetragen hat. Inzwischen wurden viele der Texte ediert und zum Teil auch übersetzt. Die Katalogisierung der Sanskrithandschriften dieser Sammlung ist ein ebenfalls in Göttingen ansässiges Projekt der Akademie der Wissenschaften (Katalogisierung der orientalischen Handschriften in Deutschland: Sanskrithandschriften aus den Turfanfunden).

Das in der Göttinger Arbeitsstelle entstehende „Sanskrit-Wörterbuch der buddhistischen Texte aus den Turfan-Funden" (SWTF) ist ein zweisprachiges (Sanskrit-Deutsch) Wörterbuch, das die lexikographische Erschließung dieser in zentralasiatischen Handschriften überlieferten buddhistischen Sanskrit-Literatur zum Ziel hat. Durch die Ausführlichkeit der Zitate sowie die bis auf wenige, klar definierte Ausnahmen vollständige Aufnahme von Wortschatz und Belegstellen der ausgewerteten Texte erhält das Wörterbuch sowohl den Charakter einer speziellen Konkordanz wie auch den einer allgemeinen Phraseologie des buddhistischen Sanskrits der kanonischen Sarvāstivāda-Texte. Die im Wörterbuch berücksichtigten Texte dürften einen Großteil der gängigen Phrasen des buddhistischen Sanskrits enthalten. In den maßgeblichen Wörterbüchern des klassischen Sanskrits von O. Böthlingk und R. Roth (erschienen 1855–1875 und 1879–1889) und M. Monier-Williams (erschienen 1899) ist buddhistisches Textmaterial nur sehr spärlich vertreten; dasselbe gilt auch für andere Sanskrit-Wörterbücher. Das Wörterbuch des „Buddhist Hybrid Sanskrit" von F. Edgerton (erschienen 1953) beschränkt sich auf einen Teil des Wortschatzes der buddhistischen Sanskritliteratur unter dem Gesichtspunkt der Laut- und der Formenlehre und berücksichtigt vornehmlich Abweichungen vom klassischen Sanskrit. Darüber hinaus waren zur Zeit der Veröffentlichung dieser Wörterbücher die im SWTF erfaßten Texte größtenteils noch nicht zugänglich. Daher leistet das SWTF einen bedeutsamen Beitrag zur indischen Lexikographie.

Das Projekt wird als Vorhaben der Akademie der Wissenschaften zu Göttingen im Rahmen des Akademienprogramms von der Bundesrepublik Deutschland und vom Land Niedersachsen gefördert; die Veröffentlichung steht unter dem Patronat der Union Académique Internationale, Brüssel.

Die 22. Lieferung des Wörterbuchs (= Band IV, 2; Wortstrecke: *varṇa-vāditā* bis *veṣṭita*) ist im Berichtszeitraum vom Verlag ausgeliefert worden. Die 23. Lieferung (= Band IV, 3; Wortstrecke: *veṣṭita-śiras* bis *ṣaṣ*) wurde planmäßig in der zweiten Jahreshälfte 2010 zur Kalkulation und zum Druck gegeben und ist Anfang des Jahres 2011 vom Verlag ausgeliefert worden. Die Arbeiten an der 24. Lieferung (*ṣaṣ* bis *su-hṛt*) sind so weit gediehen, daß diese Lieferung wie geplant im Jahr 2011 in Druck gehen wird.

Th. Oberlies

Veröffentlichungen:

Sanskrit-Wörterbuch der buddhistischen Texte aus den Turfan-Funden und der kanonischen Literatur der Sarvāstivāda- Schule. Begonnen von Ernst Waldschmidt. Hrsg. von Jens-Uwe Hartmann. 22. Lieferung: *varṇa-vāditā* bis *veṣṭita*. Vandenhoeck & Ruprecht, Göttingen 2010. 80 S., ISBN 978-3-525-26170-5.

SAPERE
Leitungskommission:
Vorsitzender: Nesselrath
Berner (Bayreuth), Borg (Exeter/UK), Feldmeier, Forschner (Erlangen), Gall (Bonn), Hirsch-Luipold (Göttingen), Kratz, G. A. Lehmann, Opsomer (Bonn)

Kontaktadresse: SAPERE-Arbeitsstelle, Friedländer Weg 11, 37085 Göttingen, Tel.: 0551-3818312, Christian.Zgoll@phil.uni-goettingen.de (Dr. Zgoll)

Arbeitsbericht: Das Forschungsprojekt SAPERE (Scripta Antiquitatis Posterioris ad Ethicam REligionemque pertinentia = Schriften der späteren Antike zu ethischen und religiösen Fragen), das seit Anfang 2009 von der Göttinger Akademie betreut wird, hat es sich zur Aufgabe gemacht, griechische und lateinische Texte der späteren Antike, die eine besondere Bedeutung für die Religions-, Philosophie- und Kulturgeschichte haben, vor dem Vergessen zu bewahren. Insgesamt wurden 24 Werke, die sich mit Fragen von bleibender Aktualität beschäftigen, für das Akademieprojekt ausgewählt. Die Texte sollen dabei so erschlossen werden, dass sie über enge Fachgrenzen hinaus einer interessierten Öffentlichkeit wieder zugänglich gemacht werden: Im Zentrum jedes Bandes steht eine Schrift im griechischen oder lateinischen Original mit einer gut lesbaren und zugleich möglichst genauen deutschen oder englischen Übersetzung. Einleitend werden der Autor und die Schrift selbst vorgestellt; für ein besseres Verständnis des Textes vor dem Hintergrund seiner Zeit sorgen zahlreiche Anmerkungen. Das eigentlich Innovative des Editionsprojektes besteht in der fachübergreifenden Bearbeitung: An jedem Band sind Fachleute aus verschiedenen Disziplinen beteiligt – aus Theologie, Religionswissenschaften, Geschichte, Archäologie, älteren und neueren Philologien –, die wichtige Aspekte des Werkes aus der Perspektive ihres Faches in Essays erläutern. Dabei geht es immer auch um die gegenwärtige Bedeutung des Werkes für Forschung und Gesellschaft.

Im Jahr 2010 hat die SAPERE-Arbeitsstelle ihre kontinuierliche Arbeit an der Betreuung neuer Bandprojekte und an der Drucklegung abgeschlossener Bände tatkräftig fortgesetzt. Drucklegungsarbeiten wurden im ersten Halbjahr 2010 zu dem Band 17 („Polis – Freundschaft – Jenseitsstrafen. Synesios von Kyrene, Briefe an und über Johannes") durchgeführt; der Band ist im September 2010 erschienen. Zu folgenden geplanten Bänden wurden Konzeptionen erarbeitet (oder weiterentwickelt) und Mitarbeiter gewonnen: Band 20 („Ps.-Platon, Über den Tod (Axiochos)"), Band 21 („Ps.-Aristoteles, De mundo"), Band 23 („Synesios von Kyrene, Aigyptioi Logoi"), Band 24 („Das Buch der Weisheit/Sapientia Salomonis"), Band 25 („Armut – Arbeit – Menschenwürde: Dion von Prusa, Euböische Rede"), Band 27 („Diog. Laert IX 61–116: Das Leben Pyrrhons"), Band 28 („Alexander von Lykopolis, De placitis Manichaeorum").

Die SAPERE-Arbeitsstelle hat ferner in der zweiten Jahreshälfte 2010 zwei Tagungen organisiert und durchgeführt: die Jahrestagung 2010 zusammen mit dem Wissenschaftlichen Beirat von SAPERE am 20. und am 21. August sowie ein Fachkolloquium zu dem Band „Für Religionsfreiheit, Recht und Toleranz. Libanios' Rede *Für den Erhalt der heidnischen Tempel*", dessen Erscheinen für das Jahr 2011 vorgesehen ist, am 15. und am 16. November. Zu beiden Tagungen s. Genaueres unter „Sonstige Veranstaltungen", Seite 454 und Seite 467.

H.-G. Nesselrath

Veröffentlichungen:

Plutarch, On the *daimonion* of Socrates: Human liberation, divine guidance and philosophy: Der Philosoph und sein Bild (SAPERE XVI), edited by Heinz-Günther Nesselrath; Introduction, Text, Translation and Interpretative Essays by Donald Russell, George Cawkwell, Werner Deuse, John Dillon, Heinz-Günther Nesselrath, Robert Parker, Christopher Pelling, Stephan Schröder, Tübingen 2010.

Polis – Freundschaft – Jenseitsstrafen. Synesios von Kyrene, Briefe an und über Johannes (SAPERE XVII), eingeleitet, übersetzt und mit interpretierenden Essays versehen von Katharina Luchner, Bruno Bleckmann, Reinhard Feldmeier, Herwig Görgemanns, Adolf Martin Ritter, Ilinca Tanaseanu-Döbler, Tübingen 2010.

Schleiermacher-Edition, Kritische Gesamtausgabe (Arbeitsstelle Kiel)
Leitungskommission:
Vorsitzender: Ringleben
Detering, Kaufmann, Spieckermann

Kontaktadresse: Leibnizstraße 4, 24118 Kiel, Tel.: 0431-880-3484, meckenstock@email.uni-kiel.de (Prof. Dr. Meckenstock)

Arbeitsbericht: Friedrich Daniel Ernst Schleiermacher (1768–1834) entfaltete seit den Preußischen Reformen in seinen drei gleichzeitigen Berliner Amtsstellungen (ab 1809/10) als evangelischer Prediger an der Dreifaltigkeitskirche, Theologieprofessor an der neu gegründeten Universität und philosophisch-philologisches Mitglied der Akademie der Wissenschaften eine große Wirksamkeit. Kirche und Wissenschaft, Kanzel und Katheder waren die Pole seiner Tätigkeit, die er auch literarisch und politisch zu gestalten strebte. Seit seiner Studienabschlussprüfung 1790 bis zu seinem Tod predigte Schleiermacher regelmäßig in sonntäglichen Gemeindegottesdiensten, in Vorbereitungsgottesdiensten für Abendmahlsfeiern, in besonderen Kasualgottesdiensten bei Taufen, Trauungen, Begräbnissen und in Sondergottesdiensten aus staatlichen oder kirchlichen Anlässen. Das dokumentieren zahlreiche Predigtdrucke und eigenhändige Predigtentwürfe sowie viele Predigtnachschriften von fremder Hand.

Das im Jahr 2003 an der Kieler Schleiermacher-Forschungsstelle unter der Leitung von Prof. Meckenstock eröffnete Editionsvorhaben „Schleiermacher, Predigten (Kritische Gesamtausgabe, III. Abteilung)" ist auf zwölf Bände angelegt. Bei Beginn des Editionsvorhabens waren 583 publizierte Predigten erfasst. In einer fünfjährigen Sichtung, Transkription und ordnenden Wiederherstellung der überlieferten und häufig verwirrten Predigttexte mussten die umfänglichen Handschriftensammlungen im Schleiermacher-Archiv der Staatsbibliothek zu Berlin Preußischer Kulturbesitz (Depositum 42a, ehemals im Verlagsarchiv Walter de Gruyter) und im Schleiermacher-Nachlass des Archivs der Berlin-Brandenburgischen Akademie der Wissenschaften erfasst und für die Edition vorbereitet werden. Dadurch wurden neu insgesamt 750 bisher unbekannte Predigten ermittelt. Seit 2008 werden in Übereinstimmung mit dem Gesamtzeitplan die KGA-Predigtbände durch Editoren auf wissenschaftlichen Teilzeitstellen erarbeitet. Durch zwei Ankäufe der Berliner Staatsbibliothek im Januar und November 2010 sind weitere Predigten in Gestalt von Schleiermacher-Autographen und Nachschriften fremder Hand neu bekannt geworden oder neu belegt.

Im Jahr 2010 wurde die Editionsarbeit planmäßig fortgesetzt. Vier Bände mit jeweils etwa 100 Predigten konnten zu Weihnachten 2010 termingerecht im wesentlichen fertiggestellt werden. Band III, 4 (Predigten 1809–1815), zunächst bis März 2010 von Simon Paschen betreut, wurde von Patrick Weiland (geb. Wacker) übernommen und erfolgreich abgeschlossen. Ebenso gelang mit großem Einsatz den Editorinnen Katja Kretschmar (geb. Momberg) bei Band III,5 (Predigten 1816–1819), Elisabeth Blumrich bei Band III,6 (Predigten 1820–1821) und Kirsten Kunz bei Band III,7 (Predigten 1822–1823) der erfolgreiche Abschluss ihrer im Herbst 2008 begonnenen Bandeditionen. Diese vier jeweils etwa 900 Seiten starken Bände können, wenn der Verlag De Gruyter (Berlin) alle technisch-gestalterischen Fragen geklärt haben wird, in die Herstellung gehen.

In einer neuen Arbeitsphase wird mit Jahresbeginn 2011 die Editionsarbeit an den vier folgenden Predigtbänden (KGA III, 8–11 für die Doppeljahre 1824/25, 1826/27, 1828/29, 1830/31) aufgenommen und die Druckherstellung der abgeschlossenen Bände begleitet.

Günter Meckenstock setzte die editorische Arbeit am Kalendarium von Schleiermachers Predigttätigkeit, an den von Schleiermacher publizierten ersten vier Predigtsammlungen (KGA III,1) und an Schleiermachers handschriftlichen Predigtausarbeitungen der Jahre 1790–1808 (KGA III,3) fort. Beide Bände samt Kalendarium der überlieferten Predigttermine sollen im Jahr 2011 editorisch fertiggestellt werden.

Die jährliche Sitzung der Herausgeber und Leitungskommissionen fand am 4. Juni 2010 in den Räumen der Berlin-Brandenburgischen Akademie der Wissenschaften statt. Von der Leitungskommission der Göttinger Akademie nahm an ihr Professor Ringleben teil.

G. Meckenstock

Septuaginta
Leitungskommission:
Vorsitzender: Kratz
Feldmeier, Hanhart (Göttingen), Lohse, Mühlenberg, Nesselrath, Perlitt, Smend, Spieckermann

Kontaktadresse: Friedländer Weg 11, 37085 Göttingen, Tel.: 0551-50429690, Fax: 0551-50429699, bernhard.neuschaefer@theologie.uni-goettingen.de (Dr. Neuschäfer), Septuaginta.UXAW@mail.uni-goettingen.de, http://www.septuaginta-unternehmen.gwdg.de

Arbeitsbericht: Das Septuaginta-Unternehmen gilt einem der größten und einflussreichsten Werke der Weltliteratur: der nach der antiken Legende, von der die Septuaginta ihren Namen hat, durch 72 jüdische Gelehrte in 72 Tagen, tatsächlich aber in mehreren Generationen hergestellten griechischen Übersetzung des hebräischen Alten Testaments. Die Aufgabe des 1908 gegründeten Unternehmens besteht in der kritischen Edition der Septuaginta unter Verwertung der gesamten erreichbaren Überlieferung, d. h. der über die ganze Welt verstreuten griechischen Handschriften von den vorchristlichen Fragmenten bis ins 16. Jh. n. Chr., der Tochterübersetzungen (in lateinischer, syrischer, koptischer, äthiopischer und armenischer Sprache) und der Zitate der griechischen und der lateinischen Kirchenväter.

Die Göttinger Edition, die das Ziel verfolgt, durch kritische Sichtung der Überlieferung den ältesten erreichbaren Text wiederherzustellen, umfasst in bisher 23 erschienenen Bänden zwei Drittel des Gesamtvorhabens.

Die Arbeit wurde nach den von der Septuaginta-Kommission aufgestellten Richtlinien fortgeführt.

Editionen: Die Erarbeitung des Bandes „Die Psalterhandschriften vom IX. Jh. an" (Suppl. vol. 1,3) wurde im Berichtsjahr weitergeführt: zum einen durch die Beschreibung von 20 Ps-Hss, die von den Mitarbeitern Albrecht, Bossina und Neuschäfer während einer Dienstreise nach Thessaloniki (Patriarchal Institute) und in die Mönchsrepublik Athos (Klöster Vatopedi, Philotheou, Dionysiou) eingesehen werden konnten, zum andern durch die Übertragung der bislang vorliegenden Manuskriptfassung des Bandes in die Struktur einer Datenbank. Die darin geplanten Verknüpfungsmöglichkeiten der jeweiligen Hss-Beschreibung mit den Bilddateien der betreffenden Hs sowie mit weiteren relevanten Daten veranschaulichen beispielhaft die Angemessenheit einer elektronischen Version des geplanten Ps-Hss-Verzeichnisses im Rahmen einer im Aufbau befindlichen Datenbank der Septuaginta-Hss (s. dazu unten).

Die Bandherausgeber setzten in ehrenamtlicher Arbeit ihre Editionstätigkeit an den Bänden „Regnorum II" (Ph. Hugo/T. Law), „Regnorum III" (P. A. Torjiano), „Canticum" (E. Schulz-Flügel) und „Paralipomenon I" (T. Janz) fort. Die Edition von „Paralipomenon II" (R. Hanhart) ist inzwischen bis Kapitel 29 gediehen. Von dem Band „Ecclesiastes" (P. Gentry) liegt eine bis auf die Einleitung vollständige Erstfassung mit beiden Apparaten (texkritisch/hexaplarisch) vor. Die Neubearbeitung des Bandes „Duodecim prophetae" (J. Ziegler) durch F. Albrecht steht vor dem Abschluss.

Plangemäß kollationierten die Mitarbeiter der Arbeitsstelle 35 Hss des Psalters. Wie vorgesehen, wurden zudem 40 Psalter-Hss revidiert. Die Kollation der ältesten Hss des Psalmenkommentars Theodorets sowie begleitende Untersuchungen über den Psaltertext dieses für die Identifizierung der antiochenischen Textüberlieferung so wichtigen Kommentars konnten fortgesetzt werden.

Digitalisierung/Datenbank: Die Digitalisierung des umfangreichen Handschriftenbestandes des Septuaginta-Unternehmens mit detaillierten Beschreibungen der gescannten Handschriften wurde im Berichtsjahr, bezogen auf die Ps-Hss, fortgeführt. Zugleich erreichte die umfassende Strukturierung der Septuaginta-Hss-Datenbank, die in enger Zusammenarbeit mit dem IT-Referenten der AdW, Herrn Dr. Bode, sowie Herrn PD Dr. Kottsieper (Qumran-Wörterbuch) erfolgte, ein so fortgeschrittenes Stadium, dass eine baldige Inangriffnahme der Programmierung möglich wird.

Kontakte: Folgende Gastforscher weilten während des Berichtsjahrs zur Fortführung ihrer Editionen, Monographien und Einzelstudien in Zusammenarbeit mit den Mitarbeitern des Septuaginta-Unternehmens in der Göttinger Arbeitsstelle: Prof. Dr. Peter J. Gentry (Louisville/USA) im Januar und Juni, Prof. Dr. Olivier Munnich (Paris) im Januar/Februar und August, Prof. Dr. Pablo Torijano (Madrid) von Februar bis Juni, Dr. Timothy Janz (Rom) im Februar, Prof. Dr. Eva Schulz-Flügel (Tübingen) im Juni, September und November, Prof. Dr. Kristin De Troyer (St. Andrews) im Juni/Juli und Prof. Dr. Robert Hiebert mit Nathaniel Dykstra (Langley) im August. Seit 1. November 2008 ist Dr. Ph. Hugo (Fribourg/Schweiz) als Stipendiat des Schweizerischen Nationalfonds mit mehrjährigem Forschungsaufenthalt in der Arbeitsstelle tätig. Im Rahmen einer gemeinsamen Tagung der Septuaginta-Arbeitsstelle und des Forschungsvorhabens „Die Griechischen Christlichen Schriftsteller" der BBAW in Berlin (Arbeitsstellenleiter: Prof. Dr. Dr. h. c. Christoph Markschies) am 4./5. Febr. 2010 wurden Überlieferungs- und Editionsfragen der Octateuch-Katene sowie der Psalmen-Katenen erörtert. Die Mitarbeiter des Septuaginta-Unternehmens nahmen darüber hinaus teil an der Teuchos-Konferenz „Handschriften- und Textforschung heute" (21.–23. April 2010) in Hamburg sowie an dem Internationalen Kongress der IOSCS (28. Juli bis 1. August 2010) in Helsinki.

Lehre: Im Wintersemester 2009/10 und WS 2010/11 fanden an der Theologischen Fakultät die Übungen „Einführung in das griechische Alte Testament" (Chr. Schäfer) sowie im Sommersemester 2010 die Übungen „Septuaginta und Neues Testament" (F. Albrecht) und „Die rechtliche Stellung der Juden in Alexandria" (B. Neuschäfer) statt. Vom 7. bis zum 9. Juli 2010 veranstaltete die Arbeitsstelle unter Leitung von Frau Prof. Dr. De Troyer eine summer school zum Thema „Der Text des Alten Testaments – Zur Textkritik und Textgeschichte von 2 Sam 24,18–25".

R. G. Kratz

III. Arbeitsvorhaben und Delegationen der Akademie

Papsturkunden- und mittelalterliche Geschichtsforschung (Pius-Stiftung)
Wissenschaftliche Kommission:
Vorsitzender: der Vorsitzende der Phil.-Hist. Klasse
Sekretär: Herbers (Erlangen)
Maleczek (Wien), Paravicini-Bagliani (Lausanne), Pasini (Città del Vaticano), Schieffer

Kontaktadresse: Friedländer Weg 11, 37085 Göttingen, Tel.: 0551-5316499, Fax: 0551-5316512,
wkoenig@gwdg.de (Dr. Könighaus), http://www.papsturkunden.gwdg.de

Arbeitsbericht: Frau Andrea Birnstiel (Göttingen) hat in der Göttinger Arbeitsstelle die Bearbeitung der Sammlung „Papsturkunden aus Drucken" fortgesetzt, im einzelnen die Durchsicht des Materials, Aufnahme weiterer Stücke und Aktualisierung der zugehörigen Datenbank „Papsturkunden Anfänge bis 1198". Die Sammlung enthält derzeit Materialien zu 7.948 Papsturkunden (Stand: 30. September 2010). Weiterhin konnte die Photosammlung der Arbeitsstelle in die im Dezember 2009 erworbenen Stahlschränke transferiert und auf diese Weise archiviert werden. Im Zuge dessen wurde sie in einer neuen Datenbank („Photosammlung") erfaßt. Sowohl in der Datenbank als auch in der Sammlung selbst wird dabei auch auf Materialien in anderen Sammlungen der Arbeitsstelle verwiesen. Parallel dazu konnte diese Sammlung durch neue Stücke ergänzt werden.

Im Dezember 2009 hielten sich Herr Dr. Joachim Dahlhaus (Eppelheim), im Juni 2010 Frau Claudia Alraum, M. A. und Herr Andreas Holndonner (beide Erlangen) und im Oktober 2010 Herr Prof. Dr. Rudolf Hiestand (Düsseldorf) zu Forschungszwecken in der Arbeitsstelle auf.

Italia Pontificia
Ein Bericht von Prof. Dr. Raffaello Volpini (Rom) lag nicht vor.

Germania Pontificia
Bd. VIII (Diözese Lüttich): Die Arbeiten von Herrn Dr. Wolfgang Peters (Köln) konzentrierten sich im Berichtszeitraum auf die Abtei Stablo-Malmedy. Nach einer Phase der Einarbeitung stellte sich heraus, daß zu den Papsturkunden des 10. und des 11. Jahrhunderts Einzelstudien notwendig sind, bevor diese Privilegien in Regestenform gebracht werden können.

Diese Voruntersuchungen hofft der Autor in diesem und im nächsten Jahr abschließen zu können. Gedacht ist an kleinere Beiträge, die in den einschlägigen Zeitschriften veröffentlicht werden sollen. – Bd. XI (Diözese Toul): Herr Dr. Joachim Dahlhaus (Eppelheim) übernahm im Berichtszeitraum die Bearbeitung der Diözese Toul. Seine bisherige Tätigkeit bestand hauptsächlich in der Prüfung der ihm vom Sekretär anvertrauten Materialien. Außerdem bemühte er sich um die Ermittlung und Beschaffung ergänzender Quellen und einschlägiger Literatur. – Bd. XII (Erzdiözese Magdeburg): Ein Bericht von Herrn Dr. Jürgen Simon (Hamburg) lag nicht vor. – Bd. XIII (Regnum und Imperium): Herr Prof. Dr. Hans H. Kaminsky (Gießen) setzte seine Arbeiten am bibliographischen Apparat fort. – Bd. XIV (Supplementum I): Seit dem Frühjahr 2010 galt Herrn Hiestands Arbeit der Fertigstellung dieses Bandes, und zwar der Erstellung der Narrationes für die ca. 50 neuen Lemmata. Dabei war die bibliographische Recherche und dann vor allem die Beschaffung der ermittelten Literatur nicht nur zeitaufwendig, sondern manchmal auch erfolglos. Der Großteil der Ergänzungen betrifft die Bände „Germania Pontificia I und III". – In die Indices zur „Germania", die für die bereits veröffentlichten Bände schon fertiggestellt sind, wird Herr Hiestand noch den Band Böhmen einarbeiten, sobald die Numerierung der Stücke und die Seitenzahlen endgültig feststehen.

Gallia Pontificia
Nachdem Prof. Dr. Dietrich Lohrmann (Aachen) die Leitung der „Gallia Pontificia" niedergelegt hat, wird diese zur Zeit vom Sekretär kommissarisch versehen.

1. Diözesen Reims und Châlons: Der Altsekretär hat das Manuskript von Dr. Ludwig Falkenstein (Aachen) für die Erzbischöfe von Reims durchgesehen. Der Band soll in der Reihe „Studien und Dokumente zur Gallia Pontificia" erscheinen und wird nach der Einarbeitung der Korrekturen durch Herrn Falkenstein von Herrn Prof. Dr. Rolf Große (Paris/Heidelberg) zum Druck vorbereitet. – 2. Diözese Paris: Im Berichtszeitraum nahm Herr Große für den zehnten Band der „Papsturkunden in Frankreich" Ergänzungen des Editionsteils und des Archivberichts vor. Ferner leitete er die Drucklegung von Bd. 7 der „Studien und Dokumente zur Gallia Pontificia" in die Wege und unternahm erste Schritte zur Organisation der nächsten Table ronde. Des weiteren führte er einen Jahrgang der École des chartes in das Projekt ein und stellte es fortgeschrittenen Studenten der Universität Paris 8 vor. Zur Neustrukturierung des Projekts und der Einrichtung einer digitalen Plattform führte er mehrere Gespräche. – 3. Diözese Langres

(Prof. Benoît Chauvin, Devecey): Ein Bericht lag nicht vor. – 4. Diözese Thérouanne, Abtei Saint-Bertin (Prof. Laurent Morelle, Paris): Ein Bericht lag nicht vor. – I/1: Erzdiözese Besançon: Der Band liegt vor (1998). – I/2: Suffragane: P. Bernard de Vregille (Lyon) gab mit Blick auf sein hohes Alter die von ihm bearbeiteten Abschnitte des Bandes zurück und verwies darauf, daß seine Manuskripte für das Bistum Belley und den Abschnitt „Besançon-Supplément" schon seitlängerer Zeit fertig sind. Zu den Bistümern Lausanne (Prof. Jean-Daniel Morerod, Neuchâtel) und Basel (Archivdirektoren Jean-Luc Eichenlaub, Colmar, und Jean-Claude Rebetez, Porrentruy/Pruntrut) ist jeweils kein Bericht eingegangen. – II/1: Erzdiözese Lyon (Prof. Michel Rubellin/Prof. Denyse Riche): Ein Bericht lag nicht vor. – II/2: Suffragane Lyon, insbesondere Diözese Mâcon mit der Abtei Cluny (Dr. Franz Neiske, Münster): Der Bearbeiter wies in seinem Bericht auf die online abrufbaren Urkunden der Abtei (Cartae Cluniacenses Electronicae) hin. Auch Herr Gérard Moyse (Dijon) konnte keine weiteren Arbeitsfortschritte für den Regestenband vermelden. – III/1: Erzdiözese Vienne: Der Band liegt vor (2006). – III/2: Suffragane Vienne: Frau Dr. Beate Schilling (München) befaßte sich im Berichtsjahr überwiegend mit der Abfassung von Aufsätzen (unter anderem einem Tagungsbeitrag zu den Kartäusern für die letzte Table ronde). Außerdem widmete sie sich den ca. 50 Regesten für die Bischöfe von Valence seit der zweiten Hälfte des 11. Jahrhunderts. Diese Arbeit und die (wenigen) Regesten für die kleineren Stadtklöster in Valence (Saint Victor, Saint Vincent, Saint-Pierre du Bourg-lès-Valence, Saint-Félix-lès-Valence) sollen bis zu der für Anfang November geplanten Archivreise abgeschlossen sein, während der Frau Schilling an der Journée d'études in Valence zu Saint-Ruf teilnehmen wird. Dort möchte sie sich mit weiteren Kollegen über Saint-Ruf austauschen. Die Abschnitte zu den Zisterzienserklöstern der Diözese (Vernaison und Léonce) wurden bereits 2005/2006 samt historischen Einleitungen und Bibliographien fertiggestellt. Hier steht nur noch die Überprüfung der Archivalien aus, die bei ihrem Aufenthalt in Valence erfolgen soll. Das Lemma zu einem älteren Benediktinerkloster außerhalb der Stadt (Saou) mit nur wenigen Regesten hofft sie, mit den Stadtklöstern zusammen, noch vor der Archivreise wenigstens vorläufig abschließen zu können. Seit Mai/Juni arbeitet Frau Dagmar Hutter vom Erlanger Lehrstuhl ihr als Hilfskraft sehr kompetent zu. Sie hat bereits den Großteil des Manuskripts zu Grenoble Korrektur gelesen. Das Bistum Valence soll in diesem Winter abgeschlossen werden. Die Bearbeitung der Diözesen Die und Viviers soll im Anschluß geschehen; in einem Jahr wird noch einmal eine kürzere Archivreise in die Gegend notwendig sein. – IV/1–2: Erzdiözese Arles und Suffragane: Herr PD Dr.

Stefan Weiß (Vechta) berichtet, daß er in den letzten Jahren seine Materialien stets aktualisiert habe, allerdings nicht dazu gekommen sei, die Arbeit über einen längeren Zeitraum konzentriert voranzubringen. – VIII/1–2: Erzdiözese Narbonne und Suffragane: Im Mittelpunkt der Forschungstätigkeit von Frau Dr. Ursula Vones-Liebenstein (Köln) stand die Abgrenzung der Kirchenprovinz Narbonne, vor allem im 11. und im 12. Jahrhundert, gegenüber der Kirchenprovinz Tarragona. In diesem Zusammenhang hielt sie auf der Tagung „Das begrenzte Papsttum" in Lissabon (vgl. oben) einen Vortrag, in dem sie sich primär mit den Grenzbistümern Elne und Maguelonne beschäftigte. Die Arbeit an den Regesten des Kathedralkapitels Nîmes mußte wegen der Abfassung eines Aufsatzes im Rahmen des Netzwerkes „Zentrum und Peripherie" einstweilen zurückstehen. Sie rechnet jedoch damit, die Regesten für dieses Kathedralkapitel und für die Abtei Saint-Baudile im kommenden Jahr fertigzustellen. – Für die Indices zur „Gallia Pontificia" konnte Herr Hiestand in Göttingen einige offene Fragen klären und über Fernleihen einige weitere Lücken bei der Bestimmung der Ortsnamen schließen. In diesem Teil wird es bei einer Anzahl von Kirchen und Orten (ca. 20) vermutlich bei einem *non liquet* bleiben müssen. Der ganze Band soll zum Beginn des Jahres 2011 abgeschlossen werden.

Anglia Pontificia
Ein Bericht von Frau Prof. Dr. Julia Barrow (Nottingham) ist nicht eingegangen. – Der von Herrn Hiestand und Dr. Stefan Hirschmann (Köln) bearbeitete Band „Anglia Pontificia. Subsidia vol. I" liegt nunmehr auch in einer elektronischen Fassung vor, so daß nach der Klärung einiger offener Fragen eine zügige drucktechnische Bearbeitung des Bandes möglich sein wird.

Iberia Pontificia (Leitung: Prof. Dr. Klaus Herbers, Erlangen)
Die Kooperation des Projektes mit spanischen und mit portugiesischen Wissenschaftlern und Wissenschaftlerinnen wurde fortgesetzt (zu den regelmäßigen Arbeitstreffen der Iberia-Mitarbeiter und der diesjährigen Konferenz vgl. auch oben).

Diözese León: Prof. Dr. Santiago Domínguez Sánchez (León) meldet weitere Fortschritte. Zur Zeit stellt er den Urkundenkatalog fertig, in den schon die Dokumente der delegierten Richter eingearbeitet wurden. Ferner sichtete er die Literatur aus der Frühen Neuzeit nach relevanten Informationen zu den Papstkontakten mit freilich nur spärlicher Ausbeute. Zur Zeit arbeitet er an der Abfassung der Einleitungen. – Erzdiözese Compostela: Die

Arbeiten konnten im Berichtsjahr vom Sekretär geringfügig fortgeführt werden. – Suffragane: Prof. Dr. José Luis Martín Martín (Salamanca) hat die Bearbeitung der südlichen Suffraganbistümer von Compostela (Salamanca, Ciudad Rodrigo, Coria, Badajoz und Plasencia) fortgesetzt und sich dabei insbesondere um die Ermittlung von Deperdita bemüht. Mit diesem Ziel hat er begonnen, Kataloge, Inventare und sonstige Erwähnungen von Urkunden aus dem 16. bis zum 19. Jh. auszuwerten. Um die Diözesanzugehörigkeit von Empfängerinstitutionen genauer bestimmen zu können, hat der Bearbeiter sich eingehend mit dem Grenzverlauf zwischen den betreffenden Bistümern beschäftigt und konnte diese Untersuchungen in ein Referat auf der Lissaboner Tagung im Juli 2010 einfließen lassen. Die Erarbeitung des Regestenbandes profitierte von der Neubearbeitung der seinerzeit maßgeblich von Herrn Martín Martín erstellten Edition der Urkunden des Kathedral- und des Diözesanarchivs Salamanca (1. Aufl. 1977). – Erzdiözese Tarragona: Herr Prof. Dr. Ludwig Vones (Köln) konnte im Berichtszeitraum sein Projekt nur wenig voranbringen.

Portugalia Pontificia (Prof. Dr. Maria Cristina Almeida e Cunha, Porto)
Ein Bericht lag nicht vor.

Zu den Diözesen Burgos und Ávila sowie zu den Aufzeichnungen aus spanischen Archiven und Bibliotheken vgl. den Arbeitsbericht unter „Die Forschungsvorhaben der Akademie, Papsturkunden des frühen und hohen Mittelalters".

Scandinavia Pontificia
Herr Prof. Dr. Anders Winroth (New Haven) meldet nur langsame Fortschritte bei der Erarbeitung seines Bandes. Im Berichtsjahr konnte er lediglich eine Miszelle zu JL. 7625 mit einem Wiederabdruck der *litterae* aus der sehr seltenen *editio princeps* von 1642 verfassen, die im Jahrgang 2010 des „Bulletin of Medieval Canon Law" erscheinen wird. Des weiteren moderierte er im Juni eine Sektion bei der Konferenz „Die Ordnung der Kommunikation und die Kommunikation der Ordnungen im mittelalterlichen Europa. Zentralität: Papsttum und Orden im Europa des 12. und 13. Jahrhunderts" in der Villa Vigoni.

Polonia Pontificia
Vgl. dazu den Arbeitsbericht unter „Die Forschungsvorhaben der Akademie, Papsturkunden des frühen und hohen Mittelalters".

Bohemia-Moravia Pontificia
Vgl. dazu den Arbeitsbericht unter „Die Forschungsvorhaben der Akademie, Papsturkunden des frühen und hohen Mittelalters".

Hungaria Pontificia (Leitung: Prof. Dr. Werner Maleczek, Wien)
Ein Bericht von Herrn Zsolt Hunyadi, PhD (Szeged) ist nicht eingegangen.

Dalmatia-Croatia Pontificia (Leitung: Prof. Dr. Werner Maleczek, Wien)
Ein Bericht von Herrn Dr. Stjepan Razum (Zagreb) lag nicht vor.

Africa Pontificia
Ein Bericht von Herrn Prof. Dr. Peter Segl (Pfaffenhofen a. d. Ilm) ist nicht eingegangen.

Oriens Pontificius
I. Patriarchatus Hierosolymitanus et Antiochenus
Herr Hiestand konnte mit Hilfe von Frau Anne Kemmerich die bibliographischen Recherchen zum „Oriens" weiterführen.

II. Domus fratrum Hospitalis et domus militiae Templi
Aufgrund von turnusgemäß zu übernehmenden Aufgaben in der akademischen Selbstverwaltung konnte Prof. Dr. Jochen Burgtorf (Fullerton, USA) das Projekt nur durch Literaturnachträge fördern. Im Berichtszeitraum publizierte er den Aufsatz „The Debate on the Trial of the Templars (1307–1314)", ed. Jochen Burgtorf, Paul F. Crawford, and Helen J. Nicholson, editorial board: Malcolm Barber, Peter Edbury, Alan Forey, and Anthony Luttrell, Aldershot 2010.

Neubearbeitung des Jaffé
Vgl. dazu den Arbeitsbericht unter „Die Forschungsvorhaben der Akademie, Papsturkunden des frühen und hohen Mittelalters".

Digitalisierung
Herrn Thorsten Schlauwitz oblag es, ein Digitalisierungsprojekt zu initiieren, das zu einem Antrag bei der DFG führen soll. Für diesen Zweck sind die 27 Urkundenphotos der Göttinger Arbeitsstelle zum Pontifikat Leos IX. (1049–1054) mit Hilfe des Göttinger Digitalisierungszentrums retrodigitalisiert und in die bereits vorhandene online-Datenbank eingebunden worden. Letztere wurde um entsprechende Funktionen ergänzt. Zu den genannten Digitalisaten sind die entsprechenden Regesten in die Datenbank eingefügt sowie Scans von entsprechenden Faksimiles, Editio-

nen und weiteren Regestenwerken erstellt worden. Dies soll das gewünschte Endresultat – eine Vereinigung von Regest, Abbildung und Edition in einer Datenbank – illustrieren und somit einem Antrag dienen, der in Kooperation mit mehreren Institutionen bis Ende des Jahres eingereicht werden soll.

Verschiedenes
Vom 16. bis 18. Juni 2010 fand die vom Sekretär mitorganisierte Tagung „Die Ordnung der Kommunikation und die Kommunikation der Ordnungen im mittelalterlichen Europa. Zentralität: Papsttum und Orden im Europa des 12. und 13. Jahrhunderts" in der Villa Vigoni statt, wozu auch einige Mitarbeiter des Akademienprojektes und der Pius-Stiftung Vorträge beisteuerten. – Anfang September 2010 stellte Herr Herbers im Rahmen eines Vortrages das Gesamtunternehmen bei der Internationalen Konferenz „Pontes ad fontes" in Brünn vor. – Mit Hilfe von Frau Anne Kemmerich konnte der Altsekretär die Sammlung von Drucken von Papsturkunden wieder um ca. 800 Stücke und 20 Legatenurkunden vermehren, die in die Göttinger Gesamtsammlung eingearbeitet werden.

K. Herbers

Wörterbuch der Klassischen Arabischen Sprache
Delegierter: Nagel

Kontaktadresse: Seminar für Arabistik, Papendiek 16, 37073 Göttingen, Tel.: 0551-39-4398, Fax: 0551-39-9898, arabsem@gwdg.de (Prof. Dr. Nagel)

Arbeitsbericht: Im März 2009 ist die 40. Lieferung des Wörterbuchs der Klassischen Arabischen Sprache erschienen. Damit ist der V. Band des Werkes abgeschlossen, der das Ende des Buchstabens Lām, das Literaturverzeichnis, einen Wortindex und einen Abriß der Geschichte der arabischen Lexikographie in Europa seit dem 17. Jahrhundert enthält. Alle fünf Bände sind in der Tübinger Redaktion hergestellt worden. Das Werk sollte in München in der Bayerischen Akademie der Wissenschaften mit dem Buchstaben Mīm fortgesetzt werden. Zu diesem Zweck sind dort seit 1975 umfangreiche Vorarbeiten geleistet worden. In ihrer Sitzung am 3. Februar 2006 hat die Philologisch-Historische Klasse der Akademie jedoch beschlossen, die Arbeiten bis auf weiteres einzustellen.

Die Arabisten sind somit auch weiterhin auf materiell und methodisch unzureichende Hilfsmittel angewiesen. Es sind dies das „Lexicon Arabico-Latinum" von G. W. Freytag (Vol. I–IV, Halis Saxonum 1830–1837) und das unvollendete „Arabic-English Lexicon" von E. W. Lane (Book I, Part 1–8, London and Edinburgh 1863–1893). Beide Werke reproduzieren lediglich das Material der einheimischen arabischen Lexikographen des Mittelalters, die mit ihrem normativen Ansatz die historische Entwicklung der Sprache ignorieren. In ihren Kompilationen sind weder die Wörter und Begriffe, die erst nach dem Sturz der Umaiyaden im Jahre 750 aufgekommen sind, noch die zahllosen griechischen, aramäischen und iranischen Fremdwörter erfaßt. Die Wortbedeutungen sind oft nur vage formuliert. Zwischen eigentlichem und metaphorischem Gebrauch wird kaum unterschieden, okkasionelle Bedeutungen stehen gleichberechtigt neben usuellen, und es gibt keine Angaben über das Niveau oder die Frequenz eines Wortes. Auch die Dependenzen der Verben sind kaum berücksichtigt. All diese Mängel haften auch den Wörterbüchern von Freytag und Lane an, so daß die Arabisten bei der Lektüre altarabischer und mittelalterlicher Texte oft im Stich gelassen sind, ganz zu schweigen davon, daß sprachwissenschaftliche Fragestellungen mit diesen alten Lexika nicht zu beantworten sind.

Unter diesen Umständen ist das vorläufige Ende der Arbeiten am WKAS ein schwerer Rückschlag für die Arabistik. Es bleibt zu hoffen, daß die lexikalischen Sammlungen in Tübingen (etwa 450.000 Belege auf Zetteln) und München (etwa 65.000 Belege) zu einem späteren Zeitpunkt doch noch redigiert und publiziert werden können.

T. Nagel

Ausschuss für musikwissenschaftliche Editionen
(Union der Akademien)
Delegierter: Heidrich

Deutsche Inschriften des Mittelalters und der frühen Neuzeit
(Interakademische Kommission)
Delegierter: Henkel

Deutsche Reichstagsakten, Ältere Reihe
Delegierter: Sellert

Deutsches Museum München
(Vorstandsrat)
Delegierter: Kippenhahn

Göttingische Gelehrte Anzeigen
Redaktoren: Lehmann, Ringleben

Herausgabe des Thesaurus Linguae Latinae
(Interakademische Kommission)
Delegierter: Classen

Mittellateinisches Wörterbuch
Delegierter: Mölk

Patristik
(Kommission der Akademien der Wissenschaften in der Bundesrepublik Deutschland)
Delegierter: Döpp

Zentraldirektion der Monumenta Germaniae Historica
Delegierter: Rexroth

Sonstige Veranstaltungen 2010

Vortragsveranstaltung
der Kommission „Die Edition der naturwissenschaftlichen Schriften Lichtenbergs"
der Akademie der Wissenschaft zu Göttingen
Georg Christoph Lichtenberg
„Das befriedigendste Collegium, das ich in Göttingen besuchte"
Georg Christoph Lichtenbergs Vorlesungen zur Naturlehre
15. Januar 2010
Göttingen

Kolloquium für junge Wissenschaftler
Deutsches Wörterbuch
der Kommission „Deutsches Wörterbuch von Jacob Grimm und Wilhelm Grimm"
und der Kommission „Mittelhochdeutsches Wörterbuch"
der Akademie der Wissenschaften zu Göttingen
sowie der
Kommission „Deutsches Rechtswörterbuch"
der Heidelberger Akademie der Wissenschaften
Dänisch-deutsches Wörterbuchkolloquium
zur
Phraseologie im historischen Wörterbuch
1. März 2010 – 2. März 2010
Göttingen

Am 1. und am 2. März 2010 veranstaltete die Göttinger Arbeitsstelle des Deutschen Wörterbuchs, anknüpfend an frühere Kontakte, ein dänisch-deutsches Wörterbuchkolloquium, zu dem Mitarbeiter verschiedener historischer Wörterbuchprojekte (Mittelhochdeutsches Wörterbuch, Deutsches Rechtswörterbuch) sowie Sprachwissenschaftler aus Aarhus (Dänemark) eingeladen waren. Mit dem Thema „Phraseologie im historischen Wörterbuch" wurde ein Feld behandelt, das sich für Wörterbücher im allgemeinen und für sprachhistorisch ausgerichtete Wörterbücher im besonderen immer wieder als Herausforderung erweist. Phraseologismen – feste Verbindungen von Wörtern, auch „Idiome" oder „Wendungen" genannt – bereiten der Lexikographie vor allem deshalb Schwierigkeiten, weil die meisten Wörterbücher als Darstellungen von Einzelwörtern konzipiert und Phraseologismen als Mehrwortverbindungen hier naturgemäß schwer darzustellen sind. Für die Arbeit mit älteren Sprachepochen, für die keine primäre Sprachkompetenz gegeben ist, kommt die grundlegende Schwierigkeit der Identifikation phraseologischer Einheiten hinzu. Welche Lösungswege in der Geschichte des Deutschen Wörterbuchs beschritten wurden, zeigte Dr. U. Stöwer (DWB) in ihrem einführenden Vortrag auf. Im Anschluß daran präsentierte N. Mederake (DWB) Überlegungen zu der Frage, wie Phraseologismen am besten in die Disposition eines Wortartikels zu integrieren sind. St. Frieling (Deutsches Rechtswörterbuch, Heidelberg) und Dr. V. Harm (DWB) stellten jeweils mit Paarformeln bzw. sogenannten „Funktionsverbgefügen" zwei häufige Typen von Phraseologismen dar. Bei den Paarformeln war vor allem die Frage des Buchungsortes zu diskutieren, bei den Funktionsverbgefügen erwies sich die Schlechtbestimmtheit des Gegenstandes in der Forschung als zentrales Problem. Den zweiten Tag des Kolloquiums eröffnete S. Elsner-Petri (DWB) mit einem Ausblick auf die europäische Dimension der deutschsprachigen Phraseologie, die gerade in einem historischen Bedeutungswörterbuch wie dem DWB zu berücksichtigen ist. Prof. H. Blosen (Aarhus) legte am Beispiel eines frühneuhochdeutschen Textes dar, welche Kriterien für die Einordnung einer Wortverbindung als phraseologisch maßgeblich sein können. Dem Problem der Bedeutungsermittlung und -beschreibung für mittelalterliche Phraseologismen widmete sich Dr. S. Baumgarte (MWB). Den Abschluß des Kolloquiums bildete ein gemeinsamer Vortrag von Prof. H. Blosen, Prof. P. Baerentzen und Prof. H. Pors (Aarhus), in dem diese die wesentlichen Fragen des Kolloquiums Revue passieren ließen und den Lexikographen Empfehlungen für ihre Arbeit mit auf den Weg gaben. Im besonderen sprachen sie sich dafür aus, daß im Falle des Widerspruchs zwischen Wörterbuchsystematik und Benutzerfreundlichkeit zugunsten der Benutzerfreundlichkeit zu entscheiden sei.

V. Harm

Kolloquium für junge Wissenschaftler
Qumran-Lexikon
der Kommission „Qumran-Wörterbuch"
der Akademie der Wissenschaften zu Göttingen

Die Auslegung der Prophetenbücher in den Handschriften vom Toten Meer
25. März 2010 – 26. März 2010
Kloster Bursfelde

Arbeit am Mythos
Öffentliche Ringvorlesung
der Georg-August-Universität Göttingen und
der Akademie der Wissenschaften zu Göttingen
6. April 2010 – 6. Juli 2010
Göttingen

Kolloquium für junge Wissenschaftler
Germania Sacra
der Kommission „Germania Sacra"
der Akademie der Wissenschaften zu Göttingen
Monastic Topography and Ecclesiastical Topography

3. Workshop im Rahmen des DAAD-MÖB Programms
„Monastic Landscap"
der Georg-August-Universität Göttingen und der
Central European University Budapest in Kooperation mit der
Germania Sacra
9. April 2010 – 10. April 2010
Göttingen

Vortragsreihe
der Akademie der Wissenschaften zu Göttingen
und der Braunschweigischen Wissenschaftlichen Gesellschaft in
Kooperation mit dem phæno Science Center und der
International Partnership Initiative (IPI)

Element Wasser
15. April 2010 – 6. Mai 2010
Phæno Wissenschaftstheater
Wolfsburg

Intelligenz und Wasser
Gerhard Wörner
15. April 2010

Wasser – Ein knappes Gut weltweit: Natur und Technik im Gleichgewicht?
Ali Müfit Bahadir, Braunschweig
22. April 2010

Tropfende Wasserhähne, Tintenstrahldrucker und Nanostrahlen
Jens Eggers, Bristol, UK
29. April 2010

Wasser und Farben: Wasser als nachhaltige Ressource in der Farbenindustrie
Rainer Krull, Braunschweig
6. Mai 2010

Öffentlicher Abendvortrag
im Rahmen des 53. Kolloquium
der Kommission „Germania Sacra"
der Akademie der Wissenschaften zu Göttingen
Bischöfe und religiöse Bewegungen im Hochmittelalter
Gert Melville, Dresden
23. April 2010
Göttingen

Festveranstaltung
der Biologischen Fakultät der Georg-August-Universität Göttingen
und der
Akademie der Wissenschaften zu Göttingen
anlässlich des 75. Geburtstages von
Gerhard Gottschalk
7. Mai 2010
Göttingen

Akademientag 2010
der Union der Deutschen Akademien der Wissenschaften
Suche nach Sinn
Über Religionen der Welt
2. Juni 2010
Berlin

Kolloquium für junge Wissenschaftler
der Kommission „SAPERE"
der Akademie der Wissenschaften zu Göttingen
Synesios von Kyrene, Aigyptioi Logoi
oder
Über die Vorsehung
18. Juni 2010 – 19. Juni 2010
Göttingen

Öffentliche Gedenkfeier
der Georg-August-Universität Göttingen und
der Akademie der Wissenschaften zu Göttingen
für
Manfred Robert Schroeder
1926 – 2009
24. Juni 2010
Göttingen

Manfred Robert Schroeder in der Akademie
CHRISTIAN STARCK
Präsident der Akademie der Wissenschaften zu Göttingen
(siehe Jahrbuch Seite 113)

Manfred Robert Schroeders Wirken am Dritten Physikalischen Institut
HANS CHRISTIAN HOFSÄSS
Dekan der Fakultät für Physik an der Georg-August-Universität
Göttingen
(siehe Jahrbuch Seite 115)

**Raumakustik, Sprachkodierung, Zahlentheorie und Chaos
Facetten aus M. R. Schroeders „Unendlichem Paradies"**
BIRGER KOLLMEIER
Wissenschaftlicher Leiter des Hörzentrums Oldenburg

Auswärtige Sitzung
der Akademie der Wissenschaften zu Göttingen
in der Herzog August Bibliothek Wolfenbüttel
**Körpertopographie und Gottesferne
Vesalius in China**
HELWIG SCHMIDT-GLINTZER
2. Juli 2010
Wolfenbüttel
(siehe Jahrbuch Seite 125)

Internationale Konferenz
der Kommission „Papsturkunden des frühen und hohen Mittelalters"
der Akademie der Wissenschaften zu Göttingen
und der Universidade Católica Portuguesa in Lissabon
**Das begrenzte Papsttum. Spielräume päpstlichen Handelns:
Legaten, delegierte Richter, Grenzen**
9. Juli 2010 – 10. Juli 2010
Lissabon

Papsttum und Begrenzung – wie geht das zusammen? Der Anspruch der römischen Bischöfe auf die *plenitudo potestatis* steht geradezu in diametralem Gegensatz zum Begriff des Handlungsspielraums. Daß die Amtsausübung der Päpste sich in solchen Spielräumen bewegte, zuweilen an die faktischen Grenzen ihrer Möglichkeiten stieß, liegt aber auf der Hand. Zugleich war das Papsttum seit der „papstgeschichtlichen Wende" (Rudolf Schieffer) des 11. Jh. als legitimierende Instanz mit konkreten Grenzbestätigungen und -veränderungen befaßt. Das gilt insbesondere für die Iberische Halbinsel, deren kirchliche Strukturen einschließlich der Diözesangrenzen im Zuge der Reconquista tiefgreifend umgestaltet wurden. Ähnlich nachhaltig wandelten sich von den Reformpäpsten des 11. bis in das 13. Jh. die Kommunikations- und Einflußmöglichkeiten des apostolischen Stuhls.

Diesem Prozeß widmete sich die internationale Tagung, die vom 9. bis zum 10. Juli in der Universidade Católica Portuguesa in Lissabon stattfand. Ausgerichtet wurde sie von der Akademie der Wissenschaften zu Göttingen (Projekt „Papsturkunden des frühen und hohen Mittelalters"), vom Centro de Estudos de História Religiosa der gastgebenden Universität sowie von der Universidade de Santiago de Compostela (Projekt „El Pontificado Romano: relaciones con el Noroeste Peninsular y bases documentales para su estudio hasta el año 1198").

Nach einem Grußwort seitens der gastgebenden Universität und der Eröffnung der Konferenz durch die Leiter der beiden genannten Projekte, Klaus Herbers und Fernando López Alsina, befaßte sich die erste Sektion mit allgemeinen Fragen.

Rudolf Schieffer erörterte in seinem Einführungsvortrag „Die Reichweite päpstlicher Entscheidungen nach der papstgeschichtlichen Wende". Wieweit die Autorität des Papsttums nach dem folgenreichen Einschreiten Heinrichs III. reichte, leitete der Referent aus verschiedenen Indizien ab. Leo IX. suchte in eigener Person Frankreich, Deutschland und Ungarn auf, Viktor II. immerhin Deutschland, während Urban II. und seine Nachfolger Italien allenfalls verließen, um nach Frankreich zu reisen. Wesentlich weiträumiger gestaltete sich die Reisetätigkeit der päpstlichen Legaten. Seit Gregor VII. schrieben die Päpste an alle christlichen Könige und förderten die Errichtung neuer Königsherrschaften. Höchst bedeutsam für die Entwicklung waren die Papstkonzilien. – In der anschließenden Diskussion führte Werner Maleczek aus, daß die Reichweite des päpstlichen Handelns auch an dessen Niederschlag in der Historiographie deutlich werde: Bis zur Mitte des 11. Jh. fehlt in vielen Chroniken jegliche Nennung Roms bzw. des Papstes. Im 12. Jh. wird demgegenüber in den historiographischen Quellen zumindest der jeweilige Pontifikatsbeginn regelmäßig erwähnt. Recht kontrovers wurde die päpstliche Lehenspolitik und insbesondere ihr eher aktiver oder reaktiver Charakter diskutiert.

Nach dem Panorama des Eröffnungsvortrages befaßte sich der Beitrag von Thomas Deswarte mit den Grenzen päpstlichen Einflusses anhand eines Fallbeispiels. Unter verschiedenen Gesichtspunkten, so führte der Referent aus, ist die Liturgie bezeichnend für den römischen Einfluß vor und nach Gregor VII. Dies bezeugt eines der wenigen erhaltenen mozarabischen Sakramentare, der *Liber ordinum* (RAH 56) der Real Academia de la Historia. Seine kodikologische Analyse bringt eine komplexe Entstehungsgeschichte ans Licht, die im 10. Jh. beginnt und sich über die Bekämpfung des mozarabischen Ritus durch Gregor VII. hinaus fortsetzt. Nach den Darlegungen Deswartes war die Handschrift Gegenstand von Manipulationen. Die Ablehnung der päpstlichen Primatsansprüche führte demnach ebenso wie der Wunsch, das Überleben des alten Ritus zu sichern, dazu, daß man dem Buch durch die Aufnahme einschlägiger liturgischer Texte ein „römisches" Aussehen gab.

Den dritten Vortrag der ersten Sektion hielt Werner Maleczek über „Das Kardinalat von der Mitte des 12. bis zur Mitte des 13. Jahrhunderts". Er untersuchte das Kardinalskollegium (nur die Kurienkardinäle, nicht die auswärtigen) vom Ausbruch des Alexandrinischen Schismas 1159 bis zum Tod Innozenz' IV. 1254. Besonders berücksichtigte er die allerdings wenigen, insgesamt nur drei iberischen Kurienkardinäle dieses Zeitraums. Das Kollegium verkleinerte sich in dieser Zeit kontinuierlich, von ca. 30 Kardinälen bis zu ca. 15, vermutlich deshalb, weil diese Gruppe mächtiger Amtsträger – und potentieller Nachfolger auf dem Stuhle Petri – für den jeweiligen Papst um so einfacher zu kontrollieren war, je kleiner sie war. Die Zahl der Kurienkardinäle dieses Zeitraums beläuft sich auf ungefähr 170; über Herkunft, Bildungshintergrund, etwaige Ordenszugehörigkeit und ähnliche Merkmale sind in vielen Fällen, etwa drei Vierteln, Aussagen möglich. Ihre Auswahl lag allein beim Papst. Die Kardinäle nahmen auf vielfältige Weise an den päpstlichen Regierungsgeschäften teil, z. B. als Auditoren oder Kanzler. Der Vortrag befaßte sich weiterhin mit den Mitteln öffentlicher Kommunikation, die den Kardinälen zu Gebote standen – ihren Unterschriften auf päpstlichen Privilegien, ihren Siegeln und ihrer Rolle in einem immer komplizierter werdenden Zeremoniell.

Die zweite Sektion der Tagung („Grenzen") eröffnete Fernando López Alsina (Santiago de Compostela) mit einem Vortrag über das *Parrochiale Suevum* und dessen Präsenz in Papsturkunden. Die sogenannte *Teodemiri Divisio* gibt vor, die territoriale Neuorganisation der Kirche im nordwestiberischen Königreich der Sueben zwischen dem Ersten (561) und dem Zweiten Konzil von Braga (572) widerzuspiegeln. Der Referent stellte eingehend die Textüberlieferung vor, in der u. a. 140 Pfarreien aufgeführt und Bistümern zugeordnet werden. Die *Divisio* spielte eine wesentliche Rolle bei der Umgestaltung der Kirche des Königreiches León im 11. Jh. Viele Bischöfe der westlichen Iberischen Halbinsel nutzten seit der Zeit Urbans II. die *Divisio*, um sich vom Papst ihre Rechte bestätigen zu lassen. – In der anschließenden Diskussion betonte Klaus Herbers die Bedeutung von Konzilien als Kommunikationsorten. Sie seien, gerade im Zusammenhang mit Grenzstreitigkeiten, auch für die Verbreitung interpolierter Texte wichtig gewesen. Thomas Deswarte unterstrich die Territorialisierung der Diözesen als Neuheit des 11. Jh.

Sodann referierte Maria Cristina Cunha unter dem Titel „Coimbra e Porto" über Kirchenorganisation und „nationale Identität" im Zusammenhang der Streitigkeiten um Bistumsgrenzen. Wie sie betonte, entstand im 12. Jh. eine kirchliche Raumgliederung, die der politischen Interessenlage im sich damals formierenden und konsolidierenden Königreich Portugal entsprach.

Sie konzentrierte sich in ihrem Vortrag auf Grenzstreitigkeiten der Bischöfe von Porto mit ihren Nachbarn von 1114 bis zum Ende des 12. Jh. Eine erste Phase, in der Konflikte v. a. zwischen Porto und Coimbra bestanden, wurde von dem größeren Zusammenhang der Auseinandersetzungen zwischen den Metropoliten von Braga, Toledo und Compostela bestimmt. Die Situation veränderte sich später wesentlich durch den Aufstieg der Grafschaft Portugal zum Königreich; nun sei nicht zuletzt die geographische Koinzidenz zwischen Königreich und Kirchenstrukturen angestrebt worden.

Ursula Vones-Liebenstein widmete sich in ihrem Beitrag den Grenzveränderungen der Kirchenprovinz Narbonne von der Spätantike bis ins 12. Jh. Ein wesentlicher Einschnitt war die muslimische Eroberung des Westgotenreichs. Bei der Wiederherstellung kirchlicher Strukturen in der Folgezeit wurden die vier katalanischen Diözesen, die früher zur Kirchenprovinz Tarragona gehört hatten, aus rein politischen Gründen Narbonne zugeschlagen. Dreihundert Jahre später erfolgten die Abschichtung dieser Bistümer von Narbonne und die Wiedererrichtung der *Tarraconensis* aus ganz ähnlichen Motiven, v. a. zur Stärkung der territorialen Einheit. In der Region von Narbonne, die gegen Ende des 11. Jh. in politischer Hinsicht außerordentlich stark fragmentiert war, bemühten sich einige Lehnsherren, etwa die Grafen von Barcelona und Melgueil, um päpstliche Unterstützung für ihre Herrschaftssicherung. Dieses Instrument des Machterhalts wurde freilich durch die Kirchenreformer, die den Einfluß der Laien und insbesondere des Adels auf die kirchliche Stellenbesetzung zurückdrängten, unbrauchbar, zumal da der französische König immer mehr in die Rolle des Papstes als Schutzherr eintrat.

José Luis Martín Martín untersuchte in seinem Vortrag Grenzprobleme zwischen den benachbarten Diözesen Kastiliens und Portugals während des Mittelalters. Nach seiner Auffassung traf die päpstliche Kurie ihre Entscheidungen in Bezug auf die Reiche Kastilien und Portugal ohne Rücksicht auf politische Grenzen. Die Könige wiederum nahmen die Bischöfe ihrer Reiche für ihre Zwecke in Anspruch, ungeachtet der Unterordnung unter eine auswärtige Metropole. Zweifellos verstärkte die verworrene kirchengeographische Situation die päpstliche Präsenz auf der Iberischen Halbinsel. Andererseits kann man keineswegs von einer faktischen Gültigkeit des *Roma locuta, causa finita* ausgehen, denn trotz häufiger Einschaltung der Kurie ignorierten kirchliche Streitparteien die päpstlichen Mandate, wenn sie nicht in ihrem Sinne ausfielen. Die Päpste griffen in dieser Region vornehmlich ein, um die hierarchische Ordnung zu stützen und die Jurisdiktionsverhältnisse zu klären. Erst der Krieg zwischen Johann I. von

Kastilien und Johann I. von Portugal führte zusammen mit dem Großen Schisma schließlich dazu, daß die kirchlichen mit den politischen Grenzen zur Deckung gebracht wurden.

Zu Beginn der dritten Sektion, die der Thematik der Legationen gewidmet war, stellte Gerhard Sailler zunächst das Projekt „Papsturkunden in Portugal von 1198 bis 1304. Ein Beitrag zum Censimento" vor. Das in den 1950er Jahren von Franco Bartoloni initiierte Vorhaben des Censimento verfolgt das Ziel, alle überlieferten päpstlichen Originalurkunden von 1198 bis 1417 zu erfassen.

Claudia Zey befaßte sich in ihrem Beitrag mit den Möglichkeiten und Beschränkungen, die für Legaten im 12. und im 13. Jh. galten. Die Legationen waren ein grundsätzlich sehr wirksames Mittel, um die päpstliche Autorität und die der römischen Kirche in ganz Europa zu bekräftigen. Zahlreiche Kardinallegaten als wichtigste Repräsentanten der Kurie brachten in allen Gebieten der westlichen Christenheit und im Heiligen Land den päpstlichen Jurisdiktionsprimat zur Geltung. An seine Grenzen stieß dieses Herrschaftsmodell nicht nur aus (kirchen-)politischen Gründen, sondern auch aus strukturellen. Sehr lange Legationen von mehreren Jahren Dauer habe die Kurie gescheut, weil wichtige Berater dann fehlten. Auch die Vertrautheit mit den Verhältnissen im Zielland und mit dessen Sprache stellte ein praktisches Problem dar, überdies die z. T. nur oberflächliche Christianisierung in der Peripherie der damaligen Christenheit. Die Referentin verglich, um diese Sachverhalte zu verdeutlichen, Legationen auf der Iberischen Halbinsel, in Skandinavien und im Heiligen Land miteinander.

Ludwig Vones' Vortrag untersuchte die Verbindung von Legation und konziliarer Tätigkeit am Beispiel des Legaten Richard von Marseille. Der Abkömmling der vizegräflichen Familie von Millau, Kardinalpriester und Abt von Saint-Victor de Marseille, hielt im Königreich Kastilien-León und in Katalonien vier Legatensynoden ab, auf denen wichtige Maßnahmen zur Wiederherstellung der iberischen Kirche entschieden wurden, u. a. die Einführung des römischen Ritus und die Reform des Klosters Sahagún. Dabei gelang es Richard nicht nur, die auftretenden Schwierigkeiten zu überwinden, sondern immer auch, seinen eigenen Vorteil und die Interessen seiner expandierenden Benediktinerkongregation wahrzunehmen. In der anschließenden Diskussion wies Werner Maleczek darauf hin, daß es im 11. und im 12. Jh. wenige geographische bzw. landeskundliche Informationsmöglichkeiten gab, und betonte, es sei nach den Raumvorstellungen an der Kurie zu fragen. Hierzu merkte Agostino Paravicini Bagliani an, es habe dort zumindest in späterer Zeit Spezialisten für bestimmte Regionen gegeben. Claudia Zey ergänzte, noch unter Gregor VII. habe über Skandinavien, über die dortigen Entfernungen und ähnliche Aspekte große Unkenntnis bestanden. Geistliche, die an die Kurie reisten, brachten jedoch immer wieder zusätzliche Informationen mit. So wurde schließlich auch eine Legation dorthin möglich. Wie Frau Zey weiterhin ausführte, gab es im 12. Jh. unter den Legaten Generalisten, die – offenbar durch die Kurie gut vorbereitet – in verschiedenen, voneinander weit entfernten Regionen zum Einsatz kamen.

Von den restlichen beiden Vorträgen der Sektion befaßte sich derjenige von Ingo Fleisch mit einem weiteren exemplarischen, ebenfalls sehr aufschlußreichen Fall: den Legationen des Kardinals Hyazinth, des späteren Papstes Coelestin III., auf der Iberischen Halbinsel. Hyazinth war 1154–1155 und 1171–1174 dort. Überhaupt wurde die päpstliche Spanienpolitik in der zweiten Jahrhunderthälfte anscheinend maßgeblich von ihm bestimmt. Der Referent ging u. a. auch auf die Mitarbeiter Hyazinths während dessen Legationen ein.

Santiago Domínguez Sánchez widmete sich demgegenüber der Tätigkeit von Legaten und Delegaten anhand eines Fallbeispiels, des Streites der Bistümer León und Lugo um den Archidiakonat von Triacastela. Der Archidiakonat wurde der Kirche von León offenbar zu Beginn des 10. Jh. von König Ordoño II. geschenkt. Damit war der Streit mit dem Bischof von Lugo, der die Jurisdiktion über den Archidiakonat beanspruchte, gleichsam programmiert. Der Fall beschäftigte die Päpste, ihre Legaten und Delegaten seit Urban II. bis zu Innozenz IV., wurde insbesondere seitens der Kirche von Lugo durch Verzögerungstaktiken und verschiedene verfahrenstechnische Kniffe in die Länge gezogen und erst im 14. Jh. *via facti* gelöst: Lugo konnte den Archidiakonat an sich bringen, weil León den langwierigen und teuren Rechtsstreit, noch dazu um einen so weit entfernten Besitz, nicht mehr fortführen wollte.

Die letzte Sektion behandelte anhand von Beispielen aus drei Regionen die päpstliche delegierte Gerichtsbarkeit. Zunächst analysierte Maria João Branco die Kriterien für die Ernennung päpstlicher delegierter Richter in portugiesischen Angelegenheiten von 1150 bis 1227. Das Untersuchungsziel war, die „verborgene Logik" herauszuarbeiten, die zur Verwendung bestimmter Kleriker als Delegaten führte, lassen die Quellen doch erkennen, daß immer wieder dieselben Männer ernannt wurden, sei es in denselben Streitsachen, sei es bei jeweils ähnlichen Streitgegenständen. Die einschlägige Quellenüberlieferung für Portugal setzt in nennenswertem Maße erst Anfang der 1180er Jahre ein. Dann läßt sich allerdings ein geradezu exponentielles Wachstum beobachten. Auch deshalb belegte Frau Branco ihre Thesen im Rahmen des Vortrags exemplarisch.

Daniel Berger konnte mit seinem Referat über Anlässe, Verfahren und Wirksamkeit der delegierten Gerichtsbarkeit im exemten Bistum Burgos während des 12. und des frühen 13. Jh. (bis zum Tod Honorius' III. 1227) erstmals eine umfassende Quelleninterpretation auf der Grundlage des von ihm erarbeiteten Iberia-Pontificia-Bandes zu dieser Diözese präsentieren. Die Anfänge des Delegationswesens liegen im Falle von Burgos im frühen 12. Jh., doch wuchs die Zahl der Fälle erst seit Eugen III. und namentlich seit Alexander III. deutlich an und erreichte ihre Spitze im Pontifikat Honorius' III. Die Streitfälle hatten vornehmlich Bistumsgrenzen zum Gegenstand, insbesondere die zu den Diözesen Oviedo und Osma. Innerhalb des Bistums Burgos kam es zum Rechtsstreit vor päpstlichen Delegaten v. a. wegen der bischöflichen Jurisdiktion über Liegenschaften und Pfarreien im Besitz der großen Benediktinerabteien, insbesondere San Salvador de Oña. Anscheinend nutzten die Bischöfe das Mittel der delegierten Gerichtsbarkeit, um ihre Rechte in der weitläufigen Diözese Burgos zu festigen bzw. klarzustellen. Die Urteile der Delegaten waren allerdings, das zeigt sich auch an Fällen aus dem Bistum Burgos, schwer durchzusetzen. Erst zu Beginn des 13. Jh. erreichten die päpstlichen Delegationen ihre volle Wirksamkeit.

Auch der Vortrag von Frank Engel über „Die Diözese Ávila und die päpstliche Delegationsgerichtsbarkeit im 12. Jahrhundert" fußte auf der Arbeit am entsprechenden Band der Iberia Pontificia. Quellenzeugnisse zum Delegatenwesen setzen für dieses Bistum im Pontifikat Alexanders III. ein. Bis zu Coelestin III. einschließlich lassen sich insgesamt 33 oder 34 Streitsachen ermitteln, bei denen entweder eine Abulenser Streitpartei erscheint oder ein Abulenser vom Papst delegiert wird. Im einen wie im anderen Fall handelt es sich um Sachen sehr unterschiedlicher Tragweite bzw. unterschiedlichen Streitwerts, ebenso wie auch die erteilten Mandate variierten (bloße Untersuchung bzw. Zeugenverhör oder aber Entscheidung der Sache oder auch Anwendung von Kirchenstrafen gegen Streitparteien). Der Beitrag analysierte weiterhin die Zusammensetzung der Richterkommissionen nach Diözesanzugehörigkeit und hierarchischem Rang. Im Bistum Ávila fehlten in der Untersuchungszeit große Klöster oder Stifte; wohl deshalb ist außer dem Bischof von Ávila, an den bei weitem die meisten Aufträge ergingen, nur der dortige Archidiakon als Delegat bezeugt.

Den Schlußvortrag hielt Agostino Paravicini Bagliani. Er bündelte die Referate und Diskussionen der Tagung, indem er der Frage nachging, ob das Papsttum seiner *plenitudo potestatis* in der Zeit von 1050 bis 1300 Grenzen gesetzt habe. Der Terminus *plenitudo potestatis* kam unter Innozenz III. in der päpstlichen Kanzleisprache auf. Dennoch war es ebendieser Papst, der auf seine physische Begrenztheit verwies: Er könne nicht überall sein und müsse daher Legaten schicken. Besondere Aufmerksamkeit widmete der Referent liturgisch-rituellen Sachverhalten und den theologisch-kanonistischen Reflexionen des Hoch- und des Spätmittelalters über die Grenzen der päpstlichen Herrschaft. So vertrat Wilhelm Durand die Auffassung, der Papst müsse bei der Kommunion ein Stück der Hostie im Ziborium belassen; dieses stehe für die Auferstandenen, über die er keine Gewalt habe.

„Das begrenzte Papsttum" – unter diesem Titel hat die Konferenz Wissenschaftler aus etlichen Ländern zusammengeführt. Erleichtert durch die sorgfältige und stets zuvorkommende Tagungsorganisation seitens der Universidade Católica, wurde die wissenschaftliche Diskussion in aller Vielsprachigkeit lebhaft und durchgängig auf hohem Niveau geführt. Erfreulich zu sehen war auch, daß die gemeinsame Arbeit an der Iberia Pontificia in Portugal, Spanien und Deutschland bereits zu diesem Zeitpunkt reiche Forschungsergebnisse hervorgebracht hat. Eine Veröffentlichung der Beiträge in den Abhandlungen der Akademie der Wissenschaften zu Göttingen ist geplant.

Jahrestagung 2010
der Herausgeber und des Wissenschaftlichen Beirats
der Kommission „SAPERE" der Akademie der Wissenschaften
20. August 2010 – 21. August 2010
Quedlinburg

Am 20. und am 21. August fand in Quedlinburg die Jahrestagung 2010 der Herausgeber (PD Dr. Rainer Hirsch-Luipold, Sprecher; Prof. Dr. Reinhard Feldmeier; Prof. Dr. Heinz-Günther Nesselrath) und des Wissenschaftlichen Beirats von SAPERE (Prof. Dr. Maximilian Forschner [Erlangen], Prof. Dr. Gustav-Adolf Lehmann [Göttingen], Prof. Dr. Jan Opsomer [Köln]; verhindert waren Prof. Dr. Ulrich Berner [Bayreuth], Prof. Dr. Barbara Borg [Exeter], Prof. Dr. Dorothee Gall [Bonn], Prof. Dr. Reinhard Gregor Kratz [Göttingen], Prof. Dr. Ilinca Tanaseanu-Döbler [Göttingen]) statt, an der auch die wissenschaftlichen Mitarbeiter der SAPERE-Arbeitsstelle, Dr. Serena Pirrotta und Dr. Christian Zgoll, sowie die wissenschaftlichen Hilfskräfte Dr. Balbina Bäbler Nesselrath und Barbara Hirsch M.A., ferner als Gast am 20. August Dr. Bernhard Neuschäfer (Septuaginta-Arbeitsstelle Göttingen) teilnahmen.

Am Anfang der Arbeitssitzungen stand ein Rückblick über die Entwicklungen seit der letzten Jahrestagung (3.–4. August 2009): Auf- und Ausbau der Bibliothek in der SAPERE-Arbeitsstelle, SAPERE-Homepage, Neuerscheinungen im vergangenen Jahr, Entwicklung des Verhältnisses zwischen SAPERE, Akademie der Wissenschaften und Mohr-Siebeck-Verlag, Umgang mit den Autoren, redaktionelle Arbeit, Arbeiten an einer Abkürzungsliste für antike Autoren und Werke, Vorbereitung der Evaluation im Jahr 2011, Werbeaktivitäten, Finanzen.

Es folgte eine Besprechung der in näherer Zukunft geplanten Kolloquien (im Jahr 2011 sind fünf solcher Kolloquien geplant) und der Bände, die innerhalb der nächsten Tranchen des Akademieprojekts erscheinen sollen.

Die sich hieran anschließenden Diskussionen über die Bände, deren Erscheinen innerhalb der nächsten fünf Jahre geplant ist, erbrachten eine ganze Reihe von wertvollen Ratschlägen und Anregungen namentlich von Seiten der Mitglieder des Wissenschaftlichen Beirats, und zwar vor allem zu folgenden Projekten: *Sapientia Salomonis* (als Band 24 vorgesehen); Diogenes Laertios, *Das Leben Pyrrhons* (als Band 27 vorgesehen); Aelius Aristides, *Götterhymnen* (als Band 29 vorgesehen); Maximos von Tyros, *Über Sinn und Unsinn des Betens / Über die Götter* (als Band 30 vorgesehen); Sallustios, *De diis et mundo* (als Band 39 vorgesehen). Wiederum wurde auch die Möglichkeit erörtert, zusätzliche Bände über die im beantragten Akademieprojekt vorgesehenen hinaus zu betreuen; in dieser Kategorie sind einige Projekte bereits fest geplant (Mara bar Sarapion; Bardesanes), die Aufnahme anderer wurde formell beschlossen (Jesus Sirach; Marinos), weitere erörtert (Alkinoos, *Didaskalikos*; Plutarch, *De E apud Delphos*; Seneca, *De tranquillitate animi*; Galen, *Quod animi mores corporis temperamenta sequuntur*; Porphyrios, *Peri agalmaton*; Porphyrios, *Contra Christianos*; Plutarch, *Politische Schriften*; Plutarch, *Gryllos*; Porphyrios, *De abstinentia*).

Erstmals fand im Rahmen der Jahrestagung auch eine Konzeptionstagung zu einem bestimmten Band statt, um die Anwesenheit des wissenschaftlichen Beirats für die Konzipierung dieses Bandes zu nutzen: Dr. Bernhard Neuschäfer führte als vorgesehener Hauptbetreuer in die Thematik des geplanten Bandes 28 (Alexander von Lykopolis: *De placitis Manichaeorum*) ein und trug dabei auch schon Überlegungen zu einer genaueren Konzeption des Bandes vor; in der anschließenden Diskussion konnten diese Überlegungen fruchtbar präzisiert und weiterentwickelt werden.

Insgesamt erbrachte die Tagung für Herausgeber und Arbeitsstelle erneut viele wertvolle Rückmeldungen und neue Impulse; sie soll in einem ähnlichen Rahmen im nächsten Jahr wiederum durchgeführt werden.

H.-G. Nesselrath

Symposium
der Kommission „Erschließung der Akten des kaiserlichen Reichshofrats"
der Akademie der Wissenschaften zu Göttingen
und der
Wetzlarer Gesellschaft für Reichskammergerichtsforschung
**Geld und Gerechtigkeit im Spiegel höchstrichterlicher Rechtsprechung
des Alten Reichs**
2. September 2010 – 4. September 2010
Göttingen

12. Symposium
der Kommission „Hof und Residenz im spätmittelalterlichen deutschen
Reich (1200–1600)
der Akademie der Wissenschaften zu Göttingen
Städtisches Bürgertum und Hofgesellschaft
Kulturen integrativer und konkurrierender Beziehungen in
Residenz- und Hauptstädten vom 14. bis ins 19.Jahrhundert
25. September 2010 – 28. September 2010
Coburg

Mit dem Coburger Symposium der Residenzen-Kommission der Akademie der Wissenschaften zu Göttingen ging im September 2010 eine Tagungsreihe zu Ende, die über ein Vierteljahrhundert hin immer wieder aufs neue Impulse setzte, Themen benannte und Diskussionen beförderte. Dieses letzte, zwölfte Symposium bildete einen würdigen Schlußpunkt, sowohl hinsichtlich der organisatorischen Gestaltung und des feierlichen Rahmens, was auch der Zusammenarbeit mit der Historischen Gesellschaft Coburg unter Vorsitz von Gert Melville zu verdanken war, als auch – und vor allem! – mit Blick auf die behandelten Inhalte. Das Tagungsprogramm verhieß eine dreifache konzeptionelle Öffnung: Dies betraf zum einen die chronologische Komponente, da der Schwerpunkt diesmal auf der Neuzeit zwischen dem 17. und dem 19.Jahrhundert lag, während das Spätmittelalter ausnahmsweise etwas zurücktrat. Zum anderen wurden – dem Tagungstitel entsprechend – die Beziehungen zwischen Stadtbürgertum und Hofgesellschaft in den Mittelpunkt gerückt, womit einige thematische Stränge des 9. Symposiums zum Thema „Der Hof und die Stadt" (Halle, 2004) erneut aufgegriffen, nun aber hinsichtlich sozialer Konfigurationen und kultureller Manifestationen weiterentwickelt wurden. Und zum dritten sah das Tagungskonzept eine internationale Perspektive vor, indem jedem deutschen Referenten jeweils ein kürzerer Vortrag eines ausländischen Kollegen an die Seite gestellt wurde. Die Verbindung zwischen beiden Vorträgen war teils eng, teils locker, meist eher ergänzend, zuweilen aber auch opponierend – stets aber erwies sich die Gegenüberstellung als Gewinn.

An einem regionalen, dem Veranstaltungsort verbundenen Exemplum gab der von Gert Melville (Dresden/Coburg) gehaltene Abendvortrag über „Johann Casimir (1564–1633) – ein Herzog in Coburg" einen ersten Vorgeschmack auf die Tagungsthematik. Melville zeigte auf, wie sich Coburg während der Herrschaft Johann Casimirs zu einer „echte[n] Residenzstadt" entwickelte – oder entwickelt wurde, denn auf verschiedenen Ebenen machte der Referent Elemente einer „Casimirianischen Aufbaupolitik" aus. Mit der Formierung von Behörden, Beamtentum und Bildungswesen, mit der Normierung im Sinne religiös fundierter landesväterlicher Fürsorge und mit dem Wandel des äußeren Erscheinungsbildes der Stadt sah Melville in der „Kombination von praktisch-instrumenteller und symbolischer Politik" das wesentliche Merkmal dieses Entwicklungsprozesses.

Das an zwei Tagen folgende Symposium, das Werner Paravicini (Kiel) mit einem Rück- und Ausblick auf „Getane Arbeit, künftige Arbeit: Fünfundzwanzig Jahre Residenzen-Kommission" eröffnete, war in vier Sektionen mit je zwei Referaten und zwei Korreferaten geteilt. Deren erste stand unter der Überschrift „Stadtwirtschaft und Hofwirtschaft" (Moderation: Karl-Heinz Spieß, Greifswald). Zunächst sprach Bernd Fuhrmann (Köln) über die finanziellen Beziehungen zwischen Städten und Fürstenhöfen im Alten Reich („Stadtfinanz und Hoffinanz: welches Verhältnis?"). Einleitend hob er die nach wie vor durchaus problematische Forschungslage auf diesem Gebiet hervor, um dann die Entwicklung der Hoffinanzen, verstanden als Gesamtheit von Einkünften und Besitz mit ihren drei Säulen Domänen, Kredite und Steuereinnahmen, bis zum 18. Jahrhundert zu skizzieren. An verschiedenen Beispielen zeigte er die Verbindungen zwischen Hof- und Stadtfinanzen auf, wobei Residenzstädte als konkrete Demonstrationsobjekte dienten. In der frühen Neuzeit habe der Hof oftmals große Teile der städtischen Finanzkraft abgeschöpft. Dieser partiellen Absorption der Stadtfinanzen durch die Hof- und die Staatsfinanzen stellte Wim Blockmans (Wassenaar) das Beispiel der burgundischen Niederlande gegenüber („Die Herzöge von Burgund und die Finanzen ihrer *bonnes villes*"). Von Karl dem Kühnen bis zu Philipp II. sei es den Fürsten nicht gelungen, die finanzielle Autonomie insbesondere der großen Städte zu brechen – ein direkter Zugriff auf die Stadtfinanzen, wie es Bernd Fuhrmann für andere Territorien dargelegt hatte, sei insgesamt nicht gelungen. In den Großstädten der Niederlande habe der Aufenthalt des Hofes nur vergleichsweise kurze ökonomische Impulse gesetzt und allein selektive Wirkungen entfaltet.

Der zweite Abschnitt der Sektion wandte sich dem produzierenden Gewerbe zu. Martin Eberle (Gotha) konzentrierte sich in seinem Vortrag „Von der höfischen Manufaktur zur autonomen Industrie: Hofkünstler, Hoflieferanten und wirtschaftliche Initiativen" auf das Luxuskunsthandwerk während der zweiten Hälfte des 18. Jahrhunderts. Aus dem Wunsch heraus, von Importen unabhängig zu sein, sei in deutschen Residenzstädten die Ansiedlung entsprechender hofbefreiter Handwerker gefördert worden. Das weitgehend gleiche Vorgehen in verschiedenen Territorien habe freilich wiederum den eigenen Export erschwert, so daß die Binnennachfrage für die Absatzmöglichkeiten entscheidend gewesen sei. Um 1750 habe sich die Situation – auch infolge des Siebenjährigen Krieges – zugespitzt, und am Beispiel Braunschweigs zeigte Eberle verschiedene Verhaltensmuster angesichts dieser Krise auf: das teils entgegengesetzte, teils miteinander verbundene Handeln von Zünften auf der einen, Staat und Hof auf der anderen Seite, die herzogliche Förderung von Manufakturen, die Steigerung der Nachfrage durch den Einsatz von Marketinginstrumenten, die zunehmende Formung des Käufergeschmacks durch die Produzenten. Während in Braunschweig so gerade die Öffnung des Angebotes von Luxus- und Manufakturwaren für stadtbürgerliche Käuferschichten zu konstatieren sei, sei in Wien – so Thomas Winkelbauer (Wien) in seinem Korreferat – auch im 17. und im 18. Jahrhundert der Hochadel als Abnehmerkreis besonders wichtig geblieben. Zusätzlich regte Winkelbauer die intensivere Beschäftigung mit dem Themenfeld „Hof und Wissenschaft" an, was er selbst an der in das zeitgenössische Wissenschaftsverständnis integrierten Alchemie skizzierte.

Die zweite, kunsthistorisch orientierte Sektion – „Visualität und Medialität" (Moderation: Stephan Hoppe, München) – eröffnete der Vortrag von Matthias Müller (Mainz): „Kunst als Medium herrschaftlicher Konflikte. Architektur, Bild und Raum in der Residenzstadt der Frühen Neuzeit". Thematisiert wurden die Inbesitznahme der Stadt durch den Fürsten und in Verbindung damit die Frage, inwieweit die Komplexität des Stadtraumes rivalisierende Herrschaftsinteressen spiegele. Exemplarisch behandelt wurde dies zum einen anhand der Umwandlung des Florentiner Palazzo Vecchio in den Herzogspalast unter Cosimo I. de' Medici: Damit sei gerade das Gebäude, das die alte republikanische Herrschaft am symbolträchtigsten verkörpert habe, seitens des Fürsten okkupiert worden. Zum anderen zeigte Müller an Beispielen aus dem Reich nördlich der Alpen (Dresden, Saalfeld, Leipzig) auf, daß auch hier städtisch-fürstliche Reibungsflächen bestehen konnten, auch wenn weniger Rücksichtnahme erforderlich war. Herrschaftsarchitektur konnte aber sogar integrierende Wirkungen entfalten, und in der Neuzeit geschah es zuweilen auch, daß fürstliche Stadtplanungen unter städtischer Einflußnahme aufgegeben oder verändert wurden (Dresden, Schwerin). Herbert Karner (Wien) beklagte für Wien, daß die Forschung noch zu einseitig auf die Kunstproduktion des Hofes ausgerichtet sei, während das städtische Gegenüber bislang zu kurz komme. Unter anderem betonte er, wie die Habsburger in der Neuzeit versucht hätten, wesentliche Teile der Wiener Stadterweiterung durch den Rückgriff auf die Namen von Familienheiligen und Monarchen dynastisch-herrschaftlich zu personalisieren (Leopoldstadt, Josephstadt). Auch die im Stadtraum verteilten Denkmäler seien dabei einzubeziehen.

Thematisch leitete dies bereits zum Referat von Uwe Albrecht (Kiel) über, das unter dem Titel „Stadtplanung und Sozialtopographie: vom höfischen zum industriellen Zeitalter" stand. Albrecht gab einen Abriß zur Baugeschichte von Berlin/Potsdam und von München. In Berlin sei früher als in München die gezielte Umgestaltung der Stadt festzustellen. In München, wo fürstliche und höfische Einflüsse auf die Gestaltung des Stadtraumes außerhalb des Residenzbereiches – von punktuellen Ausnahmen abgesehen – lange Zeit kaum erkennbar seien, habe sich dies erst im 19. Jahrhundert geändert. Ähnlich wie München – so führte Krista de Jonge (Leuven) anschließend aus – sei auch Brüssel nur langsam gewachsen. Erst im 19. Jahrhundert sei die Stadt demographisch wie räumlich enormen Expansionsprozessen unterworfen gewesen, und so seien auf einzelne höfische Initiativen des 17. und des 18. Jahrhunderts durchgreifende städtebauliche Veränderungen des Zentrums erst im letzten Drittel des 19. Jahrhunderts, in der Zeit König Leopolds II., gefolgt (Boulevards, Eisenbahn).

Die dritte Sektion stand unter den Stichworten „Konkurrenz und Kooperation" (Moderation: Matthias Meinhardt, Wolfenbüttel). Der Vortrag über „Gemeinschaft und Gemeinde: politische Gruppierungen in den residenzstädtisch-höfischen Zentren" von Andreas Ranft mußte bedauerlicherweise entfallen. So blieb es allein Martial Staub (Sheffield) überlassen, zu dem damit angesprochenen Thema einige Anmerkungen zu machen. Den Schwerpunkt legte er dabei auf die Aspekte „Migration" und „Mobilität". Städtische Oligarchien wie fürstliche Höfe seien gleichermaßen mobil gewesen – ein Moment, das gerade auch in die stadtgeschichtliche Forschung einbezogen werden müsse. Neben der tatsächlichen regionalen wie sozialen Mobilität ging es dem Referenten aber auch um die Imagination von Mobilität.

In Präzisierung des im Tagungsprogramm vorgegebenen Titels stellte Enno Bünz (Leipzig) seine Ausführungen unter die Überschrift: „Die Universität zwischen Residenzstadt und Hof im späten Mittelalter: Wechselwirkung und Distanz, Integration und Konkurrenz". Wie manche Referenten vor ihm, begann Bünz mit der Markierung eines Forschungsdesiderates: Im Vergleich zum Verhältnis zwischen Universität und Stadt sei dasjenige zwischen Universität und Hof bzw. Residenz bislang kaum aufgearbeitet. Vor allem die Entwicklung der Universität Leipzig verfolgte Bünz während des 15.Jahrhunderts hinsichtlich der Rekrutierung des Personals, der versuchten Reformen sowie des Zeremoniells. Tübingen und Heidelberg wurden zum ergänzenden Vergleich herangezogen. Von zentraler Bedeutung für die Erforschung des Themas sei die Prosopographie, die in den genannten wie auch in anderen Fällen erst noch zu leisten sei. In zeitlicher Verschiebung schloß sich ein Überblick zu frühneuzeitlichen Universitäten in ihrer Typenvielfalt an, den Willem Frijhoff (Amsterdam) präsentierte. In den Beziehungen zwischen Fürst und Hof auf der einen, der Universität auf der anderen Seite seien vier Phasen erkennbar: Zunächst seien die persönlichen Interessen des Fürsten ausschlaggebend gewesen, die Verbindung zum Hof habe sich vor allem auf zeremonieller oder symbolischer Ebene bewegt. Im frühen 16.Jahrhundert aber habe der Fürst begonnen, die Universität als Territorialherr anzusprechen und immer mehr Dienste einzufordern, was sich beispielsweise auf die Formen der Lehre ausgewirkt habe. Im engeren Sinne politikspezifische Disziplinen seien mit dem 18.Jahrhundert in der Jurisprudenz, der Nationalökonomie und der Kameralwissenschaft aufgekommen. Die Rolle des Hofes sei in diesem Zusammenhang zurückgegangen, diejenige der fürstlichen Verwaltung angewachsen. Schließlich sei der Fürst zum „pure representative of a real nation-state" geworden, der seine Sicht der Zielorientierung von Wissenschaft durchgesetzt habe.

Die abschließende Sektion thematisierte „Krise und Niedergang der höfischen Welt" (Moderation: Wolfgang Wüst, Erlangen). Den Anfang machte Peter Johanek (Münster), der über „Spätes Nachleben oder neue Kraft? Hof und Stadt im langen 19. Jahrhundert" sprach. Zumindest um 1800 sei im Sinne von Thomas Nipperdey eine Verbürgerlichung höfischmonarchischen Lebens festzustellen, auch wenn sich die damit vorgezeichneten Konturen danach eher verwischt hätten. Dennoch seien Monarch und Hof weiterhin zentrale Bezugspunkte des Adels geblieben, der Hof habe die Bühne für die Distinktion vom Bürgertum gebildet. In der urbanen Gestaltung ergebe sich im 19. Jahrhundert eine Akzentverschiebung vom Residenzcharakter zum Hauptstadtcharakter. Stärker als Johanek äußerte sich Philip Mansel (London) skeptisch gegenüber der Annahmen eines „bourgeois lifestyle", in dem möglicherweise eher eine Mode zu sehen sei. Viele Monarchen des 19. Jahrhunderts, des „golden age of monarchy", hätten dem jedenfalls nicht entsprochen. Den eigentlichen Bruch in der

Geschichte der Monarchie sah Mansel im Jahr 1918; für die Zeit bis dahin betonte er die kontinuierliche Rolle der Höfe.

Ute Daniel (Braunschweig) ging in ihrem Vortrag zu „Stadt und Hof: wann erfolgte die Wende?" von zwei Hypothesen aus: Zum einen sei „die Wende" von der Hof- zur Stadtgesellschaft nie erfolgt. Die häufig anzutreffenden Daten für eine entsprechende Zäsur – um 1750 oder um 1800 – im Zeichen von „Aufklärung" und „Verbürgerlichung" seien Fehldeutungen der Forschung. Zum anderen seien zwischen dem Siebenjährigen Krieg und dem Ersten Weltkrieg immer wieder „Wenden" „mit örtlich dauerhaften Folgen" zu erkennen. Innerhalb dieser Zeitspanne seien Wendepunkte nach Ort, Zeit und Gründen zu unterscheiden, wobei Höfe durch die sich wandelnden Kontexte eine Relativierung erfahren hätten: Dem ökonomischen Bedeutungsverlust und dem Verlust der Rolle als kultureller „Trendsetter" stehe allein die relative Kontinuität der politischen Rolle gegenüber. Diese Thesen exemplifizierte Helen Watanabe-O'Kelly (Oxford) an der Entwicklung Dresdens im 18. und im 19.Jahrhundert. Hier seien am ehesten die Unruhen des Jahres 1830 als Wende zu bezeichnen.

Den Abschluß der Tagung bildete die Zusammenfassung von Pierre Monnet (Paris/Saarbrücken). Einleitend machte er einen „alten Feind" in den Köpfen aus: den Antagonismus zwischen „bürgerlich" und „adlig" bzw. „höfisch", der teilweise bereits auf spätmittelalterliche Diskursschemata zurückzuführen sei. Angesichts dessen forderte er für die Erforschung der städtisch-höfischen Verflechtung in europäischer Perspektive einen Paradigmenwechsel sowie die Zusammenführung von Hofgeschichte und Stadtgeschichte. Für die Beschreibung der Begegnung von Stadt und Hof machte er neun Aufgaben aus, vor welche die zukünftige Forschung gestellt sei: 1. das Anstreben einer Systematik in der Analyse städtisch-höfischer Beziehungen; 2. die Entwicklung einschlägiger Fragestellungsraster; 3. die Beachtung der Typologie (große und kleine Städte, geistliche und weltliche Herrschaften, Haupt- und Nebenresidenz usw.); 4. die differenzierte Chronologie und regionale Periodisierung im Zeitraum von 1300 bis 1900; 5. die Einbeziehung der Prosopographie; 6. die Interdisziplinarität; 7. das Bemühen um eine treffende Terminologie (quellen- und praxisnah, zugleich theoretisch reflektiert); 8. den Einsatz der Kartographie zur Visualisierung von Beziehungen; 9. die Internationalität und den europäischen Vergleich.

S. Rabeler*

* Dr. Sven Rabeler, Christian-Albrechts-Universität zu Kiel, Philosophische Fakultät, Historisches Seminar, Abt. für Wirtschaft- und Sozialgeschichte, Olshausenstraße 40, D-24098 Kiel, E-Mai: rabeler@histosem.uni-kiel.de.

Abschluß-Kolloquium
der Kommission „Lexikon des frühgriechischen Epos"
(Thesaurus Linguae Graecae)
der Akademie der Wissenschaften zu Göttingen
Homer, gedeutet durch ein großes Lexikon
6. Oktober 2010 – 8. Oktober 2010
Hamburg

6. Göttinger Akademie-Woche
Die Rückkehr der Religion
Wohin?
im Alten Rathaus der Stadt Göttingen
27. September 2010 – 30. September 2010
Göttingen

(Die Vorträge werden in den Göttingische Gelehrte Anzeigen,
Jg. 262.2010, Nr. 1./2. der Akademie der Wissenschaften veröffentlicht)

Religion – Instrument der Gewalt oder des Friedens?
Über die politische Rolle von Religion
Bischof Wolfgang Huber
27. September 2010

Wieviel Religion braucht der Mensch?
Joachim Ringleben
29. September 2010

Wahrheit und Toleranz – Zum Verständnis wahrer Religionsfreiheit
Karl Kardinal Lehmann
Bischof von Mainz
30. September 2010

Göttinger Literaturherbst
Vorträge der Akademie der Wissenschaften zu Göttingen
Göttingen

Größe und Grenzen des Westens
Heinrich August Winkler
Humboldt-Universität-Berlin
8. Oktober 2010

Der imperiale Traum
John Darwin
Nuffield College, Oxford (UK)
14. Oktober 2010

Philosophische Temperamente
Peter Sloterdijk
Staatliche Hochschule für Gestaltung Karlsruhe
16. Oktober 2010

Zwei Brüder
Monika Maron
Schriftstellerin (Berlin)
17. Oktober 2010

Vortragsabend
der Akademie der Wissenschaften zu Göttingen
in der Vertretung des Landes Niedersachsen beim Bund in Berlin

Auswirkungen der Finanzkrise
Stephan Klasen
12. Oktober 2010
Berlin

Workshop
der Kommission „Germania Sacra" der Akademie der Wissenschaften
zu Göttingen
in Kooperation mit dem Deutschen Historischen Institut in Rom
12. Oktober 2010 – 13. Oktober 2010
Rom

Vom Nutzen des Nutzlosen
Öffentliche Ringvorlesung
der Georg-August-Universität Göttingen,
der Akademie der Wissenschaften zu Göttingen und
der Braunschweigischen Wissenschaftlichen Gesellschaft
19. Oktober 2010 – 8. Februar 2010
Göttingen

Jubiläumskolloquium
der Kommission „Deutsche Inschriften des Mittelalters und der
frühen Neuzeit"
der Akademie der Wissenschaften zu Göttingen
40 Jahre Deutsche Inschriften in Göttingen
Inschriften als Zeugnisse kulturellen Gedächtnisses
22. Oktober 2010
Göttingen

Am 22. Oktober 2010 wurde mit einem Kolloquium zum Thema „Inschriften als Zeugnisse kulturellen Gedächtnisses" an die Gründung der Kommission für die Sammlung und Herausgabe der Deutschen Inschriften (DI) erinnert, die vor 40 Jahren am 4. Juli 1970 unter der Leitung von Karl Stackmann ihre konstituierende Sitzung abhielt.

Am Beginn des Kolloquiums stand die Präsentation des Projekts Deutsche Inschriften Niedersachsen Online (DINO) durch Christine Wulf (Göttingen) und Torsten Schrade (Mainz), das in einem ersten von den beiden Arbeitsstellen der Göttinger Akademie und der Digitalen Akademie Mainz getragenen Projekt mittlerweile neun der 13 Göttinger Inschriftenbände online benutzbar macht und so der internationalen Forschung im open access neue Möglichkeiten der Arbeit mit der Quellengattung Inschrift bietet.

Die folgenden Vorträge widmeten sich aus verschiedenen Perspektiven zentralen Themen der Inschriftenforschung. Bruno Reudenbach (Hamburg) beschrieb am Beispiel von Handschriftenillustrationen unter dem Titel „Inschrift und Bild – eine Allianz als künstlerische Aufgabe" Organisation und Positionierung von Bildbeischriften in ihrer konzeptionellen künstlerischen Funktion. Rüdiger Fuchs, Leiter der Mainzer Inschriftenarbeitsstelle, zog zunächst aus der Binnensicht des Epigraphikers eine knappe Bilanz des Unternehmens „Deutsche Inschriften": Demnach wurden in 76 Bänden 29665 Textinschriften und 1362 Jahreszahlen und Initialen in einer kommentierten Edition publiziert, davon stammen 14 Bände mit insgesamt 6198 Inschriften aus den beiden Arbeitsstellen der Göttinger Akademie. Als Historiker führte Rüdiger Fuchs sodann an eher unspektakulären Inschriften u. a. zu Hochwassermarken vor, welche Basisinformationen über Katastrophen, Maßeinheiten, Teuerungen, Hungersnöte und Preise aus Inschriften zu gewinnen sind und wie diese auch überregional miteinander in Beziehung stehen. Die beiden letzten Vorträge der neu in die Kommission gewählten Mitglieder Arnd Reitemeier (Historische Landesforschung, Göttingen) und Ingrid Schröder (Niederdeutsche Sprache, Hamburg) boten eine eingehende und weiterführende Auswertung einzelner in der Göttinger Arbeitsstelle erarbeiteten Inschriftenbände. Unter dem Thema „Die Reformation und ihre Folgen in Niedersachsen – Zum Quellenwert von Inschriften für die Frage nach Einführung und Konsolidierung der neuen Konfession" untersuchte Arnd Reitemeier u. a. am Beispiel der Grabschrift eines Hildesheimer Domherrn von 1546, auf welche Weise die Erfahrungen eines komplexen historischen Prozesses in einer konkreten Grabschrift nachwirken. In ihrem Vortrag „Niederdeutsche Inschriften als Zeugnisse regionaler Kultur" befaßte sich Ingrid Schröder auf der Grundlage der beiden diesbezüglich einschlägigen Braunschweiger Inschriftenbände mit Phänomenen des Sprachwechsels Niederdeutsch/Hochdeutsch und mit dem Emanzipationsprozeß der Volkssprache vom Lateinischen.

Im Rahmen eines Empfangs in der Bibliothek der Akademie gab Karl Stackmann unter dem Motto einer Stadthagener Hausinschrift von 1573 *Anfanck ist Bedenckens Wert* einen Rückblick auf die 40jährige Tätigkeit der Göttinger Inschriftenkommission.

Die Beiträge des Kolloquium werden zusammen mit den Rechenschaftsberichten der bisherigen Kommissionsvorsitzenden Karl Stackmann und Ulrich Schindel sowie des ersten Mitarbeiters der Arbeitsstelle, Werner Arnold, im Jahr 2011 veröffentlicht.

N. Henkel

Kolloquium für junge Wissenschaftler
der Kommission „Germania Sacra"
der Akademie der Wissenschaften zu Göttingen
Workshop für Nachwuchswissenschaftlerinnen und
Nachwuchswissenschaftler
29. Oktober 2010 – 30. Oktober 2010
Göttingen

Erstmalig veranstaltete das Projekt Germania Sacra am 29. und am 30. Oktober 2010 im Historischen Gebäude der Staats- und Universitätsbibliothek Göttingen einen Workshop für Nachwuchswissenschaftlerinnen und Nachwuchswissenschaftler, die über einen international zugänglichen Call for Papers eingeworben worden waren. Promovierende und ein habilitierter Teilnehmer, die über Fragestellungen spezifisch zu dem neuen Schwerpunkt der Germania Sacra arbeiten – die Diözesen und die Domkapitel des Alten Reiches –, trugen ihre Thesen, Methoden und Quellengrundlagen vor.

- Thomas Krüger (Augsburg): Bischofswahlen im Früh- und im Hochmittelalter. Eine neue These zum Wahlrecht der Domkapitel
- Andreas Schmidt (Heidelberg): Der Amtsantritt geistlicher Reichsfürsten im Spätmittelalter
- Julia Bruch (Mannheim): Wer visitierte die Zisterzienserinnen? Die bischöfliche Visitation im Frauenkloster
- Ines Garlisch (Berlin): Anfänge der Bettelorden in der Mark Brandenburg
- Carla Botzenhardt (Berlin): Niederadlige Pfründennetzwerke im spätmittelalterlichen Franken
- Sascha Weber (Mainz): Katholische Aufklärung? Aufgeklärte Reformpolitik in Kurmainz unter Kurfürst-Erzbischof Emmerich Joseph von Breidbach-Bürresheim 1763–1774
- Michaela Leitritz (Düsseldorf): Das Bistum Augsburg im Mittelalter. Das Verhältnis zwischen Bischof und Domkapitel
- Peter Riedel (Potsdam): Möglichkeiten und Grenzen bischöflichen Handelns im spätmittelalterlichen Bistum Brandenburg

An der Diskussion nahmen Redaktion, Projektleitung und drei der ehrenamtlichen Mitarbeiterinnen und Mitarbeiter der Germania Sacra, Hans-Georg Aschoff (Hannover), Manfred Heim (München) und Stefan Petersen (Würzburg), teil. Die Germania Sacra plant, weitere Workshops für Nachwuchswissenschaftlerinnen und Nachwuchswissenschaftler in einem regelmäßigen Turnus zu veranstalten.

H. Röckelein

Symposium
Der Kommission „Interdisziplinäre Südosteuropa-Forschung"
der Akademie der Wissenschaften zu Göttingen
Osmanen und Islam in Südosteuropa III
9. November 2010 – 10. November 2010
Göttingen

Vortragsabend
der Akademie der Wissenschaften zu Göttingen und
der Niedersächsischen Staats- und Universitätsbibliothek Göttingen
Zur Zukunft des Buches
11. November 2010
Göttingen

Die Zukunft des Buches
KLAUS G. SAUR, Berlin

Die Zukunft der „Note"
ANDREAS WACZKAT, Göttingen

Kolloquium für junge Wissenschaftler
der Kommission „SAPERE"
der Akademie der Wissenschaften zu Göttingen
Für Religionsfreiheit, Recht und Toleranz.
Libanios' Rede *„Für den Erhalt der heidnischen Tempel"*
15. November 2010 – 16. November 2010
Göttingen

Am 15. und am 16. November 2010 wurde in der SAPERE-Arbeitsstelle ein Fachkolloquium zu dem Band „Für Religionsfreiheit, Recht und Toleranz. Libanios' Rede *Für die heidnischen Heiligtümer*" durchgeführt. Beteiligt waren neben den Beiträger(inne)n zu diesem Band (Prof. em. Dr. Okko Behrends [Göttingen], Prof. Dr. Klaus Stefan Freyberger [Rom], Prof. Dr. Johannes Hahn [Münster], Prof. Dr. Heinz-Günther Nesselrath [Göttingen], Prof. Dr. Martin Wallraff [Basel], Prof. Dr. Hans-Ulrich Wiemer [Erlangen]) die SAPERE-Herausgeber und die wissenschaftlichen Mitarbeiter der Arbeitsstelle.

Alle Teile des geplanten Bandes (Einleitung, Text, Übersetzung und Anmerkungen zur Übersetzung; weiterführende Essays zur Stellung des Libanios zum römischen Kaiser, zum Verhältnis der Libanios-Rede zum Römischen Recht, zur Situation der heidnischen Heiligtümer im spätantiken Syrien, zur Rolle des Mönchtums bei der Zurückdrängung der paganen Kulte sowie zur religiösen Intoleranz in der Spätantike) wurden eingehend diskutiert, und zwar einschließlich Titel- und Strukturfragen. Ferner wurde die Frage nach dem Gesamttitel des Bandes erörtert; der in der Überschrift dieses Berichts gegebene Titel stellt die (vorläufige) Lösung dar.

Abschließend wurde ein zügiges weiteres Vorgehen vereinbart, damit der Band im Frühjahr 2011 (als vierter der im Plan des Akademieprojekts vorgesehenen 24 Bände) veröffentlicht werden kann.

H.-G. Nesselrath

Vortragsabend
der Akademie der Wissenschaften zu Göttingen
im Niedersächsischen Landtag in Hannover
**Europäisches Privatrecht
Woher? Wohin? Wozu?**
REINHARD ZIMMERMANN
16. November 2010
Hannover
(siehe Jahrbuch Seite 148)

Workshop
der Kommission „Germania Sacra"
der Akademie der Wissenschaften zu Göttingen
Benediktinerinnen- und Benediktinerklöstern
26. November 2010
Göttingen

Vortragsreihe
der Akademie der Wissenschaften zu Göttingen und
der Braunschweigischen Wissenschaftlichen Gesellschaft
phæno-Science Center
International Partnership Initiative (IPI)

Spiegel
2. Dezember 2010 – 20. Januar 2011
Wolfsburg

Spiegel und Spiegelungen: Degas und Ingres
Sergiusz Michalski
2. Dezember 2010

Spiegel vermessen die Welt
Jürgen Müller, Hannover
9. Dezember 2010

**Spiegel, Spiel und Literatur.
Warum der Mensch Literatur hat**
Gerhard Lauer
13. Januar 2011

Der Spiegel
Von der mesopotamischen Bronze zur modernen Photonik
Detlev Ristau, Hannover
20. Januar 2011

Wilhelm-Jost-Gedächtnisvorlesung 2010
Manfred Martin
Rheinisch-Westfälische Technische Hochschule Aachen
Diffusion und chemische Reaktion in festen Stoffen
9. Dezember 2010
Institut für Physikalische Chemie
Göttingen

Veröffentlichungen der Akademie 2010

A. Laufende Publikation

Abhandlungen der Akademie der Wissenschaften zu Göttingen, Neue Folge

Band 6, 2010: France Bernik, Reinhard Lauer:
Die Grundlagen der slowenischen Kultur (Bericht über die Konferenz der Kommission für interdisziplinäre Südosteuropa-Forschung im September 2002 in Göttingen)
ISBN 978-3-11-022076-6

Band 8, 2010: Ulrich Mölk, Heinrich Detering, in Zusammenarbeit mit Christoph Jürgens:
Perspektiven der Modernisierung. Die Pariser Weltausstellung, die Arbeiterbewegung, das koloniale China in europäischen und amerikanischen Kulturzeitschriften um 1900 (Bericht über das Dritte und das Vierte Kolloquium der Kommission „Europäische Jahrhundertwende – Literatur, Künste, Wissenschaften um 1900 in grenzüberschreitender Wahrnehmung", Göttingen 19./20 Januar 2007 und 13./14. Februar 2009)
ISBN 978-3-11-023425-1

Band 9, 2010: Eva Schumann:
Das strafende Gesetz im sozialen Rechtsstaat
15. Symposium der Kommission „Die Funktion des Gesetzes in Geschichte und Gegenwart"
ISBN 978-3-11-023477-0

Göttingische Gelehrte Anzeigen
Jg. 261.2009, Nr. 1./2. und 3./4.

Schriftentauschverzeichnis siehe Jahrbuch 2006

Veröffentlichungen der Akademie 2010 471

B. Sonderveröffentlichungen

Zentrale Publikationen

- *Albrecht von Haller im Göttingen der Aufklärung*
  Gedruckt im Auftrag der Akademie der Wissenschaften zu Göttingen und der Georg-August-Universität Göttingen, hrsg. von Norbert Elsner und Nicolaas A. Rupke, Wallstein Verlag, Göttingen 2009
  ISBN 978-3-8353-0573-1

- *Wissenswelten – Bildungswelten*
  Gedruckt im Auftrag der Akademie der Wissenschaften zu Göttingen und der Georg-August-Universität Göttingen, hrsg. von Norbert Elsner und Nicolaas A. Rupke, Wallstein Verlag, Göttingen 2009
  ISBN 978-3-8353-0574-8

- *Die Akten des Kaiserlichen Reichshofrats*
  Gedruckt im Auftrag der Akademie der Wissenschaften zu Göttingen in Zusammenarbeit mit der Österreichischen Akademie der Wissenschaften und dem Österreichischen Staatsarchiv, Serie II: Antiqua, Band 1: Karton 1–43, hrsg. von Wolfgang Sellert, bearbeitet von Ursula Machoczek, Erich Schmidt Verlag GmbH & Co, Berlin 2010
  ISBN 978 3 503 09886 6

- *Jahrbuch der Akademie der Wissenschaften zu Göttingen 2009*
  Verantwortlich: Der Präsident der Akademie der Wissenschaften
  Redaktion: Werner Lehfeldt, Susanne Nöbel, Walter de Gruyter GmbH & Co. KG, Berlin, 2010, 621 Seiten,
  ISBN 978-3-11-022295-1

- *Der Weg an die Universität*
  Höhere Frauenstudien vom Mittelalter bis zum 20.Jahrhundert
  Gedruckt im Auftrag der Akademie der Wissenschaften zu Göttingen und der Georg-August-Universität Göttingen, hrsg. von Trude Maurer, Wallstein Verlag, Göttingen 2010
  ISBN 978-3-8353-0627-1

Stiftungen, Preise und Förderer

Stiftungen und Fonds

- *Hall-Fond*
- *Hans-Janssen-Stiftung*
  Satzung der Hans-Janssen-Stiftung siehe Jahrbuch 2009
- *Julius-Wellhausen-Stiftung*
  Satzung der Julius-Wellhausen-Stiftung siehe Jahrbuch 2007
- *Lagarde-Stiftung*
- *Robert Hanhart-Stiftung zur Förderung der Septuaginta-Forschung*
  Satzung der Robert Hanhart-Stiftung siehe Jahrbuch 2009
- *Schaffstein-Legat*
- *Wedekindsche Preisstiftung für Deutsche Geschichte*
  Satzung der Wedekindschen Preisstiftung für Deutsche Geschichte siehe Jahrbuch 2009
- *Wilhelm-Jost-Gedächtnisvorlesung*

Preise der Akademie

Die Akademie der Wissenschaften zu Göttingen ist eine der ältesten Wissenschaftsakademien Deutschlands. Traditionell zeichnet die norddeutsche Gelehrtengesellschaft hervorragende Arbeiten zu aktuellen wissenschaftlichen Fragestellungen aus. Ein besonderes Augenmerk gilt dabei dem wissenschaftlichen Nachwuchs, der mit Preisen für herausragende Leistungen gefördert werden soll. Diese Preise werden jährlich, alle zwei Jahre oder unregelmäßig vergeben.

Jährlich vergeben werden die Akademiepreise für **Chemie, Physik und Biologie**, alle zwei Jahre der **Hans-Janssen-Preis** (Kunstgeschichte), der **Hanns-Lilje-Preis** (Theologie) und der **Dannie-Heineman-Preis** (vornehmlich für naturwissenschaftliche Arbeiten, die sich mit neuen und aktuellen Entwicklungen der Wissenschaft auseinandersetzen).

Unregelmäßig vergeben werden die **Brüder-Grimm-Medaille** (zuletzt 2006) und der **Wedekind-Preis für Deutsche Geschichte** aus der Wedekindschen Preisstiftung für Deutsche Geschichte (zuletzt 2010).

Seit dem Jahre 2004 zeichnet die Akademie der Wissenschaften jährlich besonders hervorragende und in der Öffentlichkeit angesehene Wissenschaftler mit der **Lichtenberg-Medaille** aus. Diese Auszeichnung ist weder an eine Altersgrenze geknüpft noch mit einem Preisgeld verbunden. Überreicht wird eine von den Akademiemitgliedern gestiftete Goldmedaille.

Die Akademie der Wissenschaften zu Göttingen verleiht seit dem Jahre 2007 einen von ihren Mitgliedern gestifteten **Preis für Geisteswissenschaften** für hervorragende Arbeiten auf dem Gebiet der geisteswissenschaftlichen Forschung, die einen wesentlichen methodischen oder sachlichen Fortschritt der wissenschaftlichen Erkenntnis bedeuten.

Aus Mitteln des Wallstein-Verlages vergibt die Akademie der Wissenschaften ab dem Jahre 2004 den **Wallstein-Preis** an jüngere Wissenschaftler und Wissenschaftlerinnen eines geisteswissenschaftlichen Faches.

Weitere Informationen zu den Preisen können über die Geschäftsstelle der Akademie bezogen werden.

Förderer der Akademie

Anton Christian Wedekind †
Paul de Lagarde †
Thomas Cuming Hall †
Hans Janssen †
Friedrich Schaffstein †
Heinrich Röck
Robert Hanhart

Cahlenberg-Grubenhagensche Landschaft
Deutsche Forschungsgemeinschaft
Gemeinsame Wissenschaftskonferenz
Klosterkammer Hannover
Land Niedersachsen
Minna-James-Heineman-Stiftung
VGH-Stiftung Hannover
VW-Stiftung Hannover
Walter de Gruyter GmbH & Co KG, Berlin

Dyneon GmbH Burgkirchen
Fonds der Chemischen Industrie, Frankfurt am Main
Sartorius AG, Göttingen
Wallstein-Verlag Göttingen

Die Akademie dankt für die großzügige Förderung.

Gauß-Professuren 2010

Gauß-Kommission:
   Vorsitzender: S. J. Patterson
   Christensen, Elsner, Krengel, Wörner, Zippelius

Die Gauß-Professur wurde im Berichtsjahr 2010 vergeben an:

Professor **David C. Morse**
Department of Chemical Engineering and Materials Science
University of Minnesota (USA)

Professor **Alexander V. Sobolev**
Russian Academy of Sciences (RAS)
Institute of Geochemistry and Analytical Chemistry V. I. Vernadsky
Moscow (Russia)

Die Rechtsgrundlagen

Satzungen der Akademie

SATZUNG DER AKADEMIE
siehe Jahrbuch 2009

SATZUNGEN DER STIFTUNGEN
siehe Jahrbücher 1944–1960

SATZUNG FÜR DIE VERLEIHUNG
DER BRÜDER-GRIMM-MEDAILLE
siehe Jahrbuch 1963

SATZUNG ÜBER DIE VERGABE
DES HANNS-LILJE-PREISES
ZUR FÖRDERUNG
DER THEOLOGISCHEN WISSENSCHAFT
siehe Jahrbuch 1987

SATZUNG
DER HANS-JANSSEN-STIFTUNG
siehe Jahrbuch 2009

STATUT ZUR VERGABE
DER LICHTENBERG-MEDAILLE
siehe Jahrbuch 2003

STATUT ZUR VERGABE
DES WALLSTEIN-PREISES
siehe Jahrbuch 2004

STATUT ÜBER DIE VERLEIHUNG
DES PREISES FÜR GEISTESWISSENSCHAFTEN
siehe Jahrbuch 2007

STATUT ÜBER DIE VERLEIHUNG DER AKADEMIE-
PREISE FÜR BIOLOGIE, FÜR CHEMIE UND FÜR PHYSIK
siehe Jahrbuch 2009

SATZUNG DER WEDEKINDSCHEN PREISSTIFTUNG
FÜR DEUTSCHE GESCHICHTE
siehe Jahrbuch 2009